中国国家标准汇编

2009年修订-26

中国标准出版社　编

中国标准出版社
北京

图书在版编目（CIP）数据

中国国家标准汇编：2009年修订.26/中国标准出版社编.—北京：中国标准出版社，2010

ISBN 978-7-5066-6034-1

Ⅰ.①中… Ⅱ.①中… Ⅲ.①国家标准-汇编-中国-2009 Ⅳ.①T-652.1

中国版本图书馆CIP数据核字（2010）第169167号

中国标准出版社出版发行
北京复兴门外三里河北街16号
邮政编码:100045
网址 www.spc.net.cn
电话:68523946 68517548
中国标准出版社秦皇岛印刷厂印刷
各地新华书店经销

*

开本 880×1230 1/16 印张 37.25 字数 1 125 千字
2010年10月第一版 2010年10月第一次印刷

*

定价 220.00 元

ISBN 978-7-5066-6034-1

9 787506 660341 >

出 版 说 明

1.《中国国家标准汇编》是一部大型综合性国家标准全集。自1983年起，按国家标准顺序号以精装本、平装本两种装帧形式陆续分册汇编出版。它在一定程度上反映了我国建国以来标准化事业发展的基本情况和主要成就，是各级标准化管理机构，工矿企事业单位，农林牧副渔系统，科研、设计、教学等部门必不可少的工具书。

2.《中国国家标准汇编》收入我国每年正式发布的全部国家标准，分为"制定"卷和"修订"卷两种编辑版本。

"制定"卷收入上一年度我国发布的、新制定的国家标准，顺延前年度标准编号分成若干分册，封面和书脊上注明"20××年制定"字样及分册号，分册号一直连续。各分册中的标准是按照标准编号顺序连续排列的，如有标准顺序号缺号的，除特殊情况注明外，暂为空号。

"修订"卷收入上一年度我国发布的、修订的国家标准，视篇幅分设若干分册，但与"制定"卷分册号无关联，仅在封面和书脊上注明"20××年修订-1，-2，-3，……"字样。"修订"卷各分册中的标准，仍按标准编号顺序排列(但不连续)；如有遗漏的，均在当年最后一分册中补齐。需提请读者注意的是，个别非顺延前年度标准编号的新制定的国家标准没有收入在"制定"卷中，而是收入在"修订"卷中。

读者配套购买《中国国家标准汇编》"制定"卷和"修订"卷，则可收齐上一年度我国制定和修订的全部国家标准。

3. 由于读者需求的变化，自1996年起，《中国国家标准汇编》仅出版精装本。

4. 2009年我国制修订国家标准共3 158项。本分册为"2009年修订-26"，收入新制修订的国家标准20项。

中国标准出版社

2010年8月

目　　录

ICS 23.040
E 04

中华人民共和国国家标准

GB/T 16805—2009
代替 GB/T 16805—1997

液体石油管道压力试验

Pressure testing of liquid petroleum pipelines

2009-04-08 发布　　　　2009-11-01 实施

中华人民共和国国家质量监督检验检疫总局
中国国家标准化管理委员会　发布

前　言

本标准修改采用 API RP1110:1997《液体石油管道压力试验》(英文版)。

本标准根据 API RP1110:1997 重新起草。在附录 A 中列出了本标准章条编号与 API RP1110:1997 章条编号的对照一览表。

考虑到我国国情,在采用 API RP1110:1997 时,本标准作了一些修改。有关技术差异已编入本标准正文并在它们所涉及的条款的页边空白处用垂直单线标识。在附录 B 中给出了这些技术性差异及其原因的一览表以供参考。

为便于使用,对于 API RP1110:1997 本标准还作了下列编辑性修改:

——删除了 API RP1110:1997 的前言,并重新编写了本标准的前言;

——按照 GB/T 1.1—2000 的规定重新编章条号;

——雷德蒸发压力小于 7 磅/英寸^2 换算为 0.05 MPa,试验压力 275 psig 换算为 1.9 MPa(本版的第 5 章);

——2 mph～3 mph 换算为 3 km/h～5 km/h(本版的 9.3)。

本标准代替 GB/T 16805—1997《液体石油管道压力试验》,与 GB/T 16805—1997 相比主要差异如下:

——规范性引用文件上升为国标;

——增加了测径板要求;

——增加了液压试验升压稳压图。

本标准附录 A、附录 B、附录 C 均为资料性附录。

本标准由中国石油天然气集团公司提出。

本标准由全国石油天然气标准化技术委员会归口。

本标准起草单位:中国石油天然气管道局、中国石油天然气管道局第三工程分公司、中国石油天然气集团公司工程技术研究院、石油天然气管道工程质量监督站、中国石油天然气管道工程有限公司。

本标准主要起草人:魏国昌、郑玉刚、李龙波、续理、翟丽丽、陈连山、王丽、王炜、李丽君、张颖、葛业武、牛士力、王衡岳、孙洪强、姚士洪、王中山、唐景武、尹继善、马艳、常丽萍、张晔、黄洁、傅爱军、于杰、曹战斌、田宝洲、侯俊夕。

本标准所代替标准的历次版本发布情况为:

——GB/T 16805—1997。

液体石油管道压力试验

1 范围

本标准适用于新建和现有液体石油管道的液体压力试验(以下简称液压试验),它提出了在液体石油管道液压试验期间应遵循的程序、应采用的设备和应考虑的因素。

2 规范性引用文件

下列文件中的条款通过本标准的引用而成为本标准的条款。凡是注日期的引用文件,其随后所有的修改单(不包括勘误的内容)或修订版均不适用于本标准,然而,鼓励根据本标准达成协议的各方研究是否可使用这些文件的最新版本。凡是不注明日期的引用文件,其最新版本适用于本标准。

GB 150 钢制压力容器

GB 50253 输油管道工程设计规范

GB 50369 油气长输管道工程施工及验收规范

3 术语和定义

下列术语和定义适用于本标准。

3.1

液压试验 pressure testing of liquid

在试验中,用液体作为试压介质,在不流动条件下,将高于正常工作压力或者最大工作压力的内压施加于管段上,并保持一定时间的试验。

3.2

试压头 the head for pressure test

用来试压的临时装置。

4 液压试验的准则

4.1 新建管道和现有管道的更换

新建管道和现有管道上的更换管段的压力试验,应符合 GB 50253 和 GB 50369 的有关规定。

4.2 对现有管道提高工作压力的鉴定

对在原来规定工作压力的基础上,提高工作压力的现有管道系统的鉴定,应符合 GB 50253 和 GB 50369 的有关规定。

4.3 对现有管道保持原有工作压力继续使用的资格重新鉴定

对现有管道保持原有工作压力继续使用的资格重新鉴定,应符合 GB 50253 和 GB 50369 的有关规定。

5 试压介质

液压试验宜用水;然而当液体石油雷德蒸发压力小于 0.05 MPa,且满足下列条件时,也可用作试压介质:

a) 试压管线或者试压管段不是海底管道或者不是海底管道设施的一部分;

b) 试压管道或管段、设施位置不处于管道泄漏可导致不利影响产生的环境敏感地区;

c) 试压管段(当试验压力超过 1.9 MPa)位于城市和人口密集区之外;

d) 当试验压力大于或等于使环向应力达到或超过规定的最低屈服强度的50%时，在试验管段的92 m之内的每座建筑物内不得有人；

e) 在试压期间，应定时巡查，使试压管段保持在严密监视之下。同时应给试压人员配备便携式无线通话设备或类似的装置；

f) 试压管道或管段附近应部署对突发泄漏进行清理的应急设备及人员；

g) 试压过程应符合国家、地方政府的有关规定。

6 液压试验用设备和材料

应正确选择液压试验设备，设备应处于良好的工作状态，测量仪器的测量范围应满足液压试验期间预期产生的压力。下列设备可用于液压试验：

a) 大容积泵：应能保证足够的压力以克服压头，应能维持足够的速度以推动杂质，使边界作用减到最小，保持产生紊流，并可使各种清管器通过；

b) 过滤器：用于试压介质供应管道，以保证供给清洁的试压介质；

c) 注入泵：当需要时，向试验段注入缓蚀剂、检漏燃料或气体以及其他化学剂；

d) 测量管道充装量的流量计或其他类似设备；

e) 变速容积泵：应能使管道升压到超过规定的试验压力的适当的值。泵的每一冲程的容积为已知，并应配有冲程计数器(在升压过程中，若需测量注入到管道内的液体试压介质时，可用带可变流量控制器的恒速泵代替上述的泵)；

f) 泄压阀：其作用是在升压和试验过程中防止试验段超压；

g) 可移动式储罐：供液体试压介质在多余时储存，不足时补充；

h) 压力传感和显示装置：应具有为指示预定的试验压力所必需的压力范围和增量刻度；

i) 压力天平或相当的压力传感装置：精度应合格并且能测量等于或小于6.7 kPa的增量。该装置应在校验周期内，或按制造厂家的推荐意见校准；

j) 连续记录的压力测量装置：应能提供压力随时间变化的永久性记录；在使用该装置前，应进行校准或按制造厂的推荐意见校准；

k) 试压介质温度传感和显示仪表：应具有适宜于预期温度的测量范围，其最小刻度不宜大于0.05 ℃；

l) 连续记录的温度测量装置：应能提供温度随时间而变化的永久性记录；

m) 使所有仪表免受极热或极冷气候(变化)影响的设施；

n) 显示环境温度的设备；

o) 辅助分析试验数据的压力和(或)温度监测和记录系统：若系统中单个的压力传感器具有一定的灵敏度并能在现场用类似于上述a)至n)款的各种仪表的校准方式进行校准时，则能用这种系统代替上述各组成部分；

p) 清管器、刮管器、清管球和类似的装置：这类装置用于清理试压管段并且便于排除管道中的空气；

q) 必要时，配备临时的管汇和接头；

r) 用于置换试压管段内试压介质的设备、材料和流体；

s) 能协调试压工作的通信设备；

t) 为判定泄漏和方便修理而隔离管段的设备；

u) 当试压有故障时，用来替换的阀门、管子和垫片等；

v) 试压头：其选材、制作、安装及检验应符合GB 150的要求。

注：若使用冷冻塞隔离管段，应采用特殊的处理技术，以保证人身安全。选择冷冻塞接头时，应考虑接头的强度、韧脆转换温度，接头经无损检测以发现缺陷。

7 试压计划

当安排液压试验计划时，应考虑下列因素：

a) 预计设施可能承受的最大工作压力：试压应正常地计划以便试压段任何一处的压力水平都不产生接近或大于最低屈服强度。如果管道试压是在产生屈服强度的压力下进行的（基于正常的管壁厚度，接近管道的最低屈服强度），应特别注意采取措施防止管道超压，仔细检查工程文件，比如厂家测试报告和现场维护报告，可以确保最低等级和最薄管壁不致超压。如果进行内部检测工具检测，应仔细分析相关数据。对于在接近最低屈服强度压力水平下进行的试压，在试压期间应绘制并保持压力容积曲线图（p/V 图），以防止管子屈服。充装水通过管道时，应考虑到动压和静压对管道的影响；

b) 试压段中管子和管件：管子和管件应按照尺寸、壁厚、等级、设计内压和海拔高度来布置。应识别控制最大试验压力的组件；

c) 壳体压力和法兰等级以及所有管线阀门、设备、排气口和其他承受试验压力的连接件的位置：试验压力不应超过厂商推荐的最大允许试验压力；

d) 预计试压介质、大气和地面的温度以及试压介质温度的稳定周期：尤其注意防止暴露管子试压介质在寒冷天气中结冰，大量暴露管段能导致很大的温度-压力变化，给稳压增加难度；

e) 试压介质的初始源与补充源以及缓蚀或其他处理要求：应对国家、地方的法规进行研究，以确定是否对水源的获取和试压水的排放有限制要求；

f) 在管道充水前和最终排放之前为保证水质的取样规定；

g) 试压介质处理的位置和要求；

h) 断面和线路走向图；

i) 试压人员的安全保护措施和程序；

j) 试压机构中各种人员，特别是准备文件的那些人员的职责的叙述；

k) 为把对公众和环境的风险减到最小的措施和程序，特别是在使用除水以外的试压介质时，所采取的保护措施和步骤；

l) 通知有关地方政府、部门、机构和可能征召的紧急响应人员，以及管道沿线土地所有者及使用者；

m) 处理故障的计划，包括设备、人员、材料及方法；

n) 保存故障管段试件破裂表面的方法；

o) 管段强度试验和严密性试验的验收标准；

p) 帮助检查泄漏和泄漏位置的程序和材料，如染料或气体；

q) 可能泄漏的位置。

8 试压程序

试压开始前，应准备好液压试验程序并附有说明和数据，程序应包括下列内容：

a) 编制指明试压段长度、海拔高度和位置的示意图，包括所有参与试验的管汇、设备。应指出压力记录设备在管道上的位置，不能将其安装在高压充装点的附近。为保证升压过程中读数的准确，应安装在距离高压充装点 1 m 以外；

b) 采用的试压介质，管道充装和试压期间管道的充装速度和充装容积；

c) 清管、泄压、充装管道和升压的方法；

d) 试压管段升压方法，其中应指明试压介质注入点的位置，同时考虑记录点的位置，并提出最低和最高试验压力；

e) 隔离试压管段的方法，其中应指明需安装哪些封头和将安装进去的管塞和需拆去哪些阀门，同时阴极保护系统断电；

f) 试压管段最低连续试压时间；

g) 排除和处理试压介质的方法；

h) 安全预防措施和步骤；

i) 试压管段内最薄弱环节或控制部件的标志及说明。

规定的试验压力是施加于试压段中最高点的最低试验压力，应进行试压断面的详细分析，来确定在试压中形成的静压和动压，以便控制在低点的管道不致超压。最低试验压力应符合 GB 50253 及 GB 50369 的规定，详细的纵断面分析决定试压期间的压力值，以便试验管段的最低点不超压，因试压泵和记录仪不必安装在试压管段的最高点，应提供给试压人员试压泵和压力记录仪所在点的精确压力值。

9 充装和清管

9.1 管道的充装作业宜起到清理管线和把所需介质注入试压管段的双重作用。需要说明的是，通球操作不会正常地从试压管段中清除所有的碳氢化合物。在正式充装操作前，可送入具有一定尺寸的测径清管器或变形检测工具，以便在管道试压前发现是否存在变形；对于那些没有通过正常清管作业的管段，除了送入一个具有一定尺寸测径清管器外，也需要考虑送入一组清管器去清除管段内的沉积物和石蜡等。对需要检测管内径是否变形超标或管壁腐蚀的管道，可利用高精度的智能清管器进行检测。通常情况下，新建管道采用普通测径清管器检测试压管段是否存在变形损坏或椭圆度超标。测径板可使用铝板制作，铝板的厚度宜为 10 mm～12 mm。当管径小于或等于 100 mm 时不宜测径；当管径大于 100 mm 且小于或等于 350 mm 时，测径板的直径宜为管道最小理论内直径的 85%；当管径大于 350 mm，且小于或等于 850 mm 时，测径板的直径宜为管道最小理论内直径的 90%；当管径大于 850 mm 时，测径板的直径宜为管道最小理论内直径的 95%。

9.2 充装操作通常使用如下设备：

a) 大容量(与管道尺寸相关)充装泵；

b) 过滤网：如果使用不确定水源，应用过滤池或过滤网过滤出沉淀物/污染物，以达到清洁的目的；

c) 流量计；

d) 充装清管器；

e) 可移动罐。

9.3 大容量充装泵尺寸应按以下条件选择：使清管器能以维持和管道紧密接触的速度进行，并依据地形不同减少空气或其他压缩混合物进入清管器后方，保持充装质量，清管器开始行走速度不宜低于 3 km/h～5 km/h。如果管线充装不以背压的方式进行，清管器运行和下坡时，流体重力的作用将导致清管器运行速度加快，超过充装操作允许的范围，这样会导致气体进入清管器后方。

9.4 如果用水作为试压介质，水质和水源应确定。不能直接将含有沉淀物和酸性液体水充装到管道、阀门及设备内，除非它们被过滤和加入缓蚀剂。应调查研究添加剂或缓蚀剂对输送的液体石油在加工过程中可能产生的有害作用。

9.5 在试压管段上应安装流量表，以便监测和维持预定的充装速度。当压力和充装速度减低时，允许试压人员调整流量计，从而对压力数值和充装速度进行调整。同时，也有助于充装计算量和实际量间的对比。

9.6 为判断管线介质的稳定性，在试压用水注入管道之前应记录其温度。

9.7 清管器或清管球用来隔离试压介质和空管段，充装时可以在清管器上安装跟踪器，保证能随时确定清管器所在的位置。

9.8 可移动罐用于弥补实际水量与高流量注水泵之间的差距，如果充装泵有充足的水源供应，诸如河流，那么它没有必要使用。

9.9 试压管段应尽可能在升压前回填，宜在管道的正常覆盖处安装与管道相接触的温度记录装置的传感器。温度记录装置的传感器应远离暴露管段和充装位置，以降低对传感器的影响。温度记录装置的传感器的四周应用回填土夯实。如果可能，可用绝热细管接温度传感器，并将传感器放在绝热盒子内。大型离心泵和储罐会影响试压介质的温度。应对埋地管道的温度进行记录直至液压试验完成。

10 液压试验的实施

10.1 升压

10.1.1 一般情况下，充装过程使用大容量充装泵，在充装完成的基础上进行该管段的升压。

10.1.2 试压人员应对整个操作过程进行连续的监视并保证试压是在严格控制下进行的。

10.1.3 一旦试压段充装完成并采取措施排除了所有的空气，换言之，该试压段充满液体，升压即可开始。升压即将试验管段液体从充装过程的静压力升至规定的试验压力。升压过程应配备下列设备：

a) 高压活塞泵；

b) 流量计和容量计数计；

c) 压力天平；

d) 温度记录仪；

e) 压力记录仪；

f) 可移动罐。

10.1.4 升压时，应控制升压速度，避免引起冲击，管接头应定期检查是否渗漏，控制泵的流量。记录准备好的压力-容积（p/V）图。如果情况允许，在试压之前，应计算出从充装压力到试验压力所需注入的压缩液体量。这一信息以及通过 p/V 图有助于判断试验管段的严密性，是否发生泄漏或管道变形。

10.1.5 一旦升压至管道试验压力的 80%～90%时，升压速度应减慢，尤其是当试验压力接近或达到 100%管道系统试验压力时。一旦达到规定的试验压力，关闭试压设备并将设备从试验段隔离。达到试验压力，开始稳压前，需要一段时间的稳定期。使温度和压力稳定。这时，应注意压力曲线图、传感器和仪表显示的压力只是近似实际压力，压力曲线图提供了试压的连续进程。压力天平或电子设备提供的实际压力应用来记录。整个升压稳压过程应采用图 1 所示的四个步骤进行。

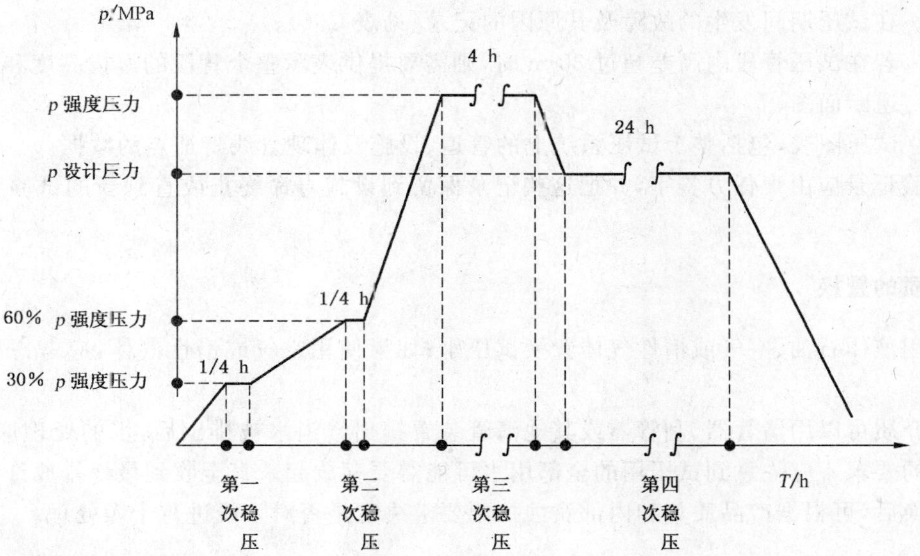

注：T/h 表示升压、稳压时间。

图 1 液压试验升压稳压图

10.1.6 整个试压过程中，试压人员应站在距离试压段的安全距离以外，或站在与试压管段之间有坚固阻挡物的地方/位置。

10.2 试压周期

10.2.1 当达到试验压力时，应及时停泵，同时检查所有阀门及管线连接处是否泄漏。泄漏检查完毕后，观察一段时间，在此期间工作人员应检查试验压力是否保持、温度是否稳定。当这一验证程序完成后，断开试压泵。试压管段系统压力稳定后，开始计算稳压时间。稳压时间的长短应符合 GB 50369 和 GB 50253 的规定。

10.2.2 在稳压期间应连续地监控压力和温度，并将所有压力读数记录下来。在试压开始和结束时，应用压力天平进行校验，在试压过程中也应定期进行。压力天平校验结果和温度读数应至少每 30 min 一次记录在压力和温度记录上，能够影响压力和温度记录表的天气变化，比如云和雨的发生，应记录在压力天平记录上，除了当时的温度和压力外，增加或减少的试压介质的量或压力也应记录在压力天平记录上，并且在评估试压结果时应考虑进去。

10.2.3 稳压过程中较小或逐渐的压力变化可能是由于试压段中残留的空气、温度影响，或通过小缺陷渗漏，或者法兰连接松动所导致的。延长试验时间可以验证空气或温度影响的程度。

10.3 液压试验记录

10.3.1 试压人员应保存完整的试压记录，包括试验操作的细节和事件，例如天气变化、试验失败、泄漏、升压等。并且应在记录中描述在试压过程中发生的故障。记录应指出每一故障的确切位置，描述故障的类型、原因及维修的方法。故障更换下来的管子、管件或阀门应标上它们所在管道站场位置和它们故障时的压力。适当时，这类材料应由操作者保存以作分析故障用。

10.3.2 按照 GB 50369 规定，液压试验记录必须由建设单位保留，试验记录应至少包括下列各点：

a) 连续的压力-时间记录，其上附有相应资料(见表 C.1)；

b) 连续的温度-时间记录，其上附有相应资料(见表 C.2)；

c) 压力天平校验合格证；

d) 试压计划；

e) 液压试验记录和证明书(见表 C.3)，它包括下列各点：

   1) 鉴定计算(见表 C.4)；

   2) 压力和温度记录表(见表 C.5)；

   3) 在试压期间发生的故障及其原因的记录(见表 C.6)；

   4) 若在试压管段内高差超过 30 m 时，则需要提供表示整个管段的海拔高度和试验地点的管道断面图；

   5) 试压图表，包括整个试压系统上的管道、设施及体现管线特征点的数据。

10.3.3 试验记录应由责任方签字，并把这些记录保留到设施寿命终止或直到新的试验记录代替它们为止。

11 试压介质的置换

11.1 可选用液体石油、空气或惰性气体置换试压水；如果使用空气或惰性气体，应考虑压缩气体的能量储备。

11.2 试压介质可以用清管器、刮管器或其他清管装置排出。当水被排出后，水的处理应符合国家、地方环境保护的要求。应注意到试压用的全部用水可能需要存放起来直至收到最终排放许可为止。

11.3 水置换后，可根据产品质量和内部腐蚀控制要求决定是否对管线进行干燥处理。

附　录　A
（资料性附录）
本标准章条编号与 API RP1110:1997 章条编号对照

表 B.1 给出了本标准章条编号与 API RP1110:1997 章条编号对照一览表。

表 A.1　本标准章条编号与 API RP1110:1997 章条编号对照

本标准章条编号	API RP1110:1997 章条编号
1	1
2	2
—	3
3	3.1
4	3.2
4.1	3.2.1
4.2	3.2.2
4.3	3.2.3
5	3.3
6	3.4
7	3.5
8	3.6
9	3.7
10	3.8
10.1	3.8.1
10.2	3.8.2
10.3	3.8.3
11	3.9
附录 A	—
附录 B	—
附录 C	附录 A
附录 C.1	附录 A-1
附录 C.2	附录 A-2
附录 C.3	附录 A-3
附录 C.4	附录 A-4
附录 C.5	附录 A-5
附录 C.6	附录 A-6

附 录 B
(资料性附录)
本标准与 API RP1110:1997 技术性差异及其原因

表 B.1 给出了本标准与 API RP1110:1997 的技术性差异及其原因的一览表。

表 B.1 本标准与 API RP1110:1997 技术性差异及其原因

本标准的章条编号	技术性差异	原　因
1	删除了“本推荐做法不适用于低压气体试验。”	易引起误解
	删除了“本推荐作法建议的程序是以正确的工程判断为基础的,但是政府的某些要求可能不同于本推荐作法所规定的程序,本推荐作法无意替代这些要求或置之不理,所以还应履行这些要求。”	以适合我国国情
	删除了“建议本推荐作法不排除对 ASME 31.8 附录 N——安装就位管线静水压试验推荐作法[《第 49 号联邦法规汇编》第 195.5(a)(1)(i)篇]试压合格的管线进行重新试压鉴定。”	没有必要对美国的标准间关系进行说明
2	引用标准改为规范性引用文件,代替了“参考标准”按照GB/T 1.1修改,并改为引用我国标准。	以适合我国国情
3	按照 GB/T 1.1 修改。	以适合我国国情
4.1	代替了“应符合 ASME B31.4 和《第 49 号联邦法规汇编》第 195 篇及其他适用的政府条例进行。”	以适合我国国情
4.2	代替了“应符合 ASME B31.4 和《第 49 号联邦法规汇编》第 195 篇及其他适用的政府条例进行。”	以适合我国国情
4.3	代替了“应符合 ASME B31.4 和《第 49 号联邦法规汇编》第 195 篇及其他适用的政府条例进行。”	以适合我国国情
6i)	代替了“该装置应具有不超过一年的效验合格证”	以适合我国国情
6v)	增加了“试压头:其选材、制作、安装及检验应符合 GB 150 的要求。”	以适合我国国情
8	代替了“最低试验压力应符合 ASME 31.4 和第 49 联邦标准的第 195 部分的要求。”	以适合我国国情
9.1	增加了“对需要检测管内径是否变形超标或管壁腐蚀的管道,可利用高精度的智能清管器进行检测。通常情况下,新建管道采用普通测径清管器检测试压管段是否存在变形损坏或椭圆度超标。测径板可使用铝板制作,铝板的厚度宜为 10 mm~12 mm,测径板的直径为试压段中最大壁厚钢管或者弯头内径的 90%,其合格标准应符合 GB 50369 的规定。	引入国内成熟作法
9.3	代替了“清管器开始行走速度不宜低于 2 mph~3 mph。”	改为法定计量单位并取整,适合我国国情
10.1	增加了“整个升压稳压过程应采用图 1 所示四个步骤进行。图 1 液压试验升压稳压图。”	引入国内成熟作法
10.3	代替了“按 ASME B31.4 和《第 49 号联邦法规汇编》第 195 篇以及其他适用的政府条例。”	以适合我国国情

附 录 C
（资料性附录）
试压记录

C.1 压力记录应按表 C.1 记录。

表 C.1 压力记录表

公司________________
系统________________

仪表名称（种类/型号）____
仪表序号____
试压段号____
MP ________________至 MP ________________站号________________至站号________
图卡记录仪位置 MP ________________________站号________________
开始：时间________________________________日期________________
结束：时间________________________________日期________________
承包商代表：________________职务________________日期________________
监理/建设单位代表 ________________职务________________日期________________

注 1：MP——里程。
注 2：建议永久性压力——时间记录中应包括本资料，因此建议考虑在本资料中贴上自粘式记录单，然后把带有本资料的记录单贴在永久性记录上。

C.2 湿度记录应按表 C.2 记录。

表 C.2 温度记录表

公司________________
系统________________

仪表名称（种类/型号）____
仪表序号____
试压段号____
MP ________________至 MP ________________站号________________至站号________
图卡记录仪位置 MP ________________________站号________________
开始：时间________________________________日期________________
结束：时间________________________________日期________________
承包商代表：________________职务________________日斯________________
监理/建设单位代表 ________________职务________________日期________________

注 1：MP——里程。
注 2：建议永久性压力——时间记录中应包括本资料，因此建议考虑在本资料中贴上自粘式记录单，然后把带有本资料的记录单贴在永久性记录上。

C.3 液压试验记录和证明书记录应按表 C.3 记录。

表 C.3 液压试验记录和证明书记录表

试压管段____________________
日　　期____________________

公司________________________________系统________________________________
说明从______________________________至__________________________________
新建 ○
更换或移位 ○　　　　管道○　　　　站○　　　　再鉴定○
试压介质：水 ○　　其他________________________缓蚀剂________________________
设计数据规程：○　　　　○　　　　○其他

管道设计数据

规范和钢级	焊缝系数	设计系数	D	壁厚	规定的最低屈服强度	设计压力	说明

试验压力：
试验压力应为：
____________________在高点最小__________%SMY ____________在低点最大__________%SMY
海拔：低点____________________高点____________________DWT____________________
试压日期________________________________试压持续时间____________________
试压和记录见证人________________________日期____________________
公司________________________________职务____________________
公司代表____________________________职务____________________
试验压力：
在低点的最高________________________相当于%SMYS____________________
在高点的最低________________________相当于%SMYS____________________
经鉴定操作在________________________相当于%SMYS____________________
报告校对人__________________________日期____________________
批准________________________________职务____________________
试压公司____
附件：
压力记录○　　　　压力和温度记录表○　　　　温度记录○
试压仪表标定数据○　　　　简单曲线图○　　　　鉴定计算○
断面图○　　　　事故记录○
评定意见：____
____

注 1：D——外径；
SMYS——规定的最低屈服强度；
SMY——规定的最低屈服值；
DWT——静压值。
注 2：对含一种以上管子类型的管段，由于考虑到管材最低屈服强度应按每一管子类型分别计算最高点最低试验压力和最低点最高试验压力。

C.4 鉴定计算记录应按表 C.4 记录。

表 C.4 鉴定计算记录表

公司____________

系统____________

管道数据(在控制地点)____________ D ____________ WT 规格

在 SMYS 时的压力____________MPa

试压介质:洁净水　　　　　　　　其他____________

设计试验压力　最高:____________ MPa　最低:____________ MPa

试压段号____________

从站____________(MP ________)至站____________(MP ________)

时间和日期:从____________时____________至____________时____________

(时间)　　(日期)　　(时间)　　(日期)

压力天平数据

位置:站____________(MP ________)海拔高度____________ m

测试压力:起始____________ MPa　终止____________ MPa　最低____________ MPa

可验收吗?(是)(否)

使用测试仪的压力____________ MPa　在站____________海拔高度____________

(p)　　(E)

在试压段的最低压力[a]	在试压段的最高压力[a]
试压段内最高的海拔高度____________ (H)	试压段内最低的海拔高度____________ (L)
位置:泵站________(MP ________)	位置:泵站________(MP ________)
	测试仪指示的海拔高度:
$\underline{\quad}_{(H)} - \underline{\quad}_{(E)} = \underline{\quad}_{(H)-(E)}$ m	$\underline{\quad}_{(E)} - \underline{\quad}_{(L)} = \underline{\quad}_{(E)-(L)}$ m
在最高海拔高度的压力:	在最高海拔高度的压力:
=测试仪压力-(海拔高度差×线压力)	=测试仪压力+(海拔高度差×线压力)
$= \underline{\quad}_{(p)} - (\underline{\quad}_{(H)-(E)} \times \underline{\quad}_{(K)})$	$= \underline{\quad}_{(E)} - (\underline{\quad}_{(E)-(L)} \times \underline{\quad}_{(K)})$
=________最低试验压力	=________最高试验压力
=________%SYMS	=________%SYMS

在该试压段内最高允许操作压力=72%SYMS=____________ MPa 或 80%

最低试验压力=____________ MPa 或控制分量____________(无论哪个范围是最低的)

计算人____________ 批准人____________

____

____

____

____________日期____________

注 1:D——外径;WT——壁厚;SMYS——规定的最低屈服强度;MP——里程标志;p——压力;E——海拔;H——最高;L——最低。

注 2:K——线压力,即不同试验介质高度发生单位变化时的压强变化,$K=9.8\rho/10^6$,单位为 MPa/m。

[a] 对含一种以上管子类型的管段,应按每一管子类型分别计算 72% 的规定的最低屈服强度值,最低试验压力和由此形成的规定的最低屈服强度的百分数,并由此来确定最高操作压力。

C.5 压力和温度记录应按表C.5记录。

表C.5 压力和温度记录表

公司＿＿＿＿＿＿＿＿＿＿
系统＿＿＿＿＿＿＿＿＿＿

试压段号＿＿＿＿＿＿＿＿＿＿ 自站号＿＿＿＿＿＿＿＿＿＿ MP＿＿＿＿＿＿＿＿
至站号＿＿＿＿＿＿＿＿＿＿ MP＿＿＿＿＿＿＿＿
压力/温度传感器站号＿＿＿＿＿＿＿＿＿＿＿＿＿＿＿＿
试验周期起始时间：＿＿＿＿＿＿＿＿＿＿ 日期＿＿＿＿＿＿＿＿＿＿
试验周期终止时间：＿＿＿＿＿＿＿＿＿＿ 日期＿＿＿＿＿＿＿＿＿＿

序号	时间	压力	管子温度	环境温度	序号	时间	压力	管子温度	环境温度
1					32				
2					33				
3					34				
4					35				
5					36				
6					37				
7					38				
8					39				
9					40				
10					41				
11					42				
12					43				
13					44				
14					45				
15					46				
16					47				
17					48				
18					49				
19					50				
20					51				
21					52				
22					53				
23					54				
24					55				
25					56				
26					57				
27					58				
28					59				
29					60				
30					61				
31					62				

C.6 液压试验故障记录应按表 C.6 记录。

表 C.6 液压试验故障记录表

公司________________　　　　　　　　　　　　　　管段________________

系统________________　　　　　　　　　　　　　　从第____站至第____站

日期	时间	泄漏处站号	泄漏处海拔高度	泄漏处	静载海拔高度	静载	静载站	故障情况

ICS 13.220.50
C 84

中华人民共和国国家标准

GB 16807—2009
代替 GB 16807—1997

防火膨胀密封件

Fire intumescent seals

2009-03-11 发布 2009-11-01 实施

中华人民共和国国家质量监督检验检疫总局
中国国家标准化管理委员会 发布

前　言

本标准的第 6 章和第 8 章为强制性的，其余为推荐性的。

本标准代替 GB 16807—1997《防火膨胀密封件》。

本标准与 GB 16807—1997 相比主要变化如下：

——修改了结构型式分类方法，由原标准的 A 型、B 型、C 型，修改为本标准的 A 型、B 型(1997 版的 4.1；本版的 5.1)；

——修改了“膨胀性能”要求和试验方法(1997 版的 6.3、7.3；本版的 6.3、7.3)；

——增加了“产烟毒性”、“发烟密度”、“耐空气老化性能”、“耐冻融循环性”要求和试验方法(见6.4、6.5、6.6、6.10、7.4、7.5、7.6、7.10)；

——修改了“耐水性”、“耐酸性”、“耐碱性”的性能要求和试验方法(1997 版的 6.5.1、6.5.2、6.5.3；本版的 6.7、6.8、6.9、7.7、7.8、7.9)；

——将“防烟性能”修改为“防火密封性能”，并完善了相应的性能要求和试验方法(1997 版的 6.6、7.8；本版的 6.11、7.11)；

——删除了原标准中“起始膨胀温度”、“主体膨胀温度”、“线性膨胀倍数”、“耐高温和燃烧性能”、“物理机械性能”等要求和试验方法内容。

请注意本标准的一些内容有可能涉及专利。本标准的发布机构不应承担识别这些专利的责任 。

本标准由中华人民共和国公安部提出。

本标准由全国消防标准化技术委员会第八分技术委员会(SAC/TC 113/SC 8)归口。

本标准主要起草单位：公安部天津消防研究所、石狮市天宏金属制品有限公司、深圳市龙电科技实业有限公司、浙江唐门金属结构有限公司。

本标准主要起草人：戴殿峰、董学京、薛思强、黄伟、李博、王培育、李希全、王伯涛、冯珂星、王金星、骆国勇。

本标准所代替标准的历次版本发布情况为：

——GB 16807—1997。

防火膨胀密封件

1 范围

本标准规定了防火膨胀密封件的术语和定义、基本结构、分类、代号和型号、规格、要求、试验方法、检验规则、标志、包装、运输和贮存等。

本标准适用于防火门、防火窗、防火卷帘、防火阀、防火玻璃隔墙等建筑构配件使用的具有防火密封功能的防火膨胀密封件。车、船、飞机中的防火膨胀密封件也可参照使用。

2 规范性引用文件

下列文件中的条款通过本标准的引用而成为本标准的条款。凡是注日期的引用文件，其随后所有的修改单(不包括勘误的内容)或修订版均不适用于本标准，然而，鼓励根据本标准达成协议的各方研究是否可使用这些文件的最新版本。凡是不注日期的引用文件，其最新版本适用于本标准。

GB 6388 运输包装收发货标志

GB/T 7633 门和卷帘的耐火试验方法(GB/T 7633—2008，ISO 3008：2007，Fire-resistance tests—Door and shutter assemblies，MOD)

GB/T 8627 建筑材料燃烧或分解的烟密度试验方法

GB 12955—2008 防火门

GB 14907—2002 钢结构防火涂料

GB 20285—2006 材料产烟毒性危险分级

3 术语和定义

下列术语和定义适用于本标准。

3.1

防火膨胀密封件 fire intumescent seals

火灾时遇火或高温作用能够膨胀，且能辅助建筑构配件使之具有隔火、隔烟、隔热等防火密封性能的产品。

3.2

复合膨胀体 intumescent assembly

防火膨胀密封件在应用状态下所必需的膨胀体和附属层等附属部分构成的整体。

3.3

膨胀体 intumescent components

复合膨胀体中遇火或受高温作用能够膨胀的部分材料。

4 基本结构

防火膨胀密封件的复合膨胀体典型结构型式见图1。

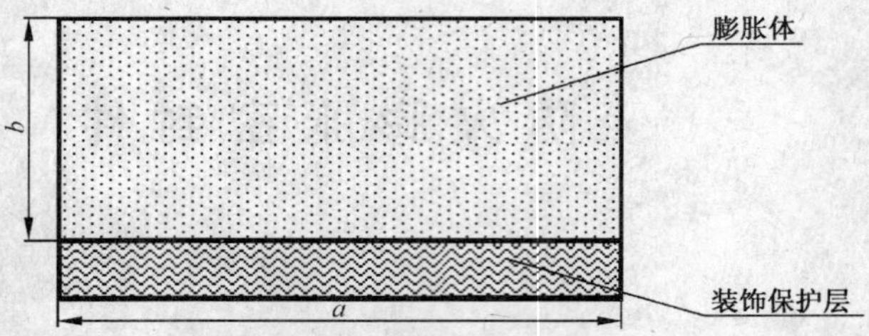

图 1　复合膨胀体典型结构型式

5　分类、代号和型号、规格

5.1　分类、代号

5.1.1　防火膨胀密封件分类及代号见表 1。

表 1　分类及代号

类　　别	代　　号	规格/mm
单面保护层	A	膨胀体宽×厚
异型防火膨胀密封件	B	按特征尺寸

5.1.2　防火膨胀密封件的名称代号为 FPJ。

5.2　型号、规格

5.2.1　防火膨胀密封件的型号表示方式见图 2。

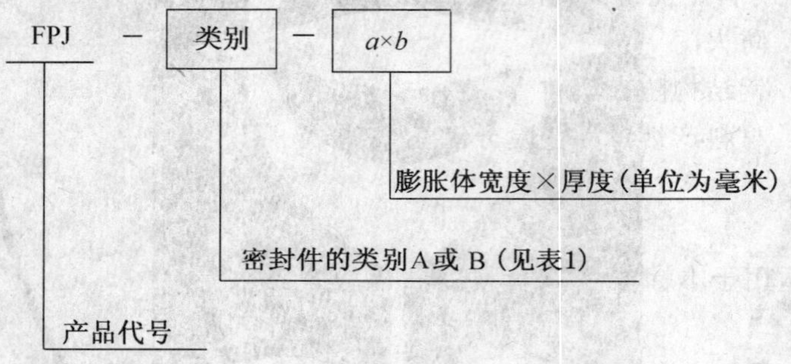

图 2　防火膨胀密封件的型号表示方式

示例：FPJ-A-20×2 表示单面保护层防火膨胀密封件，膨胀体宽度为 20 mm，膨胀体厚度为 2 mm。

5.2.2　防火膨胀密封件的规格宜符合表 2 的规定。

表 2　防火膨胀密封件的基本规格

类型	规格/mm	
	膨胀体宽度	膨胀体厚度
A 型	10,15,20,25	1,1.5,2,3,4
B 型	规格根据需要自行确定	

6　要求

6.1　外观

防火膨胀密封件的外露面应平整、光滑，不应有裂纹、压坑、厚度不匀、膨胀体明显脱落或粉化等缺陷。

6.2　尺寸允许偏差

防火膨胀密封件的尺寸允许偏差应符合表 3 的规定。

表 3 防火膨胀密封件的尺寸允许偏差

类型	尺寸允许偏差	
	膨胀体宽度/mm	膨胀体厚度
A型	±1.0	±10%
B型	±10%	

6.3 膨胀性能

防火膨胀密封件的膨胀体应按 7.3 规定的方法试验，测得膨胀体的膨胀倍率 $\bar{n}$ 与企业公布值 n_0 的偏差应不大于 15%。

6.4 产烟毒性

防火膨胀密封件的复合膨胀体应按 7.4 规定的方法试验，其烟气毒性的安全级别不应低于 GB 20285—2006 规定的 ZA2 级。

6.5 发烟密度

防火膨胀密封件的复合膨胀体按 7.5 规定的方法试验，其烟密度等级 SDR 不大于 35。

6.6 耐空气老化性能

6.6.1 防火膨胀密封件的复合膨胀体应按 7.6 规定的方法进行耐空气老化性能试验，试验后用玻璃棒按压防火膨胀密封件膨胀体表面，应无明显粉化、脱落现象。

6.6.2 空气老化试验后膨胀体的膨胀倍率应不小于初始膨胀倍率 $\bar{n}$。

6.7 耐水性

6.7.1 防火膨胀密封件的复合膨胀体应按 7.7 规定的方法进行耐水性试验，试验后防火膨胀密封件应无明显溶蚀、溶胀、粉化、脱落等现象。

6.7.2 耐水性试验后复合膨胀体的质量变化率应不大于 5%。

6.7.3 耐水性试验后防火膨胀密封件膨胀体的膨胀倍率应不小于初始膨胀倍率 $\bar{n}$。

6.8 耐酸性

6.8.1 防火膨胀密封件的复合膨胀体应按 7.8 规定的方法进行耐酸性试验，试验后防火膨胀密封件应无明显溶蚀、溶胀、粉化、脱落等现象。

6.8.2 耐酸性试验后防火膨胀密封件的质量变化率应不大于 5%。

6.8.3 耐酸性试验后防火膨胀密封件膨胀体的膨胀倍率应不小于初始膨胀倍率 $\bar{n}$。

6.9 耐碱性

6.9.1 按 7.9 规定的方法进行耐碱性试验，试验后防火膨胀密封件应无明显溶蚀、溶胀、粉化、脱落等现象。

6.9.2 耐碱性试验后复合膨胀体的质量变化率应不大于 5%。

6.9.3 耐碱性试验后防火膨胀密封件膨胀体的膨胀倍率应不小于初始膨胀倍率 $\bar{n}$。

6.10 耐冻融循环性

6.10.1 按 7.10 规定的方法进行耐冻融循环性试验，试验后观察复合膨胀体并用玻璃棒按压膨胀体表面，应无明显粉化、脱落现象。

6.10.2 冻融循环试验后防火膨胀密封件膨胀体的膨胀倍率应不小于初始膨胀倍率 $\bar{n}$。

6.11 防火密封性能

防火门用防火膨胀密封件应按其使用说明书规定的安装方法将防火膨胀密封件安装到防火门上，按 7.11 规定的方法试验，防火膨胀密封件使用部位的耐火完整性应符合 GB 7633 的规定。

对于用于其他建筑构件或特定用途的防火膨胀密封件，应按体现其实际应用状态的方式安装试验，试验结果应符合相应建筑构件的产品标准要求。

7 试验方法

7.1 外观

随机抽取防火膨胀密封件样品若干，采用目测方法验证，结果应符合6.1的要求。

7.2 尺寸偏差

随机抽取防火膨胀密封件样品若干，采用游标卡尺测量防火膨胀密封件膨胀体的厚度及宽度，若需测量较大尺寸应使用钢板尺或钢卷尺。每一尺寸分别测量五个数据，取平均值作为测量结果，然后与企业提供的公布值比较，其偏差应符合6.2的要求。

7.3 膨胀性能试验

7.3.1 试样制备

随机抽取防火膨胀密封件样品若干，用壁纸刀或其他工具分割成长度为(100±5)mm的试样，共12件。将制得的试样，放入(60±5)℃的电热鼓风干燥箱中24 h，取出后置于干燥器中冷却至室温。

7.3.2 试验步骤

7.3.2.1 从干燥器中取出一段试样，除掉装饰基材及其他附件。称取膨胀体(应保证厚度方向的结构完整)约2.5 g，称准至0.01 g。置于容积为150 mL的坩埚内，将坩埚放入温度为(750±10)℃的电阻炉中，15 min后取出，冷却后打散，使之通过1.5 mm(10目)标准筛(筛余量为0)。然后用最小分度值为1 mL的量筒测量试样膨胀后的体积。测量时应将量筒内物质摇匀。按式(1)计算膨胀体的膨胀倍率：

$$n = V/G \qquad \cdots\cdots(1)$$

式中：

n——膨胀倍率，单位为毫升每克(mL/g)；

V——试样膨胀后的体积，单位为毫升(mL)；

G——试样质量，单位为克(g)。

7.3.2.2 再重复7.3.2.1规定的试验两次，分别计算膨胀体的膨胀倍率，取三次试验的平均值$\bar{n}$作为试验结果。

7.3.2.3 按式(2)计算膨胀体的膨胀倍率偏差，应符合6.3的要求。

$$\Phi = (\bar{n} - n_0) / n_0 \times 100 \qquad \cdots\cdots(2)$$

式中：

$\bar{n}$——膨胀倍率试验结果值，单位为毫升每克(mL/g)；

n_0——企业公布的膨胀倍率值，单位为毫升每克(mL/g)；

Φ——膨胀倍率偏差，%。

7.4 产烟毒性试验

7.4.1 随机抽取防火膨胀密封件试样一段，长度不小于0.4 m。试验样品应充分体现防火膨胀密封件的实际应用状态，即应包括装饰层及其他相关附件。

7.4.2 防火膨胀密封件的复合膨胀体应按GB 20285—2006规定的试验方法进行产烟毒性危险分级试验，试验结果应符合6.4的要求。

7.5 发烟密度试验

7.5.1 随机抽取防火膨胀密封件试样一段，试验样品应充分体现防火膨胀密封件的实际应用状态，即应包括装饰层及其他相关附件。

7.5.2 防火膨胀密封件的复合膨胀体按GB/T 8627规定的方法进行发烟密度试验；试块为边长25.4 mm的正方形(允许拼装)，试块的厚度应采用实际应用的厚度，试验时应使防火膨胀密封件与门框相连的一侧面向火焰。试验结果应符合6.5的要求。

7.6 耐空气老化性能试验

7.6.1 随机抽取防火膨胀密封件并分割成长度为(100±5)mm的试样三段，置于温度为(70±2)℃的电热鼓风干燥箱内，在鼓风状态下保持168 h，取出置于干燥器内自然冷却至室温。采用玻璃棒按压膨胀体表面，观察试验现象，三个试样都应符合6.6.1的要求。

7.6.2 取经过7.6.1试验合格的试样，除掉试样的装饰基材及其他附件置于干燥器中24 h以上，按7.3.2.1规定的方法测定膨胀体的膨胀倍率，取三次试验数据的平均值作为试验结果，应符合6.6.2的要求。

7.7 耐水性试验

7.7.1 随机抽取经过7.3.1处理的试样三件，取其复合膨胀体分别称重并记录每一试样的质量m_0(精确至0.01 g)；将试样完全浸入自来水中，在(20±5)℃的条件下保持360 h取出。观察试样表面情况，应至少有两件试样符合6.7.1的要求。

7.7.2 将通过7.7.1试验合格的试样在(60±5)℃的电热鼓风干燥箱中烘干24 h，置于干燥器中冷却至室温，称取每一试样的质量m_1。按式(3)计算每一试样的质量变化率η：

$$\eta = (m_1 - m_0)/m_0 \times 100 \quad \cdots\cdots(3)$$

式中：

m_0——耐水性试验前试样质量，单位为克(g)；

m_1——耐水性试验后试样质量，单位为克(g)；

η——试样质量变化率，%。

取试验的平均值作为试验结果，应符合6.7.2的要求。

7.7.3 抽取经过7.7.2试验的试样一件，除掉试样的装饰基材及其他附件，任取三个部位的膨胀体，按7.3.2.1规定的方法测定膨胀体膨胀倍率，取三次试验的平均值作为试验结果，应符合6.7.3的要求。

7.8 耐酸性试验

按7.7规定的方法试验，但应采用5%的盐酸溶液代替自来水进行耐酸性试验，浸泡后先用清水轻轻冲洗再观察或烘干。试验结果应符合6.8的相应要求。

7.9 耐碱性试验

按7.7规定的方法，采用1%的氢氧化钠溶液代替自来水进行耐碱性试验，浸泡后先用清水轻轻冲洗再观察或烘干。试验结果应符合6.9的相应要求。

7.10 耐冻融循环性试验

7.10.1 随机抽取防火膨胀密封件并分割成长度为(100±5)mm的试样三段，按GB 14907—2002中6.4.12规定的方法进行15个冻融循环试验，观察防火膨胀密封件表面并用玻璃棒按压膨胀体表面，应至少有两件试样符合6.10.1的要求。

7.10.2 取经过7.10.1试验合格的试件，在(60±5)℃的电热鼓风干燥箱中烘干24 h，置于干燥器中冷却至室温。除掉试样的装饰层及其他附件，按7.3.2.1规定的方法测定膨胀体膨胀倍率，取三次试验的平均值作为试验结果，应符合6.10.2的要求。

7.11 防火密封性能试验

7.11.1 试验用防火门应选用相应防火等级的双扇防火门，其外形尺寸不小于(宽1 200×高2 100)mm，门扇厚度不大于52 mm。试验前按防火膨胀密封件的使用说明书规定将防火膨胀密封件装设到防火门上并调修防火门使门扇与上门框的配合间隙为(2.5±0.5)mm、门扇与门扇间的配合间隙为(2.5±0.5)mm、门扇与门框其他部位的配合间隙不大于3.0 mm；检查有关防火膨胀密封件使用部位的尺寸与形位公差及必要的五金配件，应符合相应的产品标准要求。在其他与防火膨胀密封件使用位置无关的部位应采取适当措施，避免出现影响防火膨胀密封件防火密封性能的缺陷。

7.11.2 将防火门安装于耐火试验炉上，安装后的防火门应保证启闭灵活性和门扇开启力符合GB 12955—2008的规定；按GB/T 7633规定的方法进行耐火试验，防火膨胀密封件使用部位的耐火完整性指标应符合 GB/T 7633 的规定。

8 检验规则

8.1 出厂检验

8.1.1 检验项目为 6.1、6.2、6.3、6.6、6.7、6.8、6.9。

8.1.2 检验项目中有一项不合格时，则判定该检验批质量不合格。

8.2 型式检验

8.2.1 检验项目

型式检验项目为第 6 章规定的全部内容。

8.2.2 检验时机

有下列情况之一时，应进行型式检验：

a) 新产品试制定型鉴定；

b) 正式生产后若产品结构、材料、工艺有较大的变化并可能影响产品质量时；

c) 正常生产满 3 年后；

d) 停产 1 年以上恢复生产时；

e) 出厂检验结果与上次型式检验结果有较大差异时；

f) 国家质量监督机构提出进行型式检验要求时。

8.2.3 判定规则

在出厂检验合格的防火膨胀密封件产品中随机抽取规定数量的试样，若检验项目全部合格，则判定该批产品为合格品；若有一项不合格(除 6.11 不允许出现不合格外)，则应对同一批试样的不合格项进行两次复验。若两次复验均合格，则综合判定该批产品为合格品；其他情况均判定该批产品为不合格品。

9 标志、包装、运输和贮存

9.1 标志

每箱产品应在明显位置上贴有产品合格证并注明以下内容：

a) 产品名称；

b) 产品型号、规格；

c) 商标(若有)；

d) 产品所符合的标准；

e) 生产厂名称；

f) 生产厂地址；

g) 生产厂联系方式。

9.2 包装

产品宜用纸箱包装，运输包装收发货标志应符合 GB 6388 的规定。随产品应提供如下内容的装箱单：

a) 产品合格证；

b) 装箱日期；

c) 检验员工号；

d) 质量检验部门签章。

应在包装箱外表面显著位置设置不易脱落的标志，并注明“小心轻放”。

9.3 运输

运输中避免碰撞，装卸时应轻抬轻放，防止运输中意外损坏。

9.4 贮存

产品应存放在通风、干燥的库房内，避免与腐蚀等物质共同贮存。

ICS 07.040
A 75

中华人民共和国国家标准

GB/T 16820—2009
代替 GB/T 16820—1997

地图学术语

Terms of cartography

2009-02-06 发布 2009-06-01 实施

中华人民共和国国家质量监督检验检疫总局
中国国家标准化管理委员会 发布

前　言

本标准是对 GB/T 16820—1997《地图学术语》的修订。本标准与 GB/T 16820—1997 相比主要变化如下：

——按照 GB/T 1.1—2000 的要求对标准的格式和体例进行了修改；

——增加了地图信息、认知制图、地图表示方法、图名、四色印刷、网络地图等术语；

——删除了透明原图、编绘原图、地图刻绘、地图清绘、制图专家系统等术语；

——修改了某些术语的名称和定义。

本标准由国家测绘局提出。

本标准由全国地理信息标准化技术委员会归口。

本标准由国家测绘局测绘标准化研究所负责起草。

本标准主要起草人：郭玉芳、马晓萍、吕玉霞、马聪丽、亢伟、段怡红。

本标准所代替标准的历次版本发布情况为：

——GB/T 16820—1997。

引　言

近十年来，计算机技术、地理信息技术、网络技术等高新技术的迅猛发展引发了测绘科学技术的深刻变革，我国积极应对测绘技术变革，已初步建立形成了数字化测绘技术的生产体系。因此，1997年发布实施的GB/T 16820—1997《地图学术语》在某些方面已经不能充分反映当前地图生产与制作技术的客观实际，有必要对该标准进行修订。在本次修订的过程中，增加了新技术发展所产生的新概念、新术语，删除了少部分反映模拟测绘生产方式的术语，修改和完善了术语的定义，并保持相关测绘术语与已修订的GB/T 14911—2008《测绘基本术语》、GB/T 17159—2009《大地测量术语》和GB/T 14950—2009《摄影测量与遥感术语》的协调，从而较全面地反映当前地图学领域的基本面貌。

本标准给出了术语的汉语拼音索引和英文对应词索引。

地 图 学 术 语

1 范围

本标准规定了地图学的基础理论与地图制作技术的术语及其定义。

本标准适用于与地图相关的标准、技术文件、教材、书刊及文献的编写。

2 通论

2.1

地图 map

按照一定的数学法则,使用符号系统、文字注记,以图解的、数字的或多媒体等形式表示各种自然和社会经济现象的载体。

2.2

地图学 cartography

地图制图学

研究地图的信息传输、空间认知、数学基础、可视化、地图设计与编制、数据库等的理论、技术、方法与应用的学科。

2.3

理论地图学 theoretical cartography

研究地图作为地理空间认知和思维工具的理论与机制,并探索地图、读者与现实三者关系的学科。

2.4

应用地图学 applied cartography

研究地图设计、地图编制、地图复制、数字制图的技术和方法、地图分析利用以及地图在各专业领域的应用特点的学科。

2.5

比较地图学 comparative cartography

以不同国家或地区的地图生产技术发展、地图内容的变化和不同社会对地图认识的差异为基础进行分析比较,研究地图对其文化、经济发展的影响,进而研究在地图学领域如何进行国际合作的理论和方法。

2.6

普通地图学 general cartography

研究普通地图的理论、设计、编制技术和应用的学科。

2.7

专题地图学 thematic cartography

研究专题地图的理论、设计、编制技术和应用的学科。

2.8

数学制图学 mathematical cartography

地图投影学

研究地球表面在平面上表示的理论与方法,即研究构成地图数学基础的各种理论与方法的学科。

2.9

地名学 toponomastics;toponomy

研究地名起源、词语特征、含义、演变、分布规律及地名标准化的学科。

2.10

地图学史　history of cartography

研究地图和地图学的产生、历史发展及历史作用的地图学的分支学科。

2.11

地图信息　cartographic information

在地图上表示的时、空关系的内容和数据，可以被读者认识、理解并获得的知识。

2.12

地图信息论　cartographic information theory

研究地图信息的表达、变换、传递、存储和应用的理论。

2.13

地图传输论　cartographic communication theory

从信息论的角度将地图作者、地图和地图读者视为一个整体来研究地图信息传输过程和方法的理论。

2.14

地图模型论　cartographic model theory

将地图作为一种反映客观世界的空间模型(物质和认识上的模型)来看待，并用模型方法来研究地图的性质、解释地图的制作和应用理论。

2.15

地图感受论　cartographic perception theory

研究地图使用者对地图的图形、色彩、尺寸及注记等的感受过程及其特点，分析对图形、图像的心理反映特征与地图的视觉效果的理论。

2.16

地图符号学　cartographic symbology

研究作为地图语言的地图符号分类、系统及其视觉特征，探讨地图符号系统结构和构成规律理论的学科。

2.17

认知制图　cognitive mapping

人脑对空间信息的内部处理机制，包括人脑收集、记录、存储和处理地理环境信息和它们的空间存在的过程，即心象地图形成的过程。

2.18

外业测图　field mapping

外业填图

用实地考察与调查的方法直接获取地理信息并填绘于地图或像片图上的技术过程。

2.19

城市制图　urban mapping

为反映城市状况和发展规则而开展的具有测制立体空间和地下建设等专门技术的测制城市地图以及编制各种城市专题地图的过程与方法。

2.20

遥感制图　remote sensing mapping

通过对遥感影像的判读或遥感影像处理系统对遥感信息进行增强和几何纠正并加以识别、分类、制图的技术。

2.21

地籍测图　cadastral mapping

以地形图或大比例尺测图技术为基础，通过地籍调查（或调绘）、量算界址点坐标和地块面积，并综合在一起表示土地权属内容为主的地籍图成图技术。

2.22

动画制图　animated mapping

动态制图

利用动画技术将多维（特别是时间维）变化的物体和现象表现在屏幕上的制图技术。

2.23

宇宙制图　cosmic mapping

用现代科学技术观测和绘制地球、月球、太阳系、其他星球及已知宇宙的制图技术。

2.24

地图生产　map production

从计划安排、技术设计到生产实施和质量管理的地图制作和印刷全过程。

2.25

地图规范　map specification

地图设计、编绘和复制过程中的规范性技术文件。

2.26

地图图式　specification for cartographic symbols

对地图上所表示的制图要素符号的样式、规格、颜色、注记，以及图廓整饰和使用所作的统一规定。

2.27

地形图图式　specification for topographic map symbols

对地形图上所表示的制图要素符号的样式、规格、颜色、注记，以及图廓整饰和使用所作的统一规定，是测绘标准之一。

2.28

地图更新　map revision

依据相应区域变化的现实状况，修正地图内容以保持地图现势性的工作。

2.29

地图分类　map classification

分别以地图的内容、比例尺、制图区域范围、用途、介质表达形式和使用方法等作标志，将地图区分（或划分）为各种类型或类别。

2.30

地图研究法　cartographic methodology

应用地图研究各种事物和现象的分布规律、质量数量特征和动态变化的方法（包括目视分析、图解分析、地图量测、数理统计分析与数学模型等方法）以及以制图作研究手段进行综合评价、预测预报、区划规划与决策管理的方法。

2.31

地图潜信息　cartographic potential information

通过对地图深入分析与判读可能获得的关于制图对象分布特征与规律的新认识和新知识。

2.32

地图分析　map analysis

对地图所表现的各种内容采用目视、图解、量算、数理统计或模型化等方法进行分析从而揭示制图现象的质量数量特征、分布规律与区域差异及联系的过程。

2.33

地图评价　map evaluation

根据科学性、思想性、实用性与艺术性标准而对地图内容的正确性、完备性、现势性、精确性进行分析并评定其质量的过程。

2.34

地图判读　map interpretation

对地图所表示的各种要素内容，通过阅读、分析、联想、推理或系统组合方法，判断其特征及其分布规律的过程。

2.35

地图利用　map use

通过地图阅读与分析获取所需信息并解决实际问题的方法和过程。

2.36

地图量算　cartometry

在地图上进行量测和计算，以获取地面上有关数据的方法。

2.37

地图质量　map quality

表现在地图精度、地图清晰性、地图易读性、地图现势性、地图艺术性和满足用图需要等方面的综合的优劣程度。

2.38

地图精度　map accuracy

由地图内容的误差大小所决定的地图精确、可靠程度。

2.39

地图复杂性　map complexity

由地图表示内容项目的多少和地图载负量大小所决定的地图内容的复杂程度。

2.40

地图清晰性　map clarity

地图上的符号、色彩、图形及注记被用图者辨认的难易程度。

2.41

地图易读性　map legibility

地图表达的信息被用图者阅读、识别、分析与接受的难易程度。

2.42

地图现势性　map currency

地图内容与现实情况的符合程度。

2.43

地图一致性　map consistency

地图在形式和内容方面的统一和协调。

2.44

基本图形元素　primary graphic element

组成地图符号的最基本的点、线、面、体状符号。

2.45

视觉变量　visual variable

从人的视觉感受来看待基本图形元素，包括形状、尺寸、方向、结构和色彩等的差异程度。

2.46

绝对阈　absolute threshold

能够引起感觉的最小刺激程度。

2.47

差异阈　difference threshold

能够引起差异感觉的刺激之间的最小差别。

2.48

恰可察觉差　just noticeable difference;JND

目视观察时可以区分出差异的最小阈限。

2.49

地图感受　map perception

用图者对地图图形、图像所感受的视觉效果和认识特征。

2.50

感受效果　perceptual effect

视觉变量引起视觉感受的多种效果，一般归纳为：整体感、等级感、数量感、质量感、动态感和立体感。

2.51

动感　innervation

从图形构造上获得一种运动的视觉效果。

2.52

整体感　associative perception

观察由不同基本图形元素组成的一个图形时，由于不同图形元素的视觉变量之间差别不明显，从而给观察者形成整体的视觉效果。

2.53

等级感　ordered perception

将观察对象迅速而明显地分出几个等级的视觉效果。

2.54

数量感　quantitative perception

将观察对象与一个表示数量的标准图形（通常是图例中的符号）相比较而获得数量概念的视觉效果。

2.55

质量感　qualitative perception

将观察对象区分出几种质量差别的视觉效果。

2.56

深度感　depth perception

立体感

观察平面构图时获得的立体视觉效果。

2.57

类别感受　class perception

将观察对象区分出不同类别的视觉效果。

2.58

视觉对比　visual contrast

视觉变量达到的差异程度。

2.59

视觉层次 visual hierarchy

在二维平面上利用颜色的变化、符号的大小、线划的粗细对视觉的不同刺激而产生的远近不同层面的视觉效果。

2.60

视觉平衡 visual balance

观察客体对象各视觉要素(视觉中心、视觉重心、视觉重量)在按一定原则给定的应有地位上,从而达到各要素关系合理、协调,且具有平衡感的视觉效果。

2.61

图形-背景辨别 figure-ground discrimination

人的视觉感受本能地把观察对象分为注视的能看得清的图象和不注视的近乎无形状的周围背景(两者可以互换)的视觉效果。

2.62

分辨敏锐度 resolution acuity

在标准视觉情况下,分辨观察对象细微差别的能力。

2.63

能见敏锐度 visibility acuity

在标准视觉情况下,感知最小对象的能力。

2.64

地图要素 map content element

构成地图内容的基本组成,一般包括数学基础、地理要素和整饰要素等。

2.65

地图语言 cartographic language

由各种符号、色彩与文字构成的表示空间信息的图形视觉语言。

2.66

地图语义 cartographic semantics

地图语言三要素之一。地图符号与制图对象之间的关系,即地图符号所代表的信息含义。

2.67

地图语用 cartographic pragmatics

地图语言三要素之一。地图符号与使用者之间的关系,即地图符号的实用性,包括辨别性、易懂性、便于记忆等。

2.68

地图语法 cartographic syntax

地图语言三要素之一。地图符号与符号之间的关系,即地图符号系统组合的结构方式与规则。

2.69

地图结构 map organization

由数学要素、地理要素、专题要素、辅助要素构成的地图内容组织方式。

2.70

整体结构 extensional organization

由地图内容各要素的综合、协调、载负量等的适合度显示的整体组织方式。

2.71

多层结构 multi-level organization

地图内容在视觉上区分出几个层面的多层组织方式。

2.72

等级结构　hierarchical organization

地理要素(包括专题要素)按各自规定的标准划分等级的组织方式。

2.73

专题层　thematic layer

某一专题要素组织为一个主题(层),该层称为专题层。

2.74

名义量表　nominal scaling

将制图对象按固有特征,即根据性质确定差别而不涉及定量关系表示到地图上的方法。

2.75

顺序量表　ordinal scaling

将制图对象按某一标志排出顺序并表示在地图上的方法。

2.76

等距量表　interval scaling

将制图对象的数据按一定计量单位确定间隔、划分等级并表示在地图上的方法。

2.77

比例量表　ratio scaling

一种有计量单位,也有基准起始点的显示制图对象绝对值并表示在地图上的方法。

2.78

图形记号　graphic sign

未赋予定性和定量含义的用点、线、颜色、文字组成的图形。

2.79

图形符号　graphic symbol

表示地图要素的空间位置及质量和数量特征的特定图形记号或文字。

3　地图投影

3.1

地图投影　map projection

按照一定数学法则,把参考椭球面上的点、线投影到可展面上的方法。

3.2

垂直圈　vertical circle

通过地球椭球面上某一点的大圆。

3.3

等高圈　altitude circle

垂直于垂直圈的小圆。

3.4

主方向　principal direction

具有极值长度比的两个方向。

3.5

方位角　azimuth

子午面和天体垂直面间的两面角。

3.6

方向角　direction angle

以一特定方向起始按顺时针所量得某方向线的水平角。地图投影中,一般以某一主方向为起始方向。

3.7

主比例尺　principal scale

普通比例尺

地图投影中规定地球椭球体缩小的比率。通常用图解形式、文字说明或分子为1的分数形式表示。

3.8

局部比例尺　local scale

受地图投影变形的影响，地图上某些部分不等于主比例尺的比例尺。

3.9

等角航线　loxodrome; rhumb line

斜航线

恒向线

地球椭球体表面上与地理经线处处保持相同方位角的曲线。

3.10

大圆航线　great-circle courses

正航线

大圆圈线

沿地球椭球体表面任何大圆的一段弧线，是地球表面上两点间的最短距离。

3.11

长度比　proportion of length

地球椭球面上微分线段投影后的长度与其球面上原有的长度之比。是衡量地图投影长度变形大小的一种数量指标。

3.12

极值长度比　maximum and minimum proportion of length

极大长度比与极小长度比的总称。是衡量地图投影变形大小的一种数量指标。

3.13

面积比　proportion (ratio) of area

地球椭球面上微分面积投影后的大小与其球面上原有的面积之比。是衡量地图投影面积变形大小的一种数量指标。

3.14

等角条件　equiangular condition

地球椭球面上微分区域内任意两方向间的夹角投影到平面上后保持角度不变的条件。

3.15

等距离条件　equidistant condition

在经纬线或垂直圈、等高圈投影后为正交的投影中，沿经纬（或垂直圈）的长度投影后保持不变的条件。

3.16

等面积条件　equiareal condition

地球椭球面上的微分面积与投影面上相应的面积保持相等的条件。

3.17

变形椭圆　indicatrix ellipse

底索(Tisot)曲线

地球椭球面上一个微分圆在地图平面上的投影，是一种显示投影变形的几何图形。

3.18

等变形线　distortion isogram

变形值相等的各点的连线。用以显示地图投影变形大小和分布状况。

3.19

投影变形　distortion of projection

地球椭球球面投影到平面(可展曲面)后所产生的长度变形、面积变形和角度变形的总称。

3.20

角度变形　distortion of angle

地图投影中角度值大小所发生的变化,是地图上角度和实地相应角度之差。是衡量地图投影角度变形大小的一种数量指标。

3.21

长度变形　distortion of distance

地图投影中长度值大小所发生的变化。是长度比与1之差。是衡量地图投影长度变形大小的一种数量指标。

3.22

面积变形　distortion of area

地图投影中面积大小所发生的改变。是面积比与1之差。是衡量地图投影面积变形大小的一种数量指标。

3.23

投影变换　projection transformation

将一种地图投影点的坐标变换为另一种地图投影点的坐标的过程。

3.24

标准纬线　standard parallel

地图投影中保持无变形的纬线。

3.25

经纬网　fictitious graticule

地理坐标网

将地球椭球体面用一定间隔划分经线与纬线所形成的网格。

3.26

方里网　kilometer grid

公里网

按平面直角坐标系的一定纵横间距,在地图上划分的格网。因网格间隔通常按千米(公里)为单位,故名。

3.27

邻带方里网　grid of neighboring zone

在投影带边缘图幅上绘制的相邻投影带的坐标网。

3.28

三北方向　three-north direction

真北方向、磁北方向和坐标北方向三者简称为三北方向。

3.29

底索定律　Tisot′s theorem

法国数学家底索系统阐述的定律,其内容是:在地图投影中无论采用何种转换方法,球面上每一点至少有一对正交方向线,在投影平面上仍能保持其正交关系。

3.30

等角投影　conformal projection

正形投影

相似投影

在一定范围内,投影面上任何点上两个微分线段组成的角度投影前后保持不变的一类投影。

3.31

等面积投影　equiareal projection

地图上任何图形面积经主比例尺方法后与实地相应的图形面积保持大小不变的投影。

3.32

等距离投影　equidistant projection

沿经圈或垂直圈方向的距离,投影前后保持不变的一种任意投影。

3.33

任意投影　arbitrary projection

角度变形、面积变形和长度变形同时存在的一种投影。

3.34

圆柱投影　cylindrical projection

以圆柱面为承影面的一类投影。假想用圆柱包裹着地球且与地球球面相切或相割,将经纬网投影到圆柱面上,再将圆柱面展开为平面而成。

3.35

圆锥投影　conic projection

以圆锥面为承影面的一类投影。假想用圆锥包裹着地球且与地球相切或相割,将经纬网投影到圆锥面上,再将圆锥面展开为平面而成。

3.36

方位投影　azimuthal projection

天顶投影

以平面为承影面的投影。假想用一个平面与地球相切或相割,将球面上的经纬网投影到平面上,能保持由投影中心到任意点的方位与实地一致的投影。

3.37

伪圆柱投影　pseudo-cylindrical projection

系按一定的条件修改圆柱投影而得。在正轴投影中,纬线为相互平行的直线,中央经线为垂直于各纬线的直线,其余经线均为对称于中央经线的曲线。

3.38

伪圆锥投影　pseudo-conic projection

系修改圆锥投影的经线而得。在正轴投影中,纬线为同心圆弧,中央经线与所有纬线正交,其余经线为凹向中央经线之曲线。

3.39

伪方位投影　pseudo-azimuthal projection

系修改方位投影的经线而得。在正轴投影中纬线为同心圆,经线为对称于中央经线的曲线,且交于纬线的圆心;在横轴和斜轴投影中经纬线为复杂的曲线。

3.40

多圆锥投影　polyconic projection

假想用一系列同轴圆锥切于地球各纬线上,将地球上的经纬线投影到各圆锥面上,然后沿某一母线展开而成。

3.41

透视投影　perspective projection

以几何透视方法获得经纬网的一种投影。随着视点位置的不同，而分为球心投影、球面投影、外心投影和正射投影等。

3.42

正射投影　orthographic projection

一种任意性质的透视方位投影。承影面切于球面，视点位于无限远处，投影线相互平行且均垂直于承影面。

3.43

外心投影　external perspective projection

一种任意性质的透视方位投影。承影面切于球面，视点位于过切点的直径的外延线上。

3.44

球面投影　stereographic projection

等角透视方位投影之一。承影面切于球面，视点位于切点的对蹠点上，投影平面垂直于过视点的直径。

3.45

球心投影　gnomonic projection

日晷投影

大环投影

一种任意性质的透视方位投影。视点位于地球球心，承影面与地球球面相切，投影平面与通过视点的直径相垂直。

3.46

派生投影　derived projection

衍生投影

给原已知投影增加新的投影条件而产生的一种地图投影。

3.47

正轴投影　normal projection

指投影时承影面的轴与地轴相一致的一类投影。投影面为平面时，该面与地球自转轴垂直；投影面为圆柱面或圆锥面时，其中心轴与地球自转轴重合。

3.48

横轴投影　transverse projection

指投影时承影面的轴与地轴垂直的一类投影。投影面为平面时，该面垂直于赤道某一直径；投影面为圆柱或圆锥面时，其中心轴与赤道某一直径重合。

3.49

斜轴投影　oblique projection

指投影时承影面的轴与地轴斜交的一类投影。投影面为平面时，该面的法线与地球自转轴斜交；投影面为圆柱或圆锥面时，其中心轴与地球自转轴斜交。

3.50

组合投影　homeotheric projection

制作较大区域地图时，将制图区域分成几块，由每块单独采用一种投影所构成的一种新的地图投影。

3.51

多焦点投影　polyfocal projection

在一幅地图中，设有多个投影中心，且自投影中心向四周辐射，比例尺逐渐连续变化的一种投影。

3.52

变比例投影　variscale projection

采用数学或几何方法，使地图图面比例尺发生大小变化，以突出某些重要的局部地区图形的投影。

3.53

分瓣投影　interrupted projection

采用不同的中央经线在非主要部分裂开，然后又在赤道连接的一种投影。

3.54

正弦投影　sinusoidal projection

纬线为平行线，中央经纬为直线，其余经线为正弦曲线的一种投影。是等面积投影中的特例。

3.55

双标准纬线投影　projection with two standard parallels

投影后具有两条标准纬线的投影。即正轴(等角或等面积)割圆锥或圆柱投影，通常是指正割圆锥投影。

3.56

高斯-克吕格投影　Gauss-Krueger projection

高斯投影

正轴等角横切椭圆柱投影。由德国数学家、天文学家高斯(C. F. Gauss)拟定，德国大地测量学家克吕格(J. Krüger)补充而成。假想用一个椭圆柱横切于椭球面上某投影带的中央子午线，将中央子午线两侧一定经差范围内的经纬线交点按等角条件投影到椭圆柱上，并将此圆柱面展为平面而成。其投影带中央子午线投影成直线且长度不变，赤道投影也为直线，并与中央子午线正交。

3.57

墨卡托投影　Mercator projection

正轴等角圆柱投影。由荷兰地图学家墨卡托(G. Mercator)于1569年创拟。假想一个与地轴方向一致的圆柱切于或割于地球椭球体面，按等角条件，将经纬网投影到圆柱面上，将圆柱面展为平面而成。投影后经线是一组竖直的等距离平行直线，纬线是垂直于经线的一组平行直线。

3.58

通用横轴墨卡托投影　Universal Transverse Mercator projection; UTM

横轴等角割椭圆柱分带投影。假想椭圆柱面与地球椭球面横割于对称于中央经线的两个小圆上，按经差6°分带单独投影，除赤道和中央经线为直线外，其余经纬线为对称于它们的轴线，且相互正交。

3.59

通用极球面投影　Universal Polar Stereographic projection; UPS

一种正轴等角割方位投影。美国于1948年设计的专用地形图投影，用于南北纬80°以上的地区。

3.60

彭纳投影　Bonne's projection

一种等面积伪圆锥投影。由法国彭纳(R. Bonne)于1725年创拟。其纬线为同心圆弧且无长度变形，中央经线为同心圆的半径且无长度变形，其他经线为对称于中央经线的曲线。

3.61

格灵顿投影　Grinten's projection

任意性质的多圆锥投影。由美国格灵顿(Vander Grinten)于1909年创拟。该投影的中央经线和赤道为一对正交直线，且赤道长度无变形，其余经纬线为对称于赤道和中央经线的圆弧。

3.62

阿尔伯斯投影　Albers' projection

一种正轴等面积割圆锥投影。由阿尔伯斯于1805年创拟。

3.63

兰勃特投影　Lambert projection

通常指兰勃特等面积方位投影，由德国数学家兰勃特于1772年拟定。此外还有兰勃特等面积圆柱投影和兰勃特等面积圆锥投影。

3.64

普通多圆锥投影　ordinary polyconic projection

一种任意性质的多圆锥投影。由美国海斯勒于1802年创拟。该投影的赤道和中央经线为直线，纬线为与中央经线正交的司轴圆弧，均无长度变形，其余经线为对称于中央经线的曲线。

3.65

反方位投影　retroazimuthal projection

反等方位投影

等方位线能投影成直线的一种投影。

3.66

多重透视方位投影　multiple perspective azimuthal projection

透视方位投影的一种。该投影以透视投影原理为基础，引用了共同切于投影中心的若干辅助球面，将地球表面用透视投影方法逐次投影到辅助球面上，最终投影到平面上。

3.67

空间投影　spatial projection

按照一定的数学法则，将由卫星探测器获取的地理信息变换为平面图像的方法。

3.68

空间斜墨卡托投影　spatial oblique Mercator projection

圆柱中心轴垂直于卫星轨道平面的一种斜轴伪圆柱投影。适用于沿卫星轨道方向伸展的狭窄区域的地图制图。

4　地图编制

4.1

地图编制　map compilation

地图编绘

将各种资料或数据汇集并编辑成一幅符合成图要求的地图全过程。

4.2

等高线　contour

地面高程相等的各相邻点所连成的曲线在平面上的投影。

4.3

等高距　contour interval

地图上相邻等高线的高程差。一幅图上等高距固定不变的为固定等高距；根据高程而变化的为可变等高距。

4.4

首曲线　intermediate contour

基本等高线

从高程基准面起算，按固定等高距表示的等高线。

4.5

计曲线　index contour

加粗等高线

为便于判读，从高程基准面起算，每隔四条(或三条)首曲线加粗表示的一种等高线。

4.6

间曲线　half-interval contour

半距等高线

按 1/2 固定等高距表示的等高线。

4.7

助曲线　quarter contour

1/4 距等高线

按 1/4 固定等高距表示的等高线。

4.8

示坡线　slope line

垂直于等高线上的,用于指示斜坡降落方向的短线。

4.9

等深线　depth contour

深度相等的各相邻点所连成的曲线在平面上的投影。

4.10

地貌　relief

地球表面起伏形态的总称。

4.11

地物　physical object

地球表面上各种固定性物体:可分为自然地物和人工地物。

4.12

地形　topography

地貌和地物的总称。

4.13

地图表示方法　cartographic representation

地图上表达各类制图对象的质量、数量及动态变化特征的基本方法。

4.14

分层设色法　hypsometric tending method

将制图对象按数值等级划分,逐级设置不同颜色表示制图对象数量、质量特征的方法。

4.15

分层设色表　graduation of tints

用分层设色法表示制图对象时,按一定色彩变化或视觉感受规律,为各数值带设计的色系表。

4.16

地貌晕渲法　hill shading

以色调的明暗、冷暖变化,表示地面起伏形态的方法。

4.17

写景法　scenography

利用透视绘画的方式表示地面起伏形态的方法。

4.18

运动线法　arrowhead method

动线法

用不同宽度和长度的箭形符号表示制图对象的移动变迁方向、路线及其数量特征的方法。

4.19

点值法 dot method

点数法

用代表一定数值的大小相等、形状相同的点,反映制图对象的分布范围、数量特征和密度变化的方法。

4.20

等值线法 isoline method

用一组数值相等各点连成的连续曲线来表示连续而布满整个制图区域的面状分布的制图对象数量特征渐变的方法。

4.21

范围法 area method

面积法

区域法

用轮廓线、颜色、纹理、注记及符号等方法表示呈面状分布制图对象的分布范围及状况的方法。

4.22

质底法 qualitative color base method

质量底色法

以色彩、晕线或面状符号表示连续或布满整个制图区域内各种制图对象质量特征的方法。

4.23

量底法 quantitative color base method

数量底色法

以色彩、晕线或面状符号表示连续或布满整个制图区域内各种制图对象数量特征的方法。

4.24

定位统计图表法 locating diagram method

定位于制图区域内某些点位上,以相同类型的统计图表,表示制图区域内制图对象数量及其内部结构或周期性数量变化的方法。

4.25

分区统计图表法 regional diagram method

以一定区划为统计单元,用统计图表表示各区划单位内制图对象的数量及其结构的方法。

4.26

分区统计图法 cartogram method;choloplethic method

等值区域法

以一定区划为单元,根据各区制图对象的数量平均指标进行分级,并用相应色级或不同疏密晕线表示该对象在不同区划单位的差别的方法。

4.27

网格表示法 grid method

在制图区域内覆盖等大的网格,以网格为单位表示地图要素质量或数量特征,并用色彩或图案网纹区分的方法。

4.28

块状图 block diagram

用透视法绘制的局部立体图。

4.29

剖面图 profile

以垂直于地表面的截面切割地面以反映地面起伏曲线或内部构成的图形。

4.30

斜截面图法　oblique trace

以与地表面成倾斜角的连续截面切割地面，形成一组地面起伏曲线，以反映地面起伏的立体显示方法。

4.31

透视截面图法　perspective trace

以透视法规则绘制的剖面图反映地面起伏的方法。

4.32

地图比例尺　map scale

地图上某一线段的长度与地面上相应线段在投影面上的长度之比。表现形式有数字式、文字式和图解式。

4.33

坡度尺　slope scale

在地图上量算地图坡度的图解尺。

4.34

地图注记　annotation

地图上文字和数字的通称。地图注记由字体、字大（字级）、字隔、位置、排列方向及色彩等因素构成。

4.35

地图符号　map symbol

地图上各种图形、记号和文字的总称。由形状、尺寸、定位点、文字、色彩等因素构成。

4.36

点状符号　point symbol

用来表示可视为点的地物或现象的符号。符号的大小与地图比例尺无关但具有定位特征。

4.37

线状符号　line symbol

用来表示可视为线的地物或现象的符号。符号沿着某个方向延伸的长度与地图比例尺有关。

4.38

面状符号　area symbol

用来表示呈面状分布的地物或现象的符号。符号的范围同地图比例尺有关。

4.39

抽象符号　abstract symbol

制图对象本身无形状而根据意象概括而成的意象符号。

4.40

象形符号　drawn symbol

根据制图对象的形态概括而成的符号。

4.41

地图设计　cartographic design

通过创意、实验，确定新编地图的内容、形式及其生产技术流程的工作。

4.42

地图编辑　map editing

对制图对象所进行的制图综合、图形编辑、符号化处理等工作。

4.43

地图复制　map reproduction

用手工、照相、数字或印刷方法仿制地图原稿的过程。

4.44

地图载负量　map load

地图负载量

地图上单位面积内符号和注记面积的总和。

4.45

地图容量　map capacity

地图上所含内容与信息的数量。地图载负量相同，但表示方法不同，则容量可不同。

4.46

制图综合　cartographic generalization

制图概括

按照一定的规律和法则，通过选取、化简、夸大和移位等方法，对制图对象的质量、数量及图形等特征进行处理，用以反映制图对象的基本特征和典型特点及其内在联系的过程。

4.47

制图综合指标　index of cartographic generalization

根据地图用途、区域特点和制图对象所制定的制图综合量化指标。

4.48

制图对象　cartographic object

地图上所要表示的客观存在。

4.49

选取指标　index for selection

选取标准

对制图对象取舍时规定的入选质量或数量资格，如最小尺寸、最低等级等。

4.50

选取限额　norm for selection；select limit

对制图对象取舍时规定的一种定额(限量)。

4.51

制图分级　cartographic hierarchy

根据制图对象的质量特征和数量特征划分等级的过程。

4.52

选取　cartographic selection

取舍

制图综合方法之一。根据制图综合指标选择表示地物的过程。

4.53

化简　cartographic simplification

图形简化

制图综合方法之一。运用删除、合并、分割等方法简化制图对象图形的过程。

4.54

夸大　cartographic exaggeration

制图综合方法之一。对地图上需要突出表示的制图对象在形状特征和图形上加以夸大表示的过程。

4.55

移位 cartographic displacement

制图综合方法之一。根据制图综合法则对地图符号位置的合理移动的过程。

4.56

制图综合样图 specimen of cartographic generalization

根据图式以及规范规定的制图综合指标制作的典型地区全要素或单要素示范图样。

4.57

标描 cartographic marking

对制图资料进行内容加描与综合的过程。

4.58

制图资料 cartographic data

编制地图所需要的各类资料,包括测量控制资料、地图资料、航天航空影像资料、统计文字资料及其他多媒体资料等,制图资料一般分为:基本资料、补充资料和参考资料。

4.59

编辑准备 compilation preparation

进行地图制作前的一系列准备工作。可包括地图设计、制图资料收集与选择、制图区域的研究和设计书的拟定等。

4.60

地图内容转绘 cartographic transfer

将所需地图内容由资料图补充到新编图的过程。

4.61

地图修编 map maintenance

利用地图编绘技术对地图内容进行补充更新的过程。

4.62

印刷原图 original drawing for printing

出版原图

满足印刷要求的地图图件。

4.63

地图符号化 cartographic symbolization

制图对象或数据按地图图式规定的符号表示为图形的过程。

4.64

作者原图 author original

专业作者为编制专题地图而提供的内容较完备的专题地图图稿。

4.65

图组 map group

图集中具有相同类别或主题的一组地图。

4.66

序图 preface

地图集中的第一组图或图组中的第一幅图,通常用于概述地图集或图组制图区域周边环境和主题内容。

4.67

设计样本 design sample

为评价设计效果制作的,表达地图集的编排结构、图面配置、表示方法、装帧方式等大或缩小样图集。

4.68

地图装潢设计　map decoration design

设计与地图内容相称的、可供观赏的或引人注目的东西来装饰或点缀地图(集)的外观,包括封皮和装帧等的设计。

4.69

地图装帧　map binding

将单张地图按页码顺序整理、装订成册并加封皮的过程。地图装帧分精装与简装。精装指封面为特制的硬壳,简装为软封面且一次裁切成册。

4.70

图幅　map sheet

反映一定区域的地图内容,并赋于图名、图号的一幅地图,可为单张或多张图组成。

4.71

地图分幅　map subdivision

按一定规格将广大地区的地图划分为一定尺寸的若干张单幅地图并赋于图名的过程。主要按经纬线分幅和按坐标线分幅。

4.72

图幅接边　sheet matching

相邻图幅边缘要素的衔接过程。

4.73

图幅拼接　sheet join

将若干相邻图幅组成一幅地图的过程。

4.74

图幅编号　sheet designation;sheet number

每幅地图的代号。常用行列编号法、经纬度编号法和自然序数编号法。

4.75

图名　map title

地图的名称。

4.76

图幅接合表　index diagram;sheet index

接图表

标明某一地区的多幅图或分幅图的各图幅的相关位置的略图。

4.77

图廓　neat-line

一幅图的范围线。分为内图廓线(又称实际范围线)和外图廓线(又称整饰范围线)。

4.78

图廓尺寸　neat-line dimension

一幅图的内图廓的大小。

4.79

图例　legend

对地图内所使用的图式符号的解释。

4.80

图面配置　map layout

地图上所有辅助要素(如图名、图例、插图、附图、文字说明等)在图面上的位置及大小的布置过程。

4.81

地图整饰　map decoration

地图编制中美化地图外貌及规格化的各种技术工作。

4.82

图廓整饰　neat-line decoration

按地图图式要求对图廓线周围进行的修饰整理工作。

4.83

制图精度　cartographic accuracy

相对制图规范要求，编制地图过程中各工序如展绘数学基础、线划描绘、制图综合等的准确程度。

4.84

图历簿　mapping recorded file

记录地图生产过程中有关技术、资料、质量和问题处理等内容的技术档案。

4.85

地名　toponym；geographic name

地理实体的专有名称。

4.86

地名标准化　standardization of geographic name

由专门机构为某一地理实体的一个或几个名称及其准确的书写形式和使用条件所作的规定。

4.87

异地同名　homonym

两个或多个地理实体采用了相同的地名。

4.88

历史地名　historical name

历史文献中可以找到，现在不再使用的地名。

4.89

外来语地名　exonym

具有官方地位的某种语言对境外地理实体使用的名称。如 Londres 是英语 London 的法语名称。

4.90

惯用名　conventional name

自然名称

与地名标准化规则不一致或与政府部门核定的名称不一致，但因历史遗留或为群众广泛使用而仍然存在的名称。

4.91

地名正名　orthography of geographic name

由政府部门核定的地物、地貌的正式名称。

4.92

地名副名　variation of geographic name

在具有地名正名的情况下，又同时存在的惯用名。

4.93

地名通名　general geographic name

地理通名

用于说明地物、地貌的通用名称，如山、河、湖、县、乡、村等。

4.94

地理专名　specific geographic name

区别于其他地物、地貌的特定名称。如黄河中的“黄”为地理专名。

4.95

地名调查　geographic name survey

对特定区域内的地名进行收集,记录及处理的一系列活动。

4.96

地名音译　transcription of geographic name

采用语音相近的译写方法,将一种文字的地名翻译成另一种文字的地名的过程。

4.97

地名意译　translation of geographic name

根据一种文字的地名含意翻译成另一种文字地名的过程。

4.98

地名雅化　geographic name refinement

用较文雅的名称取代粗俗的地名。

4.99

地名转写　transliteration of geographic name

根据一种文字地名的字形(不管其读音或含意)用另一种文字的同形字代替或近似转换的方法翻译地名的过程。

4.100

地名准则　toponymic guideline

用于实现地名标准化的规则。

4.101

地名混译　mixed translation of geographic name

同时采用二种以上的地名翻译法,将一种文字的地名翻译成另一种文字的过程。

4.102

地名索引　index of geographic name

按顺序编排的地名表。

4.103

地名录　gazetteer

地名手册

按字母或其他顺序编排的地名表,表中附有地名所在位置、地形实体类型和其他说明性的资料。

5　计算机地图制图

5.1

计算机地图制图　computer cartography

数字地图制图

利用计算机软、硬件进行地图编制的过程与方法。

5.2

地图编辑系统　cartographic editing system

基于计算机并具备数字地图编辑、处理、输出等功能的软件系统。

5.3

计算机制图综合 computer cartographic generalization

计算机地图概括

在地图数据库支持下,利用制图综合的模型、算法和规则,由计算机实现地图内容要素的取舍、合并、图形概括、移位和特征部位夸大表示的过程。

5.4

地理信息系统 geographical information system;GIS

在计算机软硬件支持下,把各种地理信息按照空间分布,以一定格式输入、存贮、检索、更新、显示、制图和综合分析的技术系统。

5.5

地图数据库 map data base

按照预定结构组织成的地图数据集合。

5.6

地理数据库 geographic data base

按照预定结构组织成的自然地理和人文地理要素的数据集合。

5.7

地名数据库 geographic name data base

按照预定结构组织成的各种地名信息数据集合。

5.8

地图符号库 map symbol base

按照预定结构组织成的供地图编制选用的各种地图符号的数据信息的集合。

5.9

地图字库 map verbal base

按照预定结构组织成的供地图注记、图例及地图说明时选用的各类汉字或外文字母的信息的集合。

5.10

地图色彩库 map color base

按照预定结构组织成的各种地图色彩要素的数据信息的集合。

5.11

地图制图软件 cartographic software

用计算机语言及指令所编写的各种地图制图程序的总称。

5.12

数据采集 data capture

从各种数据源获取地图数据的技术过程。

5.13

矢量数据 vector data

以坐标或有序坐标串表示的空间点、线、面等图形数据及与其相联系的有关属性数据的总称。

5.14

栅格数据 raster data

将地理空间划分成按行、列规则排列的单元,且各单元带有不同"值"的数据集。

5.15

图形数据 graphic data

表示地理实体的位置、形态、大小和分布特征以及几何类型的数据。

5.16

属性数据　attribute data

描述地理实体质量和数量特征的数据。

5.17

集成数据　integrated data

综合数据

集矢量数据、栅格数据二者为一体的混合型数据。

5.18

信息属性　information attribute

各种信息的本质特性或特征。

5.19

地图数字化　map digitizing

从模拟地图到数字地图转换的过程。

5.20

地图扫描数字化　map scanning digitizing

地图数字化方法之一。即利用扫描仪将地图图形或图像转换成栅格数据的方法。

5.21

地图数据编码　map data encoding

根据一定地图数据结构和目标定性特征，将数据转换为代码或编码字符，在数据传输中表示数据组成并作为传递、接受和处理的一组规则和约定。

5.22

地理编码　geocoding

为识别地理实体的属性特征和几何坐标而建立的数据编码，是地理信息系统中用于空间信息分析的数据编码。

5.23

地理格网　geographic grid

按照一定的数学法则对地球表面进行划分而形成的格网。

5.24

识别码　identification code

用来识别地图点、线、面基本元素特征的代码。

5.25

特征码　feature code

用来表示地图要素类别、级别等分类特征和其他质量、数量特征的代码。

5.26

特征码清单　feature code menu

使用手扶跟踪数字化仪时，对地图要素编码的一种方法。即在数字化仪的台面上开辟一个区域，并在该区域内划分若干小方格，每个小方格代表地图的一种图例。

5.27

数据项　data item

可以引用的最小的命名数据单位。它是一个简单量，可以是一个数或一个字符串。

5.28

数据层　data layer

将地图数据按照一定规则分组形成的数据集，可以是矢量数据，也可以是栅格数据等。

5.29

数据分类　data classification

按照某些确定的规则，将数据分离成组的过程。

5.30

数据编辑　data editing

将输入系统的数据进行校验、检查、修改、重新编排、处理、净化、组织成符合地图设计要求的数据加工过程。

5.31

图面自动注记　map automatic lettering

使用字符信息处理系统自动实现地图注记的过程。

5.32

数据转换　data transfer

将数据从一种表示形式变为另一种表示形式的过程。

5.33

空间数据转换　spatial data transfer

将空间数据从一种表示形式转变为另一种表示形式，而不改变数据所负载的信息的过程。

5.34

数据更新　data revision;data update

对数据进行的添加、删除或修改。

5.35

数据索引　data index

数据库中每个文件前存放的每个记录的标号和摘录的总称。

5.36

数据样品　data sample

在离散的时间间隔中所取得的信息数据。包括模拟数据和数字数据。

5.37

数据格式　data format

数据保存在文件或记录中的编排格式。

5.38

数据字典　data dictionary

描述数据库中各数据属性与组成的数据集合。

5.39

数据组织　data organization

按照一定的方式和规则对数据进行归并、存储、处理的过程。

5.40

拓扑检索　topological retrieval

从存储的数据中查找和选择具有一定的拓扑关系的数据的操作或过程。

5.41

数据质量控制　data quality control

采用一定的技术措施，使数据在采集、存贮、传输中满足相关的质量要求的工艺过程。

5.42

位置精度　positional accuracy

空间点位的坐标值与其真实坐标值的符合程度。

5.43

属性精度　attribute accuracy

所获取的属性值(或编码值)与其真实值的符合程度。

5.44

逻辑一致性　logical consistency

逻辑兼容

空间数据在逻辑关系上的一致性。

5.45

拓扑关系　topological relation

满足拓扑几何学原理的各空间数据间的相互关系,即用结点、弧段和多边形所表示的实体之间的邻接、关联和包含等关系。

5.46

数字化文件　digital file

地图资料进行数字化而产生的原始文件。包含地图要素的特征码和特征点位的平面坐标。

5.47

绘图文件　plot file

由绘图指令集合组成的、控制自动绘图机绘图的文件。

5.48

地图数据结构　map data structure

构成地图内容诸要素的数据集之间的相互关系和数据记录的编排组织方式。

5.49

网格结构　grid structure

以格网单元为基础的地理空间数据的组织方式。

5.50

多边形结构　polygon structure

以点、线、面等图形元素为基础的空间数据的组织方式。

5.51

拓扑结构　topological structure

根据拓扑关系进行空间数据编排的组织方式。

5.52

栅格结构　raster structure

以栅格矩阵为基础的地理空间数据的组织方式。

5.53

矢量结构　vector structure

以矢量数据为基础的地理空间数据的组织方式。

5.54

混合结构　hybrid structure

集矢量结构与栅格结构性质为一体的数据结构。

5.55

数字图像　digital image

以数字记录形式表示的图像,其数字单元为像元。

5.56

数字图像处理　digital image processing

用计算机对数字图像信息进行处理的一门技术。

5.57

数字地图目标　digital cartographic object

地图要素或一个实体全部或部分的数字表示，包括简单（基本）目标、复合目标和复杂目标。

5.58

数字地图模型　digital cartographic model

表示地图要素或制图处理的数字模型。

5.59

数字地形模型　digital terrain model; DTM

数字地面模型

地球表面形态的数学表述或数字表述，是地形地貌空间的特征的数字表征。

5.60

曲线内插　curve interpolation

根据分段建立的代数多项式，通过曲线上的已知点并保持该已知点上一阶或二阶导数连续，按一定步距计算加密点的方法。

5.61

曲线光滑　line smoothing

通过曲线内插程序计算加密点，连接各相邻点而获得光滑曲线的方法。

5.62

格网法　grid method

自动绘制等值线图的方法之一，即以格网点高程数据或将离散高程数据过渡为格网数据作为原始制图资料，并在格网边上内插等值点，自动追踪并连接各等值点从而绘成光滑曲线的方法。

5.63

三角网法　triangulation network method

自动绘制等值线图的方法之一，即直接根据离散分布的数据点按一定条件建立不规则形状的三角形网，并在三角形边上内插等值点，自动追踪等值点、连接各等值点，从而绘成光滑曲线的方法。

5.64

图形元素　graphic element

数字制图中的点、线、面状要素。

5.65

任意比例尺　arbitrary scale

计算机制图中可以用区别于常规比率进行地图数据的输入、输出的一种比例尺。

5.66

地图显示　map display

利用计算机技术将地图内容展现在屏幕上的过程。

5.67

地图叠置分析　map overlay analysis

地图覆盖分析

将不同层的地图要素相重叠，使得一些要素或属性相叠加，从而获取新信息的方法。包括合成叠置分析和统计叠置分析。

5.68

三维显示　three-dimensional display

将立体图像以平面投影图或透视图的形式在平面上表现出来的过程。

5.69

三维地景仿真 three-dimensional landscape simulation

虚拟地景

以基础地理数据或专题数据为依据，用计算机生成某地区地景三维图像的技术。

5.70

虚拟现实 virtual reality

由计算机生成的可与用户在视觉、听觉、触觉上实施交互，并使用户有身临其境之感的人造环境。

5.71

动态地景模拟 dynamic simulation of landscape

利用计算机将所生成的三维图像，随使用者（操作者）视点的移动而相应改变图像技术，用来模拟实地观察的场景。

5.72

开窗 windowing

在给定范围（窗口）内显示或提取数据库中部分数据的过程。

5.73

剪裁 clipping

以窗口为界剪去超出显示屏边界的图形部分的过程或功能。

5.74

分层 layering

按照一定规则，对地图数据进行分组的过程。

5.75

叠加 overlay

使预先生成并存储的图形、属性特征等被调用并叠合在一个基本图形上的过程或方法。

5.76

接边 edge matching

为使相邻图幅数字化数据连接组成连续统一的图幅数据体，对图幅边缘对应实体的数据进行匹配处理的过程或方法。

5.77

可视化 visualization

在计算机动态、交互的图形技术与地图学方法相结合的基础上，为适应视觉感受与思维而进行的空间数据处理、分析及表示的过程。

5.78

引导 steering

用户实时处理数据可视化的一种主动方法。

5.79

扫描 scanning

利用扫描仪、电分机等设备将图像信息输入计算机的过程。

5.80

地图输出 map output

采用图形输出设备，将数字地图或经过计算机编辑和地图概括处理的地图进行输出的过程。

5.81

自动绘图 automatic plotting

利用计算机对地图数据进行编辑加工并控制绘图仪自动绘出所需地图的过程。

5.82

矢量绘图　vector plotting

采用矢量绘图机按照相邻点的坐标增量进行绘图的地图输出方式。

5.83

栅格绘图　raster plotting

采用栅格式绘图机根据栅格像元的灰度值进行绘图的地图输出方式。

5.84

激光绘图　laser plotting

采用激光绘图机进行绘图的地图输出方式。

5.85

绘图机步距　plotter resolution

绘图机步长

绘图机在步进马达或其他数字机械装置的驱动下在 X 轴或 Y 轴方向上所能完成的最小移动量。

5.86

隐藏线　hidden line

计算机绘制立体图时，被另一部分图形所遮蔽的图形线条。

6　地图印刷

6.1

地图印刷　map printing

地图印制

利用印刷技术复制地图的工艺过程。

6.2

直接制版　computer-to-plate;CTP

将已排版的数字页面文件由主计算机直接输出到激光制版机的过程，免除了底片的制作。

6.3

栅格图像处理器　raster image processor;RIP

将页面描述语言所描述的版面信息解释转换成可供输出设备输出的数据信息，并将其输出到指定的输出设备上的软件。RIP 是数字印前处理的核心软件。

6.4

计算机照排系统　computerized phototypesetting system

由字符及排版指令输入装置、校改装置、校样输出装置、控制装置及照排主机等组成的成套排版设备。

6.5

地图制版　map platemaking

将地图印刷原图复制成印版的工艺过程。

6.6

平版印刷　planography;lithography

印版的图文部分和空白部分基本在同一平面上，利用水、油相拒原理进行复制的印刷方法。

6.7

胶印　offset lithography

印版上的图文先印在中间载体(橡皮滚筒)上，再转印到承印物上的印刷方式。

6.8

四色印刷　four-color printing

用减色法三原色色料(黄、品红、青)及黑色色料进行印刷的工艺方法。

6.9

专色印刷　special-color printing

用专色色料进行印刷的工艺方法。

6.10

版式　layout

在页面中图文的编排要求,包括空间位置和尺寸,是印刷和复制的依据。

6.11

CMYK　cyan-megenta-yellow-black

青(C)、品红(M)、黄(Y)、黑(K)四种印刷颜色,其中,青(C)、品红(M)、黄(Y)为减色混合的三原色。在印刷中,字母的顺序也暗示着四色印刷的印刷顺序。

6.12

色调　tone

色与色之间整体关系构成的颜色阶调。

6.13

饱和度　saturation

物体颜色的包含量或纯度。

6.14

色相　hue

色别

色彩所呈现的质的面貌,是色彩彼此之间相互区别的标志。

6.15

明度　lightness

色彩本身因为光度不同而产生的明暗差别。

6.16

地图色谱　map color atlas

用标准青、品红、黄、黑四色油墨按不同网点比例叠印的,或由专色油墨按不同网点百分比叠印的供地图设计和印刷选用的各种色彩色块的总和。

6.17

色标　color charts;map color standard

用实地和网目调色块表示的基本色及其混合色的标准。制版印刷时也可作为各分色版的标记。

6.18

彩色样图　color manuscript

着色原图

在印刷原图复制的底面上印出或手工着色制成的、用以体现彩色整体效果的标准样图。

6.19

测控条　control strip

由网点、实地、线条等测标组成的胶片条,用以判断和控制拷贝、晒版、打样和印刷时的信息转移。

6.20

密度　density

光学密度　optical density

物体吸收光线的特性量度。有反射密度和透射密度两种,分别用反射率和透射率倒数的常用对数表示。

6.21

阶调　gradation

图像上亮度的序列及其目视感。

6.22

等值灰度尺　equal value gray scale

阶调从白至墨或从明至暗以一定密度差逐级排列的灰度梯尺。

6.23

电子分色　electronic color-separation;electronic sanning

用电子扫描方式将彩色原稿分解成各单色版的过程。

6.24

正像　right-reading

与实物左右方向相一致的图像。

6.25

反像　wrong-reading;mirror reverse

与实物左右方向相反的图像。

6.26

阳像　positive image

在黑白和彩色复制中,色调和灰调与被复制对象相一致的图像。

6.27

阴像　negative image

在黑白和彩色复制中,色调和灰调与被复制对象相反的图像。

6.28

网点　screen dot

组成网点图像的像素,通过面积和(或)墨量变化再现原稿浓淡效果。

6.29

网点形状　screen dot shape

网点轮廓的几何形态,通常有方形、圆形、链形等多种。

6.30

网线　ruling

网屏切割光线后,在感光片上形成的线。

6.31

交叉网线　cross-ruling

交叉角度大于 22.5 ℃的网线。

6.32

网目比例　screen density

网点覆盖面积与总面积的百分比。

6.33

网目角度　screen angle

网点中心连线与水平线的夹角。

6.34

网纹片　transparent foil

具有专门设计的各种花纹图形的胶片。

6.35

龟纹　moire

由于各色版所用网点角度安排不当等原因，印刷图像出现的不应有的花纹。

6.36

规矩线　register mark

设置在底版或印刷版边缘的交线（如丁字线、十字线或角线等），系校版和检验套准的依据。

6.37

销钉定位法　stud registration

在制版与印刷过程中，通过在片基上打孔进行套版校对或套印的方法。

6.38

拷贝　copy

用底片与感光材料接触曝光、复制图文的过程。也可泛指对原物的模仿和复制。

6.39

修版　retouching

通过修整版面以弥补版面缺陷、改善色调还原以及对局部图像进行加工的工艺过程。

6.40

拼版　make-up

将图形、文字等依照设计要求拼组成版的过程。

6.41

晒版　printing down

用接触曝光的方法把阴图或阳图底片的信息转移到印版或其他感光材料上的过程。

6.42

预制感光版　presensitized plate

PS版

预先涂覆感光层的、可随时进行晒版的平印版材。

6.43

印版　printing plate

印刷版

用于传递油墨至承印物上的印刷图文载体。通常划分为凹版、凸版、平版和孔版四类。地图印刷版通常为平版。

6.44

承印物　printing stock

能接受油墨或吸附色料并呈现图文的各种物质，如纸张。

6.45

打样　proofing

在正式印刷前，利用胶印打样机或其他打样设备打印样图的过程。

6.46

预打样　prepress proofing

用模拟印刷油墨色相的基本色（或用电子方法在屏幕上）依据分色片制作彩色样，用以预先检验彩色效果或分色片质量的方法及过程。

6.47

校样　proof

利用打样工艺制作的，用以检查错漏、检验彩色效果的样图。

6.48

分色校样 color-separate proof

根据原稿及设计要求按色制作的分色打样图,用以检查错漏。

6.49

套合校样 registration proof

利用两色重叠后会出现不应有的第三种颜色的原理而制作的彩色样图,供检查各要素有无重叠。

6.50

彩色校样 color proof

依据原稿及设计要求调配油墨制作的彩色样图。除供审批外,在印刷过程中作为色标用。

6.51

套印 registering

两色以上印刷时,各分色版图文能达到和保持位置准确套合。

6.52

叠印 superimposition

将图形、文字或影像等重叠印在预先印好的图像、文字或影像上的过程。

6.53

套版精度 registration accuracy

各版套印过程中,各印迹的离散程度。

6.54

印刷压力 printing pressure

印刷过程中印版、转印体与压印体之间相互作用的力。

6.55

出血 bleed off

印刷中一边或数边超出裁切线的部分。

7 地图和地图集

7.1

普通地图 general map

综合反映地表的一般特征,包括主要自然地理和人文地理要素,但不突出表示其中的某一种要素的地图。

7.2

地形图 topographic map

表示地表居民地、道路网、水系、境界、土质与植被等基本地理要素且用等高线等表示地面起伏的普通地图。

7.3

地势图 hypsometric map

着重表示地势起伏和水系形态特征与分布规律的地图。

7.4

平面图 plan

只表示地形要素的平面位置,不表示起伏形态的地图。

7.5

专题地图 thematic map

着重表示自然现象或社会现象中的某一种或几种要素的地图。

7.6

自然地图 physical map

反映自然环境各要素或现象的质量与数量特征、空间分布规律、区域差异及其相互关系的地图。

7.7

地质图 geological map

表示地壳表层岩相、岩性、地层年代、地质构造、岩浆活动、矿产分布等的地图的总称。

7.8

水文图 hydrological map

表示地球表面各种水文要素的空间分布、时间变化及地域规律的地图。

7.9

地貌图 geomorphological map

表现陆地和海底地貌分布状况及其成因与形态类型的地图。

7.10

景观地图 landscape map

表示各种自然地理要素，包括地表岩石和地貌、气候特征、地表和地下水、土壤植被和动物群落的空间分布和规律的组合地图。

7.11

土壤图 soil map

反映不同类型土壤的空间分布与特性的地图。

7.12

植被图 vegetation map

表示不同植被或植物群落的空间分布及其生态环境的地图。

7.13

气候图 climatic map

表示各种气候要素的空间分布与时间变化规律的地图。

7.14

自然资源图 physical resource map

反映各类资源种类、数量、空间分布及其开发利用前景的地图。

7.15

能源地图 map of energy

表示能产生各种能量(如热量、电能、光能、机械能)或可作功的物质的空间分布和数量、质量特征的地图。

7.16

矿产资源图 map of mineral resources

表示埋藏在地下或分布于地表的有用矿物或有用元素的空间分布和数量、质量特征的地图。

7.17

土地资源图 land-resource map

表示土地资源的质量和数量及其空间分布规律的地图。

7.18

人文地图 human map

社会经济地图

反映社会经济和上层建筑各个领域的事物和现象，即人文现象的质量与数量特征、部门结构、区域分布、相互关系机动变化的各种专题地图的总称。

7.19

政治地图　political map

反映世界政治区划，即国家与地区归属现状和国际政治关系的地图。

7.20

人口地图　population map

反映人口的自然、社会和人文特征及分布规律的地图。

7.21

民族地图　nationality map

反映各民族构成、地域分布的地图。

7.22

历史地图　historical map

反映历史时期的政治、军事、文化、经济、自然状况及其变化与联系的地图。

7.23

文化地图　cultural map

反映教育、传媒、娱乐等文化事业和现象的分布和构成的地图。

7.24

行政区划图　administrative map

反映行政管辖和范围及各级行政中心分布的地图。

7.25

经济地图　economic map

反映一定时期经济活动的特点、经济现象的分布、规模、结构、演变和相互关系的地图。

7.26

农业地图　agricultural map

反映农业生产条件、农业生产水平、农业经济结构和农业灾害的地图。

7.27

工业地图　industrial map

反映工业经济的布局、规模、结构、演变和发展的地图。

7.28

交通图　communication map

反映陆地、空中、海洋等交通线路及其附属设施的质量、规模和分布状况的地图。

7.29

运输地图　transportation map

反映不同交通线路、海港枢纽的客货运输量、构成和运输方向的地图。

7.30

公路图　highway map；automobile map

以反映公路的等级、路面状况、里程及其附属设施等为主要内容的地图。

7.31

铁路图　railway map

以反映铁路轨宽、轨道数、牵引力状况、车站等级等为主要内容的地图。

7.32

航海图　nautical chart

用于航海定向定位，领航与航行安全的海洋专用地图的总称。

7.33

航道图　navigation channel chart

以反映航道状况，如河流全年或季节性通航，通轮船或木帆船，航行吃水量及客、货运码头的分布等为主要内容的地图。

7.34

航空图　aeronautical chart

用于空中领航和地面导航用的专用地图的总称。

7.35

邮政地图　postal map

表示与邮政有关的内容，如邮政编码分区、邮政机构分布和运输、投递邮件线路的地图的总称。

7.36

旅游地图　tourist map

反映与旅游有关的风景名胜、交通住宿、地方特产及各项服务设施等内容，为旅游业和旅游者使用的地图。

7.37

城市地图　urban map；city map

以城市为范围的各种类型的基础性、综合性和单要素的普通或专题地图的总称。

7.38

环境地图　environmental map

反映自然环境的现状、人类活动对自然环境的影响、环境对人类的危害及环境治理等内容的地图。

7.39

生态地图　ecological map

反映动植物和人类生存环境和条件的地图。

7.40

灾害地图　disaster map

反映自然灾害分布范围、危害程度及其成因的专题地图。

7.41

森林分布图　forest distribution map

表示森林种类、空间分布的地图。

7.42

土地利用图　land use map

表示地表被人类利用和尚未利用状况的地图。

7.43

地籍图　cadastral map

描述土地及其附着物的性质、位置、权属、数量和质量的地图。

7.44

海图　chart

以海洋为主要描绘对象的地图。

7.45

地球物理图　geophysical map

主要表示固体地球物理现象（地震、地磁、地壳特性、重力等）分布及其性质和程度的地图。

7.46

地震图　seismic map

表示地震震中位置、震级、发震时间、震源深度、烈度及地震分区等内容的地图。

7.47

教学地图　school map

按教学内容和教学方法的要求编制，供学校教学用的各种地图。

7.48

宣传地图　advertising map

具有政治、军事、经济、历史、文化等综合或单一内容，表现手法简单、夸张、醒目，供报纸、杂志刊载或屏幕放映，其目的仅为宣传用的地图。

7.49

军用地图　military map

为军事需要制作的各种地图的总称，如军用地形图和各种军用专题地图。

7.50

古地图　ancient map

历代制作的各种地图，包括保存下来的文献中有所记载的地图及石碑上刻制的地图。

7.51

素图　achromatic map

以一、二种浅淡色调复制，供规划设计、标绘专业内容和军事标图之用，线划和注记与一般地图相同的地图。

7.52

地理底图　geographic base map

具备地图数学基础和简略的基本地理要素（水系、居民地、交通线、政区界、地形），用作专题地图的骨架和控制的统一地理基础的地图。

7.53

定向运动地图　orienteering map

以大比例尺地形图为基础，突出表示与选择路线、寻找目标有关的内容，专为定向越野运动员使用的地图。

7.54

填充地图　outline map

表示地理轮廓线，供教学和专业工作填充用的地图。

7.55

索引图　index map

在全区域范围的地图上框绘其内的小区域并标注页码，起目录作用的地图。

7.56

拓扑地图　topological map

以结点、弧段和多边形表示制图对象之间连通、邻接、关联、包含等图形拓扑关系及数量对比的一种简单图形，不涉及其地图量度。

7.57

分布图　distribution map

表示制图现象空间分布与范围的地图。

7.58

等值线图　isoline map

用相等数值点的连线表示空间连续分布且逐渐变化的制图对象的数量特征的地图。

7.59

伪等值线地图　pseudo-isoline map

用等值线表示非连续分布、非逐渐变化的制图对象变化状况的地图。

7.60

等值区域图　choroplethic map

分区量值地图

用面状符号描绘制图对象统计面的等值区域的地图。分简单等值区域图和分区密度图。

7.61

分区密度图　dasymetric map

用限定变量、相关变量、位置数据密度表示制图对象的本质或派生数据值的单位面积效率和变化的地图。

7.62

类型地图　typal map

利用质底法表示空间连续分布的制图对象的质量分类、特征及其地理分布的地图。

7.63

统计地图　statistic map

运用统计数据，以图表形式表示统计单元内制图对象数量特征的地图。

7.64

区划地图　regionalization map

根据自然或社会经济现象在地域上总体和部分之间的差异性与相似性，划分不同等级区域的地图。

7.65

分析地图　analytical map

在显示单一要素的专题地图上，以其各自的具体指标显示某一方面性质或特性的地图。

7.66

综合地图　comprehensive map

以内容和形式的统一协调性为基本要求，反映多种要素与现象及其相互联系的地图。

7.67

合成地图　synthetic map

表示多种相关要素与现象或一种要素多项指标合成结果的地图。

7.68

派生地图　derivative map

按一定的原则方法由综合性地图分别编制出的单要素或分析性的地图。

7.69

规划地图　planning map

用于反映区域经济与社会发展、自然资源与生态环境利用、保护和治理等发展规划方案的地图。

7.70

预报地图　prognostic map

根据制图对象变化趋势对未来发展作出估计与展示的地图。

7.71

现势地图　up-to-date map

及时表示经济、自然或某一专题内容变动的最新地图资料，供编制新地图使用的地图。

7.72

态势地图　military posture map

表示制图对象的分布、变化和发展状况，供分析和决策使用的地图。

7.73

动态地图　dynamic map

表示制图对象时空动态变化的地图。

7.74

心象地图　mental map

意境地图

人通过各种手段获取地理环境信息后，在头脑中形成的关于认知环境的空间概念。

7.75

专用地图　special use map

根据某些部门或用户的特殊要求进行内容与形式设计的具有专门用途的地图。

7.76

模拟地图　analog map

指一切可感知的地图，包括纸质地图、丝绸地图和盲人地图等。它与数字地图相对应。

7.77

数字地图　digital map

按一定的数据组织方式，以数字形式贮存的地图。

7.78

电子地图　electronic map

借助视屏技术显示的数字地图。

7.79

矢量地图　vector map

用矢量数据形式表示的数字地图。

7.80

数字线划图　Digital Line Graph；DLG

以矢量数据形式表达地形要素的地理信息数据集。

7.81

数字正射影像图　Digital Orthophoto Map；DOM

经过正射投影改正的影像数据集。

7.82

数字栅格地图　Digital Raster Graphic；Digital Raster Graph；DRG

以栅格数据形式表达地形要素的地理信息数据集。

7.83

数字高程模型　digital elevation model；DEM

以规则格网点的高程值表达地面起伏的数据集。

7.84

电子海图　electronic chart；EC

用电子计算机可识别、处理且附于一定载体上的，以数字信息表示的，以描绘海域地理要素和航海要素为主的海图。

7.85

导航电子地图　navigational electronic map

含有空间位置地理坐标，能够与空间定位系统结合，准确引导人或交通工具从出发地到达目的地的电子地图或数据集。

7.86

立体地图　stereoscopic map

三维地图

以立体模型形式或能使视觉产生立体感觉的方法制作的地图。

7.87

视觉立体地图　stereoscopic map

通过特殊技术方法使地图在人的视觉中产生立体感觉的地图。

7.88

互补色立体地图　anaglyphic stereoscopic map

将两组透视图像或正射影像像片的像对，分别用两种互为补色的颜色按视差错位套印在一张图纸上，通过互补色眼镜可观察出其地面立体起伏的地图。

7.89

鸟瞰图　brid's eye view map

用高视点透视法绘制的地图，使视线与水平线有一俯角，读者似从高处俯视制图区。

7.90

透视写景图　perspective view map

利用透视写景法则表示地表形态及其景观特征的地图。

7.91

触觉地图　tactual map

盲人地图

用凹凸的线状、点状和面状纹理符号构成的，盲人用手触觉感受的地图。

7.92

荧光地图　fluorescent map

采用荧光油墨或其他发光材料制作的在紫外线照射下或在黑暗中可以发光的地图。

7.93

屏幕地图　screen map

以计算机屏幕显示的地图，其信息存储于计算机或其他介质和载体。

7.94

影像地图　photo map; image map

以航空或航天遥感影像为基础，经几何纠正，配合以线划和少量注记，将制图对象综合表示在图面上的地图。

7.95

缩微地图　microfilm map

利用缩微技术将地图高倍缩摄至1到若干平方厘米的胶片上的地图。

7.96

动画地图　animated map

一组连续显示具有时间维的地图。其地图的内容随着时间的变化而改变。

7.97

网格地图　grid map

以网格为单元表示制图对象质量或数量特征空间分布的地图。

7.98

多媒体地图　multi-medium map

用多媒体技术建立、贮存和传送，并使单一图形文字显示扩大到同时具备声、像多功能显示的地图。

7.99

地球仪　globe

浓缩地显示地球基本特征及一定地理状况的球体模型。

7.100

沙盘　sand map

根据地形图、航摄像片或实地地形按一定的比例，用泥沙、兵棋等制作，显示军队作战战术情况或经济建设情况的地形模型。

7.101

网络地图　web map

网络环境下传播的基于分布式数据库的数字地图的开放式电子地图。

7.102

地图集　atlas

具有统一的设计原则和编制体例、协调的地图内容、规定的比例尺、分幅系统和装帧形式的多幅地图的汇集。

7.103

普通地图集　general atlas

以普通地图为主构成的地图集。

7.104

国家地图集　national atlas

全面系统地反映一个国家自然、经济、人口、社会和历史文化全貌，并由权威性机构编制出版的大型综合地图集。

7.105

世界地图集　world atlas

系统地反映世界总体概貌和各部分及各个国家基本概况的地图集。

7.106

区域地图集　regional atlas

系统地反映自然或行政区域自然条件、自然资源、人口、经济发展状况等特点的地图集。

7.107

城市地图集　urban atlas

以城市及所辖郊区为范围，包括其人口、经济、文化、教育、环境、设施等内容的地图集。

7.108

综合地图集　comprehensive atlas

以自然、人口、社会、经济、文化、历史等各类地图综合反映一个区域或某一领域各方面特征，且有机联系、相互补充，内容与形式统一协调的地图集。

7.109

专题地图集　thematic atlas

以反映某类专题内容为主的地图集。

7.110

自然地图集　physical atlas

以自然环境各种要素及自然资源、自然灾害等为主要内容的地图集。

7.111

历史地图集　historical atlas

综合反映各历史时期的疆域版图、朝代更换、军事战争、经济状况、自然环境演变以及重大历史事件等内容的专题地图集。

7.112

人口地图集　population atlas

反映人口的自然特征、社会特征与民族特征及人口迁移变动等专题内容的地图集。

7.113

经济地图集　economic atlas

综合地反映制图区域内一定时期的经济发展水平与规模、各部门结构及其相互联系等专题内容的地图集。

7.114

教育地图集　education atlas

全面反映各类教育发展状况的专题地图集。

7.115

电子地图集　electronic atlas

具有检索、对比、分析功能的电子地图的系统集成。

7.116

系列地图　series maps

统一设计编制的反映区域或部门基本情况或某一主题内容的一组地图。

参 考 文 献

[1] GB/T 16820—1997 地图学术语.
[2] GB/T 14911—2008 测绘基本术语.
[3] GB/T 14950—2009 摄影测量与遥感术语.
[4] GB/T 17694—1999 地理信息技术基本术语.
[5] 全国科学技术名词审定委员会.地理学名词(第二版).北京:科学出版社,2006.
[6] 测绘学名词审定委员会.测绘学名词(第二版).北京:科学出版社,2002.
[7] 《地球科学大辞典》编委会.地球科学大辞典.北京:地质出版社,2005.
[8] 左大康.现代地理学词典.北京:商务印书馆,1990.

索　引

汉语拼音索引

J

K

L

M

N

P

英文对应词索引

A

B

C

D

E

J

K

L

M

N

O

Q

R

S

T

U

V

W

ICS 17.040.30
J 04

中华人民共和国国家标准

GB/T 16857.3—2009/ISO 10360-3:2000

产品几何技术规范(GPS) 坐标测量机的验收检测和复检检测 第3部分:配置转台的轴线为第四轴的坐标测量机

**Geometrical Product Specifications(GPS)—
Acceptance and reverification tests for coordinate measuring machines(CMM)—
Part 3:CMMs with the axis of a rotary table as the fourth axis**

(ISO 10360-3:2000,IDT)

2009-11-15 发布　　　　2010-04-01 实施

中华人民共和国国家质量监督检验检疫总局
中国国家标准化管理委员会　发布

前言

GB/T 16857《产品几何技术规范(GPS) 坐标测量机的验收检测和复检检测》分为6部分:

第1部分:词汇;

第2部分:用于测量尺寸的坐标测量机;

第3部分:配置转台的轴线为第四轴的坐标测量机;

第4部分:在扫描测量模式下使用的坐标测量机;

第5部分:使用多探针探测系统的坐标测量机;

第6部分:计算高斯拟合要素误差的评定。

本部分为GB/T 16857的第3部分。

本部分等同采用ISO 10360-3:2000《产品几何技术规范(GPS) 坐标测量机(CMM)的验收检测和复检检测 第3部分:配置转台的轴线为第四轴的坐标测量机》(英文版)。

本部分等同翻译ISO 10360-3:2000。

为了便于使用,本部分做了下列编辑性修改:

——"本部分国际标准"一词改为"本部分";

——删除了国际标准的前言和引言。

本部分的附录A和附录B均为资料性附录。

本部分由全国产品尺寸和几何技术规范标准化技术委员会提出并归口。

本部分起草单位:中机生产力促进中心、海克斯康测量技术(青岛)有限公司、深圳市计量质量检测研究院、中国航空工业第一集团公司北京航空精密机械研究所、上海上机精密量仪有限公司、上海大学、浙江大学宁波理工学院。

本部分主要起草人:李晓沛、王晋、于冀平、魏国强、诸锡荆、王正强、唐禹民、李明、马修水。

产品几何技术规范(GPS) 坐标测量机的验收检测和复检检测 第3部分:配置转台的轴线为第四轴的坐标测量机

1 范围

GB/T 16857 的本部分规定了验证一台由制造商所规定的四轴坐标测量机性能的验收检测规范。本部分还规定了用户能定期再验证四轴坐标测量机性能的复检检测规范。

本部分规定的验收检测和复检检测只适用于具有测量工件的三坐标轴,外加一定位工件的转台的四轴测量机。

2 规范性引用文件

下列文件中的条款通过 GB/T 16857 的本部分的引用而成为本部分的条款。凡是注日期的引用文件,其随后所有的修改单(不包括勘误的内容)或修订版均不适用于本部分,然而,鼓励根据本部分达成协议的各方研究是否可使用这些文件的最新版本。凡是不注日期的引用文件,其最新版本适用于本部分。

GB/T 16857.1 产品几何量技术规范(GPS) 坐标测量机的验收检测和复检检测 第1部分:词汇(GB/T 16857.1—2002,eqv ISO 10360-1:1998)

GB/T 18779.1 产品几何量技术规范(GPS) 工件与测量设备的测量检验 第1部分:按规范检验合格或不合格的判定规则(GB/T 18779.1—2002, ISO 14253-1:2000,EQV)

JJF 1001 通用计量名词及定义

3 术语和定义

GB/T 16857.1,GB/T 18779.1 和 JJF 1001 确立的术语和定义适用于 GB/T 16857 的本部分。

4 计量特性要求

4.1 示值误差

坐标测量机的径向四轴误差 FR、切向四轴误差 FT 和轴向四轴误差 FA 的示值误差应不超过各自对应的最大允许径向四轴误差 MPE_{FR}、最大允许切向四轴误差 MPE_{FT} 和最大允许轴向四轴误差 MPE_{FA}。

最大允许误差 MPE_{FR}、MPE_{FT}、MPE_{FA},对:

——验收检测,由制造商规定;

——复检检测,由用户规定。

示值误差(FR、FT、FA)和最大允许误差(MPE_{FR}、MPE_{FT}、MPE_{FA})的单位用“微米”表示。

4.2 环境条件

坐标测量机安装场地影响测量的环境条件,如温度、空气湿度和震动等的允许限定,对:

——验收检测,由制造商规定;

——复检检测,由用户规定。

对验收检测或复检检测,用户在规定的限定内可随意选择环境条件。

4.3 转台

最大允许误差(MPE_{FR}、MPE_{FT}、MPE_{FA})适用于转台的任何许用载荷、转台在坐标测量机上任何允许位置和方向,以及检测球在转台上所规定极限范围以内任何位置的情况。

4.4 探针系统

适合最大允许误差 MPE_{FR}、MPE_{FT}、MPE_{FA}规定值的探针系统配置的限定,对:

——验收检测,由制造商规定;

——复检检测,由用户规定。

对验收检测或复检检测,用户在限定的范围内可随意选择探针系统配置。

探针针头的形状误差影响测量结果,当按规范检验合格或不合格时应考虑。

4.5 操作条件

当进行本部分第5章规定的检测时应采用制造商的操作说明书中规定的程序操作坐标测量机。特别应遵守该说明书中列举的以下方面:

a) 坐标测量机启动/预热;

b) 探针系统配置;

c) 探针针头和标准球的清洁程序;

d) 探测系统标定;

e) 转台设置和标定。

注:在进行探测系统标定前应清洁探针针头和标准球,清除可能影响测量或检测结果的任何残留物。

5 验收检测和复检检测

5.1 原则

评定方法的原则是,通过测定安置在转台上两个检测球中心的被测坐标的变化量,证实坐标测量机的测量能力是否在规定的最大允许探测误差(MPE_{FR}、MPE_{FT}、MPE_{FA})范围内。

注意,在一台理想的四轴坐标测量机上,当转台旋转时,检测球的被测中心位置能在工件坐标系统内保持固定。

检测球的中心由三个方向来确定:径向、切向和轴向。每个检测球中心的位置用转台上的工件坐标系统表示。

以转台的不同的角度位置进行一系列测量而测得安置在转台上的每个检测球中心。

用三个方向的每一个的最大和最小测量结果间的范围(差值)分别计算出每个检测球的示值误差(FR、FT、FA)。以下:

——按制造商的规范和程序完成验收检测;

——按用户的规范和制造商的程序完成复检检测。

5.2 测量器具

两个检测球(A和B)的直径不小于10 mm和不大于30 mm,其形状经校准。由于只用检测球的中心来测定三项四轴误差,所以检测中用作相应输入量的两个检测球的直径不需校准。检测球的形状需校准,因其形状误差能影响检测结果,当按规范检验合格或不合格时应考虑。

检测球应安装牢固,特别是当转台的轴线处于水平位置时避免因偏移而产生误差。

5.3 程序

把转台上检测球A放置在尽可能接近表1所列的半径 r 处的转台面上。把检测球B放置在检测球A对面的约同一半径 r 和近似直径方向的高度 Δh 处(见表1和图1)。

在转台上建立一个符合以下条件的笛卡尔工件坐标系统:

a) 以检测球B的中心为坐标原点;

b) 以轴向方向确定的初始坐标轴应与转台的轴线平行;

c) 以径向方向确定的第二个坐标轴应位于含有初始坐标轴和检测球 A 中心的平面内。

注 1：第三个坐标轴以切向方向确定。

只要工件坐标系统一经建立，便可从检测球 B 在其初始位置（位置 0）上开始检测。用户可选择任何角度位置而不是转台的零读数作为表 2 中的位置 0。

然后以一组 7 个角度位置旋转转台，并在每个角度位置上测量检测球 A 的位置。建议 7 个测量位置从起始位置起延伸至少 720°。再以相反方向 7 个角度位置旋转转台，并在每个角度位置上测量检测球 A 的位置。当转台返回其起始位置时，那两个检测球应都在位置 14 上测量。

以同一方向 7 个不同角度位置再旋转转台，然后再以相反方向 7 个角度位置旋转转台。在每个位置上测量检测球 B。当转台返回其初始位置时，那两个检测球应都在位置 28 上测量（见表 2）。

注 2：高度和半径按表 1 的规定以便于坐标测量机之间比较。

注 3：200 mm 值，角度误差的每秒弧度换算为约线性误差的 1 微米。为了有助于不同的测量空间测量机间的比较和对比测量机对大件（如零件大于转台尺寸）公差要求的匹配能力，上述检测程序产生的误差与所用的高度和距离（半径）约成正比。

注 4：在制造商规定的限定范围内，用户可选择转台在坐标测量机上的任何承载、位置和方向。如需要，制造商和用户可商定采用不同的检测球位置的补充检测。

注 5：某些坐标测量机用转台作为扩充测量空间的手段。在这样的坐标测量机上检测球只能在小于 360° 的转台旋转弧范围内接近探测系统。转台的初始角度位置必须是能测到两个检测球的位置。

表 1　转台上检测球的位置

组合序号	高度差 Δh/mm	半径 r/mm
1	200	200
2	400	200
3	400	400
4	800	400
5	800	800
注：缺省值必须由制造商指定上列组合中的一个。另一个值可由制造商和用户商定。		

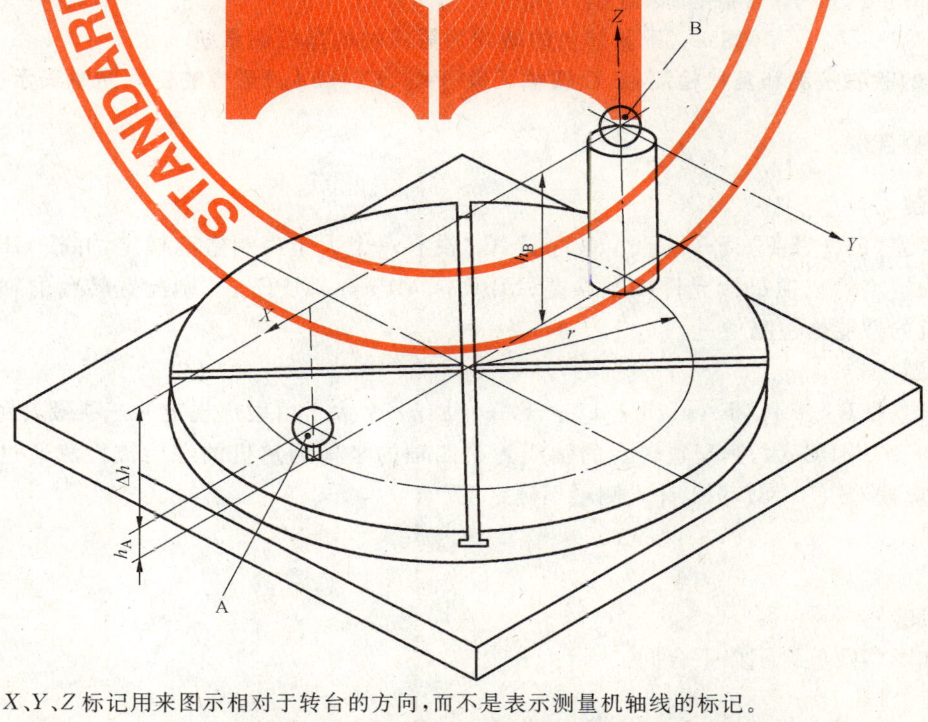

注：图中 X、Y、Z 标记用来图示相对于转台的方向，而不是表示测量机轴线的标记。

图 1　验收检测和复检检测转台上检测球的位置

5.4 检测结果计算

用位置 0 到位置 28 的测量值(检测球 A 的坐标 X_A、Y_A、Z_A 和检测球 B 的坐标 X_B、Y_B、Z_B),两检测球的每个径向、切向和轴向坐标的最大到最小的变化量,计算三项四轴误差(FR、FT、FA)。

注 1:X_A 和 X_B 是检测球 A 和检测球 B 中心的径向分量,用以进行径向四轴误差 FR_A 和 FR_B 的计算。

注 2:Y_A 和 Y_B 是检测球 A 和检测球 B 中心的切向分量,用以进行切向四轴误差 FT_A 和 FT_B 的计算。

注 3:Z_A 和 Z_B 是检测球 A 和检测球 B 中心的轴向分量,用以进行轴向四轴误差 FA_A 和 FA_B 的计算。

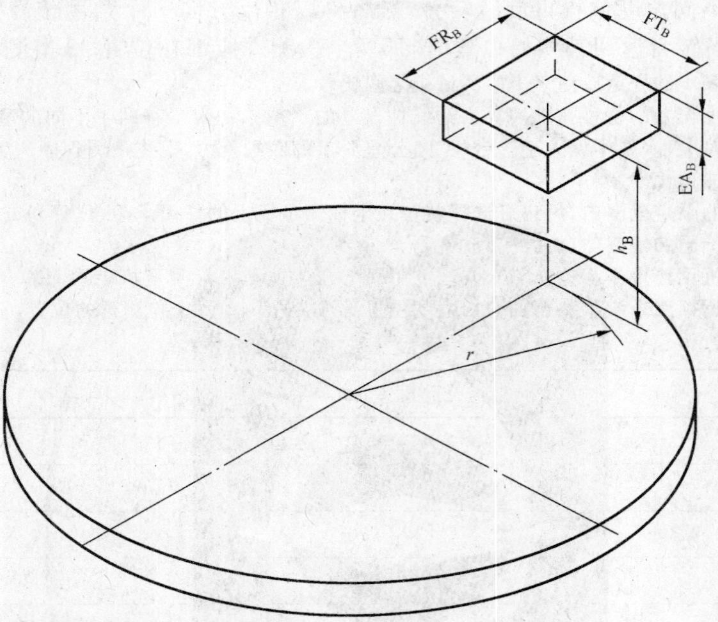

注 1:r 是检测球 B 距转台轴线的半径。

注 2:h_B 是检测球 B 中心距转台工件装夹面的高度。

注 3:为清晰起见,检测球 A 的位置未图示。

图 2 配置转台的轴线为第四轴的坐标测量机的验收检测和复检检测,三项四轴误差(FR_B、FT_B、FA_B)形成的空间图解表示

6 按规范检验合格

6.1 验收检测

如四轴误差(FR_A、FT_A、FA_A,FR_B、FT_B、FA_B)没有一个大于由制造商规定,并按 GB/T 18779.1 计入测量不确定度的三项最大允许四轴误差(MPE_{FR}、MPE_{FT}、MPE_{FA}),则配置转台的轴线为第四轴的坐标测量机的性能被检测通过。

6.2 复检检测

如四轴误差(FR_A、FT_A、FA_A、FR_B、FT_B、FA_B)没有一个大于由用户规定的三项最大允许四轴误差(MPE_{FR}、MPE_{FT}、MPE_{FA}),则配置转台的轴线为第四轴的坐标测量机的性能被检测通过。如按规范检验合格,则应按 GB/T 18779.1 计入测量不确定度。

7 应用

7.1 验收检测

如供方和顾客间签订了以下合同:

——购货合同;

——维护合同;

——修理合同；

——改造合同；

——升级合同。

GB/T 16857 的本部分规定的验收检测可用作按供方和顾客商定的最大允许误差 MPE_{FR}、MPE_{FT}、MPE_{FA} 检测证实配置转台的轴线为第四轴的坐标测量机的性能。

表 2　转台检测缺省标称角度位置

位置序号	角度位置 度		被测坐标					
			检测球 A			检测球 B		
	W_1	W_2	X_A	Y_A	Z_A	X_B	Y_B	Z_B
0	0	0	X_{A0}	$Y_{A0}=0$	Z_{A0}	$X_{B0}=0$	$Y_{B0}=0$	$Z_{B0}=0$
1	75	135	X_{A1}	Y_{A1}	Z_{A1}	—	—	—
2	125	225	X_{A2}	Y_{A2}	Z_{A2}	—	—	—
3	175	315	X_{A3}	Y_{A3}	Z_{A3}	—	—	—
4	385	405	X_{A4}	Y_{A4}	Z_{A4}	—	—	—
5	410	540	X_{A5}	Y_{A5}	Z_{A5}	—	—	—
6	510	630	X_{A6}	Y_{A6}	Z_{A6}	—	—	—
7	820	810	X_{A7}	Y_{A7}	Z_{A7}	—	—	—
8	510	630	X_{A8}	Y_{A8}	Z_{A8}	—	—	—
9	410	540	X_{A9}	Y_{A9}	Z_{A9}	—	—	—
10	385	405	X_{A10}	Y_{A10}	Z_{A10}	—	—	—
11	175	315	X_{A11}	Y_{A11}	Z_{A11}	—	—	—
12	125	225	X_{A12}	Y_{A12}	Z_{A12}	—	—	—
13	75	135	X_{A13}	Y_{A13}	Z_{A13}	—	—	—
14	0	0	X_{A14}	Y_{A14}	Z_{A14}	X_{B14}	Y_{B14}	Z_{B14}
15	−75	−135	—	—	—	X_{B15}	Y_{B15}	Z_{B15}
16	−125	−225	—	—	—	X_{B16}	Y_{B16}	Z_{B16}
17	−175	−315	—	—	—	X_{B17}	Y_{B17}	Z_{B17}
18	−385	−405	—	—	—	X_{B18}	Y_{B18}	Z_{B18}
19	−410	−540	—	—	—	X_{B19}	Y_{B19}	Z_{B19}
20	−510	−630	—	—	—	X_{B20}	Y_{B20}	Z_{B20}
21	−820	−810	—	—	—	X_{B21}	Y_{B21}	Z_{B21}
22	−510	−630	—	—	—	X_{B22}	Y_{B22}	Z_{B22}
23	−410	−540	—	—	—	X_{B23}	Y_{B23}	Z_{B23}
24	−385	−405	—	—	—	X_{B24}	Y_{B24}	Z_{B24}
25	−175	−315	—	—	—	X_{B25}	Y_{B25}	Z_{B25}
26	−125	−225	—	—	—	X_{B26}	Y_{B26}	Z_{B26}
27	−75	−135	—	—	—	X_{B27}	Y_{B27}	Z_{B27}

表 2(续)

位置序号	角度位置度		被测坐标					
			检测球 A			检测球 B		
	W_1	W_2	X_A	Y_A	Z_A	X_B	Y_B	Z_B
28	0	0	X_{A28}	Y_{A28}	Z_{A28}	X_{B28}	Y_{B28}	Z_{B28}
四轴误差			FR_A	FT_A	FA_A	FR_B	FT_B	FA_B
注:角度位置 W_1 适用于涉及转台的部分区域。角度位置 W_2 适用于涉及转台的全部区域。只能一列纵行数适用于特定的被检测量机。表中“—”表示在那个角度位置上对检测球的位置不进行测量。(见 5.3 的注 5)								

如供方没有规定任何限定,则三项规定的最大允许误差 MPE_{FR}、MPE_{FT}、MPE_{FA} 均适合转台在坐标测量机上的任何承载、位置和方向。

7.2 复检检测

在企业内部质量保证体系中,GB/T 16857 的本部分规定的复检检测可用于检测证实配置转台的轴线为第四轴的坐标测量机的性能,最大允许误差 MPE_{FR}、MPE_{FT}、MPE_{FA},可由用户根据其具体的要求确定。

7.3 中间检查

在企业内部质量保证体系中,可定期采用简化的复检检测检查证实坐标测量机符合有关三项最大允许误差 MPE_{FR}、MPE_{FT} 和 MPE_{FA} 规定要求的概率。

GB/T 16857 的本部分规定的复检检测可通过以下方面简化:减少进行的检测球数、角度位置和测量次数。

附　录　A
（资料性附录）
中 间 检 查

如转台固定在坐标测量机上，则第5章所规定的检测是以确定与全部坐标测量机轴相关的所有误差。只有坐标测量机全部轴处于“良好工作状态”才能使四轴误差FR、FT和FA的结果符合规范，因此不需再检查所有线性轴。

附 录 B
（资料性附录）
在 GPS 矩阵模型中的位置

GPS 矩阵模型参见 GB/Z 20308—2006。

B.1 GB/T 16857 的本部分及其用途的信息

GB/T 16857 的本部分规定了按规定的最大允许误差 MPEs 检验坐标测量机合格的检测方法。GB/T 16857 的本部分检测：

——适用于测量工件坐标的三轴外加一个确定工件方位的转台的四轴坐标测量机；

——用来测定与固定转台轴系有关的系统测量误差；

——除按 GB/T 16857.2 进行尺寸测量外，用于配置固定转台的检测。

B.2 本部分在 GPS 矩阵模型中的位置

GB/T 16857 的本部分是一项 GPS 通用标准，它影响 GPS 通用矩阵中尺寸、距离、半径、角度、形状、方向、位置、跳动和基准的标准链的链环 5，如图 B.1 所示。

GPS 基础标准	GPS综合标准						
	GPS通用标准						
	链环号	1	2	3	4	5	6
	尺寸						
	距离						
	半径						
	角度						
	与基准无关的线形状						
	与基准相关的线形状						
	与基准无关的面形状						
	与基准相关的面形状						
	方向						
	位置						
	圆跳动						
	全跳动						
	基准						
	粗糙度轮廓						
	波纹度轮廓						
	原始轮廓						
	表面缺陷						
	棱边						

图 B.1

B.3 相关标准

相关标准如图 B.1 所示那些标准链。

参 考 文 献

[1] GB/T 16857.2—2006 产品几何技术规范(GPS) 坐标测量机的验收检测和复检检测 第2部分:用于测量尺寸的坐标测量机(ISO 10360-2:2001);

[2] GB/Z 20308—2006 产品几何技术规范(GPS)总体规划(ISO/TR 14638:1995)。

ICS 03.120.10
A 10

中华人民共和国国家标准

GB/T 16868—2009
代替 GB/T 16868—1997

商品经营服务质量管理规范

Commodity and service quality management specification

2009-05-06 发布 2009-10-01 实施

中华人民共和国国家质量监督检验检疫总局
中国国家标准化管理委员会 发布

前　言

本标准代替 GB/T 16868—1997《商品经营质量管理规范》。

本标准与 GB/T 16868—1997 相比主要修改如下：

——标准名称用“商品经营服务质量管理规范”代替“商品经营质量管理规范”；

——删除原标准中“商品经营的特性、管理职责”，增加了“基础设施要求”的内容；

——本标准用“文件管理要求”代替“质量文件和记录”；

——本标准用“质量管理要求”代替“与顾客的接触”；

——删除原标准中“图 1、质量体系结构、质量体系文件、内部质量审核、质量体系评审”；

——本标准用“商品管理要求”、“服务质量控制”代替“质量体系运行要素”；

——增加了“食品经营管理”；

——删除原标准中“数据收集、分析和应用”；

——本标准用“从业人员岗位要求”代替“人员技能与交往联络”。

本标准由中国商业联合会提出。

本标准由中华人民共和国商务部归口。

本标准起草单位：中国商业联合会培训部。

本标准主要起草人：衡虹、赵霞、杨晓燕、刘璟琳、王凤宏、徐民。

商品经营服务质量管理规范

1 范围

本标准规定了商品经营服务质量管理的相关术语和定义，基础设施要求、文件管理要求、质量管理要求、商品管理要求、服务质量控制、从业人员岗位要求。

本标准适用于从事各类商品经营及服务的企业和组织。

2 规范性引用文件

下列文件中的条款通过本标准的引用而成为本标准的条款。凡是注日期的引用文件，其随后所有的修改单(不包括勘误的内容)或修订版均不适用于本标准，然而，鼓励根据本标准达成协议的各方研究是否可使用这些文件的最新版本。凡是不注日期的引用文件，其最新版本适用于本标准。

GB 8978 污水综合排放标准

GB/T 10001.1 标志用公共信息图形符号 第1部分：通用符号(GB/T 10001.1—2006，ISO 7001:1990，NEQ)

GB 10070 城市区域环境振动标准

GB 12348 工业企业厂界噪声标准

GB/T 17093 室内空气中细菌总数卫生标准

GB/T 17242 投诉处理指南

GB 17790 家用和类似用途空调器安装规范

GB 18580 室内装饰装修材料 人造板及其制品中甲醛释放限量

GB 18584 室内装饰装修材料 木家具中有害物质限量

GB/T 18883 室内空气质量标准

GB 50222 建筑内部装修设计防火规范

SB/T 10401 商品售后服务评价体系

SB/T 10409 商业服务业顾客满意度测评规范

SB/T 10427 大型商场、超市空调制冷的节能要求

3 术语和定义

下列术语和定义适用于本标准。

3.1

商品 commodity

用来交换、能满足人们某种需要的产品。

[GB/T 18184—2000，定义3.1.4]

3.2

服务 service

为满足顾客的需要，供方和顾客之间接触的活动以及供方内部活动所产生的结果。包括供方为顾客提供人员劳务活动完成的结果；供方为顾客提供通过人员对实物付出劳务活动完成的结果；供方为顾客提供实物使用活动完成的结果。

服务的提供可涉及，例如：

——在顾客提供的有形产品(如维修的汽车)上完成的活动；

——在顾客提供的无形产品(如为准备税款申报书所需的收益表)上完成的活动;

——无形产品的交付(如知识传授方面的信息提供);

——为顾客创造氛围(如在宾馆饭店)。

注:改写自 GB/T 19000—2000 的定义 3.4.2。

[GB/T 15624.1—2003,定义 3.1]

3.3

质量 quality

一组固有特性满足要求的程度。

注 1:术语“质量”可使用形容词如差、好或优秀来修饰。

注 2:“固有的”(其反义是“赋予的”)就是指在某事或某物中本来就有的,尤其是那种永久的特性。

[GB/T 19000—2000,定义 3.1.1]

4 基础设施要求

4.1 标识

4.1.1 工商营业执照、税务登记证、卫生许可证等应悬挂明示,物价部门审查批准的服务项目及收费标准应明示。

4.1.2 企业标识明显,装饰美观,字号牌匾应书写规范、醒目,图片内容健康、外型美观,服务标志设置、安装、改装等要求参见《城市市容和环境卫生管理条例》规定。

4.1.3 图形标志应符合 GB/T 10001.1 的要求。

4.2 服务设施

应确定、提供并维护商品经营所需要的设施。包括:

——工作场所和相关的设施(如试衣间、顾客休息区域等);

——过程设备(硬件、软件等);

——支持性服务(如运输、通讯等)。

4.3 环境设施

4.3.1 室内照明适度、通风良好,地面平整防滑无障碍,墙壁保温、隔热、隔音,排水设施畅通。

4.3.2 室内空气质量应符合 GB/T 18883 以及 GB/T 17093 的要求;污染物排放应符合国家相关标准的规定。

4.3.3 边界噪声要求除参见《中华人民共和国环境噪声污染防治法》的规定还应符合 GB 12348 的要求;如有振动影响的,应符合 GB 10070 的要求。

4.3.4 室内装修装饰材料应符合 GB 18580 以及 GB 18584 的要求。

4.3.5 空调安装使用应符合 GB 17790 以及 SB/T 10427 的要求。

4.4 安全设施

4.4.1 消防设施要求除参见《中华人民共和国消防法》的规定还应符合 GB 50222 的要求。

4.4.2 污水应经预处理后纳入城市污水管道集中处理,不能纳管的应自行处理达到 GB 8978 的要求。

4.4.3 应建立有效的安全通道,制定紧急事件处理预案。

4.4.4 应设立无障碍设施。

4.5 卫生设施

4.5.1 公共卫生间的地点应因地制宜,合理规划,并符合公共卫生要求,内部应空气流通、光线充足、沟通路平;并应有防臭、防蛆、防蝇、防鼠等技术措施,应设置冲洗设备、插销、洗手盆和挂衣钩以及老人残疾人专用蹲位、扶手和无障碍通道,应注意防冻和排水。

4.5.2 垃圾收集设施齐全、设置合理并无异味;垃圾废弃物应有专人及时收集、清理。

5 文件管理要求

5.1 管理文件

应字迹清晰、整洁、易于识别，注明颁布时间并按规定的方法予以标识和保存。

应主要包括：

——经营服务质量计划；

——管理手册；

——程序规范(含岗位规范)；

——检查指导书。

5.2 记录控制

应依据管理特点进行准确记录，以保证所提供的商品和服务达到规定的要求。编制形成的文件应包括：

——服务质量计划完成情况；

——顾客对服务质量满意和不满意的程度；

——有关体系评价和经营改进的结果；

——为识别质量趋势所进行的分析；

——纠正措施及其结果；

——预防措施及其结果；

——相关外包方的质量情况记录以及处理结果；

——从业人员的技能和培训；

——市场分析(包括与竞争对手的比较)。

6 质量管理要求

6.1 服务管理

6.1.1 服务规范

6.1.1.1 服务用语

熟练运用文明服务用语。口齿清晰、语气亲切、说普通话，能提供英语和手语的服务。

6.1.1.2 接待服务

应微笑服务，主动招呼，适时适度适人提供服务。

6.1.1.3 收银服务

收款时应唱收唱付，开具购物票据，填写内容要如实规范，并提供银行卡服务。

6.1.1.4 辅助服务

应根据顾客需要和企业条件，设立辅助服务项目，并向顾客公示服务内容和收费标准。可包括：

——咨询导购；

——邮购函购；

——预订服务；

——缺货登记；

——小修小配；

——广播服务；

——无障碍服务等。

6.1.2 有效沟通

应对商品和服务的信息与顾客进行及时有效的沟通。

6.1.3 顾客财产

在商品销售期间,经营组织对其负责的顾客财产的搬运、贮存、包装、交付实施有效控制。

6.2 标识标注管理

6.2.1 应在服务实现的全过程中,使用适宜的方法对服务和商品进行标识标注,商标标识标注的使用参见《中华人民共和国产品质量法》以及《产品标识标注规定》的规定。

6.2.2 应控制并记录服务和商品的标识标注,以便于追溯。

标识标注包括:

——服务场所相关标识标注,如服务人员工牌;

——商品相关标识标注,如卖场标价签、仓储用标签等;

——服务标识标注:安全警示标识、标牌、指示标识、卖场布局图等。

6.2.3 在自选销售方式的零售业态中销售的商品,应当有规范的商品自身标识。

6.3 卫生安全管理

6.3.1 卫生管理

6.3.1.1 卖场及仓库的场地卫生管理

场地卫生包括以下几个方面:

——作业场前设置更衣室,方便所有从业人员在作业前换穿工作服及整理仪容;

——进口处应设置个人消毒设施;

——作业场地内应有防止病媒侵入的设施,如纱门纱窗防范蚊虫,以及冷藏库贮存易腐烂变质产品等;

——仓库定期打扫、通风,应该区隔处理不同类别的产品。

6.3.1.2 设备卫生管理

设备卫生是产品安全卫生的重要保障,包括以下几个方面:

——定期清洗各项设备;

——注重作业工作台的卫生,对刀具、容器等要及时清洗、消毒;

——配置高温及高压热水冲洗设备。

6.3.1.3 卫生检验管理

应设有简易检验设备,检查商品的品质与卫生,保障消费者的合法权益。

6.3.2 安全管理

6.3.2.1 治安安全管理

应建立专门的保卫组织,负责日常的治安管理,并安装必要的防盗安全系统。

6.3.2.2 消防安全管理

区域内必须配置必要的消防器材,消防安全要求参见《中华人民共和国消防法》的规定。

6.3.2.3 作业安全管理

作业安全管理包括卖场安全作业管理以及物流、仓储安全作业管理。

应设置符合安全标准的作业场地设施,并且培训员工使用正确的作业方式进行作业。特殊项目的员工应配备防护用品,以保障员工的作业安全。

6.3.2.4 关键部位安全管理

关键部位的安全防范工作应做到职责明确,制度落实。关键部位包括:

——存放现金、票证和贵重商品的部位;

——配电室、空调室、锅炉房、液化气设备管道等特殊部位;

——存放易燃易爆品的场所。

6.4 售后服务管理

6.4.1 售后服务管理应符合 SB/T 10401 的要求。

6.4.2 应根据出售的不同商品制定售后服务的内容和服务方式，其中包括：

——大件商品、重要商品的送货到户；

——预约登门服务；

——商品的修、换、退；

——售后的技术服务等。

6.4.3 投诉处理

6.4.3.1 售后服务应与顾客建立有效的联系，规定对顾客投诉的处理程序和要求，应建立受理客户投诉的管(通)道，设立投诉电话，受理顾客投诉。

6.4.3.2 对售出的商品，当顾客提出异议时应参照《中华人民共和国消费者权益保障法》的规定，予以妥善解决，对商品质量问题实行先行负责制。除此之外，还应符合 GB/T 17242 的要求。

6.4.3.3 对于具有侵害消费者权益行为的不法商家，应参照《关于处理侵害消费者权益行为的若干规定》予以处置。

6.4.4 服务跟踪

根据商品的不同特点和销售对象，可采取不同的跟踪方式：定向跟踪、柜台调查、走访用户(顾客)等多种方法。应记录跟踪的结果及销售中的信息，并及时整理反馈有关部门和相关方。

6.5 信息化管理

为提高自身服务水平以及运营效率，应建立符合本企业实际的高效实用的信息化管理系统，培养专业人员掌握信息系统的管理操作。

7 商品管理要求

7.1 商品采购质量管理

7.1.1 供应商的管理

与供货商及相关业务单位签定采购合同应参见《中华人民共和国合同法》的规定，并建立对供应商的企业资质、信用、质量、经营、服务表现等的评价体系。

7.1.2 采购商品质量安全控制

7.1.2.1 商品验收

——严格执行商品进货验收制度；

——各类商品必须有明确的验收标准；

——进货前，须验明商品名称、包装、标签、数量、质量、合格证、必要的检测报告、各类标志及其他有效证明，依法签定采购合同；

——应向有关部门备案的商品，必须提供备案证明材料；

——商品未经验收不得销售。

7.1.2.2 商品跟踪管理制度

对库存商品及销售商品进行环节跟踪检查和验收，建立商品进销台账，对流通领域十类商品进行建档备案。防止过期、失效、变质、破损及受污染商品进入货架和柜台，发现问题及时处理。对临近保质期的商品，应及时确认、下架。

7.1.2.3 进口商品要提供海关报关单、商检证明、相关的进口依据等必备的资证材料，对在国内未进行商标注册的，进口商要出示承诺书。

7.2 商品运输质量管理

7.2.1 应制定商品运输质量控制文件和操作规程。

7.2.2 商品运输工具、器具应具备防晒、防雨、防尘、防火、防爆等条件。商品运输操作规程应符合相关国家规定。

7.3 商品贮存质量管理

7.3.1 应制定完善的仓贮管理和质量控制范围、要求，根据商品的性质和外界因素对商品的影响，确定适宜的保管条件和养护措施，防止商品的损耗和质量降低。贮存商品应符合相关国家规定。

7.3.2 应制定完善的仓贮管理规范，包括检查制度和记录表单。

7.4 商品分销质量管理

商品分销包括批发商将商品分发给经销商、组织内部的商品分发和连锁企业的配送，分发商品时应根据相关单据进行查验，并核对是否符合分发程序，分发商品的运输和装卸应符合7.2.2要求。收货人应对商品质量进行检查，发现不符合的应隔离、记录并报告相关部门处理。

7.5 商品销售服务质量管理

7.5.1 介绍商品

说明商品的性能、质量特点、使用方法及使用中应注意的问题，同时提供有效的联络方式。

7.5.2 价格控制

销售商品或提供服务时，企业内部应制定价格管理规范，严格执行属于政府监管的价格，合理制定属于企业自管的价格。应明码标价。具体参见《中华人民共和国价格法》以及《关于商品和服务实行明码标价的规定》的规定。

7.5.3 计量控制

销售商品或提供服务时，如果产品能够量化，企业应提供衡量标准。具体参见《中华人民共和国计量法》、《定量包装商品计量监督管理办法》以及《商业 服务业诚信计量行为规范》的规定。

7.5.4 促销管理

零售商不得以促销为由拒绝退换货，限量商品售完后应即时明示，促销活动不得损害消费者的合法权益，应保证人身、财产的安全。具体参见《零售商促销行为管理办法》以及《关于制止低价倾销行为的规定》的规定。

零售商做促销活动时，必须同时制定顾客安全预警方案，防止发生人员过于集中造成的拥堵、踩踏等事故。

7.5.5 环保要求

经营者向消费者提供有偿塑料购物袋的具体要求参见《商品零售场所塑料购物袋有偿使用管理办法》。

7.6 食品经营管理

食品经营管理的相关规定，除参见《中华人民共和国食品卫生法》、《中华人民共和国食品安全法》、《中华人民共和国食品包装法》、《流通领域食品安全管理办法》、《食品标识管理规定》的规定外，还应符合商品管理要求。

7.6.1 食品经营的采购

——食品经营的采购应确保满足食品安全性、合法性；

——应加强对采购食品的安全监督工作，具体要求参见《国务院关于加强食品等产品安全监督管理的特别规定》。

7.6.2 食品经营的运输

——食品运输包装材料必须有批号和生产厂家的卫生注册号，以及食品检验检疫证明；

——生鲜和冷冻冷藏食品必须使用冷藏车运输，并且做好冷冻保鲜措施和清洁标准。

7.6.3 食品经营的贮存

——食品储存场所必须符合食品卫生法要求，保持通风、干燥；

——食品储存必须码放在栈板上并且隔墙离地；

——食品储存必须具有明显的标签标注，如：名称（货号）日期等；

——根据商品储藏要求进行相应的湿度控制。

7.6.3.1　冷藏贮存根据要求不同，分为立风柜贮存、冷柜贮存和冷库贮存：

——蔬菜、水果的储存温度一般控制在 0 ℃～15 ℃，（根据具体果实情况合理调整）；

——熟食、乳制品等食品应在－4 ℃～0 ℃条件下冷藏贮存；

——水产品、畜禽制品、速冻食品等应在－23 ℃～0 ℃条件下冷冻贮存。

7.6.3.2　常温贮存基本的要求是：

——贮存场所应清洁卫生、阴凉干燥；

——避免高温、潮湿；

——无蟑螂、老鼠、虫害等。

7.6.4　食品经营的分销

食品分销商必须跟踪、甚至召回特定的货物，同时不停地监视易腐烂产品的到期日，并向客户和地方当局提供其所需的信息。

7.6.5　食品经营的销售

——经营单位进行经营活动的相关要求参见《食品卫生法》和《保健食品管理办法》；

——经营的食品必须拥有产品检验合格证等相关证明，并且在食品标签上予以反映，具体应符合《食品标识管理规定》的规定；

——加工和自制食品，应当取得卫生许可证，并符合相应的卫生、环保要求。

7.7　药品经营管理

药品经营管理的有关规定参见《药品经营质量管理规范》。

7.8　其他商品经营管理

其他类商品经营管理的有关规定参见国家现行的相关规范。

8　服务质量控制

8.1　服务质量控制的策划

为商品服务的实施提供所需的规划和目标，商品服务质量控制的目标应与质量管理体系其他过程要求相一致。制定策划时应注意：

——应针对目标顾客确定需求定位；

——应参照与商品服务有关的法律法规要求；

——应针对顾客需求确定服务过程、职责和资源要求（包括流动资金）；

——应确定商品服务全过程所需要的服务质量控制规范；

——应确定服务质量控制所需要的记录。

8.2　服务质量控制的实施

在服务质量控制的实施的过程中，应做到：

——确保依照服务规范与顾客接触；

——明确运行控制的信息、票据、现金、物质、价格等控制流程；

——时时收集顾客反馈的信息；

——确保所有测量（检测）工具的测量结果准确；

——对服务及其相关运营各类活动的检查监控；

——对商品质量实施现场检查，有问题的商品不得销售；

——依据约定开展交付后的活动，包括：运输、仓储、配送和安装。

8.3　服务质量控制的检查和评估

8.3.1　对服务质量控制的实施过程（包括售后服务）要进行监督和检查。应包括：

——过程评审和批准所规定的准则；

——适用设备设施的提供和确认；

——从业人员能力和资格的确定；

——对其服务特性开展检查监督；

——应保持相关的记录。

8.3.2　对服务质量的测量和评估。通过对服务经营各个环节的检查、验证和评估，确定经营活动得到有效控制，应建立服务质量评估系统，实行考核评估制度。

8.3.2.1　服务质量标准化评估

应实行服务质量标准化，内容应包括：

——服务的标准；

——实施的方法；

——绩效评估与持续改进的方法。

8.3.2.2　顾客满意程度测量

应建立顾客满意测量体系，建立时应注意：

——明确测量的目的；

——设计测量的具体方法、流程和工具；

——运用适宜的统计分析方法；

——编写评测报告并持续改进。

8.4　服务质量的改进

8.4.1　服务补救

当发现服务失误，分析失误原因之后，在定量分析的基础上，对服务失误进行评估并采取恰当的管理措施予以解决。服务补救应当注意的内容：

——要建立有效的服务补救系统，派专人负责服务补救系统的高效运行；

——出现失误，不要拖延；

——要主动解决失误问题；

——补救过程中要让顾客了解进展情况。

8.4.2　服务提高

为持续提高服务质量，保持并提升企业优质服务形象所采取的一系列活动过程中，应注意：

——建立质量提升团队；

——定期测量服务质量；

——正确评估质量成本；

——不断培训，提升服务质量意识；

——明确目标并加以设定；

——查询服务漏洞并立即纠正。

9　从业人员岗位要求

9.1　人员素质

9.1.1　职业守则

以顾客为本，具有良好的职业道德和职业素养。

9.1.2　职业形象

从业人员的面貌、礼仪、行为、态度等应符合行业或企业要求。

9.1.3　职业健康

从事食品经营的从业人员应符合国家现行的相关管理规定，并建立从业人员健康档案。

9.2 培训和教育

9.2.1 培训

要求企业建立完善的服务质量管理人员的培训体系，并配有相应的培训计划、培训课程。

对企业所有从业人员提供教育培训，建立岗位培训和考核晋升制度。根据不同人员层次和岗位要求，持续、滚动地进行针对服务态度、知识、技能等方面的培训，对从业人员的教育、培训、技能和经验保持记录，并有达到要求的证明。

9.2.2 继续教育

实行继续教育制度，统筹安排自学与集中培训计划，每年应接受后续教育培训。对专业人员和管理者建立教育和诚信档案，持续提高行业的服务质量和管理水平。

参 考 文 献

[1] GB/T 15624—2003 服务标准化工作指南第1部分:总则.

[2] GB/T 18184—2000 商业自动化术语.

[3] GB/T 19000—2000 质量管理体系基础和术语.

[4] SB/T 10382—2004 服务管理体系规范及实施指南.

[5] 《中华人民共和国反不正当竞争法》 1993年09月2日,第八届全国人大常委会第三次会议决定通过,自1993年12月1日起施行。

[6] 《中华人民共和国食品卫生法》 1995年10月30日,第八届全国人民代表大会第十六次会议通过,自1995年10月30日起施行。

[7] 《中华人民共和国食品安全法》 2008年04月20日,十一届全国人大常委会第二次委员长会议的决定,全国人大常委会办公厅二十日向社会全文公布食品安全法草案。

[8] 《中华人民共和国产品质量法》 由中华人民共和国第九届全国人民代表大会常务委员会第十六次会议于2000年7月8日通过《关于修改〈中华人民共和国产品质量法〉的决定》修正。

[9] 《中华人民共和国商标法》 2001年10月27日,中华人民共和国第九届全国人民代表大会常务委员会第二十四次会议通过,自2001年12月1日起施行。

[10] 《中华人民共和国消费者权益保障法》 1993年10月31日,中华人民共和国第八届全国人民代表大会常务委员会第四次会议通过,自1994年1月1日起施行。

[11] 《中华人民共和国价格法》 1997年12月29日,中华人民共和国第八届全国人民代表大会常务委员会第二十九次会议通过,自1998年5月1日起施行。

[12] 《中华人民共和国消防法》 1998年4月29日,中华人民共和国第九届全国人民代表大会常务委员会第二次会议通过,自1998年9月1日起施行。

[13] 《中华人民共和国合同法》 1999年3月15日,中华人民共和国第九届全国人民代表大会第二次会议通过,自1999年10月1日起施行。

[14] 《中华人民共和国环境噪声污染防治法》 1996年10月29日,中华人民共和国第八届全国人民代表大会常务委员会第二十次会议通过,自1997年3月1日起施行。

[15] 《中华人民共和国计量法》 1985年9月6日,中华人民共和国第六届全国人民代表大会常务委员会第十二次会议通过,自1986年7月1日起施行。

[16] 《国务院关于加强食品等产品安全监督管理的特别规定》 2007年7月25日,国务院第一百八十六次常务会议通过,自公布之日起施行。

[17] 《产品标识标注规定》 由国家技术监督局1997年11月07日通过,自1997年11月07日起施行。

[18] 《关于处理侵害消费者权益行为的若干规定》 由国家工商行政管理总局于2004年03月12日公布,自2004年3月16日起施行。

[19] 《关于商品和服务实行明码标价的规定》 国家发展计划委员会于2000年10月31日通过,自发布之日起施行。

[20] 《关于制止低价倾销行为的规定》 由国家发展计划委员会1999年03月12日公布,自发布之日起施行。

[21] 《食品召回管理规定》(质检总局令第98号) 由国家质量监督检验检疫总局2007年7月24日通过,自公布之日起施行。

[22] 《食品标识管理规定》 国家质量监督检验检疫总局于2007年7月24日通过,自2008年9月1日起施行。

［23］《城市市容和环境卫生管理条例》(国务院令第 101 号) 由中华人民共和国国务院 1992 年发布第 101 号令，自 1992 年 08 月 01 日起施行。

［24］《包装资源回收利用暂行管理办法》 由中国技术包装协会、中国包装总公司于 1999 年 01 月01 日公布，自公布之日起施行。

［25］《定量包装商品计量监督管理办法》 由国家质量监督检验检疫总局于 2005 年 05 月 16 日通过，自 2006 年 1 月 1 日起施行。

［26］《流通领域食品安全管理办法》 由商务部于 2007 年 1 月 19 日发布，自 2007 年 5 月 1 日起施行。

［27］《零售商促销行为管理办法》 商务部、发展改革委员会、公安部、税务总局、工商总局于 2006 年9 月 12 日发布，自 2006 年 10 月 15 日起施行。

［28］《商品条码管理办法》 由国家质量监督检验检疫总局于 2005 年 05 月 16 日通过，自 2005 年 10 月 1 日起施行。

［29］《商品零售场所塑料购物袋有偿使用管理办法》 由商务部办公厅、国家发展改革委办公厅、工商总局办公厅于 2008 年 05 月 15 日公布，自 2008 年 6 月 1 日起施行。

［30］《商业 服务业诚信计量行为规范》 由国家质量监督检验检疫总局于 2007 年 11 月 08 日公布，自公布之日起施行。

［31］《药品经营质量管理规范》 由经国家药品监督管理局于 2000 年 3 月 17 日通过，自 2000 年 7 月1 日起施行。

ICS 67.080.20
B 31

中华人民共和国国家标准

GB/T 16870—2009/ISO 4186:1980
代替 GB/T 16870—1997

芦笋 贮藏指南

Asparagus—Guide to storage

(ISO 4186:1980,IDT)

2009-11-15 发布 2009-12-01 实施

中华人民共和国国家质量监督检验检疫总局
中国国家标准化管理委员会 发布

前　言

本标准等同采用 ISO 4186:1980《芦笋　贮藏指南》(英文版),其技术内容与 ISO 4186:1980 一致。

为便于使用,本标准对 ISO 4186:1980 做了下列编辑性修改:

——“本国际标准”一词改为“本标准”;

——删除了 ISO 4186:1980 的引言;

——将 ISO 4186:1980 的表述改为适用于我国的表述;

——将 ISO 4186:1980 中列入引用标准,实际上未引用的一项 ISO 标准的对应我国标准列入了参考文献。

本标准代替 GB/T 16870—1997《芦笋　冷藏技术》。本标准与 GB/T 16870—1997 的区别:本标准等同采用 ISO 4186:1980,删除了原有对 ISO 4186:1980 中修改的内容。

本标准由中国商业联合会提出并归口。

本标准由中国商业联合会商业标准中心起草。

本标准主要起草人:李祥波、刘振宇、靳晓蕾。

芦笋　贮藏指南

1　范围

本标准规定了保存芦笋的条件及达到条件的办法。

本标准适用于贮藏后的芦笋直接消费、生产加工。

2　采收条件和入库

2.1　采收

芦笋应按相关产品标准质量要求，适时采收。

2.2　适用于贮藏的质量特性

用于贮藏的芦笋应新鲜、洁净、完好、坚实、光滑、无伤痕和可见的病虫害。笋尖或顶部应闭合。

白芦笋嫩茎应呈均匀白色。

因品种不同，芦笋的顶部或者尖端，有时甚至嫩茎都可能是白色，浅黄色或者淡紫色。绿色芦笋的嫩茎应为均匀的绿色。

2.3　入库

芦笋应无泥土和杂质，必要时可清洗。采收之后应尽快入库。在主要技术条件允许的范围内，入库前宜进行预冷，使芦笋从田间温度冷却到 7 ℃。这是低温贮藏的一个过渡温度。使用冷水或冰水可以达到有效的预冷；但是芦笋在水中浸泡时间不应超过 1 h。

贮藏前，应把没有捆扎的芦笋码放在包装箱里(例如，12 kg 嫩茎应放在 15 kg 容量的包装箱里)。

3　适宜的贮藏条件

3.1　温度

贮藏条件不适宜，芦笋容易受到伤害，应重视冷库的温度和贮藏时间。

芦笋最适宜的贮藏温度为 1 ℃～2 ℃，建议最低温度是 1 ℃，因为温度的波动可能达到 0.5 ℃，并且实际经验表明，嫩芽在低于 0.5 ℃贮藏时可能受损。

如果预期的贮藏时间是 10 d 或者更短，芦笋在 0.5 ℃的温度下可以成功的保存。但是，在这个温度下，贮藏期不应超过 10 d，因为有可能受损。

3.2　相对湿度

相对湿度应保持在 90%～95%。

3.3　空气流通

包装箱及其堆码方式应便于空气流通，以保证温度和相对湿度的稳定和均匀，应符合 3.1 和 3.2 的要求。

3.4　贮藏期

芦笋贮藏的时间越短越好。依据品种、质量和温度，贮藏期应为 10 d 到 20 d(包括冷藏运输时间和销售所需时间)。

参 考 文 献

[1] GB/T 9829 水果和蔬菜 冷库中物理条件 定义和测量(GB/T 9829—2008,ISO 2169:1981,MOD)

ICS 91.140.50
Q 77

中华人民共和国国家标准

GB 16895.7—2009/IEC 60364-7-704:2005
代替 GB 16895.7—2000

低压电气装置
第 7-704 部分:特殊装置或场所的要求
施工和拆除场所的电气装置

Low-voltage electrical installations—
Part 7-704:Requirements for special installations or locations—
Construction and demolition site installations

(IEC 60364-7-704:2005,IDT)

2009-04-21 发布　　2010-03-01 实施

中华人民共和国国家质量监督检验检疫总局
中国国家标准化管理委员会　发布

前　言

GB(GB/T) 16895 本部分的全部技术内容为强制性。

GB(GB/T) 16895《建筑物电气装置》系列国家标准共分为以下5个部分：

——第1部分：基本原则、一般特性的评估和定义

——第4部分：安全防护

——第5部分：电气设备的选择和安装

——第6部分：检验

——第7部分：特殊装置或场所的要求

本部分是第7部分：特殊装置或场所的要求中的第704部分。

本部分等同采用IEC 60364-7-704:2005(第2版)《低压电气装置　第7-704部分：特殊装置或场所的要求　施工和拆除场所的电气装置》(英文版)。

本部分的章条编号与IEC 60364-7-704:2005(第2版)完全一致。鉴于在IEC 60364-7-704:2005中，有其他国家应用该标准的国家注与我国无关，因此在采用中予以删除。

本部分代替GB 16895.7—2000《建筑物电气装置　第7部分：特殊装置或场所的要求　第704节　施工和拆除场所的电气装置》。

本部分与GB 16895.7—2000相比，主要变化是：

——向额定电流等于或小于32 A的插座供电的回路以及插座由30 mA的RCD保护；

——向额定电流超过32 A的插座供电的回路由500 mA的RCD保护。

本部分由全国建筑物电气装置标准化技术委员会(SAC/TC 205)提出并归口。

本部分负责起草单位：中机中电设计研究院。

本部分主要起草人：贺湘琨、王增尧、黄宝生。

本部分所代替标准的历次版本发布情况为：

——GB 16895.7—2000。

引　言

GB(GB/T) 16895 本部分的要求是补充、修改或代替 GB(GB/T) 16895 其他部分的一般要求中的某些内容。

本部分条款的编号遵循 GB(GB/T) 16895 的模式并作相应的引用。接在第 704 部分的专用编号后面的是 GB(GB/T) 16895 的相应部分或条款的编号。

GB(GB/T) 16895 本部分没有引用的章或条，则意味着 GB(GB/T) 16895 相应的一般要求是仍然适用的。

低压电气装置
第7-704部分：特殊装置或场所的要求
施工和拆除场所的电气装置

704.1 范围

增加下列要求：

704.1.1 这部分的特殊要求适用于在施工或拆除作业期间作为施工和拆除场所的临时的装置，举例如下：

——新建筑物的施工工程；

——维修、改建、扩建或拆除现有建筑物或现有建筑物某些部分的工程；

——公共设施工程；

——土方工程；

——类似上述性质的工程。

这些要求适用于固定的或可移动的装置。

本部分不适用于：

——由GB 9089系列标准[1]所包括的装置，在这种场合的设备涉及与露天采矿使用的设备相类似的设备。

——在施工现场的行政场所(办公室、更衣室、会议室、小卖部、餐厅、宿舍、厕所等)的装置，对这种场所，适合应用GB(GB/T) 16895的第1部分至第6部分通用标准。

注：在特殊情况下，可采用更严格的要求，例如第706部分[2]关于活动受限制可导电场所。

704.2 规范性引用文件

下列文件中的条款通过本部分的引用而成为本部分的条款。凡是注日期的引用文件，其随后所有的修改单(不包括勘误的内容)或修订版均不适用于本部分，然而，鼓励根据本部分达成协议的各方研究是否可使用这些文件的最新版本。凡是不注日期的引用文件，其最新版本适用于本部分。

GB 5013.4 额定电压450/750 V及以下橡皮绝缘电缆 第4部分：软线和软电缆(GB/T 5013.4—2008,IEC 60245-4:2004,IDT)

GB/T 11918 工业用插头插座和耦合器 第1部分：通用要求(GB/T 11918—2001,idt IEC 60309-1:1999)

GB/T 11919 工业用插头插座和耦合器 第2部分：带插销和插套的电器附件的尺寸互换性要求(GB/T 11919—2001,idt IEC 60309-2:1999)

GB 7251.4 低压成套的开关设备和控制设备 第4部分：对建筑工地用成套设备(ACS)的特殊要求(GB 7251.4—2006,IEC 60439-4:2004,IDT)

704.3 一般特性的评估

704.313 供电

1) GB 9089(所有部分) 严酷条件下户外场所电气设施

2) IEC 60364-7-706 低压电气装置 第7-706部分：特殊装置或场所的要求 活动受限制的可导电场所(准备出版)

增加如下的注：

注：单个的施工场所可能要由包括发电机在内的几个供电电源为其供电；见 GB 16895.20—2003 的 551。

704.4 安全防护

704.410.3 电击防护措施的应用

704.410.3.1 通则

增加下列条款：

704.410.3.1.6 向额定电流不大于 32 A 的电源插座供电的回路和手持式电气设备供电的回路，都应采用以下的保护：

——额定的剩余动作电流不超过 30 mA 的(412.5)剩余电流保护器，或

——由 SELV 或 PELV(411.1)供电，或

——具有电气分隔的回路(413.5)，每个电源插座和手持式电气设备都是由单独的隔离变压器或由隔离变压器的分隔绕组供电的。

704.410.3.3.2 增加注：

注：如果采用电气分隔宜特别注意 GB 16895.21—2005 中 413.5.1.3 的要求。

704.411.1.4 对不接地回路(SELV 回路)的要求

增加下列要求：

704.411.1.4.3 按 411.1.4.3 的规定，应提供直接接触防护，而不论标称电压的数值如何。

704.411.1.5 对接地回路(PELV 回路)的要求

增加下列要求：

704.411.1.5.2 按 411.1.5.1 的规定，应提供直接接触防护，而不论标称电压的数值如何。

704.412 直接接触防护

增加下列要求：

704.412.3 阻挡物

不允许采用阻挡物的防护措施(412.3)。

704.412.4 设置于伸臂范围之外

不允许采用设置于伸臂范围之外的防护措施(412.4)。

704.413.1.1.1 电源的切断

增加下列要求：

704.413.1.1.1.1 对向额定电流超过 32 A 的电源插座供电的回路，应采用具有额定剩余动作电流不超过 500 mA 的剩余电流动作保护器作为分断电器。

704.5 设备的选择与安装

704.51 通用规则

增加下列要求：

704.511.1 在施工和拆除场所用于配电的所有的成套设备(ACS)，都应符合 GB 7251.4 的要求。

额定电流超过 16 A 的插头和插座都应遵守 GB/T 11919 的要求，或在对互换性没有要求的场所应遵守 GB/T 11918 的要求。

注：额定电流不超过 16 A 的插座可以按相关的国家标准使用。

704.52 布线系统

增加下列要求：

704.522.8.10 为避免损伤，电缆不宜穿过现场的道路或人行道。在必要的场合，应提供对机械损伤和与施工设施接触的特殊防护。

对施工场所的环境和活动，应特别注意防止沿地面布置的电缆和架空电缆遭受机械损伤。

移动的软电缆，应是 GB 5013.4 的 66 型电缆或既耐磨损又防水的等效的电缆。

704.53　开关设备和控制设备

704.536.2.2　隔离电器

增加下列要求：

施工场所的每个成套设备(ACS)，应配备电源进线的通断和隔离的电器。

电源进线的隔离电器应能确保在分断时处于断开的位置(见 536.2.1.3)(例如，挂锁或装设在可锁机壳内)。

用电设备应由 ACS 供电，每个 ACS 包括：

——过电流保护电器；

——间接接触防护电器；

——插座(如果需要)。

安全电源和备用电源应装能防止不同的电源并联运行的电器。

704.556　增加注：

注：现场条件可能要求提供安全设施，如疏散照明。

ICS 01.080;01.29.020
K 04

中华人民共和国国家标准

GB/T 16901.3—2009/IEC 81714-3:2004
代替 GB/T 16901.3—2003

技术文件用图形符号表示规则 第3部分:连接点、网络的分类及其编码

**Rules for the presentation of graphical symbols—
Graphical symbols for use in the technical documentation of products—
Part 3:Classification of connect notes,networks and their encoding**

(IEC 81714-3:2004,Design of graphical symbols for use in the technical documentation of products—Part 3:Classification of connect notes,networks and their encoding,IDT)

2009-03-13 发布　　　　2009-11-01 实施

中华人民共和国国家质量监督检验检疫总局
中国国家标准化管理委员会　发布

前言

GB/T 16901《技术文件用图形符号表示规则》分为三个部分：

——第 1 部分：基本规则；

——第 2 部分：图形符号(包括基准符号库中的图形符号)的计算机电子文件格式规范及其交换要求；

——第 3 部分：连接点、网络的分类及其编码。

本部分为 GB/T 16901 的第 3 部分。

本部分等同采用 IEC 81714-3:2004《产品技术文件用图形符号表示规则　第 3 部分：连接点、网络的分类及其编码》(英文版)。为便于使用，本标准对 IEC 81714-3 做了下列少量编辑性修改：

——删除了 IEC 81714-3 的前言，增加了我国标准前言；

——将已转化为相应国标的国际标准编号改为国家标准编号；

——修改了少部分明显的标注错误。

——按照汉语习惯，对一些编排格式作了修改。如"注"后的连字符"—"改为冒号"："。

本标准代替 GB/T 16901.3—2003《图形符号表示规则　产品技术文件用图形符号　第 3 部分：连接点、网络及其编码的分类》。

本部分与 GB/T 16901.3—2003 相比，主要变化如下：

——与标准第 1 部分名称协调一致，本部分名称改为：《技术文件用图形符号表示规则　第 3 部分：连接点、网络的分类及其编码》；

——本部分的附录 A 为上版标准的附录 B，其第一段的表述与上版略有不同；并增加了＜Revision＞，＜Version＞；

——参考文献为上版标准的附录 A；

——MS"固态(物质)"改为："可流动的固态(物质)，见注 3"，并新增了注 3 内容；

——MSG"连接到固态材料输送管路系统"改为："连接到管路系统输送可流动的固态材料"；

——MSD"固态(物质)，定向的"改为："可流动的固态(物质)，定向的"。

本部分的附录 A 为资料性附录。

本部分由全国电气信息结构　文件编制和图形符号标准化技术委员会提出并归口。

本部分起草单位：机械科学研究总院中机生产力促进中心、中国标准化研究院。

本部分主要起草人：高永梅、郭汀、陈永权、张毅玲、沈兵、徐云驰、高惠民。

本部分所代替标准的历次版本发布情况为：

——GB/T 16901.3—2003。

技术文件用图形符号表示规则
第3部分:连接点、网络的分类及其编码

1 范围

GB/T 16901的本部分规定了表示功能和产品概念的图形符号所具有的连接点分类的基本要求。由于产品及其相应的图形符号之间紧密的关系,分类原则也同样适用于产品连接点和计算机辅助系统中的网络及其图形符号表示法的分类。

2 术语和定义

下列术语和定义适用于GB/T 16901的本部分。

2.1

连接点 connect node

端口 port

端子 terminal

供项目连接的出入点。

注:连接可以指

a) 导线和/或触点,或管道和/或管路系统间提供信号、能量或物流路径的物理接口;

b) 逻辑元件、软件模块等之间用于传输信息所建立的某种功能特性的结合。

2.2

(图示)连接点 (schematic) connect node

图形符号上供连接的位置。

注1:(图示)连接点表示所关注项目的端子。

注2:(图示)连接点可以没有图形,它可以是某个与图形符号相关的假想点。

2.3

连接点代码 connect-node code

与项目相关的连接点的类型代码。

2.4

网络代码 network code

与连接点相互联系的网络的类型代码。

3 连接点的分类及其编码

对于连接点的分类,其主要类别的定义和编码如下所示:

B	磁
E	电
F	功能的
G	声
H	热
L	联动(机械的)
M	物质(材料)
O	光和相关的电磁辐射

X　　电离辐射

为了将来标准化的需要，其余的字母留作备用。

物质的类别可细分如下：

ML　　液态(物质)

MG　　气态(物质)

MS　　可流动的固态(物质)，见注3。

如果需要且适当，可对主要类别和子类进一步细分如下，并将高层类别的字母代码置于前面：

…D　　定向的

…G　　有导向的

…N　　不受限制的

定向的连接点的典型示例：

MLD　　连接到数控机床中的高压流体材料束；

OD　　连接到激光束。

有导向的连接点的典型示例：

MSG　　连接到管路系统输送可流动的固态材料；

OG　　连接到光纤系统；

EG　　连接到电缆。

不受限制的连接点的典型示例：

ON　　连接到灯或发光二极管。

注1：功能类F的连接点在实际产品上未发现。唯一在图形符号上可发现功能连接点，其标识在功能符号的出入点上，但无任何明确的实现方法。示例见GB/T 16901.2。

注2：联动类L用于图形符号连接点的分类。联动类连接点用来表示简图中不同图形符号之间的功能关系。

注3：固态材料的可流动性指该固态材料已经或逐渐具有流动性能：

——由于其致密性，例如：沙子、粉尘、有机碳；

——由于加入添加剂，例如：混凝土；

——由于过程改变其致密性，例如：对材料(如：硬脂)连续加热趋于熔化温度。

4　网络分类

产品上的连接点通过连接网络虚拟地或真实地与其他产品相连。由于网络分类和连接点分类之间密切的相互关系，因而出现的网络也应和第3章一样进行分类。

附 录 A
（资料性附录）
数据元素类型规范

本附录包含涉及本部分所研究的项目的数据元素类型规范。拟将此处列出的最新数据元素类型包括在 IEC 61360 元器件数据字典中。此附录对新数据元素类型的应用及其维护提供了便利。它是以 GB/T 17564.1 所规定的要求为依据的。

注 1：参考集将采用英语，因此数据元素类型仅用英文翻译。

注 2：定义均符合 GB/T 17564.1，将其注册并按照 DET 码包含在 IEC 61360 在线数据字典中。

A.1

<DET code>AAF391

<Revision>

<Version>

<Preferred name>连接点代码

<Synonymous name 1>

<Synonymous name 2>

<Preferred symbol>

<Synonymous symbol 1>

<Synonymous symbol 2>

<Short name>连接点代码

<Definition>与项目相关的连接点的类型代码

<Condition DETflag>N

<Note>

<Remark>

<Unit of measurement>

<Level>

<Value format>X…3

<List of values> B＝磁
E＝电
F＝功能的
G＝声
H＝热
L＝联动(机械的)
M＝物质(材料)
O＝光和相关电磁辐射
X＝电离辐射
ML＝液态(物质)
MG＝气态(物质)
MS＝固态(物质)
BD＝磁，定向的
ED＝电，定向的
GD＝声，定向的

HD=热,定向的
LD=联动(机械的),定向的
MD=物质(材料),定向的
OD=光和相关电磁辐射,定向的
XD=电离辐射,定向的
MLD=液态(物质),定向的
MGD=气态(物质),定向的
MSD=固态(物质),定向的
BG=磁,有导向的
EG=电,有导向的
GG=声,有导向的
HG=热,有导向的
LG=联动(机械的),有导向的
MG=物质(材料),有导向的
OG=光和相关电磁辐射,有导向的
XG=电离辐射,有导向的
MLG=液态(物质),有导向的
MGG=气态(物质),有导向的
MSG=固态(物质),有导向的
BN=磁,不受限制的
EN=电,不受限制的
GN=声,不受限制的
HN=热,不受限制的
LN=联动(机械的),不受限制的
MN=物质(材料),不受限制的
ON=光和相关电磁辐射,不受限制的
XN=电离辐射,不受限制的
MLN=液态(物质),不受限制的
MGN=气态(物质),不受限制的
MSN=固态(物质),不受限制的

<List of conditions>
<Definition source>GB/T 16901.3—2004
<Value source>GB/T 16901.3—2004

A.2

<DET code>
<Revision>
<Version>
<Preferred name>网络代码
<Synonymous name 1>
<Synonymous name 2>
<Preferred symbol>
<Synonymous symbol 1>
<Synonymous symbol 2>

<short name>网代码
<Definition>网络类型代码
<Condition DET flag>N
<Note>
<Remark>
<Unit of measurement>
<Level>
<Value format>X…3
<List of values> B=磁
E=电
F=功能的
G=声
H=热
L=联动(机械的)
M=物质(材料)
O=光和相关电磁辐射
X=电离辐射
ML=液态(物质)
MG=气态(物质)
MS=可流动的固态(物质)
BD=磁,定向的
ED=电,定向的
GD=声,定向的
HD=热,定向的
LD=联动(机械的),定向的
MD=物质(材料),定向的
OD=光和相关电磁辐射,定向的
XD=电离辐射,定向的
MLD=液态(物质),定向的
MGD=气态(物质),定向的
MSD=可流动的固态(物质),定向的
BG=磁,有导向的
EG=电,有导向的
GG=声,有导向的
HG=热。有导向的
LG=联动(机械的),有导向的
MG=物质(材料),有导向的
OG=光和相关电磁辐射,有导向的
XG=电离辐射,有导向的
MLG=液态(物质),有导向的
MGG=气态(物质),有导向的
MSG=固态(物质),有导向的
BN=磁,不受限制的

EN＝电，不受限制的
GN＝声，不受限制的
HN＝热，不受限制的
LN＝联动（机械的），不受限制的
MN＝物质（材料），不受限制的
ON＝光和相关电磁辐射，不受限制的
XN＝电离辐射，不受限制的
MLN＝液态的（物质），不受限制的
MGN＝气态的（物质），不受限制的
MSN＝固态的（物质），不受限制的

<List of conditions>

<List of conditions>GB/T 16901.3—2008

<Definition source>GB/T 16901.3—2008

参 考 文 献

[1] GB/T 16901.2《技术文件用图形符号表示规则 第2部分:图形符号(包括基准符号库中的图形符号)的计算机电子文件格式规范及其交换要求》(GB/T 16901.2—2000,eqv IEC 81714-2:1998)

[2] GB/T 17564.1《电气元器件标准数据元素类型和相关分类模式 第1部分:定义 原则和方法》(GB/T 17564.1—1998,idt IEC 61360-1:1995);

[3] GB/T 17564.4—2001《电气元器件标准数据元素类型和相关分类模式 第4部分:IEC标准数据元素类型、元器件类别和项的基准集》(正在被IEC 61360[4]数据字典代替的过程中)(idt IEC 61360-4:1997)

[4] IEC 61360数据字典 见:http://domino.iec.ch/iec61360

ICS 29.120.40
K 43

中华人民共和国国家标准

GB 16926—2009
代替 GB 16926—1997

高压交流负荷开关-熔断器组合电器

High-voltage alternating current switch-fuse combinations

(IEC 62271-105:2002,High-voltage switchgear and controlgear—Part 105:Alternating current switch-fuse combinations,MOD)

2009-03-19 发布　　　　2010-02-01 实施

中华人民共和国国家质量监督检验检疫总局
中国国家标准化管理委员会　发布

前　言

本标准的全部技术内容为强制性。

本标准修改采用 IEC 62271-105:2002《高压开关设备和控制设备　第 105 部分:交流负荷开关-熔断器组合电器》。

本标准与 IEC 62271-105:2002 的主要差异在:

——适用范围。根据我国电网的实际情况,去掉了 IEC 62271-105 中的额定频率 60 Hz 的有关内容;根据我国的行业分工情况,适用的系统的最低电压由 IEC 62271-105 的 1 000 V 改为 3 000 V;

——额定电压。去掉了与我国电网无关的额定电压数值,按照 GB/T 11022(或 GB 156)中所列出的电压给出;

——按照 GB 3804 对负荷开关进行试验,且这些试验可以在另一个不同于按照本标准对组合电器进行试验的组合电器上进行;

——按照 GB 15166.2 对熔断器进行试验;

——按照本标准对组合电器进行试验;

——附录 A(资料性)。为了便于本标准的使用,将计算事例中的相关参数进行了修改(如变压器的额定电压由 11 kV 改为 10 kV 等);

——删除了熔断器-负荷开关组合电器的相关条款;

——铭牌中增加本产品特征的参数,如额定转移电流等。

本标准代替 GB 16926—1997《交流高压负荷开关-熔断器组合电器》。

本标准与 GB 16926—1997 的主要差别有:

——标准编排上的差异。在符合 GB/T 1.1 的前提下,尽量保持与 IEC 62271-105 一致;

——将 GB 16926—1997 中 6.101 的试验方式 3 的要求作为设计与结构的要求(5.102);

——附录 B(规范性)。为了使转移电流的确定更加准确,按实际时间-电流特性的斜率为电流的函数,给出了采用迭代法计算转移电流的方法。

本标准应与 GB/T 11022 一起使用,除非标准中另有规定,本标准参照 GB/T 11022。为了简化相同要求的表述,本标准的章条号与 GB/T 11022 相同。对于补充在同一引用标题下的新增的条款从 101 开始编号。

本标准的附录 B 是规范性附录,附录 A 是资料性附录。

本标准由中国电器工业协会提出。

本标准由全国高压开关设备标准化技术委员会(SAC/TC 65)归口。

本标准起草单位:西安高压电器研究所、中国电力科学研究院高压开关研究所、重庆博森电气有限公司、上海天灵开关厂有限公司、机械工业高压电器产品质检中心(沈阳)、宁波天安集团股份有限公司、温州新机电器有限公司、广东番开电气设备制造有限公司、金华电力开关有限公司、华仪电器集团有限公司、施耐德(北京)中压电器有限公司、广州白云电器设备股份有限公司、厦门 ABB 开关有限公司、浙江开关厂有限公司、天津市三源电力设备制造有限公司。

本标准主要起草人:田恩文、邢娜

本标准起草人:田恩文、邢娜、王平、冯武俊、李向阳、王农、马力、周巧平、杨英杰、朱佩龙、张伟明、吴继松、陆以安、叶树新、祝存春、雷小强、杨成懋、杨新洁、俞慧忠、顾德明。

本标准所代替标准的历次版本发布情况为:

——GB 16926—1997。

高压交流负荷开关-熔断器组合电器

1 概述

1.1 范围

本标准适用于公用和工业配电系统中所用的负荷开关包括负荷隔离开关与限流熔断器功能组合的三极单元，设计能够具备：

——开断能力：在额定恢复电压下，开断直到并包括额定短路开断电流的任何电流；

——关合能力：在额定电压下关合额定短路开断电流适用的回路。

本标准不适用于电动机回路中的熔断器-断路器、熔断器-接触器组合电器，或者包含单个电容器组负荷开关的组合电器。

本标准中，采用"组合"意味着组合电器中的各元件构成一个功能组件。某一给定型式的负荷开关和某一给定型式的熔断器的联合确定了一种型式的组合电器。

实际上，不同型式的熔断器可以和一种负荷开关组合，得到一系列具有不同特性的组合电器，特别与额定电流有关。进而，出于维修的目的，用户应该懂得可以和一台负荷开关组合的熔断器的类型而不影响对本标准的符合性，而且还应清楚这样的组合电器的相应特性。

负荷开关-熔断器组合电器是通过其型号以及由制造厂确定的一系列备选熔断器(即所谓的"参考的熔断器清单")来确定。符合本标准的某一给定的组合电器意味着采用任一备选熔断器的每种组合电器都可以证明是符合本标准的。

装入熔断器是为了扩大组合电器的短路额定值，并使其超过单独用负荷开关时的短路额定值。安装撞击器，既为了依靠熔断器的动作使三相负荷开关自动分开，又可在故障电流大于最小熔化电流、小于熔断器最小开断电流时正确操作。除熔断器的撞击器外，组合电器还可安装过流脱扣器或者并联脱扣器。

注1：本标准中，在不会引起文本的总的语意不清时，"熔断器"一词可以指熔断器或熔断件。

注2：本标准中，在不会引起文本的语意不清时，"负荷开关-熔断器组合电器"和"组合电器"均指"高压交流负荷开关-熔断器组合电器"。

本标准适用于频率为50 Hz、标称电压3 kV及以上、35 kV及以下的三相交流系统中、户内或户外安装的组合电器。

熔断器应符合GB 15166.2。

负荷开关，包括它们特定的操动机构，考虑到熔断器的限流作用，除短时电流和短路关合要求外，应符合GB 3804。

成为组合电器一个完整部分的接地开关应符合GB 1985。

1.2 规范性引用文件

下列文件中的条款通过本标准的引用而成为本标准的条款。凡是注日期的引用文件，其随后所有的修改单(不包括勘误的内容)或修订版均不适用于本标准，然而，鼓励根据本标准达成协议的各方研究是否可使用这些文件的最新版本。凡是不注日期的引用文件，其最新版本适用于本标准。

GB/T 11022的1.2适用，并做如下补充：

GB 1984—2003　高压交流断路器(IEC 62271-100:2001，MOD)

GB 1985—2004　高压交流隔离开关和接地开关(IEC 62271-102:2002，MOD)

GB/T 2900.20　电工术语　高压开关设备

GB 3804—2004　3.6 kV～40.5 kV高压交流负荷开关(IEC 60265-1:1998，MOD)

GB/T 15166.1　交流高压熔断器　术语

GB 15166.2—2008　高压交流熔断器　第 2 部分:限流熔断器

GB/T 15166.6—2008　高压交流熔断器　第 6 部分:用于变压器回路的高压熔断器的熔断件选用导则

2　正常和特殊使用条件

GB/T 11022 的第 2 章适用。

3　术语和定义

为了便于本标准的使用,GB/T 2900.20、GB/T 11022 和 GB/T 15166.1 中的以及下列术语和定义适用。

为了便于使用,其中一些术语和定义重述于此。

3.1

通用术语

没有专门的定义。

3.2

总装

没有专门的定义。

3.3

总装的部件

没有专门的定义。

3.4

开关装置

3.4.101

负荷开关-熔断器组合电器　switch-fuse combinations

一种组合电器,它包括一组三极负荷开关及配有撞击器的三只熔断器,任何一个撞击器的动作会引起负荷开关三极全部自动分闸。

3.4.102

负荷开关-熔断器组合电器的底座(组合电器的底座)　switch-fuse combinations base (or combination base)

没有安装熔断件的负荷开关-熔断器组合电器。

3.4.103

负荷开关-熔断器　switch-fuse

复合单元内,一极或多极串有熔断器的负荷开关。

3.4.104

熔断器-负荷开关　fuse-switch

由熔断件或带有熔断件的载熔件构成动触头的负荷开关。

3.4.105

隔离负荷开关(负荷隔离开关)　disconnector-switch (switch-disconnector)

在断开位置,能满足对隔离开关所规定的隔离要求的一种负荷开关。

[GB 3804—2004 的 4.4.102]

3.4.106

脱扣器操作的组合电器　release operated combination

一种组合电器,它的负荷开关的自动分闸由过流脱扣器或并联脱扣器触发。

3.5

开关装置的部件

3.5.101

脱扣器 release

[GB/T 2900.20 的 4.29]

3.5.102

过流脱扣器 over-current release

[GB/T 2900.20 的 4.30]

3.5.103

并联脱扣器 shunt release

[GB/T 2900.20 的 4.38]

3.6

操作

3.6.1

动力操作(负荷开关的) independent manual operation (of the switch)

[GB/T 11022 的 3.6.1]

3.6.2

储能操作(负荷开关的) stored energy operation (of the switch)

[GB/T 11022 的 3.6.2]

3.7

特性参量

3.7.101

预期电流(回路和相对于开关装置以及熔断器的) prospective current (of a circuit and with respect to a switching device or a fuse)

[GB/T 2900.20 的 6.6]

3.7.102

预期峰值电流 prospective peak current

[GB/T 2900.20 的 6.7]

3.7.103

最大预期峰值电流 maximum prospective peak current

[GB/T 2900.20 的 6.8]

3.7.104

开断电流 breaking current

[GB/T 2900.20 的 6.17]

3.7.105

预期开断电流 prospective breaking current

[GB/T 15166.1 的 3.4]

3.7.106

最小开断电流 minimum breaking current

[GB/T 15166.1 的 3.9]

3.7.107

短路关合能力 short-circuit making capacity

在规定条件下,包括开关装置的接线端子短路在内的接通能力。

[GB 3804—2004 的 4.7.115]

3.7.108

载止电流　cut-off current

允通电流(熔断器的)　let-through current (of a fuse)

[GB/T 15166.1 的 3.5]

3.7.109

转移电流(撞击器操作)　transfer current (striker operation)

在熔断器与负荷开关转换开断职能时的三相对称电流值。

注：大于该值,三相电流仅由熔断器开断。稍小于该值,首先开断极中的电流由熔断器开断,而后两相电流由负荷开关或者熔断器开断,这取决于熔断器的时间-电流特性的偏差以及熔断器触发的负荷开关的分闸时间。

3.7.110

交接电流(脱扣器操作)　take-over current (release operation)

两种过电流保护装置的时间-电流特性交点的电流值。

3.7.111

最小交接电流(脱扣器操作的组合电器的)　minimum take-over current (of a release-operated combination)

该电流取决于熔断器和负荷开关的时间-电流特性的交点,对应于:

a) 最大开断时间,如果适用,加上外部过流继电器或接地故障继电器的最大动作时间;

b) 熔断器的最小弧前时间。

见图 12。

3.7.112

最大交接电流(脱扣器操作的组合电器的)　maximum take-over current (of a release-operated combination)

该电流取决于熔断器及负荷开关时间-电流特性的交点,对应于:

a) 负荷开关由脱扣器触发的最小分闸时间,如果适用,再加上 0.02 s 以表示外部过流继电器或接地故障继电器的最小动作时间;

b) 具有最大额定电流熔断器的最大动作时间。

3.7.113

熔化的短路电流　fused short-circuit current

当限流装置为熔断器时,受到限制的短路电流。

3.7.114

外施电压　applied voltage

[GB/T 2900.20 的 6.13]

3.7.115

恢复电压　recovery voltage

[GB/T 2900.20 的 6.30]

3.7.116

瞬态恢复电压　transient recovery voltage

TRV

[GB/T 2900.20 的 6.31]

3.7.117

工频恢复电压　power-frequency recovery voltage

[GB/T 2900.20 的 6.32]

3.7.118

预期瞬态恢复电压　prospective transient recovery voltage

[GB/T 2900.20 的 6.33]

3.7.119

熔断器触发的分闸时间(负荷开关的)　fuse-initiated opening time (of the switch)

熔断器起弧时刻到所有极弧触头分开为止的时间。

3.7.120

脱扣器触发的分闸时间(负荷开关的)　release-initiated opening time (of the switch)

脱扣器触发的分闸时间定义为按照下述脱扣方法来确定,且与负荷开关成为一体的任何延时装置都调整到整定值:

a) 对于由任何形式辅助能源脱扣的负荷开关,处于合闸位置的负荷开关的分闸脱扣器带电时刻到所有极弧触头分离时刻之间的时间间隔。

b) 对于通过主回路中的电流(不同于撞击器)而不借助任何辅助能源脱扣的负荷开关,处于合闸位置的负荷开关主回路中的电流达到过电流脱扣器的动作值的时刻到所有极弧触头分离时刻之间的时间间隔。

3.7.121

脱扣器触发的最小分闸时间(负荷开关的)　minimum release-initiated opening time (of the switch)

成为负荷开关一部分的任何延时装置规定的整定值是其最小整定值时脱扣器触发的分闸时间。

3.7.122

脱扣器触发的最大分闸时间(负荷开关的)　maximum release-initiated opening time (of the switch)

成为负荷开关一部分的任何延时装置规定的整定值是其最大整定值时脱扣器触发的分闸时间。

3.7.123

开断时间　break-time

[GB/T 2900.20 的 6.54]

3.8

熔断器

3.8.1

参考的熔断器清单　reference list of fuses

对给定的负荷开关-熔断器组合电器底座,制造厂确定的熔断器清单,并且所有与其相应的负荷开关-熔断器组合电器符合现行标准。

注:该清单可以更新。型式试验有效性扩展的条件在 8.102 中给出。

3.8.2

熔断器底座　fuse-base

[GB/T 15166.1 的 2.20]

3.8.3

撞击器　striker

[GB/T 15166.1 的 2.24]

3.8.4

弧前时间　pre-arcing time

熔化时间　melting time

[GB/T 15166.1 的 3.11]

3.8.5

动作时间 operating time

开断时间 breaking time

[GB/T 15166.1 的 3.13]

3.8.6

燃弧时间(一极的或熔断器的) arcing time (of a pole or a fuse)

[GB/T 15166.1 的 3.12]

3.8.7

焦尔积分 Joule integral

I^2t

[GB/T 15166.1 的 3.14]

3.8.8

功率耗散 power dissipation

[GB 15166.2 的 3.1.21]

4 额定值

GB/T 11022 的第 4 章适用,并作如下补充:

k) 额定短路开断电流;

l) 额定瞬态恢复电压;

m) 额定短路关合电流;

n) 撞击器操作的组合电器的额定转移电流;

o) 脱扣器操作的组合电器的额定交接电流。

4.1 额定电压(U_r)

GB/T 11022 的 4.1 适用。

4.2 额定绝缘水平

GB/T 11022 的 4.2 适用。

4.3 额定频率(f_r)

GB/T 11022 的 4.3 适用。

4.4 额定电流和温升

4.4.1 额定电流(I_r)

GB/T 11022 的 4.4.1 适用,并作如下补充:

额定电流适用于由组合电器底座和所选的熔断器组成的完整的组合电器。

不要求额定电流从 R10 系列中选取。

4.4.2 温升

GB/T 11022 的 4.4.2 适用,如果涉及到熔断器,见 GB 15166.2。

4.5 额定短时耐受电流(I_k)

GB/T 11022 的 4.5 不适用。

4.6 额定峰值耐受电流(I_p)

GB/T 11022 的 4.6 不适用。

4.7 额定短路持续时间(t_k)

GB/T 11022 的 4.7 不适用。

4.8 合闸及分闸装置和辅助回路的额定电源电压(U_a)

GB/T 11022 的 4.8 适用。

4.9 合闸及分闸装置和辅助回路的额定电源频率

GB/T 11022 的 4.9 适用。

4.10 操作用压缩气源的额定压力

GB/T 11022 的 4.10 适用。

4.101 额定短路开断电流

额定短路开断电流是指在本标准规定的使用条件及性能下，回路的工频恢复电压相应于组合电器的额定电压，预期瞬态恢复电压等于 4.102 规定的额定值，组合电器所能开断的最大预期短路电流。

额定短路开断电流用其交流分量的有效值表示。

额定短路开断电流应从下述 R10 系列中选取：

8 kA；10 kA；12.5 kA；16 kA；20 kA；25 kA；31.5 kA；40 kA；50 kA；63 kA；80 kA；100 kA。

注：应该认识到组合电器的串联阻抗、熔断器或负荷开关的快速动作可能引起一种或两种下述影响：

a) 短路电流降低到某一值，该值显著低于没有上述作用时所能达到的值；

b) 此类快速动作使得短路电流波形偏离其原来的波形。

这就是在评价开断和关合性能时采用术语“预期电流”的原因。

4.102 额定瞬态恢复电压

与额定短路开断电流（符合 4.101）相关的额定瞬态恢复电压是一种参考电压，它是组合电器能够开断回路短路故障时回路预期瞬态恢复电压的上限。

预期瞬态恢复电压的参数，GB 15166.2 适用。

4.103 额定短路关合电流

额定短路关合电流是在本标准规定的使用条件和性能下，回路的工频电压对应于组合电器的额定电压，组合电器能够关合的最大预期峰值电流。它应是额定短路开断电流值的 2.5 倍。

注：也可见 4.101 的注。

4.104 撞击器操作的组合电器的额定转移电流（$I_{transfer}$）

额定转移电流是组合电器中的负荷开关能够开断的转移电流的最大有效值。

4.105 脱扣器操作的组合电器的额定交接电流（I_{to}）

额定交接电流是组合电器中的负荷开关能够开断的交接电流的最大有效值。

5 设计与结构

5.1 对负荷开关-熔断器组合电器中液体的要求

GB/T 11022 的 5.1 适用。

5.2 对负荷开关-熔断器组合电器中气体的要求

GB/T 11022 的 5.2 适用。

5.3 负荷开关-熔断器组合电器的接地

GB/T 11022 的 5.3 适用。

5.4 辅助设备

GB/T 11022 的 5.4 适用。

5.5 动力操作

GB/T 11022 的 5.5 适用。

5.6 储能操作

GB/T 11022 的 5.6 适用。

5.7 不依赖人力的操作

GB/T 11022 的 5.7 不适用。

5.8 脱扣器的操作

GB/T 11022 的 5.8 适用。

5.9 低压力和高压力闭锁装置

GB/T 11022 的 5.9 适用。

5.10 铭牌

GB/T 11022 的 5.10 适用，并作如下补充：

负荷开关-熔断器组合电器的铭牌应包含表 1 的内容。

表 1 铭牌内容

(1)	缩写 (2)	单位 (3)	负荷开关-熔断器组合电器 (4)	操动机构 (5)	要求标注的条件 (6)
制造厂			X	Y	仅当与组合电器不成为一体和/或制造厂不同
型号			X	(Y)	
出厂编号			X	(Y)	
标准编号			X		
额定电压	U_r	kV	X		
额定工频耐受电压		kV	X		
额定雷电冲击耐受电压	U_p	kV	X		
额定频率	f_r	Hz	X		
额定电流(带熔断器)	见参考清单	A	X		
额定短路开断电流		kA	X		
额定短路关合电流		kA	X		
额定转移电流	$I_{transfer}$	A	X		
额定交接电流	I_{to}	A	Y		脱扣器操作的组合电器
合闸和分闸装置以及辅助和控制回路的额定电源电压	U_a	V		Y	适用时
制造年份			X		
温度级别			Y		不同：−5 ℃户内 −25 ℃户外

X 表示的值的标识是强制性的。

Y 表示的值的标识是强制性的，但取决于栏(6)中的条件。

(Y)表示的值的标识是可选的。

注 1：栏(2)中的缩写可以代替栏(1)中的术语。如果采用栏(1)中的术语，“额定”一词在铭牌上可不出现。

注 2：如果组合电器的额定交接电流大于其额定转移电流，则可以不标注其额定转移电流。

5.11 联锁装置

GB/T 11022 的 5.11 适用。

5.12 位置指示

GB/T 11022 的 5.12 适用。

5.13 外壳的防护等级

GB/T 11022 的 5.13 适用。

5.14 爬电距离

GB/T 11022 的 5.14 适用。

5.15 气体和真空的密封

GB/T 11022 的 5.15 适用。

5.16 液体的密封

GB/T 11022 的 5.16 适用。

5.17 易燃性

GB/T 11022 的 5.17 适用。

5.18 电磁兼容性(EMC)

GB/T 11022 的 5.18 适用。

5.101 撞击器与负荷开关脱扣器之间的联动装置

与给定的撞击器型式(中型或重型)的最大、最小能量和撞击器的动作方式(弹簧或爆炸)无关,熔断器撞击器与负荷开关脱扣器之间的联动装置在三相和单相条件下应使负荷开关可靠地操作。撞击器的要求在 GB 15166.2 中给出。

5.102 低过电流条件(长的熔断器弧前时间条件)

负荷开关-熔断器组合电器应设计成使组合电器在低过电流条件下能够可靠地工作。这可以通过满足下述条件来实现:

a) 负荷开关和熔断器应满足下述 1)、2)或 3)中之一:

1) 熔断器触发的负荷开关分闸时间短于 GB 15166.2 中规定的熔断器能够耐受的最长燃弧时间;

注:GB 15166.2 中引入了新的试验来评估在长的弧前时间条件下(熔断器)最长的电弧耐受时间至少为 100 ms。

2) 如果熔断器制造厂能够证明熔断器在从额定短路开断电流值到组合电器中的熔断器的等效最小熔化电流值的所有电流值都能可靠地动作(即,全范围熔断器),则认为与负荷开关-熔断器组合电器中的熔断器触发的负荷开关分闸时间不相关;

3) 如果能够证明熔断器撞击器的热脱扣器在熔断器起弧前使负荷开关开断了所有小于 I_3(符合 GB 15166.2 的熔断器的最小开断电流)的电流;

b) 按照 6.104 规定的试验证明在这些条件下的温升不会损坏组合电器的性能。

6 型式试验

GB/T 11022 的第 6 章适用,并做如下补充。

6.1 概述

型式试验的目的是为了证明负荷开关-熔断器组合电器、操动机构以及联动装置的性能。

应该明确,对于组合电器中的负荷开关,除了短时耐受电流和短路关合要求外,应按照 GB 3804 作为一个独立元件进行试验;另外,熔断器应按 GB 15166.2 的要求进行试验。

型式试验包括:

——绝缘试验;

——温升试验;

——主回路电阻测量;

——防护等级的验证;

——密封性试验;

——电磁兼容性试验;

——关合和开断试验；

——脱扣联动试验；

——熔断器的机械震动试验；

——具有长弧前时间的熔断器的热试验。

组合电器中的元件应是按相应的标准通过型式试验的产品。

交付试验的组合电器应是安装有合适的熔断器、干净的、新的组合电器。

型式试验的试品应与正式生产产品的图样和技术条件相符合，下列情况下，负荷开关-熔断器组合电器应进行型式试验：

a) 新试制的产品，应进行全部型式试验；

b) 转厂及异地生产的产品，应进行全部型式试验；

c) 当产品的设计、工艺或生产条件及使用的材料发生重大改变而影响到产品性能时，应做相应的型式试验；

d) 正常生产的产品每隔八年应进行一次温升试验、脱扣联动试验以及关合和开断试验；

e) 不经常生产的产品(停产三年以上)，再次生产时应进行 d)规定的试验；

f) 对系列产品或派生产品，应进行相关的型式试验，部分试验项目可引用相应的有效试验报告。

6.1.1 试验的分组

GB/T 11022 的 6.1.1 适用。

6.1.2 确认试品的资料

GB/T 11022 的 6.1.2 适用。

6.1.3 型式试验报告中应包含的资料

GB/T 11022 的 6.1.3 适用。

6.2 绝缘试验

GB/T 11022 的 6.2 适用，并做如下补充：

GB/T 11022 的 6.2.9(局部放电试验)被下述内容取代：

完整的组合电器不要求局部放电试验。但是，元件在此方面应满足各自相关的标准。

6.3 无线电干扰电压(RIV)试验

GB/T 11022 的 6.3 不适用。

6.4 主回路电阻测量

GB/T 11022 的 6.4 适用，并做如下补充：

用阻抗可以忽略不计的导电棒代替熔断器且应记录该导电棒的电阻。

6.5 温升试验

GB/T 11022 的 6.5 适用，并做如下补充：

组合电器的温升试验应在组合电器底座装有参考清单中的所有额定电流下进行试验。但是，按照下述规定，可以减少试验次数。

只要满足下述四个判据，由组合电器底座和给定的熔断器(假定为 X)组成的组合电器的温升试验可以证明由同样的组合电器底座和其他规格的熔断器组成的组合电器的温升试验合格：

——具有和熔断器 X 相同长度的熔断器；

——额定电流小于或等于熔断器 X 的额定电流的熔断器；

——额定功率耗散(按照 GB 15166.2)小于或等于熔断器 X 的额定功率耗散；

——组合电器中熔断器额定电流的降低水平($I_{r组合电器}/I_{r熔断器}$)小于或等于熔断器 X 的降低水平。

因为满足上述判据已经包含了安全裕度，所以，熔断器的直径可以不考虑。

6.6 短时耐受电流和峰值耐受电流试验

GB/T 11022 的 6.6 不适用。

6.7 防护等级的验证

GB/T 11022 的 6.7 适用。

6.8 密封性试验

GB/T 11022 的 6.8 适用。

6.9 电磁兼容性试验(EMC)

GB/T 11022 的 6.9 适用。

6.101 关合和开断试验

本条款包括四个试验方式：

——TD_{Isc}(试验方式 1)：额定短路电流的关合和开断试验；

——$TD_{IW\ max}$(试验方式 2)：最大 I^2t 时的关合和开断试验；

——$TD_{Itransfer}$(试验方式 3)：额定转移电流的开断试验；

——TD_{Ito}(试验方式 4)：额定交接电流的开断试验。

6.101.1 进行试验的条件

原则上，本标准 6.101(关合和开断试验)详述的试验只对实际试验的负荷开关与熔断器特定的组合电器的性能进行了验证。然而，应认识到这对以下情况是不实际的：

a) 对给定的负荷开关-熔断器组合电器配用每种型号熔断器时都进行试验；

b) 初始试验所用的熔断器在设计上有所改动时，重复组合电器的试验。

因此，如果符合本标准的组合电器满足下列条件，对经过改动的、未经试验或经过局部试验的组合电器底座和熔断器组成的组合电器仍可认为满足本标准。这些条件是：

1) 所考虑的熔断器应满足它的标准(GB 15166.2)；

2) 必须安装同一类型的撞击器，即符合 GB 15166.2 的中型或重型；

3) 替代型的熔断器应满足 6.101.2.1、6.101.2.2 和 6.101.2.3 的要求。

6.101.1.1 试验前组合电器的状态

受试组合电器须完整地安装在自身的支架或一等效支架上。其操动机构应按有关规定进行操作，特别是操动机构如果是电动或气动操作时，须分别按 GB/T 11022 的 4.8 和 4.10 规定的最低电压或气压下操作，除非截流影响了试验结果。当截流影响试验结果时，组合电器应在 GB/T 11022 的 4.8 和 4.10 规定的允差范围内选取的电压或气压下操作，以便触头分离时刻获得最大刚分速度和最大灭弧性能。

应表明，在上述条件下，组合电器应可靠地进行空载操作。

人力操作的组合电器，可以用能实现远方操作的一种装置来操作。

应考虑组合电器哪一侧与电源连接。当组合电器用于两侧供电时，若断口一侧的物理布置与另一侧的不同时，则试验回路的带电侧应接到使组合电器试验条件最严酷的一侧。如有怀疑，应倒换电源接线，重复进行该试验方式，但对包括若干次同一试验的试验方式，应将电源先接到一侧，进行一次试验，然后将电源接到另一侧进行其余试验。

选用的熔断器应使得该试验方式的结果对相同的组合电器底座和熔断器清单中的任一熔断器构成的所有组合电器有效。对于脱扣器操作的组合电器，过流继电器或脱扣器(如果装有的话)应与这些熔断器相关的最小额定电流值相匹配。除非另有规定，试验应在无预加载的环境温度下进行。

6.101.1.2 试验频率

组合电器应在额定频率下进行试验，频率偏差为±8%。然而，为了试验方便，偏离上述允差范围也是允许的。例如，额定频率为 50 Hz 的组合电器在 60 Hz 下进行试验，反之亦然。但应注意对试验结果的解释，并考虑到所有重要因素，如组合电器的类型或所进行试验的类型。

注：在某些情况下，组合电器用于 60 Hz 系统的额定性能与用在 50 Hz 系统中的额定性能有所不同。

6.101.1.3 **功率因数**

试验回路的功率因数应通过测量来确定，并取每相功率因数的平均值。

试验时，功率因数平均值须符合 6.101.2.1、6.101.2.2、6.101.2.3 及 6.101.2.4 中给出的数值。

6.101.1.4 **试验回路的布置**

对于试验方式 TD_{Isc}（试验方式 1）和试验方式 $TD_{IW\,max}$（试验方式 2），组合电器最好接在电源中性点绝缘的、三相短路的中性点接地的回路中，如图 3a）所示。当试验回路中电源的中性点不能绝缘时，则其应予以接地，而三相短路的中性点应予以绝缘，如图 3 b）所示。

对于试验方式 $TD_{Itransfer}$（试验方式 3）和 TD_{Ito}（试验方式 4），组合电器应分别接到图 4 和图 5 所示的回路中。

对于产生火焰或金属粒子喷射的组合电器，试验时应在带电部件附近放置金属屏，金属屏与带电体之间间隙的大小应由制造厂规定。

金属屏、底架及其正常接地部件应对地绝缘，但通过直径 0.1 mm、长度为 50 mm 的铜丝构成的熔断器接地。该熔断器也可以接到变比为 1∶1 的电流互感器的二次侧。电流互感器的端子应通过火花间隙或避雷器保护。如果试验后熔断器完好，则认为没有出现明显的泄漏电流。

6.101.1.5 **开断试验的试验电压**

试验电压应在组合电器开断后，立即于其所在位置测量的相间电压的平均值。

该电压的测量点应尽可能靠近组合电器的端子，即测量点与组合电器端子间无明显的阻抗。

三相试验时，试验电压应尽可能接近或等于组合电器的额定电压。

试验电压基于平均值的允差是规定值的±5%，任一相与平均值的偏差为±20%。

6.101.1.6 **工频恢复电压**

电弧熄灭后，工频恢复电压应至少保持 0.3 s。

三相试验回路的工频恢复电压是负荷开关分闸后所有相测到的工频恢复电压的平均值。

试验回路的工频恢复电压应在试验回路每一相中组合电器的每极端子间测量。

按照图 6，工频恢复电压应在负荷开关分闸后一个周波处测量。

6.101.1.7 **短路关合试验前的外施电压**

在试验方式 TD_{Isc}（试验方式 1）和试验方式 $TD_{IW\,max}$（试验方式 2）中，短路关合试验前的外施电压（见 3.7.14）是试验前瞬间，一极端子间电压的有效值。

对于三相试验，外施电压的平均值不应小于组合电器额定电压除以$\sqrt{3}$，且未经制造厂的同意不应超过该值的 10%。

外施电压的平均值与每相外施电压之差不应超过平均值的 5%。

6.101.1.8 **开断电流**

对于试验方式 TD_{ISC}（试验方式 1）和试验方式 $TD_{IW\,max}$（试验方式 2），预期短路开断电流的交流分量有效值应在预期电流试验中短路起始后一个半波内测量。

对于试验方式 $TD_{Itransfer}$（试验方式 3）和试验方式 TD_{Ito}（试验方式 4），开断电流应是在起弧瞬间测取电流的交流分量有效值。

对于试验方式 TD_{ISC}（试验方式 1）、试验方式 $TD_{IW\,max}$（试验方式 2）和试验方式 TD_{Ito}（试验方式 4），任一极中的开断电流交流分量有效值不能超出平均值的 10%。对于试验方式 $TD_{Itransfer}$（试验方式 3），装有导电棒的两极中的开断电流交流分量有效值不应小于首开极（即装有熔断器的极）开断电流的 $\sqrt{3}/2$，即 87%。

6.101.1.9 **瞬态恢复电压**

试验回路的预期 TRV，应该用这样一种方法来确定，它可以产生和测量 TRV 波形，而不会对它有明显的影响，且应在组合电器与试验回路相连的端子上测量，且像分压器等试验测量装置应包括在内。GB 1984—2003 的附录 F 中叙述了适当的方法。

三相试验回路，瞬态恢复电压是对符合6.101.1.4布置的适合的试验回路中的首开极而言，即开断极与其他两闭合极之间的电压。

试验回路的预期瞬态恢复电压波形用图1所示的方法画出的包络线和它的起始部分表示。

试验回路的预期瞬态恢复电压波形应满足下列要求：

a) 其包络线在任何时刻都不能低于规定的参考线；

注：必须强调，包络线超出规定参考线的程度需征得制造厂的同意。

b) 如规定有延时线时，其起始部分不能与延时线相交。

6.101.2 试验程序

6.101.2.1 试验方式 TD_{Isc}（试验方式1）——额定短路电流时的关合和开断试验

这一试验方式是为了验证负荷开关能够承受和关合熔断器的截止电流而无损伤，且在该电流下撞击器将使负荷开关分闸。该试验是在装有所有三相熔断器的组合电器上进行的。

只要替代熔断器根据GB 15166.2确定的截止电流和动作 I^2t 不大于型式试验的特定熔断器的截止电流和动作 I^2t，则认为对装有特定型式熔断器的组合电器的试验对于相同的组合电器底座和熔断器清单中的替代熔断器构成的所有组合电器有效。

必须在试验回路中进行一个单分和一个合分试验，回路的预期电流等于组合电器的额定短路开断电流，偏差为 ${}^{+5}_{0}\%$。

试验回路的功率因数为0.07～0.15(滞后)。

外施电压应符合6.101.1.7。

工频恢复电压(见6.101.1.6)应等于组合电器的额定电压除以 $\sqrt{3}$，平均值的偏差为规定值的±5%，每相与平均值的偏差为±20%。

预期瞬态恢复电压应符合4.102及6.101.1.9。

该试验方式的开断试验应按GB 15166.2中试验方式1的规定，保证任一边极中熔断器的起弧相角，即在该极中的电压过零后65°～90°范围之内。

6.101.2.2 试验方式 $TD_{IW\,max}$（试验方式2）——最大开断 I^2t 时的关合和开断试验

进行该方式试验的目的在于用近似于对负荷开关产生最大 I^2t 的预期电流来验证组合电器的性能。试验是在装有三相熔断器的组合电器上进行的。

组合电器中的负荷开关应在撞击器驱动分闸之前合闸到位，如果在GB 3804中规定的条件下，两次关合试验的峰值不小于 $2.5I_2$，短路电流的持续时间不小于0.1 s，试验电流为 I_2(GB 15166.2的试验方式2的预期短路电流)，则本标准的该试验方式可以免去。

如果组合电器中的熔断器在GB 15166.2的试验方式1中具有比本标准的试验方式 TD_{Isc}（试验方式1)更高的 I^2t，则本试验方式可以免去。

只要替代熔断器根据GB 15166.2试验方式2确定的最大动作 I^2t 不大于型式试验的特定熔断器的动作 I^2t，则认为对装有特定型式熔断器的组合电器的试验对于相同的组合电器底座和参考的熔断器清单中的替代熔断器构成的所有组合电器有效。

在三相回路中，进行一个单分和一个合分试验，其预期电流为按照GB 15166.2验证组合电器中熔断器设计的 I^2t 值所要求的预期电流，偏差±10%。

试验回路的功率因数为0.07～0.15(滞后)。

注：如果制造厂同意，下限不适用。

外施电压应符合6.101.1.7。

对于本试验方式中的开断试验，应通过回路选相合闸，保证其中任意一相电流在电压过零后0°～20°间出现。

工频恢复电压(见 6.101.1.6)应等于组合电器的额定电压除以$\sqrt{3}$,平均值的偏差为规定值的±5%,每相与平均值的偏差为±20%。

预期瞬态恢复电压应符合 6.101.1.9 以及 GB 15166.2 的试验方式 2 中的规定值。

6.101.2.3 试验方式 $TD_{Itransfer}$(试验方式 3)——额定转移电流时的开断试验

进行该试验方式的目的在于验证开断职能由熔断器转移到负荷开关时负荷开关与熔断器的正确配合(见 3.7.109)。

注 1:对于脱扣器操作的组合电器,如果交接电流等于或大于转移电流,则本试验方式可以免去。

应在三相回路(如图 4 所示)中进行三次开断试验,三次试验中安装熔断器的极应不同,其余两极用两根阻抗可忽略不计的导电棒替代两极中的熔断器。

如果一极中的一只熔断器和其他两极中的两根导电棒的这种布置对试验室不可行的话,则可以省去熔断器,负荷开关通过别的途径分闸。

试验回路应包括三相电源和负载回路(见图 4)。

负载回路应是一个 R-L 的串联回路。

电源回路,其功率因数不超过 0.2(滞后),并应满足下列要求:

a) 电源回路短路开断电流的对称分量不应超过组合电器的额定短路开断电流,也不应小于该电流的 5%;

b) 电源回路的阻抗应在试验方式 $TD_{Itransfer}$(试验方式 3)试验回路总阻抗的 12%~18%之间。如果受到试验站的限制,不能满足这一条件,则这个百分比还可降低,但应保证最后所得预期 TRV 不低于规定值;

c) 电源回路在短路条件下的预期 TRV 应符合 GB 3804 负载电流开断试验时电源侧的要求。

负载回路的功率因数应该是:

—— 开断电流>400 A,0.2~0.3(滞后);

—— 开断电流≤400 A,0.3~0.4(滞后)。

试验电压应符合 6.101.1.5 的规定。

表 2 试验方式 $TD_{Itransfer}$(试验方式 3)预期 TRV 的标准值

额定电压 U_r kV	TRV 电压峰值 u_c kV	时间 t_3 μs	上升率 u_c/t_3 kV/μs
3.6	6.2	80	0.077
7.2	12.3	104	0.115
12	20.6	120	0.167
(24)	41	176	0.236
40.5	69.4	229	0.30
$u_c=1.4\times1.5\times U_r\frac{\sqrt{2}}{\sqrt{3}}$			

工频恢复电压应等于组合电器的额定电压除以$\sqrt{3}$。平均值的偏差为±5%,每相与平均值的偏差为±20%。

如果适用,负载回路的预期瞬态恢复电压,为了标定,应符合 6.101.1.9 和表 2。延时线不做规定。

注 2:表 2 给出的数值仅指首先开断极,也就是说,装有熔断器(或模拟熔断器/绝缘棒)的一极。

注 3:表 2 适用于典型布置,这些布置涉及到的转移电流比那些因变压器二次端子金属短路产生的电流小,后者通常由熔断器开断。但是,这些参数不适用于要求负荷开关开断这种端子附近故障的使用情况,这种使用条件应由用户和制造厂协商。

6.101.2.4　试验方式 TD_{Ito}(试验方式 4)——额定交接电流时的开断试验(仅对脱扣器操作的组合电器)

这一试验方式仅对脱扣器操作的组合电器是强制性的。进行该试验旨在验证开断负荷由熔断器交接给脱扣器操作的负荷开关时,在交接电流范围内,熔断器与脱扣器操作的负荷开关之间的正确配合。

应在如图 5 所示的三相回路上进行三次开断试验,三极熔断器全部用阻抗可忽略不计的导电棒替代。

试验回路与试验方式 $TD_{Itransfer}$(试验方式 3)相同。

试验电流值相应于:

a)　脱扣器触发的负荷开关分闸时间加上适用时的表示外部过流继电器或接地故障继电器的半个周波的最小动作时间。

b)　最大额定电流的熔断器的最长动作时间。

见图 12。

6.101.2.5　试验参数摘要

表 3 给出了试验方式所用的试验参数。

表 3　试验方式的试验参数摘要

试验方式 序号	试验方式 回路	试验电压	试验电流/合闸相角	试验系列	功率因数	TRV
TD_{Isc}	三相 图 3	U_r	见 GB 15166.2 的试验方式 1	O CO	0.07～0.15(滞后)	见 GB 15166.2 的试验方式 1
$TD_{IW\ max}$	三相 图 3	U_r	见 GB 15166.2 的试验方式 2	O CO	0.07～0.15(滞后)	见 GB 15166.2 的试验方式 2
$TD_{Itransfer}$	三相/二相 图 4	U_r	$I_{transfer}$ 或者 ($0.87I_{transfer}$) 见本标准 6.101.2.3	O O O	$I_{transfer}>400$ A: 0.2～0.3(滞后) $I_{transfer}\leqslant 400$ A: 0.3～0.4(滞后)	负载侧: 本标准的表 2; 电源侧: 见 GB 3804 的负载电流开断的试验条件
TD_{Ito}	三相 图 5	U_r	I_{to} 见本标准的 6.101.2.4	O O O	$I_{to}>400$ A: 0.2～0.3(滞后) $I_{to}\leqslant 400$ A: 0.3～0.4(滞后)	负载侧: 本标准的表 2; 电源侧: 见 GB 3804 的负载电流开断的试验条件
注:与试验方式 3 和方式 4 相关的功率因数是指负载回路的。						

6.101.3　试验中组合电器的状况

应在同一台组合电器上进行全部试验方式的试验,在各试验方式之间,可对组合电器进行检查,但不能检修(更换熔断器除外)。

操作过程中,组合电器不应出现任何损坏或者危及操作者的迹象。

充液式组合电器,不允许喷出火焰,允许喷气或者含油的气体,但不应引起电气击穿。

其他类型的组合电器,可能损坏绝缘水平的火焰或金属粒子不应喷射到制造厂规定的边界之外。

试验后,如果 6.101.1.4 中规定的熔断器完好无损,则认为没有流过明显的泄漏电流。

试验方式 TD_{Isc}(试验方式 1)和 $TD_{IW\ max}$(试验方式 2)中,负荷开关应在熔断器撞击器动作后分闸。

注 1:试验中,不论熔断器动作与否,应更换所有的熔断器。

注 2:三相试验中,一只熔断器和/或其撞击器可能没有动作,这是正常的,而不是异常的情况,只要该熔断器无任何外部损伤,它不应使试验无效。

6.101.4 **试验后组合电器的状况**

试验后，熔断器应满足GB 15166.2—2008中5.1.3的要求。

每一试验方式之后：

a) 组合电器的机械功能和绝缘子实际上应和试验前的状况相同。绝缘子上可能沉积有灭弧介质的分解物。

b) 毋需修整，组合电器应能承受其额定工频耐受电压而不击穿。

c) 对那些负荷隔离开关组成的组合电器，负荷隔离开关在分闸位置时，其绝缘性能不能因与隔离断口相邻的或并行的绝缘子绝缘性能降低而降低到规定值(见4.2)以下。并且应满足GB 1985中对隔离开关的要求。

d) 更换熔断器后，组合电器应能连续承载其额定电流。

试验后，组合电器的外观检查和空载操作就足以验证以上要求。

如对组合电器是否满足6.101.4的b)项有怀疑，则按照GB/T 11022的6.2.11进行相应的工频电压耐受试验。对于灭弧室终身密封的负荷开关-熔断器组合电器，除非密封的灭弧室可以拆开或打开检查，否则，状态检查试验是强制性的。

适用时，如对组合电器是否满足6.101.4的c)项有怀疑，则应按照GB/T 11022的6.2.11进行相应的工频电压耐受试验。对于灭弧室终身密封的负荷开关-熔断器组合电器，除非密封的灭弧室可以拆开或打开检查，否则，状态检查试验是强制性的。

适用时，如对组合电器是否满足6.101.4的d)项有怀疑，则应在额定电流下增加两次合分操作。

6.102 **脱扣联动试验**

脱扣联动试验应按如下程序进行：

a) 对熔断器撞击器和负荷开关脱扣器之间联动的机械可靠性进行试验，共需100次操作，其中90次(每相30次)用一只能量最小的撞击器，其余10次用三只能量最大的撞击器同时进行操作。

这一试验方式完成之后，脱扣联动的机械功能应与试验前相同。

b) 用一只带有已伸出的撞击器的模拟熔断器，按照GB 15166.2中规定的范围调整到最小运动行程，依次对每相进行试验，应该证明组合电器中的负荷开关按照其设计要求既不能合闸也不能保持在合闸位置。

注：为了便于这些试验，可采用一只模拟熔断器撞击器操作的装置。

6.103 **熔断器的机械震动试验**

在6.102的脱扣联动试验中，组合电器不装有熔断器撞击器模拟装置的两极中应安装两只熔断器，进行所述的三组30次操作试验。所用的两只熔断器中的每一只均应是参考的熔断器清单中的最小额定电流。如果该额定值列有几种型式的熔断器，则试验所用的两只熔断器应是不同类型的。

这个(这些)试验方式之后，熔断器既不能出现任何机械损伤，也不能在阻抗上有所变化。熔断件触头不应出现偏移。

上述试验方式的满意结果，认为是确定使用未经过试验的熔断器时而不需要进一步的机械震动试验的充分证据。

6.104 **具有长弧前时间的熔断器的热试验**

试验条件与温升试验(6.5)所采用的条件相似。但是，电源的空载电压应足以操作撞击器。

试验应在参考的熔断器清单中的额定电流在同族系列中最大的熔断器上进行。试验电流应使得熔断器的温度达到熔断器制造厂规定的最高温度。

如上所述，试验应施加要求的试验电流直到撞击器动作。

如果替代的熔断器具有比受试熔断器更低的熔断器温度，则上述试验不需要重复。

如果满足下列条件，试验有效：

a) 撞击器和负荷开关能够正确动作；

b) 熔断器没有出现 GB 15166.2 的 5.1.3 规定的情况。

注：GB 15166.2 中引入了新的试验项目来确定熔断件和相应电流值的最高温度(7.1.5)。

7 出厂试验

按 GB/T 11022 的第 7 章的试验内容列出相关的试验项目。

7.101 脱扣联动试验

应进行脱扣联动试验来保证组合电器在其操动机构规定的电压和压力限值内满足规定的操作条件。

在这些试验中，主要应该验证：这些操作不会引起组合电器的任何损伤。应安装最大质量和尺寸的熔断器进行试验。对于负荷开关-熔断器组合电器，试验可以在没有熔断器的情况下进行。

对所有的负荷开关-熔断器组合电器，在 6.102 的条件下，模拟最小能量的一只熔断器撞击器动作：每极一次分闸操作。

试验后，应对组合电器进行检查，以证实没有零部件受损和所有零部件处于良好状态。

8 负荷开关-熔断器组合电器的选用导则

8.101 目的

本选用导则，与负荷开关的选用导则(见 GB 3804—2004 的第 10 章)和熔断器的选用导则(见关于保护变压器选用熔断器的 GB/T 15166.6)一起，是为了利用按 GB 3804、GB 15166.2 和本标准所进行试验而取得的参数值，制定确保负荷开关和熔断器所组成的组合电器安全运行的选用准则。

当用于变压器保护时，有关高压熔断器与其他电路元件配合的准则和如何具体按照它们的时间-电流特性曲线及额定值选取这些熔断器的导则均在 GB/T 15166.6 中给出。

负荷开关的选用导则在 GB 3804—2004 的第 10 章中给出。

本标准中规定的试验方式连同把这些试验用于其他组合电器的相关选用导则已能满足绝大多数用户的要求。然而，在某些情况下，例如，如果型式试验是在另外一个制造厂提供的全范围熔断器的组合电器上完成的，则采用后备保护熔断器时，可能需要进行附加的组合电器试验。

8.101.1 额定短路开断电流

组合电器的额定短路开断电流，在很大程度上，取决于所用的熔断器，而且应大于或等于配电系统中组合电器安装地点的最大预期故障电流水平的有效值。

8.101.2 因变压器二次端子直接短路引起的一次侧故障条件

变压器二次端子直接短路使得一次侧的故障条件具有高的 TRV 值，组合电器中的负荷开关不能开断这种故障。因此，应选择合适的熔断器使其单独将此故障消除，而不把任何开断职能转移给负荷开关。实际上，这就要求确保组合电器的转移电流小于前述的、由下式表示的一次故障电流：

$$I_{sc} = \frac{100 I_T}{Z}$$

式中：

I_T——变压器的一次侧额定电流；

Z——变压器的短路阻抗百分比。

满足该条件后，相应于故障的转移电流，由于电弧阻抗或故障线路的阻抗降低了电流和 TRV 的幅值并提高了功率因数。

附录 A 中给出了一个例子。

8.102 负荷开关和熔断器的配合

8.102.1 额定电流

应该参考 GB 15166.2 的 8.3.2 对熔断器额定电流的注释，熔断器额定电流的选取和熔断器安装在外壳中时对其产生的影响。

负荷开关-熔断器组合电器的额定电流是由负荷开关-熔断器制造厂根据温升试验取得的数据选定

的，并且取决于负荷开关和熔断器的型式及额定值。如果使用地点的环境温度超过规定的环境温度，则组合电器的额定电流必须有所降低。

注：组合电器的额定电流一般是小于熔断器制造厂提供的熔断器的额定电流，但不应小得过多。

8.102.2 低过电流特性

当故障电流低于安装在组合电器中熔断器的最小开断电流时，在熔断器因长时间的内部电弧（见5.102）损坏之前，组合电器的正确动作是靠一只或几只熔断器的撞击器的弹射操作负荷开关的脱扣机构（因此才使负荷开关分闸）来保证的。

8.102.3 转移电流

组合电器的转移电流取决于熔断器触发的负荷开关分闸时间和熔断器的时间-电流特性。

在转移点附近，三相故障条件下，最快的熔体熔化成为首开极，其撞击器开始使负荷开关分闸。其余两极将承受减小的电流（87%），它或者被负荷开关或者被剩下的熔断器开断。转移点是指负荷开关分开和熔体熔化同时出现的时刻。

对于给定组合电器的转移电流，按照附录B中的规定确定，应小于额定转移电流。

8.102.4 交接电流

组合电器的交接电流值取决于脱扣器触发的负荷开关分闸时间和熔断器的时间-电流特性。顾名思议，它是两条曲线的交点的电流值，超过这一电流，熔断器把开断电流的职能由脱扣器和负荷开关承担过来。

继电器的性能和熔断器的特性应使得交接电流小于组合电器的最大交接电流（见3.7.112的定义以及6.101.2.4的试验条件）。

8.102.5 型式试验有效性的扩展

现已认识到，对所有的组合电器底座和熔断器组成的组合电器进行试验以及当熔断器更换时，对组合电器进行重复试验是不现实的，本标准规定了温升、关合和开断型式试验的有效性扩展到那些未经过试验的组合电器的条件。

8.103 操作

a） 在一特定的组合电器中安装的三只熔断器都应是同一型号和同一电流额定值，否则，对组合电器的开断性能将产生不利影响。

b） 安装的熔断器的撞击器方向正确，对组合电器的正确动作是很重要的。

c） 当负荷开关-熔断器因三相故障动作时，则有可能出现下列情况：

  1） 三只熔断器中两只动作；

  2） 三只熔断器均已动作，但其中只有两只撞击器弹出。

三相使用条件下，一组熔断器的这种局部动作，不应该认为是不正常的。

d） 当系统中无任何明显的故障迹象，而负荷开关-熔断器已动作，则检查动作过的熔断器可为故障的类型和故障电流的近似值提供线索。这样的研究工作最好由熔断器制造厂来进行。

e） 组合电器中一极或两极的熔断器动作后，建议最好废弃并更换所有的三极熔断器。

f） 更换熔断器之前，操作者应该证实：熔断器底座与组合电器中所有可能仍带电的零部件在电气上隔离。这一点，当熔断器底座没有可见隔离时尤为重要。

9 随询问书，标书和订单一起提供的资料

9.1 随询问书和订单提供的资料

除了GB 3804中负荷开关需要提供的资料外，询问者还应规定供应的界限，也就是说，要求的组合电器是（定义为负荷开关-熔断器组合电器）否（定义为负荷开关-熔断器组合电器底座）包括熔断件。

9.2 随标书提供的资料

除了提供GB 3804中负荷开关的资料外，组合电器制造厂除了提供额定参数外，还应提供下列资料：

a） 熔断器的备选清单，包括组合电器底座的型号，验证过的最大截止电流，以及对每一个备选的熔断器的下述资料：

——熔断器型号（品牌、型式、额定值）；

——额定电流；

——额定短路电流；

——额定截止电流。

b） 适用时，充入介质（类型和总量）。

有要求时，关于型式试验有效性扩展的相关资料，即：

——长度（6.5）；

——最大额定电流（6.5）；

——额定功率耗散（6.5）；

——降容（6.5）；

——焦耳积分（6.101.2.1 中所用熔断器的数值）。

10 运输、储存、安装、运行和维护规则

GB/T 11022 的第 10 章适用，并作如下补充：

高压熔断器，虽然外表结实，但是可能装有相对脆弱的熔体。因此，在准备安装之前熔断器应保存在其具有防护的包装之内，应和继电器、仪表或其他类似元件一样小心处理。如果熔断器已经安装在负荷开关-熔断器单元中，那么在人工将其安装到位时，应暂时拆下熔断器。

11 安全性

GB/T 11022 的第 11 章适用。

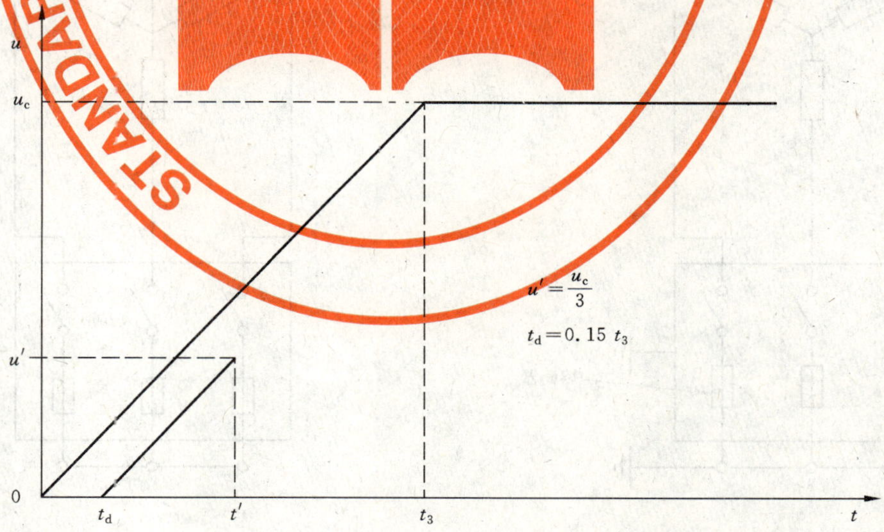

图 1 用两参数参考线和延时线表示规定的 TRV

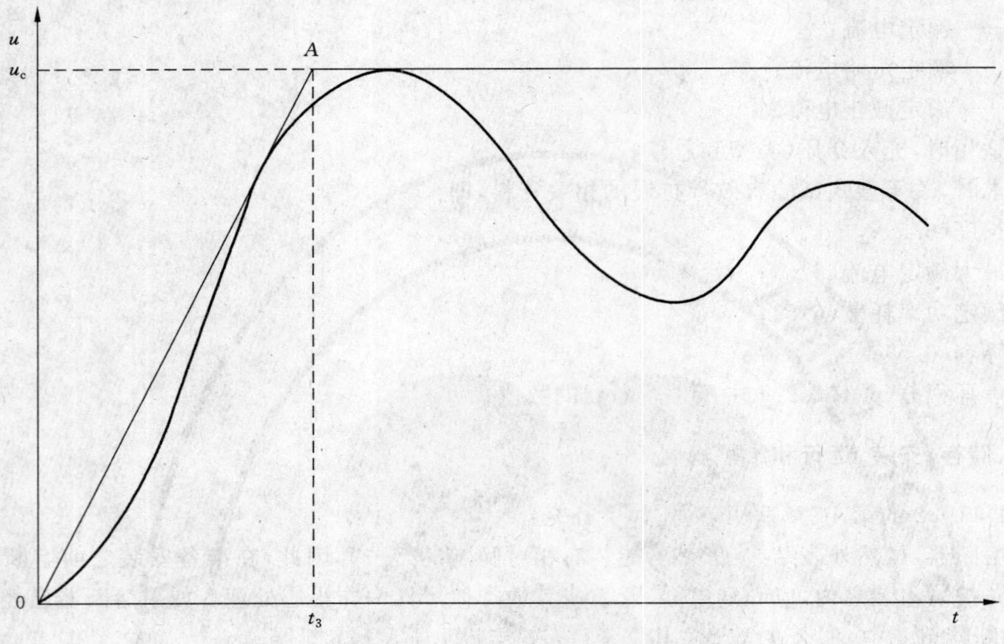

图 2　TRV 的两参数参考线的例子

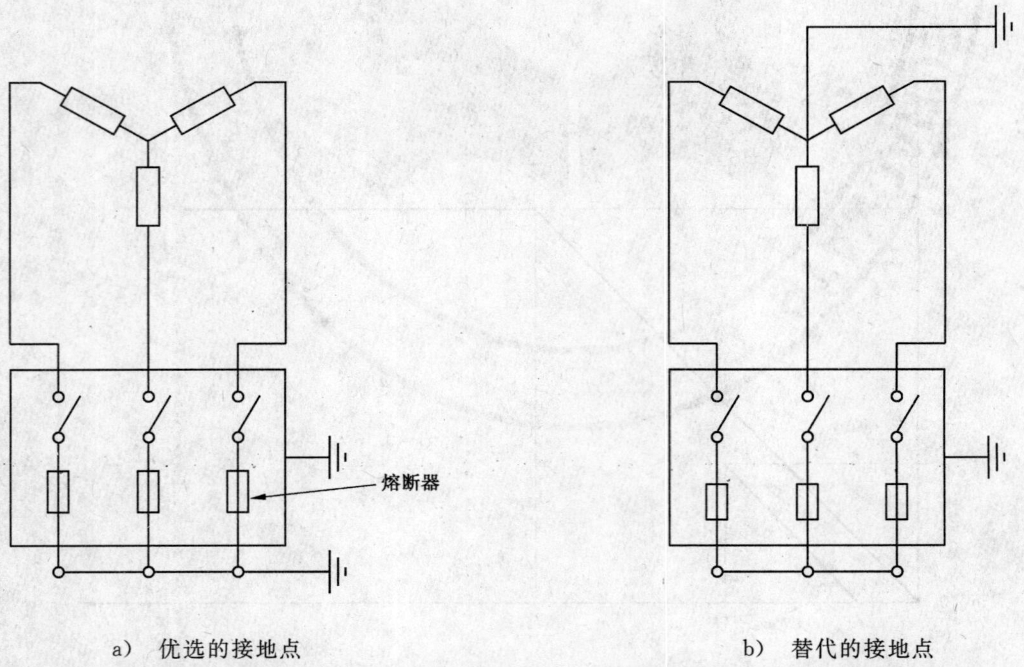

图 3　试验方式 TD_{Isc}（试验方式 1）和 $TD_{IW\ max}$（试验方式 2）试验回路的布置

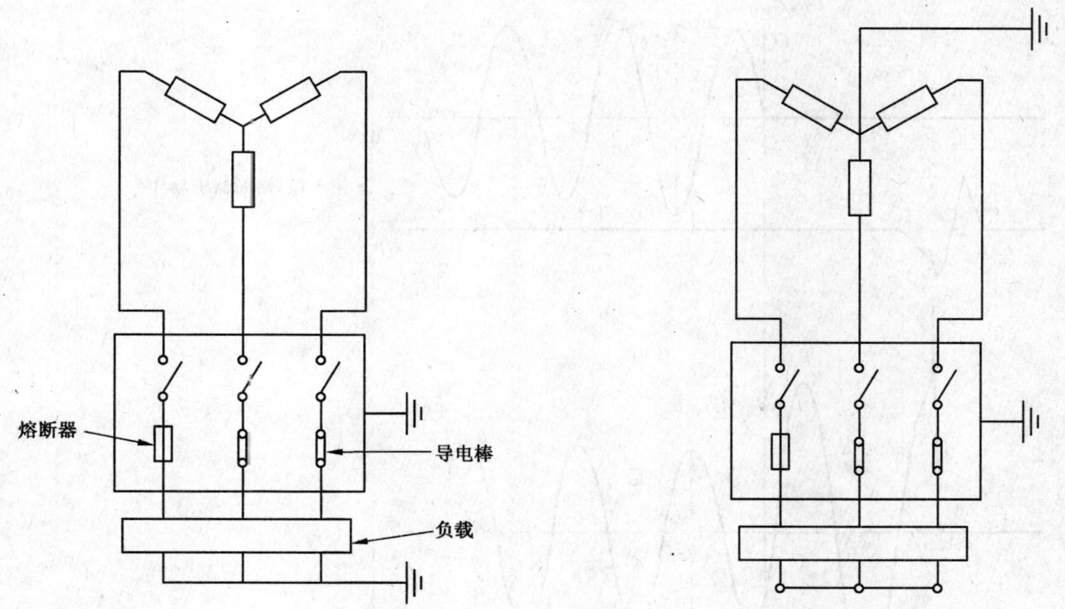

a） 优选的接地点　　b） 替代的接地点

图 4　试验方式 $TD_{Itransfer}$（试验方式 3）试验回路的布置

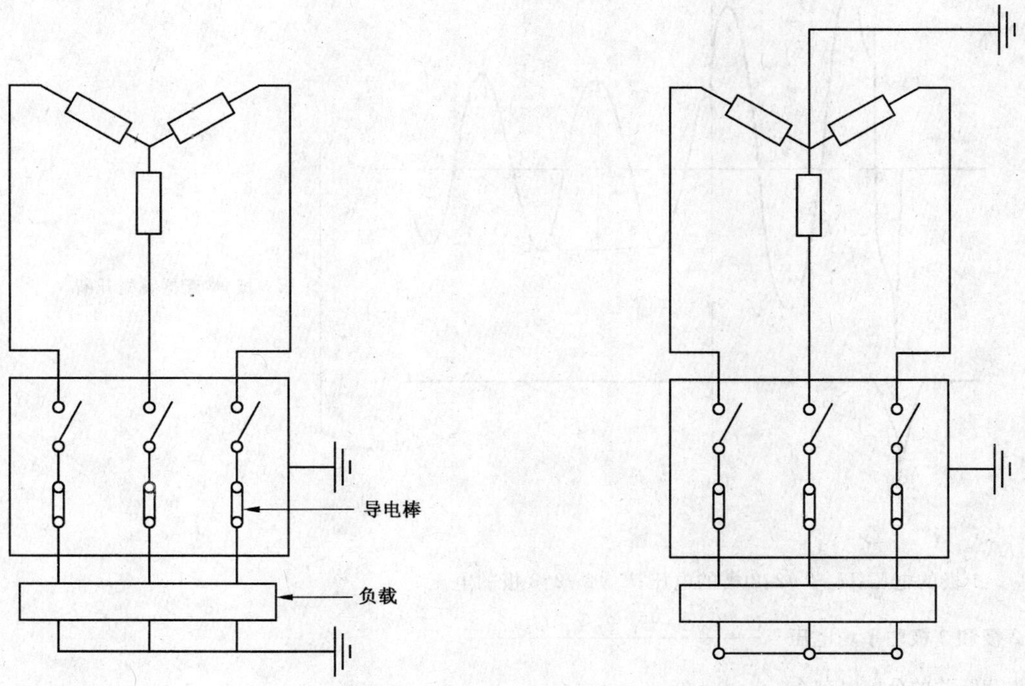

a） 优选的接地点　　b） 替代的接地点

图 5　试验方式 TD_{Ito}（试验方式 4）试验回路的布置

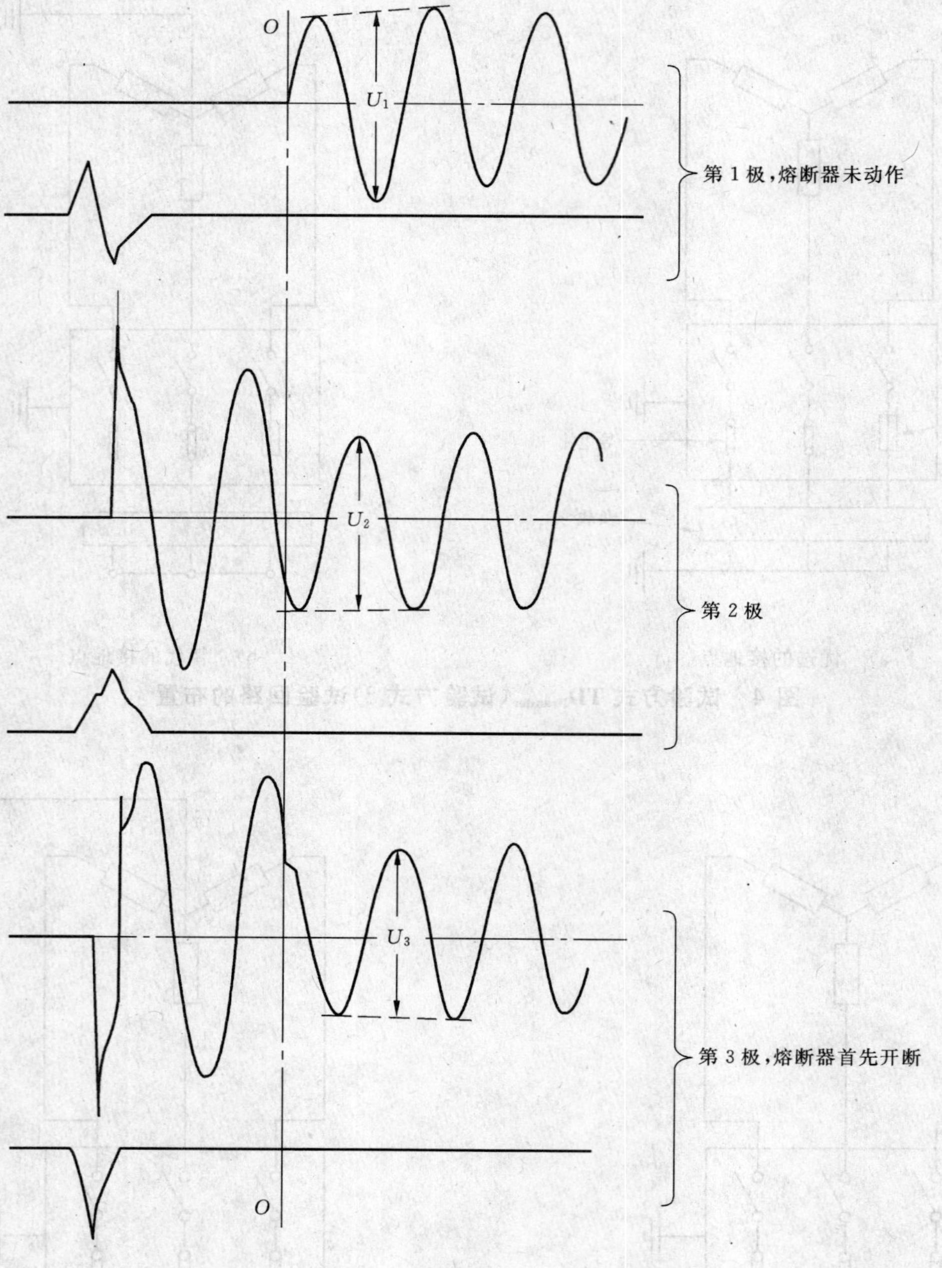

图例

$U_1/2\sqrt{2}$：1 极的电压；$U_2/2\sqrt{2}$：2 极的电压；$U_3/2\sqrt{2}$：3 极的电压

1 极、2 极和 3 极的平均电压$=\dfrac{U_1/2\sqrt{2}+U_2/2\sqrt{2}+U_3/2\sqrt{2}}{3}$

OO：负荷开关的分闸时刻

图 6　工频恢复电压的确定

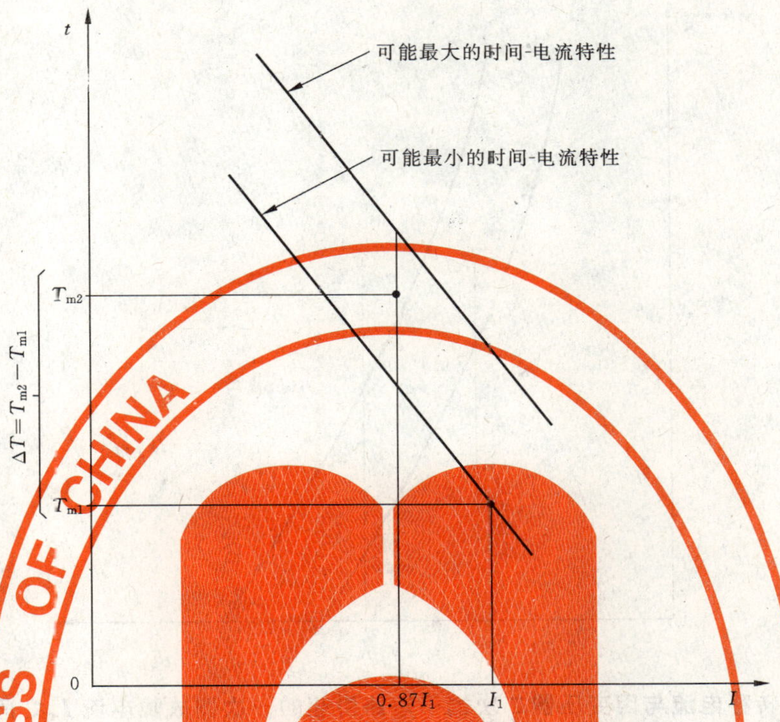

图 7　转移电流的实际确定

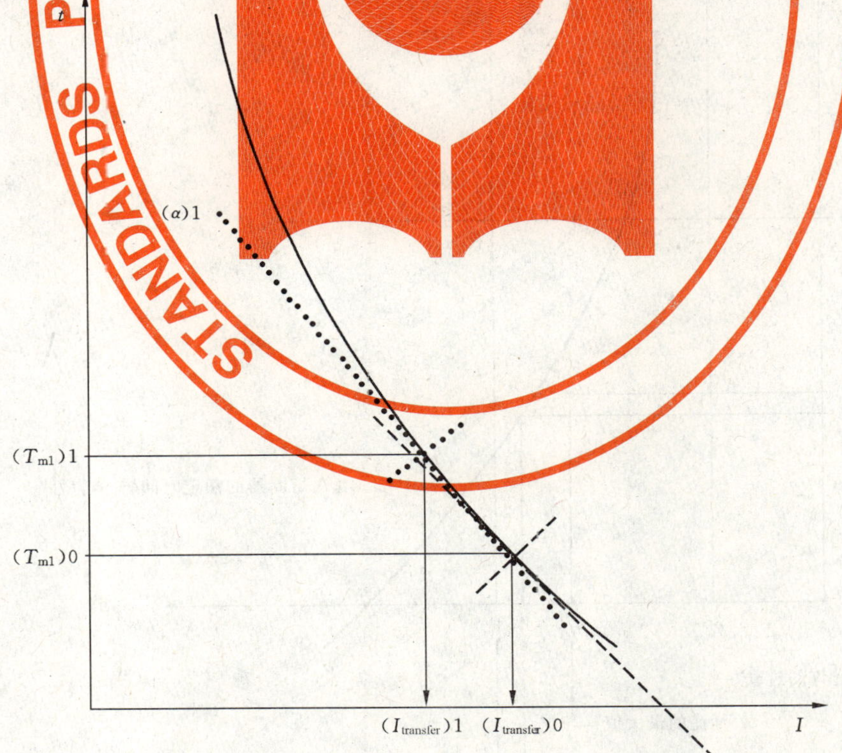

图 8　采用迭代法确定转移电流

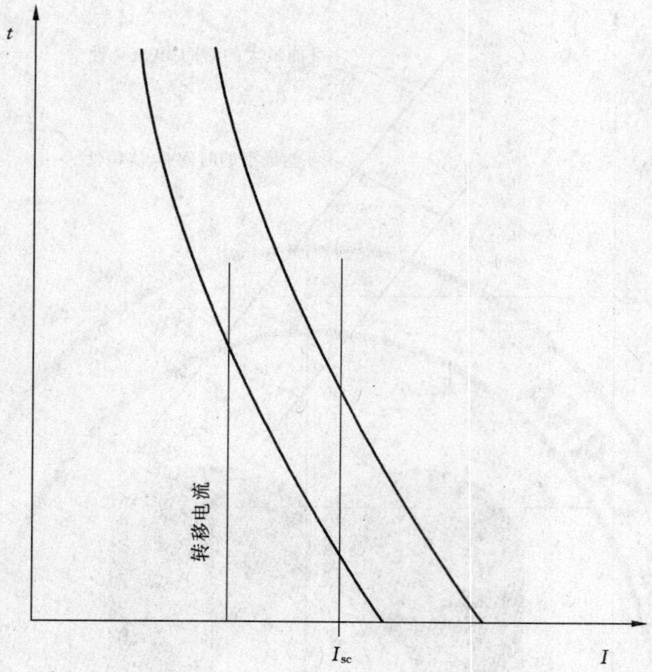

图 9　转移电流与因变压器二次端子短路引起的一次侧故障电流 I_{sc} 之间的关系

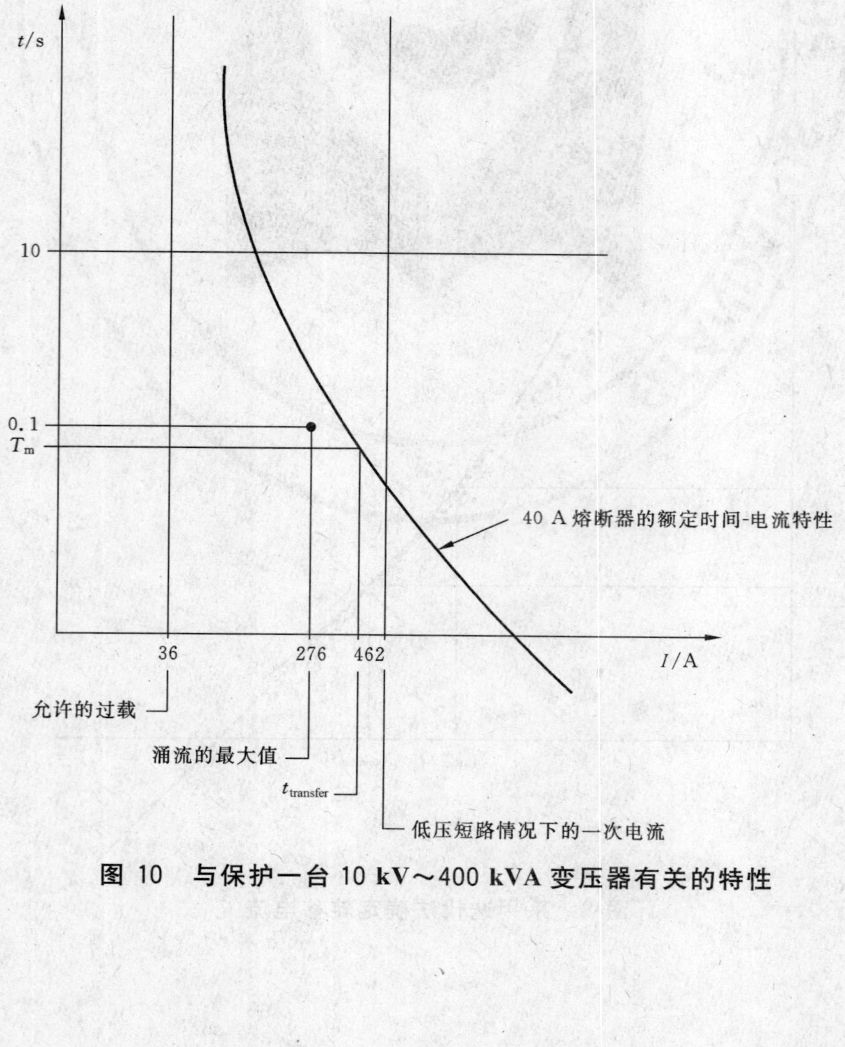

图 10　与保护一台 10 kV～400 kVA 变压器有关的特性

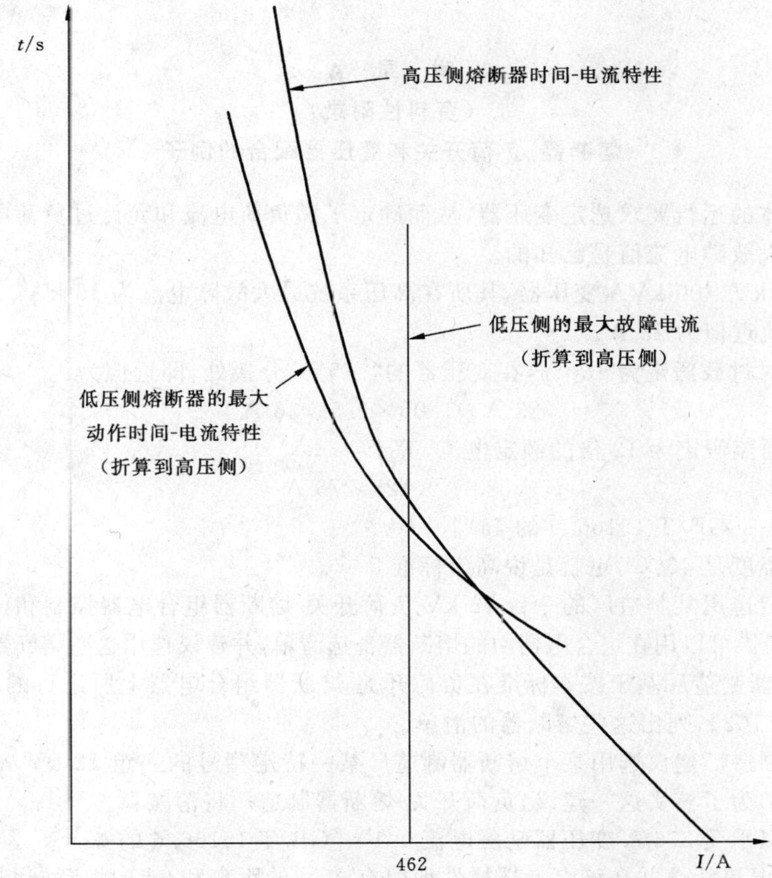

图 11　高压和低压熔断器之间的配合

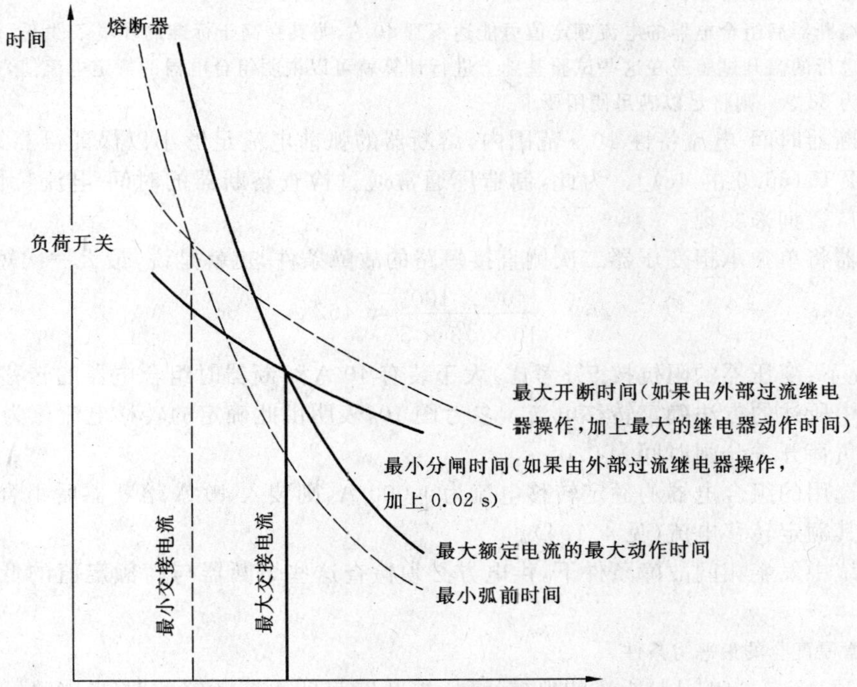

图 12　确定交接电流的特性

附　录　A
（资料性附录）
熔断器、负荷开关和变压器配合的例子

用户根据其具体的运行要求选定变压器，从而确定了满负荷电流和允许过负荷电流。

高压系统的最大故障电流值是已知的。

本示例选取 10 kV、400 kVA 变压器，其所在高压系统最大故障电流为 16 kA：

a) 满负荷电流近似为 23 A；

b) 允许的短时过载假定为 150%，在变压器的"−5%"分接处，即近似为：

$$23\ \text{A}\times 1.05\times 1.5\approx 36\ \text{A}$$

c) 最大励磁涌流假定为 12 倍的额定电流，等于：

$$23\ \text{A}\times 12=276\ \text{A}$$

持续时间为 0.1 s[GB/T 15166.6 的 4a)]。

现场周围空气温度是 45 ℃，也就是说高出标准 5 ℃。

假定用户已决定选用某制造厂的一台 12 kV 负荷开关-熔断器组合电器控制和保护变压器。

制造厂应能够提供可以用在组合电器中的熔断器备选清单，并建议选用这些熔断器中哪些比较合适。

负荷开关-熔断器制造厂基于按本标准在负荷开关-熔断器组合电器上所进行的相应试验并利用其有效性的扩展(见 8.102)，列出这些熔断器的清单。

假定组合电器制造厂建议选用某个熔断器制造厂某一特定型号的一组 12 kV，40 A，16 kA(至少)的后备保护熔断器。为了核实这一建议，负荷开关-熔断器制造厂将落实：

1) 熔断器可以承受 276 A 变压器励磁电流 0.1 s[GB/T 15166.6 的 4a)]。为此通常是检查熔断器的时间-电流特性并在该点上选择性地留有 20%的距离和/或向熔断器制造厂咨询。

2) 装入熔断器后，负荷开关-熔断器组合电器的电流额定值足以允许在周围空气温度为 45 ℃时变压器周期性过载到 36 A[见 GB/T 15166.6 中的 4b)1)]。

注 1：装入熔断器后组合电器的电流额定值可能达不到 40 A，尤其在高于标准的环境条件下。负荷开关-熔断器制造厂进行的温升试验或在这些试验基础上进行计算就可以说明组合电器的额定电流值，如在 45 ℃的环境条件下为 38 A。则将足以满足使用要求。

3) 在熔断器时间-电流特性 10 s 范围内，熔断器的弧前电流足够小以保证可靠地保护变压器[见 GB/T 15166.6 的 4c)]。为此，制造厂通常通过检查熔断器的时间-电流特性和/或向熔断器制造厂咨询来实现。

4) 熔断器将单独承担变压器二次侧直接短路的故障条件，也就是说，最大一次短路电流

$$\frac{400\times 100}{10\times\sqrt{3}\times 5}\approx 462\ \text{A}$$

(在此情况下：变压器的阻抗按 5%考虑)大于装有 40 A 熔断器时组合电器的转移电流(见 3.7.9)。利用 8.102.3 中所述的方法确定转移电流。参考图 10，表明由此确定的转移电流仅为 280 A，本例假定熔断器触发的负荷开关分闸时间为 0.05 s。

5) 假定选用的组合电器的额定转移电流为 1 000 A，则装入 40 A 熔断器后组合电器的转移电流小于其额定转移电流(见 4.104)。

在低压系统中发生相间故障条件下，供电方必须检查这些熔断器与高额定值的低压熔断器的配合问题。

注 2：这通常是配合的最恶劣条件。

如 GB/T 15166.6 中的 4d)所述的那样，高压熔断器与低压熔断器的时间-电流特性交点处的电流值应大于低压熔断器负载侧的最大故障电流(见图 11)。

附 录 B
（规范性附录）
确定转移电流的程序

B.1 背景资料

转移电流 $I_{transfer}$ 的定义为，在撞击器操作下，开断职能由熔断器转移到负荷开关时的电流。

转移电流发生在第一只熔断器熔断后，负荷开关在撞击器操作下，在第二只熔断器熔断之前或与之同时分断，这是因为熔断器的熔化时间存在着不可避免的差别。

知道了差别，熔断器熔化时间之间的差 ΔT，就允许在其与撞击器触发的负荷开关分闸时间之间进行比较。

B.2 ΔT 的数学确定

图 8 表示在转移电流范围内可能的最小和最大的熔断器时间-电流特性的小线段。

时间 T_{m1}，在最小特性上，是在三相故障电流 I_1 下首先动作的熔断器的熔化时间。

时间 T_{m2}，第二动作的熔断器的熔化时间。应该注意到时间 T_{m2}（见图 7）要短于最大时间-电流特性上的两相电流 0.87 I_1 对应的时间，这是由于第二个动作的熔断器已经过了 T_{m1} 的三相故障电流 I_1。

时间-电流特性的小线段在双对数坐标下可以被认为近似是直线，它们的关系式为：

$$\lg T_m = -\alpha \lg I + \lg C$$

确定的 I 和 T_m 之间的关系为：

$$I^{\alpha} \times T_m = C \qquad \text{(B.1)}$$

这里 α 为斜率；$\lg C$ 定义为直线在纵坐标上的截距。

把等式(B.1)用于最小时间-电流特性，则最大时间-电流特性的等式可表示为：

$$I^{\alpha} \times T_m = C(1+x)^{\alpha} \qquad \text{(B.2)}$$

这里 x 为两个时间-电流特性之间电流的偏差，而且定义为 $100x\%$。

在三相故障电流 I_1 经过了时间 T_{m1} 后，第一只熔断器熔断，T_{m1} 按照最小时间-电流特性等式(B.1)为：

$$I_1^{\alpha} \times T_{m1} = C \qquad \text{(B.3)}$$

电流 I_1 经过了时间 T_{m1}，第二只熔断器在两相电流 0.87 I_1，时间 T_{m2} 后熔断。按照最大时间电流特性式(B.2)为：

$$I_1^{\alpha} \times T_{m1} + (0.87 I_1)^{\alpha} \times (T_{m2} - T_{m1}) = C(1+x)^{\alpha} \qquad \text{(B.4)}$$

合并(B.3)和(B.4)会得到：

$$\Delta T = T_{m2} - T_{m1} = T_{m1}\left[\frac{(1+x)^{\alpha}-1}{0.87^{\alpha}}\right] \qquad \text{(B.5)}$$

转移点出现在 ΔT 等于熔断器触发的负荷开关分闸时间 T_0。

取一个统计的熔断器的时间-电流特性的相对偏差为±6.5%（±10%的±2σ），则 x=0.13。把该值代入式(B.5)中可得出：

$$T_{m1} = T_0\left[\frac{0.87^{\alpha}}{(1+0.13)^{\alpha}-1}\right] \qquad \text{(B.6)}$$

然后，转移电流 $I_{transfer}$ 可以从熔断器的最小时间-电流特性导出。

因为斜率 α 取决于 T_{m1} 的值(图 8)，应进行一个重复的计算：首先选取第一个值 T_{m1}，例如 $(T_{m1})_0$ 等于 1.2T_0，因为它通常接近实际值。然后从最小的时间-电流特性中导出第一个 $(I_{transfer})_0$ 和 α_0。

利用 α_0 和式(B.6)可以利用上述方法计算出新的 $(T_{m1})_1$ 和 $(I_{transfer})_1$ 和 α_1。假如这个数值和前面

的数值相差不超过5%，那么就可以把它作为 $I_{transfer}$。如果没有，这样的计算应该重新进行，直到两次连续的转移电流的差小于5%。

B.3 确定转移电流的简化方法

取 $\alpha=4$，这是熔断器触发的负荷开关分闸时间处在0.05 s～0.3 s之间时实践中通常选用的值，则等式(B.5)为：

$$\Delta T = T_{m1}\left[\frac{(1+0.13)^4-1}{(0.87)^4}\right] \qquad \text{(B.7)}$$

转移点发生在熔断器触发的负荷开关分闸时间 T_0 等于 ΔT：

$$T_0 = \Delta T = 1.1 \times T_{m1}$$

或者

$$T_{m1} = 0.9\ T_0$$

因此，转移电流可以确定为：熔断器的最小时间-电流特性上弧前时间等于 $0.9T_0$ 时的电流值。

ICS 11.180.10
C 45

中华人民共和国国家标准

GB/T 16930.2—2009
代替 GB/T 16930.2—1997

盲杖　技术条件

Tactile sticks—Technical specification

2009-03-16 发布　　2009-09-01 实施

中华人民共和国国家质量监督检验检疫总局
中国国家标准化管理委员会　发布

前言

系列标准 GB 16930.1《盲人手杖 安全色标志》和 GB/T 16930.2《盲杖 技术条件》。

本部分代替 GB/T 16930.2—1997《盲人手杖 规格与分类》。

本部分与 GB/T 16930.2—1997 相比有以下变化：

——修订了标准名称，将《盲人手杖 规格与分类》改为《盲杖 技术条件》；

——增加了第 6 章要求，提出了机械强度、手柄、杖尖、折叠部件、反光膜和成品等要求；

——增加了第 7 章检验方法。

本部分由中华人民共和国民政部提出。

本部分由全国残疾人康复和专用设备标准化技术委员会(SAC/TC 148)归口。

本部分主要起草单位：中国残疾人辅助器具中心、中国残疾人联合会、中国盲人协会、北京市盲人学校、深圳市伤残人用具资源中心、四川省肢体伤残康复中心、任丘市长青残老用品厂、佛山市普明盲人用品厂。

本部分主要起草人：陈光、贾亚玲、陈媛、滕伟民、彤宇、朱图陵、李明辉、任玉彪、何仲辉。

本部分所代替标准的历次版本发布情况为：

——GB/T 16930.2—1997。

盲杖 技术条件

1 范围

GB/T 16930 的本部分规定了盲杖的术语和定义、分类、结构参数、要求、检验方法、检验规则和包装、标志、运输及贮存等。

本部分适用于盲杖的设计、生产、使用及所涉及的各个领域。

2 规范性引用文件

下列文件中的条款通过 GB/T 16930 的本部分的引用而成为本部分的条款。凡是注日期的引用文件,其随后所有的修改单(不包括勘误的内容)或修订版均不适用于本部分,然而,鼓励根据本部分达成协议的各方研究是否可使用这些文件的最新版本。凡是不注日期的引用文件,其最新版本适用于本部分。

GB/T 191 包装储运图示标志(GB/T 191—2008,ISO 780:1997,MOD)

GB 16930.1 盲人手杖 安全色标志

GB/T 18833 公路交通标志反光膜

GB/T 16432 残疾人辅助器具 分类和术语

FZ/T 63006—1996 松紧带

3 术语和定义

下列术语和定义适用于本标准。

3.1

视力残疾 vision impairments

由于各种原因导致双眼视力低下并且不能矫正或视野缩小,以致影响其日常生活和社会参与。

3.2

听力残疾 hearing impairments

人由于各种原因导致双耳不同程度的永久性听力障碍,听不到或听不清周围环境声及言语声,以致影响日常生活和社会参与。

3.3

盲(白)杖 tactile(white) sticks/white canes

视力残疾者用于导向和/或辨别周边环境的辅助器具。

[GB/T 16432 12 39 03]

3.4

盲聋杖 deaf-blind sticks

盲杖的一种特殊形式。视力残疾兼有听力残疾者使用的导向和/或辨别周边环境的辅助器具。

3.5

安全色 safety colours

传递安全信息含义的颜色,包括红、蓝、黄、绿四种颜色。

3.6

手柄　grip/handle

正常使用时手握持的部分。

3.7

腕带　wrist strap

固定在手柄顶端，套在手腕上且有弹性的环带。

3.8

杖体　shaft

盲杖的主体部分。

3.9

杖尖　tip

盲杖的下端，与地面接触的部分。

4　分类

4.1　盲杖型号由名称代号、分类代号、规格代号和设计改型代号组成。

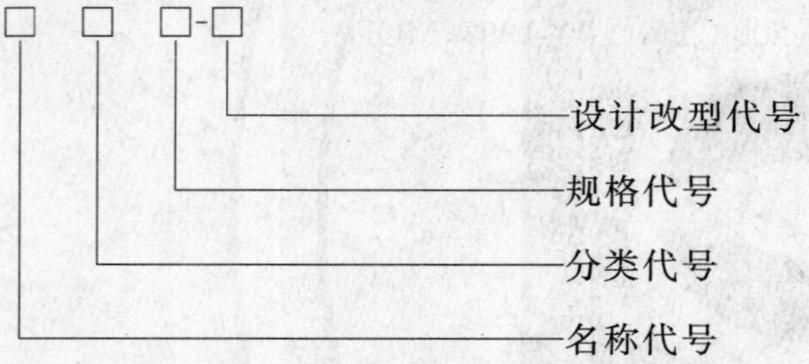

4.2　各代号分别选用具有代表意义的汉语拼音首位大写字母和阿拉伯数字表示。

4.2.1　盲杖的名称代号用“盲”字汉语拼音首位大写字母“M”表示。盲聋杖的名称代号用“盲聋”两字汉语拼音首位大写字母“ML”表示。

4.2.2　分类代号见表1，按主体结构分类。

表1　分类代号

结构	固定式	折叠式	折叠可调式	伸缩式
代号	G	Z	T	S

4.2.3　规格代号见表2，用大写字母 L 加阿拉伯数字脚标表示。

表2　规格代号

规格	L_1	L_2	L_3	L_4	L_5
长度 L/mm	$L_1<600$	$600\leqslant L_2<900$	$900\leqslant L_3<1\,200$	$1\,200\leqslant L_4<1\,500$	$L_5>1\,500$

4.2.4　设计改型代号用阿拉伯数字表示，当设计代号为1时，可以省略。

型号编制示例：

折叠式、长度在 $600\leqslant L_2<900$ 之间、第2次设计的盲杖，其型号为：MZL_2-2。

5　结构参数

盲杖的结构如图1、图2所示，其参数应符合表3的规定。

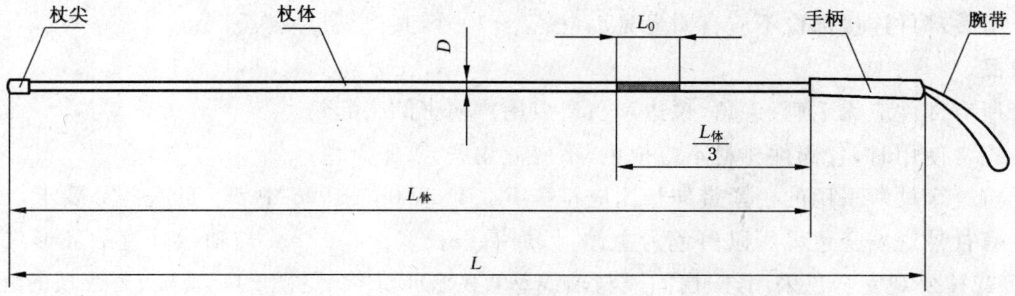

图 1 盲杖

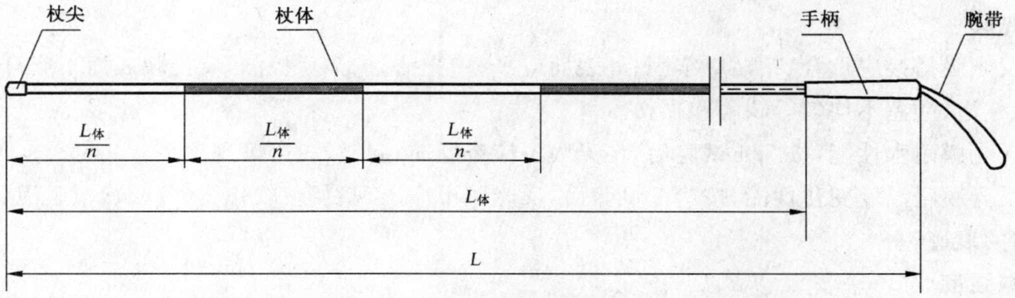

图 2 盲聋杖

表 3 规格参数

名称	规格参数				
长度 L/mm	L_1	L_2	L_3	L_4	L_5
质量 m/kg	≤0.4		≤0.6		
手柄最小长度/mm	≥150		≥200		
杖体直径 D/mm	$22 \geqslant D \geqslant 10$				

6 要求

6.1 手柄

6.1.1 手柄应采用对人体无毒、无害，无异味、不吸水、易于清洁、防滑且绝缘的材料。

6.1.2 手柄的结构设计应适合盲杖使用中的正确握持，不易从手中滑脱。例如，表面粗糙的圆锥状结构。若选用硬质材料，则沿手柄轴向应有一平面，如图 3 所示。

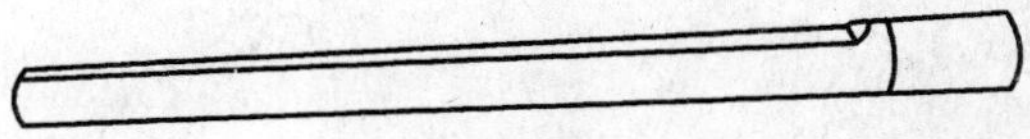

图 3 手柄

6.1.3 手柄上端应装有弹性腕带并易于更换。

6.2 杖尖

6.2.1 应采用耐磨、绝缘、振动传导性好，并且在水泥、沥青、砖制等硬质路面上使用时，有敲击声反馈的材料。

6.2.2 应易于更换。

6.3 装配要求

6.3.1 转动部件应转动灵活。

6.3.2 连接部件应连接牢固。

6.3.3 折叠部件应方便折叠和打开，不应有卡滞现象。

6.3.4 折叠部件连接部位不应有明显晃动，按7.9检验，其松晃量应≤5 mm。

6.4 **成品**

6.4.1 所有部件应无毛刺、尖角、锐边和易造成用户伤害的突起物。

6.4.2 正常使用时，各部件材料不应掉色，不应使皮肤、衣服着色。

6.4.3 折叠盲杖所采用的松紧带伸长比应符合FZ/T 63006—1996中表1的一等品要求。

6.4.4 盲杖外观安全色采用以白色为主体，另加一条长度≥150 mm与轴线垂直的环形红色条纹（见图1）；盲聋杖外观安全色采用红、白间隔与轴线垂直的环形条纹（见图2）。盲杖、盲聋杖的红色、白色的颜色色品、尺寸要求和反光材料性能要求等均应符合GB 16930.1、GB/T 18833中的相关要求。

6.5 **反光膜**

6.5.1 反光膜搭接应重合、粘贴应牢固；外表面应平整、光洁；按7.3检测，反光膜表面不应有明显的划痕、条纹、气泡、颜色不均匀等缺陷和损伤。

6.5.2 反光膜耐水性能，按7.4试验后，反光膜不应有翘曲、起皱、脱落等现象。

6.5.3 反光膜耐温度变化性能，按7.5试验后，反光膜不应出现裂缝、软化、剥落、皱纹、起泡、翘曲或外观不均匀的痕迹。

6.6 **机械强度**

6.6.1 按7.6弯曲强度试验后，折叠盲杖中心部位最大位移量应≤25 mm。

6.6.2 按7.7疲劳强度试验后，各部件不应产生裂纹、断裂或损坏。

6.6.3 按7.8静载强度试验后，各部件不应产生裂纹、断裂或损坏。

7 检验方法

7.1 样品

检验用样品应为出厂检验合格品。检验应提供3个同规格、型号的样品，其中1个用于疲劳试验，另外2个用于其他试验。

7.2 本部分中6.1、6.2、6.3、6.4（除6.3.4）的检测均用目测、手感方法进行检测。

7.3 反光膜外观检验

在白天明亮的环境中（光照度不少于150 lx），将样品自由平放在一平台上，用目测、手感方法检查，样品应符合6.5.1的要求。

7.4 反光膜水浸检验

将贴有反光膜的盲杖样品浸入23 ℃±5 ℃水中24 h，取出在室温下干燥48 h，检查样品应符合6.5.2的要求。

7.5 反光膜温度变化检验

将样品放入试验箱内，再将试验箱温度逐渐升至70 ℃±2 ℃，保持7 h；取出样品后在室温下放置1 h；然后将样品放入温度为−40 ℃±3 ℃的试验箱内，保持15 h；取出样品在室温下恢复2 h；检查样品应符合6.5.3的要求。

7.6 弯曲强度检验

将盲杖调至正常使用状态，放置在固定支架上，盲杖两端距支点20 mm；在盲杖1/2 L处施加一垂直向下载荷，载荷力为30 N±2%，如图4所示；施加载荷时应缓慢加载，不应产生冲击，加载5 s，测量最大位置的偏移量，并记录。所测位移量应符合6.6.1的要求。

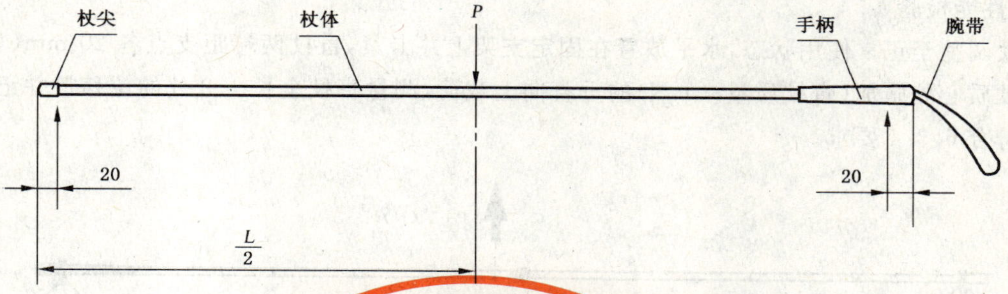

图 4 弯曲强度试验

7.7 疲劳强度试验

将盲杖调至正常使用状态，用卡具将手柄固定，施加 20 N 并具有±2%相对误差的循环载荷，如图 5 所示。负载频率≤1 Hz；循环次数为 40 万次；试验时，杖尖应与便道砖表面接触；试验后，检查样品应符合 6.6.2 的要求。

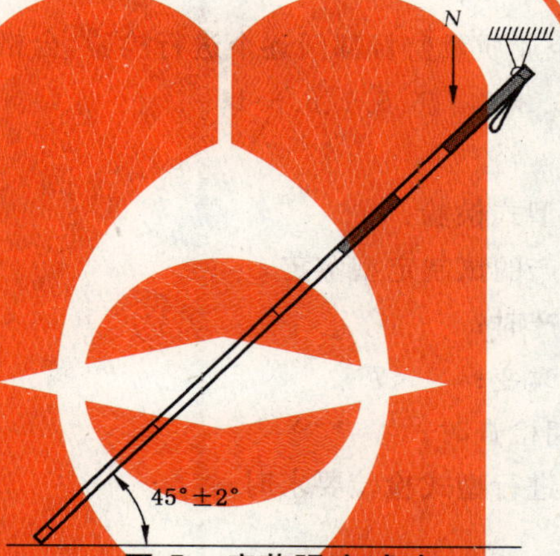

图 5 疲劳强度试验

7.8 静载强度试验

将盲杖调至正常使用状态，垂直放置，对手柄施加 300 N±2%的静载力，如图 6 所示，保持 10 min；卸载后检查样品应符合 6.6.3 的要求。

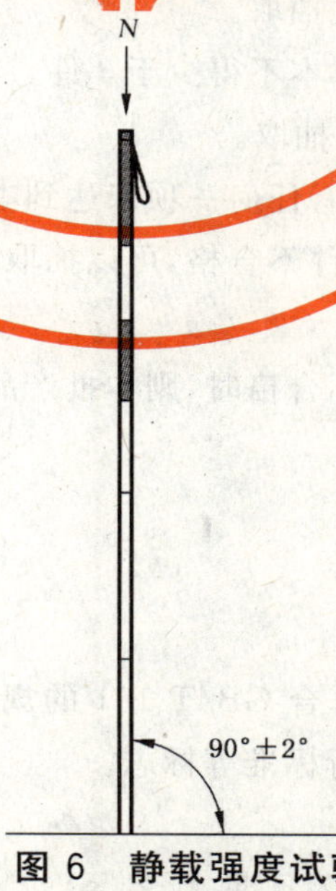

图 6 静载强度试验

7.9 松晃性能检验

将盲杖调整至正常使用状态，水平放置在固定支架上并卡紧，盲杖两端距支点各 20 mm（如图 7 所示），在盲杖质心处施加（盲杖质量＋1 N）的垂直向上载荷，测量盲杖全长 1/2 处的位移量并记录，所测位移量应符合 6.3.4 要求。

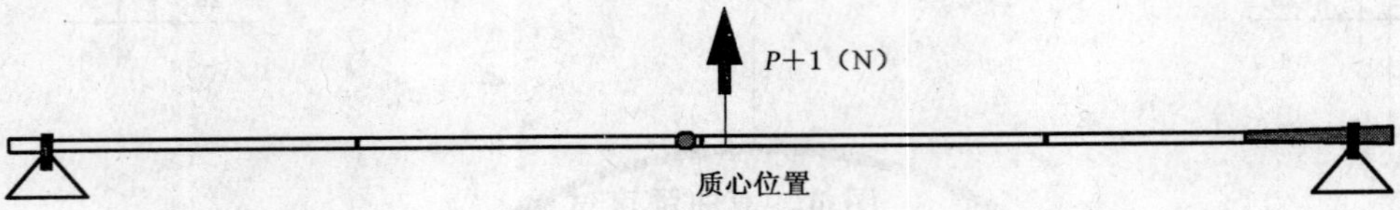

图 7 松晃性能检验

8 检验规则

8.1 出厂检验

8.1.1 盲杖成品必须经过生产企业质量监督部门逐个进行检验，合格后签发合格证方能出厂。

8.1.2 检验项目包括 6.1、6.2、6.3、6.4、6.5.1、6.6.1。

8.2 型式检验

8.2.1 有下列情况之一，应进行型式检验：

a） 新产品或老产品转厂生产的试制定型鉴定；

b） 产品停产一年后恢复生产时；

c） 结构、材料、工艺有重大改变；

d） 成批生产，产品质量定期检查时；

e） 国家质量监督机构提出进行型式检验要求时；

f） 合同规定等。

8.2.2 检验项目

本部分第 6 章全部内容。

8.3 抽样和判定规则

8.3.1 样本应从出厂检验合格产品中随机抽取。

8.3.2 型式检验和产品质量定期检验用样本不得少于 3 件。检验用的样本按年产量 3 000 件检验3 件的比例抽取，年产量低于 3 000 件的按 3 件抽取。

8.3.3 样本在进行检验后，如其性能指标有任何一项未达到本部分要求时，则认为该样本为不合格。

8.3.4 进行型式检验的 3 件样本中，有一件不合格，可以抽取不合格样本的 2 倍重新进行检验，检验后仍有一件不合格，则本批产品为不合格。

8.3.5 进行型式检验的 3 件样本有 2 件不合格时，则本批产品不合格。

9 包装、标志、运输及贮存

9.1 包装、标志

9.1.1 每件产品应有独立包装。

9.1.2 包装外壁应标志清晰，图示标志符合 GB/T 191 的规定，并注明产品名称、商标、规格型号、数量、制造厂名称、地址、电话、出厂日期、执行标准等标志。

9.1.3 包装内应附有下列文件：

a） 产品合格证（标有检验员代号、检验日期、厂名等）；

b) 使用说明书(包括:使用方法、易损件更换方法、注意事项);

c) 装箱清单。

9.2 运输及贮存

9.2.1 产品运输中应避免雨淋及化学品的腐蚀。

9.2.2 产品应保存在通风良好有遮篷处,并与能引起产品腐蚀的物品隔开。

ICS 11.180
C 45

中华人民共和国国家标准

GB/T 16932.1—2009
代替 GB/T 16932.1—1997

尿吸收器具 第1部分:尿失禁类型的术语

Urine absorbing aids—
Part 1: Vocabulary for conditions of urinary incontinence

(ISO 9949-1:1993, Urine absorbing aids—Vocabulary—
Part 1: Conditions of urinary incontinence, MOD)

2009-09-30 发布 2009-12-01 实施

中华人民共和国国家质量监督检验检疫总局
中国国家标准化管理委员会 发布

前　言

GB/T 16932《尿吸收器具》分为三个部分：

——第1部分：尿失禁类型的术语；

——第2部分：产品的术语；

——第3部分：产品类型的标识。

本部分为GB/T 16932的第1部分。

本部分修改采用ISO 9949-1:1993《尿吸收器具　术语　第1部分：尿失禁类型》(英文版)。

本部分与ISO 9949-1:1993的主要差异为：

——本部分在第2章“术语和定义”标题下增加了两条。

——本部分删除了注的编号。

本部分代替GB/T 16932.1—1997《尿吸收器具　第1部分：尿失禁类型的术语》。

本部分与GB/T 16932.1—1997相比主要变化为：

——增加了“尿失控”和“尿失感”的术语和定义(本部分的2.8和2.9)。

本部分由中华人民共和国民政部提出。

本部分由全国残疾人康复和专用设备标准化技术委员会(SAC/TC 148)归口。

本部分起草单位：国家康复辅具研究中心。

本部分主要起草人：马凤领、刘俊玲、王丽婷。

本部分所代替标准的历次版本发布情况为：

——GB/T 16932.1—1997。

尿吸收器具
第1部分:尿失禁类型的术语

1 范围

GB/T 16932的本部分规定了尿吸收器具领域中尿失禁类型的术语。

用于描述尿失禁类型的术语,与国际尿控协会委员会(international continence society committee)所推荐的术语保持一致,不作为专业的诊断用语。

本部分适用于康复医疗及相关领域。

2 术语和定义

2.1

尿失禁 incontinence

客观可见的,带来社会或卫生问题的尿不自主的漏出。

注:仅依症状和体症不一定能说明尿失禁的原因。确切的诊断,除详细的身体检查外,常需进行尿流动力学检查。

2.2

尿道外尿失禁 extra-urethral incontinence

非经尿道的尿失禁。

2.3

急迫性尿失禁 urge incontinence

伴随连续的、急切的排尿意愿出现的尿失禁。

注:急迫性尿失禁大多伴有逼尿肌功能性亢进,也有少数伴有感觉过敏。

2.4

压力性尿失禁 stress incontinence

在腹压升高而逼尿肌未收缩时,膀胱内压超过最大尿道闭合压所出现的尿失禁。

注:压力性尿失禁表现为以下两方面:

a) 症状:患者对用力时不自主漏尿的陈述;

b) 体症:身体用力如咳嗽时,尿从尿道漏出的现象。

2.5

反射性尿失禁 reflex incontinence

由于逼尿肌过反射和(或)尿道不自主松弛而出现的尿失禁。

注:其原因是由于神经原性紊乱和失去对排尿意愿的知觉。

2.6

充溢性尿失禁 overflow incontinence

由于膀胱膨胀过度而出现的尿失禁。

注:其可伴随、也可不伴随逼尿肌收缩。

2.7

夜间遗尿 nocturnal enuresis

睡眠时出现的尿失禁。

2.8

尿失控 inability to control urine

人的尿是否排泄不能完全受人的意识控制而导致的尿失禁或尿不能排出。

2.9

尿失感　inability to sense urine

由于神经传导通路感觉系统发生障碍而导致大脑中枢对尿液排泄失去感觉。

ICS 11.180
C 45

中华人民共和国国家标准

GB/T 16932.2—2009
代替 GB/T 16932.2—1997

尿吸收器具 第2部分:产品的术语

Urine absorbing aids—Part 2: Vocabulary for products

(ISO 9949-2:1993, Urine absorbing aids—Vocabulary—Part 2: Products, MOD)

2009-09-30 发布 2009-12-01 实施

中华人民共和国国家质量监督检验检疫总局
中国国家标准化管理委员会 发布

前 言

GB/T 16932《尿吸收器具》分为三个部分：

——第 1 部分：尿失禁类型的术语；

——第 2 部分：产品的术语；

——第 3 部分：产品类型的标识。

本部分为 GB/T 16932 的第 2 部分。

本部分修改采用 ISO 9949-2:1993《尿吸收器具 术语 第 2 部分：产品》(英文版)。

本部分与 ISO 9949-2:1993 的主要差异为：

——本部分在 2.1 下增加了 7 条。

本部分代替 GB/T 16932.2—1997《尿吸收器具 第 2 部分：产品的术语》。

本部分与 GB/T 16932.2—1997 相比主要变化为：

——增加了"集尿装置"、"导尿管及引流系统"、"尿湿提醒(报警)器"、"负压式尿吸收器具"、"速凝尿袋"、"截尿器"的术语和定义(本部分的 2.1.5～2.1.10)。

本部分由中华人民共和国民政部提出。

本部分由全国残疾人康复和专用设备标准化技术委员会(SAC/TC 148)归口。

本部分起草单位：国家康复辅具研究中心。

本部分主要起草人：马凤领、刘俊玲、王丽婷。

本部分所代替标准的历次版本发布情况为：

——GB/T 16932.2—1997。

尿吸收器具　第2部分:产品的术语

1　范围

GB/T 16932的本部分规定了尿吸收器具领域中产品的术语。

产品的术语无论是单独或复合使用都不规定或推荐特定的设计、式样及结构。

本部分适用于康复医疗及相关领域。

2　术语与定义

2.1

尿吸收器具　urine absorbing aid

含有尿吸收材料的产品。

2.1.1

贴身式男用和(或)女用尿吸收器具　body-worn male and/or female absorbing aid

平面的、立体的或特制的,带有或不带有隔水层的,采用单独固定或整体固定的尿吸收器具。

示例:尿衬垫(pads)、一体式尿衬垫(all-in-ones)、尿布(diapers)及(美国)针织三角内裤(briefs)。

2.1.2

贴身式男用尿吸收器具　body-worn male absorbing aid

含有吸水性材料,带有或不带有隔水层,能够容纳阴茎、在某些情况下能够容纳阴囊的产品。

示例:男式尿衬垫(male dribble pads)或阴茎滴尿收集器(penile drip collectors)、阴茎袋(penile pouches)。

2.1.3

贴身式女用尿吸收器具　body-worn female absorbing aid

含有吸水性材料,带有或不带有隔水层,能够包覆女性阴部,或直接从尿道引流的产品。

2.1.4

尿垫　underpad

非贴身式、带有或不带有隔水层,用于保护患者和床具的产品。

2.1.5

集尿装置　urine collection device

尿接收用品,又可分为随身穿戴类和卧床使用类。

2.1.6

导尿管及引流系统　drainage catheter and drainage system

是可弯曲的空心管,材质一般为硅胶或聚氯乙烯(polyvinyl chloride-PVC),用来引流膀胱,以舒缓膀胱膨胀,处理尿失禁及作诊断用途。

2.1.7

尿湿提醒(报警)器　urination warner (alarm)

由内置感知尿液的传感器垫片及附属装置组成,可以提示尿湿,提醒护理人员或者采取自动处理措施。

2.1.8

负压式尿接收器具　negative pressure urine collection device

通过负压收集排出的尿液的装置。

2.1.9

速凝尿袋　fast setting urine bag

迅速凝固尿液的袋子。

2.1.10

截尿器　urine interceptor

缠裹在阴茎上，靠外力压住尿道，阻止尿液流出。使用者自己控制排尿的时间，定时打开截尿器。

2.2

尿吸收器具的固定用具　means of fixation for absorbing aids

2.2.1～2.2.3 规定了尿吸收器具的固定用具。

2.2.1

闩式带　snib

特制的固定在两腿之间并围在躯干下部的柔性带，带有或不带有隔水层。

2.2.2

内裤　pants

从两腿穿上并围住躯干的特制成衣，带有或不带有隔水层。

2.2.3

腰带　belt

围在腰上固定尿吸收器具的带状物。

2.3

兜袋　marsupial pouch

内裤或闩式带内容纳尿吸收器具的放置袋。

ICS 11.180
C 45

GB

中华人民共和国国家标准

GB/T 16932.3—2009
代替 GB/T 16932.3—1997

尿吸收器具
第3部分:产品类型的标识

Urine absorbing aids—
Part 3: Identification of product types

(ISO 9949-3:1993, Urine absorbing aids—Vocabulary—
Part 3: Identification of product types, MOD)

2009-09-30 发布　　2009-12-01 实施

中华人民共和国国家质量监督检验检疫总局
中国国家标准化管理委员会　发布

前言

GB/T 16932《尿吸收器具》分为三个部分：

——第1部分：尿失禁类型的术语；

——第2部分：产品的术语；

——第3部分：产品类型的标识。

本部分为GB/T 16932的第3部分。

本部分修改采用ISO 9949-3:1993《尿吸收器具 术语 第3部分：产品类型的标识》(英文版)。

本部分与ISO 9949-3:1993的主要差异：

——本部分第1章“范围”中与ISO 9999:1992对应的GB/T 16432—1996更新为与ISO 9999:2002对应的GB/T 16432—2004。

本部分代替GB/T 16932.3—1997《尿吸收器具 第3部分：产品类型的标识》。

本部分与GB/T 16932.3—1997相比主要变化为：

——第1章“范围”GB/T 16432—1996更新为GB/T 16432—2004。

本部分的附录A为资料性附录。

本部分由中华人民共和国民政部提出。

本部分由全国残疾人康复和专用设备标准化技术委员会(SAC/TC 148)归口。

本部分起草单位：国家康复辅具研究中心。

本部分主要起草人：马凤领、刘俊玲、王丽婷。

本部分所代替标准的历次版本发布情况为：

——GB/T 16932.3—1997。

尿吸收器具
第3部分：产品类型的标识

1 范围

GB/T 16932的本部分规定了一套在分类和编码的基础上对尿吸收器具产品进行标识的体系。

本分类体系是GB/T 16432—2004《残疾人辅助器具　分类和术语》的子分类。

本部分适用于康复医疗及相关领域。

2 分类

2.1 尿吸收器具应根据2.2～2.4中给定的标准分类。如果该产品包含一个以上部件，则每个部件也均应按此分类。

2.2 产品或部件第一级应分类如下：

a) 贴身式；

b) 非贴身式。

2.3 产品或部件第二级应分类如下：

a) 男性专用；

b) 女性专用；

c) 男性、女性通用。

2.4 产品或部件第三级应分类如下：

a) 有强吸水性材料；

b) 有隔水层；

c) 贴身式产品的固定用具；

d) 非贴身式产品的放置用具。

3 数字、代码、标定

以上三级分类分别对应分类的三要素，每一要素都给定一个数字代码，如表1所示。任何产品或部件的代码均由三要素给定的数字代码组合来表示。

表1　用于标识尿吸收器具进行分类的数字代码

要素，已在第2章中给定	使用目的或设计特性	数字代码
2.2a)	贴身式	1
2.2b)	非贴身式	2
2.3a)	男性专用	01
2.3b)	女性专用	02
2.3c)	男性、女性通用	12
2.4a)	强吸水性	1
2.4b)	隔水层	2
2.4c)	固定用具	3
2.4d)	放置用具	4

表 1（续）

要素，已在第 2 章中给定	使用目的或设计特性	数字代码
2.4	具有强吸水性并带隔水层	12
2.4	具有强吸水性及固定用具	13
2.4	具有隔水层和固定用具	23
2.4	具有强吸水性并带有放置用具	14
2.4	具有隔水层和放置用具	24
2.4	具有强吸水性、隔水层及固定用具	123
2.4	具有强吸水性、隔水层及放置用具	124

附 录 A
（资料性附录）
产品代码示例

A.1 下列例子用于示范本分类体系。

A.1.1 由强吸水性材料、隔水层及固定用具组成的，男女通用的贴身式尿吸收器具，其代码编为：1，12，123。

A.1.2 由隔水层和强吸水性材料组成的，女性专用的贴身式尿吸收器具，其代码编为：1，02，12。

A.1.3 由隔水层、强吸水性材料组成的床用尿垫，其代码编为：2，12，12。

A.1.4 由隔水层和强吸水性材料组成的男性专用尿吸收器具，其代码编为：1，01，12。

A.1.5 不带强吸水性材料和隔水层的男女通用内裤，其代码编为：1，12，3。

ICS 71.100.20
G 86

中华人民共和国国家标准

GB/T 16942—2009
代替 GB/T 16942—1997

电子工业用气体　氢

Gas for electronic industry—Hydrogen

2009-10-30 发布　　2010-05-01 实施

中华人民共和国国家质量监督检验检疫总局
中国国家标准化管理委员会　发布

前言

本标准代替 GB/T 16942—1997《电子工业用气体　氢》。

本标准与 GB/T 16942—1997 相比主要变化如下：

——修改电子工业用氢的适用范围(GB/T 16942—1997 的第 1 章,本版的第 1 章)；

——修改规范性引用文件(GB/T 16942—1997 的第 2 章,本版的第 2 章)；

——修改技术指标内容(GB/T 16942—1997 的第 3 章,本版的第 3 章)；

——修改电子工业用氢抽样规则(GB/T 16942—1997 的 4.1,本版的 4.1.1、4.1.2)；

——修改电子工业用氢采样要求(GB/T 16942—1997 的 4.2,本版的 4.1.3)；

——修改氮、一氧化碳、二氧化碳含量的分析方法(16942—1997 的 4.4、4.6,本版的 4.3)；

——修改总烃分析方法的检测限(16942—1997 的 4.7,本版的 4.5)；

——修改水分含量的分析方法(16942—1997 的 4.8,本版的 4.7)；

——修改标志、包装、贮运及安全(GB/T 16942—1997 的第 5 章,本版的第 5 章)；

——增加规范性附录 A,并把采用氦离子化气相色谱法测定电子工业用氢中的氮、一氧化碳、二氧化碳组分的方法写入该附录(见附录 A)。

本标准的附录 A 为规范性附录。

本标准由全国半导体设备和材料标准化技术委员会提出。

本标准由全国半导体设备和材料标准化技术委员会气体分技术委员会归口。

本标准起草单位：中国计量科学研究院、西南化工研究设计院。

本标准主要起草人：周泽义、周鹏云。

本标准所代替标准的历次版本发布情况为：

——GB/T 16942—1997。

电子工业用气体 氢

1 范围

本标准规定了电子二业用氢的技术要求，试验方法以及包装、标志、贮运及安全。

本标准适用于以氢气为原料经净化制取的瓶装、集装格装和管道输送的电子工业用氢气。它们主要被用来提供还原气氛，作为外延工艺的载气以及等离子体蚀刻剂的配气原料。

分子式：H_2。

相对分子质量：2.015 88（按2005年国际相对原子质量计算）。

2 规范性引用文件

下列文件中的条款通过本标准的引用而成为本标准的条款。凡是注日期的引用文件，其随后所有的修改单（不包括勘误的内容）或修订版均不适用于本标准，然而，鼓励根据本标准达成协议的各方研究是否可使用这些文件的最新版本。凡是不注日期的引用文件，其最新版本适用于本标准。

GB 190—2009 危险货物包装标志

GB/T 3634.1 氢气 第1部分 工业氢

GB/T 3723 工业用化学产品采样安全通则

GB 4962 氢气使用安全技术规程

GB 5099 钢质无缝气瓶（GB 5099—1994，neq ISO 4705：1993）

GB/T 6285 气体中微量氧的测定 电化学法

GB 7144 气瓶颜色标志

GB/T 8984 气体中一氧化碳、二氧化碳和碳氢化合物的测定 气相色谱法

GB 14194 永久气体气瓶充装规定

气瓶安全监察规程

压力容器安全技术监察规程

压力管道安全管理与监察规定

3 技术要求

电子工业用气体氢的质量应符合表1的要求。

表1 技术指标

项目		指标		
氢(H_2)纯度(体积分数)/10^{-2}	≥	99.999 9	99.999 7	99.999 5
氮(N_2)含量(体积分数)/10^{-6}	<	0.5	2.0	2
氧(O_2)含量(体积分数)/10^{-6}	<	0.2	0.2	0.5
一氧化碳(CO)含量(体积分数)/10^{-6}	<	0.05	0.2	0.5
二氧化碳(CO_2)含量(体积分数)/10^{-6}	<	0.05		0.5
总烃(以甲烷计)含量(体积分数)/10^{-6}	<	0.05	0.2	0.5
水分(H_2O)含量(体积分数)/10^{-6}	<	0.2	0.2	0.5
总杂质含量(体积分数)/10^{-6}	≤	1.0	2.8	4.5
颗粒		供需双方商定	供需双方商定	供需双方商定

注：质量保证期为24个月。

4 试验方法

4.1 抽样、判定和复验

4.1.1 瓶装、集装格装氢产品应逐一检验并验收。当检验结果有任何一项指标不符合本标准技术要求时，则判该产品不合格。

4.1.2 对稳定生产的管道输送的氢由供需双方确定抽样频数。企业应确保管道输送的氢产品符合本标准技术要求。

4.1.3 氢采样安全应符合 GB/T 3723 的相关规定。

4.2 氢纯度

氢纯度按式(1)计算：

$$\Phi = 100 - (\Phi_1 + \Phi_2 + \Phi_3 + \Phi_4 + \Phi_5 + \Phi_6) \times 10^{-4} \quad \cdots\cdots(1)$$

式中：

Φ——氢纯度(体积分数)，10^{-2}；

Φ_1——氮含量(体积分数)，10^{-6}；

Φ_2——氧含量(体积分数)，10^{-6}；

Φ_3——一氧化碳含量(体积分数)，10^{-6}；

Φ_4——二氧化碳含量(体积分数)，10^{-6}；

Φ_5——总烃含量(体积分数)，10^{-6}；

Φ_6——水分含量(体积分数)，10^{-6}。

4.3 氮、一氧化碳、二氧化碳的测定

4.3.1 氮、一氧化碳、二氧化碳的测定见附录 A。

4.3.2 允许采用其他等效的方法测定氢中氮、一氧化碳、二氧化碳含量。当测定结果有异议时，以 4.3.1 规定的方法为仲裁方法。

4.4 氧含量的测定

按 GB/T 6285 规定的方法或其他等效的方法测定氢中的微量氧含量。当以上测定结果有异议时，以 GB/T 6285 规定的方法为仲裁方法。

4.5 总烃(以甲烷计)含量的测定

按 GB/T 8984 规定的方法或其他等效的方法测定电子工业用气体氢中的微量总烃含量。当以上测定结果有异议时，以 GB/T 8984 规定的方法为仲裁方法。

仪器检测限的体积分数：0.02×10^{-6}。

4.6 气体标准样品

组分含量的体积分数为$(1\sim5) \times 10^{-6}$，平衡气为氢。

4.7 水分含量的测定

4.7.1 方法及原理

采用光腔衰荡光谱法测定氢中水分含量。

光腔衰荡光谱法通过测量时间而不是强度的变化来确定光学吸收。光腔衰荡光谱法水分仪的主要部件是激光源、一对高反射性镜面形成的光共振腔和光探测器。在光衰荡光谱法中，一小部分脉冲激光会进入光腔并且由高度反射性镜面反复多次反射，每次都有微小的光透过镜面而离开光腔。这部分光就构成了光衰荡信号。它的强度变化可以简单地用单指数衰减来描述，光的衰荡是由于光在共振腔中的损失决定的。如果光腔是空的，衰荡时间取决于镜子的反射率(假设散射和吸收与透射损失相比是微不足道的)：

$$\tau_{empty} = \frac{d}{c(1-R)} \quad \cdots\cdots(2)$$

式中：

τ_{empty}——空腔光衰荡时间；

d——两个镜面的距离；

c——光速；

R——镜面反射率(假设两个镜面相同)。

实际上，τ_{empty}并不是在真正的空腔里测量的，而是将激光调在光腔内气体分子没有吸收的波长下测量的。当激光频率是在腔内分子的一条具体吸收线的峰顶时，光腔衰荡时间$\tau(\nu)$还要取决于分子的吸收。而分子的吸收服从比尔定律。

$$\tau(\nu)=\frac{d}{c[1-R+\sigma(\nu)\cdot N\cdot d]} \qquad \cdots\cdots(3)$$

式中：

$\tau(\nu)$——在激光频率ν下的衰荡时间；

$\sigma(\nu)$——分子在激光频率ν吸收截面；

N——分子密度，与绝对浓度成正比。

在光腔衰荡光谱法测量中，首先要测量没有吸收时的衰荡时间τ_{empty}，激光的频率此时被调到分子没有吸收的位置。然后再测量分子吸收高峰频率ν位置的衰荡时间$\tau(\nu)$。这两个测量位置的激光频率都处于镜面高反射区，反射率基本恒定。分子密度N，可以很容易地转换成浓度，可以从式(4)计算出来：

$$N=\frac{1}{c\cdot\sigma(\nu)}\cdot\left(\frac{1}{\tau(\nu)}-\frac{1}{\tau_{empty}}\right) \qquad \cdots\cdots(4)$$

4.7.2 检测限

仪器检测限的体积分数：0.05×10^{-6}。

4.7.3 允许采用其他等效的方法测定氢中水分含量。当测定结果有异议时，以光腔衰荡光谱法为仲裁方法。

5 标志、包装、贮运及安全

5.1 标志、包装及贮运

5.1.1 氢气瓶应符合 GB 5099 的规定，气瓶颜色标记应符合 GB 7144 的规定。运输时，氢气瓶上应附有 GB 190—2009 中第 3 章指定的标志。

5.1.2 推荐使用经过内表面处理的气瓶，气瓶内表面应满足本标准对于水分和颗粒的要求。瓶阀推荐使用 CGA350、DISS724。

5.1.3 应妥善处理气瓶瓶口。

5.1.4 包装容器上应标明“电子氢”字样。

5.1.5 瓶装氢应符合 GB 14194 以及《气瓶安全监察规程》的相关规定。

5.1.6 管道输送的氢应符合《压力管道安全管理与监察规定》。

5.1.7 瓶装氢的成品压力应不低于气瓶公称工作压力的 90%。用于测量的压力表精度不低于2.5 级。氢气在 20 ℃、101.3 kPa 状态下的体积计算按 GB/T 3634.1 的规定。

5.1.8 返厂氢气钢瓶的余压不应低于 0.2 MPa。余压不符合要求的气瓶，水压试验后的气瓶以及新气瓶等在充装前应按规定要求进行加热、抽空和置换。

5.1.9 氢气出厂时应附有质量合格证，其内容至少应包括：

——产品名称，生产厂名称，危险化学品生产许可证编号；

——生产日期或批号，成品压力，产品技术指标；

——本标准标准号及产品等级，检验员号。

5.2 **安全要求**

5.2.1 氢气的生产、使用以及贮运应符合 GB 4962、《气瓶安全监察规程》、《压力容器安全技术监察规程》的相关规定。

5.2.2 氢气极易燃，加热可能引起激烈燃烧或爆炸。与空气、氧、卤素和强氧化剂激烈反应，有着火或爆炸的危险。

5.2.3 与氢接触时，禁止明火、禁止火花和禁止吸烟。在氢气氛中，使用防爆型电器设备和照明，使用无火花手工具，不要用油污的手触摸钢瓶。

5.2.4 着火时，切断气源，如不可能并对周围环境无危险，让火自行燃尽。其他情况用雾状水、干粉和二氧化碳灭火。

5.2.5 氢的生产企业应为顾客提供安全技术说明书。

5.2.6 其余按 GB/T 3634.1 的规定执行。

附　录　A
（规范性附录）
电子工业气体氢中氮、一氧化碳、二氧化碳的测定

A.1　仪器

采用配备带氢分离器或切割装置的氦放电离子化检测器气相色谱仪测定电子工业用氢中氮、一氧化碳、二氧化碳。常见的色谱流程图见图 A.1。

检测限的体积分数：0.01×10^{-6}。

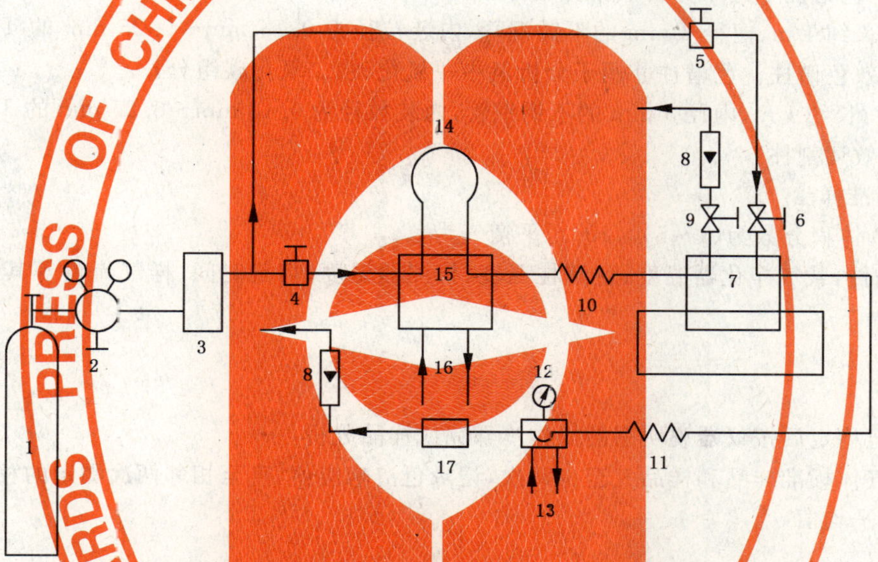

1——载气钢瓶；
2——钢瓶压力调节器；
3——载气纯化器；
4——载气气路 2 稳流调节阀；
5——载气气路 1 稳流调节阀；
6——载气气路 1 阻力平衡调节阀；
7——切割阀；
8——流量计；
9——载气气路 2 阻力平衡调节阀；
10——切割柱；
11——分析柱；
12——渗透氢压力表；
13——渗透氢进出口；
14——定体积量管；
15——进样阀；
16——样品气进出口；
17——氦离子化检测器。

图 A.1　色谱流程图

A.2 原理

基于潘宁效应(Penning effect),即电子与稀有气体碰撞形成亚稳态原子,该亚稳态原子的激发能传递到样品分子或原子;如果样品分子或原子的电离电位(IP)小于亚稳态原子的激发电位,样品将通过碰撞被电离,使离子流增大。

A.3 测定条件

A.3.1 载气:高纯氦,经过纯化处理,其流速参照相应的仪器说明书。

A.3.2 辅助气:需要采用辅助气的仪器按仪器说明书使用辅助气。

A.3.3 色谱柱:

色谱柱Ⅰ:长约 2 m,内径 2 mm 的不锈钢管,内装粒径为 0.18 mm～0.25 mm 的 13X 分子筛,或其他等效色谱柱。色谱柱Ⅰ用于分析氢中氮组分。

色谱柱Ⅱ:长约 1 m、内径 2 mm 的不锈钢管,内装粒径为 0.18 mm～0.25 mm 的 TDX-01 型碳分子筛;或其他等效色谱柱。色谱柱Ⅱ用于分析氢中一氧化碳、二氧化碳组分。

A.3.4 切割柱:长约 1 m,内径 3 mm 的不锈钢管,内装粒径为 0.18 mm～0.25 mm 的 TDX-01 型碳分子筛,或其他等效切割柱。

A.3.5 气体标准样品

组分含量的体积分数为$(1\sim5)\times10^{-6}$,平衡气为氢。

A.3.6 其他条件:载气净化器温度、色谱柱温度、检测器温度、切割时间、样气流量等其他条件参考仪器说明书。

A.4 分析步骤

开启仪器至稳定后按仪器说明书的操作步骤完成样品分析。

平行测定气体标准样品和样品气至少两次,记录色谱响应值,直至相邻两次测定的相对偏差不大于10×10^{-2},取其平均值。

A.5 结果处理

采用峰面积(或峰高)定量,用外标法计算结果。

氮、一氧化碳、二氧化碳含量的计算采用外标法,按式(A.1)计算:

$$\phi_i=\frac{A_i(h_i)}{A_s(h_s)}\times\phi_s \qquad \text{(A.1)}$$

式中:

ϕ_i——样品气中被测组分的含量(体积分数);

$A_i(h_i)$——样品气中被测组分的峰面积或峰高,单位为平方毫米或毫米(mm^2 或 mm);

$A_s(h_s)$——气体标准样品中相应已知组分的峰面积或峰高,单位为平方毫米或毫米(mm^2 或 mm);

ϕ_s——气体标准样品中相应已知组分的含量(体积分数)。

ICS 71.100.20
G 86

中华人民共和国国家标准

GB/T 16943—2009
代替 GB/T 16943—1997

电子工业用气体 氦

Gas for electronic industry—Helium

2009-10-30 发布 2010-05-01 实施

中华人民共和国国家质量监督检验检疫总局
中国国家标准化管理委员会 发布

前　言

本标准代替 GB/T 16943—1997《电子工业用气体　氦》。

本标准与 GB/T 16943—1997 相比主要变化如下：

——修改氦的适用范围(GB/T 16943—1997 的第 1 章，本版的第 1 章)；

——修改规范性引用文件(GB/T 16943—1997 的第 2 章，本版的第 2 章)；

——修改技术指标内容：增加一类产品纯度和杂质含量(GB/T 16943—1997 的第 3 章，本版的第 3 章)；

——修改瓶装氦抽样方法(GB/T 16943—1997 的 4.1，本版的 4.1.1)；

——增加集装阁装、大容积钢质无缝气瓶装和杜瓦罐装氦产品并规定检验方法(见 4.1.1)；

——增加管道输送的氦产品并规定检验方法(见 4.1.2)；

——增加氦的采样安全要求(见 4.1.3)；

——增加新的分析方法：增加用氦放电离子化气相色谱法测定氦中的氧、一氧化碳和二氧化碳组分；增加其他方法测定总烃含量；当出现多种分析方法时，增加规定仲裁方法(见 4.3)；

——修改水分的测定方法(GB/T 16945—1997 的 4.5，本版的 4.5)；

——修改标志、包装、贮运及安全(GB/T 16943—1997 的第 5 章，本版的第 5 章)；

——增加安全要求(见 5.6)；

——增加规范性附录 A，并把采用氦离子化气相色谱法测定氦中的氧、氮、一氧化碳和二氧化碳组分的方法写入该附录(见附录 A)。

本标准的附录 A 为规范性附录。

本标准由全国半导体材料和设备标准化技术委员会提出。

本标准由全国半导体材料和设备标准化技术委员会气体分会归口。

本标准起草单位：西南油气田分公司成都天然气化工总厂、北京氦普北分气体工业有限公司、西南化工研究设计院。

本标准主要起草人：刘泽军、付永成、赵俊秀、周鹏云。

本标准所代替标准的历次版本发布情况为：

——GB/T 16943—1997。

电子工业用气体　氦

1　范围

本标准规定了氦的技术要求，试验方法以及包装、标志、贮运及安全。

本标准适用于以深冷法从天然气、空气和工厂弛放气中提取的气态和液态氦，以及经纯化方法得到的氦。它们在半导体制造中用作清洗气、加压气，也用作载气和保护气等。

分子式：He。

相对分子质量：4.003（按2005年国际相对原子质量）。

2　规范性引用文件

下列文件中的条款通过本标准的引用而成为本标准的条款。凡是注日期的引用文件，其随后所有的修改单（不包括勘误的内容）或修订版均不适用于本标准，然而，鼓励根据本标准达成协议的各方研究是否可使用这些文件的最新版本。凡是不注日期的引用文件，其最新版本适用于本标准。

GB 190—2009　危险货物包装标志

GB/T 3723　工业用化学产品采样安全通则

GB 5099　钢质无缝气瓶

GB/T 5832.1　气体中湿度的测定　电解法

GB/T 6285　气体中微量氧的测定　电化学法

GB 7144　气瓶颜色标志

GB/T 8984　气体中一氧化碳、二氧化碳和碳氢化合物的测定　气相色谱法

GB 14194　永久气体气瓶充装规定

GB 16912　深度冷冻法生产氧气及相关气体安全技术规程

气瓶安全监察规程

压力容器安全监察规程

压力管道安全管理与监察规定

3　技术要求

3.1　氦的质量应符合表1的要求。

表1　技术指标

项　目		指　标	
氦气(He)纯度(体积分数)/10^{-2}	≥	99.999 9	99.999 5
一氧化碳(CO)和二氧化碳(CO_2)总含量(体积分数)/10^{-6}	<	一氧化碳：0.1	1
		二氧化碳：0.1	
氮(N_2)含量(体积分数)/10^{-6}	<	0.5	2
氧(O_2)含量(体积分数)/10^{-6}	<	0.2	0.5
总烃(以甲烷计)含量(体积分数)/10^{-6}	<	0.1	0.5
水分(H_2O)含量(体积分数)/10^{-6}	<	0.2	0.5
杂质总含量(体积分数)/10^{-6}	≤	1	5
颗粒		供需双方商定	供需双方商定

3.2 液态氦的水分应气化后测定。

4 试验方法

4.1 抽样、判定和复验

4.1.1 瓶装、集装阀装、大容积钢质无缝气瓶装和杜瓦罐装氦产品应逐一检验并验收。当检验结果有任何一项指标不符合本标准技术要求时，则判该产品不合格。生产企业应确保每一包装氦产品符合本标准技术要求。

4.1.2 对稳定生产的管道输送的氦由供需双方确定抽样方案。企业应确保管道输送的氦产品符合本标准技术要求。

4.1.3 氦采样安全应符合 GB/T 3723 的相关规定。

4.2 氦纯度

氦纯度按式(1)计算：

$$\Phi = 100 - (\Phi_1 + \Phi_2 + \Phi_3 + \Phi_4 + \Phi_5) \times 10^{-4} \quad \cdots\cdots(1)$$

式中：

Φ——氦纯度(体积分数)，10^{-2}；

Φ_1——氧含量(体积分数)，10^{-6}；

Φ_2——氮含量(体积分数)，10^{-6}；

Φ_3——一氧化碳＋二氧化碳含量(体积分数)，10^{-6}；

Φ_4——总烃(以甲烷计)含量(体积分数)，10^{-6}；

Φ_5——水分含量(体积分数)，10^{-6}。

4.3 氧、氮、一氧化碳和二氧化碳的测定

4.3.1 氧、氮、一氧化碳和二氧化碳的测定见附录 A。

4.3.2 允许按 GB/T 6285 规定的方法或其他等效的方法测定氦中的微量氧。当测定结果有异议时，以 4.3.1 规定的方法为仲裁方法。

4.3.3 允许按 GB/T 8984 规定的方法或其他等效的方法测定氦中的微量一氧化碳和二氧化碳。当以上测定结果有异议时，以 4.3.1 规定的方法为仲裁方法。

仪器检测限：0.05×10^{-6}(体积分数)。

4.3.4 允许采用其他等效的方法测定电子工业用气体氦中氮含量。当测定结果有异议时，以 4.3.1 规定的方法为仲裁方法。

4.4 总烃(以甲烷计)的测定

按 GB/T 8984 规定的方法或其他等效的方法测定氦中的微量总烃含量。当以上测定结果有异议时，以 GB/T 8984 规定的方法为仲裁方法。

仪器检测限：0.05×10^{-6}(体积分数)。

4.5 气体标准样品

气体标准样品中的组分含量为$(1\sim5)\times10^{-6}$(体积分数)，平衡气为氦。

4.6 水分含量的测定

按 GB/T 5832.1 执行。

仪器检测限：0.05×10^{-6}(体积分数)。

允许采用其他等效的方法测定氦中水分含量。当测定结果有异议时，以 GB/T 5832.1 规定的方法为仲裁方法。

5 标志、包装、贮运及安全

5.1 氦气瓶应符合 GB 5099 的规定，气瓶颜色标记应符合 GB 7144 的规定。运输时，氦气瓶上应附有

GB 190—2009 中第 3 章指定的标志。

5.2 推荐使用进行内表面处理的气瓶，气瓶内表面应满足本标准对于水分和颗粒的要求。

5.3 包装容器上应标明“电子氦”字样。

5.4 充装、贮运

5.4.1 瓶装氦应符合 GB 14194 以及《气瓶安全监察规程》的相关规定。

5.4.2 管道输送的气态氦应符合《压力管道安全管理与监察规定》。

5.5 瓶装氦的成品压力在 20 ℃时不低于 13.5 MPa。用于测量的压力表精度不低于 2.5 级。

5.6 返厂氦气钢瓶的余压不应低于 0.2 MPa。余压不符合要求的气瓶，水压试验后的气瓶以及新气瓶等在充装前应按规定要求进行加热、抽空和置换。

5.7 氦出厂时应附有质量合格证，其内容至少应包括：

——产品名称，生产厂名称，危险化学品生产许可证编号；

——生产日期或批号，成品压力或充装量，产品技术指标；

——本标准标准号及产品等级，检验员号。

5.8 安全要求

5.8.1 氦的生产、使用以及贮运应符合 GB 16912、《气瓶安全监察规程》、《压力容器安全监察规程》等相关规定。

5.8.2 在氦气氛中，人有被窒息的危险。因此在氦有可能泄漏或氦含量有可能增加的地方应设置通风装置。液态氦属低温液体，操作不当可造成冻伤，应采取防冻措施。

5.8.3 电子工业用氦的生产企业应为顾客提供安全技术说明书。

6 氦气在 20 ℃、101.3 kPa 状态下的体积计算

6.1 瓶装氦气的体积计算

6.1.1 气瓶中氦气的体积按式(2)计算：

$$V = KV_1 \quad \cdots\cdots(2)$$

式中：

V——20 ℃、101.3 kPa 状态下，氦气的体积，单位为立方米(m^3)；

V_1——气瓶的水容积，单位为升(L)；

K——氦气体积换算系数，见表 2。

6.1.2 体积换算系数 K 值按式(3)计算：

$$K = \left(\frac{P}{0.101\,3} + 1\right) \times \frac{293}{273 + t} \times \frac{10^{-3}}{Z} \quad \cdots\cdots(3)$$

式中：

P——气瓶内气体压力，单位为兆帕(MPa)；

t——测量压力时，气瓶内气体温度，单位为摄氏度(℃)；

Z——温度为 t 时，氦气的压缩系数。

6.1.3 在不同压力、温度下氦气的体积换算系数 K 值列于表 2。

表 2 在不同压力、温度下氦气的体积换算系数 K

温度/℃	压力/MPa													
	9.8	10.3	10.8	11.3	11.8	12.3	12.7	13.2	13.7	14.2	14.7	15.2	15.7	16.2
−40	0.117	0.123	0.128	0.134	0.139	0.144	0.149	0.154	0.160	0.164	0.170	0.174	0.179	0.184
−35	0.115	0.120	0.126	0.131	0.136	0.141	0.146	0.151	0.156	0.161	0.166	0.171	0.176	0.181
−30	0.113	0.118	0.123	0.128	0.134	0.138	0.144	0.149	0.154	0.158	0.163	0.168	0.173	0.178

表 2（续）

温度/℃	压力/MPa													
	9.8	10.3	10.8	11.3	11.8	12.3	12.7	13.2	13.7	14.2	14.7	15.2	15.7	16.2
−25	0.111	0.116	0.121	0.126	0.131	0.136	0.141	0.146	0.151	0.156	0.160	0.165	0.170	0.174
−20	0.108	0.114	0.119	0.124	0.128	0.134	0.138	0.143	0.148	0.153	0.157	0.162	0.167	0.171
−15	0.106	0.112	0.116	0.121	0.126	0.131	0.136	0.141	0.145	0.150	0.155	0.159	0.164	0.168
−10	0.105	0.110	0.114	0.119	0.124	0.129	0.133	0.138	0.143	0.147	0.152	0.156	0.161	0.166
−5	0.103	0.108	0.112	0.117	0.122	0.126	0.131	0.136	0.140	0.145	0.149	0.154	0.158	0.163
0	0.101	0.106	0.110	0.115	0.120	0.124	0.129	0.133	0.138	0.142	0.147	0.151	0.156	0.160
5	0.099	0.104	0.108	0.113	0.118	0.122	0.127	0.131	0.136	0.140	0.144	0.149	0.153	0.157
10	0.098	0.102	0.107	0.111	0.116	0.120	0.125	0.129	0.133	0.138	0.142	0.146	0.151	0.155
15	0.096	0.100	0.105	0.109	0.114	0.118	0.123	0.127	0.131	0.136	0.140	0.144	0.148	0.152
20	0.094	0.099	0.103	0.108	0.112	0.116	0.121	0.125	0.129	0.133	0.138	0.142	0.146	0.150
25	0.093	0.097	0.102	0.106	0.110	0.114	0.119	0.123	0.127	0.131	0.136	0.140	0.144	0.148
30	0.091	0.096	0.100	0.104	0.108	0.113	0.117	0.121	0.125	0.129	0.133	0.138	0.142	0.146
35	0.090	0.094	0.098	0.103	0.107	0.111	0.115	0.119	0.123	0.127	0.131	0.135	0.139	0.143
40	0.088	0.093	0.097	0.101	0.105	0.109	0.113	0.117	0.122	0.126	0.129	0.133	0.137	0.141
45	0.087	0.091	0.095	0.100	0.104	0.108	0.112	0.116	0.120	0.124	0.128	0.132	0.135	0.139
50	0.086	0.090	0.094	0.098	0.102	0.106	0.110	0.114	0.118	0.122	0.126	0.130	0.133	0.137

6.2 液氦体积计算

液氦的质量换算为 20 ℃、101.3 kPa 状态下氦气的体积按式(4)计算：

$$V = m/0.1664 \qquad (4)$$

式中：

V——氦气的体积，单位为立方米(m^3)；

m——液氦的质量，单位为千克(kg)；

0.166 4——20 ℃、101.3 kPa 状态下氦气的密度，单位为千克每立方米(kg/m^3)。

附 录 A
（规范性附录）
电子工业气体氦中氧、氮、一氧化碳和二氧化碳的测定

A.1 仪器

采用配备氦放电离子化检测器的气相色谱仪测定氦中氧、氮、一氧化碳和二氧化碳。

检测限：0.01×10^{-6}（体积分数）。

A.2 原理

基于潘宁效应（Penning effect），即电子与稀有气体碰撞形成亚稳态原子，该亚稳态原子的激发能传递到样品分子或原子；如果样品分子或原子的电离电位（IP）小于亚稳态原子的激发电位，样品将通过碰撞被电离，使离子流增大。

A.3 测定条件

A.3.1 载气：高纯氦，经纯化器纯化。其流速参照相应的仪器说明书。

A.3.2 辅助气：需要采用辅助气的仪器按仪器说明书使用辅助气。

A.3.3 色谱柱：色谱柱Ⅰ：长约 2 m，内径 3 mm 的不锈钢管，内装粒径为 0.25 mm～0.4 mm 的 5A 分子筛，或其他等效色谱柱。色谱柱Ⅰ用于分析氦中氧、氮、和一氧化碳组分。

色谱柱Ⅱ：长约 0.5 m、内径 3 mm 的不锈钢管，内装粒径为 0.25 mm～0.40 mm 的色谱硅胶；或其他等效色谱柱。色谱柱Ⅱ用于分析氦中二氧化碳组分。

A.3.4 气体标准样品

气体标准样品中的组分含量为$(1\sim5) \times 10^{-6}$（体积分数），平衡气为氦。

A.3.5 其他条件：载气净化器温度、色谱柱温度、检测器温度、样气流量等其他条件参考仪器说明书。

A.4 分析步骤

开启仪器至稳定后按仪器说明书的操作步骤完成样品分析。

平行测定气体标准样品和样品气至少两次，记录色谱响应值，直至相邻两次测定的相对偏差不大于 10×10^{-2}，取其平均值。

A.5 结果处理

采用峰面积（或峰高）定量，用外标法计算结果。

氧、氮、一氧化碳和二氧化碳含量的计算采用外标法，按式（A.4）计算：

$$\phi_i = \frac{A_i(h_i)}{A_s(h_s)} \times \phi_s \qquad \cdots\cdots\cdots\cdots (A.4)$$

式中：

ϕ_i——样品气中被测组分的含量（体积分数）；

$A_i(h_i)$——样品气中被测组分的峰面积或峰高，单位为平方毫米或毫米（mm^2 或 mm）；

$A_s(h_s)$——气体标准样品中相应已知组分的峰面积或峰高，单位为平方毫米或毫米（mm^2 或 mm）；

ϕ_s——气体标准样品中相应已知组分的含量（体积分数）。

ICS 71.100.20
G 86

中华人民共和国国家标准

GB/T 16944—2009
代替 GB/T 16944—1997

电子工业用气体 氮

Gas for electronic industry—Nitrogen

2009-10-30 发布 2010-05-01 实施

中华人民共和国国家质量监督检验检疫总局
中国国家标准化管理委员会 发布

前　言

本标准代替 GB/T 16944—1997《电子工业用气体　氮》。

本标准与 GB/T 16944—1997 相比主要变化如下：

——修改电子工业用氮的适用范围(GB/T 16944—1997 的第 1 章,本版的第 1 章)；

——修改规范性引用文件(GB/T 16944—1997 的第 2 章,本版的第 2 章)；

——修改技术指标内容(GB/T 16944—1997 的第 3 章,本版的第 3 章)；

——修改电子工业用氮抽样和判定规则(GB/T 16944—1997 的 4.1,本版的 4.1)；

——增加电子工业用氮采样要求(见 4.1.3)；

——修改氢、氧、一氧化碳、二氧化碳含量的分析方法(GB/T 16944—1997 的 4.3、4.4、4.6,本版的 4.3)；

——修改总烃分析方法的检测限(16944—1997 的 4.7,本版的 4.4)；

——修改水分含量的分析方法(GB/T 16944—1997 的 4.5,本版的 4.6)；

——修改标志、包装、贮运及安全(GB/T 16944—1997 的第 5 章,本版的第 5 章)；

——增加规范性附录 A,并把测定电子工业用氮中的氢、氧、一氧化碳、二氧化碳含量的方法写入该附录(见附录 A)。

本标准的附录 A 为规范性附录。

本标准由全国半导体设备和材料标准化技术委员会提出。

本标准由全国半导体设备和材料标准化技术委员会气体分技术委员会归口。

本标准起草单位：中国计量科学研究院、西南化工研究设计院。

本标准主要起草人：周泽义、周鹏云。

本标准所代替标准的历次版本发布情况为：

——GB/T 16944—1997。

电子工业用气体　氮

1　范围

本标准规定了电子工业用气体氮的技术要求,试验方法以及包装、标志、贮运及安全。

本标准适用于以深冷法从空气中提取的气态和液态氮,以及经电化学方法得到的氮。它们在超大规模集成电路制造中用作保护、吹扫、覆盖、加压,化学气相淀积等。

分子式:N_2。

相对分子质量:28.013 4(按 2005 年国际相对原子质量计算)。

2　规范性引用文件

下列文件中的条款通过本标准的引用而成为本标准的条款。凡是注日期的引用文件,其随后所有的修改单(不包括勘误的内容)或修订版均不适用于本标准,然而,鼓励根据本标准达成协议的各方研究是否可使用这些文件的最新版本。凡是不注日期的引用文件,其最新版本适用于本标准。

GB 190　危险货物包装标志

GB/T 3723　工业用化学产品采样安全通则

GB/T 3864　工业氮

GB 5099　钢质无缝气瓶(GB 5099—1994,neq ISO 4705:1993)

GB 7144　气瓶颜色标志

GB/T 8984　气体中一氧化碳、二氧化碳和碳氢化合物的测定　气相色谱法

GB 14194　永久气体气瓶充装规定

GB 16912　深度冷冻法生产氧气及相关气体安全技术规程

JB/T 5905　真空多层绝热低温液体容器

JB/T 6897　低温液体运输车

JB/T 6898　低温液体贮运设备使用安全规则

气瓶安全监察规程

压力容器安全技术监察规程

压力管道安全管理与监察规定

3　技术要求

电子工业用气体氮的质量应符合表 1 的要求。

表 1　技术指标

项　　目		指　　标	
氮(N_2)纯度(体积分数)/10^{-2}	≥	99.999 9	99.999 6
氢(H_2)含量(体积分数)/10^{-6}	<	0.1	1.0
氧(O_2)含量(体积分数)/10^{-6}	<	0.2	0.5
一氧化碳(CO)含量(体积分数)/10^{-6}	<	0.1	0.5
二氧化碳含量(CO_2)(体积分数)/10^{-6}	<	0.1	0.5
总烃含量(以甲烷计)(体积分数)/10^{-6}	<	0.1	0.5

表 1（续）

项　　目		指　　标	
水（H_2O）含量（体积分数）/10^{-6}	<	0.2	0.5
杂质总含量（体积分数）/10^{-6}	≤	1	4
颗粒		供需双方商定	供需双方商定

注：质量保证期为 36 个月。

4 试验方法

4.1 抽样、判定和复验

4.1.1 瓶装、集装格装、大容积钢质无缝气瓶装和多层绝热低温容器装氮产品应逐一检验并验收。当检验结果有任何一项指标不符合本标准技术要求时，则判该产品不合格。

4.1.2 对稳定生产的管道输送的氮由供需双方确定抽样频次。企业应确保管道输送的氮产品符合本标准技术要求。

4.1.3 氮采样安全应符合 GB/T 3723 的相关规定。

4.2 氮纯度

氮纯度按式(1)计算：

$$\Phi = 100 - (\Phi_1 + \Phi_2 + \Phi_3 + \Phi_4 + \Phi_5 + \Phi_6) \times 10^{-4} \quad \cdots\cdots(1)$$

式中：

Φ——氮纯度（体积分数），10^{-2}；

Φ_1——氢含量（体积分数），10^{-6}；

Φ_2——氧含量（体积分数），10^{-6}；

Φ_3——一氧化碳含量（体积分数），10^{-6}；

Φ_4——二氧化碳含量（体积分数），10^{-6}；

Φ_5——总烃含量（体积分数），10^{-6}；

Φ_6——水含量（体积分数），10^{-6}。

4.3 氢、氧、一氧化碳、二氧化碳的测定

4.3.1 氢、氧、一氧化碳、二氧化碳的测定见附录 A。

4.3.2 允许采用其他等效的方法测定氮中氢、一氧化碳、二氧化碳含量。当测定结果有异议时，以 4.3.1规定的方法为仲裁方法。

4.4 总烃（以甲烷计）的测定

按 GB/T 8984 规定的方法或其他等效的方法测定氮中的微量总烃含量。当以上测定结果有异议时，以 GB/T 8984 规定的方法为仲裁方法。

仪器检测限的体积分数：0.05×10^{-6}。

4.5 气体标准样品

组分含量的体积分数为$(1 \sim 5) \times 10^{-6}$，平衡气为氮。

4.6 水分含量的测定

4.6.1 方法及原理

采用光腔衰荡光谱法测定氮中水分含量。

光腔衰荡光谱法通过测量时间而不是强度的变化来确定光学吸收。光腔衰荡光谱法水分仪的主要部件是激光源、一对高反射性镜面形成的光共振腔和光探测器。在光衰荡光谱法中，一小部分脉冲激光会进入光腔并且由高度反射性镜面反复多次反射，每次都有微小的光透过镜面而离开光腔。这部分光就构成了光衰荡信号。它的强度变化可以简单地用单指数衰减来描述，光的衰荡是由于光在共振腔中

的损失决定的。如果光腔是空的，衰荡时间取决于镜子的反射率（假设散射和吸收与透射损失相比是微不足道的），见式(2)：

$$\tau_{\text{empty}} = \frac{d}{c(1-R)} \qquad \cdots\cdots(2)$$

式中：

τ_{empty}——空腔光衰荡时间；

d——两个镜面的距离；

c——光速；

R——镜面反射率（假设两个镜面相同）。

实际上，τ_{empty}并不是在真正的空腔里测量的，而是将激光调在光腔内气体分子没有吸收的波长下测量的。当激光频率是在腔内分子的一条具体吸收线的峰顶时，光腔衰荡时间$\tau(\upsilon)$还要取决于分子的吸收。而分子的吸收服从比尔定律，见式(3)。

$$\tau(\upsilon) = \frac{d}{c(1-R+\sigma(\upsilon)\cdot N\cdot d)} \qquad \cdots\cdots(3)$$

式中：

$\tau(\upsilon)$——在激光频率υ下的衰荡时间；

$\sigma(\upsilon)$——分子在激光频率υ吸收截面；

N——分子密度，与绝对浓度成正比。

在光腔衰荡光谱法测量中，首先要测量没有吸收时的衰荡时间τ_{empty}，激光的频率此时被调到分子没有吸收的位置。然后再测量分子吸收高峰频率υ位置的衰荡时间$\tau(\upsilon)$。这两个测量位置的激光频率都处于镜面高反射区，反射率基本恒定。分子密度N，可以很容易地转换成浓度，可以从式(4)计算出来：

$$N = \frac{1}{c\cdot\sigma(\upsilon)}\cdot\left(\frac{1}{\tau(\upsilon)} - \frac{1}{\tau_{\text{empty}}}\right) \qquad \cdots\cdots(4)$$

4.6.2 检测限

仪器检测限的体积分数：0.05×10^{-6}。

4.6.3 允许采用其他等效的方法测定氮中水分含量。当测定结果有异议时，以光腔衰荡光谱法为仲裁方法。

5 标志、包装、贮运及安全

5.1 标志、包装及贮运

5.1.1 氮气瓶应符合 GB 5099 的规定，气瓶颜色标记应符合 GB 7144 的规定。运输时，氮气瓶上应附有 GB 190 中指定的标志。

5.1.2 推荐使用经过内表面处理的气瓶，气瓶内表面应满足本标准对于水分和颗粒的要求。瓶阀推荐使用 CGA580、DISS718。

5.1.3 应妥善处理气瓶瓶口。

5.1.4 包装容器上应标明“电子氮”字样。

5.1.5 瓶装氮应符合 GB 14194 以及《气瓶安全监察规程》(2000 年)的相关规定。

5.1.6 液态氮应符合 JB/T 5905、JB/T 6897、JB/T 6898 和《压力容器安全技术监察规程》(1999 年)的相关规定。

5.1.7 管道输送的氮应符合《压力管道安全管理与监察规定》(1996 年)。

5.1.8 瓶装氮气压力应大于气瓶公称工作压力的 90%。用于测量的压力表精度不低于 2.5 级。氮气在 20 ℃、101.3 kPa 状态下的体积按 GB/T 3864 的规定。

5.1.9 返厂氮气钢瓶的余压不应低于 0.2 MPa。余压不符合要求的气瓶，水压试验后的气瓶以及新气瓶等在充装前应按规定要求进行加热、抽空和置换。

5.1.10　氮出厂时应附有质量合格证,其内容至少应包括:

——产品名称,生产厂名称,危险化学品生产许可证编号;

——生产日期或批号,成品压力或质量,产品技术指标;

——本标准标准号及产品等级,检验员号。

5.2　安全要求

5.2.1　氮的生产、使用以及贮运应符合 GB 16912、《气瓶安全监察规程》(2000 年)、《压力容器安全技术监察规程》(1999 年)等相关规定。

5.2.2　氮气比空气重,可能累积在低层空间,造成缺氧。空气中高浓度氮造成缺氧,有神志不清或死亡危险。进入污染工作区域前,检验氧含量。

5.2.3　容器漏损时,液氮迅速蒸发造成封闭空间空气中过饱和,有窒息严重风险。

5.2.4　液氮可能引起冻伤。冻伤时,用大量水冲洗,不要脱去衣物,给予医疗护理。

5.2.5　在氮有可能泄漏或氮含量有可能增加的地方应设置通风装置。

5.2.6　氮的生产企业应为顾客提供安全技术说明书。

附 录 A
（规范性附录）
电子工业气体氮中氢、氧、一氧化碳、二氧化碳的测定

A.1 仪器

采用配备氧化锆检测器和配备甲烷转化器的火焰离子化检测器的气相色谱仪测定电子工业用气体氮中氢、氧、一氧化碳、二氧化碳。

检测限的体积分数：0.05×10^{-6}。

A.2 方法提要

A.2.1 氧化锆检测器是氧化锆固体电解质氧浓差电池。由于在氧化锆中掺入一定量的氧化钇，使得 ZrO・Y2O3 电解质具有氧离子空穴和导电性能。在一定温度下，当电解质两侧氧浓度不同时，高浓度侧的氧分子被吸附在铂电极上与电子(4e)结合形成氧离子 O^{2-}，使该电极带正电，O^{2-} 离子通过电解质中的氧离子空位迁移到低氧浓度侧电极上放出电子，转化成氧分子，使该电极带负电。这样在两个电极间便产生了一定的电动势，此电势与测量气中的氧浓度的关系服从 Nernst 定律。如果在测量气中有还原性气体如 H_2、CH_4、CO 存在时，它们在电极表面发生氧化还原反应而产生电动势。

A.2.2 采用吸附剂分离样品气中一氧化碳、二氧化碳，各组分依次通过甲烷化转化器，使一氧化碳和二氧化碳均转化为甲烷，用火焰离子化检测器进行测定。

A.3 测定条件

A.3.1 载气：高纯氮，经过纯化处理，其流速参照相应的仪器说明书。

A.3.2 色谱柱：

色谱柱Ⅰ：长约 2 m，内径 2 mm 的不锈钢管，内装粒径为 0.18 mm～0.25 mm 的 13X 分子筛，或其他等效色谱柱。色谱柱Ⅰ用于分析氮中氢、氧组分。

色谱柱Ⅱ：长约 0.4 m，内径 2 mm 的不锈钢管，内装粒径为 0.18 mm～0.25 mm 的 TDX-01，或其他等效色谱柱。色谱柱Ⅱ用于分析氮中一氧化碳、二氧化碳组分。

A.3.3 气体标准样品

组分含量的体积分数为$(1\sim5)\times10^{-6}$，平衡气为氮。

A.3.4 其他条件：载气净化器温度、色谱柱温度、检测器温度、燃烧气流量、空气流量、样气流量等其他条件参考仪器说明书。

A.4 分析步骤

开启仪器至稳定后按仪器说明书的操作步骤完成样品分析。

平行测定气体标准样品和样品气至少两次，记录色谱响应值，直至相邻两次测定的相对偏差不大于 10×10^{-2}，取其平均值。

A.5 结果处理

采用峰面积（或峰高）定量，用外标法计算结果。

氢、氧、一氧化碳、二氧化碳含量的计算采用外标法，按式（A.1）计算：

$$\phi_i=\frac{A_i(h_i)}{A_s(h_s)}\times\phi_s \qquad \cdots\cdots(A.1)$$

式中：

ϕ_i——样品气中被测组分的含量(体积分数)；

$A_i(h_i)$——样品气中被测组分的峰面积或峰高，单位为平方毫米或毫米(mm^2 或 mm)；

$A_s(h_s)$——气体标准样品中相应已知组分的峰面积或峰高，单位为平方毫米或毫米(mm^2 或 mm)；

ϕ_s——气体标准样品中相应已知组分的含量(体积分数)。

ICS 71.100.20
G 86

中华人民共和国国家标准

GB/T 16945—2009
代替 GB/T 16945—1997

电子工业用气体　氩

Gas for electronic industry—Argon

2009-10-30 发布　　2010-05-01 实施

中华人民共和国国家质量监督检验检疫总局
中国国家标准化管理委员会　发布

前言

本标准代替 GB/T 16945—1997《电子工业用气体　氩》。

本标准与 GB/T 16945—1997 相比主要变化如下：

——修改氩的适用范围(GB/T 16945—1997 的第 1 章，本版的第 1 章)；

——增加规范性引用文件(GB/T 16945—1997 的第 2 章，本版的第 2 章)；

——修改技术指标内容：增加一类纯度和杂质含量(GB/T 16945—1997 的第 3 章，本版的第 3 章)；

——修改瓶装氩抽样方法(GB/T 16945—1997 的 4.1.1，本版的 4.1.1)；

——增加集装阁装、大容积钢质无缝气瓶和杜瓦罐装氩产品并规定检验方法(见 4.1.1)；

——修改管道输送的氩抽样方法(GB/T 16945—1997 的 4.1.1，本版的 4.1.2)；

——增加氩的采样安全要求(见 4.1.3)；

——修改氢、氧、氮、一氧化碳和二氧化碳的测定方法(GB/T 16945—1997 的 4.3、4.4、4.5，本版的 4.3)；

——增加其他方法测定总烃；当出现多种分析方法时，增加规定仲裁方法(见 4.3、4.4、4.5)；

——修改水分的测定方法(GB/T 16945—1997 的 4.7，本版的 4.5)；

——修改标志、包装、贮运及安全(GB/T 16945—1997 的第 5 章，本版的第 5 章)。

本标准由全国半导体材料和设备标准化技术委员会提出。

本标准由全国半导体材料和设备标准化技术委员会气体分会归口。

本标准起草单位：北京氦普北分气体工业有限公司、西南化工研究设计院。

本标准主要起草人：赵俊秀、周鹏云。

本标准所代替标准的历次版本发布情况为：

——GB/T 16945—1997。

电子工业用气体　氩

1　范围

本标准规定了氩的技术要求，试验方法以及包装、标志、贮运及安全。

本标准适用于以深冷法从空气、合成氨尾气中提取的液态和气态氩以及经纯化方法得到的氩。

氩用于系统的吹扫、保护和增压，它还可以用于化学汽相淀积、溅射、等离子及活性离子刻蚀剂和退火等不同工艺中。

分子式：Ar。

相对分子质量：39.948(按 2005 年国际相对原子质量)。

2　规范性引用文件

下列文件中的条款通过本标准的引用而成为本标准的条款。凡是注日期的引用文件，其随后所有的修改单(不包括勘误的内容)或修订版均不适用于本标准，然而，鼓励根据本标准达成协议的各方研究是否可使用这些文件的最新版本。凡是不注日期的引用文件，其最新版本适用于本标准。

GB/T 3723　工业用化学产品采样安全通则

GB/T 4842—2006　氩

GB/T 5832.1　气体中湿度的测定　电解法

GB/T 8984　气体中一氧化碳、二氧化碳和碳氢化合物的测定　气相色谱法

3　技术要求

3.1　电子工业用气体氩的质量应符合表 1 的要求。

表 1　技术指标

项　目		指　标	
氩气(Ar)纯度(体积分数)/10^{-2}	≥	99.999 9	99.999 2
氢(H_2)含量(体积分数)/10^{-6}	<	0.1	1
氮(N_2)含量(体积分数)/10^{-6}	<	0.5	5
氧(O_2)含量(体积分数)/10^{-6}	<	0.2	0.5
一氧化碳(CO)和二氧化碳(CO_2)总含量(体积分数)/10^{-6}	<	一氧化碳：0.1 二氧化碳：0.1	0.5
总烃(以甲烷计)含量(体积分数)/10^{-6}	<	0.1	0.5
水分(H_2O)含量(体积分数)/10^{-6}	<	0.2	0.5
杂质总含量 (体积分数)/10^{-6}	≤	1	8
颗粒		供需双方商定	供需双方商定

3.2　液态氩的水分应气化后测定。

4　试验方法

4.1　抽样、判定和复验

4.1.1　瓶装、集装阁装、大容积钢质无缝气瓶装和杜瓦罐装氩产品应逐一检验并验收。当检验结果有

任何一项指标不符合本标准技术要求时，则判该产品不合格。生产企业应确保每一包装氩产品符合本标准技术要求。

4.1.2 对稳定生产的管道输送的气态氩由供需双方确定抽样方案。企业应确保管道输送的氩产品符合本标准技术要求。

4.1.3 氩采样安全应符合 GB/T 3723 的相关规定。

4.2 氩纯度

氩纯度按式(1)计算：

$$\phi = 100 - (\phi_1 + \phi_2 + \phi_3 + \phi_4 + \phi_5 + \phi_6) \times 10^{-4} \quad \cdots\cdots\cdots\cdots\cdots\cdots(1)$$

式中：

ϕ——氩纯度(体积分数)/10^{-2}；

ϕ_1——氢含量(体积分数)/10^{-6}；

ϕ_2——氮含量(体积分数)/10^{-6}；

ϕ_3——氧含量(体积分数)/10^{-6}；

ϕ_4——一氧化碳＋二氧化碳含量(体积分数)/10^{-6}；

ϕ_5——总烃(以甲烷计)含量(体积分数)/10^{-6}；

ϕ_6——水分含量(体积分数)/10^{-6}。

4.3 氢、氧、氮、一氧化碳和二氧化碳含量的测定

氢、氧、氮、一氧化碳和二氧化碳的测定方法按 GB/T 4842—2006 中 4.3 的规定。

仪器检测限：0.05×10^{-6}(体积分数)。

4.4 总烃(以甲烷计)含量的测定

按 GB/T 8984 规定的方法或其他等效的方法测定氩中的微量总烃含量。当以上测定结果有异议时，以 GB/T 8984 规定的方法为仲裁方法。

仪器检测限：0.05×10^{-6}(体积分数)。

4.5 气体标准样品

气体标准样品中的组分含量为$(1\sim5)\times10^{-6}$(体积分数)，平衡气为氩。

4.6 水分含量的测定

按 GB/T 5832.1 执行。

仪器检测限：0.05×10^{-6}(体积分数)。

允许采用其他等效的方法测定氩中水分含量。当测定结果有异议时，以 GB/T 5832.1 规定的方法为仲裁方法。

5 标志、包装、贮运及安全

5.1 推荐使用进行内表面处理的气瓶，气瓶内表面应满足本标准对于水分和颗粒的要求。

5.2 包装容器上应标明“电子氩”字样。

5.3 其余按 GB/T 4842—2006 中第 5 章的规定。

ICS 21.160
J 26

中华人民共和国国家标准

GB/T 16947—2009
代替 GB/T 16947—1997

螺旋弹簧疲劳试验规范

Helical spring fatigue testing standard

2009-03-16 发布　　2009-11-01 实施

中华人民共和国国家质量监督检验检疫总局
中国国家标准化管理委员会　发布

前　言

本标准是对 GB/T 16947—1997《螺旋弹簧疲劳试验规范》的修订。修订时仍保留GB/T 16947—1997《螺旋弹簧疲劳试验规范》中有效的部分，对已不适应的内容进行重新修订。本标准与被修订标准的主要差异如下：

——对原标准按 GB/T 1.1 进行了编辑性修改；

——删除原标准表 2；

——调整了原标准表 3 规定的产品类型以及循环作用次数，并作为资料性附录；

——删除了原标准表 4 规定的产品按疲劳寿命的可靠度分等；

——调整了原标准表 5（现表 2）所推荐的最少试样数量；

——对表 B.1 可靠度 R 估值计量表进行了核对和整合。

本标准的附录 A、附录 B 和附录 C 为资料性附录。

本标准由中国机械工业联合会提出。

本标准由全国弹簧标准化技术委员会（SAC/TC 235）归口。

本标准负责起草单位：常州市铭锦弹簧有限公司、北京科技大学。

本标准参加起草单位：无锡泽根弹簧有限公司、山东联美汽车弹簧有限公司、扬州弹簧有限公司、常州弹簧厂有限公司、中机生产力促进中心、浙江美力弹簧有限公司、浙江金昌弹簧有限公司、杭州钱江弹簧有限公司、杭州富春弹簧有限公司、无锡市钢正弹簧有限公司。

本标准主要起草人：张英会、曹辉荣、杨伟明、马友芳、姜膺、王少菊、胡家骅、吴刚、屠世润、王卫、张涌森、邵文武、周平钢。

本标准所代替标准的历次版本发布情况为：

——GB/T 16947—1997。

螺旋弹簧疲劳试验规范

1 范围

本标准规定了在变载荷下螺旋弹簧的疲劳试验规范。

本标准适用于螺旋压缩和拉伸弹簧(以下简称弹簧)的疲劳寿命验证和可靠性评定。对于变载荷作用下的其他弹簧产品可参照使用。

2 规范性引用文件

下列文件中的条款通过本标准的引用而成为本标准的条款。凡是注日期的引用文件,其随后所有的修改单(不包括勘误的内容)或修订版均不适用于本标准,然而,鼓励根据本标准达成协议的各方研究是否可使用这些文件的最新版本。凡是不注日期的引用文件,其最新版本适用于本标准。

GB/T 23935 圆柱螺旋弹簧设计计算

GB/T 1805 弹簧术语

3 术语、定义及符号

弹簧的基本术语按 GB/T 1805 的规定。与疲劳试验有关的术语、定义、符号及单位列于图 1 和表 1。

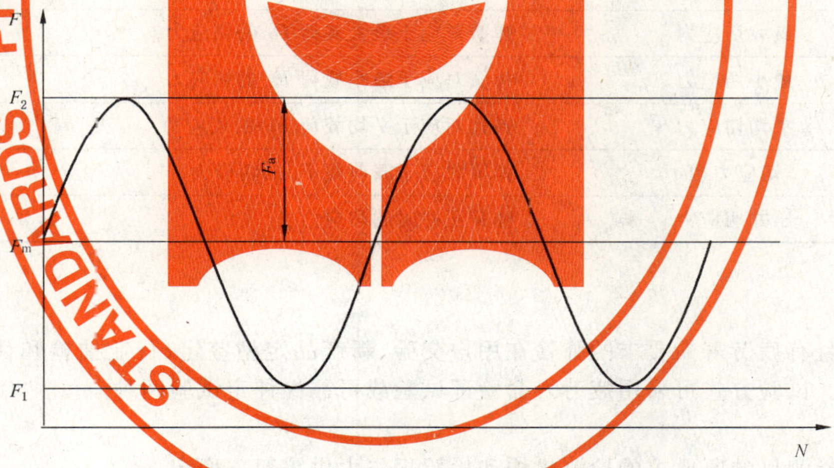

图 1 变载荷示意图

表 1

符号	术 语	定 义	单位
	疲劳寿命验证试验	以确定弹簧疲劳寿命水平或验证是否达到某一给定寿命值为目的而进行的试验	
	可靠性评定试验	以确定弹簧可靠性水平或验证是否达到某一给定可靠度目标值为目的而进行的试验	
R	可靠度	试样弹簧(以下简称试样)在规定条件下和规定循环作用次数内不失效的概率	

表 1（续）

符号	术　语	定　义	单位
f	固有频率	由弹簧结构所决定的自身谐振频率	Hz
f_r	试验频率	试验机所施加的单位时间内的振动次数	Hz
F_1	最小载荷	变载荷中的最小谷值	N
F_2	最大载荷	变载荷中的最大峰值	N
F_a	载荷幅	载荷变化幅度 $F_a=(F_2-F_1)/2$	N
F_i	初始负荷	试验前测试的指定负荷	N
F_i'	试验后负荷	试验后测试的指定负荷	N
F_m	平均载荷	最大载荷和最小载荷的平均值 $F_m=(F_1+F_2)/2$	N
H_1	试样最大高度或最小长度	试验机振动至最小载荷时的试样高度或长度	mm
H_2	试样最小高度或最大长度	试验机振动至最大载荷时的试样高度或长度	mm
H_a	振幅(位移幅)	$H_a=(H_1-H_2)/2$	mm
H_m	试样平均高度或长度	试验机振动至平均载荷时的试样高度或长度	mm
N	循环次数	试样在变载荷作用下的载荷循环次数	
p	合格概率	弹簧达到合格的概率	
r	循环特征	循环变应力的最小应力与最大应力之比	
ε_p	松弛率	试验前后负荷相对损失率	
τ_2	最大切应力	弹簧对应于最大载荷 F_2 的切应力	MPa
τ_1	最小切应力	弹簧对应于最小载荷 F_1 的切应力	MPa
τ_m	平均切应力	弹簧对应于平均载荷 F_m 的切应力	MPa
τ_a	切应力幅	弹簧对应于载荷幅 F_a 的切应力	MPa
τ_b	压并切应力	弹簧压并时的切应力	MPa

4　试验要求

承受变载荷且有疲劳寿命要求的弹簧在用户交验、新产品定型鉴定、行业抽检和认证环节中，应进行疲劳性能试验。试验方式可采用疲劳寿命验证试验或可靠性评定试验两种。

4.1　检验机构

对于不同的检测目的所要求的检测机构和检验报告由供需双方商定。

4.2　检验周期

根据不同的检测目的和要求确定检测周期。

4.3　试验循环作用次数

对于不同检测目的与产品种类，循环作用次数参照表 A.1，或按供需双方协定执行。

4.4　弹簧的松弛率

经规定循环次数的疲劳试验后，弹簧的松弛率按图样规定、相应标准规定或有关技术文件。当未做规定时，由供需双方商定。

5　试样弹簧

5.1　试样

试样应按规定程序批准的图样、技术文件制造，并经尺寸和特性检验合格。

5.2 试样抽取

试样应从同一批产品中随机抽取。

5.3 试样数量

5.3.1 对于疲劳寿命验证试验，推荐的最少试样数量见表2.当有特殊要求时，试样数量可参照有关规定由检测机构或用户确定。

表2

产品种类	试样数量
气门弹簧	≥1台套 最少4件
调压弹簧、柱塞弹簧、出油阀弹簧、调速弹簧	
悬架弹簧、摩托车减振器弹簧	
液压件弹簧、离合器弹簧	
承受变载荷的冷卷拉伸弹簧、压缩弹簧	
承受变载荷的热卷压缩弹簧	≥1件
注：台套指配套主机使用弹簧的数量。	

5.3.2 对于可靠性评定试验，根据对可靠度 R 水平的要求，按表B.1确定试样数量。

6 试验条件

6.1 试验机

6.1.1 推荐采用机械式或电液伺服试验机，也可安装在配套主机上进行。

6.1.2 试验机位移精度应满足试验要求。

6.1.3 试验机的频率应在一定范围内可调。

6.1.4 试验机一般具备试验时间或次数预置、自动计时或计数、到时自动停机等功能。

6.2 试验频率

6.2.1 试验频率可根据试验机的频率范围和弹簧实际工作频率等情况确定。除随机载荷试验外，整个试验过程中试验频率应保持稳定。

6.2.2 试验频率 f_r 应避开单个弹簧的固有自振频率 f，一般应满足如下关系式：

$$\frac{f}{f_r} > 10 \qquad \cdots\cdots(1)$$

式中钢制弹簧固有频率 f 按下式计算：

$$f = 3.56 \times 10^5 \times \frac{d}{nD^2} \qquad \cdots\cdots(2)$$

6.3 试验振幅

振幅分为位移幅(H_a)和载荷幅(F_a)。对于螺旋弹簧的疲劳寿命验证试验与可靠性评定试验一般使用位移幅作为试验振幅。

6.4 试验环境

试验一般在室温下进行，但试验时试样的温升应不高于100 ℃。另有特殊要求时由供需双方商定。

7 试验程序

7.1 试样的安装

7.1.1 试样的正确安装

为了避免试样的受载偏心和附加应力，压缩弹簧试样安装时要保证试样两端平整接触，应将试样安放在固定的支座上；拉伸弹簧试样的安装应满足工况要求。

7.1.2 试验最大高度(或最小长度)

对定型的产品，试样试验的最大高度(或最小长度)为实际使用要求的最大高度 H_1(或最小长度)；

对于鉴定和试验研究的产品，试样试验的最大高度(或最小长度)按相应标准规定或按鉴定与试验大纲规定进行。

7.1.3 试验最小高度(或最大长度)

对定型的产品，试样试验的最小高度(或最大长度)为实际使用要求的最小高度 H_2(或最大长度)；对于鉴定和试验研究的产品，试样试验的最小高度(或最大长度)按相应标准规定或按鉴定与试验大纲规定执行。

7.1.4 试验平均高度(或长度)

对定型的产品，试样的试验平均高度(或长度)为实际使用工况的最大高度 H_1(或最小长度)与最小高度 H_2(或最大长度)二者之和的平均值；对进行鉴定和试验研究的产品，试样的试验平均高度(或长度)按相应标准要求，或按鉴定与试验大纲规定执行。

7.1.5 安装高度允许偏差

用多工位试验机，或者多台试验机同时对一批试样进行试验时，应将试样调整到同样的试验安装高度(或长度)，其最大允许偏差为 $3\% H_a$。

7.2 加载

7.2.1 无特殊要求时，按试验机的加载程序与方法进行加载。

7.2.2 在必要的情况下，可模拟产品实际负载条件编制加载程序。

7.3 运转

7.3.1 试验机应平稳起动，避免冲击现象发生。

7.3.2 试验机一般应连续运转，中途由于故障、测量、调整或其他原因暂停运转时，应在记录中详细记载。

7.4 记录

试验时，应对试验条件及每个试样做出详细记录，具体内容与要求参见表 C.1 和表 C.2。

8 试验数据处理和结果评定

8.1 基本性能参数的确定与计算

8.1.1 试样工作应力、刚度与变形量的计算

试样工作应力、刚度和变形量按 GB/T 23935 中相应公式计算。

8.1.2 松弛率的计算

试样的松弛率一般以试样试验后负荷损失百分数表示，经疲劳试验后的松弛率 ε_p 按下式计算：

$$\varepsilon_p = \frac{F_i - F_i'}{F_i} \times 100\% \quad \cdots\cdots(3)$$

8.2 失效模式的选择

试样在疲劳试验时，失效模式分为断裂和因松弛丧失规定功能两种。根据弹簧的功能要求，可选择其中一项或两项作为考核疲劳寿命的失效模式。

8.3 疲劳寿命验证试验

8.3.1 疲劳寿命的确定

在给定的失效模式与条件下，所试验的试样共同达到的最大循环次数即为弹簧的疲劳寿命。

8.3.2 疲劳寿命的验证

经给定的循环次数试验后，如所试验的试样均未发生失效则弹簧的疲劳寿命验证试验通过。

8.4 可靠性评定试验

8.4.1 评定原理

一批产品，设其达到合格的概率为 p，则失效的概率为 $1-p$。随机抽取 n 个试样，合格数 $x \geqslant r$ 的概率(可靠度)为：

$$R(x \geqslant r) = \sum_{x=r}^{n} \binom{n}{x} p^{x} (1-p)^{(n-x)} \qquad \cdots\cdots (4)$$

式中

$$\binom{n}{x} = \frac{n!}{x!(n-x)!}$$

$$\binom{n}{0} = 1$$

根据上式计算出试样数 $n=1\sim50$，合格数 $r\geqslant n/2$，合格概率 $p\geqslant1/2$ 时的可靠度见表 B.1。

8.4.2　可靠性水平的确定

对取定的 n 个试样，在给定的试验条件下试验，按要求的失效模式与条件判定得到合格数 r 后，查阅表 B.1 即可得到相应的可靠度 R 估值。

8.4.3　可靠性验证

依据给定的可靠度目标值，按表 B.1 确定适宜的试样数 n，在指定的失效模式与条件下试验。如得到的合格数大于表 B.1 中所要求的最低合格数 r，则可靠性验证试验通过，反之则为不通过。

附 录 A
（资料性附录）
循环作用次数参照表

循环作用次数参照表见表 A.1。

表 A.1 循环作用次数参照表

产品种类	检测目的		
	定型鉴定	行业抽检、用户交验	认证
气门弹簧	$(1\sim3)\times10^7$	$(1\sim2.3)\times10^7$	$(1\sim3)\times10^7$
悬架弹簧	$(2.5\sim10)\times10^5$	$(2\sim10)\times10^5$	$(3\sim10)\times10^5$
摩托车减振器弹簧	$(2\sim5)\times10^5$	$(2\sim5)\times10^5$	$(2\sim5)\times10^5$
调压弹簧、柱塞弹簧	1×10^7	1×10^7	1×10^7
液压件弹簧	$(1\sim10)\times10^6$	$(1\sim10)\times10^6$	$(1\sim10)\times10^6$
离合器弹簧	$(1\sim3)\times10^6$	$(1\sim3)\times10^6$	$(1\sim3)\times10^6$
注：选取作用次数时应考虑材质、应力水平等因素。			

附 录 B
（资料性附录）
可靠度 *R* 估值计量表

可靠度 *R* 估值计量表见表 B.1。

表 B.1 可靠度 *R* 估值计量表 %

试样数 *n*	合格数 *r*																
	1	2	3	4	5	6	7	8	9	10	11	12	13	14	15	16	17
1	50.5																
2	25.0	75.0															
3		50.0	87.5														
4		31.3	68.7	93.7													
5			50.0	81.0	97.0												
6			34.4	65.5	89.0	98.4											
7				50.0	77.3	93.7	99.2										
8				36.3	63.7	85.5	96.5	99.6									
9					50.0	74.6	91.0	98.0	99.8								
10					37.7	62.3	82.8	94.5	98.9	99.92							
11						50.0	72.6	88.7	96.7	99.4	99.95						
12						38.8	61.2	80.6	92.7	98.1	99.7	99.98					
13							50.0	71.0	86.7	95.4	98.9	99.8	99.99				
14							34.5	60.5	78.8	91.0	97.1	99.3	99.91	99.995			
15								50.0	69.6	84.9	94.1	98.2	99.6	99.95	99.997		
16								40.1	59.8	77.2	89.4	96.1	98.9	99.79	99.97	99.999	
17									50.0	68.5	83.3	92.8	97.5	99.3	99.88	99.98	99.999
18									40.7	59.2	75.9	88.1	95.1	98.6	99.6	99.93	99.99
19										50.0	67.6	82.0	91.6	96.8	99.0	99.7	99.96
20										41.1	58.8	74.8	86.8	94.2	97.9	99.4	99.8
21											50.0	66.8	80.8	90.5	96.0	98.6	99.6
22											41.5	58.4	73.8	85.6	93.3	97.3	99.1
23												50.0	66.1	79.7	89.4	95.3	98.2
24												41.9	58.0	72.9	84.6	92.4	96.8
25													50.0	65.4	78.7	88.5	94.6
26													42.2	57.7	72.1	83.6	91.5
27														50.0	64.9	77.8	87.6
28														42.5	57.4	71.4	82.7
29															50.0	64.4	77.0
30															42.7	57.2	70.7
32																43.0	56.9
34																	43.2
36																	
38																	
40																	
42																	
44																	
46																	
48																	
50																	

表 B.1（续） %

试样数 n	合格数 r												
	18	19	20	21	22	23	24	25	26	27	28	29	30
1													
2													
3													
4													
5													
6													
7													
8													
9													
10													
11													
12													
13													
14													
15													
16													
17													
18	99.999 6												
19	99.996	99.999 6											
20	99.97	99.998	99.999 9										
21	99.92	99.98	99.999	99.999 9									
22	99.7	99.95	99.993	99.999	99.999 9								
23	99.4	99.8	99.97	99.996	99.999	99.999 9							
24	98.8	99.6	99.92	99.98	99.998	99.999	99.999 9						
25	97.8	99.2	99.5	99.95	99.992	99.999	99.999 9						
26	96.2	98.5	99.3	99.8	99.97	99.995	99.999	99.999 9					
27	93.8	97.3	99.0	99.7	99.92	99.98	99.997	99.999	99.999 9				
28	90.7	95.6	98.2	99.3	99.8	99.95	99.991	99.998	99.999	99.999 9			
29	86.7	93.1	96.9	98.7	99.5	99.8	99.97	99.99	99.999	99.999 9			
30	81.9	89.9	95.0	97.8	99.1	99.7	99.92	99.98	99.998	99.999	99.999 9		
32	70.1	81.1	89.2	94.4	97.4	98.9	99.6	99.8	99.97	99.994	99.999 0	99.999 9	
34	56.7	69.6	80.4	88.5	93.9	97.1	98.7	99.5	99.8	99.95	99.990	99.998	99.999 9
36	43.3	56.6	69.1	79.4	87.8	93.3	96.7	98.5	99.4	99.8	99.94	99.98	99.996
38		43.5	56.4	68.6	79.1	87.2	92.8	96.3	98.3	99.3	99.7	99.91	99.97
40			43.7	56.2	68.2	78.5	86.5	92.3	95.9	98.0	99.1	99.6	99.8
42				43.8	56.1	67.8	77.9	86.0	91.7	95.5	97.8	99.0	99.6
44					44.0	55.8	67.4	77.4	85.4	91.2	95.1	97.5	98.8
46						44.1	55.8	67.0	76.9	84.9	90.8	94.8	97.2
48							44.2	55.7	66.7	76.4	84.3	90.3	94.4
50								44.3	55.6	66.4	76.0	83.8	89.8

表 B.1（续） %

试样数 n	合格数 r											
	31	32	33	34	35	36	37	38	39	40	41	42
1												
2												
3												
4												
5												
6												
7												
8												
9												
10												
11												
12												
13												
14												
15												
16												
17												
18												
19												
20												
21												
22												
23												
24												
25												
26												
27												
28												
29												
30												
32												
34	99.999 9											
36	99.999	99.999 9										
38	99.994	99.998	99.999	99.999 9								
40	99.96	99.990	99.997	99.999 6	99.999 9							
42	99.8	99.95	99.98	99.996	99.999 2	99.999 9						
44	99.5	99.8	99.93	99.98	99.994	99.998	99.999	99.999 9				
46	98.7	99.4	99.7	99.91	99.97	99.99	99.998	99.999 5	99.999 9			
48	97.0	98.5	99.3	99.7	99.8	99.96	99.98	99.999 0	99.999 2	99.999 9		
50	94.0	96.7	98.3	99.2	99.6	99.8	99.95	99.98	99.995	99.998	99.999 7	99.999 9

注：当合格数 r 的可靠度大于 99.999 9%时，表中未再列出，如需要其具体数值时，可按式(4)计算。如试样数大于 50 件时，其可靠度数值，亦可按式(4)计算。

附　录　C
（资料性附录）
疲劳试验数据记录表

疲劳试验数据记录表见表 C.1，疲劳试验原始数据记录表见表 C.2。

表 C.1　疲劳试验数据记录表

任务单编号

<table>
<tr><td colspan="2">试样名称</td><td></td><td>生产单位</td><td></td><td>规格型号</td><td></td></tr>
<tr><td colspan="2">试样编号</td><td></td><td>图号</td><td></td><td>依据标准</td><td></td></tr>
<tr><td colspan="2">检测地点</td><td></td><td>温度/℃</td><td></td><td>湿度</td><td></td></tr>
<tr><td colspan="4">检测前后仪器、设备情况</td><td colspan="3"></td></tr>
<tr><td colspan="4">检测前后试样情况、状态</td><td colspan="3"></td></tr>
<tr><td colspan="4">主要检测仪器、设备名称、规格</td><td colspan="3"></td></tr>
<tr><td colspan="4">主要检测仪器、设备计量检定证书有效期限</td><td colspan="3"></td></tr>
<tr><td rowspan="5">弹簧技术参数</td><td colspan="3" rowspan="2"></td><td colspan="3">试验要求</td></tr>
<tr><td colspan="3"></td></tr>
<tr><td>材料</td><td colspan="2"></td><td>直径 d</td><td colspan="2">mm</td></tr>
<tr><td>自由高度（长度）H_0</td><td colspan="2">mm</td><td>节距 t</td><td colspan="2">mm</td></tr>
<tr><td>有效圈数 n（总圈数 n_1）</td><td colspan="2">（　　）</td><td>旋向</td><td colspan="2"></td></tr>
<tr><td rowspan="5">试验参数</td><td>最大高度或最小长度 H_1</td><td colspan="2">mm</td><td>最小切应力 τ_1</td><td colspan="2">MPa</td></tr>
<tr><td>最小高度或最大长度 H_2</td><td colspan="2">mm</td><td>最大切应力 τ_2</td><td colspan="2">MPa</td></tr>
<tr><td>平均高度或长度 H_m</td><td colspan="2">mm</td><td>平均切应力 τ_m</td><td colspan="2">MPa</td></tr>
<tr><td>振幅 H_a</td><td colspan="2">mm</td><td>切应力幅 τ_a</td><td colspan="2">MPa</td></tr>
<tr><td>循环特性 r</td><td colspan="2"></td><td>试验频率 f_r</td><td colspan="2">Hz</td></tr>
</table>

检测人：　　　　　　　　复核人：　　　　　　　　检测日期：　　年　　月　　日

表 C.2 疲劳试验原始数据记录表

任务单编号

试样编号	试验前		试验过程中负荷及自由高度检测								试样断裂时循环次数		试验结束时松弛率 ε_p	
			1×10		1×10		1×10		×10					
	F_1	H_1	F	H	F	H	F	H	F	H				

检测人：　　　　　　　　复核人：　　　　　　　　检测日期：　年　月　日

ICS 29.160.30
K 24

GB

中华人民共和国国家标准

GB/T 16961—2009
代替 GB/T 16961—1997

电子调速微型异步电动机通用技术条件

General specification for motors asynchronous miniature electronic regulator

2009-09-30 发布　　2010-02-01 实施

中华人民共和国国家质量监督检验检疫总局
中国国家标准化管理委员会　发布

前　言

本标准代替 GB/T 16961—1997《电子调速微型异步电动机通用技术条件》。

本标准与 GB/T 16961—1997 相比主要变化如下：

——本标准根据引用标准内容的修订而进行了相关内容修订。

——本标准增加了“试验条件”条款。

——本标准增加了“电磁兼容”、“可靠性”、“安全”等条款。

——本标准对“检验规则”中检验分类进行了更改。

——本标准对有关名词术语进行了修改统一。

本标准的附录 A 为资料性附录。

本标准由中国电器工业协会提出。

本标准由全国微电机标准化技术委员会(SAC/TC 2)归口。

本标准起草单位：宁波中大力德传动设备有限公司、东阳市东政电机有限公司、西安微电机研究所、上海司壮电机有限公司。

本标准主要起草人：岑国建、陈政、董超奎、金韶东、周建忠。

本标准所代替标准的历次版本发布情况为：

——GB/T 16961—1997。

电子调速微型异步电动机通用技术条件

1 范围

本标准规定了齿轮减速、电子调速用微型异步电动机的产品分类、技术要求、试验方法、检验规则、交付准备及用户服务等。

本标准适用于各类系统中作驱动用齿轮减速、电子调速异步电动机(以下简称电机)。

2 规范性引用文件

下列文件中的条款通过本标准的引用而成为本标准的条款。凡是注日期的引用文件,其随后所有的修改单(不包括勘误的内容)或修订版均不适用于本标准,然而,鼓励根据本标准达成协议的各方研究是否可使用这些文件的最新版本。凡是不注日期的引用文件,其最新版本适用于本标准。

GB 755 旋转电机 定额和性能(GB 755—2008,IEC 60034-1:2004,IDT)

GB/T 1993 旋转电机冷却方法

GB/T 2423.3 电工电子产品环境试验 第2部分:试验方法 试验Cab:恒定湿热试验(GB/T 2423.3—2006,IEC 60068-2-78:2001,IDT)

GB/T 2828.1 计数抽样检验程序 第1部分:按接收质量限(AQL)检索的逐批检验抽样计划(GB/T 2828.1—2003,ISO 2859-1:1999,IDT)

GB/T 2900.25 电工术语 旋转电机(GB/T 2900.25—2008,IEC 60050-411:1996,IDT)

GB/T 4942.1 旋转电机整体结构的防护等级(IP代码) 分级(GB/T 4942.1—2006,IEC 60034-5:2000,IDT)

GB/T 7345—2008 控制电机基本技术要求

GB/T 7346 控制电机基本外形结构尺寸

GB/T 10068 轴中心高为56 mm及以上电机的机械振动 振动的测量、评定及限值(GB 10068—2008,IEC 60034-14:2003,IDT)

GB/T 10069.1 旋转电机噪声测定方法及限值 第1部分:旋转电机噪声测定方法(GB/T 10069.1—2006,ISO 1680:1999,MOD)

GB/T 11281 控制微电机用齿轮减速器系列

GB 17799.3 电磁兼容 通用标准 居住、商业和轻工业环境中的发射标准(GB 17799.3—2001,idt IEC 61000-6-3:1996)

GB 17799.4 电磁兼容 通用标准 工业环境中的发射标准(GB 17799.4—2001,idt IEC 61000-6-4:1997)

GB 18211 微电机安全通用要求

JB/T 8162 控制微电机 包装技术条件

JB/T 9615.1 交流低压电机散嵌绕组匝间绝缘试验方法

3 术语和定义

GB/T 2900.25确立的以及下列术语和定义适用于本标准。

3.1

输出同步转速　output synchronous speeds

电机输出轴对应的同步转速，即电机所配电动机的同步转速除以减速器的减速比参数 K。

3.2

工作转速范围　operation speed limit

考核电机可以正常工作的转速范围，电机的工作转速可调范围为输出同步转速的 6%～90%。

3.3

额定工作转速　rated operation speeds

考核电机额定数据的转速，即保证达到额定输出功率的转速，此电机的额定工作转速不小于输出同步转速的 80%。

4　产品分类

4.1　概述

电子调速用微型异步电动机由齿轮减速器、单相电容运转异步电动机或三相异步电动机组成，可带电子调速器、测速发电机调速。

4.2　产品分类及型号命名

产品分类及型号命名应参考附录 A，由产品专用技术条件规定。

4.3　防护等级

电机外壳防护等级应根据产品使用条件按 GB/T 4942.1 中规定选用相应的防护等级。

4.4　工作制

如无特殊规定，电机的工作制和定额按 GB 755 规定的连续工作制（S_1）。

4.5　冷却方式

电机的冷却方式应符合 GB/T 1993 规定的 IC00 冷却方式。

4.6　原理图

电机的原理图见图 1。

a）单相电动机　　　　b）三相电动机

图 1　电机原理图

4.7　电机环境条件

电机能在下列环境条件下工作：

——环境温度：−10 ℃～40 ℃；

——相对湿度：15%～90%；

——气压：74.8 kPa～106 kPa。

5　技术要求和试验方法

5.1　外观和装配质量

5.1.1　外观

5.1.1.1　技术要求

电机表面不应有锈蚀、碰伤、划痕和涂覆层剥落，颜色应正确，标志应清楚无误。

5.1.1.2 试验方法

目检电机外观应符合5.1.1.1的要求。

5.1.2 铭牌

5.1.2.1 技术要求

电机应有铭牌,铭牌应符合GB/T 7346中与铭牌相关的规定和GB 18211中耐久性的规定。

5.1.2.2 试验方法

铭牌的耐久性通过下述方法进行试验:

用浸有水的湿棉布擦15 s,再用浸有汽油的棉布擦15 s,每秒来回擦一次。

经过耐久性试验和本标准规定的全部试验后,检查铭牌本身质量和字迹,以及铭牌移位情况。其结果应符合5.1.2.1的要求。

5.1.3 引出线

5.1.3.1 技术要求

除另有规定外,电机出线方式采用引出线,出线颜色、标记应符合产品专用技术条件的规定。

每根引出线应能承受9.0 N或产品专用技术条件规定的拉力。试验后,引出线不应断开,绝缘层和线芯不应损坏。

5.1.3.2 试验方法

将电机引出线的引出端朝下,在接线端垂直向下施加5.1.3.1规定的力,加力时应使导线线芯和绝缘层均匀受力,各方位加力保持时间5 s~10 s。

对于从电机后端部沿电机轴向的出线,先使电机轴伸垂直向上,然后将电机转过90°,使轴成水平位置,再将机壳绕轴线顺时针和逆时针各转360°。

对于沿电机径向的出线,先将电机水平放置,使引出线向下,然后将电机垂直旋转90°使轴伸垂直向上,再将机壳绕出线孔的轴线顺时针和逆时针各转360°。

试验后应符合5.1.3.1的要求。

5.1.4 外形和安装尺寸

5.1.4.1 技术要求

电机的外形和安装尺寸应符合产品专用技术条件的规定。

5.1.4.2 试验方法

用能保证尺寸精度要求的量具检查电机的外形和安装尺寸。结果应符合5.1.4.1要求。

5.2 绝缘介电强度

5.2.1 技术要求

电动机绕组应能承受表1规定的50 Hz正弦波电压,历时1 min的绝缘介电强度试验,漏电流峰值不大于10 mA,应无击穿、飞弧和闪络现象。

表1

单位为伏特

额定电压		220及以下	380
试验电压	绕组对机壳	1 500	1 760
	绕组对绕组	750	900

5.2.2 试验方法

试验用高压电源的频率为50 Hz,波形接近实际正弦波,试验设备的容量不应小于0.5 kVA,试验电压从零开始升到规定试验电压值的时间不小于3 s,并保持1 min,然后均匀下降到零。结果应符合5.2.1的要求。

在大量生产中作检查试验时,允许按规定试验电压值的120%,历时1 s的试验代替。

重复进行绝缘介电强度试验时,其试验电压为规定试验电压值的80%。

5.3 绝缘电阻

5.3.1 技术要求

电动机绕组对机壳及各绕组之间绝缘电阻在常态和低温下应不小于 20 MΩ，在高温下不小于 2 MΩ，在湿热试验后不小于 1 MΩ。

5.3.2 试验方法

用 500 V 兆欧表测量电动机绕组的绝缘电阻，应符合 5.3.1 的要求。

5.4 匝间绝缘耐电压

5.4.1 技术要求

电动机绕组应能承受匝间绝缘耐电压试验而不发生击穿，其试验电压峰值对单相电机为 2 100 V；对三相电机为 2 400 V。

也可采用升高电压试验代替，给电机施加额定频率的 130% 额定电压，历时 3 min，试验后电动机不应发生击穿。

5.4.2 试验方法

电动机匝间绝缘耐电压试验按 JB/T 9615.1 规定的方法进行。

对于代替试验方法，在额定电压和额定频率下，使电动机空载运行，然后逐步增加电压到 130% 额定电压，历时 3 min。试验后应符合 5.4.1 的要求。

5.5 接地

5.5.1 技术要求

电机应有接地线或接地装置，一般应设置在电机出线孔附近，并有明显的接地标记。

5.5.2 试验方法

目检电机的接地装置，应符合 5.5.1 的要求。

5.6 旋转方向

5.6.1 技术要求

从前轴伸端视之，电机逆时针(CCW)旋转为正方向。

5.6.2 试验方法

电动机按图 2 所示接线，从轴伸端视之，电机旋转方向应符合 5.6.1 的规定。

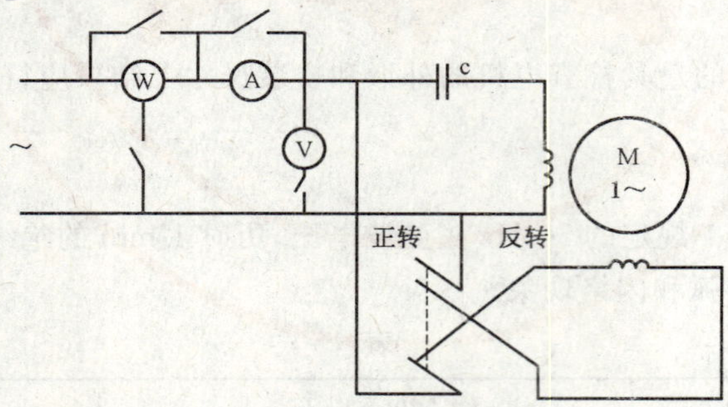

a) 单相电动机

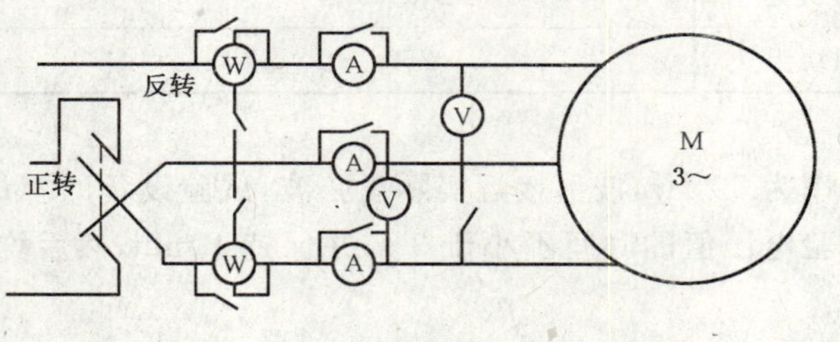

b) 三相电动机

图 2 电动机

5.7 调速范围

5.7.1 技术要求

电机的工作转速应在输出同步转速的6%～90%的范围内可调。电机在工作转速范围的下限时输出转矩和速度稳定率应符合产品专用技术条件的规定。

5.7.2 试验方法

电机施加额定电压，在电子调速器控制下调节转速，其调速范围和各种转速下对应的转矩应符合5.7.1的要求。

5.8 额定数据

5.8.1 技术要求

电机的额定电压、额定输出功率和额定电流应符合产品专用技术条件的规定。

5.8.2 试验方法

电机施加额定频率的额定电压，保持额定工作转速时，其额定电流和额定功率应符合5.8.1的要求。

5.9 速度反馈电压

5.9.1 技术要求

电机在额定频率的额定电压下空载运行时，速度反馈电压有效值应符合产品专用技术条件的规定。

5.9.2 试验方法

电机施加额定频率的额定电压并空载运行，测量速度反馈电压应满足5.9.1的要求。

5.10 堵转转矩倍数

5.10.1 技术要求

电机的堵转转矩倍数，单相电机保证值为0.6；三相电机保证值为2.0。其容差为－15%。

5.10.2 试验方法

电机施加额定频率的额定电压，将电机转子堵转，测量堵转转矩，将测量值除以额定转矩，其值应符合5.10.1的要求。

5.11 堵转电流

5.11.1 技术要求

电机在额定频率的额定电压堵转时，堵转电流应符合产品专用技术条件的规定。其容差为20%。

5.11.2 试验方法

按5.11.1试验时，测量堵转转矩时的电流即为堵转电流，其值应符合5.11.1的要求。

5.12 最大转矩倍数

5.12.1 技术要求

在额定频率的额定电压下，电机的最大转矩倍数，单相电机保证值为1.1；三相电机保证值为2.0。其容差为－10%。

5.12.2 试验方法

在额定频率的额定电压下，电机输出轴上逐渐施加负载转矩，在转矩转速曲线上找出最大转矩。所测最大转矩除以额定转矩的倍数应符合5.12.1的要求。

5.13 效率

5.13.1 技术要求

电机额定运行时，其效率应符合产品专用技术条件的规定。

5.13.2 试验方法

在额定频率的额定电压下，给电机加上额定负载，调整转速为额定转速时，测得电机输出和输入功率，并用式(1)和式(2)计算出电机效率，应符合5.13.1的要求。

$$P_2 = \frac{n \cdot M}{9.55} \quad \cdots\cdots\cdots\cdots (1)$$

式中：

P_2——电机输出功率，单位为瓦(W)；

n——电机转速，单位为转每分(r/min)；

M——电机额定转矩，单位为牛·米(N·m)。

$$\eta = \frac{P_2}{P_1} \times 100\% \quad \cdots\cdots\cdots\cdots (2)$$

式中：

η——电机的效率，%；

P_2——输出功率，单位为瓦(W)；

P_1——输入功率，单位为瓦(W)。

5.14 电源电压变化

5.14.1 技术要求

电机的电源电压变化为±5%时，电机的额定输出功率应符合5.8.1的规定。

5.14.2 试验方法

电机施加额定电压、额定频率和额定转矩，额定电压变化±5%时，其输出功率应符合5.14.1的要求。

5.15 过转矩

5.15.1 技术要求

电动机在热态下，对单相电机应能承受1.1倍额定转矩；对三相电机应能承受1.5倍额定转矩，历时15 s的过转矩试验，试验中应不产生转矩突变，停转或其他异常现象。

5.15.2 试验方法

在额定电压和额定频率下，将电动机的负载加到相应转矩时，其结果应满足5.15.1的要求。

5.16 温升

5.16.1 技术要求

电机在额定运转条件下，B级绝缘电动机的绕组温升不大于80 K。

5.16.2 试验方法

电机安装在规定的散热板(散热板尺寸见表2)上，施加额定电压、额定频率和额定转矩时，用带电或外推法测出绕组断电瞬间的电阻值R_2，并用式(3)计算出绕组温升θ应符合5.16.1的要求。

$$\theta = \frac{R_2 - R_1}{R_1}(235 + t_1) + (t_1 - t_2) \quad \cdots\cdots\cdots\cdots (3)$$

式中：

θ——电机的温升，单位为开尔文(K)；

R_2——室温为t_2时的绕组电阻，单位为欧姆(Ω)；

R_1——室温为t_1时的绕组电阻，单位为欧姆(Ω)；

t_1——测量R_1时的环境温度，单位为摄氏度(℃)；

t_2——测量R_2时的环境温度，单位为摄氏度(℃)。

表2

机座号	45	60	70	80	90	100	110
散热板尺寸 mm×mm×mm	108×108×5	210×210×5				270×270×7	

5.17　噪声

5.17.1　技术要求

电机额定运行条件下空载运行时，A 计权声功率噪声级不大于 65 dB。

5.17.2　试验方法

按 GB/T 10069.1 规定的方法进行噪声试验，电机空载运行所测 A 计权声功率级，应符合 5.17.1 的要求。

5.18　振动

5.18.1　技术要求

电机在额定条件下空载运行，测得的振动速度有效值三相电机应不大于 1.8 mm/s，单相电机应不大于 2.8 mm/s。

5.18.2　试验方法

按 GB/T 10068 规定的方法进行振动限值试验，电机空载运行时振动限值应符合 5.18.1 的要求。

5.19　高温

5.19.1　技术要求

电机在 40 ℃高温下保温 2 h 后，测量绝缘电阻应符合 5.3.1 的要求。检查电机润滑脂不应流失，且能正常工作。

5.19.2　试验方法

电机在 40 ℃高温箱内，在额定条件下通电空载运行，存放 2 h，在箱内测量绝缘电阻应符合 5.3.1 的要求。从试验箱取出后检查电机应符合 5.19.1 的要求。

5.20　低温

5.20.1　技术要求

电机在－10 ℃低温下保温 2 h 后，测量绝缘电阻应符合 5.3.1 的要求。且能在 40％额定电压下起动。

5.20.2　试验方法

电机在－10 ℃低温箱内，不通电存放 2 h 后，在箱内测量绝缘电阻应符合 5.3.1 的要求。从试验箱取出后按 5.20.1 规定起动应符合 5.20.1 的要求。

5.21　恒定湿热

5.21.1　技术要求

电机进行恒定湿热试验后，测量绝缘电阻应符合 5.3.1 的要求。用 5.2 规定试验电压的 80％进行绝缘介电强度试验，应无击穿、飞弧，检查电机外表面应无明显变坏及影响正常工作的锈蚀。空载起动电压应符合产品专用技术条件的规定。

5.21.2　试验方法

电机按 GB/T 2423.3 规定的方法进行试验，结果应符合 5.21.1 的要求。

5.22　电磁兼容

5.22.1　技术要求

当有要求时，电机应满足规定的电磁兼容性。电机的电磁兼容性要求包括电磁干扰要求和敏感度要求。其中电磁干扰要求用电磁发射限值表示，电磁敏感度要求用电磁抗扰度表示。制造商应对电机的电磁兼容试验样品处理、安装方式、电机运行条件及其检测要求作出规定。

电磁发射限值应符合 GB 17799.4 或 GB 17799.3 的规定；电磁抗扰度应符合电机产品专用技术条件的规定。

5.22.2　试验方法

电磁发射限值和电磁抗扰度试验方法按 GB/T 7345—2008 中 5.32.2 的规定。

其中电磁兼容试验样品处理、安装方式、电机运行条件及其检测要求应符合 5.22.1 的规定。检测结果应符合 5.22.1 的要求。

5.23 可靠性(寿命)

5.23.1 技术要求

电机应具有规定要求的可靠性，制造商应根据电机使用的规定条件和规定功能对其可靠性技术指标、样品抽样、产品失效判据、试验样品处理、试验检测要求和数据统计方法作出规定。可靠性试验应符合电机产品专用技术条件的规定。

电机常用可靠性技术指标包括下列几项，相关方可选择其中一项：

——寿命(保证工作期限)T；

——在规定时间 t 时的可靠度 $R(t)$；

——失效前，平均工作时间 $MTTF$；

——平均失效率 $\bar{\lambda}$。

表 3 列出了电机可靠性技术指标，供相关方规定可靠性技术指标时参考。

表 3

分类	寿命(保证工作期限)T h	平均工作时间 $MTTF$ h	平均失效率 $\bar{\lambda}$ $\times 10^{-6} \cdot h^{-1}$	可靠度 $R(t)$	
				工作期限 t h	可靠度 R
可靠性 技术指标	100、500、750、1 000、 1 500、2 000	500、750、1 000、1 500、 2 000、3 000、5 000	2 000、1 500、1 000、 750、500、100、75、 50、20、10、1.0	50、75、100、500、 750、1 000、1 500、 2 000、3 000、5 000	0.98、0.96、 0.94、0.92、 0.90

可靠性抽样方案按可接收的可靠性水平 A_α 和拒收的可靠性水平 A_β，制造商风险 α 和用户风险 β，根据相关标准选取抽样数 n 和允许失效数 c。(n,c) 构成了抽样方案。

注 1：按可靠性定义，保证工作期限不是可靠性技术指标，但制造商常给出该指标，并且通常称之为“寿命”，它的含义是指由制造商保证的最低限度无故障持续工作期限。用户在选用电机“寿命”时，可区分选择。

注 2：当电机为不可修复产品时，这里的失效是指不可修复的失效。故平均寿命为失效前平均工作时间 $MTTF$ (Mean Time to Failure)。因此，在可靠性试验中电机出现故障时不允许更换和修复。但对规定工作期限 t 大于或等于 1 000 h 的电机，在最初试验 30 h～50 h 以内出现故障时除外。

注 3：经用户同意，可靠性试验可随用户整机在相应运行条件下进行，此时制造商应对试验数据收集及其处理方法做出规定。

注 4：可靠性试验允许采用加速试验方法，但电机产品专用技术条件应对加速试验因子、加速次数和试验结果的计算方法做出规定。

5.23.2 试验方法

按电机产品专用技术条件规定进行试验，其中可靠性技术指标的选择、抽样方案、产品失效判据、试验样品处理、试验检测要求和数据统计方法按 5.23.1 的规定。检测结果应符合 5.23.1 的要求。

5.24 质量

5.24.1 技术要求

电机及其附件的质量应符合产品专用技术条件的规定。

5.24.2 试验方法

用相对精度不低于 1% 的衡器，称量电机及其附件的质量，电机及其附件的质量应符合 5.24.1 的要求。

5.25 安全

5.25.1 技术要求

电机应具有规定的安全性。电机的安全性应符合 GB 755 和 GB 18211 的规定。当用户有要求时，制造商应能提供与电机安全有关的证据。

5.25.2 试验方法

电机的安全试验方法按 GB 18211 的规定。电机的安全试验结果应符合 5.25.1 的要求。

5.26 试验条件

5.26.1 试验的标准大气条件

所有试验若无其他规定，均应在下列试验的标准大气条件下进行：

——温度：15 ℃～35 ℃；

——相对湿度：45％～75％；

——气压：86 kPa～106 kPa。

5.26.2 仲裁试验的标准大气条件

如果需要严格控制试验大气条件，以获得重现结果时，规定在下列仲裁试验标准大气条件下进行：

——相对湿度：48％～52％；

——气压：86 kPa～106 kPa。

5.26.3 基准试验的标准大气条件

作为计算依据的基准试验标准大气条件为：

——温度：20 ℃；

——相对湿度：50％；

——气压：101.3 kPa。

5.26.4 试验电源

试验用电源的频率变化不超过 1％，电压幅值的变化不超过 3％，波形失真度不大于 5％。

5.26.5 试验仪器、仪表精度

电工仪表精度不低于 1 级；电子仪表精度不低于 2.5 级；机械测量工具精度应高于被测要素公差等级。

5.26.6 电机的安装

如无特殊规定，试验时电机应轴向水平安装在产品专用技术条件规定的试验支架上。

5.26.7 电机的试验电路图

如无特殊规定，电机的试验电路图如图 2 所示。

6 检验规则

6.1 检验分类

检验分为：

a) 鉴定检验；

b) 质量一致性检验。

6.2 鉴定检验

6.2.1 鉴定检验时机和条件

当有要求时，鉴定检验应在国家认可的实验室按通用技术条件或产品专用技术条件的规定进行。

有下列情况之一时，应进行鉴定检验：

a) 新产品设计确认前；

b) 已鉴定产品设计或工艺变更时；

c) 已鉴定产品关键原材料、原器件变更时；

d) 产品制造场所改变时。

6.2.2 样机数量

从批产品中随机抽取6台样机，其中4台供鉴定检验用，另外2台保存备用。

注：定型批产品数量不足6台时，应全数提交鉴定检验。但供鉴定检验样机数量不应少于2台。

6.2.3 检验程序

鉴定检验项目、基本顺序和样机编号按表4规定进行。

6.2.4 检验结果的评定

6.2.4.1 合格

鉴定检验用样机的全部项目检验符合要求，则鉴定检验合格。

6.2.4.2 不合格

只要有一台样机的任一项目不符合要求，则鉴定检验不合格。

6.2.4.3 偶然失效

当鉴定部门确定电机某一不合格项目属于孤立性质的偶然失效时，允许在每次提交的样机中取一台备用样机代替失效样机，并补做失效发生前(包括失效时)的所有项目。然后继续试验，若再有一台样机的任一个项目不符合要求，则鉴定检验不合格。

6.2.4.4 性能降低

样机经环境试验后，允许出现不影响其使用的性能降低，性能降低的允许值由产品专用技术条件规定。

6.2.4.5 环境试验期间和试验后的性能严重降低

样机在环境试验期间和试验后，出现影响其使用的性能严重降低时，鉴定部门可以采取两种方式：或者认为鉴定不合格，或者当一台样机出现失效时，允许用新的两台样机代替，并补做失效发生前(包括失效时)的所有试验，然后补足原样机数量继续试验，若再有一台样机的任一个项目不合格，则鉴定检验不合格。

6.2.4.6 同类型产品鉴定检验

当某一类同机座号的两个及两个以上型号的电机同时提交鉴定检验时，每种型号均应提交4台样机，所有样机应通过质量一致性中的A组检验，然后选取4台有代表性的不同型号的样机进行其余项目的试验。试验结果评定按6.2.4规定。任一台样机的任一项目不合格，则其所代表的电机鉴定检验不合格。本检验不允许样机替换。

若鉴定检验合格，则同时提交的所有型号的电机均鉴定合格。

对此后制造的同类同机座电机或对原型号设计更改的电机应进行差异性鉴定检验，差异性鉴定检验合格，则认为该型号电机鉴定检验合格。

6.3 质量一致性检验

质量一致性检验分为A组和C组检验：

a) A组检验是为了证实电机产品是否满足常规质量要求所进行的非破坏性检验。

b) C组检验是周期性检验，其中某些项目是破坏性试验。

6.3.1 A组检验

A组检验项目及基本顺序按表4规定进行。

A组检验可以抽样或逐台进行。抽样按GB/T 2828.1中检验水平Ⅱ，一次抽样方案进行，接收质量限(AQL值)，由用户和制造商协商选定。

逐台检验中，电机若有一项或一项以上不合格，则该电机为不合格品。

A组检验合格，则除抽样中的不合格电机之外，用户应整批接收。

若A组检验不合格，则整批拒收，由制造商消除缺陷并剔除不合格品后，再次提交A组检验。

注：表4所列项目，由制造商根据电机特点和质量控制要求程度选择使用。所选项目应满足法律法规和用户要求。

6.3.2 C组检验

C组检验项目及基本顺序按表4规定进行。

6.3.2.1 **检验时机和周期**

有下列情况之一时，一般应进行C组检验：

a) 相关项目检验；

b) A组检验结果与鉴定检验结果发生较大偏差时；

c) 周期检验；

d) 政府或行业监管产品质量或用户要求时。

C组检验周期除另有规定，每两年应至少进行一次。

6.3.2.2 **检验规则**

C组检验项目及基本顺序按表4规定进行。

C组检验样机从已通过A组检验的产品中抽取，对未作过A组检验的样机应补作A组检验项目的试验，待合格后方能进行C组检验其余项目的试验。

C组检验样机数量及检验结果评定按6.2.2和6.2.4的规定。

若C组检验不合格，由制造商消除不合格原因后，重新进行C组检验。

表4

序号	检验项目	技术要求和试验方法条款	鉴定检验样机编号	质量一致性检验	
				A组检验	C组检验
1	外观和装配质量[a]	5.1	1,2,3,4	√	—
2	绝缘介电强度	5.2	1,2,3,4	√	—
3	绝缘电阻	5.3	1,2,3,4	√	—
4	匝间绝缘耐电压度	5.4	1,2,3,4	√	—
5	接地	5.5	1,2,3,4	√	—
6	旋转方向	5.6	1,2,3,4	√	—
7	调速范围	5.7	1,2,3,4	√	—
8	额定数据	5.8	1,2,3,4	—	√
9	速度反馈电压	5.9	1,2,3,4	—	√
10	堵转转矩倍数	5.10	1,2,3,4	—	√
11	堵转电流	5.11	1,2,3,4	—	√
12	最大转矩倍数	5.12	1,2,3,4	—	√
13	效率	5.13	3,4	—	√
14	电源电压变化	5.14	3,4	—	√
15	过转矩	5.15	3,4	—	√
16	温升	5.16	1,2,3,4	—	√
17	噪声	5.17	3,4	—	√
18	振动	5.18	1,2,3,4	—	√
19	高温	5.19	3,4	—	√
20	低温	5.20	3,4	—	√
21	恒定湿热	5.21	1,2,3,4	—	√
22	电磁兼容[b]	5.22	1,2,3,4	—	—
23	可靠性[c]	5.23	1,2	—	—

表 4（续）

序号	检验项目	技术要求和试验方法条款	鉴定检验样机编号	质量一致性检验	
				A 组检验	C 组检验
24	质量	5.24	1,2	—	√
25	安全[c]	5.25	1,2	—	—

注："√"表示进行该项目检验，"—"表示不进行该项检验。

a 铭牌 A 组检验时不检测其耐久性。引出线或接线端标记应在 A 组检验时检测，其强度应在 C 组检验时检测。

b 根据电机用途和环境条件，当有要求时才进行的鉴定检验项目。

c 制造商可通过间接方式提供满足检验项目要求的证据并获得用户同意，寿命考核时抽 2 台进行。

7 交付准备

7.1 总则

除非另有规定，交付的电机应是通过设计确认后制造的，且经 A 组检验合格的产品。

7.2 铭牌

每台电机、齿轮减速器和测速发电机均应有铭牌。并应牢固贴在电机、齿轮减速器和测速发电机的明显位置。

铭牌上至少应标注下列内容：

电机：型号、电压、频率、输出功率、转速、绝缘等级、制造厂名称、调速范围（如有）、电容（如有）；减速器：齿轮减速器型号和速比；测速发电机：斜率或规定转速时的电压有效值。

7.3 包装

电机包装应符合 JB/T 8162 的规定，制造商应确保产品通过包装能得到有效防护。

7.4 运输

包装的电机在运输过程中应小心轻放，避免碰撞和敲击，不应与酸碱等腐蚀性物质放在一起。制造商应通过标识或协议方式将运输条件告知用户和承运商。

7.5 储存

电机应储存在环境温度为－10 ℃～35 ℃，相对湿度不大于 75％清洁、通风良好的库房内，空气中不应有腐蚀性气体。储存期分为一年、三年和五年，由制造商规定。制造商应将储存条件和储存期告知用户。

7.6 保证期

保证期系制造商就电机正确储存和使用期限而向用户的承诺。

保证期是从产品出厂之日算起的储存期（包括运输期）与保用期之和。

保用期从电机包装启封开始计算，分为一年、两年半或根据各类电机的特点，由电机产品专用技术条件规定。

在正确储存和使用电机的情况下，制造商应保证电机在保用期内正常工作。如在保用期内电机因制造质量不良而发生损坏或不能正常工作时，制造商应负责维修或更换。

8 用户服务

制造商应对电机交付后的技术服务做出规定，当用户有需求时，应能及时提供技术服务。

附 录 A
（资料性附录）
产品分类及型号命名

A.1 产品分类

A.1.1 电机分类

电机按其结构分类见表 A.1。

表 A.1

类 别	代号	含义
齿轮减速电子调速微型三相异步电动机	YYJS	异、运、减、三
齿轮减速电子调速微型单相异步电动机	YYJT	异、运、减、单

A.1.2 齿轮减速器分类

齿轮减速器按其外形结构分类见表 A.2。也可按 GB/T 11281 规定执行。

表 A.2

结 构	代号
带法兰盘齿轮减速器	GS
不带法兰盘齿轮减速器	GK

A.2 型号命名

A.2.1 电机型号命名

电机型号由下列部分组成：

90 YYJT 40-1 A

- A——派生代号
- 40-1——性能参数代号
- YYJT——产品名称代号
- 90——机座号

A.2.2 齿轮减速器型号命名

齿轮减速器型号由下列部分组成：

90 GK 30

- 30——减速比
- GK——齿轮减速器外形结构代号
- 90——机座号

如无特殊要求，齿轮减速器应符合 GB/T 11281 的规定。

A.2.3 机座号

电机的机座号用电机机壳外径毫米数表示，如表 A.3。

表 A.3

单位为毫米

机座号	45	60	70	80	90	100	110
机壳外径	45	60	70	80	90	100	110

A.2.4 产品名称代号

A.2.4.1 产品名称代号

产品名称代号见表 A.1。

A.2.4.2 齿轮减速器

齿轮减速器外形结构代号见表 A.2。其适用范围见表 A.4。

表 A.4

机座号	45	60	70	80	90	100	110
GK	√	√	√	√	√	√	√
GS	—	—	—	—	√	√	√

A.2.5 性能参数代号

性能参数代号由 3～4 位阿拉伯数字组成，前 2～3 位数字表示额定功率的瓦数，见表 A.5，后面一位数字表示额定电压，见表 A.6。

表 A.5

单位为瓦特

代号	4	6	15	25	40	60	90	120	180	250
额定功率	4	6	15	25	40	60	90	120	180	250

表 A.6

单位为伏特

代号	0	1	2	3	4
相数	3	1	3	1	3
额定电压	127	110	220	220	380

A.2.6 派生代号

派生包括结构派生和性能派生。派生代号用一位或二位汉语拼音字母 A、B、C 等顺序表示，但不应使用字母“I”、“O”。

A.2.7 齿轮减速器

齿轮减速器应符合 GB/T 11281 规定。

齿轮减速器的减速比为 1∶K，推荐 K 值为 3、5、7.5、12.5、15、25、30、50、75、100、150、250、300、500、750、1 000、1 500。

齿轮减速器允许负载转矩应符合 GB/T 11281 或产品专用技术条件的规定。

ICS 35.240.30
L 76

中华人民共和国国家标准

GB/T 16965—2009/ISO/IEC 10744:1997
代替 GB/T 16965—1997

信息技术　超媒体/时基结构化语言（HyTime）

**Information technology—
Hypermedia/Time-based Structuring language (HyTime)**

(ISO/IEC 10744:1997, IDT)

2009-09-30 发布　　2009-12-01 实施

中华人民共和国国家质量监督检验检疫总局
中国国家标准化管理委员会　发布

前　言

本标准等同采用 ISO/IEC 10744:1997《信息技术　超媒体/时基结构化语言(HyTime)》,仅有编辑性修改。

本标准代替 GB/T 16965—1997。

本标准与 GB/T 16965—1997 相比主要变化如下:

——增加了 GB/T 16965—1997 中的专业术语和定义;

——将 GB/T 16965—1997 中度量模块并入定位地址模块;

——增加了 GB/T 16965—1997 中基本模块、定位地址模块、超链接模块、调度模块、绘制模块、符合性模块的内容;

——增加了 GB/T 16965—1997 中规范性附录 A 的体系结构和需求定义;

——增加了规范性附录 B HyTime 性质集和附录 C 体系结构元声明。

本标准的附录 A、附录 B、附录 C 是规范性的附录;附录 D 是资料性的附录。

本标准由中华人民共和国信息产业部提出。

本标准由信息产业部电子工业标准化研究所归口。

本标准起草单位:中国电子技术标准化研究所。

本标准主要起草人:姜瑜涛、马楠、方春燕、袁媛、李幸、宋慧驹。

本标准于 1997 年首次发布,本次为第一次修订。

引　言

本标准定义了超媒体/时基结构化语言(HyTime),对于用于在超文本和多媒体应用中处理和交换的信息,该语言提供了表达静态和动态信息的设施。HyTime是GB/T 14814—1993《信息处理　文本和办公系统　标准通用置标语言(SGML)》的一个应用。

HyTime支持传统信息引用分类书目模型,同时它能表示在任何时间与任何事物、任何地点通过多种方式链接。这一模型延伸至计算机化信息时代,即"集成的开放超媒体(IOH)"领域,并成为了HyTime的一个应用领域。

HyTime为文档和其他信息对象之间及其内部的互联(超链),以及多媒体信息在实际和空间的调度提供了标准化的机制。

如果没有HyTime,这些信息通常是嵌入在负责描绘这些文档的超媒体"脚本"的处理指令中,因此无法用于其他形式的处理。如果使用HyTime,那些独立于特定处理信息的性质可以不只被生成该信息的英语和平台处理。

应用设计者和用户可以用这种方式来确定从脚本中分离出哪些性质。理想的情况下,只需要考虑这些性质是不是信息的固有性质,不必管它们是如何处理的。例如,本部分的标题是固有信息;而它所用的字体通常不是固有信息。

而实际上,表示策略会根据不同的情况而变化,并且依赖于其他方面的考虑,例如,信息的预计使用方式、脚本语言的灵活性以及性能因素。基于该原因,HyTime是高度模块化的,使得应用设计者只需按标准的方法利用设施对它们所关心的性质进行描述。

为了以标准的方式表达超媒体的结构化信息,HyTime确定了叫做"使能(enabling)体系结构"的规则,该体系结构由许多"体系结构形式"及其相关的语义组成。作为体系结构,本标准的正式定义符合本标准附录A中体系结构的定义要求。

0.1　HyTime模块

HyTime语言的体系结构形式和属性划分为五个模块,每个模块都有必需设施和可选设施,"HyTime支持声明"指明了对模块及其选项的支持。

——基本模块

基本模块由独立的实用设施组成,其中有些设施是可选。必需的设施提供超文本管理(使用SGML)和对象性质的识别。可选的设施提供用于公共元素的查找表、关联对象的使用和访问策略机制、通过引用的方式关联属性和元素内容的语义值的机制。本模块还定义了所有其他HyTime模块使用的基本坐标定位记法。

——定位地址模块

定位地址模块既可以标识不能被SGML唯一标识符定位的对象,也可以标识外部文档中的对象。本模块支持三种基本的地址类型:名称、语义定位和坐标定位。也可以进行聚合定位。这些定位机制的句法和语义独立于被定位数据的数据内容记法。

注1:在给出的记法中解决HyTime定位的能力取决于能够解析记法的软件,软件根据提取所有定位的HyTime使用方法(见6.1.1对象表示)进行解析。

HyTime的超媒体对象地址表达方式,与系统、记法无关,提供了基本的超链接和调度能力。

——超链接模块

本模块可在对象之间进行链接("超链"),即可以在单个文档内部,又可以在构成超文档的文档和信息对象之间进行链接。

——调度模块

本模块可对事件——对象的出现在——"有限坐标空间"的坐标轴上进行调度,其方式是通过事件之间的关系表达它们的位置,可以通过时间或空间单位沿坐标轴进行度量。

——绘制模块

当使用调度模块时,对象修改和/或事件投影可以用来表示支配绘制方法的描述参数。

- 对象修改

  对象修改设施允许对绘制过程中对象的修改顺序进行说明,并可能影响它们的"对象修改器"(如放大器和过滤器)。

  注2:HyTime没有定义修改器的语义。

- 事件投影

  绘制过程要求把事件投影到一个能被感知的坐标空间中,例如,从一个虚拟时间为坐标轴的坐标空间投影到一个以实际时间为坐标轴的坐标空间。事件投影设施允许说明一些因素,用于计算目标坐标空间中事件的位置和范围。当为一个事件所提供的位置和范围不确定的时候,(比如当用户之间的相互作用会有影响时),起始事件的虚维可以通过一些公式投影到实际空间/时间上,这些公式出现在任何有用户定义的表达式语言中。在求解被投影时间的位置和范围的绘制过程中,这样的表达式可以在其他地方接受后滞绑定 late-binding 值。

  注3:HyTime不定义格式化的对象的语义来适应新范围。

应用可以选择包括绘制信息包含在超文本文档的基本部分中,也可以把它们包含在处理程序的"样式表"中。这是由于所提供信息的本质决定的。例如,绘制形式在多媒体文档中比在常规文档中是基本的形式。

0.2 HyTime 应用

HyTime 为各种应用提供了通用层次上的支持,不只是某种特定的语义(即 HyTime 就像一个携带者或基本结构)。

应用和 HyTime 之间的界限是可变的,完全由设计者决定,设计者可以自由地决定哪些信息使用 HyTime 进行标准化表达,哪些是应用特定相关的(例如,在数据内容计法中)。

HyTime 体系结构形式和属性的语义都是标准化的,因此可以实现对各种应用所使用软件和/或硬件的支持。在定义一个基于体系结构形式的元素类型时,应用程序可以定义附加属性。应用本身仅能定义其定义的元素类型和属性的语义。这些语义可以由工业集团或者正式地由国家或国际标准化组织进行标准化定义。

在本标准中,HyTime 属性只有特定而非固定的含义。但是,应用可以隐式地添加附加语义,或通过定义适当的元素类型和属性添加附加语义。例如,HyTime 体系结构形式"维引用"仅指一个元素的维相对于其他元素的维的计算。而应用可以规定(如果希望的话)使用维引用意味着对象之间的同步关系,并可以通过"sync"强调为维引用元素类型的通用标识符。

HyTime 元素可以出现在任一应用的 DTD 及 HyTime 的 meta-DTD 允许其出现的地方。例如,为了表示该上下文中的日历或投影平面,有界坐标空间可以出现在一段记录中,多个段落可以作为一个时序事件的内容出现。

HyTime 的从属,包括应用和应用体系结构,可以像定义元素一样定义非 HyTime 体系结构形式。

尽管应用不能给 HyTime 增加新的体系结构形式，或对 HyTime 形式进行组合，但它们仍可以创建自己的属性(例如"MyArch")来标识自己的体系结构形式。这些体系结构可能起始于全部或部分的 HyTime 体系结构。使用和定义体系结构的设施在附录 A 的 A.3 中定义。

例如，如果一个文档同时含有 HyTime 和 MyArch 体系结构形式，通过 SGML 分析器以 SGML 形式对各个元素的内容和属性进行处理和验证后，具有 HyTime 属性的元素由 HyTime 引擎处理和确认，而具有"MyArch"属性的元素则可能由其他适当的应用来处理和确认，如可能由一个"MyArch"方法辅助完成。

HyTime 定义了一些应用所需的参数来完成实现绘制和某些绘制的功能。其余参数可以由应用，或者由与应用一致的文档体系结构提供。

为了表达不同的需求和服务不同的用户，可以同时存在多个不同的与 HyTime 一致的应用和体系结构。这些体系结构在非 HyTime 方面可以不相互兼容，但必须由单一的 HyTime 引擎支持。

注 4：例如，即使一个应用的投影函数非常复杂和特殊，它也不必为表示有限坐标空间而定以自己的系统。HyTime有特定的应用投影函数，使用应用选择(或自定义)的函数语言，通过与未投影和投影的有限坐标空间的标准化表示方式相连接来加以表示。

HyTime 专为典型多媒体应用中的顺序和对齐问题进行了优化设计，而非为复合文档的页输出而设计的普遍体系结构求解方法，对于后一种情况，用其他方法求解可能会更好。

注 5：但 HyTime 和其他许多解决方法是兼容的。例如，HyTime 有限坐标空间，可以表示页面描述语言的对象所映像到的媒体。

注 6：HyTime 与 DSSSL 标准(ISO/IEC 10179:1996)共享基本的 SGML 性质集和为表示、执行已解析 SGML 文档(和能构造树林的其他对象)的树林提取方法。

0.3 本标准组织

本标准的组织体现 HyTime 的模块化结构，结构如下：

——基本模块(第 6 章)是其他章的先决条件。它描述的一些设施在 HyTime 的所有应用中都需要；

——定位地址(第 7 章)、超链接(第 8 章)和调度(第 9 章)描述的模块之间都是彼此独立的；

——绘制模块(第 10 章)中描述的模块依赖于调度模块；

——符合性(第 11 章)描述 HyTime 文档、应用和系统符合性所需要的条件。

本标准还包括以下附录：

——附录 A

本规范性附录详细描述了 SGML 的扩展设施，其中许多设施是其他章的先决条件。

——附录 B

本规范性附录定义了 HyTime 性质集。

——附录 C

本规范性附录包含完整的用于体系结构引擎的 HyTime 和通用体系结构 meta-DTDs。

——附录 D

本资料性附录指出了 HyTime 中补充指南的来源和引用材料。

信息技术 超媒体/时基结构化语言 (HyTime)

1 范围

1.1 范围定义

本标准定义了一种语言和基本模型，用于表示链接及同步静态与动态(基于时间的)信息(这些信息包括在多种常规的和多媒体文档和信息对象中)的"超文档"的基本模型。这种语言被称为"超媒体/时基结构化语言"或"HyTime"。

HyTime既可以用抽象或"虚拟"的意义，也可以采用用户自定义的实际时间单位表示时间。它还提供了联系这两种方式的方法，这样依赖于时间的文档元素可以得到同步。

注7：该设施把曾经局限在常规文档中扩展到多媒体信息表示，扩展到从样式考虑来区分固有信息内容。

HyTime用于表示时间模型的技术，同样可应用于空间和其他领域，都可以当作沿不同的坐标空间轴进行度量的系统看待。而且它同样支持任意交叉引用和基于外部相互作用("超链接")的访问路径。

HyTime的时间表示包含足够的信息来导出控制("姿态的")数据(例如，对音频或视频硬件的控制信息)，以及直观数据(例如，乐谱，故事描述或电视画面)的存在时间。

在HyTime超文档中，媒体格式和对象的数据记法可以包括格式化的和未格式化的文档，静止图像的音频和视频段，以及面向对象的图形，等等。用户可以采用多种计量单位和颗粒来规定对象在空间中和在时间上的位置范围。通过选择适当的度量颗粒可以支持应用从动画到投影管理的临时需求。

注8：本标准没有对音频或视频数据内容的表示进行表达，而仅仅是定义其他数字化信息同步这些数据的起始时间和持续方式的方法。本标准也没有特别说明适应于未格式化文档和其他信息对象的特定位置和范围的输出处理。

HyTime是一个使能标准，而不是一个限定标准。因此，构成HyTime超文档的对象可以与任何应用体系结构，或与标准规定的文档体系结构保持一致，并能以这些体系结构允许的记法表示。只有决定超文档成员"枢纽文档"必须符合其他任何体系结构的同时符合HyTime。

HyTime满足灵活性和可扩展性设计的要求。可选子集可以单独实现、也可与用户自定义的扩展方式联合实现。

超媒体/时基结构化语言(HyTime)符合GB/T 14814—1993的SGML应用。

本标准建议使用的超文档交换格式是由GB/T 15536—1995规定的SGML的文档交换格式(SDIF)。SDIF的定义是按抽象句法记法一(GB/T 16262.1—2006)，它可按照基本记法编码，编码规则以GB/T 16263—2006为互换使用协议符合开放系统互连(OSI)模型。也可以使用其他交换格式。

1.2 应用领域

HyTime的应用领域是"集成的开放超媒体"(IOH)，即超链接的"书目模式"，用户可以通过适当的引用在任何时间与任何东西，在任何地点进行链接。

由于HyTime的模块化设计和灵活的符合性规则，在补充实现中只需支持当前使用的设施。由于对完全超媒体解决方案的向上兼容路径的良好定义，用户也不必对超文本文档作任何准备工作。

HyTime可以使用和平台无关的超媒体同步和非同步的多媒体应用中信息交换的基础结构。应用开发人员将使用HyTime构造设计的信息结构和对象，并使用HyTime语言来表示以用于交换。

注9：HyTime语言并不是为了执行应用程序时对信息的内部表示进行编码而专门设计的。

在绘制的任何阶段，从“可修改的”到“优化的交互访问”，应用能使用 HyTime 来表示包含信息的超文档。应用还能选择把一个 HyTime 超文档的绘制转变成是与传输和交互表示的优化形式。

注 10：HyTime 的超文档表示是否在局部文档系统中文档直接访问，依赖于超文档的信息类型、平台速度和访问该超文档的应用执行的功能。

2 规范性引用文件

下列文件中的条款通过本标准的引用而成为本标准的条款。凡是注日期的引用文件，其随后所有的修改单(不包括勘误的内容)或修订版均不适用于本标准，然而，鼓励根据本标准达成协议的各方研究是否可使用这些文件的最新版本。凡不注日期的引用文件，其最新版本适用于本标准。

GB/T 2659:2000 表示国家名称的代码(eqv ISO 3166-1:1997)

GB 3101—1993 有关量、单位和符号的一般原则(eqv ISO 31-0:1992)

GB/T 14814—1993 信息处理 文本和办公系统 标准通用置标语言(SGML)(eqv ISO 8879:1986)

GB/T 15536—1995 信息处理 SGML 支持设施 SGML 文件交换格式(SDIF)(idt ISO 9069:1988)

GB/T 15537—1995 信息处理 SGML 支持设施 办公文本拥有者标识符的登记规程(idt ISO 9070:1991)

ISO/IEC 10179:1996 信息技术 处理语言 文档样式语义和规范语言(DSSSL)

ISO/IEC 13673:1997 信息技术 文本和办公系统 标准通用置标语言(SGML)系统的符合性测试

3 术语和定义

下列术语和定义适用于本标准。

3.1

锚点 anchor

使用超链接链接到其他对象或对象列表的对象(或对象列表)。

注 11：所谓“对象”在 HyTime 中并不是一个形式结构；锚点可能是一个文档、一个元素、任意数据块，或任何其他事物。

注 12：当且仅当对象被超链接标识时，它才是一个锚点。

注 13：在相同或不同的超链接中，对象可以在几个链端被标识为锚点。

3.2

锚点定位地址 anchloc

超链接锚点定位地址。

3.3

应用 BOS application BOS

由应用根据其规则决定的一个有界对象集。

注 14：这些规定可由一组参数自动决定，或者由用户挑选，或者两种方式都使用。一种可能是由应用把 HyTime BOS 中的实体作为起点，但允许用户增加或删除实体。

3.4

体系结构形式 architectural forms

创建和处理文档组件的规则。有四种类型：元素形式、属性形式、记法形式和数据属性形式。

3.5

属性形式　attribute form

适用于元素属性的一种体系结构形式。

3.6

次生树林　auxiliary grove

由另一个树林的处理节点构造而成的树林。

注 15：为了给数据定位地址使用而构造的数据分隔树林是一个次生树林。

3.7

位组合　bit combination

一个位的有序集(例如，一个字节是 7 或 8 的组合)。在字符数据或置标中，一个位组表示一个字符，但对非字符数据则可以表示数字或其他值。

3.8

有界对象集　bounded object set;BOS

HyTime 应用处理的主体：一个或多个文档和其他信息对象的集合。

注 16：有三种类型：HyTime BOS、应用 BOS 和有效 BOS。

3.9

定界区域　bounding region

由 fcsloc 定位的 FCS 区域，区域中根据 fcsloc 中描述的选择精度选择事件。

3.10

孩子性质　children property

在树丛中，节点的 subnode 性质指定为节点的内容性质。一个节点可能有零或一个孩子性质。

注 17：如果内容性质不是节点型的，则节点没有孩子性质。

3.11

从属体系结构　client architecture

一个体系结构派生于另一个体系结构。第一个体系结构被称为被继承的体系结构从属。

3.12

从属文档　client document

符合某体系结构的文档。该文档被称为符合体系结构的从属。

3.13

从属 DTD　client DTD

从属文档的文档类型定义。

3.14

上下文链接　clink

上下文链接元素形式。

3.15

内容性质　content property

在树林中，一个节点被指定为节点的语义内容的性质。一个节点可能有零或一个内容性质。内容性质可以是节点型的或原生的。如果内容性质是节点型的，则性质也是节点的孩子性质。

注 18：例如，对于 SGML 元素节点，内容性质包括元素，数据字符或其他依照句法出现在 SGML 元素中的对象，但是不符合 SGML 语义内容的对象不在此列，诸如在元素内容中被忽略的记录的结束符和分隔符。

3.16

内容树　content tree

在树林中,树是由一个节点和这个节点的孩子性质组成的。

3.17

上下文超链接　contextual hyperlink

出现在"上下文中"的超链接,即链接的锚点是链接元素本身("本身锚点"),是初始锚点的转移。在一个交互应用中,文档层次中的相邻元素或数据可以从外部访问该自身锚点。

注19:任何超链接元素形式可按上下文方式使用。该clink元素形式总是属于上下文的。

3.18

上下文链接元素形式　contextual link element form

表示二元上下文超链接的一种元素形式,对于自身锚点有固定的锚点角色引用标记(refmark),对于其他锚点有引用主体(refsub)。

3.19

数据属性形式　data attribute form

数据属性所用的一种体系结构形式。

3.20

数据定位地址　data location address

指出的字符串和分隔数据对象的定位地址,这些字符串和分隔数据对象由字符数据的分隔产生。

3.21

数据定位地址　dataloc

见3.20。

3.22

维　dimension

坐标轴的大小和位置。它由三部分组成:位置(第一个出现量程),量程计数(占用量程的总数),最后出现的量程。

3.23

文档　document

能被人感知的,作为单位来标识的信息集合。

3.24

文档(类型)定义　document (type) definition;DTD

由应用决定的,把SGML应用于某个特定类型文档的置标的规则。一个文档类型定义包含了一个在文档类型声明中表达的形式规范,规范元素类型、元素关系和属性,以及能被置标表示的引用。从而定义置标的词汇表,该置标的语法是由SGML定义的。

注20:文档类型定义还能包括描述元素和属性语义的注释以及任何应用约定。

3.25

有效的BOS　effective BOS

有界对象集合,该集合由在任意给定点上已经成功并且全面地整合到处理中的超文档中去的全体对象组成。

3.26

元素形式　element form

应用于元素一种的体系结构形式。

3.27

实体描述符　entity descriptor

表示外部实体的SDIF数据流的组件。

3.28

实体树　entity tree

由下列步骤构造的节点为实体的树状结构：

1)　选择一个 SGML 文档实体作为根节点。

2)　由该节点的指标声明的外部标识符参数所标识的，组成该节点的孩子。作为 SGML 文档实体或 SGML 子文档实体，每个孩子可以再被选作父节点。

3)　对每个父节点重复步骤 2)，直到到达了树的叶子或层数的最大值。

注 21：当 HyTime 文档作为集中器使用时，层数的最大值是一个 HyTime 文档的属性，并且可以在被 HyTime 应用调用时被覆盖。

3.29

事件　event

坐标轴空间中对象的出现。它把调度范围与对象联系起来。

注 22：事件的调度范围决定对象位置和大小。首先所有坐标轴的第一个量定义了位置，而量化计数给出维的规范并且定义了大小。

3.30

事件投影　event projection

事件的调度范围从一个坐标空间到另一个坐标空间的转换(从"未计划"到"预测")。

注 23：从乐曲的节拍到实时性的投影，或从用户设备坐标到现实空间单位投影。

3.31

(调度)范围　(scheduled) extent

坐标空间中的大小和位置。它由空间中每个轴的维组成。

3.32

外部标识符　external identifier

标识一个外部信息对象的 SGML 置标说明(典型的实体说明)的参数。

注 24：它可能有很多形式，包括：

——形式化的公用标识符，即全局唯一的公用标识符，它允许系统通过一个查找表访问其对象；和/或

——系统标识符，即文档标识符、存储位置、程序调用、数据流位置或在存储体中定位对象的其他系统特定方式。

3.33

有限坐标空间定位地址　fcsloc

见 3.34。

3.34

有限坐标空间定位地址　finite coordinate space location address

通过定义封闭被选事件的有限区域，在事件调度(或由这些事件调度的对象)中，定位事件的定位地址。

3.35

性质值的图示　graph representation of property values

抽象数据结构，由节点的定向图表构成，每个节点通过标记弧连接其他节点。

3.36

树林　grove

属性 ValuEs 的图表表现。

3.37

树林的构造过程　grove construction process

构建一个原生或次生的树林的过程。

3.38

树林定义　grove definition

树林规划,树林构造处理,树林起始对象的结合。

3.39

树林规划　grove plan

树林中包括的模块、类和属性的说明。树林规划用于构建树林与查看已有树林。

3.40

树林根　grove root

一个在树林中没有起始的节点。

3.41

树林源　grove source

构建树林的数据(原生树林)或节点(次生树林)。

3.42

枢纽文档　hub document

访问一个超文档的起始文档。在一个 HyTime 超文档中,枢纽文档还为互换、绘制或其他处理定义一个 HyTime BOS。

注 25:“枢纽文档”不是文档的一个参数状态,也不能用一个属性来说明。枢纽文档的指定是处理过程的一个参数,并在调用该应用时被说明。

注 26:有可能指定多个 HyTime 文档作为枢纽文档,这样可以定义相同 HyTime BOS。

3.43

超文档 hyperdocument

通过 web 互连的两个或多个文档或者其他信息对象。

注 27:对超文档的访问是从所指定的枢纽文档开始的。

注 28:一个超文档可能包括其他超文档,否则独立的超文档,通过声明包括“子枢纽”的超文档的枢纽文档。

注 29:超文档可能表示一个固定的或单一的数据对象的为了特殊目的(例如,表示常有所有权或支持特殊修辞目的)而组织起来的集合。该 HyTime 有界对象集控制设施和活动策略相关设施,以及应用程序规范机制;能用于为组建约束和使用超文档而定义额外的语义。

3.44

超链接　hyperlink

表示两个或多个对象之间关系的信息结构。

注 30:由超链接关联的对象叫做这个超链接的“锚点”。锚点由被称为“链端”的超链接性质来标识。

注 31:使用 HyTime 的应用和体系结构可以给超链接分配链接类型和名称。

注 32:除超链接外,SGML 文档也可以表示关系。例如,置标标记的位置表示了文档层次的从属和兄弟关系。

3.45

超链接锚点定位地址　hyperlink anchor location address

一种查询位置地址的定位形式,以通过对象是其成员的锚点角色名称对象来定位锚点。

3.46

超链接定位地址　hyperlink location address

一种查询位置的形式,通过链接类型定位超链接。

3.47

超媒体应用　hypermedia application

有超文本和/或多媒体功能的信息处理应用。

注 33:这个定义的含意是,“超媒体”是指超文本和多媒体的联合而不是交叉。

注 34：尽管可以在“超文本”、“多媒体”和“超媒体”之间维持严格的区分，但在本标准中，当提到文档或应用时这样的区分并没有多大意义。但是，事件是特指“多媒体”而不是“超媒体”的，因为有无超链接并不影响“事件”的本质。类似地，超链接由于没有被它们所连接的对象所影响，可以不加区别地被描述为“超文本”、“超媒体”或冠以“超”。

3.48

超媒体文档　hypermedia document

在超媒体应用中使用的文档或超文档。

注 35：因为超文档通常用于超媒体应用中，它几乎永远是超媒体文档。但是，并非所有的超媒体文档都是超文档；例如，一个包含电视画面而不包含超链接的文档。

3.49

超媒体/时基结构化语言　Hypermedia/Time-based Structuring Language；HyTime

一种用于表示超文本链接，时间、空间事件调度和同步的标准超媒体结构化语言。HyTime 提供了基本的标示和定位机制，并且独立于对象数据记法、超链接类型、处理和表示功能及其他应用语义。不论文档是否可被修改，符合或不符合 HyTime 的超文档都可以建立起超链接。HyTime 的全部功能支持“集成开放超媒体”(IOH)——引用的“书目模型”允许超链接在任何时间、任何地点链接任何东西——而系统只需要支持其表示能力之内的相应子集。

3.50

HyTime 属性　HyTime attribute

属性的定义包含在 HyTime 的体系结构形式中。

3.51

HyTime BOS　HyTime BOS

一个有界对象集，由单一文档或超文档构成，超文档中的文档和信息对象规范应存储在单一实体树的节点中。

注 36：一个 HyTime 引擎可以自动确定一个 HyTime BOS。实体树的根是枢纽文档的 SGML 文档实体。

3.52

HyTime 文档　HyTime document

一个 SGML 的文档，它从根本上是如本标准的定义表示的。

注 37：HyTime 文档通常就是符合 HyTime 文档(见 11.1)。

3.53

HyTime 元素　HyTime element

HyTime 元素类型的一个实例。

3.54

HyTime 元素类型　HyTime element type

在 HyTime 文档中，符合 HyTime 体系结构形式的元素类型。

注 38：HyTime 没有定义元素类型本身。除了体系结构定义的属性外，它可有应用特定属性。

3.55

HyTime 引擎　HyTime engine

识别文档中 HyTime 构造并对其进行与应用无关的处理的一个程序(部分程序或多个程序的组合)。

注 39：例如，一个 HyTime 调用可以由数据库和网络服务器来解释和访问锚点。它也可以在一个坐标空间中连续地对事件进行定位计算，而不论事件所进入的调度或为定义其范围所采用的度量单位怎样。

3.56

HyTime 超文档　HyTime hyperdocument

枢纽文档为 HyTime 文档的超文档。

注 40：枢纽文档必须能以 SGML 表示；而超文档其他组件则不需要。该枢纽和其他组件符合文档的体系结构。

3.57

HyTime 系统　HyTime system

包括一个 HyTime 引擎的 SGML 系统。

3.58

超文本　hypertext

可以按多种顺序访问的信息。

注 41：超文本可以是一个单一的文档或文档库(“超文档”)。例如：

——一本小说通常不是一个超文本。

——一本有脚注或内部交叉引用的书是一个单一文档中的超文本。

——一本具有外部交叉引用(例如，书目引用)的书是库的成员，该库作为整体构成一个超文档。

——一本既具有内部又具有外部交叉引用的书既是一个单一文档的超文本；又是整体上构成一个超文档的库成员。

3.59

初始引用者(定位路径)　initial referrer (to a location path)

引用到定位路径中定位第一步。

注 42：初始引用不能定位地址，因为一个引用其他的定位地址变成一个定位步。

注 43：给出定位路径中每一步有同样的初始引用。

3.60

集成开放超媒体　integrated open hypermedia

IOH

为进行计算机处理，对引用的“文献模型”进行的形式化，该引用能表示任何时间、任何地点与任何事物的超链接。

3.61

链接　link

依据上下文，超链接可以是一个超链接或一个 SGML 的处理链接(“链接程序”)。

3.62

链端　link end

超链接中，是锚点的角色名、锚点的成员和其他锚点的联合性质的集合，例如往返移动规则。

3.63

链接过程定义　link process definition；LPD

用于 SGML 来描述链接过程的特定应用规则。链接过程定义包括一个形式化的说明，该说明是通过链接类型声明(link type declaration)来表示，它说明了起始和结果元素之间的链接，其中包括被用于链接处理的起始属性的定义(“链接属性”)。

注 44：链接过程定义还可以包括对该语义的描述，如链接属性的含义及其对过程的影响。

3.64

链接类型　link type

超链接的一个类。它指明了由超链接所表示关系的含义，包括每个锚点在关系中所起到的作用。

3.65

超链接定位地址　linkloc

见 3.46。

3.66

列表定位地址　listloc

见 3.67。

3.67

列表定位地址　list location address

定位地址从一个节点列表中通过描述一个或多个维说明选择节点,用于已选择节点的相邻次序。

3.68

定位梯阶　location ladder

定位地址集合,称作"梯级",各级是下一级的地点起始。

注45:定位梯阶就是直观自上而下,从定位源到路径梯阶的运转。在定位路径中看作一步的梯级被认为此路径的梯级的底部。

注46:定位梯阶表现了可定位对象集的进步选择,其中对象看作向下的发展(换言之,顶层梯级定位尽最大可能范围,从其下被选择的梯级的节点中,进行定位)。

3.69

定位地址　location address

一种元素形式,表现一个或一个以上对象的地址。通过其开始的定位路径来定位,定位地址的引用被看作对象的引用。

注47:定位地址可以是另一个定位地址的定位源,从而形成一个定位梯阶。

注48:定位地址是 HyTime 中那些是众所周知的"间接地址"的表现。

3.70

定位路径　location path

定位地址集,称为"地址步",其中第一步定位第二步,等等。当创建一步指定到两个或多个对象时(对象至少一个是定位地址)定位路径可以有分支。当最后一步仅指向一个对象,且此对象不是定位地址,分支终止。通过定位路径指定的对象都是通过路径中任意步指定的。

注49:定位路径可看作从左往右,从初始引用者到定位的对象运行。每步十定位梯阶的底部梯阶。

注50:定位地址可以是一个多于定位路径的步骤,但第一步只有一个。

3.71

定位源　location source

对象集,其定位地址选择指定的对象。

注51:例如,treeloc 的地址起始是树,其中有通过发现 treeloc 定位的节点。

3.72

混合定位地址　mixedloc

定位地址,对象间接通过其子定位地址元素来定位。

3.73

多媒体　multimedia

利用多种方式进行事物间通信,比如艺术家、作曲家等所采用的交流形式。

3.74

(对象)修改　(object) modification

在绘制时一个对象对另一个对象进行修改。

注52:例如,通过一个作用框可以路由选择音频信号。

注53:HyTime 处理的是修改符的调度和联合,而不是修改的语义。

3.75

命名的定位地址　nameloc

见 3.76。

3.76

命名的定位地址　named location address

混合定位地址的描述形式,通过元素 ID 和实体名称指名对象。

3.77

命名的节点列表　named node list

在树林中的节点列表，其中所有成员节点有用于公用“名称”性质的唯一值。名称性质的值可能是字符串也可能是单独的节点，其节点在所有节点中在节点列表的成员的名称取值上是唯一的。

3.78

命名空间定位地址　name-space location address

定位地址用来指明在命名的节点列表中节点。

3.79

命名空间定位地址　nmsploc

见 3.78。

3.80

节点　node

树林中，表示单一对象的有序性质集。

3.81

记法形式　notation form

一种体系结构形式，用于数据实体和记法数据内容。

3.82

起始　origin

树林中，对于一个节点，其节点是子节点。树林中每个节点，除树林根外，都只有一个起始节点。

3.83

修补　patch

修饰符的互连。

3.84

路径定位地址　pathloc

见 3.85。

3.85

路径定位地址　path location address

定位地址，指明树中节点，通过查看作为矩阵的树，矩阵的每列是从根到叶子的节点列表的方式实现。

3.86

伪元素　pelement

见 3.96。

3.87

表现　presentation

能被人感知的一个文档处理状态。

3.88

最近说明的元素　previous specified element

文档的 SGML 表现中的元素，此文档最近刚被解析。

注 54：当把 SGML 表示看作一个字符串时，尽管一个实体引用可能使其他元素比最近说明元素更近地被分析，但通常它仍是最近发生的。

3.89

原生树林　primary grove

通过处理起始数据构造的树林。

注 55：例如，在 SGML 起始数据初始化解析后，为 SGML 文档构建的树林是一个原生树林。

3.90

主树　principal tree

树林中，内容树通过树林的性质集指定为主树。在 HyTime 中，主树是定位地址的默认潜在定位源。

3.91

主树根　principal tree root

树林中的节点，它是树林中主树的根。在 SGML 性质集中，文档元素是主树根。

3.92

投影　projection

事件投影。

3.93

性质定位地址　property location address

定位地址，指明树林中节点的性质值。

3.94

性质集　property set

形式化定义的文档，符合本标准性质集定义的要求，指明用于构造树林的节点类和属性。

3.95

性质定位地址　proploc

见 3.93。

3.96

伪元素　pseudo-element

在 SGML 的性质集中的一个对象，其子女继承于数据和其他出现在标记结束和下一个标记开始之间的构造。伪元素是元素的孩子。

3.97

量　quantum

坐标轴上可计数的划分。

3.98

查询定位地址　queryloc

见 3.99。

3.99

查询定位地址　query location address

定位地址，在树林中使用查询通过节点性质指定节点。

3.100

真实时间　real time

日常意义上的，可以用 s、min、h 等度量的时间。

3.101

被引用者(ID 引用的)　referent (of an ID reference)

元素，其 ID 是 ID 引用或 ID 引用表属性(或内容)的值。

3.102

引用的属性　referential attribute

元素的属性，此元素被指定为引用的，通过声明它为 IDREF，IDREFS，实体或实体的属性，或通过使用该 HyTime 的 refloc 设施来实现。

注 56：在 HyTime meta-DTD 中，引用属性通过常用的注释"-引用-"来标识。

注 57：内容也可以被指定为引用。

3.103

引用者(指向引用元素)　referrer (to a referent element)

有引用属性的元素,指明被引用的元素。

3.104

相对定位地址　relative location address

在树中指定节点的定位地址,通过说明起始节点的系谱关系,然后从相关列表中选择节点的方式实现。

3.105

相对定位地址　relloc

见3.104。

3.106

绘制　rendition

为准备展示 HyTime 文档而进行的处理。除应用特定的处理外,还可能包括 HyTime 定义的事件投影和对象修改。

注58:为了创建最终被用户感知的表现,几个绘制可以按顺序进行,绘制可以把事件投影到一个新的坐标空间;例如,从虚拟时间到真实时间。

3.107

可报告的 HyTime 差错　reportable HyTime error

RHE

不符合本标准要求的 HyTime 文档,而不是:

a)　如果不处理该文档就不能被发现差错;或

b)　在本标准中被标识为不可报告的差错。

3.108

(地址)梯级　(location) rung

定位梯阶上的元素。

3.109

SDIF 打包程序　SDIF packer

创建 SDIF 数据流的程序。

3.110

SDIF 解包程序　SDIF unpacker

把 SDIF 分解为要素实体的程序。

注59:如果需要,sdif 解包器会修改系统中置标声明的标识符参数,使其与环境中的存储地址相一致。

3.111

自身锚点　self anchor

超级链接指定其本身作为一个或多个锚点。

3.112

语义树林　semantic grove

由应用程序或体系结构引擎构造的树林。语义树林的节点反映一类数据结构,这类数据结构被要求执行应用或体系结构描述形式的语义。

注60:HyTime 体系结构的语义树林由 HyTime 性质集定义(见附录 B)。

3.113

SGML 文档互换格式　SGML Document Interchange Format;SDIF

SDIF 是一种数据结构,它可使主要文档及其相关文档(每一个文档可能存储在多个实体中)组合成一个单一的数据流进行交换,此交换以允许接受者重组单独实体的方式实现。

注 61:当 SDIF 作为 HyTime 的超文档交换格式使用时,如果有多于一个文档,那么"主"文档是枢纽文档。

3.114

SGML 处理链　SGML processing link

SGML 的"链接程序"的性质,它允许多个上下文敏感的表现集合,以及与文档元素相关联的处理规范。

3.115

SGML 子文档实体　SGML subdocument entity;SUBDOC

符合其自身的文档类型和链接类型声明,并符合 SGML 文档实体中 SGML 声明的 SGML 实体。它至少含有基本文档类型声明及基本文档元素的起止。

3.116

子枢纽　subhub

在另一个枢纽文档内声明的枢纽文档,其本身 HyTime BOS 被添加到父文档的 HyTime BOS 中。

3.117

SMU 名称　SMU name

通过记法声明的名称,用来标识本标准度量单位。

3.118

(定位)步　(location) step

定位路径中的元素。

3.119

子节点　subnode

在树林中,节点的起始节点存在于其节点是成员的性质中。

3.120

子节点性质　subnode property

树林中的一个性质,性质值必须由这类节点组成,此节点的起始节点是列出性质的节点。

3.121

子节点树　subnode tree

该节点树由一个节点和该节点的所有子节点组成。

3.122

目标(ID 引用的)　target (of an ID reference)

被引用者或者,如果它是定位地址,则对象通过从被引用者开始的定位路径来定位。

3.123

树定位地址　treeloc

见 3.124。

3.124

树定位地址　tree location address

指定树的单个节点的定位地址,采用由根开始,从树中各层可定位地址的区域中选择节点的经典方式实现。

3.125

可确认的 HyTime 引擎　validating HyTime engine

HyTime 确认引擎当且仅当存在一个可报告的 HyTime 差错时,该引擎能找到并报告这个差错。

3.126

视图　view

web 的展现和与其相连的锚点。

3.127

网络 web

共同使用的一个或多个超链接的集合。

注 62:典型地,超链接处理的是公共主题,并且/或者它们通过公共锚点被连续遍历,并且/或锚点出现在相同的对象中。

4 符号和缩略语

本标准采用下列缩略语:

BOS	有界对象集(Bounded object set)
DTD	文档类型定义(Document type definition)
FCS	有限坐标空间(Finite coordinate space)
GMT	格林尼治时间(Greenwich Mean Time)
HMU	HyTime 度量单位(HyTime measurement unit)
HyTime	超媒体/时基结构化语言(Hypermedia/Time-based Structuring Language)
IOH	集成开放超媒体(Integrated open hypermedia)
JD	儒略日期(Julian date)
LPD	链接处理定义(Link process definition)
MDU	度量域单位(Measurement domain unit)
RHE	可报告的 HyTime 差错(Reportable HyTime error)
SDIF	SGML 文档交换格式(SGML Document Interchange Format)
SGML	标准通用置标语言(Standard Generalized Markup Language)
SMU	标准度量单位(Standard measurement unit)
SUBDOC	SGML 子文档实体(SGML subdocument entity)
UTC	等同的格林尼治时间(Coordinated Universal Time)

5 记法

HyTime 是一个使能文档体系结构,其定义符合本标准附录 A 中 A.3 描述的体系结构形式定义要求。

注 63:附录 A 推荐同本章结合起来阅读。

HyTime 规范是由叙事文本与正式定义相结合而形成的。[1] 正式定义采用 SGML 语言描述。[2]

注 64:为了解某些词汇的含义,读者应当熟悉本文档所使用的编辑约定,在附录 D 中可以找到对这些约定的简短解释和在本文档中使用的 SGML 子集。使用 SGML 定义 HyTime 体系结构形式的特殊约定在附录 A 中 A.3 描述。

描述每一结构的文本着重强调语义,而 SGML 形式定义提供的主要是对文本描述的严格句法定义。有时这些文本会讨论超出形式 SGML 反问的句法论题,从而需要加以解释,但是有些内容,不再文中论述,如属性值句法约束或 HyTime 提供的缺省值。

注 65:出于以上原因,当阅读文本描述时,建议读者参考 SGML 定义。尽管 SGML 定义是其相关文本之后决定的,但是有时先阅读 SGML 会很有帮助。

---

1) 本标准引用了一些工业和私有标准、产品、用户组和出版物。这些引用是非标准化的,ISO、IEC 及其国家成员体、设施对此不隐式认可。所涉及任何品牌名称或商标都属于其各自的所有者。

2) 正式的 SGML 定义是本标准文本的一部分,受版权保护。为了促进 HyTime 的符合性,正式的 SGML 定义可能有以下版权声明:(C)国家标准 GB/T 16965—2009。任何形式的拷贝许可承认本标准中定义的 HyTime 系统和应用的符合性,并在所有拷贝中提供这项声明。拷贝许可不应用于本标准的其他内容。

结构第一次引入时,会在文本中加以描述。如果这一结构出现在形式 SGML 规范中,还会同时将其形式 SGML 名称和英文全名表示出来,如下所示:

元素形式完全结构名称(SGMLname)... ...

属性形式 SGML 名称... ...

属性完全结构名称(SGMLname)... ...

不需要对出现在多处的同一结构作重复描述(如具有几个元素形式的同一属性)。

声明包括注释,称为常规注释,本条中用来制定句法和语义约束以及其他 Hytime 引擎已知的信息。常规的注释任何情况都不扩展 SGML。它们仅在体系结构定义中像体系结构文档编制的记法那样被使用。不必把它们包括在 HyTime 的应用 DTD 中,如果包括的话,SGML 分析器将像处理其他注释一样将其忽略。

5.1 RCS 的名称、详细名称、说明和条目

每个形式名称后跟有注释,这些注释给出了全称、形式描述,以及定义了本标准中形式的条目数量。

用于多个元素或记法形式的属性形式,为了减少引用,在引用具体句法中命名。RCS 的名称在注释中给出,紧跟在属性列表声明的 ATTLIST 关键字之后。用于单一的元素或记法形式的属性表没有此注释。

单独的属性有完整的名称和描述注释。

5.2 词法类型

属性的词法类型和数据内容都由常规的注释来说明,注释由“Lextype”或“Ulextype”开始,其后是“HyTime 词法模型记法”(hylex)(见 A.2.3)中跟有词法模型。词语“Lextype”表示规范化的词法模型,而“Ulextype”表示非规范化的词法模型。HyTime 词法类型集(见 C.1)中定义约定性注释中使用的词法类型名称。

在词法类型中匹配 ATTNAME 记号的名称将首先在客户端元素或实体中被搜索,随后是自客户元素或实体到每个构建元素或实体,来自客户端元素或实体,并包括构建元素或实体,其中 attname lextype 采用。

首先在客户端文档中查找基于词法的名称匹配的记法标记,然后在存在于链中的应用记法词形的从属文档中查找。其中链包括从客户端文档到从属文档并包含从属文档。

注 66:HyLex 不只是用于文档体系结构。它是通用体系结构的一部分,因此应用设计人员也可以使用。不过,本标准中常规的注释中使用 HyLex 不需要应用程序实施支持。

5.3 约束

标记“约束”的注释在其跟随的结构之后定义了附加的语义或句法约束。跟在形式名称后的约束注释定义了通用形式用法上的约束。跟随声明组件(例如,属性声明的默认值规定)的约束性注释定义了该组件的详细约束。

5.4 注释

注解性注释提供了其他注释类型未提供的附加信息,且描述信息多于进行约束。

5.5 关联的属性形式和属性列表

元素形式或记法形式在其声明中标识了相关的属性形式,这种标识主要依靠常规的注释方式,其中包括任意的词“属性”,“可选属性”,或“公共属性”等构成,后面跟有属性形式的名称。

“属性”的注释列出了总是与形式相关的属性形式。“可选属性”注释列出了与可选设施相关属性形式,这些可选设施本身并不是必要的;当支持相关可选设施时,这些属性形式仅被属性提供。“公共属性”的注释列出了体系结构的公共属性形式,作为其有效性提醒。

5.6 引用者

引用者注释列出了那些可能或需要被该形式引用的元素形式。此注释是元素形式的列表,紧接着是属性的名称,除非引用由元素内容产生,其余都由此名称产生。

5.7 属性形式声明的约定

需要 ID 引用的声明值用 SGML 的 IDREF 或 IDREFS 关键字或 lextype 约定性注释指定的 ID 引用来说明。所有属性都是语义上引用相关的，与声明值无关的，通过使用由词“引用”构成的常规注释来指定。

如果引用的属性定义包含带有其后跟名称或 SGML OR 组的词“reftype”的常规注释，引用的目标必须是符合命名元素形式或名称出现在 OR 组中的元素形式的元素。注意 OR 组的是元：名称是体系结构形式而不是元素类型。

注 67：reftype 常规注释不应该与具有更大能力的通用体系结构和 HyTime 的 reftype 设施相混淆，这些设施被应用设计者使用。体系结构定义中使用 reftype 注释不需要体系结构能支持通用体系结构和 HyTime 的 reftype 设施。

属性的默认值记录在属性定义的默认值描述中，除了用于暗含的、内容引用属性的默认值记录在以“默认”开始的常规注释中。

如果属性的定义包含由词“Constant”构成的常规注释，这意味着此属性是常量属性；即，如果属性有此类型任意元素的值，属性必须对于给定元素类型的所有元素有相同的值。

注 68：在 SGML 中，固定属性指定值（如果有的话）必须始终等于其默认值。固定属性必需是一个常量属性，但反过来并不一定是正确的。

注 69：如果属性在 meta-DTD 中是常量，应用应该像 DTD 中固定属性那样来声明它，但是这并不是必要的，因为体系结构只定义文档事例的符合性。然而，除此以外，可确认 HyTime 或通用体系结构的引擎可以选择性地发出警告。

“Constant”，“lextype”，“ulextype”，“Reference”和“Reftype”约定性注释可以被识别和处理，以提供 SGML 单独支持的地方之外的确认。

5.8 可选设施的标识

HyTime 设施被安排到模块中，各模块都在本标准的独立的章中描述。除基本模块之外的所有模块都是可选的，每个模块的大部分设施是可选的。设施是否是可选的，由参数实体通过控制在 meta-DTD 中标记的节中使用来指明。这些参数实体被设置到“INCLUDE”中，通过在体系结构设施中对其命名，控制在 HyTime 记法（见 6.3）中定义的属性。

对选项的完整集的概述在附录 C 体系结构元数据声明的完整 HyTime meta-DTD 中。

6 基本模块

本章叙述了 HyTime 的基本模块，所有 HyTime 应用都需要此模块。

6.1 概念和定义

本条描述了一些与基本模块设施相关的关键概念。

6.1.1 对象表示

HyTime 文档中的源对象采用 SGML 来表示，继承于源对象的抽象对象采用树林来表示。

注 70：由于 HyTime 的源文档采用 SGML 表示，因此所有 HyTime 语义是按照树林中的节点操作进行定义的，例如，由 SGML 文档描述的抽象数据对象（或任何其他类型的数据，并为此数据提供了合适的树林表示方法。）。

本条描述了 HyTime 依赖的关键 SGML 结构。

注 71：非 HyTime 文档的 HyTime 超文档组件不需要采用 SGML 来表示。作为 HyTime 超文档的枢纽文档，必须是一个 HyTime 文档，因此必须采用 SGML 来表示。

SGML 是一个概念性工具，用于为能被人们感知的信息结构（叫做“文档”）建模，同样也作为表示它们的记法，文档可以依据以下三种主要结构进行分析和表示：

元素　定义为可以包含数据、从属元素或这两者的结构块。在一个典型的文档中，元素可以是段、章、标题、图形和表。在一个超媒体文档中，元素可以是不同类型的超链接、事件调度、事件以及以各种数据记法编码的对象。

属性　与给定类型的元素相关联的性质,其值虽然描述了元素,但它并不是元素内容的一部分。例如,章条的作者或表格的修改日期。许多元素类型都有 ID 属性,此属性标识了某种类型的每个元素,从而在文档的任意位置都可以显式引用此类型。这类引用由具有 ID 引用属性的元素产生,其属性值是被引用元素的标识(由元素 ID 属性定义)。

实体　包含部分文档(有时是一个文档的全部甚至多个文档)的一个虚拟信息存储单位。在一个文档中,实体可以通过名称被一个或多个地方引用,从而在引用点将其信息包含到文档中(见 6.1.1.1)。

实体独立于元素。例如,一个实体可能包含部分图片元素或一个半的段落元素。

允许在给定文档中出现结构,其具体实例需要 在"文档类型定义"(DTD)中进行声明。DTD 的设计者能够选择性地允许实例的某些部分被扩展或修改(通常通过重定义那些在 DTD 中引用的实体来完成)。这项技术可以灵活、广泛地适应多种类型的应用需求。

在语义对象和它们的数据内容上起作用的处理器并不直接对起始表示进行操作。相反,处理器必须先在源对象中创建一个抽象的、"在内存中"表示的结构和数据。在 SGML 的例子中,SGML 解析器对源文档进行标记和数据识别处理,提供处理中的应用程序信息。处理中的应用程序随后执行其继承于文档解析结果的特定抽象。

本标准采用标准形式的抽象结构表示,这种表示方式被称为"树林"。HyTime 定义的所有处理都在树林(而不是在构造树林的尚未解析的源数据上)上执行。树林由包含"性质"的"节点"构成。每个节点都是特殊的节点类。节点类及其性质都在"性质集"中定义。

性质集和树林相结合,提供了一个表示 SGML 文档(和潜在地其他数据记法)的应用程序细节数据视图的标准;同时能够提供应用程序间的互操作,这种互操作通过提供共用的设计形式来实现,最小程度上使得应用程序可以定义用于操作的数据对象和操作结果,这些都与实际上如何表示或处理数据对象无关。换句话说,在不需要首先定义处理器本身执行的前提下,树林和性质集使讨论结构化数据处理成为可能。树林在 7.1.4 和附录 A 的 A.4 中有详细论述 。

6.1.1.1　实体结构

SGML 包括一个被称作"实体结构"的虚存模型,它允许用户为方便管理而任意划分文档。由于实体到实际存储的映射是依赖于实现的,而且实体与存储对象之间不需要一一对应,所以实体结构是"虚的"。

通常,实体结构并不从文档类型定义的部分反射而来,这类文档类型定义描述了应用处理所关注的"元素结构"的结构。实体结构的独立性是 SGML 的一大优点,也是超文本的本质。例如,它减轻了应用设计者的负担,使其不必预知某些章条是否跨越多个存储对象,或者一个简单的存储对象是否包含多个章条。

6.1.1.2　数据

术语"数据"用于区分文档中那些不属于文档结构的信息。例如,段落中的字符文本或描绘图片的光栅信息都是数据。一个外部文档在某种情况下也是数据,也就是当它包含一个与引用它的文档相比,采用不同表示的文档。

注 72:类似地,SGML 文档或子文档的一个递归实例对于当前实例来说也是数据,这是因为它有自己的 DTD,且不在当前 SGML 所解析的上下文中解析。

在一些非正式情况下,数据作为"内容"被提出,但这样用法是模糊的,因为元素的内容并不仅限于数据,还可以是专有子元素或是子元素和数据的混合体。在属性值或外部数据实体中,数据还可以出现在元素内容之外。

注 73:在 SGML 中,数据还被定义为"非置标的",但这两种定义是一致的:在一个 SGML 文档中,由于其非结构化的特点而被看作是数据的信息,同时也不是基于置标的,反之亦然。

HyTime 提供对各种形式的数据进行定位的设施，这些设施或依据 HyTime 结构，或通过能理解数据表示的“定位地址”的接口来实现（见第 7 章）。

6.1.2 对象标识和定位

超文本链接和多媒体时间同步具有相同基本功能——定位的应用。

超链接通过名称空间中唯一的名称，或列表、树中的位置进行定位它的锚点。时间同步使用时间轴上事件的坐标地址来实现：事件 A 的地址可以依据轴上的位置和尺寸，或依据与事件 B 的地址的关系来表示。空间对齐也是类似的，不过轴是用空间单位而不是时间单位度量的。

在 HyTime 中，定位作用于树林的节点，任何定位地址结果都是可定位节点的列表。按照句法构成来说，通过为定位地址的节点元素给定唯一的 ID，可定位的节点列表被赋予了唯一的名称。无论节点是否有名称，每个节点列表都是可唯一定位的，因为其变成了“HyTime 语义树林”中节点的性质。列出这些性质的节点可以通过名称（如果有的话）或通过其他节点定位方式被定位。

注 74：如果应用程序只支持基于 ID 的定位，则被其他元素依赖，以引用方式使用的元素都必须有 IDs。

6.1.2.1 名称空间定位

在树林模型中，任何节点类都可能列出“名称”性质，唯一地标识其所在的“名称空间”。在树林中，名称空间是一个性质，其取值是一个节点列表，所有的节点使用相同的“名称”性质，每个节点的名称有唯一的取值。SGML 定义了两个主要的名称空间，可以通过 SGML 文档句法直接访问：应用程序定义的信息组件，称为元素，以及信息存储片段的单位，称为实体。

大体上，应用程序只处理元素，而存储却是显式地进行的。所以，名称的基本形式在文档的元素中是唯一的，称作唯一标识符（ID）。指明对象的基本方式称作“ID 引用”（IDREF）。正如 ID 是元素的一个属性一样。

从概念上说，所有定位地址始于 ID 引用。

注 75：HyTime 还提供地址的“捷径”形式，其 ID 引用均为隐式的。例如，当支持坐标定位时，引用类型设施允许直接使用坐标地址代替 ID 引用。然而，对于所有捷径，使用 ID 引用和其他基本定位形式所创建的引用都是等同的。

为了在当前文档之外进行定位，HyTime 采用标准化的标识系统，包括公共的和专用的、局部的和全局的、唯一的标识符（见 GB/T 15537—1995）来定位那些包含地址的实体。

6.1.2.2 坐标定位

HyTime 的坐标系统被称作“有限坐标空间”。它包括一个坐标轴的集合和度量系统。

每个轴都被看作一个“量程”的有序集。坐标地址由位置（第一个量）和坐标空间中各个轴的后继相邻量程的数目组成。位置和大小的组合被称为范围。

当支持调度模块时，可以给定在坐标空间中对象出现（“事件”）的范围。可以通过引用其他事件的范围来定义某些事件的范围，从而使这些事件顺序地排列。

当支持定位地址模块时，“定位地址”元素可以被定义为 ID 同坐标地址的联系（直接地或间接地）。这类定位地址允许对只由位置来标识的对象进行引用。

注 76：例如，“句中的第三个词”。

它还允许引用对象的任何部位。

注 77：例如，“句中第三个词的第二个和第三个字符”。

6.1.2.3 语义定位

在任何记法中，任何对象都能用 HyTime 超文档表示。作为整体的对象可以是元素，因此它也可以拥有一个 ID。对象能被包含在事件中，从而有一个坐标地址。

当使用地址定位模块时，此模块可能通过查询其性质定位对象。任何树林中的节点，不管节点继承于哪个数据记法，都可以使用 HyTime 定位地址方式来定位。由于树林中的节点性质在性质集中正式地被定义，因此可能有在任何树林中都可执行的通用查询设施。基于理解记法的句法和语义的“树林的构造过程”,树林可从任意数据记法中隐式地被构造。(但是,树林能否充分表示给定记法的结构或内容的程度取决于其与 SGML 的相似点——树林不特意或保证任何记法的充分表示能力)。

注 78:就实际情况而言“构造树林”可能仅仅意味着提供一个接口,该接口以 HyTime 定位地址为输入,并且返回已被定位的数据。这些数据按字面上的树林就已经构造完成了。换言之,不需要逐字地构造树林,只需要操作就可以了,就像已经构造好了树林一样。

6.2 超文档管理设施

任何 HyTime 的使用都需要超文档管理设施。它们包括对象的表示、标识和访问,以及超文档交换格式。

6.2.1 对象表示

HyTime 文档的表示设施由 SGML 提供,在 GB/T 14814—1993 中进行了定义。HyTime 需要使用 SGML 正式的公用标识符特征,但并不限制对 SGML 选项和变量的选择。

文档表示设施包括:

——文档类型定义能力,包括能由应用设计者控制的用户扩展;

——对任何体系结构的表示;

——信息对象的划分,包括文档的组成部分,如元素、属性和数据内容部分;

——包括多媒体对象格式的能力,这些格式可以以任何记法表示;

——把处理规范从固有信息中分离出来的能力;

——把多种处理规范(“式样”)与元素类型和单个元素联系起来的能力;

——清晰独立的实体结构(见 6.1.1.1)。

注 79:在 HyTime 超文档中,除枢纽文档外的文档和信息对象未必是 HyTime 文档,且不需要用 SGML 来表示。对于有内部结构的对象来说,如果已经为它们构造了树林,这些结构只可通过 HyTime 设施来定位。对象若没有为其构造树林,只能通过在 SGML 文档树林中引用一个实体节点的方式来定位,其中树林作为数据实体的对象进行声明。

6.2.2 对象标识和定位

HyTime 文档中的对象标识设施由 SGML 提供,在 GB/T 14814—1993 中进行了定义。对外部文档和信息对象的标识由符合 GB/T 15537—1995 规范的公用标识符完成。

注 80:GB/T 15537—1995 允许把公用标识符表示成多种格式,包括的 ASN.1 结构和 SGML 形式公用标识符。不必用 SGML 来表示已标识过的对象。

注 81:GB/T 15537—1995 不支持公用标识符形式,例如具有语义内涵的分布对象引用,可被看作正式的系统标识符(见 A.6)。

6.2.3 对象访问

HyTime 系统的 SGML 实体管理组件提供了从对象标识到其物理存储的访问方式,它可以调用 web 处理从远程数据库找回定位的数据。

注 82:这一过程类似于书库管理员的角色,能通过查找书架或是通过查询目录的方式在另一个书库中找到索引的书。

6.2.4 有界对象集(BOS)

某些 HyTime 语义,包括超链接锚点语义、活动策略语义和调度语义,通过引用结构(引用者)应用于被引用者。任何引用者的被引用者可能处在不同的对象而非引用者中。因为没有哪个系统能处理所有的文档,这决定了语义可被应用于任何给定信息片段,有必要指明哪些文档包含了那些为了理解在给定 HyTime 超文档中的被引用者所需的所有引用者。

此外,由于 HyTime 超文档可能有一个以上的对象,因此必须说明哪些对象需要被描述,以形成超文档的完整拷贝。

基于上述原因,被看作超文档的 HyTime 系统所期望的文档和其他信息对象的数量必须是有限的——“有界对象集”(BOS)。如果不清楚所需对象的精确集合,有可能潜在地合并大量的无关信息,导致不必要的延迟、开销和不便。HyTime 提供管理有界对象集的设施。这些设施包括公共数据属性、HyDoc 元素形式的属性和 BOS 规范元素形式(见 6.4 和 6.5.2)。

从概念上讲,有三种类型的 BOS:

HyTime BOS　每个 HyTime 超文档都是一个"枢纽"文档;整个 HyTime 超文档处理始于子枢纽文档,允许通过它进入 HyTime 超文档,换言之,处理会话从 HyTime 文档开始。HyTime BOS 通过 HyTime"枢纽"文档描述 BOS。因此,HyTime 超文档的作者控制了称作为 HyTime BOS 成员的对象集。在 HyTime BOS 中对象的成员资格取决于一系列规则,这些规则由关于 boslevel、inbos 和 bosspec 属性的体系结构形式的语义,关于 maxbos,boslevel 和 inbos 属性的体系结构形式的语义的国际标准定义。HyTime BOS 中的对象也可以通过有前后台背景权限的 HyTime 超文档作者进行分类。

应用 BOS　应用 BOS 是组成超文档的 HyTime 系统的软件开发人员所指的 BOS。

注 83:应用 BOS 的概念默认认可一个事实,一些系统可能依据所使用的来自 HyTime BOS 的成员对象的集合,有意设计成能够处理不同的超文档。例如,对于那些出现在"枢纽"文档中,被 web 式样 URLs 引用的文档,一些系统可能将其看作在 BOS 中;尽管当引用 URLs 时这些文档并未通过任何相应的实体声明来描述。

注 84:如果"枢纽"文档中 HyDoc 文档元素的 boslevel 属性没有取值,那么就没有 HyTime BOS,需要应用 BOS 管理有效的 BOS 程序集。

有效的 BOS　此 BOS 由已经成功、完整地整合进那些正在处理中的超文档的所有对象构成。

注 85:有效的 BOS 的概念承认这一观点,即这些被超文档作者看作是必要的(并因此在 HyTime BOS),和/或该系统程序员看作是必要的(这些是因此在应用 BOS 中应用)的对象,有可能不能完全成功地被获取或整合到超文档中。大部分的国际标准主要关注已完全成功地整合到超文档中的对象集语义,主要关注有效的 BOS,不考虑在有效的 BOS 中成员如何被确定或哪些 HyTime 成员和/或应用 BOS 因为何种理由离开或者异常地被包含了进来。

由于 HyTime BOS 是唯一的其成员被本标准定义的 BOS,HyTime BOS 唯一标准化地提出作者想要超文档包含的对象,有理由相信,在处理 HyTime 超文档的许多应用程序和实例中,应用 BOS 和 HyTime BOS 是一致的,因此,除了特殊情况之外,有效的 BOS 即为 HyTime BOS。

本标准并没有提供表示应用 BOS 或有效的 BOS 的方式;仅为 HyTime BOS 提供了这些方式。

注 86:当然,在 HyTime 文档中无法阻止应用 BOS 或实际有效的 BOS 作为 HyTime BOS 表达。

除了可能为了定位信息,这些信息需要引用未在有效的 BOS 中表述的部分文档内容,HyTime 系统不需要了解任何文档内容的知识和那些不在有效的 BOS 中出现的对象。如果 HyTime 系统获得访问文档的内容的权限,例如在这些文档中解析锚点地址,这些文档必须先加入到有效的 BOS 中。在 HyTime 处理语义和系统要求规定的范围内,HyTime 系统维护知识并在有效的 BOS 中所有引用者访问所有的被引用者。

注 87:换言之,有效的 BOS 是信息对象集,为此 HyTime 系统在任何时刻有实际假设的责任。有效的 BOS 概念——系统仅有有限数量对象的观点是可靠的——通过使用实用且可扩展的外部文档的双向语义来产生引用。

例如,如果支持调度模块,有效的 BOS 包含所有 fcs 元素符合系统可依赖的所有的 FCSs,并且所有调度构造都会对它们产生影响。在有效的 BOS 中,任何一个直接调度或投影到逻辑 FCS 上的调度、指挥,或者指令都将无效,除非它们也存在于有效的 BOS 中。(换言之,系统不需要了解不在有效的 BOS 之中会影响 FCSs 的任何内容)调度、指挥或指令仅影响 FCSs,此 FCSs 符合不在有效的 BOS 中描述的 fcs 元素,是无效的,除非直到这些 fcs 元素在有效的 BOS 中声明。(系统可支持另外的文档,在有效的 BOS 中包含这些引用 fcs 元素,即使它们不是 HyTime BOS 的成员;根据定义这种补充对象是应用 BOS 的成员)。

再例如,如果支持基本模块的活动选项,则有效的 BOS 就决定了活动策略的有效性。依据有效的

BOS 中的策略,有效的 BOS 中的活动对有效的 BOS 中管理对象来说是有效的。

第三个例子,在超链接情况下,系统知道有效的 BOS 中所有链接的所有锚点。如果这些锚点不在有效的 BOS 内,不需要知道任何链接的锚点,并且链接的锚点不在有效的 BOS 中,则它不需要知道任何锚点。如果在有效的 BOS 链接穿过锚点,对象包含锚点首先要加入到有效的 BOS。有些系统不需要任何特殊的用户交互就可能做到了这一点,例如,有效的 BOS 此后将包含一个没有在 HyTime BOS 中指明的对象。

注 88:添加一个文档到有效的 BOS 中并不需要添加文档的 HyTime BOS 到有效的 BOS 中,好像添加的文档本身就是“枢纽”文档一样。只有“枢纽”文档描述 HyTime BOS 如何被继承,同时,无论如何,一些系统可能忽略 HyTime BOS。

HyTime 有界对象集(“HyTime BOS”),通过“发现”一棵“实体树”,把枢纽文档的 SGML 文档实体看作根,这一过程可由 HyTime 系统自动决定。“实体树”包括在枢纽文档中声明的外部文档、子文档和数据实体,然后在这些实体中声明外部实体,等等。只有在标记声明的“外部标识符”参数中声明的实体才能被发现。因此,如果通过引用的记法描述形式,外部引用由数据内容产生,这些实体将不被包括在 HyTime 有界对象集中,除非文档创建者也为其创建了实体声明。

注 89:本标准不要求系统根据任何特定的方法或次序集成 BOS。然而,纯粹作为例子来讲,它可用于考虑以下方式来确定 HyTime BOS 中对象成员(交互式 HyTime 超文档应用的可观的性能的优化,可以通过合理使用前景和背景优先级来实现。为表述清晰,以下方法不考虑采取背景优先级的可能性。)。

1) 确定未经调整的 HyTime BOS;

   a) 对于每个在枢纽文档实体中声明的实体,枢纽文档实体的子枢纽属性值是子枢纽,完成 HyTime BOS 集成处理准确地说像为枢纽文档做的一样。如果子枢纽像子枢纽一样声明实体,需要进行递归进行。每个子枢纽文档实体的 HyTime BOS 被临时添加到父文档实体的 HyTime BOS 中。任何实体,其父实体如果不是枢纽或子枢纽的话,不要将其看作子枢纽,即使其父实体通过使用值为“子枢纽”的子枢纽属性对其进行了声明;

   b) 发现 SGML 枢纽文档实体为根节点的实体树,添加每个实体到临时的 HyTime BOS。忽略子枢纽属性值为“子枢纽”的所有实体,除非其父实体既不是枢纽也不是子枢纽,因为它们在前面的步骤中被考虑过了。在实体树的发现过程中,不超过递归的数量,这些递归说明采用小于(i)值的最大 BOS 属性枢纽(或子枢纽)文档元素的 maxbos 属性的值,或(ii)符合在枢纽文档实体中的实体声明的 boslevel 公共数据属性(该属性可能有一个由枢纽(或子枢纽)的文档元素的 boslevel 属性指定的 boslevel 属性缺省值),如果,在实体书的发现过程中,一个实体声明的 inbos 属性有一个“inbos”值,并且在临时的 HyTime BOS 中也包括了它,即使处理超出了 maxbos 或相关 boslevel 规范。

2) 适用于所有在 bosspecs 中说明的校正,这些 bosspecs 在枢纽文档的文档元素的 bosspec 属性引用,枢纽文档的 inbos 属性值不是“inbos”。这可能需要额外的实体树搜索处理。如果 bosspec 的 inbos 属性值是“inbos”,添加 bosspec 的内容和 boslevel 属性定位的所有对象,以便暂定 HyTime BOS;

3) 适用于所有在 bosspecs 中说明的校正,这些 bosspecs 在枢纽文档的文档元素的 bosspec 属性引用,枢纽文档的 inbos 属性值是“inbos”。无论对象是否仍然保留 HyTime BOS 的结构。

约束可以放置于 HyTime BOS 实体树搜索过程的深度,通过枢纽文档的文档元素的 maxbos 属性,通过实体声明中的 boslevel 通用数据属性,通过枢纽文档的文档元素的 bosspec 属性引用的 bosspec 元素实现。

HyTime BOS 表现了作者对分享超文档的对象的意图。但是,系统可能使用一个应用 BOS 或者 HyTime BOS 来指导该有效 BOS 的集成。而且,系统可能有意无意地从有效的 BOS 中排除一些 HyTime BOS 的对象成员,在有效的 BOS 中包括非 HyTime BOS 的对象。一种可能是为系统使用

HyTime BOS 作为有效的 BOS 的开始，但允许用户添加或删除实体。（按照定义，一旦有效的 BOS 不再和 HyTime BOS 相同，有效的 BOS 就是一个应用 BOS。）那么，系统是否同作者希望的一样展现超文档的问题是一个信息精确相关的议题。

有效的 BOS 可能既不是一个应用 BOS 也不是一个 HyTime BOS，如果由于环境的制约不能完全集成 HyTime 或应用 BOS，比如无网络连接有缺陷。系统也可能将一个文档是做一个枢纽文档，而不是以会话启动文档，并且使用说明的 HyTime。

所有三种类型的 BOS（HyTime、应用、有效的）都最小限度地包含一个枢纽文档。

6.2.5 超文档交换格式

超文档交换格式是将超文档中的独立文档和信息对象合并为用于交换的单一"数据流"的数据结构。与 HyTime 一起推荐使用的超文档交换格式是 GB/T 15536—1995 中定义的 SGML 文档互换格式（SDIF）。

注 90：本标准为了 HyTime 超文档翻译没有对交换格式进行约束，应用程序可以选择最适于传输或相互表示的格式。

SDIF 独立于其携带的信息对象的体系结构和应用程序。因此，单一 SDIF 实现能够支持所有 HyTime 应用。

SDIF 数据流可以携带任意有界对象集，并且不严格局限于 HyTime 超文档。尤其是，数据流互换可以包括所有单一超文档，也可以包括部分单一超文档，所有或部分其他文档。在所有情况下，SDIF 保存文档和信息对象的划分，并且可能保存那些存在于创建环境中的实体结构。

6.2.5.1 SDIF 打包程序

创建 BOS 的过程（应用或 HyTime 引擎），应向 SDIF 打包程序提供包含 BOS 的实体的名称。如果存在枢纽文档的 SGML 文档实体，则该文档实体将被标识为 SDIF 的"主"文档。在 SDIF 数据结构中，打包程序为每个实体创建"实体描述符"。描述符包括了实体数据。但是，如果实体描述符的外部标识符只是对另一个标识符的简单复制，为避免数据重复，SDIF 将创建"交叉引用"。

注 91：创建数据流的 SDIF"打包"过程能识别实体声明以及实体的媒体类型。在一个通信环境中，在传递超文档时，可以使用这些信息来优化不同媒体的带宽分配和路由选择。

HyTime 提供了一种方式，其中包括几个实体内部储存数据的单一"容器"实体，从而允许使用交叉和其他技术优化访问多媒体数据。数据的容器是储存在实体描述符上的，而容器对象的实体描述符是与容器交叉引用的（见 A.6.3）。

6.2.5.2 SDIF 解包程序

SDIF 解包程序接受 SDIF 数据流，并将其内容存储在接受系统的存储媒体中。另外，它可以用作由 SGML 实体管理器调用的"处理者"或"读者"服务器，按应用程序的需求动态地解包 SDIF。

如果需要的话，SDIF 解包程序可以修改置标说明中的系统标识符，从而与其环境中的存储地址保持一致。当遇到没有实体描述符的实体说明时（通常因为它在 HyTime BOS 的界限之外），它能修改系统标识符来表明该实体是无效的。访问该实体的应用将得到一个近似的消息。

注 92：一个 SDIF 解包程序可以选择保留发送者的原始外部标识符，以及一个"未收到"的指示和 SDIF 接受的数据及时间。然后，如果不能成功访问该实体，实体管理器能让应用选择或向发送者要求一个备份或直接在其系统上进行访问。

6.3 HyTime 支持声明

一份文档通过 SGML 声明中的 APPINFO 参数指明 A.3.3.1 规定所使用的 HyTime 符合性。即，就是 SGML 说明的 APPINFO 参数声明 ArcBase 的存在，其中确定 HyTime 体系结构支持的声明。

注 93：APPINFO 的用途是为在 SGML 声明中的体系结构用途和 HyTime 做出声明。然而，体系结构处理能够充分地声明 HyTime 的用途及 DOCTYPE 声明内 ArcBase 处理指令。

支持声明包括支持所有体系结构所定义的属性。它们将在 A.3.4 体系结构支持声明中讨论。

HyTime 支持属性包括为每个模块控制可选设施使用的支持属性,这些可选设施影响 HyTimemeta-DTD 的句法。额外的支持属性控制设施的使用,这些设施有语义但没有句法相关。

每个模块之后都有一个设备支持属性的命名。属性值包含声明支持模块的可选设施的名字。如果仅指定模块名称,则只有模块的强制性设施的支持被声明,如果有的话(一些模块没有强制设施)。如果指定了其他设施,对模块的支持是隐式的,不需要显式指出。如果描述的属性值是空字符串(“ ”)或者属性根本没有指定,并且在记法属性声明列表中声明的缺省值是“#IMPLIED”,那么模块将不被声明。

注 94:例如,下面的一些属性声明了这样的支持,该支持是为可选的基本模块 desctxt 设施和不可选的 sched 模块设施所必需的。不需要链和绘制模块。

base="desctxt" sched="sched"

除陈述选择项的支持之外,一些选择项需要资格验证。对于这些选择项,在属性名是选项名称时需要提供独立的属性,例如:

```
manyaxes = "3"
```

当一个选项资格属性集有限的时候,如果没有说明取值,那么这个选项将不受限制。如果不支持应有的选项,则忽略选项说明属性。

属性最高量程计数极限(hyqcnt)声明一个限制,该限制在文档实例中没有量化计数可超过,包括坐标轴的 FCS 维和节点列表节点数。Hyqcnt 被看作两个超出极限的能力来描述。包括有限坐标空间同等维在结名单内的轴和结的数量。超量极限被指定作为两个超出的极限。HyTime 缺省(和任何 HyTime 的用途最小值)值是 4、294、967、295。

注 95:换言之,当使用 hyqcnt 默认属性,HyTime 执行不需要累计为大于无记法 32 位整数(2 ** 32－1)容量的量化计数。

设计应用程序时需要考虑选择合适的粒度,以防止这个极限被超过。

注 96:在描述 HyTime 坐标定位的精度方面,hyqcnt 给了应用程序设计者充分的自由。由此,相比无限数量,有限数量的 HyTime 使用在任何应用途径中对 HyTime 应用程序没有限制。

属性允许任意 SGML 声明(any SGML declaration allowed,anysgml)说明 HyTime 处理器是否(anysgml 和 nanysgml)允许超文档成员使用不同的 SGML 声明。当取值为 nanysgml 时,超文档中所有 SGML 文档必须遵循相同的 SGML 声明。

属性允许外部引用(external references allowed,exrefs)指明了是否(exrefs 和 nexrefs)允许外部引用。外部引用不允许时,所有定位地址(除了直接实体引用)必须是产生引用的文档内的对象。缺省允许外部引用。如果不支持定位地址模块,则忽略此选项。

属性用于 reftype 的 SGML 模型组(SGML model groups for reftype,refmodel)指明了 reftype 属性是否(SGML mdl 和 nSGML mdl)描述所有有效的 SGML 内容模型或者限制重复元素类型名称的 OR 组。引用 SGML 的模式指定了引用属性的所有合法的 SGML 内容模式或被限制到重复或小组元素类型名称。

属性超级链接中允许的最大锚点数(maximum number of anchors allowed in hyperlinks)指明了超级链接实例中允许的最大锚点数。如果此值未说明或为 0,则锚点的数量没有限制。如果不支持超链接模块,此选项忽略。

属性坐标空间允许最大坐标轴数量(maximum number cf axes allowed in coordinate spaces,manyaxes)指明了有限坐标空间中允许的最大坐标轴数量。如果此值未说明或为 0,轴的数量没有限制。如果不支持调度模块,则忽略此选项。

支持所有选项的设施属性的完整集合,是:

```
                    <! --HyTime 支持声明-->
<? GB16965 ArcBase HyTime>
<! NOTATION
   HyTime       --HyTime 体系结构--
                --使用符合 GB/T 16965 的体系结构形式定义要求的基本体系结构--
```

```
PUBLIC "GB 16965:2008//NOTATION AFDR ARCBASE Hypermedia/Time-based Structuring Language
      (HyTime)//EN"
>
<! ATTLIST #NOTATION HyTime
  ArcFormA NAME HyTime
  ArcNamrA NAME HyNames
  ArcSuprA NAME sHyTime
  ArcIgnDA NAME HyIgnD
  ArcDocF  NAME #FIXED HyDoc
  ArcDTD   CDATA "HyTime"
  --由于 HyTimemeta-DTD 使用 8 个字符参数实体名称,NAMELEN 必须至少是 9。--
  ArcQuant CDATA #FIXED "NAMELEN 9"
  ArcDataF NAME  #FIXED HyBridN
  ArcBridF NAME  #FIXED HyBrid
 --对于一些 HyTime 形式,从属元素的通用标识符对于 HyTime 引擎来说非常有意义,必须被定制。因此,自动
  形式映射可能是不合适的。--
  ArcAuto(ArcAuto|nArcAuto)nArcAuto
  ArcOptSA NAMES "GenArc base links locs rend sched"
  GenArc        --通用体系结构设施--
   CDATA        -- Lextype:csname+ --
   "altreps dafe dvlist HyLex HyOrd included ireftype lextype opacity REGEX superdcn"
  base
                --基本的模块设施--
    CDATA       --Lextype:csname+ --
    "activity actypes bos bosspec conloc desctxt dimspec HyDimLst HyDimSpc HyFunk markfun valueref"
    locs
                -- 定位地址模块设施--
                -- 条:6.3 --
    CDATA       -- Lextype:csname+ --
    " agrovdef bibloc dataloc datatok grovplan listloc mixedloc multloc nameloc nmsploc pathloc
    pgrovdef proploc queryloc refctl referatt refloc reftype relloc spanloc treecom treeloc tree-
    type"
  Links         -- 超链接模块设施--
                -- 条:6.3 --
    CDATA       -- Lextype:csname+ --
    "agglink anchloc clink hylink ilink linkloc traverse varlink"
 sched          --调度模块设施--
                --条:6.3 --
    CDATA       -- Lextype:csname+ --
    "calibrat calspec dimref fcsloc grpdex grprepet HyCalSpc HyExSpec HyExtLst HyGrand measure ob-
    jalign pulsemap sched"
 rend           -- 绘制模块设施--
                --条:6.3 --
    CDATA       -- Lextype:csname+ --
    "baton batonseq HyDimPro HyExPro HyPro modify obextent patch project proseq wand wndpatch"
     anysgml    --允许的所有 SGML 声明--
                --条:6.3 --
    (anysgml|nanysgml)
```

```
Nanysgml
  exrefs            --允许的外部引用--
                    --条:6.3 --
     (exrefs|nexrefs)
     exrefs
  Refmodel          -- reftype 相关 SGML 模型群--
                    --条:6.3 --
     (SGMLmdl|nSGMLmdl)
     nSGMLmdl
  hyqcnt            -- 最高的量程计数限制--
                    --条:6.3 --
     NUMBER         -- 约束:2 的幂〉= 32 --
  manyanch          --  超链接中允许的最大锚点数--
                    --条:6.3 --
     NUMBER         --约束:必须〉=  2 --
     #IMPLIED       --默认:没有限制--
  manyaxes          --  坐标空间中允许的最大轴数量--
                    --条:6.3 --
     NUMBER         --约束:必须〉=  1 --
     #IMPLIED       --默认:没有限制--
〉
〈! NOTATION AFDRMeta
    PUBLIC "GB/T 16965—2009//NOTATION AFDR Meta - DTD Notation//EN"
〉
〈! ENTITY
    HyTime          --HyTimemeta - DTD --
                    --条:6.3 --
    PUBLIC "GB/T 16965—2009//DTD AFDR Meta - DTD
            Hypermedia/Time - based Structuring Language(HyTime)//EN" CDATA AFDRMeta
〉
```

6.4 HyTime 文档

元素形式HyTime文档(HyDoc)是体系结构文档元素形式(ArcDocF)(见 A.3.6.1)。

```
                    〈! --内容模型参数实体--〉
〈! entity %
    HyCFC           --HyTime与上下文无关的内容--
                    --注:%loc,%link,%resorce qualify but are used as meta-inclusions rather than
                      meta-propersubelements--
   "%GACFC;|HyBrid|fcs"
〉
〈! entity %
  loc                      --定位地址形式--
  "anchloc|bibloc|dataloc|fcsloc|linkloc|listloc|mixedloc|nameloc
  nmsploc|pathloc|proploc|queryloc|relloc|treeloc"
〉
〈! entity %
  link                     --超链接形式--
  "agglink|clink|hylink|ilink|varlink"
〉
〈! entity %
  resbase                  --基本模块资源形式--
  "actrule|bosspec|desctab"
```

```
>
<! entity %
  resloc              --定位地址模块资源形式--
  "agrovdef|datatok|grovplan|pgrovdef"
>
<! entity %
  resschd             --调度模块资源形式--
  "calspec|evsched|extent|extlist|measure"
>
<! entity %
  resrend             --绘制模块资源形式--
  "baton|batrule|batseq|modpatch|modrule|projectr|prorule|proseq|
   rendrule|wandrule|wand|wndpatch"
>
<! entity %
  resorce             --所有资源体系结构形式--
  "%resbase;|%resloc;|%resschd;|%resrend;"
>
<! element
  HyDoc               --HyTime 文档元素--
                      -- 条:6.4 --
  - O
  (%HyCFC;)*
  +(%link;|%loc;|%resorce;)
-- 可选属性 [base]:bos,bosspcat --
-- 可选属性 [locs]:dgrvplan --
-- 公共属性 [GenArc]:dafe,dvlatt,etfullnm,id,irefmodl,ireftype,lextype,opacity --
-- 公共属性 [base]:activity,conloc,dtxtatt,valueref --
-- 公共属性 [locs]:refctl,refloc,reftype,rflocspn --
>
```

6.5 HyTime 有界对象集

通过 HyDoc 元素形式的 HyTime bos 和 bosspcat 属性形式，bosdatt 数据属性形式和 bosspec 元素形式，管理对 HyTime 有界对象集的管理的支持。

6.5.1 HyTime 有界对象集属性

当展现有界对象集的 HyDoc 元素是 HyTime 枢纽文档的文档元素时，属性形式**HyTime 有界对象集**(bos)的属性控制 HyTime 有界对象集的构造。

概念上讲，在确定哪些对象是 HyTime 超文档的 HyTime BOS 的成员时，HyTime 应用使用"实体树搜索"程序，递归声明的实体作为 HyTime BOS(见 6.2.4)中成员资格的候选人被测试和报告。属性**有界对象集级别的最大值**(maxbos)指明了在正常实体树搜索程序中递归最大数量。Maxbos 属性的值应用于所有在除子枢纽文档实体的枢纽文档中声明的实体(见 6.5.2)。

注 97：maxbos 的值指明了递归的"名义上"的数量，由于其可能通过包含子枢纽和 HyDoc 元素的 bosspec 属性被 inbos 常用数据属性重写。

maxbos 取值为 0 意为在正常实体树搜索程序中产生的递归没有数量限制。maxbos 取值为 1 意为只有 HyTime BOS 中的枢纽文档有名义上的成员资格。

注 98：换言之，如果 maxbos 是 1，正常实体树搜索程序根本不能递归。

maxbos 取值为 2 表示正常实体树搜索程序需要在一次递归后停止，即在枢纽文档中声明的所有实体是名义上的 HyTime BOS 成员，但没有在枢纽文档中声明的实体的实体测试。maxbos 取值为 3 表示两次递归有限制，等等。

当数据实体的 boslevel 属性导致 BOS 大于 maxbos 允许的值，maxbos 值的优先级高于数据实体的 boslevel 属性。

注 99：换句话说，在其根是在枢纽文档中声明的实体的名义上实体树搜索程序中，名义上递归的最大数量实际上受限小于枢纽文档的 HyDoc 元素 maxbos 属性值和这些实体的 boslevel 常用数据属性值。

属性有界对象集级别(boslevel)指定了默认限制级别,其用于那些没有在 boslevel 数据属性中说明的数据实体。数量的语义与 maxbos 属性的一样。如果没有为 boslevel 属性指定值,则没有 HyTime BOS;超文档的作者代表系统的责任,询问应用 BOS 管理有效 BOS 的程序集(见 6.2.4)。

```
〈![ %bos;[
〈! attlist
   -- bos --          --HyTime 有界对象集--
                      --条:6.5.1 --
  (HyDoc)
  maxbos              --有界对象集级别最大值--
                      --当文档是枢纽或子枢纽时,HyTime 有界对象集的级别范围。--
    NUMBER            --约束:包括在 BOS 中嵌套实体深度(0 = 无限制,1 = 仅枢纽)--
    0
  Boslevel            --有界对象集级别--
                      --被枢纽文档中声明的数据实体使用的默认 BOS 级别--
    NUMBER            --约束:包括在 BOS 中嵌套实体深度(0 = no 限制,1 = 仅枢纽)--
    #IMPLIED          --默认:没有 HyTime BOS --
〉
]]〉〈! -- bos --〉
```

6.5.2 HyTime BOS 控制数据属性

属性形式HyTime BOS 控制数据属性(bosdatt)包括在 HyTime BOS 有界对象集中用于控制实体内的常用数据属性。HyTime BOS 常用数据属性可在任何数据内容记法中使用。

属性BOS 级别(BOS level)指定包括在有界对象集中相对于这个实体的实体引用深度(见 6.2.4)。如果没指定,使用为 HyTime 文档元素指定的 BOS 级别。boslevel 值从属于为枢纽文档或子枢纽文档定义的最大 BOS。boslevel 值不会导致实体包含在 BOS 中,如果这样做会超出最大 BOS 级别。

属性包含于 BOS (inbos)指明实体是否必须无条件包含在 BOS 中,或者无条件从 BOS 中排除出去。如果没有指定取值,管理 BOS 级别允许时,可以允许包括实体。当指定 inbos 时,在 BOS 中实体无条件被包含进来。通过实体声明的实体包含在 BOS 中,仅当它们没有超过 BOS 级别的最大值或在 inbos 属性中声明值时。

注 100:无限制包括或被排除的实体仍然服从于 bosspecs 的包含或排除,bosspecs 是 HyTime BOS 包括或排除的最终裁定者。

超文档作者为了超文档的适当操作考虑一些对象相当严格,以致于在充分考虑超文档之前,这些对象必须整合到有效 BOS 中去。这些严格的对象在 HyTime BOS 中有前景优先权。余下的 HyTime BOS 对象有背景优先权。有界对象集优先级(bosprrty)属性为其本身和以其为根的实体子树中所有实体设置默认的优先级。

注 101:例如,需要遵守在枢纽文档的外部对象中显示活动策略:需要作为前景优先权说明这些对象。

注 102:应用程序可选择集成 HyTime BOS。同样,如果选择集成 HyTime BOS,对象可以按任何顺序被集成。BOS 优先权的概念提供了一条建议为应用程序执行优化途径,应用程序由于时间限制必须首先继承"前景优先级"对象(产生最小程度地适当的超文档表示的对象)。一旦前景优先权对象已经整合到有效 BOS 中,可以开始访问超文档,同时剩余"背景优先权"对象仍在整合当中。

实际上,在 HyTime BOS 中,枢纽文档总是有前景优先权。对于一个实体树上的所有对象,默认优先级通过那棵树的根实体的"bosprrty"公共记法数据属性来指定。子实体的 bosprrty 属性如果存在,为其自己和子元素指定默认优先级。

注 103:对于实体树种任意给定的对象集,默认优先级规范可能会被一个或多个被 HyDoc 的 bosspec 属性引用的 bosspec 元素覆盖(见 6.5)。

子枢纽属性值是"subhub"的枢纽文档声明的实体从枢纽文档的观点来看不服从正常实体树搜索程序。相反,这个实体被看作独立的枢纽文档,有其自己的正常实体树搜索过程,它的 HyTime BOS 被添加到枢纽文档的临时 HyTime BOS 中。在子枢纽 HyTime BOS 的结果被添加刀枢纽文档的

HyTime BOS之前，需要考虑所有的子枢纽的 maxbos，boslevel，inbos，bosspec 规范。枢纽文档指明一个实体需要被子枢纽考虑，方式是通过为子枢纽公共记法数据属性指明 subhub 的取值。通过子枢纽定义本身、本地 maxbos 和默认 boslevel 值，忽略父枢纽文档的 maxbos 和 boslevel 元素。

注 104：超文档作者可能希望在新的超文档中包含其他超文档，而不必担心其本身超文档会无意中被绘制，包括超文档的 BOS 不完全，没有要求作者在新的枢纽文档中复制编辑超文档的(可能非常复杂)BOS 规则。子枢纽设施满足此要求。

注 105：像被实体树搜索过程报告的所有其他对象一样，通过子枢纽文档的 HyTime BOS 中成员优点添加到 HyTime BOS 中的对象，可通过被 HyDoc 的 bosspec 属性引用的 bosspec 元素将其从 HyTime BOS 中移除。

注 106：子枢纽可以声明子枢纽。

```
                              <! --HyTime BOS 控制数据属性-->
<![ %bos; [
<! attlist #NOTATION
-- bosdatt --               --HyTime BOS 控制数据属性--
                            --条:6.5.2 --
   #ALL
   boslevel                 --BOS 级别--
                            --实体的有界对象集级别--
     NUMBER                 --  约束:BOS 中包括的嵌套实体深度(0 = 无限制, 1 = 仅此实体)--
     #IMPLIED               --默认:HyDoc 的 boslevel 属性值。 --
   inbos                    -- 包括在 BOS 中 --
                            --无条件从 BOS 中包括或者排除 --
     (inbos|notinbos)
     #IMPLIED               --默认:BOS 级别控制包含--
   bosprrty                 --有界对象集优先权--
                            --在以这个实体为根的实体树中的默认 BOS 对象优先级--
     (foregrnd|backgrnd)
     foregrnd
   subhub                   --  实体是子枢纽? --
     (subhub|nosubhub)
     nosubhub
>
]]><! -- bos -->
```

6.5.3 有界对象集的例外规范

属性形式有界对象集的例外规范(bosspcat)指定了定义对所有正常实体树搜索和子枢纽程序产生的结果进行的调整的 bosspec 元素。

```
<![ %bosspec; [
<! attlist
-- bosspcat --              --  BOS 例外规范属性   --
                            --条:6.5.3 --
   (HyDoc)
   bosspec                  --有界对象集例外规范--
                            --对有界对象集调整--
     IDREFS                 -- 引用--
                            -- Reftype:bosspec + --
                            --约束:必须是内部引用--
     #IMPLIED               -- 默认:没有 BOS 例外规范--
>
]]><! -- bosspec -->
```

属性形式有界对象集的例外规范(bosspcat)在枢纽文档为根 BOS 中标识一个实体，此枢纽文档引用 bosspec 以控制他在 BOS 中包含的内容，其优先级或两者都有。Bosspec 元素是被引用使用的资源，此引用通过 HyDoc 元素形式的 bosspec 属性实现。Bosspec 元素必须出现在引用它的枢纽(或子枢纽)文档中。

bosspec 元素包含一个或多个BOS 路径。BOS 路径由实体名列表名称构成,第一个实体名称必须需要在包含 bosspec 的枢纽(或子枢纽)文档中声明。下一个实体名称是在那个实体中声明的实体的名称,等等。BOS 路径中最后命名的实体是正在被定位的实体。当 bosspec 有多条路径时,每条路径封闭在括号内。不符合枢纽文档的具体句法的实体名称可能需要文字说明。

属性 boslevel,inbos 和 bosprrty 为了同名公共数据属性而定义(见 6.5.2)。

在所有子枢纽和非枢纽实体树搜索已经完成后,枢纽文档的 bosspecs 起作用。最终对 HyTime BOS 的调整由枢纽文档的 bosspecs 完成,这些调整中其 inbcs 属性值是“notinbos”的调整在最后起作用,因此它们能够将任何对象排除在 HyTime BOS 外,不管它们如何临时被包含进来的。

注 107:概念上讲,每个子枢纽的 BOS 是在枢纽或子枢纽的 BOS 关于哪个是子枢纽之前建立的。因此,概念上说,最子的子枢纽的 BOS 首先被建立,枢纽的 BOS 最后建立,因此,枢纽的 bosspecs 是最终仲裁者。无论枢纽的自己的子枢纽建立枢纽的 BOS(或任何子枢纽的 BOS),都可能被枢纽(或子枢纽)自己的 bosspecs 选择性地放弃。每个枢纽或子枢纽应用其本身的 bosspecs 作为本身 BOS 建立的一部分,这可用于例外地包括或排除任何实体,这些实体从 BOS 中通过联合本身子枢纽的所有 BOS,集合由自身实体声明、boslevel、maxbos 等建立的 BOS 包含或排除。bos 控制属性不能应用于是 BOSs 子枢纽的 BOS 基值。子枢纽的 BOS 被大量整合,只有 bosspec 能覆盖它。

如果相同存储的对象作为实体在 BOS 中被多次声明,通过 bosspec 排除它的声明之一不能自动排除它的其他声明;完全排除存储对象需要排除所有为其替换数据的实体。

注 108:换句话说,没有任何定义的 SGML 或 HyTime 机制决定实际上有相同存储对象的两个不同实体(虽然处理程序自由地定义它们自己的算法处理此事)。

```
                          〈! --有界对象集例外规范-->
〈! [ % bosspec; [
〈! element
  bosspec          --有界对象集例外规范--
                   -- 条:6.5 --
                   --用于通过覆盖包括或排除,和由 BOS 路径标识的实体优先级来影响 HyTime BOS。--
 - O
   (#PCDATA)       -- Lextype:((ENTITY,(csname|literal)*)|
                     (GRPO,ENTITY,(csname|literal)*,GRPC)+)--
                   --约束:如果使用括号,括起来的每个列表是独立的 BOS 路径。--
                   --约束:BOS 路径中的每个词或字母是由之前的词、字母或实体名称标识的实体中声明的实体
                     名称。--
-- 属性 [base]:bosspec --
-- 公共属性 [GenArc]:dafe,dvlatt,etfullnm,id,irefmodl,ireftype,lextype,opacity --
-- 公共属性 [base]:activity,conloc,dtxtatt,valueref --
-- 公共属性 [locs]:refctl,refloc,reftype,rflocspn --
-- 引用者[base]:HyDoc:bosspec --
〉
〈! attlist
  bosspec          -- 有界对象集例外规范--
                   --条:6.5 --
  boslevel         -- BOS 级别 --
                   --来自从每个指定的 BOS 路径中命名的最后实体的 BOS 级别受 bosspec 属性的影响。--
    NUMBER         --  约束:包括在 BOS 的构造的个体的深度(0 = no 极限, 1 = last 仅个体)--
    1
  Inbos            -- 包括 BOS --
                   --无条件指定在每个 BOS 路径中命名的最后实体声明的对象的 BOS 优先权,到 bosspec 的
                     boslevel 属性指定的 BOS 级别。--
   (inbos|notinbos)
    #IMPLIED       --  默认:未受影响的 BOS  --
  bosprrty         --  一定有界对象集优先权--
                   --无条件指定在每个 BOS 路径中最后命名的实体声明的对象的 BOS 优先权,到 bosspec 的
                     boslevel 属性指定的 BOS 级别。--
                   --注:bosprrty 属性的语义不受 inbos 属性值的影响(即,明确说明“inbos”或是隐含表示)。--
```

```
    (foregrnd|backgrnd)
    #IMPLIED    -- 默认:无优先权变化--
  >
]]><! -- bosspec -->
```

6.6 HyTime 体系结构的桥接形式

元素形式**HyTime 体系结构的桥接元素**(HyBrid)用来桥接 HyTime 和非 HyTime 元素。没有为 HyBrid 形式定义而不是由 HyTime 公共数据属性提供的 HyTime 处理。HyBrid 形式必须用于任何元素类型,这类类型使用任意 HyTime 公共属性但没有更详细的 HyTime 元素形式。当体系结构置标最小值有效时,HyBrid 形式自动被用于任何被认为是体系结构类型但无更详细 HyTime 形式的从属元素(因为有唯一标识符)(见 A.3.6.2)。

```
                    <! --HyTime 体系结构桥接元素-->
<! element
  HyBrid        --HyTime 体系结构桥接元素--
                -- 条:6.6 --
  -- O
  (%HyCFC;)*
-- 属性 [base]:HyBrid --
-- 公共属性 [GenArc]:dafe,dvlatt,etfullnm,id,irefmodl,ireftype,lextype,opacity --
-- 公共属性 [base]:activity,conloc,dtxtatt,valueref --
-- 公共属性 [locs]:refctl,refloc,reftype,rflocspn --
>
<! attlist
  HyBrid        -- HyTime 体系结构桥接元素--
                -- 条:6.6 --
  GenArc  NAME  #FIXED  GABrid
>
```

记法形式**HyTime 体系结构的桥接记法**(HyBridN)是 HyTime 和非 HyTime 数据实体之间的桥梁。没有为 HyBrid 形式定义而不是由 HyTime 公共数据属性提供的 HyTime 处理。HyBridN 形式必须被用于任意数据实体,这些实体使用任意 HyTime 公共数据属性,但没有更详细的 HyTime 记法形式。当体系结构置标最小值有效时,HyBridN 形式自动被用于任何无更详细 HyTime 形式的从属数据实体(见 A.3.6.2)。

```
                    <! --HyTime HyTime 体系结构桥接的记法-->
<! notation
HyBridN        --HyTime HyTime 体系结构桥接的记法--
               -- 条:6.6 --
PUBLIC "GB/T 16965—2009//NOTATION
       HyTime Architectural Bridging Notation//EN"
-- 属性 [base]:HyBridN --
-- 公共属性 [GenArc]:altreps,included,superdcn --
-- 公共属性 [base]:bosdatt --
-- 公共属性 [locs]:egrvplan --
>
<! attlist #NOTATION
  HyBridN      --HyTime HyTime 体系结构桥接的记法--
               -- 条:6.6 --
  GenArc NAME #FIXED GABridN
>
```

6.7 公共属性

所有体系结构的体系结构控制属性集可用于 HyTime 应用,就像通用体系结果的公共属性一样(见 A.5),当支持定位地址模块时,ID 引用控制属性(见 7.7)。本条定义了 HyTime 体系结构的额外属性。

注 109:默认情况下,HyTimemeta-DTD 包括需要使用通用体系结构的 id 属性声明。使用其他通用体系结构设施必须在使用它们的文档或体系结构 meta-DTD 中被声明。

注 110：使用共同的属性的元也素必须遵循一个已定义的 HyTime 体系结构形式。HyBrid 形式可用于那些不是一个更加详细的 HyTime 元素形式的从属元素。

6.7.1 值引用

属性形式值引用(valueref)把属性、元素的内容或者元素本身与引用属性(或内容)联合起来，引用属性可以被用于引用属性、内容或元素节点的有效值。如此命名的引用属性作为“值引用属性”共同被引用。

注 111：属性的“有效值”是应用或体系结构处理器需要的值，此值不需要被数据类型或能通过 SGML 的属性值句法描述的对象所限制。例如，元素类型可以表现应用程序定义的对象类，这个对象类又有构造其本身的性质。“性质的”关系能被产生元素类型的属性的性质指出。通过使用额外的元素构造值和使用值引用去引用作为性质的“真实”值的这些元素(属性的句法值可能是引用本身)来显示性质的结构。

注 112：“＃ELEMENT”引用值允许一个 SGML 元素作为在其他地方(例如，作为子文档)另一个元素的“占位符”。然而，产生引用的元素是可定位的。对于 HyTime 说明处理，对产生引用的元素定位与为有效元素节点定位是等效的。

valueref 属性值是一个名称对列表。每对的第一名称可能是属性名、“＃CONTENT”关键字或“＃ELEMENT”关键字。第一个名称命名属性、内容(“＃CONTENT”)或完全元素(“＃ELEMENT”)，为此取值通过第二关键字命名的属性或内容来定位。如果为了两者名称使用相同属性，属性或内容引用其本身的语义值，不直接用其语义值(例如，事件元素形式的 exspec 属性)。“＃CONTENT”和“＃ELEMENT”关键字可能只作为名称对的第一关键字仅出现一次。

当名称对的第一个名称是“＃CONTENT”时，元素的内容性质的有效值是通过名称对中第二个名称命名的属性或内容定位的节点列表。

注 113：例如，为了引用元素的内容，提供称为“conloc”属性，使用声明形式的：

```
〈! ATTLIST Para
   HyTime    NAME    ＃FIXED "HyBrid"
   valueref CDATA  ＃FIXED "＃CONTENT conloc"
   -- 定位 para 的内容--
   conloc    IDREF  ＃IMPLIED
〉
```

valueref 属性指出元素 Para 的内容将通过引用使用引用属性“conloc”(conloc 属性是引用性的，由于它有声明的“IDREF”的值指示)来定位。

当名称对中第一个名称是“＃ELEMENT”时，有效元素节点是通过以第二名称命名的属性或内容定位的单一节点。当定位的对象是一个文档或子文档实体，有效元素节点时定位文档的文档元素。作为有效元素节点对多个节点定位是 RHE。

作为属性、内容或者元素的有效值定位的对象不需要满足在相关文档的文档类型声明中定义的句法约束。然而，它们必须满足通过处理应用定义的所有语义约束。定义这些约束的机制是在 HyTime 标准范围之外。

注 114：语义约束包括属性的词汇类型、引用元素的内容模型、一个或多个体系结构元内容模型符合性，或者其他与 SGML 定义约束无关的语义约束。应用设计者能使用引用类型控制 HyTime 设施和通用体系结构以便控制类型和引用的元素组织。

引用值不修改如何解析 SGML 文档。

注 115：概念上，值引用的结果由 HyTime 语义树林维持，而非 HyTime 有效 SGML 文档树林。这特别意味着通过值引用定位的节点不出现在任意命名空间中，此命名空间在文档的 HyTime 扩展 SGML 文档树林，如果节点源不在那个树林，引用值产生于文档。

因此，如果在另一个文档的元素通过值引用由元素内容产生，引用元素仅通过名称文档内进行定位，不能通过关于引用元素的树的位置直接定位。

出于通过 HyTime 的定位地址的方式访问属性值和元素内容的目的,即使有为属性或内容直接说明的值,仍然总是使用通过值引用定位的数据。性质或内容的直接指定的值说明使用引用值的数据。唯一例外是性质位置定位,它能选择性的定位属性或元素的直接值而非引用值。

注 116:换句话说,从直接值到间接定位值,valueref 服务于"redirect"定位地址。

通过不同于 HyTime 引擎(例如 DSSSL 引擎)的方法决定的地址不需要考虑通过值引用属性执行的改向。

当支持定位地址模块时,任何支持的定位方式可能用于值引用。如果不支持定位地址,值引用属性必须声明为 IDREF,IDREFS,或者 ENTITY 或 ENTITYS,并且内容不能用于值引用。

使用值引用去引用其内容的元素可以允许句法内容。不需要为元素有效内容声明#CONREF 默认值属性的值引用提供属性——在任何情况下指定值引用属性(除非内容本身包含引用)时,任何依照造句法的内容为了 HyTime 处理而被忽略。

注 117:在上面的 conloc 例子中,Para 元素能有句法的内容,但是给 Para 元素内容定位的 HyTime 定位地址将通过 Para 的 conloc 属性而非句法内容中的数据(除了被 proploc 元素形式提供外)来定位。

```
                        <! --值引用属性名称 -->
<![ %valueref;[
<! attlist
--valueref --         -- 值引用属性命名器 --
                      --条:6.7.1--
  #ALL
  valueref            -- 值引用属性命名器--
                      --将属性(或元素的内容)与能被用来引用此属性或内容的语义值的引用属性(或内容)相联
                        系。--
    CDATA             -- Lextype:((ATTORCON|"#ELEMENT"),ATTORCON)+ --
                      --注:第一个 ATTORCON 是为其进行值寻址的属性或内容,第二个 ATTORCON 是通过其进行值引
                        用的属性或内容。--
                      --约束:每对中的第二个属性必须是可引用属性或被 refloc 设施定义为可引用的内容。--
                      --约束:"#ELEMENT"和"#CONTENT"也许只作为某对的第一关键字出现。"#CONTENT"也许仅
                        作为某对的第二个关键字出现。--
    #IMPLIED          --常量 --
>
]]><! -- valueref -->
```

为了向后兼容,包括以下形式。

```
                        <! --内容地址-->
<![ %conloc;[
<! attlist
-- conloc --          --内容定位--
                      -- 条:6.7.1 --
  #ALL
  HyBase    NAME      #FIXED HyBrid
  valueref  CDATA     #FIXED "#CONTENT conloc"
  conloc              --内容定位--
                      --  元素语义内容的定位。--
    CDATA             --  引用 --
    #CONREF           --  默认:句法的内容--
>
]]><! -- conloc -->
```

6.7.2 描述性文本

描述性文本内容设施是可选择的值引用形式,该引用允许文档中频繁重复的元素通过在查找表中描述性名称进行访问。查找表可能被重视做为描述性文本提供定义,其中的定义是被描述的元素内容和属性。

6.7.2.1 描述性文本属性

属性形式描述性文本属性(dtxtatt)允许通过描述性的名称来描述元素的内容和属性。如果使用此形式须定义它的全部属性。

属性描述性文本(desctxt)是描述高频使用元素的字符串。描述性文本通过去除外来空白和优化查找表来规范。

如果说明了该属性,则元素的内容必须是空。对当前表的描述表进行查找,从而找到描述性文本第一次出现的位置。如果找到一个并且其定义的元素类型与该元素相同,则将此定义的内容和属性(而不是它的唯一标识符和描述性文本属性)与该元素的唯一标识符(如果有的话)一起使用。或者,如果定义满足该元素的内容模型,则定义可作为内容处理,如果当前表中没有找到描述文本,或者所找到的文本的定义不满足上面任何一个条件,都是 RHE。

属性描述表(desctab)规定了描述表的一个有序的描述表的列表,这些描述表将被用于查找描述性元素。该列表可以一直使用,直到作用于同种元素类型(或者共享该属性表的元素类型集合)的该属性再次出现才改变。其出现的顺序就是文档用 SGML 表示中的顺序。

注 118:请注意描述性文本和值引用设施的区别。它们都允许元素的内容出现在句法内容之外,但是,valueref 给可能出于其自身目的的存在的另一个对象的内容进行定位,而 desctxt 把它从作为引用资源创造的元素表中引出。

```
                    〈! --描述性文本属性 --〉
〈! [  %desctxt; [
〈! attlist
-- dtxtatt --        --描述性文本属性 --
                     -- 条:6.7.2.1 --
  #ALL
  desctxt            -- 描述性文本--
                     --如果被指定,它的 descdef 由 HyTime 作为元素或作为它的内容进行处理。--
    CDATA            -- Lextype:words --
    #CONREF          --    默认:句法内容(和属性)--
  desctab            --  描述表--
                     --当前描述表--
    CDATA            -- 引用 --
                     -- Reftype:desctab+  --
                     --限制 :搜寻按顺序被列出的--
    #IMPLIED         --  默认:使用以前指定的表集--
〉
]]〉〈! -- desctxt --〉
```

6.7.2.2 描述表

元素形式描述表(desctab)是一个联系带有属性和内容定义的描述性文本串的查找表。

注 119:例如,串“long pause” 被有 3 秒范围并且含有“pause”元素的事件元素定义。

应当使用表中第一次出现的描述性文本。以后出现的描述性文本将被忽略而并不会报错。

注 120:样式表可以包含重定义描述性文本的描述表。

```
                  〈! --描述表--〉
〈! [  %desctxt; [
〈! element
  desctab         -- 描述表--
                  -- 条:6.7.2.2 --
                  --描述性文本定义表--
  - O
  (desctxt,descdef)+
-- 公共属性 [GenArc]:dafe,dvlatt,etfullnm,id,irefmodl,ireftype,lextype,opacity --
-- 公共属性 [base]:activity,conloc,dtxtatt,valueref --
-- 公共属性 [locs]:refctl,refloc,reftype,rflocspn --
-- 引用者 [base]:dtxtatt:desctab --
〉
]]〉〈! -- desctxt --〉
```

6.7.2.3 描述性文本

元素形式描述性文本(desctxt)是一个字符串,它是属性“描述性文本”的有效值(见 6.7.2.1 描述性文本属性)。

```
                        <! --描述性文本-->
<![ %desctxt; [
<! element
   Desctxt        -- 描述性文本--
                  -- 条:6.7.2.3 --
   O O
   (#PCDATA)      -- Lextype:单词--
-- 公共属性 [GenArc]:dafe,dvlatt,etfullnm,id,irefmodl,ireftype,lextype,opacity --
-- 公共属性 [base]:activity,conloc,dtxtatt,valueref --
-- 公共属性 [locs]:refctl,refloc,reftype,rflocspn --
>
]]><! -- desctxt -->
```

6.7.2.4 描述性文本定义

元素形式描述性文本定义(descdef)包含通过提供必要属性和数据定义描述性文本的一个或多个元素。所允许的元素由实验描述性文本的上下文决定。

```
                        <! --描述性文本定义-->
<![ %desctxt; [
<! element
   descdef        --  描述性文本定义--
                  --条:6.7.2.4 --
   O O
   (%HyCFC;)*
-- 公共属性 [GenArc]:dafe,dvlatt,etfullnm,id,irefmodl,ireftype,lextype,opacity --
-- 公共属性 [base]:activity,conloc,dtxtatt,valueref --
-- 公共属性 [locs]:refctl,refloc,reftype,rflocspn --
>
]]><! -- desctxt -->
```

6.7.3 活动策略关联

在交互式系统中为交互可用的数据对象有显式或隐式的联合访问策略。在许多系统中,访问策略隐藏在系统设计中,或者通过系统设施来表示,如基于用户的访问许可。通过显式地关联活动策略定义和策略应用对象,策略可能也与对象关联。典型地,信息对象的所有者与所有者策略相关联。例如,一项保护知识产权所有者性质的策略可能需要在允许访问之前购买许可证。

HyTime活动策略关联设施是表达信息对象活动策略的附属("关联")的标准方式。这些策略起作用,并应用于("触发")任何用户、作者和编者尝试使用与信息对象交户的预定义类。"活动"是所有这些交互作用的通用术语;交互作用的每个类是一个"活动类型"。HyTime既不标准化表示,也不标准化活动策略规范和执行的细节管理。活动策略的定义是应用程序规范,包括用关联方式和定义方法,包括在自然语言和计算机程序交互中表达的合法协定。

注121:支持活动策略选项的HyTime引擎可能提供服务来管理策略和受策略管理的对象的关联,但可能无法理解或执行策略本身。通过区分活动类,为用于特殊活动类的策略询问HyTime引擎,拿来这些策略以某些形式负担,甚至可能强制的方式,一个完整的HyTime系统可能使用基础设施关联管理服务。另一种选择,HyTime引擎可能理解、甚至执行某些类型的策略,合并HyTime引擎的完整HyTime系统的设施可能不需要开发活动触发策略和执行性质。

与信息对象相关的活动策略关联规则有两种方式:SGML元素对象能够引用使用规则属性形式管理活动策略规则,和活动策略规则元素可以引用包括但不限于SGML元素的任何信息对象。在任意事例中,活动策略自动关联信息对象本身的同时,也关联其元数据(在SGML元素中指属性值)和其所有内容组件。

活动策略可以同所有记法的任何对象相关联;它们的适用性不仅限于HyTime或SGML记法中的对象中,已定义的HyTime活动类型甚至活动通过不被HyTime或SGML支持方式完成时都可用(见注126)。

公共属性形式活动策略关联规则(activity)引用一个或多个管理元素产生引用的活动策略相关规则。

```
                       〈! --活动策略的公用属性--〉
〈![ %activity;[
〈! attlist
-- activity --        --活动策略关联规则--
                      --条:6.7.3 --
  #ALL
  Actrules            --活动策略关联规则--
                      --适用于这个元素的活动策略关联规则--
    CDATA             -- 引用 --
                      -- Reftype:actrule* --
    #IMPLIED          --默认:没有活动策略关联规则通过这个元素以管理的形式来指定。--
〉
]]〉〈! -- 活动 --〉
```

元素形式活动策略关联规则(actrule)定义了关联规则。actrule 元素能够用于声明特殊信息对象和特殊策略之间的关联关系,或者声明从特殊策略中分离特殊信息对象,因而可能会使其他 actrule 元素失去部分有效性。尽管最终效果可能是策略与对象分离,关联或分离策略的行为被引用作为一般的对象"应用"策略。另外,actrule 可被用于使其他 actrule 声明的所有关联或分离失去效用。

关联的策略通过在被管理对象上执行的活动类型来区分。活动类型可能被从任何应用程序定义的方法中的任何其他类型中区别出来。HyTime 定义了活动类型集;这些或其他类型可在任意关联中使用。

注 122:区别活动类型的主要目的是允许执行优化,仅用于特殊类型的活动的策略需要被应用触发、找回和强制。没有这些区别,所有策略总是需要被任意种类的每个活动尝试触发。一般情况下,如果有通常位于给定应用程序由策略集管理的特殊活动类或子类,需要考虑活动类型,有无部分或全部 HyTime 定义的默认集合,应用细节集的声明和使用。

HyTime 定义的活动策略类型有:

创建(create)　对象创建策略适用于对象创建时。

注 123:对象创建行为策略不同于活动的其他所有类,因为它不是由用户尝试做事情来触发。恰当地说,它之所以存在是因为它对知道什么策略在事实上管理对象的创建是有帮助的;这种策略可能指明了该对象在何处交叉列出,对象创建相关信息如何以及在哪里存储,等等。

访问(access)　对象访问策略应用于任何时候尝试读、检查或其他,使用或访问在以该对象为根的子节点树上的对象或任意节点。

注 124:复制对象时,除复制策略之外,访问策略也必须应用,因为复制的时候不可能不访问。(虽然可能相对来说不太常见,对象的修改或删除发生时没有首先访问它们也是可能的,但在修改、删除策略触发的地方,访问策略也经常被触发。)

复制(copy)　对象复制策略用于尝试复制对象时。

删除(delete)　对象删除策略用于尝试从它们存在的本文中删除对象时。

注 125:至少从删除文档角度来看,文档中对象的删除等价于它的销毁。文档删除策略在这种情形下需要加工关于说明删除信息的实际破坏的可能性。

修改(modify)　对象修改策略用于尝试修改对象时,包括修改或删除以此对象为根的子节点树的任意节点。

链接(link)　对象超链策略被看作超链接锚点,用于尝试指出对象(或以此对象为根的子节点树的任意节点)。例如,对象超链策略可能在尝试创建对象超链或尝试添加超链到对象的 HyTime 文档时被触发。

非链接(unlink)　对象非链接策略用于尝试删除被看作超链接锚点的对象(或以此对象为根的子节点树的任意节点)。例如,对象非链接策略既可以由尝试删除指向对象的超链接，也可以由尝试移动指向对象的超链接来触发。

调度(schdul) **对象调度策略**适用于尝试调度对象、修饰者或者方案(或以对象为根的子节点树的任意节点)。例如，调度对象策略可能既可以由尝试调度对象，也可以由尝试添加包含调度对象的调度事件的 HyTime 文档来触发。

非调度(unschdul) **对象非调度策略**用于在合理 FCS 中尝试移除调度对象、修饰者或者方案(或以对象为根的子节点树的任意节点)。例如，对象非调度策略既可以由尝试从 FCS 中移除对象，也可以由尝试从包含调度对象的调度事件的 BOS HyTime 文档来触发。

重新调度(reschdul) **对象重新调度策略**用于在 FCS 中尝试改变对象显示的有效范围(或以对象为根的子节点树的任意节点)，同时不移除或添加对象的显示。(否则，重新调度或非调度策略可能会相互替换。)

转换(trnscl) **对象转换策略**用于通过尝试引用合并对象(或以对象为根的子节点树的任意节点)到任何其他文档或超文档(例如，通过实体引用的使用，值引用属性，或超链接，其应用程序语义是转换。)。

不转换(untrnscl) **对象不转换策略**用于通过尝试(或以对象为根的子节点树的任意节点)不再通过引用合并到任何其他文档或超文档(例如，通过实体引用的使用，值引用属性，或超链接，其应用程序语义是转换)产生对象。

注 126：对象超链接和非超链接策略仍然应用，既使当创建中的超链接没有在 HyTime 或 SGML 记法中表示。

应用对象调度、不调度或重新调度策略，即使使用的调度设施不遵循 HyTime fcs(或相关的)元素的语义，调度信息未在 HyTime 或 SGML 记法中表示。

HyTime 和 SGML 提供若干机制，为何转换可能发生，包括 SGML 实体引用，HyTime 值属性，和应用程序定义的语义是转换的一部分的 HyTime 超链接。如果活动的效果是使一个文档的部分或者全部以任何方式显示，好像它是另一个文档的一部分，与使用的机制无关，与使用的机制是否是 SGML 或 HyTime 机制无关，对象转换或不转换策略都会应用。

注 127：活动策略可能会考虑在多种类型的活动中扮演角色的对象的 BOS 状态。例如，

——对象超链接策略可能会忽略超链接活动，如果策略仅包括添加有效的 BOS 的已存在的文档，此文档同时包含对象和超链接；或者如果根据枢纽文档的规范，对象和超链接两者都包含于继承的超文档。

——对象超链接策略可能会忽略非超链接活动，如果策略仅包括从有效的 BOS 文档移除，此文档根据中枢文档的规范，不是继承超文档的 HyTime BOS 文档的成员之一。

HyTime 定义了以上的活动类型，默认情况下，每种类型都有相应的同名“活动类型”属性，这些名称也在 actypes 属性的默认值中被提及。每种活动类型属性都说明了策略的定义，用于那种试图通过规则管理对象的类型的活动。

活动策略关联能够传达多对多的关系。单一的活动策略能包含许多条件集合，在此条件下给定活动可能被允许或不被允许；并且如果尝试执行任意由活动策略管理的活动，会产生许多行为集合。许多活动策略可能管理一个或多个活动，并且单一的活动策略能管理活动类型的任意组合。

通过行为规范管理属性指定的对象必须在贯穿有效 BOS 的任何活动被允许之前限制在它们的管理活动策略中。通过行为规范的活动类型属性和其他元素的行为规范属性指定的对象，能在第一次活动之前的任何时间被限制，该活动包括任何其管理活动策略通过从这些属性来关联对象。如果支持基本模块的活动选项，如果任何管理、行为规范和活动规范的活动类型属性不能完全被解决，那么是可报告的 HyTime 差错的，当任何解决它的方法都尝试过。

属性被管理的对象(governed)引用这些对象，它们应用于采用由活动类型属性描述的策略。

属性关联或分离(associat)指出，对于被管理的对象来说，行为规范关联(assoc)或分离(dissoc)策略是否由活动类型属性来描述。

属性**无效活动策略关联规则**(nullify)使建立在引用的行为规范基础上的相关(或分离)失去有效性。然而,行为规范无效由效果中的无效行为规范来描述。

所有关联(不是明确的分离)策略的集合通过应用于任意给定信息对象的所有有效行为规范元素来表达,与关联是否由一个或多个行为规范元素的被管理属性产生,或通过一个或多个行为规范元素和被管理对象的行为规范属性来表达,或通过描述关联的两种手段来表达并无多大关系。本标准不定义应用策略的顺序。在允许成功尝试执行一个活动之前,必须满足所有可应用的策略。多次关联的策略,与之前只关联一次的策略一样,是有效的。

注 128:如果重复描述相同策略,HyTime 引擎可能或不能在报告管理信息对象的策略之前消除冗余,这取决于策略如何被重复引用。可能会由系统其他部分来识别冗余并消除它。

作为一个实际问题,为了让活动策略能起作用,被管理的信息对象、活动策略和将策略和对象关联起来的行为规范必须全部在有效的 BOS 中出现,而没有分离或无效的行为规范在有效 BOS 中出现。因此,无论谁(或者什么)控制有效 BOS 中的成员资格,也能有效地控制应用程序的活动策略。

注 129:这种方式,例如,如果 B 组织从 A 组织购买了超文档的所有权限,作为交付给 B 的超文档包含一些管理活动策略的集合 B 并不需要为了改变先前存在的活动策略的有效性和/或用新的策略替换它们而去编辑超文档。相反的,所有 B 需要做的事是添加新的枢纽文档到超文档中,此超文档声明老的枢纽文档作为子枢纽,并且包含使 A 的旧文档无效(或部分无效)的行为规范,为 B 的有效 BOS 中包含的内容提供新的行为规范和策略(可能在 HyTime BOS 中包含它们)。

当然,如果起始的超文档没有防止关联新的活动策略规则的活动策略,B 组织就只能做这些。另外,这个例子假设,两个组织在强制活动策略的同一系统内操作,例如企业的内网。

重写已存在活动规则的能力并不意味着在枢纽文档中定义的规则能通过将枢纽文档变成另一个枢纽文档的子文档来重写。这是因为执行活动策略的唯一途径是通过逻辑引用访问超文档的成员,逻辑引用直接或间接地从枢纽文档到超文档的其他部分来建立(例如,通过超文档中的超链接从枢纽文档到其他文档)。如果有的话,这些引用需要触发超子枢纽超文档的相应活动策略。

注 130:HyTime 无须要求所有访问超文档的成员都通过枢纽文档产生引用来实现——如果活动策略被有效地强制执行,那么从枢纽文档开始访问仅仅是实践的现实。换言之,活动策略只能在需要访问控制的封闭系统中强制执行。然而,活动策略即使在不可控的环境里仍是有价值的,因为它们传达期望的策略,不管是否可以通过访问系统来强制执行(例如,可用于匿名 FTP 的程序相关的共享软件许可策略)。

属性**活动类型**(actypes)的取值是从属元素类型的活动类型属性的名称列表。其默认值是 HyTime 定义的活动类型的完整列表。在任意给出的从属元素类型中,列表能包括所有、一些或零个 HyTime 定义的活动类型,和许多应用程序定义的活动类型,每个活动类型也声明为从属元素类型的属性。如果使用了任意一个 HyTime 定义的活动类型,那么它们的语义也通过本标准定义。如果声明了不同于本标准中声明的任意活动类型,则必须支持基本模块的 actypes 支持选项。

```
                      〈! --用户活动类型--〉
〈! [ %actypes; [
〈! entity %
   dactypes           --固定默认活动类型? --
                      --条:6.7.3 --
   ""                 --不固定活动类型--
〉
〈! ENTITY % activity "INCLUDE" 〉
]]〉〈! -- actypes --〉
                      〈! --活动策略关联规则--〉
〈! [  %activity; [
〈! entity %
   dactypes           --固定默认活动类型? --
                      --条:6.7.3 --
   "#FIXED"           --固定活动类型--
〉
```

```
〈! element
  actrule              --活动策略关联规则--
                       --条:6.7.3 --
                       --选择性地建立信息对象活动策略的关联或分散,选择性地使其他活动失效。--
  - O
  ( % HyCFC;) *
-- 属性 [base]:actrule --
-- 公共属性 [GenArc]:dafe,dvlatt,etfullnm,id,irefmodl,ireftype,lextype,opacity --
-- 公共属性 [base]:activity,conloc,dtxtatt,valueref --
-- 公共属性 [locs]:refctl,refloc,reftype,rflocspn --
-- 引用者 [base]:activity:actrules,actrule:nullify --
〉
〈! attlist
  Actrule              --活动策略关联规则--
                       --条:6.7.3 --
  governed             --  被管理的对象--
                       --由活动规范的活动类型属性集描述的与对象相关的关联或分离策略。--
    CDATA              -- 引用 --
    # IMPLIED          -- 默认:受此规则管理的对象不受其描述。--
  Associate            --关联或分离--
                       --指定"assoc"创建关联,"dissoc"解除由其他活动规则创建的关联。--
    (assoc|dissoc)
    assoc
  nullify              --  使活动策略关联规则无效--
                       --使活动规则的引用无效--
    CDATA              -- 引用--
                       -- Reftype:actrule * --
    # IMPLIED
  actypes              -- 活动类型--
                       -- 活动类型属性的名称列表。--
                       --注:除 HyTime 定义的默认集之外,HyTime 默认活动类型集的任意、所有或零个成员可能被
                         使用。--
                       --约束:不能重定义 HyTime 定义的默认集合的成员的语义。--
    NAMES              -- Lextype:ATTNAME + --
    % dactypes;        --注:如果不支持的活动规则,取值为 # FIXED --
    "access copy create delete link modify reschdul schdul trnscl
     unlink unschdul untrnscl"
                       --常量--
--下列是 HyTime 定义的 12 个"活动类型"属性。通常是调用 HyTime 定义的语义来使用这些名称。--
  create               -- 对象创建策略--
                       --任意对象最初被建立时,策略被应用。--
    CDATA              --  引用  --
    IMPLIED            --  默认:没有对象创建策略被描述--
  Copy                 -- 对象拷贝策略--
    CDATA              --  引用  --
    # IMPLIED          --默认:没有对象拷贝策略被描述--
  delete               --  删除对象策略--
                       --任意对象被删除时,策略被应用。--
    CDATA              --引用--
    # IMPLIED          --  默认:没有对象删除策略被描述--
  access               -- 对象访问策略--
                       --任意对象被访问时,策略被应用。--
    CDATA              -- 引用 --
    # IMPLIED          --  默认:没有对象访问策略被描述--
  modify               --  对象修改策略--
                       --任意对象被修改时,策略被应用。--
    CDATA              -- 引用--
    # IMPLIED          --  默认:没有对象修改策略被描述--
  Link                 --  超链接对象策略--
                       --任意对象被链接时,策略被应用。--
```

```
    CDATA           --引用--
    # IMPLIED       --默认：没有对象链接策略被描述--
  unlink            -- 没有超链接对象策略--
                    --对象不再超链接锚点时，策略被应用。--
    CDATA           -- 引用--
    # IMPLIED       --  默认：没有超链接指定对象策略--
  schdul            --   对象调度策略--
                    --在 FCS 中尝试调度任意对象时，策略被应用。--
    CDATA           -- 引用 --
    # IMPLIED       --  默认：没有预定的对象策略被描述--
  unschdul          -- 不被调度的对象策略--
                    --尝试删除 FCS 中任意给出的对象的出现时，策略被应用。--
    CDATA           --引用--
    # IMPLIED       -- 默认：没有指定不被调度的对象策略--
  reschdul          -- 重调度对象策略--
                    --尝试重新调度 FCS 中任意给出的对象的出现时，策略被应用。--
    CDATA           --引用--
    # IMPLIED       --默认：没有指定重新编排策略的对象--
  trnscl            --可移植的调度对象策略--
                    --尝试转换调度任意对象时，策略被应用。--
    CDATA           --引用--
    # IMPLIED       --没有指定对象的可移植调度策略--
  untrnscl          --不可转移的调度对象策略--
                    --尝试不转换调度任意对象时，策略被应用。--
    CDATA           --引用--
    # IMPLIED       --没有指定对象的不可移植调度策略--
  >
]]><! -- activity   -->
```

6.8 坐标规范

“坐标地址”是通过对象的相对位置来描述位置的一种方式。坐标地址只有在“坐标空间”的上下文中才有意义：即有一个坐标轴和一个沿轴的度量系统。

HyTime 定位地址和调度这两个模块都使用坐标规范，在坐标空间中定位对象和描述对象的位置。支持坐标规范是基本模块的一个选项，基本模块大体上被一些地址定位元素形式和调度模块所需要。

概念上说，短语“句子中的第三个和第四个单词”是在坐标空间中定位对象的一个例子，这个坐标空间有一个轴，即句子。为了度量，轴被分成可数的不可再分的量。在这个例子中，量即是单词。

这样，轴就是有序的量集。在轴上的对象通过“维”定位；维由两部分组成：一个沿轴的位置和一个量程计数（该对象占据的所有量程数）。对象沿轴的位置由对象所占用的第一个或最后一个量程的数字所给出。对象的量程计数则直接给出或源于第一个和最后一个量程的数字。在上例中，“第三个和第四个单词”的维可以用第一个量程(3)和紧接着的量程(2)的量程数字来描述：“3 2”。最后一个量程的量程数字则应该是 4。

注 131：HyTime 使用术语“维”作为其度量长度，可看作机械绘画，而不是“多维空间”中的“维”。

6.8.1 HyTime 轴标记列表记法

本条定义的 HyTime 轴标记列表是 HyTime 文档中描述维的默认方式。

```
                  <! --  HyTime 轴标记列表记法-->
<! [  % HyMrkLst; [
<! notation
  HyMrkLst        --  HyTime 轴标记列表记法--
                  --条:6.8.1 --
                  --HyTime 轴标记(有符号的非零整数)和标记功能(符合 markfun 构造形式的元素)列表。标记功
                    能对标记列表进行评估--
  PUBLIC "GB/T 16965—2009//NOTATION
          HyTime Axis Marker List Notation//EN"
-- 公共属性 [GenArc]:altreps,included,superdcn --
```

```
-- 公共属性 [base]:bosdatt --
-- 公共属性 [locs]:egrvplan --
〉
]]〉〈! -- HyMrkLst-->
```

6.8.1.1 轴标记列表

轴标记是一个非零整数，表示在坐标轴上的位置。正值从范围起点计数，第一个量程从1开始。负值从范围结尾的方向计数，最后一个量程从－1开始。

轴标记列表是轴标记与(或)分解轴标记的元素的混合列表。

注132：当支持标记函数(markfun)选项时，轴标记在文档中使用不同的记法来说明(见6.8.1.2)。

体系结构参数实体marklist列出了可以在任何允许使用轴标记的地方使用的结构。这参数实体用于其他体系结构内容模型的定义。

```
〈! entity %
  marklist       --轴标记列表内容模型--
                 --条:6.8.1.1 --
                 --解决标记列表的数据和元素。--
  "#PCDATA|dimref|markfun"
〉
```

6.8.1.2 标记函数

标记函数是分解零或多个轴标记列表的元素。用于描述标记的记法是随意的并且是用户定义的，但记法处理器必须将轴标记列表返回给标记列表记法处理器。

注133：换言之，支持标记函数的标记列表记法处理器必须提供一套接口，使的标记函数记法处理器可以返回轴标记列表给标记列表记法处理器。

注134：**HyTime轴标记列表记法，HyTime标记函数语言**(见6.8.6 HyTime标记函数语言(HyFunk))和**HyTime维引用记法**(见9.8维引用)是所有标记函数的记法。

元素形式标记函数(markfun)包括被看作返回一个或多个轴标记的函数的元素或数据。

```
                 〈! --标记函数--〉
〈![ %markfun; [
〈![ %HyFunk; [
〈! entity % dmarkfun "HyFunk"〉
]]〉
〈! entity %
  dmarkfun       -- 默认标记函数记法--
                 -- 条:6.8.1.2--
  "#REQUIRED"
〉
〈! element
  Markfun        --标记函数--
                 --条:6.8.1.2--
                 --对零个或多个轴标记列表求值。--
  O O
  (%HyCFC;)*     --约束：内容必须与标记函数记法规范一致。--
-- 属性 [base]: markfun --
-- 公共属性 [GenArc]: dafe, dvlatt, etfullnm, id, irefmodl,ireftype, lextype, opacity --
-- 公共属性 [base]: activity, conloc, dtxtatt, valueref --
-- 公共属性 [locs]: refctl, refloc, reftype, rflocspn --
〉
〈! attlist
  markfun        --标记函数--
                 --条:6.8.1.2--
  Notation       -- 标记函数记法--
    NAME         -- Lextype: NOTATION --
    %dmarkfun;
〉
```

]]><! -- markfun -->

6.8.2 HyTime 维规范记法

维(dimension)表示成包含两个轴标记的列表。列表中示记符对就是"标记符 1"和"标记符 2",或"第一个标记符"和"第二个标记符"。

每个轴标记符号指明了计数的方向,如下:

——第一个标记

正 从范围的开始(1)向前计数。

负 如果标记符 2 是正数,从范围结尾(—1)向后计数,否则从标记符 2 向后计数。

——第二个标记

正 从标记符 1 向前计数。

负 从范围的结尾(—1)向后计数。

第二个标记必须为正数,从第一个标记开始计数直到最后轴的最后一个量程。

START OF RANGE <= first position <= second position <= END OF RANGE

第二个标记总是定位维的最后一个量程,或直接通过描述负的轴标记,或间接通过描述正的轴标记,从标记符 1 向前计数。

注 135:在前面的例子中,量程从第一个和最后一个量的位置开始计算;在后面的例子中,量程是第二个标记的值。

注 136:如果被定位的对象被修改,像量的删除和添加,坐标定位很可能是不可靠的。为了方便理解,设想把一个段落看作一根轴,其中字符好比量。为了定位第二个句子,它当前包括字符是从第 21 个到第 30 个,那么维就是"21 10"。如果采用这种形式的地址,当句子之后被缩短时会得到无关的字符。

为了减少这种问题,描述维的一个或两个轴标记对每个区域两端中的任一端都能这样做。如果段落有 40 个字符,第二个句子可以用"21-11"来定位。以这种形式表示的维,第二句的定位完全与之后的句子变短或变长无关(假设未修改周围的文本)。

使用有符号的轴标记的作用可以总结如下:

1	1	表示范围的第一个量程
—1	1	表示范围的最后一个量程
1	—1	表示从第一个到最后一个(整个范围)
1	—2	表示除最后一个外的所有量程
2	—1	表示除第一个外的所有量程
5	6	表示从第五个开始到第十个量程

当第二个标记为负时,第一个为负的标记符有些许不同的含义。仍然从范围的结尾计数,但是从第二个标记而不是最后一个量程开始。

例如,在一个有 10 个量的范围中,"—3 —2"指从第 7 个至第 9 个量。第一个标记符是量程计数的相反数。

```
                    <! --  HyTime 维规范记法  -->
<![ %HyDimSpc; [
<! notation
  HyDimSpc      --HyTime 维规范记法--
                --条:6.8.2 --
                ---对轴标记符(在 HyTime 轴标记列表记法中,在标记函数分解之后),一起指定沿唯一轴
                  正向的量程计数。--
    PUBLIC "GB/T 16965—2009//NOTATION
            HyTime Dimension Specification Notation//EN"
  -- 属性 [base]: HyDimSpc --
  -- 公共属性 [GenArc]: altreps, included, superdcn --
  -- 公共属性 [base]: bosdatt --
  -- 公共属性 [locs]: egrvplan --
  >
  <! attlist #NOTATION
    HyDimSpc    --HyTime 维规范记法--
                --条:6.8.2 --
```

```
        GenArc   NAME  ＃FIXED GABridN
        superdcn NAME  ＃FIXED HyMrkLst
      〉
      〈! entity  %  HyMrkLst "INCLUDE"〉
      ]]〉〈! -- HyDimSpc --〉
```

6.8.3 维规范

元素形式维规范(dimspec)包含被认为是在某一轴上的某一维的元素或数据。

```
                         〈! --维规范--〉
〈! [  %dimspec; [
〈! [  %HyDimSpc; [
   〈! entity  %  ddimspec "HyDimSpc"〉
]]〉
〈! entity  %
  ddimspec          -- 默认维规范记法--
                    --条:6.8.3 --
  "＃REQUIRED"
〉
〈! element
  dimspec           --维规范--
                    --条:6.8.3 --
                    --某个轴上的一个位置和量程计数。当作为标记函数使用时,返回正轴标记对,第一个标记值
                      对应维的第一个量程的位置,第二个标记值对应维的量程计数。--
  O O
  ( %HyCFC;| %marklist;)*
                    --约束:内容必须依照指定的记法--
-- 属性 [base]: dimspec --
-- 公共属性 [GenArc]: dafe, dvlatt, etfullnm, id, irefmodl,ireftype, lextype, opacity --
-- 公共属性 [base]: activity, conloc, dtxtatt, valueref --
-- 公共属性 [locs]: refctl, refloc, reftype, rflocspn --
〉
〈! attlist
  Dimspec           --维规范--
                    --条:6.8.3 --
  HyBase NAME ＃FIXED markfun
  notation          -- 维规范记法--
    NAME            -- Lextype: NOTATION --
    %ddimspec;
〉
]]〉〈! -- dimspec --〉
```

6.8.4 维列表

记法形式HyTime维列表记法(HyDimLst)允许描述维列表,且不要求显式的维规范元素。

```
                         〈! --   HyTime维列表记法--〉
〈! [  %HyDimLst; [
〈! notation
  HyDimLst          --  HyTime维列表记法--
                    --条:6.8.4 --
                    --维列表中的每项描述了轴标记对(在 HyTime 的标记列表记法中),或通过标记函数返回的所
                      有、部分轴标记列表。--
  PUBLIC "GB/T 16965—2009//NOTATION
             HyTime Dimension List Notation//EN"
-- 属性 [base]: HyDimLst --
-- 公共属性 [GenArc]: altreps, included, superdcn --
-- 公共属性 [base]: bosdatt --
-- 公共属性 [locs]: egrvplan --
〉
〈! attlist ＃NOTATION
  HyDimLst          --HyTime维列表记法--
                    --条:6.8.4 --
```

```
  GenArc  NAME   #FIXED GABridN
  superdcn NAME  #FIXED HyMrkLst
>
<! entity % HyMrkLst "INCLUDE">
]]><! -- HyDimLst -->
<! entity %
  dimlist          -- HyTime 维列表记法--
                   --条:6.8.4 --
  " %marklist; |dimspec"
>
```

6.8.5 越界处理

属性形式越界与坐标定位描述的元素形式相关联。

属性越界处理(overrun)规定如何处理超越可定位范围界限的实际维。它或是被作为差错("error"),或是范围的长度卷回("wrap"),或是到范围的第一个和/或最后一个量程处截断("trunc")来进行处理。如果"trunc"规定为:

——如果维的一些部分出现在范围内,两个标记符中的任一个在范围的第一个量程之前,则作为第一个量程处理;

——如果维的一些部分出现在范围内,两个标记符中的任一个在范围的最后一个量程之后,则作为最后一个量程处理;

——如果维没有任何部分出现在范围之内,"trunc"规范与"ignore"规范是等效的。

另外,可以规定"ignore",这样维作为未说明处理。但有时会产生差错。

```
                        <! --越界处理 -->
<! [ %overrun; [
<! attlist
--overrun--            --越界处理
                       -- 条:6.8.5 --
  (dataloc,dimref,event,evgrp,fcsloc,listloc,modgrp,modscope,
   pathloc,progrp,proscope,relloc,treeloc)
  overrun              --越界处理 --
                       --越界维处理--
    (error|ignore|trunc|wrap)
    error
>
]]><! -- overrun -->
```

6.8.6 HyTime 标记函数语言(HyFunk)

HyTime 标记函数语言(HyFunk)提供了用于在标记函数中完成标记的整型算术运算的最小化函数。HyFunk 是基于 DSSSL 表示语言的。

```
                        <! -- HyTime 标记函数语言-->
<! [ %HyFunk; [
<! notation
  HyFunk        -- HyTime 标记函数语言--
                --条:6.8.6 --
  PUBLIC "GB/T 16965—2009//NOTATION
          HyTime Marker Function Language//EN"
-- 公共属性 [GenArc]: altreps, included, superdcn --
-- 公共属性 [base]: bosdatt --
-- 公共属性 [locs]: egrvplan --
>
]]><! -- HyFunk -->
```

HyFunk 是配置式的函数语言,包括加、乘、减、除、取余和求模等算术运算函数,也包括完成维引用的函数。算术运算函数与 DSSSL 表示语言中的对应程序是相同的。dimref 函数效仿维引用元素形式(见 9.8)。HyFunk 函数总是返回单精度整型值。

在DSSSL,函数是由圆括号括起来的列表,其中函数名称石列表的第一项。列表由s-separator所限定。HyFunk算术运算函数的参数如下:

```
[1] arg =
( marker | HyFunk function)
[2] marker =
snzi
```

HyFunk函数是以下算术运算函数或dimref函数:

加法　　返回参数之和。

```
[3] addition =
"(+", ( arg , arg +), ")"
```

乘法　　返回参数的乘积。

```
[4] multiplication =
"(*", ( arg , arg +), ")"
```

减法　　有两个或多个论据,返回参数的差,左结合运算;有一个参数,返回参数的相反数。

```
[5] subtraction =
"(-", ( arg, arg +), ")"
```

数论除法　　这些函数实现数论(整数)除法:对正整数n1和n2,如果n3和n4是整数,有n1 = n2 * n3 + n4且0〈=n4〈n2,则下列式子成立:

```
(quotient n1 n2) -〉 n3
(remainder n1 n2)-〉 n4
(modulo n1 n2) -〉 n4
[6] quotient =
"(quotient", ( arg , arg ), ")"
[7] remainder =
"(remainder", ( arg , arg ), ")"
[8] modulo =
"(modulo", ( arg , arg ), ")"
```

dimref函数返回指定的引用元素的维组件。dimref函数的参数与dimref元素形式的属性一致,并有同样的意义和约束(见9.8维引用)。

```
[9] dimref =
"(dimref", IDREF ,
( "selcomp: (" "'first" | "'last" | "'qcnt" |
"'precedng" | "'followng")),
( "flip", ( "#t" | "#f"))?,
( "schdspec:" IDREF )?,
( "axisspec:"IDREF )?,
( "dimnum:" number )?,
( "extnum:" number )?,
( "granule:" granule )?,
( "roffgran: (" "'roerror" | "'rocmplet" | "'roscant" | "'roboundy"))
( "dsdtypes:" string )?,
( "prjdirct: (" "'drctonly" | "'drctproj" | "'projonly"))
( "prjtarg:" IDREF )?,
( "prjby:" IDREF )?)
```

Hyfunk符合ISO/IEC 10179:1996文档式样语义和规范语言中定义的相应DSSSL模块中所有限制的要求。

7 定位地址模块

本章描述的是HyTime可选定位地址模块。

注137:除定位地址模块的其他可选设施之外,每个定位地址元素形式本身就是一个可选设施。

7.1 概念和定义

地址的基本形式与定位的基本形式一致;即当前文档中的元素由一个ID标识。这种形式的地址直接由 SGML 支持。它能被“ID 引用”(IDREF)和“ID 引用列表”(IDREFS)类型的属性所定位。

然而,SGML 没有提供把 ID 赋予给任意数据块、无 ID 只读文档中的元素、元素集合以及其他任意位置的直接方法。

因为元素不需要具有唯一识标识符,并且超媒体链接不需要完善元素,所以 HyTime 定位地址模块提供定义“定位地址”元素的能力,这些元素将 ID 与对象相关联,放于任意位置(即某些定位形式所指定的位置,而非一个本地 ID)。当对定位地址 ID 进行 ID 引用时,被认为是对所定位对象的引用。

注 138:当只在文档内容中遇到定位地址元素时,该元素并不能自动被求解。SGML 分析器用常规方式将其属性和数据传递给应用程序。作为其处理过程一部分,应用程序可以请求 HyTime 引擎分析定位地址,但这并不是必须的。

注 139:除少数特例外,HyTime 并不根据在存储器中访问地址所需的时间将其区分,因为时间随文档处理环境的不同而变化。事实上,当访问量将超出事先说明的临界值时,HyTime 引擎会对应用程序发出警告。HyTime BOS控制设施能被用来组织超文档成员,以便在预期访问时间内优化对象访问。

定位地址对树林起作用并且总是返回树林中的节点(见 7.1.4)。

注 140:非正式情况下,可以说“定位元素”;正式意思是“在应用树林中给来自元素的节点定位”。

7.1.1 定位类型

下面的列表总结出 HyTime 文档中可定位对象的类型,按地址形式分类。

——通过名称定位的节点(“名称空间定位”)

- 实体(通过带有 ENTITY 规范值的属性使用直接实体引用或使用“名称空间定位地址”);
- 已标识外部元素:在另一个文档中的具有 ID 的元素(使用“名称空间定位地址”);
- 未标识文档元素:本文档或者其他文档中没有 ID 的根元素(使用“名称空间定位地址”);
- 已标识局部元素:本文档中的非定位地址元素,但是具有 ID(不使用定位地址);
- 性质值:性质名称定位的树林中节点的性质值,例如 SGML 文档树林中属性节点的性质值(使用“性质定位地址”)。

——通过坐标位置地址的定位(“坐标定位”)

- 表节点:通过在列表中的位置定位的节点表中的节点(使用“表定位地址”);
- 树节点:通过其在树中位置定位的树中的节点(使用“树定位地址”),通过其在树根到叶子的路径中的位置定位的树中的节点(使用“路径定位地址”),或者通过与其他节点的亲戚关系定位的树中的节点(使用“相对定位地址”):
- 预定对象:出现在有限坐标空间区域内的对象。通过坐标定位(“FCS 定位地址”)或绝对日期时间定位(要求“日期规范”选项,见 9.9.2)。要求调度模块(见 9.10)。

——通过语义结构地址的对象(“语义定位”)

- 通过对其性质查询地址的节点(使用“查询定位地址”);
- 不可访问(用计算机)对象:对文档、个人,或者其他不能被自动访问的信息对象的描述(使用“书目定位地址”)。

注 141:以度量原理来说,名称空间定位是“名义”等级的位置。坐标定位是在“依次的”、“间隔的”或者“比例的”等级的位置,取决于应用程序如何构造轴和调度、如何使用 SMU 和颗粒,如何说明维以及应用程序附加于元素类型或颗粒名称的语义。例如,依次的等级可以通过创建与级别间隔相对应范围的资源池标识来表示,并且通过这些范围的维引用来定位事件(见 9.4 中注 279)。

定位地址元素可以同时定义多个对象,创建“多重定位”。按此类“多重定位地址”进行分组无效:这些定位将被看做是已经分别被引用过。但是,使用多重定位地址的元素会将特殊语义和多重定位联系在一起。多重定位要求支持“multloc”选项。

注 142:带有已声明“IDREFS”值的属性不构成多重定位,除非其通过使用 refloc 设施被给定“IDLOC”的一种定位类型(见 7.8)。

7.1.2 定位源

定位地址通过从一组节点中选择节点起作用。在其中进行定位地址选择的这个节点集合就是其

“定位源”。定位地址的定位源可以是另一个定位地址选择的节点。第二个定位地址是第一个定位地址的定位源。

由于定位地址在树林里的多个节点上起作用，每个地点地址的最终定位源是包含被定位地址和定位节点的一个或多个树林。树林通过给其构建其中的文档或数据实体地址，或给树林定义元素定位地址。为特殊定位地址元素定义的语义可以隐式地给树林地址。给树林定位等同于给其根节点地址（“树林根”）。

注 143：HyTime 出于定义目的需要使用树林形式，但正常情况下该树林形式不需要对用户和文档作者公开。定位地址机制的设计目的就是其默认行为几乎总是和作者的直观期望一样。

当定位地址作为另一个定位地址的定位源时，“定位梯阶”形成了。

在定位梯阶的每“阶”是在其之下阶的定位源。定位梯阶的最高台阶总是有一个树林或多个树林作为其自身定位源。定位梯阶的最低阶是被最初引用的定位地址。定位梯阶，其树定位是最底阶和 nmsploc 是最高阶，描述如下：

1） 上下文连接通过树定位地址元素（treeloc）ID 给其定位；
2） treeloc 以名称空间定位地址（nmsploc）作为其定位源；
3） nmsploc 对另一个文档实体命名作为其定位源（隐含地为派生自文档实体的 SGML 文档树林的元素性质值地址）；
4） nmsploc 通过元素名称选择元素地址，此名称派生自列于元素性质值中的元素节点；
5） 通过 nmsploc 选出的元素节点是做 treeloc 选择的树的根；
6） treeloc 通过指定树的位置选择树中的节点。

注 144：这个定位梯阶可以概要地表示如下：

```
        Document
        Entity--->SGMLDOC 节点（为 nmsploc 展示“元素”名称空间）
        A
        |
        |
        nmsploc--->通过名称定位的元素
        A    （变成 treeloc 树的根）
        |
        |
Clink--->Treeloc--->树中元素（clink 锚点）
```

树林地址需要的定位梯阶的台阶可能在每个定位地址形式都被定义的情况下被隐含。例如，上文描述的关于名称空间定位的隐含树林地址可以通过创建其“树林源”是文档实体的树林定义明确。然后那个树林定义可以作为性质定位地址的定位源，定位了树林根的元素性质的地址。接着这个性质定位地址可以作为名称空间定位地址的定位源。

注 145：隐含树林地址概念上作为标记最小化形式，因为任何隐含树林地址行为都能被同等直接或间接对树林定义的引用代替。例如，名称空间定位地址的默认隐式定位源是在 SGML 文档树林中 SGML DOC 对象的“元素”性质。该定位梯阶可以被清晰描述如下：

〈！--注意：实体 Doc 被声明为带有 SGML 记法的数据实体--〉

〈pgrovdef id＝docbgrov grovesrc＝DocB grovplan＝HyTime〉

〈nmsploc id＝docb. foo namespc＝elements locsrc＝docbgrov〉foo〈/nmsploc〉

每个隐式定位源都可以用适当的定位梯阶清楚地说明。一般情况下，树林中任何节点都能通过组合定位，这个组合是包括性质定位、名称空间定位、表定位和最终定位源是明确或含蓄的树林构造器的树定位组合。

本标准不要求某个执行能反映定位梯阶中的不连续台阶，或者在这些台阶之间按 HyTime 中说明的形式传递信息。

注 146：上面的规定允许 HyTime 引擎优化对定位梯阶的解释，并对最底层进行访问。

注 147：HyTime 定位地址和定位梯阶结构相当健壮。其基于一些简单规则，允许模块化实现 HyTime 引擎。于是，可能会构造一些在上下文中显得不正常的定位梯阶，但是 HyTime 会认为其合法并且一致地处理。

例如，在 SGML 分析上下文中，即使书的一章既包含子元素又包含数据，也可以作为 dataloc 定位源使用。按照把字符识别成量程的规则，HyTime 将该章及其他子元素内容中的所有数据加上标记记法。这种方法有时会很有用，比如在应用程序想进行单词计数时。

限制定位地址的一般性会向 HyTime 中引入不必要决策。应当由使用 HyTime 的应用程序决定是否对某些形式的定位地址加以限制；HyTime 不可能确定哪些定位地址对于一些应用程序毫无意义，对于另一些应用程序则很有用，甚至是必要的。

7.1.3 定位路径

一些具有 ID 的定位地址元素和可以给没有名称的对象命名，还可以直接或间接地给对象定位。

例如，带有 ID 的树定位地址元素将其 ID 与要定位的节点相联系，对这个树定位地址的 ID 的引用等同于把 ID 直接使用在节点上。

因此，当定位地址元素给另一个定位地址元素定位时，不管第一个定位元素如何给第二个定位元素定位，效果是指定为第二个地址。例如，偶然为名称空间定位地址的树定位地址实际上给被命名空间定位地址的对象定位。

注 148：唯一例外是，具有相关引用范围“ID”（直接引用）的引用属性或内容对定位地址元素做引用（见 7.7.2 引用解析范围）。

“定位路径”指当某个定位元素给另一个定位元素定位时发生的间接地址约束。每个都是定位路径的步骤。路径步骤的 Locsrc 是其定位梯阶最底阶（或许是唯一阶，也就是最高阶）。

注意，定位梯阶的顶面台阶总是树林根，被树林定义元素或构建树林的实体表示。通常，梯阶的上部台阶被已说明的 locsrc 暗示。只有定位地址元素可以是定位路径或定位梯阶的一部分。

注 149：看起来，路径从左到右；梯阶在作为定位源的步之上。例如，两步路径使用两个名称空间定位地址，每个都给元素 ID 定位，第一个给第二个定位，如下所示：

```
Document          Document Entity
Entity            (contains nodes
(contains         addressed by
nmsploc[2])       nmsploc[2])
    A                 A
    |                 |
    |                 |
Clink--->nmsploc[1]--->nmsploc[2]---> 通过名称命名的节点(clink 锚点)
```

每个名称空间定位都是从 clink（the referrer）到最后定位节点（成为 clink 轴）路径中的一个步骤。每个名称空间定位之上是其定位梯阶。对于第一个名称空间定位，其定位源是包含第二个名称空间定位地址的文档实体，第二个名称空间定位的定位源是包含其命名节点的文档实体。

注 150：事实上不同路径中的不同路径步骤会使用相同元素作为其定位梯阶台阶，与信息建模观点无关，但是也许和执行有关。对用在不同路径中的公用元素也是一样。换句话说，对于给定的定位地址元素，HyTime 什么不知道在其之下是或在其左边是什么；仅仅知道其定位梯阶之上的台阶（locsrc 和 locsrc，等等）和向右的步骤（其定位的对象和已经被定位对象，等等）。

当不支持多重定位选项时，定位路径总是单个步序列，将单个最初引用与不是定位地址的单个对象相联系。当支持多重定位选项时，路径中任意步都能给多重定位地址和非定位地址元素定位，创建路径“扇形展开”。但是，解决分支定位路径的最终结果是单个节点表。

注 151：定位路径中给其自身直接或间接定位的步是 RHE。

定位路径中每一步都有自己的定位梯阶。

7.1.4 树林和定位地址

所有定位地址在树林中对地址节点起作用。树林由“树林构建过程”根据特殊性质集和树林规划修建。任何定位梯阶的最终定位源都是树林。在 HyTime 中,树林可以通过用于隐式定位源的规则和特定定位地址元素的语义进行隐含地位。树林也可以显式地被定义和定位。另外,任何定位地址元素能使用树林规划,和用来构造是其最终定位源的树林规划不同,以特殊“视角”给树林定位。

了解关于树林的更多一般信息见 A.4 性质集定义要求(PSDR)。

7.1.4.1 树林规划

树林按照特殊性质集建造,定义树林构建自其中的一套节点类和性质。每个数据记法必须有其自身的性质集(例如,SGML 记法的 SGML 性质集,见 A.7SGML 性质集)。树林构造器使用的“树林规划”可以决定构建的树林包括哪些类和性质。通过性质集本身或是别的一些默认机制定义树林规划是被清楚地说明还是默认树林规划。包含性质集中所有类和性质的树林规划是“完全树林规划”并且产生“完全树林”。性质集典型地定义不是完全树林规划的默认树林规划。

树林规划通过从树林定义元素、数据实体和定位地址元素中引用树林规划元素说明。明确树林规划和对其引用支持树林规划选项。

树林规划可以被用来控制特殊定位地址如何给树林做视图。当被应用到已经构建的树林中时,树林规划可以当作此树林的“过滤器”,目的就是解决定位地址。

注 152:已定位节点可以从树林中被挑选出,树林规划不会修改这样的树林。例如,被树林规划排斥的已定位节点的性质仍然可用。

元素形式**树林规划**(grovplan)通过定位地址元素或 HyTime 文档为使用定义树林规划(定义树林规划过去常常用来构建 HyTime 文档的有效 SGML 树林,见 6.4HyTime 文档)。树林规划包含可以列出在构建或是对树林定位时被包含或省去的模块、类、属性的子元素。树林规划可以修改默认树林规划,这个默认规划在树林规划引用的性质集中定义。

属性**性质集**(propset)涉及包含性质集定义文档的实体,树林规划应用到该文档中。

注 153:如果性质集定义文档不能访问,不一定是差错;性质集的知识通常被写入相关软件,执行中也许不要求对其访问。

元素形式**包含模块**(inclmods)和**省略模块**(omitmods),列出将被包含或省去的模块。包含或省去模块不会阻止分别包含或省去在那个模块中定义的类或属性。在同一个树林规划中,模块遗漏总是代替模块蕴含。包含模块或省略模块元素的内容必须是模块名称列表。

元素形式**包含类**(inclclas)和**省略类**(omitclas),列出将被包含或省去的类。类遗漏总是代替类蕴含。包含类或是省略类的元素内容必须是类名称列表。

元素形式**包含性质**(inclprop)和**省略性质**(omitprop),列出将被包含或省略的性质。属性**被包含或省略类**(classes),列出将包含或被省略性质的类。如果没有说明任何值,从展示此性质的所有类中包含或省略性质。省略类总是可以替代包含其任何性质。性质省略总可以代替性质包含。inclprop 或 omitprop 元素内容必须是性质名称列表。

```
                    〈! --树林规划--〉
〈! [ %grovplan; [
〈! element
  grovplan          --树林规划--
                    --条:7.1.4.1 --
                    --指定完全树林地址空间的子集。--
  - O
  (inclmod?,omitmod?,inclclas?,omitclas?,inclprop?,omitprop?)
                    --约束:能包含被省略模块中的类和性质 (但不是被省略类中的性质)。--
--属性 [locs]:grovplan--
--公共属性 [GenArc]:dafe,dvlatt,etfullnm,id,ireftype,lextype,opacity--
--公共属性 [base]:activity,conloc,dtxtatt,valueref--
--公共属性 [locs]:refctl,refloc,reftype,rflocspn--
--引用者 [locs]:agrovdef:grovplan,dgrvplan:grovplan,
  egrovplan:grovplan,lgrvplan:grovplan,pgrovdef:grovplan--
```

```
>
<! attlist
  grovplan              --树林规划--
                        --条:7.1.4.1--
  Propset               --性质集定义文档--
    ENTITY              --约束:如果性质集文档实体不可用,不是差错。--
    #REQUIRED
>
<! element
--inomcomp--            --包括成分/省略成分元素--
                        --条:7.1.4.1--
  (inclclas,inclmod,omitclas,omitmod)
  - O
  (#PCDATA)             --Lextype:cnmlist--
--公共属性 [GenArc]:dafe,dvlatt,etfullnm,id,ireftype,lextype,opacity--
--公共属性 [base]:activity,conloc,dtxtatt,valueref--
--公共属性 [locs]:refctl,refloc,reftype,rflocspn--
>
<! element
--inomprop--            --包含性质或省略性质--
                        --条:7.1.4.1--
  (inclprop,omitprop)
  - O
  (#PCDATA)             --Lextype:cnmlist--
--属性 [locs]:inomprop--
--公共属性 [GenArc]:dafe,dvlatt,etfullnm,id,ireftype,lextype,opacity--
--公共属性 [base]:activity,conloc,dtxtatt,valueref--
--公共属性 [locs]:refctl,refloc,reftype,rflocspn--
>
<! attlist
--inomprop--            --包含性质或省略性质--
                        --条:7.1.4.1--
  (inclprop,omitprop)
  classes               --properties--
                        --其中包含或省略性质的类--
    NAMES
    #IMPLIED            --默认:展示性质的所有类 --
>
]]><! --grovplan-->
```

对于 HyTime 文档元素，属性**树林规划**(grovplan)涉及 grovplan 元素，此元素被用来控制 HyTime 扩展 SGML 文档树林的结构。如果支持外部引用，树林规划元素能存在于另一个文档中。

```
                        <! --HyTime 文档树林规划-->
<![ %grovplan; [
<! attlist
--dgrvplan--        --HyTime 文档树林规划--
                    --条:7.1.4.1--
  (HyDoc)
  Grovplan          --树林规划 --
                    --HyTime 扩展 SGML 文档树林的树林规划--
  CDATA             --引用--
                    --引用类型:grovplan--
  #IMPLIED          --默认:HyTime 默认树林规划--
>
]]><! --grovplan-->
```

对于被命名为定位源的数据实体，数据属性**树林规划**(grovplan)涉及 grovplan 元素，该元素被用来控制实体的主树林结构。值被解释为对树林规划的直接或间接 ID 引用。如果支持外部引用，树林规划元素可以存在于在另一个文档中。如果没有说明，会使用实体数据内容记法的默认树林规划。

```
                    <!--实体树林规划-->
<![ %grovplan; [
<!attlist #NOTATION
--egrvplan--        --实体树林规划--
                    --条:7.1.4.1--
  #ALL
  grovplan          --树林规划 --
                    --从实体中构建树林时用到的树林规划。--
    CDATA           --引用 --
                    --引用类型:grovplan--
    #IMPLIED        --默认:实体 DCN 的默认树林规划。--
>
]]><!--grovplan-->
```

对于定位地址元素,属性树林规划(grovplan)给树林规划命名,这些树林规划被用来解释作为直接或间接定位源(7.2)的树林。有一些性质集的树林规划定位源没有使用,涉及这种树林规划不是差错。

```
<![ %grovplan; [
<!attlist
--lgrvplan--        --定位源树林规划--
                    --条:7.1.4.1--
  (anchloc,dataloc,FCSloc,linkloc,listloc,nmlist,nmquery,nmsploc,
   pathloc,proploc,queryloc,relloc,treeloc)
  grovplan          --树林规划--
                    --管理地址解析的树林规划--
    CDATA           --引用 --
                    --引用类型:grovplan*--
    #IMPLIED        --默认:按树林定义的定位源树林,其树林规划被显示或隐含地说明。--
>
]]><!--grovplan-->
```

注 154:间接地址可能会用于文档中涉及的树林规划,而不会用于定位地址、树林定义或 HyTime 文档元素中的树林规划。

7.1.4.2 HyTime 默认 SGML 树林规划

正如 SGML 性质集中所定义,SGML 文档中主树是一些元素的树,其内容以文档元素为根。SGML 性质集允许出现在元素中的所有东西存在于元素内容性质中(并且因此作为此元素的孩子,基于树定位目的)。然而,因为 HyTime 主要被用于给元素及其"语义内容"定位(非正式情况下,元素内容将被在文档格式化视图中提出),HyTime 定义 SGML 文档默认视图,将元素的孩子限制为元素和数据部分中。

HyTime 默认树林规划将元素内容限制为两个节点类型:元素和伪元素。伪元素代表相邻节点序列,其在一个标记关闭和下个标记开放之间的混合内容中被允许。

注 155:伪元素通过让树位置对元素间数据字符变的不敏感,更加容易地给元素和使用树定位地址的字符数据定位(除添加或删除完全伪元素的情况)。

因为在 HyTime 默认树林规划中,备注、标记声明和处理指令被认为不是元素的孩子,在决定伪元素节点内容时将被忽略。(但是,如果树林用通常包括一些节点类的树林规划构建,这些节点类将存在于 HyTime 定位地址返回的伪元素内容中。)

定位地址默认使用已构建树林的树林规划。HyTime 默认树林规划用来为没有指明显示树林规划的 HyTime 文档构建 HyTime 有效的 SGML 树林(通过 hydoc 元素形式的 grovplan 属性或 SGML 文档实体的 grovplan 数据属性)。HyTime 树林规划按 SGML 性质集定义的那样对 SGML 默认树林规划进行修改(SGML 默认树林规划也是 DSSSL 默认树林规划)。

HyTime 默认树林规划是:

```
<!DOCTYPE grovplan [
```

```
<? IS10744 ArcBase HyTime>
<! NOTATION HyTime
   PUBLIC "GB/T 16965—2009//NOTATION AFDR ARCBASE
           Hypermedia/Time-based Structuring Language(HyTime)//EN"
>
<! ATTLIST #NOTATION HyTime
  ArcDocF  NAME  #FIXED grovplan
  ArcDataF NAME  #FIXED HyBridN
  ArcDTD   CDATA #FIXED "HyTime"
  ArcQuant CDATA #FIXED "NAMELEN 9"
  ArcOpt   CDATA #FIXED "grovplan"
>
<! NOTATION AFDRMeta
   PUBLIC "GB/T 16965—2009//NOTATION AFDR Meta-DTD Notation//EN"
>
<! ENTITY HyTime
  PUBLIC "GB/T 16965—2009//DTD AFDR Meta-DTD
          Hypermedia/Time-based Structuring Language(HyTime)//EN"
  CDATA AFDRMeta
>
<! ELEMENT grovplan
   - -(title,desc,inclmod?,omitmod?,inclclas?,omitclas?)
>
<! ATTLIST grovplan
  id      ID     #IMPLIED
  propset ENTITY #REQUIRED
>
<! ELEMENT(title,desc,inclclas,inclmod,omitclas,omitmod)
   - -(#PCDATA)
>
<! NOTATION PROPSET
  PUBLIC "GB/T 16965—2009//NOTATION AFDR ARCBASE
          Property Set Definition Architecture//EN"
>
<! ENTITY SGMLProp
  PUBLIC "GB/T 16965—2009//DOCUMENT SGML Property Set//EN"
  CDATA PROPSET
>
]>
<grovplan propset=SGMLProp id=htdefgp>
<title>HyTimeDefault SGML Grove Plan</title>
<desc>
从 SGML 性质集中的默认 SGML 树林规划中移除处理指令(pi),添加伪元素。
</desc><inclmod>
pelement
</inclmod><omitclas>
pi
</omitclas>
</grovplan>
```


7.1.4.3 有效的 SGML 文档树林规划

当 HyTime 引擎处理 HyTime 文档时,产生出包含 HyTime 类和属性的"有效的 SGML 文档树林"。默认情况下,合法 SGML 树林使用 HyTime 默认树林规划构建。但是,当使用 hydoc 元素形式的 grovplan 属性为文档构建合法 SGML 树林时,HyTime 文档元素能命名不同树林规划以便使用(见 7.1.4.1)。

7.1.4.4 树林定义元素

任何定位地址最终定位源是树林,由树林根代表。树林定义元素形式使能对 groves 做明确引用。如果其未被构建,对树林定义引用导致构建此树林。树林定义将源数据("树林源")与树林构造过程定义相联系,也可选择与树林规划相联系。

对于每个树林源和树林构造过程组合,一个 HyTime 引擎只构建一个树林。如果两个或多个树林定义共享树林源和树林构造过程,被构建树林的树林规划是类和性质集合的联合,这些类和性质集由树林定义的树林规划进行定义。树林规划被树林定义说明,然后起到像是被构造树林过滤器的作用,正如作为定位地址元素说明的树林规划过滤器一样,但是应用到所有基于此特殊树林定义的进一步处理中。

元素形式**原生树林定义**(pgrovdef)定义这类树林,构建它的数据不属于树林(例如,未解析 SGML 文档)。属性**树林源**(grovesrc)涉及包含源数据的实体。属性**树林构造过程**(grovecon)给将被使用的树林构造过程命名。如果 grovecon 未被说明,树林源实体记法将定义树林构造过程。

注 156:为树林构造过程定义的属性值会通过使用通用体系结构的 DSFE 设施被说明(见 A5.3)。

属性**树林规划**(grovplan)涉及控制树林结构的树林规划。如果 grovplan 没有被说明,树林规划就是树林构造过程使用的默认树林规划。(也可能是性质集为源实体记法定义的默认树林规划。)

元素形式**次生树林定义**(agrovdef)定义那些从现有树林的节点中构建的树林(例如,SGML 文档树林)。属性**树林源**(grovesrc)直接或间接地定位构建次生树林的节点。属性**树林构造过程**(grovecon)给将被使用的树林构造过程命名。树林构造过程必须是为次生树林进行说明。属性**树林规划**(grovplan)涉及控制树林结构的树林规划。如果 grovplan 未被说明,树林规划就是树林构造过程使用的默认树林规划。

支持 grovedef 选项将允许 pgrovdef 和 agrovdef 都被使用。

```
                        〈! --原生树林定义--〉
〈! [ %pgrovdef; [
〈! element
   pgrovdef        --原生树林定义--
                   --条:7.1.4.4--
   - O
   (%HyCFC;)*
--属性 [locs]:pgrovdef--
--公共属性 [GenArc]:dafe,dvlatt,etfullnm,id,ireftype,lextype,opacity--
--公共属性 [base]:activity,conloc,dtxtatt,valueref--
--公共属性 [locs]:refctl,refloc,reftype,rflocspn--
〉
〈! attlist
   pgrovdef        --原生树林定义--
                   --条:7.1.4.4--
   grovesrc        --树林源--
     ENTITY
     #REQUIRED
   Grovecon        --树林构建过程--
     NAME          --Lextype:NOTATION--
     #IMPLIED      --默认:本身就存在于树林源中--
   grovplan        --树林规划--
     CDATA         --引用 --
                   --引用类型:grovplan--
     #IMPLIED      --默认:树林默认树林规划
〉
]]〉〈! --pgrovdef--〉
                        〈! --次生树林定义--〉
〈! [ %agrovdef; [
〈! element
   agrovdef        --次生树林定义--
                   --条:7.1.4.4--
   - O
   (%HyCFC;)*
--属性 [locs]:agrovdef--
--公共属性 [GenArc]:dafe,dvlatt,etfullnm,id,ireftype,lextype,opacity--
```

```
--公共属性 [base]:activity,conloc,dtxtatt,valueref--
--公共属性 [locs]:refctl,refloc,reftype,rflocspn--
〉
〈! attlist
  agrovdef          --次生树林定义--
                    --条:7.1.4.4--
  grovesrc
    CDATA           --引用--
    #REQUIRED
  grovecon          --树林构造过程--
    NAME
    #REQUIRED
  grovplan          --树林规划--
    CDATA           --引用--
                    --引用类型:grovplan--
    #IMPLIED        --construction process.--
                    --默认:树林构造过程的默认树林规划。--
〉
]]〉〈! --agrovdef--〉
```

7.2 定位源

所有定位地址元素形式都使用属性形式**定位源**(locsrc)。所有定位地址通过从一组被另一个定位定位地址的节点中选择一些节点给其定位,或通过对树林或 groves 直接或间接引用给其定位。属性**定位源**(locsrc)直接或间接给定位地址的定位源地址。当支持清楚树林规划时,定位地址元素能涉及定位源 groves 使用的树林规划(见 7.1.4.1)。

当定位源被省略或是定位源是对文档、子文档或数据实体的引用时,此定位源是隐含的。**隐式定位源**由隐式定位源属性说明(见 7.3)。当定位源是树林定义元素时,定位源是按树林定义所定义的方式构建的树林的树林根。

当系统不能从被定位为数据源数据中构建原生树林时,属性**不能构造树林**(cantcnst)指示期望系统响应:或者报告 RHE("差错"),或者忽略定位地址("忽略")。

```
                    〈! --定位源--〉
〈! [ %locsrc; [
〈! attlist
  --locsrc--        --定位源属性--
                    --条:7.2--
  (anchloc,dataloc,FCSloc,linkloc,listloc,nmlist,nmquery,nmsploc,
   pathloc,proploc,queryloc,relloc,treeloc)
  locsrc            --定位源--
    CDATA           --引用--
                    --约束:对实体的引用是对构建自这些实体的原生树林的根的引用。--
    #IMPLIED
  Cantcnst          --不能从已定位数据中构建树林--
    NAME            --Lextype:("ERROR"|"IGNORE")--
    ERROR
〉
]]〉〈! --locsrc--〉
```

7.3 隐式定位源

当 locsrc 属性没有被完全说明或当 locsrc 属性给文档、子文档或数据实体命名时,就隐式定位源。如果完全忽略 locsrc 属性,定位源就在构建自文档的 SGML 树林中,其包含定位地址,或者被引用元素的属性说明。如果定位源是文档、子文档或数据实体,定位源就存在于构建自此实体树林中。

属性形式**隐式定位源**(impsrc)为定位地址说明隐式定位源。隐式定位源可以是树林的主树根(ptreert)(SGML 文档树林的文档元素)、树林根(grovert)、涉及(直接或间接)定位梯阶的非定位地址元素,定位地址元素是此梯阶的最高台阶(referrer),或者是由 referrer 元素的引用属性地址的定位源

(referatt)。对于定位地址查询,查询本身就可以存在隐式定位源(implicit)。对于其他定位地址值"implicit"和"ptreert"同义。注意,只有定位梯阶的最高台阶能有隐式定位源。

属性引用者的定位源属性(referatt)给引用者的属性命名,给定位地址定位源地址。已命名属性或内容必须被引用者展示,并且可以引用。

注157:当使用引用者或 referatt 默认定位源时,相同定位地址元素被不同引用者使用时会给不同节点定位。

```
                    <! --隐式定位源-->
<![ %impsrc; [
<! attlist
--impsrc--           --隐式定位源--
                     --条:7.3--
   (anchloc,dataloc,FCSloc,linkloc,listloc,nmlist,nmsploc,nmquery,
    pathloc,proploc,queryloc,relloc,treeloc)
  impsrc             --隐式定位源--

                     --隐含 locsrc 属性的默认定位源。可能值是:
                        ptreert  默认定位源是作为主树根的默认树林中的节点,通常是文档元素。
                        Grovert  包含定位地址的文档树林根。
                        Referrer 默认定位源是对定位梯阶做直接或间接引用地址对象,此梯阶最高台阶是
                                 该定位地址。
                        referatt 默认树林规划是被 referatt 属性命名的 referrer 属性。
                        implicit 查询中定位源隐含。对于 queryloc,查询中定位源是隐含的。其他定位形
                                 式与 ptreert 相同。--
   (grovert|implicit|ptreert|referatt|referrer)
                     --约束:allowed 仅当支持 referatt 选项时,允许 referatt。--
   ptreert
>
]]><! --impsrc-->
                     <! --给定位源定位的 Referrer 属性-->
<![ %referatt; [
<! attlist
--referatt--         --给定位源定位的 Referrer 属性--
                     --条:7.3--
  (anchloc,dataloc,FCSloc,linkloc,listloc,nmlist,nmquery,nmsploc,pathloc,proploc,queryloc,relloc,
  treeloc)
  referatt           --给定位源定位的 Referrer 属性--
    CDATA            --Lextype:ATTORCON--
    #IMPLIED         --约束:已命名属性或内容,必须被 referrer 展示并且必须是可引用的。--
>
]]><! --referatt-->
```

7.4 多重定位

属性形式多重定位允许定位元素具有排序和重复省略性质。

如果非多重定位地址元素规定 multloc 属性,这并非 RHE,但是 HyTime 引擎将忽略这些属性。

多重定位自身已排好序。属性**定位排序**(ordering)指明该多重定位顺序对应用程序是否有意义。("有序"或"无序")

注158:该属性可能允许 HyTime 引擎优化对单个定位的访问。

此属性**集**(set)通过忽略所有结果节点表中的重复节点,把多重定位作为是有序集合处理。

```
                     <! --多重定位属性-->
<![ %multloc; [
<! attlist
--multloc--         --多重定位属性--
                    --条:7.4--
  (anchloc,dataloc,FCSloc,linkloc,listloc,mixedloc,nameloc,nmlist,
   nmquery,nmsploc,pathloc,proploc,queryloc,relloc,treeloc)
  ordering          --定位的顺序有意义吗? --
   (noorder|ordered)
```

```
      ordered
    set             --通过忽略重复使多重定位成为集合--
      (notset|set)
      notset
  >
]]>&lt;! --multloc-->
```

7.5 树类型

Groves定义两种截然不同的树类型:内容树和子节点树。节点内容性质形成内容树,这样展示内容性质的节点是属性值中节点的双亲。节点的子节点性质形成子节点树,如果第二个节点是第一个节点的源,就可以说第一个节点存在于以第二个节点的子节点为根的树中。

注159:SGML文档树林中元素的树及其内容是内容树。元素树及其全部子节点型性质(属性,元素类型,以及内容)是子节点树。

属性树类型(treetype)控制被定位地址当作其定位源使用的树是内容树(“content”)还是子节点树(“subnode”)。

注160:当定位地址使用树林根作为子节点树时,将树林中每个节点都作为其地址源定位。

对于listloc,nameloc,nmlist,nmquery,nmsploc,queryloc,and dataloc树类型属性将被忽略,除非其是定位跨度。

```
                        <! --树类型属性-->
<![ %treetype; [
<![ %spanloc; [
  <! entity %  treetpel
    "anchloc,dataloc,FCSloc,linkloc,listloc,mixedloc,nameloc,nmlist,
    nmquery,nmsploc,pathloc,proploc,queryloc,relloc,treeloc"
  >
]]>
<! entity %
  Treetpel          --树类型关联元素形式--
                    --条 7.5--
  "pathloc,relloc,treeloc"
>
<! attlist
--treetype--        --树类型--
                    --条:7.5--
  (%treetpel;)
  treetype          --树类型--
                    --作为定位源定位的树类型--
    (content|subnode)
    content
>
]]>&lt;! --treetype-->
```

7.6 跨度定位地址

属性形式跨度定位地址(spanloc)允许多重定位地址元素给“跨度”定位。跨度是从节点表中选择的节点序列,此表中节点在同一个树林的树left-list先序遍历中两个定位(“跨度界限”)之间连续出现。从此表中选择节点(因此是跨度的一员),如果其所有内容(或子节点)也在此表中,并且其本身不是跨度中某节点的后代。

注161:例如,给定以下树:

```
       ---  A  ---
          / | \
      B     C     D
     / \    |    / \
    E   F   G   H   I
```

如果跨度从节点“F”开始并且在节点“H”结束，此跨度会给节点 F、C 和 H 定位。节点 A、B、D 之所以不在跨度中是因为其孩子没有全部包含在跨度中。节点 G 也没有被包含，因为其是节点 C 的后代。

跨度界限是“跨度起始”和“跨度结束”。跨度在跨度起始的起点开始，在跨度结束的终点终止，跨度从文档结束必须不能比跨度起始远。跨度起始和跨度结束必须都出现在植根于定位源中节点的相同树中。跨度包含在对此树的 left-list 先序遍历序列中出现在跨度起始和跨度结束之间所有节点。

如果定位源是节点表，特殊跨度的定位源将会是节点，该节点派生自于作为包含此 span 的最小树的根的定位源。跨度所处的树可能是内容树或子节点树，取决于树类型(treetype)属性值(见 7.5)。

属性**跨度定位**(spanloc)能指定多重定位地址元素是非跨度定位(“nspan”)或者是跨度定位(“spanloc”)；换言之，此元素能给一对跨度界限定位。

当定位地址是跨度定位地址时，必须给偶数个节点定位，每一对都被解释为跨度起始和跨度结束。

当定位是非合法跨度界限时，说明“spanloc”就是 RHE。

属性**跨度界限排序**(limsort)说明跨度界限是否已经被排序为跨度起点在跨度终点之前。如果 spanloc 属性被说明为“nspan”，该属性将被忽略。

注 162：该属性可以允许 HyTime 引擎优化对跨度的访问。

```
                              <! --跨度定位-->
<![ %spanloc; [
<! attlist
--spanloc--         --跨度定位属性--
                    --条:7.6--
  (anchloc,dataloc,FCSloc,linkloc,listloc,mixedloc,nameloc,nmlist,
  nmquery,nmsploc,pathloc,proploc,queryloc,relloc,treeloc)
  spanloc           --跨度定位--
                    --多重定位构成跨度吗? --
    (nspan|spanloc)
    nspan
  limsort           --跨度界限排序--
                    --界限被排序为跨度起始在第一位吗? --
    (limsort|nlimsort)
    nlimsort
>
]]><! --spanloc-->
```

7.7 引用控制

属性形式**引用类型**(reftype)和**引用解决控制**(refctl)允许应用程序控制目标和引用的解决范围。(reftype 属性在 SGML 扩展设施的通用体系结构中定义，此属性控制直接 ID 引用；见 A5.5ID 直接引用类型控制。)

引用是声明值描述了 IDREF，IDREFS，ENTITY，或 ENTITIES 的属性；属性或数据内容被 lextype属性声明为包含引用，此 lextype 属性的 lexmodel 包含 IDREF，IDREFS，ENTITY，或 ENTITIES，或者通过可选择的 refloc 设施(见 7.8 引用定位地址)定义为可引用属性或内容来定义(见 7.8 引用定位地址)。属性 ID 引用由属性名说明，并且内容 ID 引用使用保留名称“#CONTENT”。保留名“#ALL”意思是“属性值中所有 ID 引用和这个元素类型的数据内容”。

失败的引用符合引用解决控制属性(refrange，reftype，等等。)，或符合其他属性的数量或类型。只有当(如果)应用程序要求完全解决引用时才意识到失败是 RHE。此类失败总是 RHE，然而，如果其单独由标记决定(例如，说明的 ISREFS 数目与 reftype 描述的数目不相同。)

7.7.1 引用元素类型

属性**引用元素类型**(reftype)将引用属性的名称(或#CONTENT)与最终目标必须符合的元素类型相联系。元素类型可以指定为单个 GI，其后可能有事件指示器；GI 组模型或保留字“#ANY”，这意味着对于相应属性的任何目标都可接受。如果支持 refmodel 选项，模型组可以是任何有效 SGML 模型组。当元素类型表不是重复 OR 组，或当其是不带事件指示器的单个 GI，引用被限制在已命名类型的单个实例中。如果不支持引用模型选项，模型组被限制在单一(可能可重复)GI、重复或非重复 GI 的 OR 组中。

注 163：换句话说，可能的简单表的目标是 GI。

特殊引用属性通过个别地指定元素类型，能无视与"＃ALL"相关的约束。

这些约束是引用目标约束；如果 refrange 属性允许，可以使用立即定位地址。如果约束是单个 GI，元素地址必须属于此元素类型。如果约束是模型组，元素地址必须满足模型组，按其出现在产生于地址的节点表中的顺序，引用类型约束应用于该地址中。

注 164：例如，如果 reftype 规范是"＃ALL(B,C)"，两个元素满足此 reftype，第一个元素类型是"B"，第二个元素类型是"C"。这个节点表能被两个 ID 引用地址，第一是对元素 B 引用，第二是对元素 C 引用；或者也可被间接地址引用，最终此地址按顺序给元素 B 和 C 定位。

注 165：reftype 属性允许属性值是结构。结构定义为 SGML 元素类型，结构中实例被看成是元素。属性值中不直接出现结构，相反是引用被用来指向这些结构。应用程序设计者可以用 refrange 属性要求在没有间接定位地址的情况下引用结构，并且/或者要求它们在文档中先于引用，以便能保持接近开始标签和允许进行有效处理。

注 166：常规 reftype 注给引用提供"meta"引用类型(句法有些不同)函数，被 HyTime 语言定义，此函数限制 ID 引用目标的体系结构形式，不是其元素类型。应用程序设计者能通过说明 reftype 属性施加更多约束，将会限制目标元素类型。

```
                          <! --引用元素类型-->
<![ %reftype; [
<! attlist
--reftype --        --引用类型属性--
                    --条:7.7.1--
   #ALL
   reftype          --引用元素类型--
     CDATA          --Lextype:(("#ALL",(GI|modelgroup|"#ANY"))?,
                            (ATTORCON,(GI|modelgroup|"#ANY"))*)--
                    --约束:给定的仅出现一次的 ATTNAME 或#CONTENT;应用于地址的最终对象的类型,不包含任
                      何立即定位。
                    --约束:如果不支持 refmodel 选项,就是局限于重复或非重复的模型组或组。
                      模型组中的标签必须是 GIs.--
    "#ALL #ANY"     --常量--
>
]]><! --reftype-->
```

7.7.2 引用解析范围

属性引用解析范围(refrange)将引用属性(或内容)名称与解析范围相联系。对于单独引用，通过用不同范围说明这些引用的名称，能忽略与"＃ALL"关联的解析范围。

有四种解析范围，按自由度增序列出；就是说，表中靠后的范围包含其之前范围的解析。

B　向后直接引用：在相同文档(或子文档)中先于引用的确定局部元素。

D　直接引用：相同文档(或子文档)中作为引用的确定局部元素。

注 167：直接引用可以向前引用或向后引用。

注 168：直接引用可以用来给定位地址元素定位，尽管其不是定位地址元素。换句话说，定位地址元素可以被来自引用范围是"D"的属性引用"提及"。

I　间接引用：相同文档(或子文档)中定位作为引用，通过定位地址元素被直接引用。这个解析范围要求支持定位地址模型。如果不支持此模型，这个解析范围被当作是"D"范围，不是被当作 RHE。

X　外部引用：任何文档(或子文档)中的定位。此解析范围要求支持"exref"选项。如果不支持此选项，此解析范围被当作是"I"范围，不被当作是 RHE。

注 169：refrange 设施允许使用引用属性(例如，超链)的元素处理被优化。换句话说，纯粹局部引用能被优化。

7.7.3 引用解析级别

考虑到定位路径引用自这些属性(或内容)中,属性引用解析级别(reflevel)将引用属性(或内容)名称与定位路径步最大数目相联系。分支定位路径长度是路径中最长的分支长度。第一个步被引用就开始计数。

注 170:换句话说,引用本身不被计数。

注 171:间接引用指示器,从最初引用到目标定位,包含通常对处理目标对象应用程序透明的“定位路径”。间接引用透明性允许当目标移动时修正定位路径,对应用程序不产生影响。当 reflevel 被指定,但定位路径步被定位时,此透明性可能丧失。

用不同级别指定单独引用名称时,与“#ALL”相关的解析级别能被忽略。没有指定最高解析级别的引用是完全解决。

解析级别被指定为无记法非零整数形式,代表与此元素相关的定位路径地址步的最大数量。如果引用目标本身是 reflevel 指定引用(或其目标是,等等),解析将在其中任何一些指定的最早点处被终止。

注 172:一些例子:

——如果元素 A 有带有 reflevel 6 的 IDREF,解析会终止超过其 6 个步(整体第七层);

——如果元素 B 是 A 的引用目标并且有带有 reflevel 3 的 IDREF,解析会终止超过 B 的 3 个步(超过 A4 步,总体第五层);

——如果元素 C 是 B 引用目标并且有未指定(无限制)reflevel 的 IDREF,解析将终止超过 C 的 2 个步(超过 A4 步,总体第五层),因为最早指定的终止点(元素 B 的 IDREF)起支配作用。

```
                        <! --引用解析控制-->
<![ %refctl; [
<! attlist
--refctl--       --引用解析控制属性--
                 --章:7.7.3--
  #ALL
  refrange       --引用解析范围--
                 --条:7.7.2--
                 --B 对确定局部元素向前引用
                   D 确定局部元素,之前或之后
                   I 被定位地址允许
                   X 间接目标,对引用会是外部。
                 --
    CDATA        --Lextype:(("#ALL",("B"|"D"|"I"|"X"))?,
                            (ATTORCON,("B"|"D"|"I"|"X"))*)--
                 --约束:给定的仅出现一次的 ATTNAME 或 #CONTENT。其声明值或 lextype 必须包含 IDREF。--
    "#ALL X"     --常量--
  reflevel       --引用解析层次 --
                 --IDREF 解析不能超出的层次,与此元素相关--
    CDATA        --Lextype:(("#ALL",unzi)?,(ATTORCON,unzi)*)--
                 --约束:给定的仅出现一次的 ATTNAME 或 #CONTENT。其声明值或 lextype 必须包含 IDREF。--
    #IMPLIED     --默认:完全解析--
>
]]><! --refctl-->
```

7.8 引用定位地址

属性形式引用定位地址(refloc)允许其语义正在定位的属性(即,使用 IDREF,IDREFS,ENTITY,or ENTITIES 的值描述正常声明的任何属性)使用任何定位地址规范。定位地址说明被解释为好像属性是对同等定位地址元素的 ID 引用。Refloc 属性形式为元素形式和记法形式提供。

属性引用定位类型(loctype)将引用属性和其定位地址方法相联系。Loctype 属性值是 ATTORCON 和关键字对表。每个关键字定义定位地址类型,每个属性(或内容)都正在使用。关键字是:

IDLOC　　属性值被解释为定位源,在定位源文档元素的唯一标识符名称空间中。

TREELOC　　属性值被解释为其默认定位源是引用者的 treeloc 内容。要求支持树定位选项。

PATHLOC　属性值被解释为其默认定位源是引用者的 pathloc 内容。要求支持路径定位选项。

RELLOC　属性值被解释为按照说明化词法类型((“ANC”|“CHILDREN”|“ESIB”|“FOLLOWNG”|“PARENT”|“PRECEDNG”|“YSIB”),dimlist?)说明的相关定位地址,其中最初关键字说明与源节点的关系,可选择维表从被指定关系定位的节点表中选择节点。当关系是“双亲”(见 7.10.1.6 相关定位地址)时,可能不指定维表。Referrer 是源节点。如果没指定引用定位源,主树根就是定位源。要求支持 relloc 选项。

QUERYLOC　此关键字后必须跟随记法名称;属性值被解释为在指定记法中的查询。要求支持 queryloc 选项。

列在定位类型值中的属性描述值必须与分配给其的定位地址规范相一致(CDATA 总是满足此要求)。

loctype 属性值在从属文档中必须是常量。

HyTime 将带有 IDREFS 值描述的属性与带有“IDLOC”loctype 规范的属性相区别。如果属性有 IDREFS 声明值,但不是作为 IDLOC 定位类型定义的,此属性就是可引用的,每个引用都被单独地处理(就好像属性值中每个 ID 都已经被指定为单独属性)。如此声明的属性不要求 multloc 选项。声明为 IDREFS 并且定义为 IDLOC 的属性被作为多重定位地址处理,这样被 ID 引用定位的全部节点都被当作单个定位节点表对待。

注 173:换句话说,对于不是 IDLOCS 的 IDREFS,每个 ID 引用都是一个独立定位路径的开始;同时也是 IDLOCS 的 IDREFS 则被当作是单一、可能多重分支定位路径的开始。在树林术语中,不同时是 IDLOC 的 IDREFS 属性给许多节点表中的一个表定位,属性值中每个 ID 都有一个节点表;同时也是 IDLOC 的 IDREFS 属性给代表所有节点关联的单一节点表定位,在属性值中这些节点直接或间接地由 ID 定位。

带有“ENTITY”或“ENTITIES”值描述的属性总是可引用的。带有“ENTITIES”值描述的属性给单个节点表定位,该表成员是树林根或是树林的主树根,这些树林构建自属性值中命名的实体。

注 174:ENTITIES 不要求 IDREFS 中的 IDLOC 区别,因为实体引用总是对树林根或主树根的直接引用并且因此能仅导出单个节点。

默认情况下,可引用属性的定位源可以是包含引用(对 IDLOC 定位类型)的文档或进行该引用的元素。引用属性也能与另一个为其定位源定位的引用属性相联系。属性引用定位源(rflosrc)将引用定位属性与另一个相同元素的属性相关联,当被指定时,可以给引用属性定位源地址。rflocsrc 属性值是 ATTORCON 对的列表,其中某对第一个名称是引用属性或内容,第二个名称是给第一个的属性或内容定位源定位的属性或内容(某对的两个成员可能不会都被指定为“#CONTENT”)。如果被命名为引用定位源的属性或内容没有为某元素被指定,该元素本身就可以作为定位源。

注 175:仅当元素具有已声明 EMPTY 内容或展示带有默认值#CONREF 的描述属性时,内容将不被指定。

rflocsrc 属性值在客户文档中必须是常量。

引用定位源属性给作为其引用定位源的相同元素的另一个属性命名,不是差错。(换句话说,有可能用单个元素类型的引用属性创建多阶定位梯阶。)

注 176:给定的交叉引用元素使用两个属性,“target”和“doc”,给其他文档中元素定位,target 使用 ID 引用;doc 使用对文档实体的引用,此实体包含 target 属性命名的 ID 元素。target 和 doc 属性之间的关系能被以下 loctype 属性和 rflocsrc 属性定义:

```
<! ATTLIST CrossRef
        HyTime NAME #FIXED "clink"
        HyNames NAME #FIXED "linkend target"
            --在该文档或其他文档中,告诉 HyTime 引擎目标是可引用并且使用 ID 引用.--
        loctype  CDATA #FIXED "target IDLOC"
        rflocsrc CDATA #FIXED "target doc"
        target   IDREFS #REQUIRED
            --当被说明时,DOC 给 TARGET 的定位源定位。--
        doc      ENTITY #IMPLIED
        >
```

属性跨度引用定位(rflocspn)可引用属性对命名,这些引用属性给跨度起点和终点定位(见 7.6 跨度定位地址)。rflocspn 属性值是 ATTORCON 对的表,其中名称都是可引用属性或内容。相同属性名(或"#CONTENT")不能用在某一对的两个成员中。当某对中属性和内容都被指定时,该属性和内容一起定义 span。如果该对中仅有一个成员被指定,地址被解释为好像 rflocspn 属性从未被说明过。rflocspn 属性值在客户文档中必须是常量。rflocspn 属性要求支持 span 定位设施和引用定位设施。

```
                          <!--引用定位地址-->
<![ %refloc; [
<!entity % rflocatt '
--refloc--                --引用定位地址--
                          --条:7.8--
  #ALL
  loctype                 --引用定位地址类型 --
                          --每个已命名属性被当作定位地址元素的 IDREF。--
                          --约束:已命名属性声明值必须在词汇上与其说明的解释相兼容--
                          --注:声明值 CDATA 总是符合此要求--
    CDATA                 --Lextype:(ATTORCON,("IDLOC"|"TREELOC"|"PATHLOC"|"RELLOC"|
                                  ("QUERYLOC",NOTATION)))+--
    #IMPLIED              --常量 --
                          --默认:全部引用都使用 SGML IDREFs,并且 IDREFS 属性中每个 IDREF 都被单独考虑过--
  rflocsrc                --引用定位源 --
                          --将可引用属性与其定位源相关联--
    CDATA                 --Lextype:(ATTORCON,ATTORCON)+--
                          --约束:已命名属性必须是可引用属性--
    #IMPLIED              --常量--
                          --默认:所有可引用属性使用该元素作为其定位源。--
'>
<!attlist %rflocatt;>
<!attlist #NOTATION %rflocatt;>
]]><!--refloc-->
                          <!--引用定位跨度-->
<![ %refloc; %spanloc; [
<!entity % rfspnatt '
--rflocspn--              --引用定位跨度--
                          --条:7.8--
  #ALL
  rflocspn                --引用定位跨度--
                          --可引用属性的名称对,当一对中两个属性都被指定时可以给跨度定位。--
    CDATA                 --Lextype:(ATTORCON,ATTORCON)+--
                          --约束:已命名属性必须是可引用属性。--
    #IMPLIED              --常量--
'>
<!attlist %rfspnatt;>
<!attlist #NOTATION %rfspnatt;>
>
]]><!--refloc,spanloc-->
```

注 177:refloc 设施有很多有用的应用程序,包括:

——在文档类型中固定 ID 引用值;

——直接使用非 HyTime 定位地址记法;例如,使用带有 HyTime 超链的 URLs:

```
                  <!--HTML A(anchor)element(derived from HTML 3.2)-->
<!--HTML A(锚点)元素(来自 HTML 3.2)-->
<!NOTATION URL
    PUBLIC "-//IETF/RFC1738//NOTATION Uniform Resource Locator//EN"
>
<!ELEMENT A
    - O(%text;)* -(A)
>
```

```
<! ATTLIST A
  HyTime    NAME   #FIXED clink
  HyNames   CDATA  #FIXED "linkend href"
  anchcstr  NAMES  #FIXED "self cond"
  linktrav  NAMES  #FIXED "A D"
  loctype   CDATA  #FIXED "href QUERYLOC URL"
  name      CDATA  #IMPLIED --已命名链接终止--
  href      %URL   #IMPLIED --被链接资源 URL--
  rel       CDATA  #IMPLIED --向前链接类型--
  rev       CDATA  #IMPLIED --向后链接类型 --
  title     CDATA  #IMPLIED --advisory 标题串--
>
```

——将 HyTime 改进为先前存在定位模式，如注 176 中所示的普通 target/doc 例子。

7.9 名称空间定位

名称空间定位通过一些名称空间中唯一名称给节点定位。SGML 文档的原生名称空间是带有 ID 的元素(由 SGMLDOC 节点元素性质表示)和实体(由 SGMLDOC 节点实体性质表示)。用树林术语来说，名称空间是其值是已命名节点表的性质。已命名节点表是其中全部节点都展示名称性质的节点表，已命名节点表中每个节点必须展示唯一值。因此，名称空间定位地址定位源是隐含性质定位地址，此性质定位地址的值是已命名节点表的属性定位。

7.9.1 确定局部元素或实体

可以在具有 ID 属性的相同文档中通过简单地指定 ID 对元素做直接引用。此情形下不需要定位地址元素。可以通过指定其名称，对相同文档中声明的实体做直接引用。

7.9.2 性质定位地址

元素形式**性质定位地址**(proploc)通过性质名给树林中节点的性质值定位。性质定位地址定位源是展示其值已定位的性质的节点。性质在 proploc 元素内容中被命名。

如果性质定位内容中命名的性质不被定位源展示，属性**附加性质源**(apropsrc)指定处理器是否应该检查定位源的祖先(从定位源开始)，或者检查定位源是否是性质的唯一资源(solesrc)。

注 178：例如，如果性质是“元素”，定位源是 SGML 文档的文档元素，并且附加性质起始的值是“apropsrc”，HyTime 引擎将使用 SGML DOC 节点展示的元素性质，此节点是文档元素节点的起始。

当定位源或其附加性质起始不展示命名属性时，属性**不可应用性质**(notprop)指定对 proploc 的处理。proploc 能被看做是 RHE(“error”)或被忽略(“ignore”)。

注 179：SGML 性质集在 A.7 性质集中被定义。

属性**直接或间接的性质值**(direct)指定性质值应该是直接值(SGML 文档树林中的值)还是间接值(被值引用定位的值)，如果只有一个(见 6.7.1)默认返回间接性质。如果性质没有间接值属性被忽略。

```
                    <! --性质定位属性-->
<![ %proplat; [
<! attlist
--proplat--        --性质定位属性--
                   --条:7.9.2--
  (nmsploc,proploc)
  apropsrc         --使用性质定位属性吗? --
    (apropsrc|solesrc)
    solesrc
  notprop          --如果不是 locsrc 或 apropsrc 的性质呢? --
    NAME           --Lextype:("ERROR"|"IGNORE")--
    ERROR
  direct           --直接或间接值 --
                   --约束:如果没有间接值则被忽略--
    (direct|indirect)
    indirect
>
```

```
]]>〈! --proplat-->
                    〈! --性质定位地址-->
〈! [ %proploc; [
〈! element
  Proploc       --性质定位地址--
                --条:7.9.2 --
                --给树林节点性质定位--
  - O
  (#PCDATA)     --Lextype:compname--
--属性 [locs]:proplat,locsrc,impsrc--
--可选属性 [locs]:multloc,referatt,spanloc,treetype--
--公共属性 [GenArc]:dafe,dvlatt,etfullnm,id,ireftype,lextype,opacity--
--公共属性 [base]:activity,conloc,dtxtatt,valueref--
--公共属性 [locs]:refctl,refloc,reftype,rflocspn--
>
〈! entity % proplat "INCLUDE">
〈! entity % locsrc "INCLUDE">
〈! entity % impsrc "INCLUDE">
]]>〈! --proploc-->
```

7.9.3 名称空间定位地址

元素形式**名称空间定位地址**(nmsploc)在已命名节点表中给节点定位。名称空间定位地址的定位源必须是展示(或其附加性质起始展示)已命名节点表的性质的节点。名称空间定位地址从已命名节点表的性质值中选择节点。

注 180:换句话说,命名空间定位地址包含给指定的已命名节点表的性质值定位的隐含性质定位。

命名空间定位地址形式可以使用 proploc 属性,因为其具有隐含性质定位能力(见 7.9.2)。

nmsploc 的内容是包含零个或更多名称的以 s 分隔符定界的表。包含分隔符的名称会被说明为参数文字。

直到命名空间定位地址被按要求访问通过名称定位的对象的形式引用之前,不会有名称解析,也不作为 ID 或实体名称检查其有效性。

属性**名称空间性质**(namespc)给定位源名称空间性质命名,节点将按名称被选择自这些定位源。

属性**附加性质起始**(apropsrc)(派生自 proploc 性质形式)如果其没有被定位源(apropsrc)表示,指定处理器是否为被 namespc 属性命名的 property 检查定位源祖先(从地点来起始起起始开始)。

注 181:例如,如果名称空间性质是"元素",定位源是 SGML 文档的文档元素,并且附加性质起始值是"apropsrc",HyTime 引擎将使用 SGMLDOC 节点展示的元素性质,此节点是文档元素节点起起始。

属性**非名称空间**(notspc)指示当性质名称不是名称空间性质时所采取的操作:返回差错条件(error)或忽略定位地址(忽略)。

属性**非名称**(notname)指示当名称在定位源中不存在时所采取的操作:返回差错条件(error)或忽略定位地址(忽略)。

带有空名称列表的名称空间定位地址给空节点表定位。当定位源是节点表时,名称空间定位地址被应用到该表中每个节点,创建单个节点表。

```
                    〈! --名称空间定位地址-->
〈! [ %nmsploc; [
〈! element
  nmsploc       --名称空间定位地址--
                --条:7.9.3 --
                --在名称空间中通过名称给对象定位 --
                --约束:定位源必须是展示已命名节点表属性的对象或其附加性质起始展示已命名节点表属
                  性。--
  - O
  (#PCDATA)     --Lextype:(word|literal)*--
```

```
--属性 [locs]:nmsploc,proplat,locsrc,impsrc--
--可选属性 [locs]:multloc,referatt,spanloc,treetype--
--公共属性 [GenArc]:dafe,dvlatt,etfullnm,id,ireftype,lextype,opacity--
--公共属性 [base]:activity,conloc,dtxtatt,valueref--
--公共属性 [locs]:refctl,refloc,reftype,rflocspn--
〉
〈! attlist
  nmsploc          --名称空间定位地址--
                   --条:7.9.3--
  namespc          --名称空间--
                   --节点选自其中的定位源名称空间性质。--
    NAME
    # REQUIRED
  notspace         --如果 nmspace 名称是无效呢?--
    NAME           --Lextype:("ERROR"|"IGNORE")--
    ERROR
  notname          --如果名称在 nmspace 中无效呢?--
    NAME           --Lextype:("ERROR"|"IGNORE")--
    ERROR
〉
〈! entity % proplat "INCLUDE"〉
〈! entity % locsrc "INCLUDE"〉
〈! entity % impsrc "INCLUDE"〉
]]〉〈! --nmsploc--〉
```

7.9.4 混合定位地址

元素形式混合定位地址(mixedloc)通过包含其他定位地址元素给对象定位。因此 mixedloc 等同于给每一个包含的定位地址元素附 ID 并创建命名空间定位地址,此命名空间定位地址的名称列表列出这些 ID(只有这些 ID)并且其定位源是 mixedloc 出现的文档树林的 SGMLDOC 节点。

```
                        〈! --混合定位地址--〉
〈! [ %mixedloc; [
〈! element
  mixedloc         --混合定位地址--
                   --条:7.9.4 --
                   --一起定位的组定位。--
  - O
  (%loc;)*
--可选属性 [locs]:multloc,spanloc,treetype--
--公共属性 [GenArc]:dafe,dvlatt,etfullnm,id,ireftype,lextype,opacity--
--公共属性 [base]:activity,conloc,dtxtatt,valueref--
--公共属性 [locs]:refctl,refloc,reftype,rflocspn--
〉
]]〉〈! --mixedloc--〉
```

7.9.5 已命名定位地址

元素形式已命名定位地址(nameloc)是专业化混合定位地址,包含唯一名称列表或 nmquery 元素。名称列表元素形式从名称空间定位地址元素形式获得(见 7.9.3 名称空间定位地址)。nmquery 元素形式从询问定位地址元素形式获得(见 7.11.1 查询定位地址)。

```
                        〈! --已命名定位地址--〉
〈! [ %nameloc; [
〈! element
  nameloc          --已命名定位地址--
                   --条:7.9.5--
                   --将局部 ID 分配给一个或多个已命名对象--
  - O
  (nmlist|nmquery)*
--属性 [locs]:nameloc--
--可选属性 [locs]:multloc,spanloc,treetype--
```

```
--公共属性 [GenArc]:dafe,dvlatt,etfullnm,id,ireftype,lextype,opacity--
--公共属性 [base]:activity,conloc,dtxtatt,valueref--
--公共属性 [locs]:refctl,refloc,reftype,rflocspn--
〉
〈! attlist
  nameloc        --已命名定位地址 --
                 --条:7.9.5--
  HyBase NAME ＃FIXED mixedloc
〉
]]〉〈! --nameloc--〉
```

7.9.6 名称列表规范

元素形式**名称列表规范**(nmlist)包含对名称列表的非定界 SGML 属性值规范。nmlist 形式派生自 nmsploc 形式。

名称个数没有限制。名称按 GB/T 14814—1993 定义的方式从名称列表属性值规范中继承。

注 182：首尾分隔符被忽略，并把中间间隔的分隔符减至单一空格，得到空格分界的名称列表。

属性**名称类型**(nametype)指明表中名称是实体名称还是元素 ID。(nametype 属性是 nmsploc 元素形式的 namespc 属性同义词。)

如果名称规范表为空，被看做是给 SGMLDOC 节点定位，如果其被规范，该节点或是在被 docorsub 属性命名的文档中，或是在 nmlist 出现的文档中。

注 183：实现这一目的不需要"queryloc"选项支持。

属性**SGML 文档或子文档**(docorsub)标识 SGML 文档的 SGML 文档实体，或者是 SGML 子文档的 SGML 子文档实体，这些实体中定义名称列表中名称。除非支持"anysgml"选项，否则所规定的文档或子文档以及出现这些元素的文档，必须根据相应同等 SGML 声明确定。(docorsub 属性是派生自定位源属性列表的 locsrc 属性的同义词。)

```
                        〈! --名称列表规范--〉
〈! [ %nameloc; [
〈! element
  nmlist        --名称列表规范--
                --条:7.9.6 --
                --    SGML 文档中的地址元素或实体--
  - O
  (＃PCDATA)    --引用--
                --Lextype:(IDREF|ENTITY) * --
--属性 [locs]:nmlist,proplat,locsrc,impsrc--
--可选属性 [locs]:multloc,referatt,spanloc,treetype--
--公共属性 [GenArc]:dafe,dvlatt,etfullnm,id,ireftype,lextype,opacity--
--公共属性 [base]:activity,conloc,dtxtatt,valueref--
--公共属性 [locs]:refctl,refloc,reftype,rflocspn--
〉
〈! attlist
  nmlist        --名称列表规范--
                --条:7.9.6--
  HyBase   NAME  ＃FIXED nmsploc
  impsrc   NAME  ＃FIXED grovert
  HyBnames CDATA ＃FIXED "locsrc docorsub
                         namespc nametype
                         ＃MAPTOKEN elements element
                         ＃MAPTOKEN entities entity"
  nametype      --节点选自其中的名称空间--
    (entity|element)
    entity
  docorsub      --文档或子文档定位源--
    ENTITY
    ＃IMPLIED
```

```
  Notspace       --如果 nmspace 名称是无效呢? --
    NAME         --Lextype:("ERROR"|"IGNORE")--
    ERROR
  notname        --如果名称在 nmspace 中是无效呢? --
    NAME         --Lextype:("ERROR"|"IGNORE")--
    ERROR
〉
〈! entity % proplat "INCLUDE"〉
〈! entity % locsrc "INCLUDE"〉
〈! entity % impsrc "INCLUDE"〉
]]〉〈! --nameloc--〉
```

7.10 坐标定位

坐标定位是通过维规范的相应数目给表或树中节点序列定位的元素形式。

见 6.8 坐标规范，获取关于坐标和维规范的更多信息。

7.10.1 节点定位

节点定位是坐标定位，其中量程是节点表或树中的节点。节点既可以被看做是节点表成员也可被看做是树根(或是子节点，或者当节点有孩子性质时，是内容树的根)。这项能力形成 4 种类型的节点定位地址：

——"列表定位地址"(listloc)给从节点列表中选出的一个或更多的节点地址。其定位源是节点列表；

——"树定位地址"(treeloc)通过选择每层中祖先节点的传统方式给树的单个节点地址。其定位源是节点表，表中每个节点都被看做树根；

——"路径定位地址"(pathloc)通过把树看做矩阵给从该树中选出的若干节点组成的节点表定位。其定位源是节点表，表中的每一个节点都被看做树根；

——"相对定位地址"(relloc)给从一棵树的一个或多个节点组成的节点表定位，依靠去与给定起始节点的关系。其定位源是节点表，表中每个节点都被看做是树根。

7.10.1.1 节点列表

树林基本组织结构是节点表。HyTime 将节点表当作其中节点是量的单轴坐标空间，通过这种方式给该节点表中的节点定位。通过维规范的相应数目给节点序列定位。解析任何定位地址的结果常常是一个节点列表(可能为空)。

注 184：能被定位的最大节点列表由最高的量程计数限度值决定.此限度值由 HyTime 体系结构通过声明指定(见 6.3HyTime 支持声明)。

7.10.1.2 列表定位地址

元素形式**列表定位地址**(listloc)是坐标定位地址，它对从由其定位源提供的节点列表中选出的节点进行定位。其定位源是一个节点列表，被看做一个列表。

```
                         〈! --列表定位地址--〉
〈! [ %listloc; [
〈! element
  listloc         --列表定位地址--
                  --条:7.10.1.2--
                  --给节点列表中节点定位--
  - O
  (%dimlist;)*
--属性[base]:overrun--
--属性[locs]:locsrc,impsrc--
--可选属性 [locs]:multloc,referatt,spanloc,treetype--
--公共属性 [GenArc]:dafe,dvlatt,etfullnm,id,ireftype,lextype,opacity--
--公共属性 [base]:activity,conloc,dtxtatt,valueref--
--公共属性 [locs]:refctl,refloc,reftype,rflocspn--
〉
```

```
<! entity % locsrc "INCLUDE">
<! entity % impsrc "INCLUDE">
<! entity % overrun "INCLUDE">
]]><! --listloc-->
```

7.10.1.3 树组合

当一棵树或路径地址的定位源是节点列表时，此列表中每个节点通常都被看做是某棵独立树的根，定位地址依序应用到每个树中。结果是按树根在定位源节点表中出现的次序从每棵树中选出的节点组成的单个节点表。但是，属性形式 treecom 可以和多重定位源一起使用，将节点列表看做是带有普通(想象的)双亲节点的单个树的成员，从而将多个多重源的树组合成一个树。结果和非多重源的树的相同：对于 treeloc 的情况是单个节点，而对于 pathloc 的情况则是一个节点表。这就允许基于树的定位地址从多重定位源中选择单个树。

注 185：既然树定位中包括根层次，当多个多重源的树被合并时，某一特定根节点是可以被选择的。

属性树组合(treecom)说明多个多重多个多重源的树是否被合并("treecom"或"ntreecom")。

```
                    <! --树组合属性-->
<! [ %treecom; [
<! attlist
--treecom--        --树组合属性--
                   --条:7.10.1.3--
  (pathloc,treeloc)
  treecom          --树组合--
                   --合并多重起始树--
    (ntreecom|treecom)
    ntreecom
]]><! --treecom-->
```

7.10.1.4 树定位地址

元素形式树定位地址(treeloc)通过从根开始，在每一层从可定位范围中选择一个节点的传统方式给树的单个节点定位。被定位的树是内容树或是子节点树，取决于 treetype 属性值(见 7.5 树类型)。

节点通过应用到连续可定位范围的单轴标记符被选择。每个标记符起到像维规范中第一个标记符那样的作用；第二个标记不指定，其隐含值为"1"。因此，每个标记符都从可定位范围中选择单个节点。

根层(除非有多重根)的可定位范围是单个节点。第二层的可定位范围是根节点的孩子(或子节点)。其自身被单轴标记符定位，该标记符在其内部定位一个节点。树的较低层次可以通过连续轴标记符的递归应用程序定位，该标记符标记最后选择节点的孩子(或子节点)。

轴标记符表过去常常给树中节点定位，称为"树位置规范"(treepos)。

注 186：例如，在具有以下结构的文档中：

```
<!--                      树位置-->
<book>                    <! --1-->
<body>                    <! --1 1-->
<chapter>                 <! --1 1 1-->
<para></para>             <! --1 1 1 1-->
<para></para>             <! --1 1 1 2-->
</chapter>
</body>
<annex>                   <! --1 2-->
<figure></figure>         <! --1 2 1-->
<figure></figure>         <! --1 2 2-->
<figure></figure>         <! --1 2 3-->
</annex>
</book>
```

第三个"figure"元素可以通过把"book"作为根加以标识，按如下树定位规范被标识出来：

〈treeloc〉1 2 3〈/treeloc〉

其中,“1”选定“book”(根),“2”选定“annex”(根的第二个子节点),“3”选定第三个“figure”(annex 的第三个子节点)。

```
                          〈! --树定位地址--〉
〈! [ %treeloc; [
〈! element
  treeloc            --树定位地址--
                     --条:7.10.1.4--
                     --在树中按传统方法定位节点--
  - O
  (%marklist;) *     --约束:已解析的轴标记符被解释为只包含第一个标记符的单一的维规范列表,第二个隐含
                       的标记符值为 1。--
--属性[base]:overrun--
--属性[locs]:locsrc impsrc--
--可选属性 [locs]:multloc,referatt,spanloc,treecom,treetype--
--公共属性 [GenArc]:dafe,dvlatt,etfullnm,id,ireftype,lextype,opacity--
--公共属性 [base]:activity,conloc,dtxtatt,valueref--
--公共属性 [locs]:refctl,refloc,reftype,rflocspn--
〉
〈! entity % locsrc "INCLUDE"〉
〈! entity % impsrc "INCLUDE"〉
〈! entity % overrun "INCLUDE"〉
]]〉〈! --treeloc--〉
```

7.10.1.5 路径定位地址

元素形式路径定位地址(pathloc)是坐标定位地址,通过把树看作一个矩阵给树定位,矩阵的行是树的层次,矩阵的列是路径。除了所有坐标定位所需的选项和模块外,路径定位地址还需要“pathloc”选项和“multloc”选项支持。

HyTime 中,树的路径是给定叶子的祖先构成的节点序列,也包括能推出该叶子的节点。树被看做包含所有路径的“路径列表”,这些路径按左叶子优先的顺序排列。

注 187:每个叶子只出现在一个路径中。非叶子节点出现在所有能推出叶子的路径中。

通过包含在维规范列表中的维规范的对,可以定位路径列表。

——一对中的第一个维规范选择路径。其可定位范围是路径列表;

——第二个维规范在每个并发的选定路径中选择节点。每个路径是一个独立的可定位范围,其第一个量程是根节点,最后一个量程是叶子。除非为 pathloc 的 overrun 属性指定值为“trunc”,否则维规范必须避免越界最短路径。

注 188:按照类似于矩阵的情况,维规范对的第一个 dimspec 选择一个或多个连续列(它们是到叶子的路径),第二个则在选定的列中选择一行或多行。

例如,要选择:

——所有叶子;

〈dimspec〉1 −1〈/dimspec〉

〈dimspec〉−1 1〈/dimspec〉

——根的所有子孙;

〈dimspec〉1 −1〈/dimspec〉

〈dimspec〉2 2〈/dimspec〉

——第一个子节点(即先序遍历次序的第一个根的最早子节点)的所有孙子,假设这个子节点有 3 个叶子后代,并且这些叶子是其孙子或孙子的后代;

〈dimspec〉1 3〈/dimspec〉

〈dimspec〉4 1〈/dimspec〉

——除根和其孩子外的所有节点。

〈dimspec〉1 －1〈/dimspec〉

〈dimspec〉3 －1〈/dimspec〉

注 189：在 7.10.1.4 树定位地址的“book”例子中，可通过对树的最后一个叶子指定一个 pathloc 来定位第三个“figure”元素，如下所示：

〈dimspec〉－1 1〈/dimspec〉　　　　最后路径

〈dimspec〉－1 1〈/dimspec〉　　　　最后叶子

所选定的节点形成节点列表，其顺序是按树的左表优先遍历顺序。如果指定了 multloc 属性“set”，每个节点在节点表中只能出现一次，即使其可能已经在从其发生的多个路径中被选择过。

注 190：可以通过标记符函数建立维规范列表，该函数可在树中任何地方定位节点。

例如，在 SGML 树林中，它可以检测通用标识符从而定位是“chapter title”元素的所有节点。

```
                    〈! --路径定位地址--〉
〈! [ %pathloc; [
〈! element
  pathloc        --路径定位地址--
                 --条:7.10.1.5--
                 --将树看做是路径表,在其中给节点定位--
  - O
  (%dimlist;)*  --约束:已解析轴标记符被解释为维规范对的表--
--属性[base]:overrun--
--属性[locs]:locsrc,impsrc--
--可选属性 [locs]:multloc,referatt,spanloc,treecom,treetype--
--公共属性 [GenArc]:dafe,dvlatt,etfullnm,id,ireftype,lextype,opacity--
--公共属性 [base]:activity,conloc,dtxtatt,valueref--
--公共属性 [locs]:refctl,refloc,reftype,rflocspn--
〉
〈! entity % locsrc "INCLUDE"〉
〈! entity % impsrc "INCLUDE"〉
〈! entity % overrun "INCLUDE"〉
]]〉〈! --pathloc--〉
```

7.10.1.6 相对定位地址

元素形式**相对定位地址**(relloc)是坐标定位地址，可以按树中节点的相互关系给其定位。

属性**起始节点**(strtnode)用于定位那些其相关节点将被定位的节点。定位源给出现起始节点的树的根定位。如果起始节点不在含有定位源中指定的根的树中出现，就产生一个 RHE。如果定位源是带有多于一个节点的节点列表，每个节点都将被当作一棵独立树的根。如果一棵树被作为定位源定位，同时该树没有起始节点被定位，则这应该被看作是个差错(error)还是应该被忽略(ignore)就由属性**非起始节点**(nostart)指明。如果 strtnode 属性被省略，定位源中的节点将被作为起始节点使用。

属性**与起始节点的关系**(relation)指定树的可定位范围，节点就从该范围中选出。

relloc 的内容是一个维规范，它从关系属性指定的节点表中选择节点。下面的列表为每个允许的关系说明其代表的名字和可定位范围。可定位范围中的节点和被选择的节点总是按树的左叶子优先遍历次序列出。

祖先(anc)　从定位源到起始节点双亲的所有节点。

注 191：例子：(1 1)＝root(－1 1)＝parent

兄长(esib)　起始节点的(左侧)兄长。

注 192：例子：(1 1)＝oldest esib(－1 1)＝youngest esib

弟弟(ysib)　弟弟(右侧)。

注 193：例子：(1 1)＝oldest ysib(－1 1)＝youngest ysib

父亲(parent)　等同于带有(－1 1)维规范的“anc”。实际的维规范必须为空。

孩子(children)　起始节点的孩子。

注 194：例子：(1 1)=first child,(−1 1)=last child

前续(precedng)　树中起始节点之前出现的所有节点。

后续(followng)　树中起始节点之后出现的所有节点。

```
                              <! --相对定位地址-->
<! [ %relloc; [
<! element
  relloc                --相对定位地址--
                        --条:7.10.1.6--
                        --在树中给与起始节点相关的节点定位--
  - O
  (%dimlist;) *         --Constraint:resolved axis markers are interpreted as a single list of dimension
                          specifications.--
                        --约束:已解析的轴标记符被解释为维规范的列表.--
--属性[base]:overrun--
--属性[locs]:locsrc,impsrc,relloc--
--可选属性 [locs]:multloc,referatt,spanloc,treetype--
--公共属性 [GenArc]:cafe,dvlatt,etfullnm,id,ireftype,lextype,opacity--
--公共属性 [base]:activity,conloc,dtxtatt,valueref--
--公共属性 [locs]:refctl,refloc,reftype,rflocspn--
>
<! attlist
  relloc                --相对定位地址--
                        --条:7.10.1.6--
  strtnode              --起始节点--
                        --相关节点将被定位的起始节点--
    CDATA               --引用--
    #IMPLIED            --默认:定位源树的根--
  nostart               --无开始 --
                        --如果没有为定位源指定起始节点情况下期望的系统行为--
    NAME                --Lextype:("ERROR"|"IGNORE")--
    ERROR
  relation              --与起始节点的关系--
   (anc|children|esib|followng|parent|precedng|ysib)
    parent
>
<! entity % locsrc "INCLUDE">
<! entity % impsrc "INCLUDE">
<! entity % overrun "INCLUDE">
]]><! --relloc-->
```

7.10.2 数据定位地址

元素形式**数据定位地址**(dataloc)定位已经被数据分隔树林构造过程标记过的字符数据，该过程使用词汇类别名字或 dataloc 元素形式的 filter 属性指定的 HyLex 匹配字符串。dataloc 形式使用坐标规范从继承于定位源的完整标记列表中选择标记。(关于树林和数据分隔树林构造的描述见 A.4.4.2 数据分隔树林构造(DATATOK)。)

注 195：换句话说，dataloc 等同于给标记列表使用列表定位地址，该列表由数据分隔树林构造过程创建，然后要么返回包含标记的节点，要么返回字符数据节点列表，这些字符数据节点是标记符的源头。与 dataloc 等同的完全定位梯阶在下面说明。

注 196：纯文本树林构造过程能用来从未组织的字符数据中创建树林，dataloc 或数据分隔树林构造过程可以被应用到其中。可以通过直接创建 grovedef 元素，或是将纯文本树林构造过程与包含被标记的文本的数据实体相联系，然后将此实体命名为数据定位地址的定位源，完成此过程。

dataloc 形式的数据分隔记法可能会是 HyTime 数据分隔记法(HyDatTok)或 HyTime 词汇记法(HyLexTok)。HyDatTok 和 HyLexTok 都是派生自数据分隔树林结构(datatok)记法形式(见 A.4.4.2 数据分隔树林结构(DATATOK))。当数据分隔记法是 HyDatTok 时，只有下面定义的词法类型会被当作过滤器属性值使用。当数据分隔记法是 HyLexTok 时，任何 HyLex 表达都可以被当作过滤器值使用。HyLexTok 记法的记法出处源头(superdcn)是 HyTime 词法模型(HyLex)记法(见 A.2.3HyTime 词法模型记法(HyLex))。datatok 记法为 HyDatTok 和 HyLexTok 都提供树林构造语义,而 HyLex 记法为 HyLexTok 提供配对标记规范句法。

属性**分隔过滤器**(filter)指定匹配表达,该表达在数据分隔过程中将用来识别定位源中的标记。

注 197:词汇类别名称,比如任何为 HyDatTok 允许的值,都是有效的 hylextok 匹配表达。

下面的词汇类别是在 HyTime 词汇类别定义文档中专门为和 dataloc 元素形式一起使用而定义的,这些词汇类别必须被支持 dataloc 形式但不支持词汇分类的系统支持。在每一个这种类别中,"character"意思是以下节点类型的任何一个:datachar、sdata、extdata 和 subdoc。这些节点类型在语义上都被当作字符处理。

str　非规范化字符串:定位源中的每个字符都是标记。

norm　规范化文本:除 RS,RE 和 SPECHAR(空格)的所有字符。

注 198:注意,在引用的具体句法中,"Charles'and Linda's Abyssinians"是 4 个规范化的标记。

word　字记法:所有名称字符。

注 199:注意,在具体引用句法中,"Charles' and Linda's Abyssinians"是五字的记法。

NAME　SGML 名称:根据 GB/T 14814—1993 标准构造的名称。

sint　有符号整数:数字串,可以以符号或正号开始。

UTCdate　UTC 日期:UTC 中的有效日期,格式为 yyyy-mm-dd。

UTCtime　UTC 时间:UTC 中的有效时间,十进制格式为 hh:mm:ss。

UTC　UTC 日期和时间:DATE 在前的 DATE 和 TIME 记法对。

line　每个标记包含发生在 RS/RE 对之间的字符,也可能发生在关闭标记符和 RE 之间或发生在 RS 和开放标记符之间。

属性**记号或数据**(tokerdat)指定数据定位地址是返回在数据分隔树林(tokens)中记法串节点,还是返回在与记法(data)相应的定位源中的数据字符。默认为返回数据。

```
                        <! --HyTime 词汇 分隔-->
<![ %HyLexTok; [
<! notation
   HyLexTok              --HyTime 词汇 分隔--
                         --使用 HyLex 句法的数据分隔树林构造器。--
                         --条:7.10.2--
   PUBLIC "GB/T 16965—2009//NOTATION HyTimeLexical Tokenizer//EN"
 --属性[locs]:HyLexTok--
 --公共属性 [GenArc]:altreps,included,superdcn--
 --公共属性 [base]:bosdatt--
 --公共属性 [locs]:egrvplan--
>
<! attlist #NOTATION
   HyLexTok              --HyTime 词汇 分隔--
                         --条:7.10.2--
   HyBase    NAME #FIXED datatok
   superdcn NAME #FIXED HyLex
 --来自 datatok 记法形式的属性--
   catsrc    CDATA #IMPLIED
   cattoken CDATA #IMPLIED
   catres    CDATA #IMPLIED
   boundary(sodeod|sodiec|isceod|isciec|inmodel)isciec maxtoksz NUMBER #IMPLIED
 --来自 HyLex 记法的属性--
   norm (norm|unorm)norm
>
<! attlist
 --dlhylex--             --适合于 dataloc 和 datatok 的 HyLex 属性 --
                         --条:7.10.2--
```

```
    (dataloc,datatok)
--来自 HyLex 记法的属性--
  norm (norm|unorm)norm
>
<! entity % HyLex 'INCLUDE'>
]]> <! --HyLexTok-->
]]>
                        <! --数据分隔树林定义-->
<! [ %datatok; [
<! notation
  HyDatTok              --HyTime 数据分隔 --
                        --适合于数据分隔树林构造器。--
                        --条:7.10.2--
                        --Lextype:("LINE"|"NAME"|"NORM"|"SINT"|"STR"|
                              "UTC"|"UTCDATE"|"UTCTIME"|"WORD")--
  PUBLIC "GB/T 16965—2009//NOTATION HyTimeData Tokenizer//EN"
--属性 [locs]:HyDatTok--
--公共属性 [GenArc]:altreps,included,superdcn--
--公共属性 [base]:bosdatt--
--公共属性 [locs]:egrvplan--
>
<! attlist #NOTATION
  HyDatTok              --HyTime 数据分隔--
                        --条:7.10.2--
  HyBase NAME #FIXED datatok
--来自 datatok 形式的属性--
  catsrc    CDATA #IMPLIED
  cattoken CDATA #IMPLIED
  catres    CDATA #IMPLIED
  boundary(sodeod|sodiec|isceod|isciec|inmodel)isciec
  maxtoksz NUMBER #IMPLIED
>
<! [ %HyLexTok; [
    <! entity % ddattok "HyLexTok">
]]>
<! entity %
    ddattok             --默认数据分隔记法--
                        --条:7.10.2--
    "HyDatTok"
>
<! element
  datatok               --数据分隔树林定义--
                        --条:7.10.2 --
                        --从另一个树林的数据中产生 datatok 树林--
  - O
  (#PCDATA)
--属性 [locs]:datatok--
--可选属性 [locs]:dlhylex
--公共属性 [GenArc]:dafe,dvlatt,etfullnm,id,ireftype,lextype,opacity--
--公共属性 [base]:activity,conloc,dtxtatt,valueref--
--公共属性 [locs]:refctl,refloc,reftype,rflocspn--
>
<! attlist
  datatok               --数据定位地址--
                        --条:7.10.2--
  HyBase NAME #FIXED agrovdef
--来自 agrovdef 的属性--
  grovesrc CDATA #REQUIRED
  grovecon NOTATION(HyDatTok|HyLexTok)#FIXED %ddattok;
--来自 datatok 记法形式的属性(经由 DAFE)--
```

```
    catsrc    CDATA ＃IMPLIED
    cattoken CDATA ＃IMPLIED
    catres    CDATA ＃IMPLIED
    boundary(sodeod|sodiec|isceod|isciec|inmodel)isciec
    maxtoksz NUMBER ＃IMPLIED
  〉
  ]]〉〈! --datatok--〉
                          〈! --数据定位地址--〉
〈! [ %dataloc; [
〈! element
      dataloc           --数据定位地址--
                        --条:7.10.2 --
                        --在数据中给串对象和记法数据对象定位--
      - O
      (%dimlist;)*      --约束:解释为单个维规范表--
--属性 [base]:overrun--
--属性 [locs]:dataloc,locsrc,impsrc--
--可选属性 [locs]:dlhylex,multloc,referatt,spanloc,treetype--
--公共属性 [GenArc]:dafe,dvlatt,etfullnm,id,ireftype,lextype,opacity--
--公共属性 [base]:activity,conloc,dtxtatt,valueref--
--公共属性 [locs]:refctl,refloc,reftype,rflocspn--
〉
〈! attlist
    dataloc             --数据定位地址--
                        --条:7.10.2--
    HyBase    NAME   ＃FIXED datatok
    HyBnames CDATA  ＃FIXED "HyBase ＃DEFAULT
                                ＃ARCCONT filter
                                grovesrc locsrc"
    filter              --分隔过滤器--
      CDATA             --约束:如果没有指定数据 分隔 记法,过滤器必须是单个词法类型名称。--
      "str"
    tokordat            --返回的结果:记法还是起始数据? --
      (data|tokens)
      data
--派生自 datatok 形式的属性--
    catsrc    CDATA ＃IMPLIED
    cattoken CDATA ＃IMPLIED
    catres    CDATA ＃IMPLIED
    boundary(sodeod|sodiec|isceod|isciec|inmodel)isciec
    maxtoksz NUMBER ＃IMPLIED
〉
〈! entity %  locsrc "INCLUDE"〉
〈! entity %  impsrc "INCLUDE"〉
〈! entity %  overrun "INCLUDE"〉
]]〉〈! --dataloc--〉
```

注 200:任何数据定位地址都能被定位梯阶代替,该梯阶使用清楚的树林定义将数据分隔树林构造过程与将被记法化的源数据联系起来,如下所示(见 A.4.4.2)。"datatok"元素是次生树林定义元素(agrovdef),该元素使用 dataloc 的定位源作为树林构造器的树林源并且使用 datalok 的过滤器属性值作为 datatoc 的过滤器属性值(映射到使用 DAFE 设施的 NotNames 属性;见 A.5.3)。Dataloc 内容和相关定位地址属性变为 listloc 的内容和属性,该 listloc 定位由数据分隔创建的记法。

接下来显式的定位梯阶按下面发挥作用:

——Datatok 元素通过记法化树林的源文本的内容(它与 dataloc 的定位源相对应)产生数据分隔树林;

——第一个 proploc 元素给数据分隔树林中所有的 tokenstr 节点定位,补充记法化的根(tokroot)节点字符串性质的内容;

——Listloc 元素从 proploc 返回的表中选择记号化字符串(tokenstr)节点。Listloc 使用的坐标地址与 dataloc 指定的坐标地址相符合。如果 dataloc 的 takordat 属性值是"tokrns",这就是 dataloc 返回的表;

——第二个 proploc 元素定位 listloc 元素返回的 tokenstr 节点的源性质。定位结果是一个字符数据节点列表，该列表来自于起始源文本节点，这些节点与 listloc 选择的记法字符相符合。如果 dataloc 的 tokordat 属性值是“data”，则这就是 dataloc 返回的列表。

```
<! DOCTYPE DatalocDef [
<? IS10744 ArcBase HyTime>
<! NOTATION HyTime
    PUBLIC "GB/T 16965—2009//NOTATION AFDR ARCBASE
            Hypermedia/Time-based Structuring Language(HyTime)//EN"
>
<! ATTLIST #NOTATION HyTime
   ArcDocF  NAME  #FIXED HyDoc
   ArcDataF NAME  #FIXED HyBrid
   ArcDTD   CDATA #FIXED "HyTime"
   ArcQuant CDATA #FIXED "NAMELEN 9"
   ArcOpt   CDATA #FIXED "locs"
   locs     CDATA #FIXED "proploc nmsploc pgrovdef"
>
<! NOTATION SGML
    PUBLIC "GB/T 14814—1993//NOTATION Standard Generalized Markup Language//EN"
>
<! ENTITY HyTime
    PUBLIC "GB/T 16965—2009//DTD AFDR Meta-DTD
            Hypermedia/Time-based Structuring Language(HyTime)//EN"
    CDATA SGML
>
<! ENTITY %
   dtokatt             --数据分隔属性--
                       --派生自性质集定义要求的附录中的数据分隔树林构造记法。
   "catsrc   CDATA #IMPLIED
   cattoken CDATA #IMPLIED
   catres   CDATA #IMPLIED
   boundary(sodeod|sodiec|isceod|isciec|inmodel)sodeod
   notation NOTATION(datatok)#FIXED datatok"
>
<! NOTATION datatok
    PUBLIC "GB/T 16965—2009//NOTATION
            Datatok Grove Construction Process//EN"
>
<! ATTLIST #NOTATION datatok
     %dtokatt;
>
<! ELEMENT datalocdef
    O O(datatok,(proploc|listloc)*)
>
<! ELEMENT datatok
    - O EMPTY
>
<! ATTLIST datatok
   id        ID     #REQUIRED
   grovesrc  IDREFS #REQUIRED
   filter    CDATA  "str"
--通过 DAFE 设施规则，数据分隔属性将被解释为数据分隔树林构造属性。--
   %dtokatt;
   grovecon NOTATION(datatok)datatok
   HyTime   NAME  #FIXED agrovdef
   NotNames CDATA #FIXED "#NOTCONT filter"
>
<! ELEMENT proploc - O(#PCDATA)
>
```

```
〈! ATTLIST proploc
  ID     ID     #REQUIRED
  locsrc IDREF  #REQUIRED
  HyTime NAME   #FIXED "proploc"
〉
〈! ELEMENT listloc - O(#PCDATA)
〉
〈! ATTLIST listloc
  ID     ID     #REQUIRED
  locsrc IDREF  #REQUIRED
  HyTime NAME   #FIXED "listloc"
〉
]〉
〈datatok
  id  =  datatok-grove
  grovesrc  =  source-nodes       -- 用 dataloc 定位源代替--
  filter    =  word
〉
〈proploc
  locsrc  =  datatok-grove
  id      =  strings-property
〉STRINGS
〈/proploc〉
〈listloc
  locsrc  =  strings-property
  id      =  token-nodes
  〉1 -1   〈! --和派生自 dataloc 的 dimspecs 起同样作用--〉
〈/listloc〉
〈proploc
  locsrc  =  token-nodes
  id      =  token-data
  〉SOURCE
〈/proploc〉
```

7.11 查询

HyTime 推荐在 queryloc 和 nmquery 元素形式中使用在 DSSSL 标准(ISO/IEC 10179:1996 文档式样语义学和规范语言)中定义的标准文档查询语言(SDQL)。SDQL 语言包括所有 HyTime 地址定位形式的等价形式。

注 201:这就意味着,任何定位梯阶都能部分程度地被等价的 SDQL 查询代替。

但是,任何查询记法,只要它能对树林发挥作用并且返回节点列表作为查询结果,就都能与 HyTime 一起使用。

注 202:通过为数据记法定义合适的性质集和树林构造过程,可以将任何现有查询机制并入 HyTime 系统。

HyTime 定义通用的基于查询的定位地址(queryloc),它既能被用来进行一般查询又能作为派生于 queryloc 形式的专业化定位地址的基础。超链接模块按照其在 HyTime 体系结构语义树林中反映的 HyTime 特定语义(见 8.3),为定位超链接及其锚点定义了两种 queryloc 形式的定位地址方式,即 linkloc 和 anchloc。调度模块为定位事件调度表中的事件定义了 queryloc 形式的定位地址,即 fscloc(见 9.10)。

7.11.1 查询定位地址

元素形式查询定位地址(queryloc)包含能返回节点列表的查询。

如果 queryloc 定位源是多重定位,并且不是跨度定位,此定位源中每个节点都被当作独立查询域的根来处理。

属性查询记法(notation)指定了管理查询的数据内容记法,其中的查询通过查询定位地址指定。

注 203:元素(DAFE)设施的数据属性能用来为 queryloc 形式元素提供特定记法的属性(见 A.5.3)。

属性未找到数据(notfound)给除了当查询没有返回任何节点时期望的系统回答:可以是报告 RHE

(“error”)或忽略此查询定位地址(“ignore”)。

```
                               〈! --查询定位地址--〉
〈! [ %queryloc; [
〈! element
   queryloc          --查询定位地址--
                     --条:7.11.1--
                     --通过使用对对象性质的查询在树林中定位对象,这些对象的性质比如用于构造该树林的
                       性质集中定义的那些性质。--
   - O
   (%HyCFC;)*
--属性[locs]:locsrc,queryloc,impsrc--
--可选属性 [locs]:multloc,referatt,spanloc,treetype--
--公共属性 [GenArc]:cafe,dvlatt,etfullnm,id,ireftype,lextype,opacity--
--公共属性 [base]:activity,conloc,dtxtatt,valueref--
--公共属性 [locs]:refctl,refloc,reftype,rflocspn--
〉
〈! attlist
   queryloc          --查询定位地址--
                     --条:7.11.1--
   notation          --查询记法--
      NAME           --Lextype:NOTATION--
      #REQUIRED
   notfound          --未找到数据--
      NAME           --Lextype:("ERROR"|"IGNORE")--
      ERROR
〉
〈! entity % locsrc "INCLUDE"〉
〈! entity % impsrc "INCLUDE"〉
]]〉〈! --queryloc--〉
```

7.11.2 名称列表查询

元素形式名称列表查询(nmquery)是查询定位地址的专业化形式。其查询域必须或者植根于SGML文档树林中的SGML元素节点的内容树,或者是SGMLDOC节点的实体性质值。属性查询域(qdomain)为查询给位置源定位(qdomain是locsrc的同义词)。

```
                               〈! --名称列表查询定位地址--〉
〈! [ %nameloc; %queryloc; [
〈! element
   Nmquery           --名称列表查询定位地址--
                     --条:7.11.2--
                     --通过查询性质来定位元素或实体--
   - O
   (%HyCFC;)*
--属性[locs]:locsrc,nmquery,impsrc--
--可选属性 [locs]:multloc,referatt,spanloc,treetype--
--公共属性 [GenArc]:cafe,dvlatt,etfullnm,id,ireftype,lextype,opacity--
--公共属性 [base]:activity,conloc,dtxtatt,valueref--
--公共属性 [locs]:refctl,refloc,reftype,rflocspn --
〉
〈! attlist
   nmquery           --名称列表查询定位地址--
                     --条:7.11.2--
   HyBase    NAME    #FIXED queryloc
   HyBnames CDATA    #FIXED "locsrc qdomain"
   qdomain           --查询域--
      CDATA          --引用--
      #IMPLIED       --默认: 如为 impsrc 描述的那样是被隐含的--
   notation          --查询域--
      NAME           --Lextype:NOTATION--
```

```
    #REQUIRED
  notfound        --未找到数据--
    NAME          --Lextype:("ERROR"|"IGNORE")--
    ERROR
>
<! entity % locsrc "INCLUDE">
<! entity % impsrc "INCLUDE">
]]><! --nmquery-->
```

7.12 书目定位地址

元素形式**书目定位地址**(bibloc)给不期望系统自动访问的信息对象定位。书目定位地址总返回其本身。

注 204：术语“书目”是指经典的“书目模型”，通过描述引用；它并不表示被引用的对象一定总是印刷文档。例如，该对象可以是录像带、收音机或电视广播、个人或者组织。

注 205：即使被定位的对象不一定能被计算机传送，对于某些以书目定位地址形式进行的查询可能存在一些有用的标准。例如，为视频磁带的时间和控制编码(Time and Control Code for Video Tape)制定的 SMPTE 12M 标准提供可供引用的卷轴名、时间码数字(起始时间)以及持续时间。如果对象能由计算机传送，可以用相同形式的查询使用 queryloc。

注 206：假定对对象的访问由用户来完成，应用程序常通过给出地址本身来引用书目位置。

属性**书目源**(bibsrc)给为 bibloc 提供内容的其他 bibloc 元素定位。

注 207：例如，作为书目入口的 bibloc 可能有一个 bibsrc，此 bibsrc 指出在某一特定的图书馆中，各种按类存放的书籍分别放在哪一层。

尽管书目定位地址能定位多个对象，它也并不是术语“多重定位地址元素”在本标准中的用法。

```
                        <! --书目定位地址-->
<![ %bibloc; [
<! element
  bibloc          --书目定位地址--
                  --条:7.12 --
                  --书目引用实际的对象。它代表只能作为数据处理的地址。并且总是返回其本身(书目元
                    素)。--
  - O
  (%HyCFC;)*
--属性 [locs]:bibloc--
--公共属性 [GenArc]:dafe,dvlatt,etfullnm,id,ireftype,lextype,opacity--
--公共属性 [base]:activity,conloc,dtxtatt,valueref--
--公共属性 [locs]:refctl,refloc,reftype,rflocspn--
--引用者 [locs]:bibloc:bibsrc--
>
<! attlist
  bibloc          --书目定位地址--
                  --条:7.12--
  bibsrc          --书目起始。另一个 bibloc 元素，描述该 bibloc 将应用于的内容--
    CDATA         --引用--
                  --Reftype:bibloc*--
    #IMPLIED
>
]]><! --bibloc-->
```

8 超链接模块

本章描述 HyTime 中可选择超链接模块。

8.1 概念和定义

超链接是在二个或者两个以上对象之间的类型关系，每个对象都在这种关系中扮演唯一的角色。

注 208：不是所有的关系都是超链接。层次(包含)，事件进度表(协同关系)，和简单的交叉引用(ID/IDREF)是其

他类型的关系，由于其缺乏超链接的一些性质，且引进了其自身的性质。

注 209：术语“hyperlink”比起没有约束的术语“link”更适合区别 SGML 处理中的“link”，以避免混淆。但是，术语“link”能与约束性更强的形容词一起用，比如在“超文本链接”中，或当上下文清晰的时候没有限定词。

在交互型的应用程序中，超链接允许用户以任意方式“遍历”链接，以多种次序访问信息。但是 HyTime 并不要求表示应用程序一定能在超链接的锚点之间交互式访问。

注 210：例如，一个 HyTime 应用程序可能仅仅利用超链接去控制锚点的处理，或者通过在另一个锚点发生的时候静态的呈现一个锚点来“预遍历”超链接。

注 211：尽管某种程度的超链接能够通过 ID 和 IDREF 属性类型来完成，但是超链接模块提供以下的优点：

a) 超链接模型为链接的描述和遍历规则提供了一套结构形式；

b) 标准化的链接遍历和解析机制使通用超链接引擎能支持多应用程序(尽管这不是 HyTime 符合性的要求)；

c) 不是所有的 IDREFS 都打算提供用户交互或其他条件访问使用；一些仅仅为了文档解释或处理的需要而关联信息(比如，在 A.5.6 默认值列表中的属性“subdvl”)。当超链接结构形式可用时，它们能被用来区分真正的超链接与其他 IDREF 的应用，并为交互遍历应用指定遍历规则。

注 212：在许多情况下，有可能使现成的 SGML 文档交互引用去符合 HyTime，仅仅通过把固定属性加到其属性定义表中，而不用改变文档样式。Refloc 设备能适应不使用 ID 引用定位锚点的超链接的元素类型。

8.1.1 链接创建

作为抽象对象，超链接有三个主要特点：

——“链接类型”；

——从设计者的角度来看，对象被定位为超链接的“锚点”能够满足多个对象的列表或是链接本身；

——在超链接表现关系中，锚点所扮演的语义角色(anchrol)。

注 213：例如，关系类型中“雇用”可能定义为拥有两种锚点角色——“雇员”和“雇主”。一个雇用链接的事例能够定位两个由单个对象组成的锚点，对象包括：满足雇员角色的人和满足雇主角色的公司(或人)。从单个的雇员到多个雇三的关系能够通过使雇主锚定成一列表来表示。从单个雇主到多个雇员的关系能够通过使雇员锚定成一个列表来表示。而从多个人到其相对的雇主的关系，则可通过将两者都锚定成对应列表来实现。

超链接被表示成元素类型是链接的元素。**锚点角色**(anchrole)属性定义了锚点角色的名称。每个锚点角色的对象通过与其本身相同名称的锚角色名称的属性被定位(或者通过一个 HyName 属性映射到锚点角色)。**超链接文本**(hykink)元素提供了超链接的通用格式。HyTime 也定义了专门的超链接格式来反映公共的操作或提供另外的链接语义。

超链接的“链接类型”把语义角色和链接相关联。链接类型由应用程序以及应用程序相符合的体系结构定义。其本身由每个链接元素的元素类型(通用识别符)所表示。有了 HyTime 的所有体系结构格式，应用程序就容易为链接类型定义其他属性，包括能够创建基本类的子类属性。

注 214：是否决定要多个元素类型或者要带有“子类型”属性的单个类型，这种情况在文档类型设计时经常出现。尽管“子类型”属性对减少通用信息系统的编号数量有利，这个好处用户应该意识到。但是其增加了同样多数量的属性值。另外需要重点考虑的情况是选择了子类型是否能限制其他属性的值，或者使内容模型。如果子类型在这些方面趋向有所不同，那么设计者就需要考虑生成单独的元素类型，或者可能创建应用级的体系结构格式。

链接类型的定义同样也定义了锚点的数量并且将它们与语义角色关联起来。应用程序也能为超链接内容定义语义，决定是否把自己作为一个锚点而命名。

注 215：例如，应用程序能把一个特定链接的内容定义为每个链接事例的解释。

注 216：锚点标记角色的设计对锚元素类型不是约束。如果愿意，应用程序的设计者能用引用类型属性去实现这样的约束。

注 217：尽管超链接锚点的数量被约束，能被链接的对象数量并没有限制，因为有些(或全部)锚点可能是列表(如果链接类型的定义允许)。

注 218：作为类型关系的表示，超链接并不是由用作定位锚点的定位地址的形式来区分。换言之，一个链接锚点无论是被 ID，树形位置或者查询定位都不影响在其中建立的关系。然而使用的地址形式会对一些处理产生实际的约束。例如，一个基于英特网的应用程序可能不支持起动超链接锚点的查询，因为在呈现这些锚点前支持查询是不切实际的。应用程序能在不影响超链接意义的情况下改变定位的方式。例如，带有用查询方式去定位锚点链接功能的文档能通过解析查询和用直接的对象定位去代替其自身的方法达到最佳化的发布，而不会对超链接本身产生影响。

8.1.2 链接遍历

在应用程序的请求下，超链接锚点的定位问题会被提供访问这些锚点能力的 HyTime 引擎解析。

注 219：例如，超链接元素能表示整个索引项，因为应用程序可能为了格式化索引而请求自动和整批访问索引项。

在一些应用程序中，特别是在一些交互型的应用程序中，超链接被用来表示影响访问部分超文本的判定点，表现为超链接的锚点。这样的应用程序需要选择性解析锚点地址并访问这些锚点。选择性访问一个超链接中的锚点被叫作“遍历”。应用程序能指定遍历是否允许与每个锚点关联依靠的是**链接遍历规则**(linktray)属性。

注 220：在 HyTime 中，遍历被超链接模型所定义。然而，定位地址的伴随解析是必需的，用它去定位选定的锚点，它是对象识别的一个方面并在基址与定位地址模型中定义。

遍历仅仅发生在锚点之间或者隶属于锚点列表的相邻锚点之间，不可能在其链接元素本身上来回链接(除非链接本身就是个锚点)。锚点能够被来自外面的链接访问和在链接内称为“启动锚点”的遍历访问。典型的“双向链接”就是拥有两个锚点，且两者都是启动锚点的链接。

注 221：应用程序能提供方法去访问链接元素和在这个标准中定义为不可访问的锚点。

当链接不是本身的锚点或者不是其本身启动锚点，它被称为独立的，就像它的锚点上下文语境独立一样。特别地，链接元素可能在一篇与所有的锚点分离的文档中。从锚点的观点看，独立的链接是“不可见的”，除非作用到它锚点本身。但是，HyTime 应用程序能根据请求生成可用的超链接的参数，包括独立超链接元素的任何内容。

注 222：另外，当访问链接元素本身时，尽管链接并不像锚点一样命名自己，应用程序能为访问链接锚点选择提供便利。换言之，应用程序会考虑每一个链接总是其本身的锚点，从而允许移动到链接元素本身(并不是为了描述关系的目的)。但是，这种行为在 HyTime 中是不允许的。

当超链接把其作为自己的一个锚点命名自己时，其也是个启动锚点，也就使所说的“上下文语义”。

因为链接能在一些可到达的阅读语境出现，此时它被当作一个启动锚点。上下文链接(clink)元素形式代表用上下文链接去创建交叉引用的典型应用。

当一个锚点是一列表或者一个对应的列表时，其就有关联的列表遍历规则，此规则定义了怎样遍历或者是否允许从列表的一选项遍历到另外的选项(“列表遍历”)。列表被当作链表，有可能是循环链表。列表遍历是有方向的，要么向左或右，或者是双向的。如果链表被当作循环的，则从开始点到最后点遍历，或从最后到开始，或者双向的遍历都是允许的(取决于列表的方向)。

注 223：例如，如果一个列表锚点允许“相邻列表遍历”，系统表示将会提供“前一个”和“后一个”按键去反应列表遍历选项，就像在同一超链接中为列表中遍历到另个锚点提供一种结构方式。

当一个超链接中两个或多个锚点是对应的列表锚点时，从一个锚点遍历到另外个锚点总是从列表中一节点到另外一个对应的列表中这样的锚点的对应节点。一致的列表锚点可能有相同的列表遍历规则。

注 224：例如，像在一个体育队和另外一个体育队的两个队员之间的“防御性匹配”关系能被表示成对应的锚点，每个锚点对应一支球队。

当调度模型被支持时，就可能确定在时间和空间中位置和大小，来表示访问的锚点和通过 anchloc 定位地址去定位链接或其本身的锚点作为调度事件的内容来预览(参看 8.3.2 超链接锚点定位地址)。

8.1.3　**遍历规则**

属性形式**超链接遍历规则**(traverse)提供了一套属性,能控制超链接锚点之间和列表锚点成员之间的遍历。

属性**链接遍历规则**(linkrav)能确定每个锚点是否是一个启动锚点,以及指定什么遍历被允许访问锚点从同一链接的另外锚点来访问("内部遍历")。基本的遍历选项在下列列表中呈现。一些可以被组合起来。

为了讨论锚点遍历,术语"到达"、"离开"和"遍历"有下列特定的含义:

遍历　在同一个超链接中从锚点到另外锚点的运动。遍历能被"形象化"作为通过链接从一个锚点移动到另一个锚点。不管其他链接是否可能使用同一对象作为锚点,遍历总是关于单个链接的。

到达　到达超链接中的锚点是不同于想象中的链接遍历。举例来说,在一个典型的在线演示文稿,滚动文档到锚点发生的点将组成到达这个锚点。到达总是从"外部"到链接。特别地,遍历到碰巧是另一个链接的锚点,那将会构成关于第二个链接的到达此锚点。

离开　从链接的锚点移到不是同一个链接的锚点的地方。举例来说,正在遍历一个锚点,滚动到其他地方会构成离开。离开总是与被用作遍历锚点的链接有关。特别地,如果两个链接共用同一个对象作为一个锚点,通过第一个链接遍历到此对象,那么第二个链接遍历就是关于第一个链接的离开。

注 225:换言之,给定一个链接的两个锚点,锚点 A 和锚点 B,读者会"saxid""到达"锚点 A,"遍历到"锚点 B,然后"离开"锚点 B。

基本的遍历选项如下:

——随着到达的遍历("E")。像这样到达的此锚点是个启动锚点,能遍历链接的任何的其他锚点而不被禁止遍历其本身。"E"选项并不意味着有能力在返回之后离开锚点或者遍历此锚点。

注 226:外部到达并不构成遍历锚点。

——返回("R")。仅能返回到遍历到锚点的锚点。

注 227:例如,当遍历的时候,返回锚点会呈现在一个弹出窗口中,直到弹出窗口消失才会允许其他的操作。另外,被许多超文本浏览器提供的典型的"back"功能并不是这里定义的返回功能,这样调用的方便性通常并不与锚点直接相关。换句话说,一个严格的返回必须被与该锚点遍历到的交互锚点直接。

——内部("I")。遍历了这个链接的锚点,能遍历同一链接中的任何锚点。

——离开("D")。遍历了这个锚点,都能离开此锚点和此超链接。

注 228:例如,当遍历时,文档视图可能简单地"滚动"到这个锚点,读者可以自由滚动处理或者定位到这锚点范围外的另外位置。

——无进一步遍历("N")。已遍历了这个点,而不可能进一步的遍历。

注 229:例如,在模拟仿真中代表决定点的超链接中,"N"锚点能表示导致模拟终止的决定。

——禁止遍历("P")。从任何超链接的其他锚点到此锚点的遍历都是禁止的。

如果不允许离开的锚点是另一个链接的锚点或者包含另外超链接的锚点,当这锚点已经被遍历了,那么是不允许遍历那些链接的,因为这样做构成了锚点的离开功能。然而,如果这个锚点被当作一允许离开的锚点遍历,或者不是超链接的访问,那么离开的约束是无效的。

注 230:换言之,超链接能影响到锚点或者来自锚点的移动,仅仅依照关于该超链接解析。借助同样的标记,设计者和作者能够使其遍历的选择得到展现,也期望到达这样一个程度,处理系统能完全支持遍历规则(然而,特殊的遍历规则规范不能担保能访问到,或者对访问超链接锚点产生约束。换句话说,遍历规则规范代表了作者和设计者的意图,但是不能保证这意图是否能实现)。

注 231:应用程序能基于数据对象的状态把数据访问策略与数据对象相关联,数据对象视为超链接的锚点,与遍历状况和行为无关。但是,这样的策略超越了 HyTime 的遍历规则范围(尽管这 HyTime 活动跟踪策略很容易被用作定义这样的策略和与其相关的数据对象和超链接——见 6.7.3)。

这些基本的遍历选项能以特定的组合方式组合起来,形成 linktray 属性的关键字如下:

I　从同一个链接的锚点不断遍历。

R　遍历后返回。

D　遍历后离开。

A　任何遍历或者离开(等价 EID)。

N　从同一个链接的锚点遍历后就不再遍历了。

P　禁止遍历到这个锚点。

ID　遍历或离开。

RD　返回或离开。

EI　到达后遍历,从同一个链接的锚点不断遍历。

ER　到达后遍历,从同一个链接的锚点开始遍历后返回。

ED　到达后遍历,从同一个链接的锚点开始遍历后离开。

EN　到达后遍历,从同一个链接的锚点开始遍历后就不再遍历。

EP　到达后遍历,禁止遍历到这个锚点(也是禁止返回)。

ERD 到达后遍历,返回,或者离开(只有当这里有超过超链接的两个锚点是,这个 ERD 选项才会不同于 A 选项)。

linktrav 属性的值可能是每个锚点或者是全部锚点的关键字。

注 232：比展示出的 linktrav 关键字更复杂的遍历规则能通过规范化所有链接成二进制链接或者通过定义特定的遍历规范机制去实现。

属性列表遍历(listtrav)应用于任何列表或者相关的列表锚点和定义,对于每个锚点,列表遍历是被允许的。一个列表锚点的节点按其被定位的顺序列出。除了"N"(不遍历)选项外,这个列表被当作链接列表。当"环绕"被允许,那么链列表是循环链表,其第一个节点会被链接到最后个节点。

注 233：为了链接遍历,每一个列表锚点成员被当成分开的可遍历的对象。因此浏览器基于请求从链接锚点遍历到另一个锚点的典型行为,会呈现出所有锚点的列表,包括任何列表锚点的独立组件。对于相关的列表遍历,从相关列表成员的遍历总是一个对应列表锚点的相关成员。

可能的列表遍历选项是:

N　没有列表遍历的可能。已经遍历到列表的一个成员,只有一种可能选项去遍历超链接的另外锚点(间接允许遍历同一个锚点的另外一个成员)。

注 234：换言之,这里没有下一个或前一个行为,但是当链接的遍历被请求时,锚点的另外成员能够通过从呈现的选择列表中被遍历。

L　左遍历。从列表中一个节点到前一个成员遍历。

R　右遍历。从列表中的节点到下一个成员的遍历。

A　相邻遍历。从列表中从节点到任意一个相邻节点的遍历。

LW　左环绕:左侧遍历,当从列表中的第一个节点开始遍历时遍历到列表的结束。

RW　右环绕:右侧遍历,当从列表中的最后一个节点开始遍历时遍历到列表的开始。

AW　相邻环绕:可以两个方向遍历,当遍历到列表的任意一端时重复。

Listtrav 属性的值可以是每个列表锚点或者是所有列表的某个锚点。

```
                         〈! --遍历属性--〉
〈! [ %traverse; [
〈! attlist
--遍历--        --遍历属性--
                --条:8.1.3--
  (agglink,hylink,ilink)
  linktrav    --超链接遍历规则--
                --超链接锚点间遍历:
                      A  任何遍历或者离开(EID)
```

```
                D  内部到达后离开
                E  外部到达后遍历
                I  内部到达后遍历
                N  内部到达后不遍历
                P  不内部遍历
                R  内部到达后返回遍历--
     NAMES    --Lextype:("A"|"EI"|"ER"|"ED"|"EN"|"EP"|"ERD"|
                         "I"|"ID"|"D"|"N"|"P"|"R"|"RD")+--
              --约束:一个对一个锚点或者一个对多个--
     A
   listtrav   --列表遍历规则--
              --在列表成员间遍历:
                A  相邻遍历(左和右)
                L  左遍历
                N  无遍历
                R  右遍历
                W  环绕遍历--
     NAMES    --Lextype:("A"|"AW"|"L"|"LW"|"N"|"R"|"RW")+--
              --约束:一个对一个列表锚点或一个对全部类表锚点--
     N
>
]]><! --遍历-->
```

8.2 超链接体系结构形式

HyTime 定义了下列的元素形式,应用程序能用它们去表示任意的链接类型。

——超链接(hylink)是最灵活的。其能有任意多的锚点并且能够在所有锚点中保持完全的独立;

——上下文链接(clink)代表了简单的、一般的交叉引用;

——聚合链接(agglink)代表了聚合关系;

——可变链接(varlink)代表了在同一个链接类型的多个事例中的拥有不同的锚点角色;

——独立链接(ilink)为超链接提供了可选择的句法,锚点地址被单个的 IDREFS 属性指定,而不是为每个锚点角色指定分开的属性。

8.2.1 超链接

元素形式超链接(hylink)是一种在文本中的位置与锚点位置无关的超链接。位置的意义由应用程序决定。

注 235:超链接能用在不能够改变锚点(事实上这是没有写访问)的情况下。如果有两个锚点,一个可以改变,那么用上下文链接就会更方便。

注 236:链接类型可能是个独立链接,包含外部主题词表和索引地址,各种不同版本的索引,以及图形用户界面对象,比如菜单和单选按钮集。

注 237:能够在 hylink 表上建模的超链接的一个有用的应用就是"性质链接"。当协作的作者或审阅者注文档时,其允许特定的性质类型与位置相关联。有两类锚点:"主题",标识了性质被关联的地址;"性质值",标识了性质的值。遍历规则必须至少允许始于主题并返回性质值的遍历,尽管设计者可以选择构造双向链接的方式。

属性锚点角色(anchrole)通过指定各自的角色名称指明了锚点的数量。相同角色名不能被用于多个锚点(通过锚点角色名定位的锚点)。

仅当"manyanch"选项被支持,并且该值被指定为无值或者大于"2"的时候,锚点才能超过两个。锚点角色在从属中必须保持不变。每个锚点角色名都能被下列两个关键字之一描述:

#LIST	锚点是"列表锚点":锚点可能是包含一个或两个以上节点的节点列表。
#CORLIST	锚点是一个"相关列表锚点":锚点可能是包含一个或两个以上节点的节点列表。另外,在同一个超链接中,对于相应列表锚点的各个成员,在所有的其他相关列表锚点中必须有相应的成员与其对应。如果仅有一个#CORLIST 锚点,将其视为

普通的＃LIST锚点。

非列表锚点称为单例锚点(singleton anchors),单例锚点可以被解析为只有一个节点。

每个锚点角色(自身锚点除外)必须有一个引用的属性,属性的名称与锚点角色的名称相同。每个属性直接或间接地对锚点角色成员进行定位,这些属性一般被引用到链接的“锚点定位属性”。

注 238:对属性规定的值必须是 IDREF,IDREFS,ENTITY,ENTITIES 或者定位地址,通过 refloc 功能,属性必须被指定(见 7.8 的定位地址)。

单例锚点使用 RHE 来定位多个对象。

注 239:通过使用 HyNames 结构化重命名属性,用来定位超链接锚点的属性名能映射到锚点角色名。例如,下列 HyNames 说明了锚点角色名“employees”到“empIDs”的属性名之间的映射关系:

HyNames NAME ＃FIXED "employees empIDs"

重映射过程总会被 HyTime 处理器识别,但是当属性没有在 meta-DTD 结构中被声明时,重映射会被一般的体系结构处理器忽略掉。(就像这种情况,如果元素直接起始自于超链接形式,而不是一个继承于超链接形式的体系结构形式。)

注 240:应用设计者能够通过 reftype 属性去约束元素类型。

属性锚点存在的约束(anchcstr)为每个锚点定义了锚点能否忽略,或如果锚点没有描述锚点定位属性,链接元素本身是否可以看作锚点。属性值是一个关键字列表,一个关键字对应一个锚点或所有锚点。在从属文档中,对于给定链接类型来说锚点约束必须是常量。

当锚点属性被忽略或者属性值为空字符串(“”)时,锚点存在约束开始起作用。如果属性没有出现在元素的开始标签处,且取默认值,而非＃IMPLIED、＃CONREF,或者值为空字符串的属性都被看成该属性已经被指定值。

注 241:不指定锚点定位属性和定位一个空节点列表之间是有差别的。根据由 emptyanc 属性指定的规则进行验证,对空节点列表进行定位的锚点是有效的。这可能锚点存在的约束关键字有以下几种:

必需(REQUIRED)	必需锚点:锚点是必须的并且不能链接到他本身。对于必须锚点的定位属性正常情况下有一个字面上的默认值或者默认的设定值,或者由＃REQUIRED or ＃FIXED 规定的默认值。默认情况下,所有的锚点都是必需的。
自身(SELF)	自身锚点:如果锚点没有指定定位属性,那么这个超链接本身就是这个锚点。自身锚点的定位属性值通常由＃IMPLIED 设定值设定或者该属性不存在(超链接总是个锚点)。
省略(OMIT)	可省略的锚点:如果没有为这个锚点指定锚点定位属性,那么此锚点对于超链接来说相当于链接不存在:角色从关系实例中省略。可省略的锚点定位属性正常情况下有一个由＃IMPLIED 指定的值。
条件(COND)	条件链接锚点:如果没有为这锚点指定锚点定位属性,此锚点当被省略(就像 OMIT)。另外,如果链接的所有锚点是条件的,并且没有锚点定位属性被指定或仅有一个保留,那么这些元素被当作其 HyTimeti 体系结构形式是 HyBird 那样被处理:不认为它是链接而是体系结构化处理。对条件链接锚点的锚定定位属性正常情况下有个由＃IMPLIED 指定的值。

属性空锚点是差错吗?(emptyanc)对于每个锚点来说,说明锚点作为一个空列表(“ERROR”)或者不是(“NOTERROR”)是否是差错。该值要么是每个锚点有一个关键值或者要么是所有锚点仅有一个关键值。空锚点规则仅仅应用于这样的锚点,其本身定位属性已经被指定,或者在一个元素开始标记上被指定,或者因为这些属性有默认值而不是＃IMPLIED 或者＃CONREF。

注 242:换言之,empytanc 并不适用于省略的或条件的锚点。

所有的链接必须要有至少两个锚点。对链接来说拥有零或一个锚点是 RHE 的(除非存在约束锚点属性的条件值被指定,以至于缺少足够的锚点,从而导致元素不是一个超链接)。

注 243:例如,二进制链接如果有一个自身锚点和一个可省略的锚点,由于该链接只允许含有一个锚点(那个自身锚点),从而会忽略一个锚点,这就是一个差错。然而,如果可省略锚点被条件链接锚点替代,那么省略这锚点就不再是个错误,因为这样的元素不被当作链接了。

```
                          〈! --超链接关系--〉
〈![ %hylink; [
〈! element
   hylink               --超链接关系--
                        --条:8.2.1--
   - O
   ( %HyCFC;) *
--属性 [links]:hylink--
--可选属性 [links]:traverse--
--公共属性 [GenArc]:dafe,dvlatt,etfullnm,id,irefmodl,ireftype,lextype,opacity--
--公共属性[base]:activity,conloc,dtxtatt,valueref--
--公共属性[locs]:refctl,refloc,reftype,rflocspn--
〉
〈! attlist
   hylink               --超链接关系--
                        --条:8.2.1--
   anchrole             --锚点角色--
     CDATA              --Lextype:(NAME,("#LIST"|"#CORLIST")?)+--
                        --约束:一个链接所有的#CORLIST锚点必须有相同的成员数--
     #REQUIRED          --常量--
   anchcstr             --锚点存在约束--
     NAMES              --Lextype:("REQUIRED"|"SELF"|"OMIT"|"COND")+--
                        --约束:一个对一个锚点或一个对所有锚点--
     REQUIRED           --约束--
   emptyanc             --空锚点是个错误吗?--
     NAMES              --Lextype:("ERROR"|"NOT ERROR")+--
                        --约束:一个对一个锚点或一个对所有锚点--
     ERROR              --锚点定位属性:每个非自身锚点角色拥有一个锚点定位属性,属性名与锚点角色名相同(除
                          非由结构化属性重命名属性重映射过)--
〉
]]〉〈! --超链接--〉
```

8.2.2 上下文链接

元素形式上下文链接(clink)代表了绝大多数普通交叉引用形式。上下链接形式起始自超链接形式。

注 244:任何超链接潜在地可能是"上下文链接",可通过使用自身作为自己的一个锚点并且使该锚点成为一个遍历启动锚点。

上下文链接类型表示了引用的类型。这里有两个锚点角色:"引用标记",是一个链接元素;"引用主题",由属性引用主题(refusb)进行甄别。引用主题可能是一个列表。

注 245:在标准的文档中,上下文链接是最常见的文档超链接配置的优化;它能够用普通引用元素来模拟作为脚注引用和图形引用。如果有更复杂配置要求(像更多锚点),超链接元素形式能被使用。

如果引用标记在文档中仅是一点而不是一个对象,那么它可以为空。

注 246:当上下文链接元素位于起所在的上下文时,它可以使用共用的不透明属性去指定他们适"透明"的。请参见 A.5.2。

```
                          〈! --上下文链接--〉
〈![ %clink; [
〈! element
   clink                --上下文链接--
                        --条:8.2.2--
   - O
   ( %HyCFC;) *
--属性[links]:clink--
--可选属性 [links]:clinktra--
--公共属性 [GenArc]:dafe,dvlatt,etfullnm,id,ireftype,lextype,opacity--
--公共属性[base]:activity,conloc,dtxtatt,valueref--
--公共属性[locs]:refctl,refloc,reftype,rflocspn--
```

```
〉
〈! attlist
  clink          --上下文链接--
                 --条:8.2.2--
  HyBase   NAME  ＃FIXED hylink
  HyBnames CDATA ＃FIXED "refsub linkend"
  anchrole CDATA ＃FIXED "refmark refsub ＃LIST",
  anchcstr NAMES "self required"
  linkend        --相关主体链接结束--
    CDATA        --引用--
    ＃IMPLIED    --默认:省略或条件的--
                 --约束:如果没有指定,必须指定 COND in anchcstr--
〉
]]〉〈! --上下文链接--〉
〈! --上下文链接遍历--〉
〈! [ %clink; %traverse; [
〈! attlist
--clinktra--     --上下文链接遍历--
                 --条:8.2.2--
  (clink)
  linktrav CDATA "A ID"
〉
]]〉〈! --上下文链接,遍历--〉
```

8.2.3 聚合链接

元素形式**聚合链接**(agglink)代表了由列表节点组合成的一个"聚合链接"。倘若在语义上列表成员能被当作单个对象,聚合表示列表成员作为一个整体。

注 247:特别地,聚合链接可能是列表锚点的成员,启动这"嵌套"列表或者层级式菜单的表示。

一个聚合链接有两个锚点角色,"聚合"和"聚合的成员"。

注 248:聚合链接不是一个定位地址。因此聚合链接元素的引用总是引用元素本身,而不是成员锚点的成员引用。

```
                              〈! --聚合链接--〉
〈! [ %agglink; [
〈! element
  agglink        --聚合链接--
                 --节 8.2.3--
  - O
  (%HyCFC;)*
--属性 [links]:agglink
--可选属性 [links]:traverse--
--公共属性[GenArc]:dafe,dvlatt,etfullnm,id,ireftype,lextype,opacity--
--公共属性[base]:activity,conloc,dtxtatt,valueref--
--公共属性[locs]:refctl,refloc,reftype,rflocspn--
〉
〈! attlist
  agglink        --聚合链接--
                 --节 8.2.3--
  HyBase   NAME  ＃FIXED hylink
  anchrole CDATA ＃FIXED "agg members ＃LIST"
  anchcstr NAMES "self required"
  loctype  CDATA "members IDLOC"
  members        --聚合成员--
    CDATA        --引用--
                 --注意:因为成员是由定位地址类型 IDLOC 默认给定,其值就像 IDREFS 一样被默认解释,虽然
                   解释可以通过说明 loctype 属性的不同值进行变更。--
    ＃IMPLIED    --默认:省略或条件的--
                 --约束:如果没被指定,必须在 anchcstr 中指定条件--
〉
]]〉〈! --聚合链接--〉
```

8.2.4 可变链接

元素形式**可变链接**(varlink)代表超链接对于一个给定的链接类型,锚点角色不需要保持不变。

不像单个的锚点定位属性,可变链接形式会用**锚点说明**(anchspec)子元素去定义每个锚点角色和定位锚点成员。锚点说明元素内容包含锚点的访问。锚点角色属性指定锚角色名。如果没有锚点角色属性被指定,那么锚点说明元素的元素类型被用作锚点角色(anchrole)。如果在单个可变链接中的多锚点说明元素存在同样锚点角色,那么它定位的这些节点,按照锚点说明元素的出现顺序排列,将结合起来形成单个成员列表。只有当"多锚点"(manyanch)选项被支持,并指定无值或大于 2 的值的时候,锚点的成员能超过两个。

属性**锚点有个多成员的属性?**(multmen)指出无论锚点是否允许多成员(列表),以及多个成员能其他锚点的成员或单个成员相关。如果在单个可变链接的多个锚点说明元素拥有相同的锚点角色,那么必须给属性 multmem 指定相同的值,或是"列表"或"相关列表"。

其他属性在超链接形式中被定义。

可变链接元素可能是自身锚点,需要为这可变链接元素形式的锚点角色属性指定一个值去说明。

为了关联锚点角色的链接类型,与给定的可变链接元素相关的链接类型是一个并集,该并集是为单个文本中的元素类型命名的所有锚点角色名称的并集(例如,好像所有的锚点角色被清楚地声明并给予一个锚点存在的省略约束)。

```
                          〈! --可变链接--〉
〈! [ %varlink; [
〈! element
   varlink            --可变链接--
                      --条:8.2.4--

   - O
   (anchspec) +
--属性 [links]:ancspcat,varlink,vartrav--
--公共属性 [GenArc]:dafe,dvlatt,etfullnm,id,ireftype,lextype,opacity--
--公共属性[base]:activity,conloc,dtxtatt,valueref--
--公共属性[locs]:refctl,refloc,reftype,rflocspn--
〉
〈! element
   anchspec           --锚点规范--
                      --条:8.2.4--
   - O
   (%HyCFC;)*         --引用--
                      --注意:Use of refloc facility required--
--属性 [links]:anchspec,ancspcat,vartrav--
--公共属性[GenArc]:dafe,dvlatt,etfullnm,id,ireftype,lextype,opacity--
--公共属性[base]:activity,conloc,dtxtatt,valueref--
--公共属性[locs]:refctl,refloc,reftype,rflocspn--
〉
〈! attlist
   anchspec           --锚点规范--
                      --条:8.2.4--
   multmem            --锚点能有多个成员吗?--
     (single|list|corlist)
     single
   emptyanc           --空锚点是一个差错吗?--
     (error|noterror)
     error
〉
〈! attlist
--ancspcat--          --锚点规范属性--
                      --条:8.2.4--
   (anchspec,varlink)
```

```
    anchrole          --锚点角色--
      NAME
      #IMPLIED        --默认:for anchspec,anchor role is GI of element--
                      --默认:for varlink,varlink is not self anchor--
    >
  <![ %traverse; [
  <!attlist
  --vartrav--         --可变链接遍历规则--
                      --约束:如果不是自身锚点将忽略可变链接元素--
    (anchspec,varlink)
    linktrav          --超链接遍历规则--
                      --锚点超链接间遍历:
                          A 任何遍历或离开(EID)
                          D 内部到达后离开
                          E 外部到达后遍历
                          I 内部到达后遍历
                          N 内部到达后不遍历
                          P 不内部到达
                          R 内部到达后返回遍历--
      (A|EI|ER|ED|EN|EP|ERD|I|ID|D|N|P|R|RD)
      A
    listtrav          --列表遍历规则--
                      --列表锚点成员间遍历:
                          A 相邻遍历(左和右)
                          L 左遍历 l
                          N 不遍历
                          R 右遍历
                          W 环绕遍历--
      (A|AW|L|LW|N|R|RW)
                      --约束:如果锚点不是一个列表则忽略--
      N
    >
  ]]><! --遍历-->
  ]]><! --可变链接-->
```

8.2.5 独立链接

元素形式独立链接是一个超链接,能用单个的 IDREFS 属性去定位其的锚点。独立形式与超链接在语义上是一样的,但提供了一个可选句法来定位其锚点。

属性锚点角色(anchrole)通过为每个锚点定义一个角色名来识别锚点个数。同样的角色名称不能为两个或两个以上的锚点使用。在客户端文档中给定的链接类型的锚点角色必须是不变的。

关键字"#AGG"是"#LIST"的同义词。

注 249:#AGG 关键字是为存在的独立链接元素提供的。

仅当"多锚点"选项被支持和确定无值或大于 2 的值时,锚点数能超过 2 个。

每个被 linkends 属性指定的 ID 与锚点属性指定的相关锚点角色名称相联系,顺序在原文档中被指定。

注 250:应用程序设计者能通过引用类型属性去约束锚点的元素类型。

独立链接元素本身能被指派作为一个锚点,指定当作一个链接结束的元素 ID 或者指定比这里的锚点角色少一个 ID 地址,这种情况下独立链接元素被当作其第一个锚点(等同于去利用第一个锚点的自身存在的约束条件)。

```
                          <! --独立链接-->
  <![ %ilink; [
  <!element
    ilink             --独立链接--
                      --条:8.2.5--
    - O
```

```
    (%HyCFC;)*
--属性 [links]:ilink--
--可选属性 [links]:traverse--
--公共属性 [GenArc]:dafe,dvlatt,etfullnm,id,ireftype,lextype,opacity--
--公共属性[base]:activity,conloc,dtxtatt,valueref--
--公共属性[locs]:refctl,refloc,reftype,rflocspn--
〉
〈! attlist
  ilink                  --独立链接--
                         --条:8.2.5--
  anchrole               --锚点角色--
    CDATA                --Lextype:(NAME,("#AGG"|"#LIST"|"#CORLIST")?)+--
                         --约束:一个对应一个锚点--
    #REQUIRED            --约束--
  linkends               --链接结束--
    IDREFS               --引用--
                         --约束:一个对应一个锚点角色,除非当第一个锚点是链接元素本身时,第一个 ID 可以
                           省略--
    #REQUIRED
〉
]]〉〈! --独立链接--〉
```

8.3 超链接相关的定位地址

下面的定位地址方式提供了对定位超链接和其本身的锚点的查询。所有的形式是起始于基本 queryloc 元素形式(见 7.11.1 查询定位地址)。

8.3.1 超链接定位地址

元素形式超链接定位地址(linkloc)通过链接类型定位超链接。超链接定位地址的内容是零列表或者是更多的 GIs。超链接定位地址的源地址是文档或者是被选择的链接文档。如果没有 GIs 被指定,超链接定位地址定位源文档中所有的超链接。

注 251:事实上,超链接定位地址选择派生自 HyTime 语义 groves 派生自定位资源文档所有节点,其类型是“超链接”和“类型名”的属性值等同于指定的一个链接类型名(见附录 B)。

```
                    〈! --超链接定位地址--〉
〈![ %linkloc; [
〈! notation
  HyLnkLoc              --HyTime 超链接查询定位记法--
                        --条:8.3.1--
                        --约束:如果隐式定位源是"ptreert"或"referrer",定位源是树根或参考所在的文档。--
                        --Lextype:(csname|literal)+--
                        --约束:csnames 和 literals 在定位源中必须是链接类型。--
                        --约束:如果没有指定链接类型,在定位源中定位所有的链接。--
  PUBLIC "GB/T 16965—2009//NOTATION
          HyTimeHyperlink Queryloc Notation//EN"
--公共属性 [GenArc]:altreps,included,superdcn--
--公共属性[base]:bosdatt--
--公共属性[locs]:egrvplan--
〉
〈! element
  linkloc               --超链接定位地址--
                        --条:8.3.1--
                        --约束:如果隐式定位源是"ptreert"或"referrer",定位源是原生树或引用所在的文档。--
  - O
  (#PCDATA)             --Lextype:(csname|literal)+--
                        --约束:csnames 和 literals 在定位源中必须是链接类型。--
                        --约束:如果没有指定链接类型,在定位源中定位所有的链接。--
--属性 [locs]:locsrc,impsrc--
--属性[links]:linkloc--
--可选属性 [locs]:multloc,referatt,spanloc,treetype--
```

```
--公共属性 [GenArc]:dafe,dvlatt,etfullnm,id,ireftype,lextype,opacity--
--公共属性[base]:activity,conloc,dtxtatt,valueref--
--公共属性[locs]:refctl,refloc,reftype,rflocspn--
〉
〈! attlist
  linkloc          --超链接定位地址--
                   --条:8.3.1--
  HyBase   NAME ＃FIXED queryloc
  notation NOTATION(HyLnkLoc)＃FIXED HyLnkLoc
  notfound         --No data found--
    NAME           --Lextype:("ERROR"|"IGNORE")--
    ERROR
〉
〈! entity % locsrc "INCLUDE"〉
〈! entity % impsrc "INCLUDE"〉
]]〉〈! --超链接定位地址--〉
```

8.3.2 超链接锚点定位地址

元素形式**超链接锚点定位地址**(anchloc)通过锚点角色名定位超链接锚点。anchloc 的内容是零列表或更多的锚点角色名称。如果没有锚点角色名称被指定,在这定位资源中 anchloc 去访问所有超链接的锚点。

anchloc 的定位资源会是一个或两个以上文档或链接元素。对于文档来说,在此文档中的所有链接都是可以定位到的。

注 252:超链接定位地址方式能被用作定位一个特定类型的所有链接。

注 253:事实上,对于每个作为定位定位资源的链接,anchloc 在锚点或列表锚点子节点的“对象”或“成员”性质中选择节点,其“角色名”性质值和此锚点的子节点名称相匹配(见附录 B)。

```
〈! --超链接锚点定位地址--〉
                                  〈! --超链接锚点定位地址--〉
〈! [ %anchloc; [
〈! notation
  HyAncLoc          --HyTime 超链接锚点查询定位记法--
                    --条:8.3.2--
                    --约束:定位源对象必须是超链接或者文档--
                    --约束:如果隐式定位源是"ptreert"或"referrer"(并且引用者是一个链接),定位源是原生
                      树或引用所在的文档。--
                    --Lextype:(csname|literal)*--
                    --约束:csnames and literals 是定位源中的链接的锚点角色名称。--
                    --约束:如果没有指定锚点角色,定位地址源中的所有链接的锚点。--
  PUBLIC "GB/T 16965—2009//NOTATION
          HyTimeHyperlink Anchor Queryloc Notation//EN"
--公共属性[GenArc]:altreps,included,superdcn--
--公共属性[base]:bosdatt--
--公共属性[locs]:egrvplan--
〉
〈! element
  anchloc           --超链接锚点定位地址--
                    --条:8.3.2--
                    --约束:定位源对象必须是超链接或文档。--
                    --约束:如果隐式定位源是"ptreert"或"referrer"(并且引用者不是是一个超链接),定位源
                      是原生树或引用所在的文档。--
  - O
  (＃PCDATA)        --Lextype:(csname|literal)*--
                    --约束:csnames and literals 是定位源中的链接的锚点角色名称。--
                    --约束:如果没有指定锚点角色,定位地址源中的所有链接的锚点。--
--属性 [locs]:locsrc,impsrc--
--属性[links]:anchloc--
--可选属性 [locs]:multloc,referatt,spanloc,treetype--
```

```
--公共属性 [GenArc]:dafe,dvlatt,etfullnm,id,ireftype,lextype,opacity--
--公共属性[base]:activity,conloc,dtxtatt,valueref--
--公共属性[locs]:refctl,refloc,reftype,rflocspn--
>
<! attlist
  anchloc          --超链接锚点定位地址--
                   --条:8.3.2--
  HyBase   NAME    #FIXED queryloc
  notation NOTATION(HyAncLoc)#FIXED HyAncLoc
  notfound         --No data found--
    NAME           --Lextype:("ERROR"|"IGNORE")--
    ERROR
>
<! entity % locsrc "INCLUDE">
<! entity % impsrc "INCLUDE">
]]><! --anchloc-->
```

9 调度模块

本章描述 HyTime 可选的调度模块。本章需要使用 6.8 中的坐标定位设施。

9.1 调度的概念和定义

"调度"即为对象提供一个位置和范围,没有这一更为基本的概念,就没有"对齐"和同步(在时间上对齐)的概念。相应的,调度要求一个坐标轴的集合和度量它的系统,合起来叫做"坐标空间",尽管空间在数学概念上是无限的.但 HyTime 中的坐标空间是有限的(它在技术上是一个子空间),也就是"有限坐标空间"(FCS)。

注 254:FCS 在数学概念上也是"有限的坐标空间",它有有限的轴或维。在数学概念上,也指的是离散的坐标空间,因为每个轴上的点的数量是有限的。

在坐标空间中对象没有固有范围或位置。把对象放在事件中才能给定范围或位置,事件放在一个有序的事件表中,叫做"事件调度"。坐标空间可以有很多个事件调度,每一个都与坐标轴对齐。

在调度中,事件的位置是由事件的"已调度范围"规定的一个值。已调度范围由坐标空间的每根轴的一个维说明组成,这些维规范共同定义事件的位置和字面的范围。

在一个事件调度范围内,可以把合乎逻辑的事件组合成一个"事件组",从而将一些公共性质与这些事件联系起来。

在 HyTime 中,对每一根坐标轴都赋予一个基于标准的度量单位(SMU)的度量域,如 SI 秒(国际单位制秒),SI 米(国际单位制米),应用还能定义实际中没有的虚拟度量单位。这些是能表示相对范围的特性。在文档的绘制过程中,虚度量可以投影到适当的任意实度量域,或者投影到另一个虚域。

注 255:例如,在绘制的时候,可以为一个单位赋予一个固定值,或一个算法生成的变量值,或者在时间域中,与执行者记录的按键跟踪相联系。

注 256:如果方便的话,虚单位可以看做与实际的度量单位相对应。对于文档的任意给定绘制过程,这样的约定不会阻止由其他方法来产生的绘制。

注 257:轴不需要是时间的或空间的;量可以把任意可度量的东西分类,例如金钱,温度和质量使 FCS 概念广泛地适用于对信息的可视化。有些应用可以使用轴对一系列的主题加上属性命令,如在某些表格中看到的信息,每个主题一个量。在后一种情况下,根据所使用的主题和命令的意义加载,它可以是或也可以不是有意义的,如(主题一)+2=(主题三)。

9.2 度量单位

在任何一个标准度量系统的根目录中必须有一个没有相互冲突的基点。在 HyTime,这个基点被称为"标准度量单位"(SMU)。在坐标地址的介绍中(见 6.8),SMU 是"通用量程"——只适用于描述相对大小和位置的实际量度。然而,当使用调度模块时,实际的 SMUs 是基于国际单位制的。例如 SI 秒和 SI 米。

为了保证在 SMUs 中的一致性，用正式公共标识符声明。SMUs 可以由应用声明，但是 HyTime 提供一个最初集合(见 9.2.3.1)。

9.2.1 度量域定义

SMU 不可能是所有超媒体应用的正确粒度，甚至在所有简单应用的规范事件中。因此，可以创建“度量域定义”，来根据 SMU 的定义域建立一个基本颗粒集。为了更加灵活，“HyTime 度量单位(HMUs)”可以通过定义颗粒的比率来使用。

注 258：例如，值为每秒 24 和 30 的 HMUs 可以于动态图像和录像同步使用。

元素形式**度量域定义**(measure)建立一套基本的颗粒集，每一个都根据 SMU 的域定义了“引用颗粒”的比率，所有的定义最终都是根据域中的 SMU 来制定的。

注 259：例如，基于国际单位制秒的度量域可以包括“小时”和“微秒”颗粒。

属性**域 SMU** (SMU)指定了标准度量单位域。作为正式的公开度量单位，它必须被声明为符号名为一个有正规公共标识符的数据内容符号，这个符号就是一个度量单位。如果域是虚拟的，公开识别中的文档标识符组件必须是“虚拟度量单位”。

多种度量域与相同的 SMU 域被定义为单一的度量域。

注 260：规则为特定文档所需的颗粒补充度量域的定义提供了方便。

元素形式**颗粒定义**(granule)的实例依据 SMU 域定义了颗粒。对于每个实例，属性**颗粒名**(gn)对颗粒进行了命名，元素的内容是它的定义。定义用属性**颗粒定义记法**(gdnot)来描述。

颗粒名区分大小写。

注 261：例如，“mm”和“Mm”是在 SI 米域的两个不同的颗粒名称。

在同一个度量域中颗粒名不能相同。

颗粒名不能与度量域的 SMU 名称相同。因为颗粒名区分大小写，而 SMU 名不区分大小写，当运用这条规则时，字母的大小写将被忽略。

注 262：例如，在度量域“SIsecond”中，颗粒名“sisecond”不被允许，因为不区分大小写的时候，颗粒名和 SMU 名是相同的。

```
                        <! --度量域定义-->
<![ %measure; [
<![ %HyGrand; [
<! entity % dgdnot "HyGrand">
]]>
<! entity %
  dgdnot          --缺省颗粒定义记法--
                  --条;9.2.1--
  "#REQUIRED"
>
<! element
  measure         --度量域定义--
                  --条:9.2.1 --
                  --根据标准度量单位(SMU)来定义颗粒集。相同 SMU 域的多次度量域构成一个域--
  - O
  (granule+)
--属性[sched]:度量--
--公共属性[GenArc]:dafe,dvlatt,etfullnm,id,ireftype,lextype,opacity --
--公共属性[GenArc]:dafe,dvlatt,etfullnm,id,ireftype,lextype,opacity --
--公共属性[base]:activity,conloc,dtxtatt,valueref --
--公共属性[locs]:refctl,refloc,reftype,rflocspn--
>
<! attlist
  measure         --度量域定义--
                  --条:9.2.1 --
  smu             --标准度量单位--
```

```
                    --标准度量单位域--
    NAME            --Lextype:SMU--
    #REQUIRED
  >
<! element
   Granule          --颗粒定义 --
                    --条:9.2.1 --
                    --由颗粒定义的元素定义了颗粒和度量域 SMU 的数学关系。--
                    --记录:关系可以根据同一个度量域的另一个颗粒定义。--
   - O
   (%HyCFC;)*
  --属性[sched]:颗粒--
  --公共属性[GenArc]:dafe,dvlatt,etfullnm,id,ireftype,lextype,opacity --
  --公共属性[base]:activity,conloc,dtxtatt,valueref --
  --公共属性 [locs]:reftctl,refloc,reftype,rflocspn--
  >
<! attlist
   Granule          --颗粒定义--
                    --条:9.2.1 --
   gn               --颗粒名称 --
                    --颗粒的名字被定义。被定义的颗粒名不能作为 SGML 的规范化使用(也就是说,它们是区分大
                      小写的)。--
     CDATA          --Lextype:颗粒--
                    --约束:度量域的唯一性 --
                    --约束:不能与 SMU 同名(忽略大小写)--
     #REQUIRED
   gdnot            --颗粒定义记法--
                    --用于指定被定义的颗粒和度量域的 SMU 之间的关系的记法。--
     NAME           --Lextype:NOTATION--
     %dgdnot;
  >
]]><! --度量-->
```

9.2.2 HyTime 颗粒定义记法

缺省情况下,HyTime 颗粒定义记法(HyGrand)被用于定义颗粒。

一个 HyGrand 表述定义了一个颗粒(即量程类型)作为"引用"颗粒的比率。比率作为一对数字被指定,第一个是分子,第二个是分母。引用颗粒可以是以前被定义的任何一个没有引用的(直接或间接)颗粒。

```
                    <! --HyTime 颗粒定义记法-->
<![ %HyGrand; [
<! notation
   HyGrand          --HyTime 颗粒定义记法 --
                    --条:9.2.2 --
                    --颗粒和它的度量域的 SMU 之间的数学关系被指定为 SMU,或者是同一个域中的另一个颗粒这两
                      者中所定义的颗粒的比率。--
                    --Lextype:(比率,(颗粒 |SMU))--
                    --约束:颗粒不能被根据自身直接或间接定义。--
   PUBLIC "GB/T 16965—2009//NOTATION
           HyTimeGranule Definition Notation//EN"
  --公共属性[GenArc]:altreps,included,superdcn--
  --公共属性[base]:bosdatt--
  --公共属性[locs]:egrvplan--
  >
<! entity % measure "INCLUDE">
]]><! --HyGrand-->
```

9.2.3 有用的度量域

HyTime 包括了度量虚时间(virTime),虚空间(virSpace),实际时间(SIsecond)和实际空间

(SImeter),除此之外,还有普通量程的显式域定义 (gQuantum)(见 9.2.3.2)。

注 263:颗粒名不同对于应用而言是有意义的,即使它们与 HyTime 是等效的(例如,在 SImeter 域的“thumb”和“inch”)。

注 264:大范围的颗粒为不同的应用提供了方便的选择。

注 265:在计算机中的实际度量不是一个连续统一体。在显示器或者打印机上,每一秒就有一些不连续的计算机时钟和一些不连续的分辨率的点出现。这样简化了对 HyTime 的度量计算。

9.2.3.1 公共标准度量单位

以下记法声明提供了大多数超媒体应用所必需的标准度量单位。

```
                        <! --度量单位-->
<![ %sched;[
<! notation
  gQuantum              --普通量程--
                        --普通量程的引用单位--
  PUBLIC "GB/T 16965—2009//NOTATION
         Virtual Measurement Unit//EN"
>
<! notation
  SIsecond              -- 国际单位制秒--
                        --实际时间的引用单位--
  PUBLIC "GB/T 16965—2009//NOTATION
         Systeme International second//EN"
>
<! notation
  SImeter               --国际单位制米--
                        --实际长度的引用单位--
  PUBLIC "GB/T 16965—2009//NOTATION
         Systeme International meter//EN"
>
<! notation
  virTime               --虚拟时间--
                        --虚拟时间的引用单位--
  PUBLIC "GB/T 16965—2009//NOTATION
         Virtual Measurement Unit//EN"
>
<! notation
  virSpace              --虚拟空间--
                        --虚拟空间的引用单位--
  PUBLIC "GB/T 16965—2009//NOTATION
         Virtual Measurement Unit//EN"
>
<! --sched-->
```

9.2.3.2 度量域定义

HyTime 为有用的 SMU 的记法声明定义了五种度量域,可以使用以下 SGML 正式公共标识符来在公共文本中引用:

"GB/T 16965—2009//TEXT Useful Measurement Domain Definitions//EN"

“度量”和“颗粒”的元素和属性列表声明没有包括在其中。它们和体系结构形式的定义是相同的,除非“颗粒”内容被声明为#PCDATA。

注 266:因为颗粒集是无限的,这些度量域的定义必定是不完整的。因此,一个颗粒的缺乏不能被当作是拒绝。使用在 9.2.1 度量域定义中所描述的设施,颗粒可以轻易地增加。例如,颗粒能代表各种计算机系统中的时钟点。

9.2.3.2.1 通用量程

```
<measure smu=gQuantum>
  <granule gn=quantum>          1 1          gQuantum
```

〈granule gn = bit-combination〉 1 1 quantun
〈granule gn = token〉 1 1 quantun
〈granule gn = node〉 1 1 quantun
〈granule gn = cell〉 1 1 quantun
〈/measure〉 1 1 quantum

9.2.3.2.2 虚拟时间

〈measure smu = virTime〉		
〈granule gn = vtu〉	1	1 virTime
〈granule gn = tact〉	1	1 vtu
〈granule gn = metronom〉	1	1 vtu
〈/measure〉		

9.2.3.2.3 虚拟空间

〈measure smu = virSpace〉
〈granule gn = vsu〉 1 1 virSpace
〈/measure〉

9.2.3.2.4 国际单位制秒

〈measure smu = SIsecond〉
〈granule gn = ysec〉 1 1000 zsec
〈granule gn = zsec〉 1 1000 asec
〈granule gn = asec〉 1 1000 fsec
〈granule gn = fsec〉 1 1000 psec
〈granule gn = psec〉 1 1000 nsec
〈granule gn = nsec〉 1 1000 usec
〈granule gn = usec〉 1 1000 msec
〈granule gn = msec〉 1 10 csec
〈granule gn = csec〉 1 10 dsec
〈granule gn = dsec〉 1 10 second
〈granule gn = SMPTE-50〉 1 50 second
〈granule gn = V1250〉 1 50 second
〈granule gn = NTSC〉 1 30 second
〈granule gn = SMPTE-240M〉 1 30 second
〈granule gn = SMPTE-30〉 1 30 second
〈granule gn = SMPTE-30-drop〉 100 2997 second
〈granule gn = SMPTE-25〉 1 25 second
〈granule gn = PAL〉 1 25 second
〈granule gn = SECAM〉 1 25 second
〈granule gn = European〉 1 25 second
〈granule gn = SMPTE-24〉 1 24 second
〈granule gn = motion-picture〉 1 24 second
〈granule gn = SMPTE-24-drop〉 100 2396 second
〈granule gn = PC-tick〉 10 182 second
〈granule gn = second〉 1 1 SIsecond
〈granule gn = dasec〉 10 1 second
〈granule gn = hsec〉 10 1 dasec
〈granule gn = ksec〉 10 1 hsec
〈granule gn = Msec〉 1000 1 ksec
〈granule gn = Gsec〉 1000 1 Msec
〈granule gn = Tsec〉 1000 1 Gsec
〈granule gn = Psec〉 1000 1 Tsec
〈granule gn = Esec〉 1000 1 Psec
〈granule gn = Zsec〉 1000 1 Esec
〈granule gn = Ysec〉 1000 1 Zsec
〈granule gn = minute〉 60 1 second
〈granule gn = quarter-hour〉 15 1 minute
〈granule gn = half-hour〉 30 1 minute
〈granule gn = hour〉 60 1 minute
〈granule gn = day〉 24 1 hour

```
〈granule gn=week〉                    7          1 day
〈granule gn=fortnight〉               2          1 week
〈! --Year and the granules based on it might not be accurate enough for some applications.--〉
〈! --对于一些应用来讲,年和量程也许不够精确--〉
〈granule gn=year〉              3652422      10000 day
〈granule gn=decade〉                 10          1 year
〈granule gn=century〉                10          1 decade
〈granule gn=millennium〉           1000          1 year
〈/measure〉
```

9.2.3.2.5 国际单位制米

```
〈measure smu=SImeter〉
〈granule gn=ym〉                      1       1000 zm
〈granule gn=zm〉                      1       1000 am
〈granule gn=am〉                      1       1000 fm
〈granule gn=fm〉                      1       1000 pm
〈granule gn=pm〉                      1       1000 nm
〈granule gn=angstrom〉                1         10 nm
〈granule gn=nm〉                      1       1000 um
〈granule gn=um〉                      1       1000 mm
〈granule gn=mm〉                      1         10 cm
〈granule gn=cm〉                      1         10 dm
〈granule gn=dm〉                      1         10 meter
〈granule gn=meter〉                   1          1 SImeter
〈granule gn=dam〉                    10          1 meter
〈granule gn=hm〉                     10          1 dam
〈granule gn=km〉                     10          1 hm
〈granule gn=Mm〉                   1000          1 km
〈granule gn=nautical-mile〉        1852          1 meter
〈granule gn=Gm〉                   1000          1 Mm
〈granule gn=AU〉                      1     206265 parsec
〈granule gn=Tm〉                   1000          1 Gm
〈granule gn=lightyear〉             100        326 parsec
〈granule gn=Pm〉                   1000          1 Tm
〈granule gn=parsec〉               3086          1 Tm
〈granule gn=Em〉                   1000          1 Pm
〈granule gn=Zm〉                   1000          1 Em
〈granule gn=Ym〉                   1000          1 Zm
〈granule gn=microinch〉               1       1000 milliinch
〈granule gn=milliinch〉               1       1000 inch
〈! --point和pica是计算机系统中的常用单位,但对于某些应用可能不够精确。--〉
〈granule gn=point〉                   1         12 pica
〈granule gn=pica〉                    1          6 inch
〈granule gn=barleycorn〉              1          3 inch
〈granule gn=nail〉                    1         16 yard
〈granule gn=inch〉                  254        100 cm
〈granule gn=thumb〉                   1          1 inch
〈granule gn=hand〉                    4          1 inch
〈granule gn=Roman-foot〉           1164        100 inch
〈granule gn=foot〉                   12          1 inch
〈granule gn=Greek-foot〉           1244        100 inch
〈granule gn=Northern-foot〉           11         10 foot
〈granule gn=cubit〉                  18          1 inch
〈granule gn=Sumerian-cubit〉        495         10 cm
〈granule gn=royal-cubit〉          2062        100 inch
〈granule gn=yard〉                    3          1 foot
〈granule gn=ell〉                     5          4 yard
〈granule gn=fathom〉                  6          1 foot
〈granule gn=perch〉                  11          2 yard
〈granule gn=pole〉                    1          1 perch
```

```
〈granule gn = rod〉                    1        1 perch
〈granule gn = chain〉                 66        1 feet
〈granule gn = furlong〉              220        1 yard
〈granule gn = quarter-mile〉         440        1 yard
〈granule gn = mile〉                1760        1 yard
〈granule gn = league〉                 3        1 mile
〈/measure〉
```

9.2.3.3 其他标准度量单位

以下记法声明可以在虚拟现实的应用中或其他要求非暂时的、空间的、普通量程的度量单位的场合中使用。它们包括剩余国际单位制的基本单位和增补单位。

```
〈! [ %sched; [
〈! notation
  SIkg          --国际单位制千克--
                --质量引用单位--
  PUBLIC "GB/T 16965—2009//NOTATION
          Systeme International kilogram//EN"
〉
〈! notation
  SIkelvin      --国际单位制开氏温标 --
                --热力学温度引用单位--
  PUBLIC "GB/T 16965—2009//NOTATION
          Systeme International kelvin//EN"
〉
〈! notation
  SIcd          --国际单位制坎德拉--
                --发光强度引用单位--
  PUBLIC "GB/T 16965—2009//NOTATION
          Systeme International candela//EN"
〉
〈! notation
  SIampere      --国际单位制安培 --
                --电流引用单位--
  PUBLIC "GB/T 16965—2009//NOTATION
          Systeme International ampere//EN"
〉
〈! notation
  SImole        --国际单位制摩尔--
                --物质量引用单位--
  PUBLIC "GB/T 16965—2009//NOTATION
          Systeme International mole//EN"
〉
〈! notation
  SIradian      --国际单位制弧度--
                --平面角引用单位--
  PUBLIC "GB/T 16965—2009//NOTATION
          Systeme International radian//EN"
〉
〈! notation
  SIsr          --国际单位制立体弧度--
                --立体角引用单位--
  PUBLIC "GB/T 16965—2009//NOTATION
          Systeme International steradian//EN"
〉
]]〉〈! --sched--〉
```

国际单位制中其他衍生单位的声明应该类似地构造:记法的名称由字符“SI”开始,对于衍生单位的专有名称长度小于等于六个字符的,就将其名称紧跟在“SI”后面,如果大于六个字符则将衍生单位的记号紧跟在“SI”后面。(专有名称和记号可以在 GB 3101—1993 中找到。)例如:

```
<![ %sched; [
<! notation
  SIC        --国际单位制摄氏度--
             --摄氏度引用单位--
  PUBLIC "GB/T 16965—2009//NOTATION
         Systeme International degree Celsius//EN"
>
]]><! --sched-->
```

国家货币主要单位的声明应如下构造：记法的名称由 GB/T 2659:2000 中指定的三位国家编码加上此国货币名称的前五个字符组成。例如：

```
<![ %sched; [
<! notation
  CHNYUAN        --中国的货币单位是元--
  PUBLIC "GB/T 16965—2009//NOTATION
         Yuan currency unit of China//EN"
>
<! notation
  GBRPOUND       --英国的货币单位是英镑--
  PUBLIC "GB/T 16965—2009//NOTATION
         Pound currency unit of United Kingdom//EN"
>
]]><! --sched-->
```

9.3 有限坐标空间

每个**有限坐标空间**(fcs)元素对应于一个逻辑清晰的 FCS。每个 FCS 元素定义了一个坐标轴集合，其中每个坐标轴和一个单一的度量范围相关联。多于一个轴的 FCS 要求支持不指定值或者指定值大于 1 的"多轴"选项。

注 267：本标准中，小写的"fcs"是指"有限坐标空间元素"，大写的"FCS"是指逻辑上的(即，语义上的)有限坐标空间，后者被表示成在所有 HyTime 处理指令完成后树林中的节点。

FCS 轴名称(axes)属性通过为各轴定义名称并将其和一个能标识轴度量范围的 SMU 关联起来的方法来定义 FCS 的轴。FCS 轴名称属性的值是一系列轴名称/记法名称的对，每个轴一个值。

一个 fcs 元素管理那些使用"sched"属性形式的相关联的元素。evescheds，wands(它要求对象修改具有便利性)和 batons(它要求事件投影的便利性)通过被包含在 fcs 元素中或者通过被 fcs 属性所引用变得与 FCS 元素相关联。

轴的名称在轴的属性值中必须是唯一的。从属 FCS 元素必须为每一个以"指定轴维"命名的轴进行声明，这些属性的名称与以轴属性命名的轴的名称相一致(或者可以通过 HyNames 属性重命名体系结构映射到轴的名称)。

HyTime 引擎根据"范围度量单位"(MDUs)调度范围。根据做过的所有计算，MDU 是最精细的内在度量粒度。

注 268：MDU 一般是所有 HMUs 的共同分母，它用于调度基于指定轴的扩展。MDU 的粒度应该是足够好的，使得舍入差错影响并不大(即，通常情况下差错并不能被察觉)。

每一个轴维规范属性都有词法类型：

```
(NUMBER,granule?,("#MDU",ratio,granule?)?)
```

数字说明了轴的维(最终沿着轴的 MDU 量程的总数量)，在指定时，根据紧接其后的颗粒值来表示；否则，使用的维单位是指定给轴的 SMU。如果颗粒被指定了，它将同时是轴的默认基准颗粒和默认 HMU；否则，默认基准颗粒和和 HMU 就是轴的 SMU。

注 269：轴的"默认基准颗粒"是用于表达沿着轴的维(以 HMUs 为单位)颗粒，例如，事件调度表中轴属性没有指定与 HMU 成比例的颗粒的事件时，作为维表示的参照基准的颗粒。轴的默认 HMU 是在调度，例如，事件调度表中轴属性不存在或者没有为默认颗粒指定 HMUs 比例的事件时，用来表示维的 HMU。

如果 #MDU 和一个比率被指定了，它根据紧接其后的颗粒值或默认的 HMU 值为轴定义从 MDU

到 SMU 的比例值。所有颗粒名称的定义必须根据轴 SMU。

任何轴上的 MDUs 数字，不允许超过衍生于包含 fcs 元素的文档中的 HyTime 体系结构声明的 hyqcnt 属性值的数字。

注 270：由 fcs 体系结构形式中 HyTime 定义的有限坐标空间的各方面并没完整地定义一个空间。尽管如此，应用设计者能关联应用语义来使用它们。

```
〈! --有限坐标空间-->
                          〈! --有限坐标空间-->
〈! [  %sched; [
〈! element
  FCS                --有限坐标空间--
                     --条:9.3--
  - O
  (baton|evsched|wand) *
--属性 [sched]:FCS --
--可选属性 [sched]:calibrat --
--公共属性 [GenArc]:dafe,dvlatt,etfullnm,id,ireftype,lextype,opacity --
--公共属性[base]:activity,conloc,dtxtatt,valueref --
--公共属性[locs]:refctl,refloc,reftype,rflocspn --
--引用者[sched]:dimref:elemspec,pdimref:prjtarg,rFCSloc:prjsrc,sched:FCS--
〉
〈! attlist
  FCS                --有限坐标空间--
                     --条:9.3--
  axes               --轴的名称和度量域--
                     --每个轴的名称和度量域(SMU)
    CDATA            --Lextype:(AXISNM,SMU)+--
                     --约束:每个轴的名称在列表之内必须唯一。--
    #REQUIRED        --固定的 --
--每个被轴属性值指定的轴名被用到从属元素的属性名称中，它们指定了轴的维和颗粒。每一个这种属性都有词
  法类型(NUMBER,granule?,("#MDU",ratio,granule?)?)，其中数字是轴的维，如果它被指定的话，根据紧接其后
  的颗粒值来表达；否则维就根据轴 SMU 来表达。如果颗粒值被指定了，则它同时是轴的默认基准颗粒值和默认
  HMU 值；否则，轴的默认基准颗粒值和默认 HMU 值是轴 SMU 的值。如果#MDU 和比率值被指定了，它就根据接下来
  的颗粒值或默认的 HMU 值来指定轴的从 MDU 到 SMU 的比率。所有的颗粒名必须根据轴 SMU 来定义。-->]]〉
〈! --sched -->
```

9.3.1 轴的刻度

一个或多个有限坐标空间轴可能根据外部内容来分校准。外部内容在维和分辨率上不需要是有限的；HyTime 引擎并不清楚它的含义。外部内容应该与它们相对应轴的度量域相适合。

注 271：例如，在时间轴上标出一个特定的历史（或将来）的时刻，或者是在摄氏温度计上标出水的沸点都是可以的。但是在一个以澳大利亚元为度量尺度的轴上去指出地理子午线就不合适了。

因为以外部内容为刻度的轴存在无限分辨率的前者可能，所以，刻度必须是沿着轴的一个点上而不是在一个量程上。一个刻度点通过指定一个量程数字来定义，并且不管这个点发生在量程的开始点（“STARTS”）还是结束点（“ENDS”）。

属性轴刻度(calibrat)为每个有刻度的轴指定了一个或更多的轴名称、属性、多个记法组、一个元组。属性名称就是从属元素的属性名称，它们的值决定了根据外部内容确定的轴的位置。记法给坐标规范记法命名，它在元组的属性中被用到。例如，HyTime 日历规范记法(HyCalSpc)。

在刻度属性中命名的从属属性的值有非规范化的词法类型，它们是(s*,granule?,s+,snzi,s+,(“STARTS”|“ENDS”)#ORDER SGMLCASE,s,char*)。属性值的第一部分（一直到最后的分隔符）指定了轴的刻度点。是否指定颗粒都是可以的（“granule?”），它的作用是表达量程数目。如果颗粒名没有被指定，轴的颗粒值将取为默认值。轴上的量程数目是一个无符号的非零整数(snzi)，它作为被用于确定一个范围的标记组中第一个标记来指定；标记组的第二个数字一般认为是1（只有一个量程被指定）。“开始”或者“结束”也必须被指定。（这些记号的例子是不重要的，如同其后“#ORDER SGM-

LCASE" HyLex 规范指出的那样。)"开始"意味着此刻度点是指定量程的开始;"结束"意味着是它的结束。

值的剩余部分(它们与字符型配对)在外部内容中的某个位置,并且在轴刻度属性名称后的记法中被指定。

注 272:时间轴可使用国际标准(见 9.9.1)定义的 HyCalSpc 记法进行刻度。例如,"1972-01-01 CE"就是符合 HyCalSpc 记法的数据,它的意思是"公用区的 1972 年 1 月 1 号"。这里轴刻度值是"year -1 ends 1972-01-01 CE"含义是轴上对应于真实时间 1972 年开始的最后一年的点。可以使用任何记法,这是肯定的,而真实的时间点也可用记法所支持的任何级别的精确度来表达。

```
                    <! --轴刻度-->
<! [ %calibrat; [
<! attlist
--刻度--            --轴刻度--
                    --条:9.3.1--
  (fcs)
  calibrat          --轴刻度--
                    --轴的刻度由被指定的轴的名称所定义,轴名之后是从属元素的属性名,而从属元素的属性值
                      确定了轴相对外部内容的位置。--
    CDATA           --Lextype:(AXISNM,ATTNAME,NOTATION)+--
                    --约束:每个轴的名称只出现一次--
                    --约束:轴的刻度点应该用有意义的记法来表达,表达出对应轴的度量域。--
    #IMPLIED        --默认:没有坐标刻度--
--由轴刻度属性值命名的属性有非规范的词法类别,它们是
  (s*,granule?,s+.snzi,s+,("STARTS"|"ENDS") #ORDER SGMLCASE,s,char*)
  属性值的第一部分(一直到最后的 s 分隔符)指定了轴的刻度点。值的剩余部分(与字符类型相符合)是在外部内
  容中的某个位置,并且在轴刻度属性名称后的记法中被指定。-->
  <! entity % sched "INCLUDE">]]><! --sched-->
```

9.4 调度和范围

规范的范围代表了单一坐标轴上的一个坐标范围(见 6.8)。当使用 HyTime 的调度模块时,有多轴的有限坐标空间就可被定义。

一个"范围规范"代表了基于一个有限坐标空间中所有轴的一个坐标范围或者是"定界框",并且由各轴的一个维规范所组成。

每一个维规范范围的第一个量程组成的集合决定了定界框的位置。量程集为所有维规范定义了大小。

注 273:定界框不需要是矩形的,因为 HyTime 并没有对关系做假定。尽管如此,由于 HyTime 的主要应用领域是处理可被人类感知的坐标空间,暗含了正交轴术语的使用看起来就有道理了。

HyTime 提供了一种为收集和矫正范围的构造的应用,它被称为"调度"。一个调度允许应用去定义维被指定的顺序(即,轴的顺序)。

9.4.1 调度

调度是一个元素序列,其中每一个元素在本调度所发生的或引用的坐标空间的轴上都有一个范围。HyTime 定义了三种调度:事件调度(event schedules)、wands 和 batons;这些元素使用**调度**(sched)属性形式。

属性管理 fcs 元素(fcs)指的是定义了调度元素能够发生的逻辑 FCS 的 FCS 元素,如果这个 FCS 属性没有被指定,那么本调度一定是一个 fcs 元素的子元素,并且它是对应于此 FCS 元素的逻辑 FCS 的调度。

属性轴顺序(axisord)为本调度内的范围规范指定了各轴的顺序,特别是在它们与控制 fcs 元素的轴属性指定的顺序不同的情况下。如果至少一个轴名称被指定了,省略轴的名称意味着所有元素在调度中完全占据了被省略的轴。对每一个被指定的轴名称来讲,一个同名的属性可以被用来为轴指定

HMU。这种属性的语义类型是(比率,颗粒?),其中比率是每一个基准颗粒的 HMUs 数目,并且这个颗粒如果被指定,则就是基准的颗粒。如果颗粒没有被指定,就使用起控制作用的 FCS 元素所定义的默认基准颗粒。一个指定的颗粒必须根据轴 SMU 来指定。如果没有给轴的 HMU 规范属性赋值,那个轴的 HMU 就是起控制作用的 fcs 元素的默认 HMU。

属性排序(sorted)指定了在调度表中的 SGML 元素代表的次序是否是被排序过。如果是,具有多种调度范围的元素必须使它们的范围被排序,并且元素按照它们的第一个范围进行排序。这个排序次序是按照在轴上的位置,按照轴的顺序属性所指定的顺序,主排序码是第一个被指定的轴,第二个排序码是第二个被指定的轴,以此类推。

属性范围覆盖(coverage)指定了在调度中的元素的调度范围间是否会有间隔。

属性范围重叠(overlap)指定了在调度中的元素的调度范围是否重叠。如果一个调度是一个 wand,则重叠的属性值是被忽略的,并且作为“noverlap”来对待。

注 274:在一个给定的 wand 中,modscopes 的范围不允许重叠。

```
                                  <! --调度-->
<![ %sched; [
<! attlist
--sched--           --调度--
                    --条:9.4.1--
  (baton,evsched,wand)
  fcs               --管理有限坐标空间元素--
    CDATA           --引用--
                    --Reftype:fcs --
    #IMPLIED        --默认:包含 fcs 元素--
                    --约束:如果 fcs 元素没有包含调度则它必须出现--
  axisord           --轴顺序--
                    --包含在调度中的范围规范的轴的顺序。对每一个被指定的轴的名称,同名属性可能被用于
                      来为轴指定 HMU。这些属性的词法类别是(比率、颗粒?),其中比率是每一个基准颗粒的 HMUs
                      数目,并且这个颗粒如果被指定,则就是基准的颗粒。如果没有指定颗粒,就使用管理 FCS 元
                      素所定义的默认基准颗粒。一个指定的颗粒必须根据轴 SMU 来指定。如果没有给轴的 HMU
                      规范属性赋值,那个轴的 HMU 就是起控制作用的 fcs 元素的默认 HMU。--
    CDATA           --LexType:(AXISNM)+--
                    --约束:轴的名称必须由 FCS 控制元素定义--
    #IMPLIED        --常量 --
                    --默认:轴的顺序由 fcs 控制元素指定,是不可更改的。并且每个轴可有一个指定的 HMU 属性。--
  sorted            --范围排序--
                    --元素次序,它是关于调度范围的次序--
    (sorted|unsorted)
    unsorted
  覆盖              --覆盖范围--
                    --调度中元素的调度范围间是否有间隔。--
    (solid|sparse)
    sparse
  overlap           --范围重叠--
                    --在调度中的元素范围是否重叠--
                    --约束:如果调度是 wand,值被忽略并且总是被作为没有重叠处理--
    (overlap|noverlap)
    #IMPLIED        --默认:如果这个调度不是 wand,默认值是重叠。--
>
]]><! --sched-->
```

9.4.2 范围规范

属性形式 exspec 包括单独的属性名义上的范围规范(exspec),它把调度范围与元素相关联,如果想要在多个位置或用不同的大小来复制或重复元素,则可以指定多种调度范围。

注 275:一种事件不同的语义没有被定义。这意味着可以用这样的方式来定义一种应用,这种方式是事件的目标地址依据事件被分成几部分,每个事件有一个副本,或者两个事件构成的联合,并有很多的可能性。

```
                       <! --范围规范-->
<![ %sched;[
<! attlist
--exspec--             --名义上的范围规范--
                       --条:9.4.2 --
  (事件,modscope,proscope)
  exspec               --范围规范--
    CDATA              --引用--
                       --Reftype:(extent|extlist)+--
      #REQUIRED
>
]]><! --sched-->
```

9.4.3 组范围规范

事件、modscopes 和 proscopes 能够出现在句法容器元素中,分别是 evgrp、modgrp 和 progrp。这些容器元素能够伴随着事件分别出现在 evscheds、wands 和 batons 中,modscopes 和 proscopes 不能包含在 evgrps、modgrps 和 progrps 中,并且 evgrps、modgrps 和 progrps 是递归的。组的语义意义主要被用于应用,然而, grpdex、repscope 和**继承范围规范的组**(grpdex)的轴命名属性和**组重复规范**(grprepet)的属性形式,在 evgrp、modgrp 和 progrp 元素形式中使用,执行 HyTime 定义的语义能使元素范围更有效,这些元素按比例选取或转换象征性的范围(grpdex),在重复的组中定义一个地点(repscope),并指定其他的标准控制重复和接下来的语义控制部分的计算,即便是 modscope 和 proscope在表达时使用的也是 dimref 特性。

如果属性**继承范围规范的组**(grpdex)被指定,则指定了一个或更多的属性组的范围。有一个以上名义调度范围的子元素将给每个调度事件一个继承的范围。

多种继承范围能够被用于表示多种重复的比率和翻译:组中的子元素在每个继承范围内被安置在 FCS 中。应用定义的语义在事件有多种特定的范围时使用,例如,不管目标事件是在所有的范围内复制还是从中分离了。但是,每一个 modscope 或 proscope 的特定范围被当作是特定的 modscope 和 proscope来处理,并伴随着整个修改和投影。

如果为 grpdex 属性和每个轴指定值,为每一个名义范围的名义维演示矩阵演算,这些事件与每一个被 grpdex 属性指定的范围相对,一系列继承的有效维被每个包含的元素的名义范围的名义维所演算,根据接下来的方程演算继承的首要的量程和量程数:

```
DerivedFirstQuantum = GrpdexFirstQuantum +
(((NominalFirstQuantum - GroupScopeFirstQuantum)
 * GrpdexQcnt)/ GroupScopeQcnt)
DerivedQcnt = (NominalQcnt * GrpdexQcnt)/ GroupScopeQcnt
```

其中 Derived FirstQuantum 和 Derivd Qcnt 分别是"first"和"qcnt"的每个继承维的组成部分; NominalFirstQuantum 和 NominalQcnt 分别是"first"和"qcnt"的每一个容器元素的每个范围的每个维的组成部分; GroupScopeFirstQuantum 和 GroupScopeQcnt 分别是"first"和"qcnt"的组成部分,是"group scope"的维(组的子元素的范围总和,少于任何重叠的和包括在内的间隙,或者换句话说,在每个轴中,维的一端被有着最低首要量程的子元素所限定,另一端被最高最后量程的子元素所限定;并且 GrpdexFirstQuantum 和 GrpdexQcnt 分别是"first"和"qcnt"的被 grpdex 属性所指定的每个范围的每个维的组成部分。(星号和斜线分别是乘和除的操作。)最终的维则围绕着最近的整个 MDU。

如果对 grpdex 属性没有指定值,容器元素的名义范围是有效的调度范围。

注 276:如果指定 grpdex 属性的值,并且,想要保留每个成员名义上的调度范围和继承范围,一个"组范围"范围必须作为 grpdex 范围来说明。("组范围"的范围是组中子元素范围的总和,少于任何重叠的和包括在内的间隙,或者换句话说,在每个轴中,维的一端被有着最低首要量程的子元素所限定,另一端被最高最后量程的子元素所限定)。

如果对**重复范围**(repscope)属性指定值,要在包含重复事件 modscopes 或 proscopes 的地方,无论如何要服从于每个轴命名属性的附加标准。对每一个轴来说，在重复维的度量中，都是以重复范围的首要量程为开始，直到重复范围在每个轴上使维耗尽。

注 277：repscope 一般翻译成容器元素的维。

注 278：重复作用就像是壁纸上的重复图案或棋盘上的方格，每个轴的重复图案没必要是一行的重复；它可能是一列的重复。

如果没有为 repscope 指定属性值，首先，不论组的有效范围是多少，组都是首要的或至少是存在的。并且通过重复轴命名属性的有限参数，重复的数字是有限的。

grprepet 属性形式也有可选择的属性，每轴一个，并且跟轴有同样的名称，它为轴指定了重复的参数。每一个这样的属性 CDATA ＃IMPLIED，服从语义模型：

```
(uint,(("PART"|"NOPART"),unzi)?,unzi?))
```

无符号整型(uint)是"repeat count limit"的参数的地方，"part"或"nopart"("PART"|"NOPART")的说明是"允许部分维"参数，接下来的非零的无符号整型(unzi)是"模式的起点"参数，并且最后的非零无符号整型(unzi)是"下一次出现的偏移量"参数。

如果**重复计数限制**参数值是零，则没有重复数的限制。在轴上从开头到尾部的维，由 repscope 属性指定可使组重复。如果没有对 repscope 属性指定值，0 就当作 1 来处理。如果"重复数限制"参数值超过 0，重复的次数就被限制在指定的数字内。如果没有对 repscope 属性赋值，重复的数字被限定在指定数字的横轴中。如果没有指定轴命名的属性，"重复计数限制"参数则定为 1。

如果**允许部分维**的参数值是 PART，则部分重复在轴上的一系列的开头和结尾将在重复的维中完全被使用。如果值是 NOPART，则部分重复就不会发生。结果，在重复的范围中，轴上的开头和结尾中存在没有被占用的空间。如果没有对参数指定值，组就被处理成对轴是"NOPART"的。

模式中起始点的值是具有有效的组维 HMU 数字(在轴上的组维的开始部分被考虑为 1)在一系列开始中首先发生。如果值不是 1，组的剩余部分比例将组成轴的首要的重复部分。如果"允许的部分维"的参数值是"NOPART"，则这个首要部分的重复作为被忽略的空间发生。

下一次出现的偏移量参数的值是 HMUs 的数字，为了决定下一个临近的重复位置，其将会被处理成组的有效 qcnt，或者，在最后或只是存在的组中，隐式 dimref 的下一个维被作为首要部分，默认值是组有效 qcnt。

```
                        <! --组的继承范围规范-->
<![ %grpdex; [
<!attlist
--grpdex--          --组的继承范围规范--
                    --条:9.4.3--
  (evgrp,modgrp,progrp)
  grpdex            --组的继承范围规范--
                    --重置大小，重新安排，重复拷贝。组成员具有继承范围。如果名义范围也是需要的，它必须作
                      为一个继承范围。--
    CDATA           --引用--
                    --Reftype:(事件|事件列表)*--
    #IMPLIED        --默认:grpdex 跟全部的"组的范围"一致，即，名义范围是有效的--
>
<! entity % sched "INCLUDE">
]]><! --grpdex-->
                        <! --组重复规范-->
<![ %grprepet; [
<! attlist
--grprepet--        --组重复规范--
                    --条:9.4.3--
  (evgrp,modgrp,progrp)
  Repscope          --重复范围--
                    --重复容器事件、modscopes 或 proscopes 的范围，无论如何要服从于每一个轴命名属性值中的
                      附加标准。对每一个轴来说，在重复维的度量中，都是以重复范围的首要量程为开始，直到重
```

```
                复范围在每个轴上使维耗尽。--
    CDATA       --引用--
                --Reftype:范围--
    #IMPLIED    --默认:无论如何,首要的或至少是存在的组都将其放入有效范围内,并且,通过重复轴命名属
                性的有限参数,重复的数字是有限的。--
```

--可以为从属元素定义附加的属性,每个 FCS 轴一个。属性的名称是轴的名称,并且其值是确定的,根据组的副本和沿着轴的连续范围的隐式 dimref。每一个属性有语义模式(uint,(("NOPART"|"PART"),unzi)?,unzi?),接下来可被这样解释:

"重复计数限制"参数(unit):

如果值是 0,则没有重复计数限制。通过 repscope 属性指定的在轴上从开头到结尾的组将被重复。如果没有为 repscope 属性赋值,则 0 值当成 1 来处理。如果"重复计数限制"参数比 0 大,重复的次数被限定为指定的数字。如果没有为 repscope 属性赋值,则重复限制次数只决定于被指定的重复的数字和剩余轴长度。如果没有为轴命名属性赋值,"重复计数限制"参数则当作是 1 来处理。

"允许部分维"参数("PART"|"NOPART"):

如果值是"PART",在轴的开头或结尾的部分重复会在整个副本中被完全使用。如果值是"NOPART",部分重复则不会发生。(在轴的开始和结尾将没有占据空间。)默认值是"NOPART"。

"模式起点"参数(penultimate unzi):

其值是首次出现的一系列开始的 HMU 数字(在轴的组范围的首要部分是 1),如果值不是 1,组的剩余部分比例将仍然是每一系列的第一个副本。如果"允许部分维"参数的值是"NOPART",这个首要的部分重复将会以被忽略空间出现。其默认值是 1。

"下一次出现的偏移量"参数(final unzi):

为了决定下一个临近重复点的位置(或者作为它的首要部分的具有隐性 dimref 的下一个维),值是 HMUs 的数字,将会被作为组的 qcnt 来处理。其默认值是组的有效 qcnt。--

```
>
<! entity % sched "INCLUDE">
]]><! --grprepet-->
```

9.4.4 调度范围

元素形式调度范围(extent)在调度中定义了元素的位置和大小。默认情况下,使用 HyTime 范围规范记法。

注 279:HyTime 把范围作为资源,这意味着它在文档中任意发生,并且可以在需要时由 ID 引用在上下文中。因此,应用程序能够定义"命名范围"元素类型来表示,例如,历史阶段,并且构造"period"元素资源池。时期元素的属性是时期的名称,应用程序可以用来能够为显示或用于其他目的。就时期来讲,事件可能通过维引用来定位(见 9.8 维引用)。这样的一个时期元素池将包括称为"ordinal scale"的度量理论。除时间之外,给出的范围可能也被用于建立域的顺序刻度,例如,颜色在轴上表示可见光谱的部分。

注 280:设计者还能够对范围规范提出需求,在事件内容发生中,通过使用相对事件元素的 refloc 设施的树地址范围的维。例如,如果从属文档类型将事件形式元素的内容模式设置为"(extent,(%event-content;)*)",则为事件元素的 exspec 属性指定的树位置"1 1"所指示的范围元素是它的第一个子元素:

```
<! ELEMENT event
--(event,(%event-content;)*)
>
<! ATTLIST event
  HyTime  NAME    #FIXED event
  loctype CDATA   #FIXED "exspec treeloc"
  --子元素的三个位置--
  exspec  NUMBERS #FIXED "1 1"
>
<! -- HyTime 范围规范记法-->
<! [ %HyExSpec; [
<! notation
HyExSpec          -- HyTime 范围规范记法--
                  --条:9.4.4 --
                  --维列表(在 HyTime 维列表记法中,在执行标记函数的解析之后)一个或更多轴共同说
                    明的唯一范围。--
PUBLIC"GB/T 16965—2009//NOTATION
    HyTimeDimension Specification Notation//EN"
--属性[sched]:HyExSpec --
```

```
--公共属性[GenArc]:altreps,included,superdcn --
--公共属性[base]:bosdatt --
--公共属性[locs]:egrvplan--
〉
〈! attlist #NOTATION
  HyExSpec        --HyTime 范围规范记法--
                  --条:9.4.4--
  GenArc    NAME #FIXED GABridN
  superdcn NAME #FIXED HyDimLst
〉
〈! entity % HyDimLst "INCLUDE" 〉
〈! entity % sched "INCLUDE"〉
]]〉〈! --HyExSpec--〉
〈! --范围--〉
〈! [ %sched; [
〈! [ %HyExSpec; [
〈! entity % dexspec "HyExSpec"〉
]]〉
〈! entity %
dexspec           --默认范围规范记法--
                  --条:9.4.5--
"#IMPLIED"
〉
〈! element
extent            --范围--
                  --条:9.4.4 --
                  --一个或更多计数轴的位置和量程--
O O
(%HyCFC;|%dimlist;)*
                  --约束:如果没有指定的范围规范记法,则内容受限--
--属性[sched]:事件--
--公共属性[GenArc]:dafe,dvlatt,etfullnm,id,ireftype,lextype,opacity --
--公共属性[base]:activity,conloc,dtxtatt,valueref--
--公共属性[locs]:refctl,refloc,reftype,rflocspn--
--引用[sched]:dimref:elemspec,exspec:exspec,grpdex:grpdex,grprepet:repscope--
〉
〈! attlist
extent            --范围--
                  --条:9.4.4--
notation          --范围规范记法--
NAME              --Lextype:NOTATION--
%dexspec;         --默认:内容被限制(dimspec)*--
〉
]]〉〈! --sched--〉
```

9.4.5 调度范围列表

元素形式调度范围列表(extlist)描述了有限坐标空间的范围列表。

```
                  〈! --范围列表--〉
〈! [ %sched; [
〈! [ %HyExtLst; [
〈! entity % dextlist "HyExtLst"〉
]]〉
〈! entity %
  dextlist          -- 默认范围列表记法--
                    --条:9.4.5--
  "#IMPLIED"
〉
〈! element
  extlist           --范围列表--
                    --条:9.4.5 --
```

```
                  --一个或多个轴的范围列表。--
   O O
   ( %HyCFC;| %dimlist;|extent|extlist) *
                  --约束:如果没有指定程度列表记法,内容受限为(extent|extlist)--
 --属性[sched]:extlist
 --公共属性[GenArc]:dafe,dvlatt,etfullnm,id,ireftype,lextype,opacity --
 --公共属性[base]:activity,conloc,dtxtatt,valueref --
 --公共属性[locs]:refctl,refloc,reftype,rflocspn --
 --引用[sched]:dimref:elemspec,exspec:exspec,grpdex:grpdex--
 >
 <! attlist
   extlist        --范围列表--
                  --条:9.4.5--
   notation       -- 范围列表记法--
     NAME         --Lextype:NOTATION--
      %dextlist;  --默认:内容被约束为(extent|extlist) * --
 >
 ]]><! --sched-->
```

9.4.6 HyTime 范围列表记法

HyTime 范围列表记法是轴标记列表的一种扩展形式,其中的 dimspecs 由轴标记继承而来,范围又由 dimspecs 继承而来。列表可能包含被构建的 extlists 范围,但是这些合并将对单层次列表造成影响。

范围列表记法处理器必须注意轴的数量,这些轴包含在范围规范应用中控制轴的顺序调度中。

被嵌套的范围和范围列表也许仅包括在轴标记列表之内的范围规范界限中。

注 281:换句话说,范围规范不能在存在其他有效范围规范的情况下发生。一个被嵌套的元素可能在轴的一个完全周期内只出现在维规范的前后。

```
                  <! --HyTime 范围列表记法-->
 <![ %HyExtLst;[
 <! notation
   HyExtlst        -- HyTime 范围列表记法--
                   --范围列表也许是指定的范围,一部分是另一个范围列表或者是轴标记列表,其全部或部分
                     显式地由标记函数器输入或返回。--
   PUBLIC "GB/T 16965—2009//NOTATION
              HyTimeExtent List Notation//EN"
 --属性[sched]:HyExtLst --
 --公共属性[GenArc]:altreps,included,superdcn --
 --公共属性[base]:bosdatt --
 --公共属性 [locs]:egrvplan--
 >
 <! attlist #NOTATION
   HyExtLst        --HyTime 范围列表记法--
                   --条:9.4.6--
   GenArc    NAME #FIXED GABridN
   superdcn NAME #FIXED HyDimLst
 >
 <! entity % HyDimLst "INCLUDE" >
 <! entity % sched "INCLUDE">
 ]]><! --HyExtLst-->
```

9.5 事件调度

元素形式事件调度(evsched)是一个事件列表,每个事件调度在坐标空间的所有轴上各有一个维。

在句法上连续事件能够以作为“事件组”出现,以便公共性质能够与之相关联。

在一个坐标空间中可以有不止一个事件调度,并且不管在相同或不同的调度中,多个事件可能潜在地存在于同一个位置。

注 282:应用必须确定多个事件能否恰当地存在于同一个位置,并且它们的意义也如此。

HyTime 在事件调度中没有隐式的固有关系，除非被同一个 fcs 元素包含或引用的事件调度存在于同一个 FCS 中。并且，当使用时投影设施，baton 和 baton 规则可能涉及到投影的调度，并且 baton 和 baton 规则可能涉及对象修改的调度。

注 283：其他关系可以由应用通过使用元素类型、属性、层次和超链接定义。

注 284：应用能定义事件调度的几种类型。例如，它可能允许不同种类多媒体事件交互混合在普通的"多媒体调度"中，或者它可能定义被限制到特殊事件类型的特定的调度。一个特定类型的例子可以是一个"故事板"调度，这个调度的元素在特定的虚拟时间期内是图片，调度在这段期间内被各类型的"分解"元素分割开来。

```
                       〈! --事件调度-->
〈! [  %sched; [
〈! element
   evsched          --事件调度--
                    --条:9.5--
   - O
   (event|evgrp) *
--属性[sched]:sched --
--可选属性[sched]:pulsemap --
--公共属性[GenArc]:dafe,dvlatt,etfullnm,id,ireftype,lextype,opacity --
--公共属性[base]:activity,conloc,dtxtatt,valueref --
--公共属性[locs]:refctl,refloc,reftype,rflocspn --
--引用[sched]:dimref:elemspec,dimref:schdspec,pdimref:prjtarg,pulsemap:pulsemap,rFCSloc:prjsrc --
--引用[rend]:batrule:scheds,batrule:targschd,modrule:events,
     prorule:sources,prorule:targschd,wandrule:evscheds--
〉
]]〉〈! --sched-->
```

9.5.1 调度事件

在坐标空间中，对象没有固定的位置。通过把对象放入一个每个轴都有一个维的"事件"中为对象指定位置。维集是事件的"调度范围"，并且可以说在其调度范围内，事件通过设定它来调度自己的对象。

元素形式**调度事件**(事件)表示在事件调度中一个对象发生的事情。它的范围规范规定了事情在名义上的位置和大小。

注 285：归因与一些对象的本质，由于样式表和/或绘制约定固化在应用中，调度对象的事件范围并不需要与实际绘制对象的范围一样大。例如，对象占用的实际范围沿某些轴可能会小一些，沿着其他的轴会大一些，并且只有依据许多沿绘制对象出现的轴组成精确量程的范围才能精确描述。这也是为什么说调度范围是"名义上的"。

属性**事件对象**(object) 用来指定被事件调度的对象。如果未指定，事件是它自己的对象。

属性**对象排列规则**(align)指定对象关于范围怎么排列。

事件与对象的排列能通过在每个轴上指定轴名称后接关键字 #LEFT，#RIGHT，#CENTER 的方式来定义。如果关键字是 #LEFT，对象的最低的(最左的)边缘与事件最低粒度开始的点对齐。如果主题词是 #RIGHT，对象的最高的(最右的)与事件最高粒度末尾的点对齐。如果关键词是 #CENTER，对象的中点与事件的中点对齐。

或者，对象与事件可以按照轴与相关外部上下文进行校准的方式进行排列(见 9.3.1)，该排列方式一个特定对象符号。所有轴的名称后面可以接从属元素的属性名，该从属元素的值决定了相关到事件的对象所在的位置。如此命名的属性具有一个未规格化词法类型(s*，granule? s+，snzi，s+，("STARTS"|"ENDS")#ORDER SGMLCASE，s，char*)。属性值的第一部分(由最后 s 分离器决定)指定了在事件之内的校准点。可选颗粒(颗粒?)是表示量程数所在的颗粒。如果没有指定颗粒名，则采用用于表达轴上事件的维的颗粒。轴的量程数目，一个有符号的非零整数(snzi)，其中 1 是范围的第一个量程，其指定方式同指定一个维的标记对的首个标记的方式：标记对的第二个数字总是被视为 1(仅指定过一个颗粒)。必须指定"开始"或"结束"。(就像后面的"#ORDER SGMLCASE" HyLex 规范所指的

那样,这些记号的例子并不重要)"Starts"意味着对齐点在指定的量程开始处;"ends"意味着它在指定量程的结尾处。其他值(与 char * 匹配)是在对象之内的一个位置并且在对象对齐属性中通过属性名后接标记指定。

HyTime 提供重复利用事件元素的几个技术,无需重复它的全部规范:

——如果有用于重用的语义暗示用,范围规范可能在 FCS 的几个地方定位事件(见 9.4)。可能重复使用事件组(见 9.4.3)。另外,事件投影可以用于触发将在相同和/或其他的 FCSs 中出现的事件的语义拷贝;

——如果没有用于重用的语义暗示(即应用将视重复为独立规范),可以使用 SGML 实体引用;

——如果重复作为一个独特事件的唯一事例键入,并且范围对于每个重复而言都是相同的,定义事件类型为有固定属性值的一个元素类型(例子:公司商标。);

——如果重复不是事件类型的唯一事例,可以为其创建一个描述表项并用描述性的文本属性指定重复(例如:公司商标可作为元素类型"logo"的实例的类。)(见 6.7.2);

——通过使用引用可以满足任何其他的重用的要求(如果需要,由定位地址模块提供间接地址)。

注 286:由于范围规范是作为资源被系统定义的(因此包含体系结构文档元素),设计器能将允许范围或 extlist 元素出现的从属文档中的事件元素声明为特有子元素或内含子元素。

```
                        〈! --事件--〉
〈! [ % sched; [
〈! element
   event            -- 调度事件--
                    --条:9.5.1--
   - O
   ( % HyCFC;) *
--属性 [base]:overrun --
--属性[sched]:exspec --
--可选属性 [sched]:pulsemap,objalign --
--公共属性[GenArc]:dafe,dvlatt,etfullnm,id,ireftype,lextype,opacity --
--公共属性[base]:activity,conloc,dtxtatt,valueref --
--公共属性[locs]:refctl,refloc,reftype,rflocspn --
--引用[sched]:dimref:elemspec,rFCSloc:prjsrc --
--引用[rend]:modrule:events,prorule:sources--
〉
〈! attlist
   event            -- 事件--
                    --条:9.5.1--
   object           -- 事件对象--
     CDATA          --引用--
     # IMPLIED      --默认:事件是对象--
〉
〈! entity % overrun "INCLUDE"〉
]]〉〈! --调度--〉
                          〈! --对象对齐规则--〉
〈! [ % objalign; [
〈! attlist
--objalign          ----对象对齐规则--
                    --条:9.5.1--
   (event)align--   --对象对齐规则--
                    ---一个对象和在每个轴的事件的对齐方式可以通过指定跟随其后的关键字"# LEFT","# RIGHT"或"# CENTER"的轴的名字来定义。--
     CDATA          --Lextype:(AXISNM,(("# LEFT"|"# RIGHT"|# CENTER)|(ATTNAME,NOTATION))) + --
                    --约束:每个轴名称也许出现仅一次--
     # IMPLIED      --默认:没有明确对齐方式--
```

--以对象对齐规则属性命名的属性有非规格化的词法类型:

(s *,granule? s + ,snzi,s + ,("STARTS"|"ENDS") # ORDER SGMLCASE,s,char *)属性值的第一个部分(由最后 s 分离器决定)指定在事件之内的分度点,值的其余部分(与 char * 匹配) 是在对象之内的一个位置,并且在对象对齐属性的

```
属性名后的记法中指定。-->
  <! entity % sched "INCLUDE">
  ]]><! --objalign-->
```

9.5.2 事件组

元素形式事件组(evgrp)是在调度中连续指定的元素集。它包含的元素可以是事件或事件组。这些句法容器的意义主要是定义应用。然而,HyTime确实为grpdex和grprepet属性形式定义了某些语法,这些有助于事件组上下文中事件的重复应用和源范围的表达(见9.4.3)。

注287:在下列情况下,grpdex和grprepet属性形式有用:

——在音乐程序中,二分音符的时间段给了四分之三音符("三份");

——在幻灯片放映时,压缩幻灯片序列的预定时间以配合音乐伴奏时间;

——当创建pulsemap时,用以避免必须单独指定重复了的脉冲。

```
                                        <! --事件组-->
<! [ %sched; [
<! element
--evgrp--                    --事件组--
                             --条:9.5.2--
  - O
  (event|evgrp)+
--属性 [base]:overrun --
--可选属性 [sched]:pulsemap,grpdex,grprepet --
--公共属性 [GenArc]:dafe,dvlatt,etfullnm,id,ireftype,lextype,opacity --
--公共属性[base]:activity,conloc,dtxtatt,valueref --
--公共属性[locs]:refctl,refloc,reftype,rflocspn --
--引用[sched]:dimref:elemspec,rFCSloc:prjsrc --
--引用[rend]:modrule:events,prorule:sources--
>
]]><! --sched-->
```

9.6 对象

由应用定义对象,而不是由HyTime。对象可以被任何元素类型表示,包括有分级结构的那些。

注288:为便于公共应用,希望有用的目标类型集由其他标准或工业组织定义。

一个对象也可以是一个有限坐标空间或者一个完全HyTime文档。它可以是任何无格式或有格式字符文本(包括"WYSIWYG"),SGML元素或文档表示的结构,或者任何数据内容记法的其他数据。

注289:可以在多媒体应用的某些目标类型是:

still	静态照片:例如,JPEG图象,CAD图表,电传页,页面描述语言描述的页
audio	音频:例如,MPEG音频,CD,DAT,直接存取磁盘
midi	乐器控制信号序列
video	数字式录影:例如,MPEG录影
applet	与平台无关的程序或脚本:例如,Java
dance	舞台舞蹈记法:例如,拉班舞谱
program	编写指定逻辑:例如,C++
script	集成的指定逻辑:例如,交互式超媒体脚本语言
slide	幻灯片投影机控制信号
lighting	照明设备控制信号
studio	录音室控制信号
device	模式或数字式设备控制信号
ink	手写:笔的冲程和压力

一个对象可用下列各项表示:一个可解析的字符数据,一个不可解析的记法(可能为音频和录像),可解析的记法(例如,静态图片的SPDL),或者含混合内容类型的SGML结构类型(复合和综合对象)。不可解析的记法对象作为独立实体定义,但是单独的SDIF数据流中可以包含所有实体,以进行互换。

9.7 脉冲地图

在某些应用中，被称为“脉冲”的有意义的重复，沿一个或更多个轴发生。任何调度(即任意 evsched、wand 或 baton)可以作为脉冲地图提供给任何其他的调度，或者任何事件、modscope、proscope、evgrp、modgrp 或者 progrp。

注 290：例如，音乐中的敲打节奏(“tactus”)、音频中的帧，或者栅格中矩形行或列。

不同的脉冲有不同意义。脉冲的意义取决于脉冲事件对象的应用解释。

注 291：在音乐中，一个表示重击的脉冲和一个表示非重击的脉冲将有不同的对象。因为一个空事件对象被视为事件本身，不同种类的音乐重音可能由不同元素类型表示，这些元素类型都是事件元素形式的从属，或者由单独的从属元素类型表示，这些元素类型的每个属性均有不同值的。

属性形式**脉冲地图**(pulsemap)包括 pulsemap 属性，它指定了设定脉冲的调度，目的是为正在引用元素的 event、modscope、proscope，或被引用元素调度的 events、modscopes 或 proscopes 提供脉冲上下文。

```
                    <! --脉冲地图-->
<![ %pulsemap; [
<! attlist
--pulsemap--            --脉冲地图--
                        --条:9.7--
  (baton,event,evgrp,evsched,modgrp,modscope,progrp,proscope,wand)
  pulsemap              --脉冲地图--
                        --脉冲地图使用的调度表.--
    CDATA               -- 引用--
                        --Reftype:(baton|evsched|wand) * --
                        --约束:脉冲地图必须在 FCS 和一样引用--
    #IMPLIED            --默认:没有--
>
<! entity % sched "INCLUDE">
]]><! --脉冲地图-->
```

9.8 维引用

根据另一个维组件指定维的全部或部份是有效的。在一些应用中，这个技术可以用于表示对齐和同步关系。本条为维引用和施加在它们上的限制指定了 HyTime 的设施。

9.8.1 隐式维引用

当支持调度模块时，event、modscope 或 proscope 的范围规范中维规范的第一个标记可以被省去。第一个标记的省去是对先前指定的 event、modscope 或 proscope 的维的一个隐式引用。省去第一个标记意味着有着隐式维引用的维的“第一个”组件是继最高的 MDU 出现的下一个 MDU，最高的 MDU 指在同一个 FCS 的同一个轴上被先前指定的 event、modscope 或 proscope 所占用的 MDU。

注 292：这个规则的作用是隐式地引用的事件的第一个量程将跟随给定轴的前一指定事件的最后量程，不能有间断。

注 293：事件开始时这个隐式的表示允许范围规范是简便的；即它可以是其他位置的引用，这取决于以前事件维，在这个事件之前它们的内容规范包含了引用。

词组“之前指定的”通常对元素进行引用，该元素在文档的 SGML 表示中的当前元素之前被最后解析，在这种情况下，具有相同 HyTime 元素形式的元素(例如事件)早于当前元素。

注 294：在事件中发生的对象有一个固有范围(例如，音频或录象剪辑)，允许将第二个标记默认设为该值似乎是合理的。然而，这样的规则要求 HyTime 引擎理解每个可能的对象记法以计算范围。取而代之，HyTime 要求在一个规范化的方式中应用开始指定的固有范围的文本，例如借助标记函数。

9.8.2 显式维引用

元素形式**显式维引用**(dimref)引用一个与一个指定的元素(“指定元素”)相关的维的组件(“引用的维”)。指定的元素必须是 extent，extlist，event，modscope，proscope，evgrp，modgrp，progrp，evsched， wand,baton 或者 FCS。范围集起源于指定的元素,被引用的元素根据以其他 dimref 属性值形式提供的参数从指定的元素中选取。维也许是一个直接度量的维(即为特定 FCS 通过非投影范围规范直接指定),或者是一个间接度量的维(即由于投影到哪个 FCS 上,间接地为指定的 FCS 指定)。

当用来创建维引用的语法机制对元素进行引用时,实际被引用维是发生在树林中的那些 events、modscopes 和 proscopes,这些树林由 HyTime 引擎在解释 HyTime 文档的过程中构建。在所有的 HyTime处理已经被应用,所有的间接事件被解决,所有的投影都被完成之后,被引用的维是起源于投影和/或非投影的 events、modscopes 和 proscopes 的维。

对应于包括 FCS 元素,evscheds、wand、baton、evgrps、modgrps 和 progrps 的句法调度构建的逻辑集 events、modscopes 和 proscopes 并没有实际的范围。然而,以引用维为目的,这样的调度构建被视为有隐含的范围,这种范围足够大以至于容得下所有选定的(根据用于 dimref 的选择参数) events、modscopes 和 proscopes 的子事件集,这些项由事件集在句法上包含,逻辑调度或逻辑包含。

显式维引用解释和语义由 HyExSpec 记法管理。

在本条中,术语"直接调度"意味"在 FCS 中直接调度,而不是投影"。术语"投影"意思恰好相反:"在 FCS 由投影间接调度"。

由于应用到直接调度事件的维上,dimref 形式首先被描述,随后又对附加的属性和对引用投影事件、modscopes 和 proscopes 限制地描述。Dimref 形式首先按照应用到直接调度的事件、modscope 和 proscope 的维进行描述,随后补充了附加属性和约束的描述,用于引用被投影事件、modscope 和 proscope 的维。

9.8.2.1 直接调度事件、modscopes 和/或 proscopes 的维引用

属性指定元素(elemspec)引用继承维的元素。说明的元素必须是如下形式之一的从属:范围、extlist、事件、modscope、proscope、evgrp、modgrp、progrp、evsched、wand、baton 或者 FCS。其必须严格指向一个元素。

注 295:Dimrefs 不是对包含在元素中或被元素引用的句法轴标记的引用。相反,他们引用的是由于 HyTime 处理的应用而产生的 FCS 维。为了引用该结果维,需至少知道 FCS、FCS 轴、事件范围、modscopes 和被引用维的 proscopes 以及如何解释那些范围。范围解析轴标记,但是轴说明标记表示中的颗粒,以及哪一维映射到哪一个轴,范围本身并不知道。同样也有必要知道在每个轴中所用到的范围与颗粒中为轴而指定的标记的顺序。该信息派生自受 evsched 控制的 axisord 属性、wand 或者 baton。

说明的元素不允许是 dimspec,一方面是因为它不一定切合实际(dimspec 可以出现在多个而非一个事件、modscope 或者 proscope 中),可能需要停供更多的上下文信息(否则 dimspec 指定哪一个轴可能会不明确),另一个原因是它的不确定性,这种不确定性是由于 dimref 形式的 extnum 和 dimnum 参数提供了更多的选择造成的。

属性选定的维组件(selcomp)选定将要使用的被说明维的组件:第一个或最低的量程(首先),最后一个或最高的量程(前),或者量程计数(qcnt)。

注 296:MDUs 每个报告的量程的数量是从颗粒属性的值获得的。

属性选定的组件(flip) 指定是将对选定组件进行计数并按通常方式标记,还是以"flipped"表示。如果 flip 属性的值是 noflip,"first"组件报告为正整数,与从轴开始的第一个量程的数量相对应,"last"组件报告为负整数,与从轴的结尾开始计数的最后一个量程数量相对应。如果 flip 属性的值是 flip,"first"为一个负整数,相应于从轴的结尾开始计数的第一量程的数量,"last"为一个正整数,相应于从轴的起点开始计数的最后一个量程的数量,"qcnt"为一个负整数。

注 297:在对被引用维执行算法时的 flip 是有用的。selcomp 和 flip 的组合可大致总结如下:

first,noflip	第一个量程,从起点计数(正向)。
last, noflip	最后一个量程,从末端计数(负向)
qcnt,noflip	大小;量程数(正向)
first,flip	第一个量程,从末端计数(负向)。

last,flip　　　　最后一个量程,从起点计数(正向)。

qcnt,flip　　　　负的大小(负向)。

属性以 sched 属性形式元素说明(schdspec)详细说明了一个元素,该元素以其 sched 属性形式的值为需要的被引用维的解析提供导航。特别地,sched 属性形式的 fcs 属性说明了 FCS,在该 FCS 中,预定了与 elemspec 属性说明的元素相关的范围,axisor 属性说明了在范围的维规范中指定的两个轴顺序,颗粒用来说明维规范中的量程数目与量程计数。

如果指定元素是范围或 extlist,schdspec 属性的值必须说明。如果指定元素是事件、modscope、proscope、evgrp、modgrp 或者 progrp,可以指定值;在这种情况下,如果没有指定值,其内部具有 sched 属性形式的元素将被视为已被该值引用。如果元素说明是 evsched,wand、baton 或者 FCS,schdspec 属性,值会被忽略。具有由 schdspec 属性指定的 sched 属性形式的元素必须掌握与 elemspec 属性说明的元素相关的范围的调度。

注 298:任何特定事件、modscope、proscope、evgrp、modgrp 或者 progrp 元素可以出现多于一个的 evsched,wand 或者 baton 元素中。例如,evsched 可以通过 HyTime valueref 属性的方式合并事件。在这种情况下,如果引用的维通过 evsched 的合并管理,evsched 的合并应该是由 schdspec 明确指定的属性。

范围和 extlists 是句法上能在有 sched 属性形式的任意元素之外出现的资源,当元素指定是 extlist 时,被 schdspec 属性必须指定值。

注 299:在指定的元素 evsched 处,wand 或者 baton,schdspec 属性的值被忽略,因为这些元素使用调度属性形式。在指定的元素是 FCS 处,它是被忽略的,因为在具体规范的上下文中,是没有必要解释具体范围规范。

属性指定的轴(axisspec)指定引用的维出现的轴。值必须被指定,除非 schdspec 属性指定或默认为 evsched,baton 或者 wand 属性形式只说明一个轴的 wand;如果只有一个轴,忽略 axisspec 属性值。

属性维数字(dimnum) 从维集中选择被引用的维。

注 300:例如,如果 extnum 属性未指定值,而且存在不只一个范围,dimnum 可以用来选择一个唯一维。dimnum 属性值是对应的维的数字,值为 1(一个)表明第一个维。维的顺序不取决于他们在文档中出现的词汇表顺序。反而,维首先依据第一个量程的数量排序(以轴上第一个量程开始计数),其次依据 qcnt 排序,较低的量程出现在较高的量程之前,较小的 qcnts 出现在较大的 qcnts 之前。未定义等效维顺序。

如果有超过一个维并且没有指定 dimnum,引用的维指包含所有维的最小维。

指定的元素是事件,modscope,或调度多重范围的 proscope 时,或者当多重范围与包含多重事件、modscope、proscope、或其中二者的元素关联时,属性范围数字(extnum)说明使用何种句法范围确定的引用的维。如果元素说明是范围,extnum 属性被忽略。

注 301:根据定义,范围元素仅定义了一个唯一范围。

使用记法(例如 HyExSpec 记法)和标记函数使得在单一元素中描述范围列表(extlists)、并且该元素不将每一范围描述标记为独立范围元素成为可能。在这种情况下,该元素被视为是 extnum 规范的一个唯一范围。

注 302:如果需要,在这种情况下,dimnum 属性的值可以被用于选择各自的维。

extnum 值为 1(一个)表明第一个范围。范围的顺序首先由那些由范围指定 exspec 属性的选定元素的句法顺序决定,其次由其在相关 exspec 属性中的规范的句法顺序决定,最后由范围在源文件中(即,在说明 extlists 中)的出现顺序决定。如果超过一个范围并且为 extnum 属性指定值(或,如果选定的范围具有多于一个维),且没有 dimnum 规范,引用的维指包含所有维的最小的维。

注 303:仅事件、modscopes 和 proscopes 有 exspec 属性。例如,如果由 elemspec 属性说明的元素是包含两个 evgrps 的 evsched,并且每 evgrp 包含三个事件,每个事件有一个范围,则可以选择使用值为 extnum 属性的 1,2,3,4,5 或者 6 的六个范围。如果值不是指定的 extnum 属性,六个范围全部选择。(如果 dimnum 属性同样没有指定值,引用的维是足够大以全部包含上述六项的假想维。)

注 304:Extnum 按从本文的句法获得的顺序,从句法构建中挑选。Dimnum 完全不同,从按它们在充分地被处理的逻辑 FCSs 轴出现的顺序逻辑维中挑选。

当指定的元素是 evsched，wand、baton 或者 FCS，属性用于**计数引用维的直接调度类型**(dsdtypes) 限定将被考虑为构建的种类计数引用的维。dsdtypes 属性的值是象征列表，任一主题词与各种各样的指定的形式，或 GIS 获得的客户元素相应形成。如果值包含主题词，关键字 #ALL 致使所有的构造类型都需要被考虑。如果没有指定 #ALL，只考虑指定值的构造类型。考虑事件、modscopes、proscopes、evgrps、modgrps、progrps、evscheds、wand、baton 和 FCSs 的所有类型，如果值能包含与 #EVENT，#MODSCOP，#PROSCOP，#EVGRP，#MODGRP，#PROGRP，#EVSCHED、#WAND、#BATON 或者 #FCS 相适应的关键字。另外，将会考虑所有包含以 dsdtypes 属性作为记号的 GI 元素，以及所有是事件、modscopes、proscopes、evgrps、modgrps、progrps、evscheds、wand、batons 或者 FCS 元素的元素。

注 305：某些情况是冗余的说明，例如，proscope 元素的 dsdtypes 属性值中既有 #PROSCOP 又有 GI，尽管这种形式也没有差错。

前面主题词和 GIS 的任何组合可以用于 dsdtypes 的属性值。如果没有指定的值，默认值将取决于指定的元素的形式，如下表：

```
extent                (null string)
extlist,event,modscope,or proscope"#EXTENT #EXTLIST"
evgrp or evsched  "#EXTENT #EXTLIST #EVENT #EVGRP"
modgrp or wand    "#EXTENT #EXTLIST #MODSCOP #MODGRP"
progrp or baton   "#EXTENT #EXTLIST #PROSCOP #PROGRP"
fcs               "#ALL"
```

属性报告颗粒(granule)用于命名颗粒，该颗粒将被视为用于报告被引用维的量程。如果值没有指定，引用的维实际上根据 MDU 引用的维的轴报告。与轴被 axisspec 属性说明一致，必须根据 SMU 定义说明颗粒。在最后颗粒后，如果颗粒大于轴的 MDU，在轴的结尾也许有少于一个颗粒的 MDUs 值。

注 306：换句话说，在划分 MDUs 的数字和以后在轴的由 MDUs 的数字每个量，与剩余的数字 MDUs 合计，最后颗粒的 MDU 可能不是在轴的最后 MDU。

属性舍入颗粒处理(roffgran)说明了如何处理这样一种情况：当通过颗粒描述的引用基准不准确的时候，这个颗粒是颗粒属性指定的。**舍入差错**(roerr)的值指出如果需要舍入，它是一个差错。**舍入最小化全部维**(rocmplet)的值表明当指定维所表现出来的最小尺寸可以完全覆盖实际尺寸的时候可以被报告)。**舍入最大化完全维**(roscant)表明最大维可表示当指定维所表现出来的最大尺寸可以覆盖实际尺寸的时候可以被报告。**舍入维边界的值**(roboundy)表明当报告尺寸的边界维尽可能接近实际尺寸的边界维的时候可以被报告。

注 307：使用递归维引用和选定的组件，与标记函数一道，准许任意的复杂同步和对准线关系的规范。这些工具允许应用根据其他相关事件、modescope、proscope 设置与排序事件、modscopes 和 proscopes。

```
                    <!--显式维引用-->
<![ %dimref; [
<! notation
   dimref          --显式维引用标记函数记法--
                   --条:9.8.2.1--
   PUBLIC "GB/T 16965—2009//NOTATION
           Explicit dimension reference marker function notation//EN"
--公共属性[GenArc]:altreps,included,superdcn --
--公共属性[base]:bosdatt --
>
<! element
   dimref          --显式维引用--
                   --条:9.8.2.1--
   - O
   (%HyCFC;)*
--属性[sched]:dimref --
--公共属性 [GenArc]:dafe,dvlatt,etfullnm,id,ireftype,lextype,opacity --
--公共属性 [base]:activity,conloc,dtxtatt,valueref --
--公共属性 [locs]:refctl,refloc,reftype,rflocspn--
```

```
>
<! attlist
  dimref          --显式维引用--
                  --条:9.8.2.1--
  HyBase   NAME    ＃FIXED markfun
  notation NOTATION(dimref)＃FIXED dimref
  elemspec        --指定元素--
                  --被引用维所继承的元素--
    CDATA         --引用--
                  --Reftype:(baton|event|evgrp|evsched|extent|
                       extlist|FCS|modgrp|modscope|progrp|proscope|wand)--
    ＃REQUIRED
  Selcomp         --被选定的维组件--
                  --将被引用的元素说明的维组件
                      First: 首个或最低量程
                      last: 末端或最高量程
                      qcnt: 颗粒计数--
    (first|last|qcnt)
    qcnt
  flip            --选定的部分--
                  --是否要转换引用维组件。详细是:
                     noflip:first 报告为对应于从轴始段开始计数的第一个量程的数目的一个正整数,last 报
                            告为一个对应于从轴的终端开始计数的最后一个量程的数目的一个负整数,qcnt
                            报告为一个正整数。
                     flip:first 报告为对应于从轴终段开始计数的第一个量程的数目的一个负整数,last 报告
                          为一个对应于从轴的终端开始计数的最后一个量程的数目的一个正整数,qcnt 报告
                          为一个负整数。--
    (flip|noflip)
    noflip
  schdspec        --与指定的调度属性形式的元素--
                  --建立上下文以解释范围:FCS、轴顺序和 HMU --
                  --约束:忽略,如果指定的元素是 evsched、wand、baton 或者 FCS.--
    CDATA         -- 引用--
                  --Reftype:(baton|evsched|wand)? --
    ＃IMPLIED     --默认:dimref dimref 视为内部具有 sched 属性形式的元素被 schdspec 引用。--
                  --约束:必需,如果 elemspec 是 extent 或 extlist。--
  axisspec        --指定轴 --
                  --引用维发生的轴--
    NAME          --Lextype:AXISNM --
                  --约束:必须是被引用范围发生的 FCS 的合法的轴名称。--
    ＃IMPLIED     --默认:唯一的轴--
  dimnum          --维数字--
    NUMBER        --约束:1 =首先度量按照的在轴的出现顺序--
    ＃IMPLIED     --默认:包含所有维的最小维--
  extnum          --范围数目--
    NUMBER        --约束:1 =首个或唯一范围,按规范/出现在文档中顺序排序--
    ＃IMPLIED     --默认:所有相关范围的组合--
  granule         -- 用于报告的颗粒--
                  --用于报告被引用维的颗粒--
    CDATA         --Lextype:颗粒--
                  --约束:粒度必须以与轴终相同的 SMU 术语定义--
    ＃IMPLIED     --默认:被引用维的轴的 MDU--
  roffgran        --舍入颗粒处理--
                  --指定的怎样做舍入处理
                         roerr:如果要求做舍入处理则报告差错
                         rocmplet:舍入到极小完成的维;即极小的维根据颗粒的可表达的完全地覆盖的实际指
                                  定的维。
                         Roscant:舍入到最大范围;根据完全被实际维确定的可能的最大维。
                         Roboundy:舍入到维界限;被报告的维的边界要尽可能的接近实际维边界--
    (roboundy|rocmplet|roerr|roscant)
```

```
    roboundy
  dsdtypes        --为计数的引用维的直接调度类型--
                  --将被采取的直接地预定的元素的类型,当计算引用的时维。--
    CDATA         --Lextype:("#ALL"|("#BATON"|"#EVENT"|"#EVGRP"|"#EVSCHED"|"#EXTENT"|
                            "#EXTLIST"|"#FCS"|"#MODGRP"|"#MODSCOP"|"#PROGRP"|
                            "#PROSCOP"|"#WAND"|GI)*)--
                  --约束:GIs 必须是事件、modscope、proscope、evgrp、modgrp、progrp、evsched、wand、baton,或者
                    FCS 形式元素。--
    #IMPLIED      --默认:基于元素说明的形式,如下:
                          指定元素:                默认值:
                          ------                   ------
                          extent                   (null string)
                          extlist,                 event,
                          modscope or proscope     "#EXTENT #EXTLIST"
                          evgrp or evsched         "#EXTENT #EXTLIST #EVENT #EVGRP"
                          modgrp or wand           "#EXTENT #EXTLIST #MODSCOP #MODGRP"
                          progrp or baton          "#EXTENT #EXTLIST #PROSCOP #PROGRP"
                          FCS                      "#ALL"--
〉
〈! entity % sched "INCLUDE"〉
]]〉〈! --dimref--〉
```

9.8.2.2 间接调度事件、modscopes 和/或 proscopes 的引用维

当引用的维从间接地预定的一个或多个调度(即投影)事件、modscopes 或 proscopes 的维获取时,可能需要附加的上下文信息并应用附加限制。事件、modscopes 和投影维被引用的 proscopes 所组成的集合,其范围以直接调度维被引用时的方式选定,使用 elemspec、schdspec、extnum 和 dsdtypes 属性。并且,被引用维的报告以其直接调度维被引用时的方式受控于颗粒、roffgran、selcomp 和 flip 属性。尽管如此、dimnum 和 axisspec 属性分别引用调度维数目和目标轴,而非非调度维数目与其直接调度所在的轴。

当指定的元素是 evsched、wand、baton 或者 FCS 时,属性**投影和/或者直接**(prjdirct)表明事件、modscopes 以及获取被引用维所用的 proscopes 所组成的集合是包括事件、modscopes 以及在指定元素中直接调度的或受指定元素直接调度的 proscopes(drctonly),还是仅包括事件、modscopes 以及受调度于指点元素之上的 proscopes 的维(projonly),还是二者均有(drctproj)。如果指定的元素是范围、extlistprjdirct、event、modscope、proscope、evgrp、modgrp 或 progrp,将忽略属性 prjdirct 的值。如果指定了 extnum 属性的值,the prjdirct 属性的将被忽略,dimref 将按 prjdirct 属性的值为 drctonly 处理。

注 308:由于 extnum 根据它在源文档中的句法规范选择非投影引用维,extnum 不可能用于选择投影到 FCS、evsched、wand 或由 elemspec 属性指定的元素 baton 上的范围,这些范围的维可以通过属性 dimnum(按它们的在轴的出现的顺序)被引用。或者,也可通过 elemspec 属性指定允许非投影范围选择的元素而受到引用。

注 309:如果指定的元素是 evsched、wand、baton 或者 fcs,任何事件、modscopes 或者由于已被投影而存在于其内的 proscopes 将不被计入,除非在投影这些事件、modscopes 或 proscopes 时发挥作用的所有元素类型指定了 dsdtypes 属性值。指定"#ALL"保证所有事件、modscopes 和投影到指定元素的 proscopes 将被计入,不管哪种类型的元素在投影中发挥作用。

属性投影目标(prjtarg)指定未投影的事件、modscopes 和 proscopes 的选定范围(extnum 属性未指定值时,为所有指定范围)的可能已投影元素。prjtarg 属性可以只指定一个元素,此时必须是 fcs、evsched、wand 或者 baton。如果 elemspec 属性指定的元素是范围或 extlist,将忽略 prjtarg 属性值。如果为 prjtarg 属性指定了值,该值不被忽略:

——被引用维是未投影的事件、modscopes 和为计算未投影被引用维所选定 proscopes 的选定范围(若 extnum 属性的值为指定,为全部范围)的维,用作投影到 fcs、evssched、wand 或由 prjtarg 属性指定的 taton,并投影到 prjby 属性的后继选定(见下文);

——axisspec 属性的值必须是目标 FCS 的一个有效的轴名字。被引用维发生在该轴上；

——dimnum 属性的值不从未投影被引用维中进行选择；而从投影引用维中选择。

属性投影(prjby)限制选定的计算未投影引用维的事件、modscopes 和 proscopes 的投影所选范围(或所有区域，如果 extnum 属性没有指明其值)，投影到 prjtarg 属性指明的 FCS，evsched，wand 或 baton 上，这些投影由 prjby 元素指明的 prorule，baton，progrp 和 proscopes 指明，如果没有为 prjby 属性指定值，将考虑指明投影的所有相关的 prorules、baton、progrps 和 proscopes。

如果 prjtarg 属性指明的值为非忽略的和投影对象包含多余一个以上 FCS，则它是一个可报告的 HyTime 差错。

注 310：prjby 属性的值应以这样的方式来应用来避免此类差错。

如果没有指定 prjtarg 属性，或者，如果 prjtarg 属性的值被忽略，则忽略 prjby 的值属性。

```
                        <! --投影维引用-->
<! [  %dimref; %project; [
<! attlist
--pdimref--             --投影维引用--
                        --条:9.8.2.2--
                        --事件投影集相关的 Dimref 属性,modscopes 和/或 proscopes--
    (dimref)
    prjdirct            --直接投影--
                        --选择基于事件,modscopes 或者 proscopes 是被投影或者直接调度指定的元素。
                                  drctonly:直接
                                  projonly:投影
                                  drctproj:直接和投影--
                        --约束: 如果元素不是 evsched, wand, baton, or fcs,则忽略其值.--
                        --约束:如果值为 extnum 被指定,值被忽略(实际上是,drctonly),.--
      (drctonly|drctproj|projonly)
      drctonly
    prjtarg             --投影目标--
                        --引用的维投影在指定的元素 prjtarg 属性上的属性仅于元素的 prjby 属性有关。--
                        --约束:如果指定的是元素程度或 extlist,值被忽略(引用维不是一个计划的维)。--
      CDATA             --引用--
                        --Reftype:(baton|evsched|FCS|wand)--
      #IMPLIED          --默认:引用维没有被投影----
    prjby               --投影--
                        --引用的维由在上的存在 prjtarg 投影的属性指定的元素。--
                        --约束:除非 prjtarg 忽略其值。--
      CDATA             -- 引用--
                        --Reftype:(baton|progrp|prorule|proscope)--
      #IMPLIED          -- 默认:所有相关的 prorules,baton,progrps,和 proscopes 将被考虑到。--
>
]]><! --dimref,投影-->
```

9.9 被校准的实时轴

有限坐标空间的所有轴可以与实时时间相校准。本标准提供了用来描述实时校准值的一个记法，HyTime 日历规范记法(HyCalSpc)。它也定义了一个专业标记函数元素，日历规范(calspec)，为了实时轴校准的应用使用 HyCalSpc 记法。

9.9.1 HyTime 日历规范记法

记法HyTime 日历规范记法(HyCalSpc)被用于指明过去的或未来根据儒略日期的实时时间或普通的日历的日期和时间，并可随意调整白天记录和时区。点指明发生在指定的在期限的最小的时间单位的初点(可利用最小的颗粒是 Systeme 国际单位制)。

注 311：例如，日历规范"1996-02-07"指发生在 1996 年 2 月 6 日和 2 月 7 日之间的午夜的某点。

HyCalSpc 记法可以被用于校准实时度量的轴。FCS 元素的校准属性被用于校准指明轴校准的记法(HyCalSpc)以及依据外在上下文的校准点给出的 FCS 元素的另一个属性的名称，在 HyCalSpcnotation 表明(见 9.3.1)。虽然 HyCalSpc 记法允许不指定年,不用符合儒略日期或全日期词法类型的规范来校准轴是有差错的。

HyCalSpc 记法也成为 HyCalFun 标记作用记法的依据;参见 9.9.2。

GMT 或 UTC 时标(GMTorUTC)的属性的指定表达根据时间是否是格林尼治平均时间(格林尼治时间)或世界标准时(UTC)。默认 UTC。

注 312: HyCalSpc 记法根据词法类型说明描述,一些被表达 Posix 正则表达式(REGEX 记法)也可用 HyLex 表示。regex 记法仅被作为句法描述 HyCalSpc 被使用的记法宣称。支持 regex 记法是为了支持不必要的 HyCalSpc 记法的应用;只是他们能够必要的支持 HyCalSpc 记法(见 C.1)。

```
                        <! --HyTime 日历规范记法-->
<![ %HyCalSpc; [
<! notation
  HyCalSpc          --HyTime 日历规范记法 --
                    --条:9.9.1 --
                    --指明实时点。指明的点发生在指定最小时间单位的开始。--
                    --注:例如,日历规范“1996-02-07”指发生在 1996 年 2 月 6 日和 2 月 7 日之间的午夜的某
                      点。--
                    --注:能直接地为轴定标使用和对准线。也可以使用作为标记功能记法的基础;参见 HyCal-
                      Fun。--
                    --Lextype:((JULDATE|fulldate|monthday|day)?,
                      (UTCtime|hrminsec|hrmin|minute)?,timeoff * )--
                    --约束:日期必须为空(例如,不是“2-30”)。--
                    --约束:跟随了可应用的非矛盾的时间,白天或时区列表有效期。--
  PUBLIC "GB/T 16965—2009//NOTATION
          本标准指定时间标记//EN"
--属性[sched]:HyCalSpc --
--公共属性 [GenArc] altreps,included,superdcn--
--公共属性[GenArc]:altreps,included,superdcn --
--公共属性[base]:bosdatt --
--公共属性[locs]:egrvplan--
>
<! attlist  #NOTATION
  HyCalSpc          --HyTime 指定时间标记 --
                    --条:9.9.1--
  GMTorUTC          --GMT or UTC timescale--
                    --注:(GMT noon  =  UTC midnight)--
    (GMT|UTC)
    UTC
>
<! entity  %  sched "INCLUDE">
]]><! --HyCalSpc-->
```

9.9.2 日历规范

元素形式日历规范(calspec)元素类型根据标记函数(markfun)(见 6.8.1.2)。轴标记列表记法使用在数据上下文中(见 6.8.1)根据对应的日历和时刻来指明单个标记。在使用 HyCalSpc 记法时,日历规范被用于表达被校准的轴维。

日历规范内容总是被表示在 HyTime 日历标记函数记法(HyCalFun)中,就像是 HyCalSpc 记法(见 9.9.1),除了返回轴标记。如果日历规范不指明一年(通过指明 Julian 日期或 fulldate),则年龄通过以前指定的或隐式指定的(即之前的语法)calspec 推测。如果没有之前指定的年,则该年为该轴的第一年。

如果 calspec 作为维规范的第一个标记使用,则返回一个正标记,从轴的始端开始计数,其数值为内容中的日期和时间相应的量程的数字。如果 calspec 作为维规范的第二个标记使用,则返回一个负标记,从轴的结尾向后计数,给出内容中指出的日期和时间相应的量程数。

```
                        〈! --规范日历--〉
〈![ %calspec; [
〈! notation
   HyCalFun                 --HyTime 日历标记功能--
                            --条:9.9.2 --
                            --日历规范是一个标记功能被用来规范一个度量域为实时量程的坐标轴(也就是 sisec-
                              ond),则校准使用 HyCalSpc 记法。若采用被作为第一标记维度规范,返回正的标记。
                              若采用被作为的第二个标记维度规范,返回一个负的标记。--
                            --约束:最高的日历/时间组件规范不可以超出为轴指定的刻度--
                            --约束:被省去的日历/时间组是早先指明的 calspec--
   PUBLIC "GB/T 16965—2009//NOTATION
           HyTimeCalendar Marker Function Notation//EN"
--属性[sched]:HyCalFun--
--公共属性 [GenArc]:altreps,included,superdcn --
--公共属性 [base]:bosdatt --
--公共属性[locs]:egrvplan--
〉
〈! attlist #NOTATION
   HyCalFun                 --HyTime 日历标记功能--
                            --条:9.9.2--
   GenArc    NAME #FIXED GABridN
   superdcn NAME #FIXED HyCalSpc
   GMTorUTC                 --GMT or UTC timescale--
                            --注:(GMT noon = UTC midnight)--
     (GMT|UTC)
     UTC
〉
〈! element
   calspec                  -- 规范日历--
   O O
   (%HyCFC;)*               --Lextype:((JULDATE|fulldate|monthday|day)?,
                                  (UTCtime|hrminsec|hrmin|minute)?,timeoff*)--
                            --约束:如果 JULDATE 和 fulldate 不是现在时,以前指定和将假设年及其他更大的量
                              程。--
--属性[sched]:calspec--
--公共属性[GenArc]:dafe,dvlatt,etfullnm,id,ireftype,lextype,opacity--
--公共属性 [base]:activity,conloc,dtxtatt,valueref--
--公共属性 [locs]:refctl,refloc,reftype,rflocspn--
〉
〈! attlist
   calspec                  --规范日历--
                            --条:9.9.2 --
   HyBase    NAME    #FIXED markfun
   notation NOTATION(HyCalFun)#FIXED HyCalFun
   GMTorUTC                 --GMT or UTC 时间刻度--
                            --注:(GMT noon = UTC 午夜)--
     (GMT|UTC)
     UTC
〉
〈! entity % HyCalSpc "INCLUDE"〉
]]〉〈! --calspec--〉
```

9.10 有限坐标空间定位地址

元素形式为FCS定位地址(FCSloc)在有限的坐标空间在FCS"选择边界"范围所包含的事件 modscopes 和 proscopes 的地址。FCSloc 寻址("选择")事件、modscopes、和/或 proscopes 的集合对象,或是他们调度的修改符,或者投影符的集合。

FCSloc 的定位源必须是一个或更多 FCS、evsched、wand 或者 baton 元素。如果没有默认定位源,必须指定定位源属性。如果定位源包括多个对象,它们联合 FCSs 全部有轴的同一数量程。

FCSloc 的内容是在程度上指明定义了界定选择边界的范围。范围允许多个。维的表示由根据 HMUs 所指定的轴属性的所有服务于定位源的调度元素表达,或者如果定位源是 FCS 则根据 MDUs。

属性**选择精确度**(select)定义了所选择的对象的精确度通过 fcsloc 的边界所包含的每个事件的多少指明在 FCS 的每个轴,属性指明了事件是否必须完全的在选择范围(#ALL)内,量程的最小数字必须在选择范围(数字)内,或者如果事件被选择并在选择界限之内恰有一个量程(#ANY)。值为 1 是对于每一个轴用来指明轴属性定位源(如果定位源为 fcs)或 axisord 属性(如果定位源是调度表),或者是所有轴的值为 1。

属性**事件或对象?**(objects)指明,FCSloc 定位的事件,modscopes,且/或者选定的 proscopes(默认"事件")或对象、修改器,并且/或者投影符是否由其("对象")调度的。当对象属性的值是"对象"时,FCSloc 与定位梯阶是等效的,通过为 fcsloc 定位源做性质定位寻址是由 fcsloc 所选的"对象"的事件、modscopes、proscopes 的性质。

属性**直接调度类型选择**(dsdtypes)限定选择构建的种类。dsdtypes 属性值由记号列表表示,包括相应的关键词与事件("#EVENT")、modscope("#MODSCOP")、proscope("#PROSCOP")元素形式和 GIS 的从属元素形式。关键词#ALL 将导致所有事件、modscopes 和 proscopes 被选择。如果#ALL 没有指定,将只按记号值的从属元素类型选择。所有类型的事件、modscopes 和 proscopes,如果值包含有关于这些类型的关键字将被选择。另外,所有元素的 GI,在 dsdtypes 性质的值以记号出现则事件、modscopes 或 proscopes 将被选择。

注 313:如果是指定多余,例如,#PROSCOP 和 proscope 元素的 GI 元素的 dsdtypes 属性值,虽然这样做不会导致差错。

前面主题词和 GI 的任何组合也许用于 dsdtypes 属性的值。如果没有指定值,默认值将取决于根据下表指定的元素形式:

```
evsched        "#EVENT"
wand           "#MODSCOP"
baton          "#PROSCOP"
FCS            "#ALL"
```

如果支持绘制模块,三个另外的属性也许被用于建立更加进一步的选择标准。

属性**投影并且/或者直接**(prjdirct)指明或为事件、modscopes 和 proscopes 的集合,fcsloc 从中选择直接或通过 locsrc 元素(drctonly)调度的事件、modscopes 和 proscopesby,或为投影在 locsrc 元素的事件、modscopes 和 proscopes (projonly),或者两个都包括(drctproj)。

属性**投影源**(prjsrc)被用于限制所选定的投影事件、proscopes 和 modscopes 的调度或由事件、modscope、proscope、evgrp、modgrp 和 progrp 的那些 evsched、wand、baton 或者 FCS 从属元素指明。如果 prjdrct 属性值是 drctonly,值被忽略。如果值不被规范,所选投影的事件、modscopes 和 proscopes 不会限定其源。

属性**被投影**(prjby)被用于限定通过 baton、progrp 和 proscope 从属元素的值来投影所选的事件、proscopes 和 modscopes。如果 prjdrct 属性的值是 drctonly,值被忽略。如果值没有指明,投影选定的事件、modscopes 和 proscopes 不会限制用来指明其投影到 locsrc 的元素。

```
                    <!--有限坐标空间定位地址-->
<![ %FCSloc; [
<![ %HyExtLst; [
<!entity % dFCSlcnt "HyExtLst">
]]>
<!entity %
   dFCSlcnt          -- 默认 FCSloc 范围列表记法--
                     --条:9.10--
   "#REQUIRED"
>
<!element
```

```
  FCSloc              -- 有限坐标空间定位地址--
                      --条:7.10.2 --
                      --地址 events,modscopes,and proscopes(or the objects,modifiers,and projectors they-
                        contain)在有限的坐标空间--
                      --约束:定位起始必须是 FCS,事件调度、wand 或者 baton--
  - O
  ( % dimlist;|extent|extlist) *
                      --约束:如果事件列表标记没有被指定,上下文必须只包含事件和事件列表标记
--属性 [base]:overrun --
--属性 [locs]:locsrc,impsrc--
--属性 [sched]:FCSloc--
--可选属性 [locs]:multloc,referatt,spanloc,treetype--
--可选属性 [sched]:rFCSloc--
--公共属性 [GenArc]:dafe,dvlatt,etfullnm,id,ireftype,lextype,opacity--
--公共属性 [base]:activity,conloc,dtxtatt,valueref --
--公共属性 [locs]:refctl,refloc,reftype,rflocspn--
>
<! attlist
  FCSloc              --有限坐标空间地址--
                      --条:9.10--
  HyBase NAME #FIXED queryloc
  notation            --选择范围列表记法--
    NAME              --Lextype:NOTATION--
     % dFCSlcnt;      --默认:内容必须仅包括程度和 extlist 元素。--
  select              --选定的精确度--
                      --描述:为了其(或对象、修改符或 proscope)能够被选择,多少事件、modscope 或proscope 必
                        须在选择区域中出现。--
    CDATA             --Lextype:("#ALL"|"#ANY"|(unzi,granule?)) + --
                      --约束:所有轴的每个轴的定位源--
                      --约束:精确度 unzi 指定用术语的以下量程,如果需要;否则根据为调度表的 HMU 的定义的
                        轴--
    "#ALL"            --默认:为了能被选择,事件、modscope 或 proscope 必须完全处于选择范围之内。--
  objects             --事件或目标? --
                      --选定的节点类型:事件、modscopes 或者 proscopes(事件)或通过它们(对象)调度的对象、修
                        饰符和投影符? --
    (events|objects)
    events
  dsdtypes            --直接得可选定的日历类型--
                      --待选的直接的日期元素的类型--
    CDATA             --Lextype:("#ALL"|("#EVENT"|"#MODSCOP"|"#PROSCOP"|GI) * )--
                      --约束:联合 of #EVENT,#MODSCOP,#PROSCOP,and the GIs of event,
                        modscope or proscope form elements。Can also be #ALL --
    #IMPLIED          -- 默认:对每一个可使用的元素类型像 locsrc:
                           locsrc 元素:             默认值:
                         - - - - - -                - - - - - - - -
                         evsched                    "#EVENT"
                         wand                       "#MODSCOP"
                         baton                      "#PROSCOP"
                         FCS                        "#ALL"
  >
  <! entity % sched "INCLUDE">
  <! entity % locsrc "INCLUDE">
  <! entity % impsrc "INCLUDE">
  <! entity % overrun "INCLUDE">
  ]]><! --FCSloc-->
  <! [ %FCSloc; %project; [
  <! attlist
--rFCSloc--                    --有限坐标空间地点地址解释模块--
                               --条:7.10.2--

   (FCSloc)
```

```
    prjdirct                          --直接或投影--
                                      --基于标时的目标的选择:
                                        drctonly:(Direct only)不要选择事件、modscopes 和 proscopes 在可选元素的投影
                                        projonly:(只投影)不要选择直接在指定元素的调度中的事件、modscopes 和 pro-
                                                  scopes
                                        drctproj:(直接或投影)不要包含待选的直接或间接的事件、modscopes 和 pro-
                                                  scopes--
      (drctonly|drctproj|projonly)
      drctonly
    prjsrc                            -- 投影起始 --
                                      --事件、modscopes 和间接 proscopes 在 locsrc 元素的调度,选择仅直接地预定或在那
                                        些指定的元素。--
      CDATA                           --引用--
                                      --Reftype:(baton|event|evgrp|evsched|FCS|modgrp|
                                        modscope|progrp|proscope|wand) * --
                                      --约束:值被忽略,如果 prjdrct 的值是 drctonly--
      # IMPLIED                       --默认:无投影起始约束--
    prjby                             --投影--
                                      --事件、modscopes 和间接 proscopes 在 locsrc 元素的调度,选择仅由指定的投影的投
                                        影元素。--
      CDATA                           --引用--
                                      --Reftype:(baton|progrp|prorule|proscope) * --
                                      --约束:值被忽略,如果 prjdrct 的值是 drctonly。--
      # IMPLIED                       -- 默认:没有投影元素约束--
  >
  ]]><! --FCSloc,投影-->
```

10 绘制模块

本章介绍了 HyTime 的可选绘制模块,包括修改设施和事件投影设施。本模块需要调度模块的支持,并且至少支持绘制模块的"修改"和"投影"选项中的一个。

HyTime 的修改和投影设施允许按标准化方式说明文档的应用绘制的一些参数。在 10.2 对象修改中介绍的修改,说明信息对象的处理。10.3 中介绍了投影,说明事件的语义复制、修改符范围和投影符范围在调度之间的转换,或许在此过程中改变它们的位置和范围。事件和 modscopes 范围被投影时,它们的对象和修改符在起始语境中可能已经被转变,或者形式并没有变化。一个完全的绘制可以包括几个投影和/或修改集,在 10.4 中描述了表达完整绘制的容器形式。

10.1 公共绘制属性

修改和投影绘制形式都使用下列属性形式。

10.1.1 选定的精度

当属性选择精度(select)在 baton、progrp 和 proscope 中使用时,它用来指定事件、modscopes 和 proscope 的精度。当选择精度属性在 wand、modgrp 和 modscope 中使用时,它用来指定事件、modscope(它的对象和修改符将被转变)。这个属性确定在每个修改以及投影中必须包含多少事件、修改符范围、投影符范围,这是为了符合对象修改和投影应用的要求。

注 314:投影符可以应用到事件、修改符范围和投影符范围中。修改符可以应用到信息对象和其他修改符中,但不包括投影。

对于 FCS 中的每一个坐标轴,事件、修改符范围、或将要被投影的投影符范围、或者是对象或将要被转变的修改符范围,选择属性指定了它们的范围,这些范围必须完全包含在修改的修改符范围或者投影的投影符范围(全部)中,以便选择。同时,在修改的修改符范围或者投影的投影符范围(数字)中,必须提供最小的度量单位用来选择,即使只有一个在 MDU 在修改符范围或者投影的投影符范围(任何)中,它也会被选择。当且仅当所有的轴都满足指定的最小要求时,修改和投影才会发生。

对于一个 wand,如果没有指定值,只有对象、事件的修改以及修改符范围都完全在 wand 预定的修

改符范围的时候才能被修改(所有)。对于一个修改组或者修改符范围,它的默认值与最邻近的包含修改组或 wand 有效值相同。

对于一个 baton,如果没有指定值,只有当事件、修改符范围和投影符范围都完全在事件投影符预定的投影符范围中的时候才能被投影(所有)。对于一个投影组或者投影符范围,它的默认值与最邻近的包含投影组或事件投影符的有效值相同。

属性影响部分(portion)指定了一个修改的修改符范围或一个投影的投影符范围是否被应用到整个被修改或被投影的事件、修改符范围或投影符范围(整个),或者只应用到这个修改的修改符范围或投影和投影符范围配置的一部分(部分)。所有的轴可以使用同一个值,也可以每个轴使用不同的值。

对于一个 wand,如果没有指定值,这个 wand 中的所有的修改符范围的默认值就是"全部"。对于一个修改的修改组或者修改符范围,它的默认值与最邻近的包含修改组或 wand 的有效值相同。对于一个 baton,如果没有为它赋值,对于这个 baton 中的所有的投影符范围的默认值就是"全部"。对于一个投影组或者投影符范围,它的默认值与最邻近的包含投影组或事件投影符的有效值相同。

注 315:在对象修改的时候,属性部分效果的应用已经超出了纯 HyTime 处理的领域,正因为如此,纯 HyTime 处理不仅仅只关心对象和修改符的解释。一旦一个对象或修改符范围已经由于对象修改而被选定,创作者们使用部分属性,不过是规定修改符范围是否作为对象修改过程中一个限制参数。如果对于所有的轴,该属性值为"全部",修改符范围的区域不会像该参数参数这样被使用。

```
                                〈! --精度选择--〉
〈![ %rend; [
〈! attlist
--选择--                   --精度选择--
                           --条:10.1.1--
   (baton,modgrp,修改符范围,progrp,投影符范围和 wand)
  select                   --精度选择--
                           --在修改的修改符范围或者投影的投影符范围内必须设置多少事件、修改符范围、或者投影
                             符范围,使得修改和投影能够进行。--
    CDATA                  --Lextype:("#所有"|"#任何一个"|(unzi,granule?))+--
                           --约束:一个规范只对应一个坐标轴或一个规范对应所有的坐标轴。--
                           --约束:应该根据后面提供的颗粒来指定精确的 unzi;如果没有提供颗粒的话,就根据为调
                             度定义的轴 HMU 来指定。--
    #IMPLIED               --默认:如果在 wand 或 baton 中没有指定。#ALL。如果在修改组、修改符范围、投影组或投
                             影符范围没有指定,就从 wand、baton、事件投影符或投影组中继承。--
  portion                  --修改或投影部分--
                           --修改或投影应用到整个事件、修改符范围或投影符范围(所有),或者仅仅应用到修改符范
                             围和投影符范围(部分)共同指定的部分。--
    NAMES                  --Lextype:("所有"|"部分")+--
                           --约束:一个规范只对应一个坐标轴或一个说明对应所有的坐标轴--
    #IMPLIED               --默认:如果在对象修改符或事件投影符中没有指定。#所有如果在修改组、修改符范围、
                             投影组或投影符范围没有指定,就从对象修改符、修改组、事件投影符或投影组中继承。--
〈! entity % sched "INCLUDE"〉
]]〉〈! --rend--〉
```

10.2 对象修改

尽管本标准的范围中不包括对象的语义以及对它们的修改,但是把对象和它们修改符之间的关系按标准方式说明出来可能会有用。

注 316:例如,由不知道任何音响效果的人来执行生成连接音响效果盒的修补指令。

注 317:尽管对象修改是 HyTime 的可选设施并需要"修改"选项的支持,修改选项并不需要应用支持,应用中的修改能被合并成应用处理从而不能被独立地规定。

10.2.1 对象修改符

对象修改符在对象绘制时作用于事件的对象。

注 318:对象修改符的明显例子包括颜色映射函数和音频处理规则。

由应用而不是本标准定义对象修改符。

注 319：工业集团也可能为对象修改符定义有用的集合，用于公共使用。

对象修改符可以通过任何元素类型或数据表示出来。

注 320：特别的，它可以根据一种数据内容记法以信息表达的方式表现出来。

注 321：对象修改符可以不是一个元素。

对象修改符本身受对象修改的约束。

10.2.2 修改符之间的直接联系(修改规范)

元素形式的**修改符规则**(modrule)把一个或多个事件、事件组、事件调度、修改符范围、修改组与一个修改对象的 wand 或修改符修补联系起来(见 10.2.4)；这些联系表明修改符和修改符修补对一些元素进行修改，这些元素包括由事件调度的对象(事件包含在事件组和事件调度中)，或者由修改符范围调度的修改符(修改符包含在修改组和事件修改符中)。属性**事件和事件组**(events)标识事件、事件组、事件调度、修改范围、修改组以及 wands，其中 wands 的对象和修改符将被修改。属性**修改符和修改符修补**(modifier)标识了将要被应用的修改符和修改符修补。

```
                        〈! --修改规则--〉
〈! [ %modify; [
〈! element
--modrule--         --修改符规则--
                    --条:10.2.2--
 - O
 (%HyCFC;)*
--属性 [rend]:修改符规则--
--公共属性 [GenArc]:dafe,dvlatt,etfullnm,id,ireftype,lextype,opacity--
--公共属性[base]:activity,conloc,dtxtatt,valueref--
--公共属性[locs]:refctl,refloc,reftype,rflocspn--
--引用 [rend]:rendrule--
〈! attlist
--modrule--         --修改符规则--
                    --条:10.2.2--
  events            --事件和修改符范围--
    CDATA           --引用--
                    --引用类别:
    (事件|事件组|事件调度|修改符范围|修改组|事件修改符)*--
    #REQUIRED
  modifier          --修改符和修改符修补--
    CDATA           --引用--
                    --约束:只能有一个修改符和修改符修补--
    #REQUIRED
〉
〈! entity % rend "INCLUDE"〉
]]〉〈! --修改--〉
```

10.2.3 有限坐标空间中修改符之间通过位置的联合

在 HyTime 中，调度中出现的对象修改符叫"wands"；借助修改符修补(见 10.2.4)，wands 与一个或多个事件通过"wand 规则"相联系(见 10.2.3.1)。在一个 wand 中，由一个叫"修改符范围"的元素调度修改符，就像事件调度信息对象一样。修改符范围定义了受其作用的 FCS 区域，这些事件被包含在相关联的事件调度中(或者由调度符范围调度修改符)，这个区域将会被修改。

注 322："wand"是一个权威的象征。考虑到 HyTime 没有定义修改语义，将它与魔术联系起来看更适合。此魔术的含义与事件投影设施中的 baton 相对(见 10.3 投影)．尽管 baton 也是一个权威的象征，它具有 HyTime 定义的语义。

10.2.3.1 Wand 规则

元素形式**wand 规则**(wandrule)把一个或多个事件调度(这些事件的对象将被修改)和一个修改其对象的 wand 或 wand 修补(见 10.2.4)联系起来。修改 wand 和 wand 修补调度修改符，事件调度和

wands将这些修改符应用到对象和修改符调度,其中修改符范围包含在修改 wand、事件调度和 wand的修改符范围中。

注 323:协同定位标准需要触发修改,用选择和修改 wands 的部分属性、修改组以及修改符范围能灵活的指定这些修改(见 10.1.1 选择精度)。

属性事件调度(evscheds)标识了包括调度将要被修改的对象的事件的事件调度,和/或标识了包括修改符将被修改的修改符范围的 wands。wand 或 wand 修补(wand)属性标识 wand 修改和 wand修补。

注 324:HyTime 允许对相同的对象或标识符使用不止一个 wand 或修改符规则来指定修改应用。应用可以限制这种现象,和/或定义这多个修改的效果。然而,单个 wand 规则只能与一个 wand 和 wand 修补联系。使用 Wand 修补使修改应用得更清楚。

注 325:尽管 wand 规则形式允许将不同的 wand 和/或不同的调度联系起来,这并不是说所有的 wand 可以互相交换;它们必须按调度的性质和/或将要修改的 wands 进行设计。

注 326:在 10.2.4 中对 wand 修补和修改符修补都进行了讨论。

注 327:绘制所需的 Wand 规则和标示符修改规则可一起作为"绘制规则"(见 10.4)。

在任何绘制中,为调度修改指定的所有修改必须在此调度修改应用之前制定。

注 328:HyTime 没有规范在文档或超文档中必须避免循环修改,比如一个修改符对自身进行修改。但是,这也许是合理的,因为一些 HyTime 引擎能检测这种循环,而且某些应用能够避免、制造和/或处理这种循环。

```
                    <!--Wand 规则-->
<![ %wand;[
<!element
  wandrule          --Wand 规则--
                    --条:10.2.3.1--
  - O
  (%HyCFC;)*
--属性 [rend]:wand 规则--
--公共属性 [GenArc]:dafe,dvlatt,etfullnm,id,ireftype,lextype,opacity--
--公共属性[base]:activity,conloc,dtxtatt,valueref--
--公共属性[locs]:refctl,refloc,reftype,rflocspn--
--引用 [rend]:rendrule--
>
<!attlist
  wandrule          --Wand 规则--
                    --条:10.2.3.1--
  evscheds          --事件调度--
    CDATA           --引用--
                    --引用类别:(evsched|wand)*--
                    --约束:所有事件事件和 wands 必须在合理的 FCS 上,所有 wand 属性引用 wands--
    #REQUIRED
  wand              --Wand 或 wand 修补--
    CDATA           --引用--
                    --引用类别:(wand|wndpatch)--
    #IMPLIED        --默认:无--
>
<!entity % modify "INCLUDE">
]]><!--wand-->
```

10.2.3.2 Wand

元素形式wand是修改符范围的调度。

Wand中的修改符范围在任何坐标轴上不能重叠。但是,它们之间可以有缝隙,在这些缝隙中没有指定修改。

注 329:这个规则避免了应用重叠的修改引起顺序模糊的情况。

```
                    〈! --Wand --〉
〈! [  % wand; [
〈! element
  wand          --Wand--
                --条:10.2.3.2--
  - O
  (modgrp|modscope)+
--属性 [sched]:sched--
--属性[rend]:select--
--可选属性 [sched]:pulsemap--
--公共属性 [GenArc]:cafe,dvlatt,etfullnm,id,ireftype,lextype,opacity--
--公共属性[base]:activity,conloc,dtxtatt,valueref--
--公共属性[locs]:refctl,refloc,reftype,rflocspn--
--引用 [sched]:dimref:elemspec,dimref:schdspec,pdimref:prjtarg,pulsemap:pulsemap,rfcsloc:prjsrc--
--引用[rend]:batrule:scheds,batrule:targschd,prorule:sources,prorule:targschd,wandrule:wand,wndpatch--
〉
〈! entity % modify "INCLUDE"〉
]]〉〈! --wand--〉
```

10.2.3.3 修改符范围

元素形式修改符范围(modscope)把一个或更多的范围同修改符联系起来,从而指定对象以及出现在这个范围中的修改符。

如果为属性对象修改符(modifier)指定一个值,这个值确定将要被应用的对象修改符和/或修改符修补。如果没有指定值,修改符范围只是一个占位符,根据隐式引用设施(见9.8.1)来影响下一个确定的修改符范围的范围,修改符范围本身也直接带有修改参数和语义,与应用定义的形式相同。

注330:如果没有为修改符属性指定取值,通过一个或多个附加属性或内容,或者前面二者的综合,对象修改的语义能够通过对象修改直接传递。例如,应用也许定义了一个特殊的元素类型,作为一个不带任何修改语义的占位符使用。

```
                    〈! --修改符范围--〉
〈! [  % wand;[
〈! element
  modscope          --修改符范围--
                    --定义修改符的范围。--
                    --条:10.2.3.3--
  - O
--属性 [base]:overrun--
--属性[sched]:exspec--
--属性[rend]:modscope,select--
--可选属性 [sched]:pulsemap--
--公共属性[GenArc]:cafe,dvlatt,etfullnm,id,ireftype,lextype,opacity--
--公共属性[base]:activity,conloc,dtxtatt,valueref--
--公共属性[locs]:refctl,refloc,reftype,rflocspn--
--引用 [sched]:dimref:elemspec,rfcsloc:prjsrc--
--引用 [rend]:prorule:sources--
〉
〈! attlist
  modscope          --修改符范围--
                    --条:10.2.3.3--
  modifier          --将被应用的修改符和修改符修补--
    CDATA           --引用--
    #IMPLIED        --默认:修改的语义由GI以及元素的属性/或内容,通过应用定义的方式直接指定。--
〉
〈! entity % modify "INCLUDE"〉
]]〉〈! --wand--〉
```

10.2.3.4 修改符范围组

元素形式的修改符范围组(modgrp)是一组修改符范围或其他修改符范围组元素的容器,它们在

wand 元素内部被指定。这些元素可以包括修改符范围或其他修改符范围组。这些容器充当了一个与事件组刚好相符的角色,具有相同的特点,尤其是 grpdex 和 grprepet 属性形式。(见 9.4.3)

```
                              <! --修改符范围组-->
<! [ %wand; [
<! element
   modgrp          --修改符范围组--
                   --条:1.4--
   - O
   (modgrp|modscope)+
--属性 [rend]:select--
--可选属性 [sched]:grpdex,grprepet,pulsemap--
--公共属性 [GenArc]:dafe,dvlatt,etfullnm,id,ireftype,lextype,opacity--
--公共属性[base]:activity,conloc,dtxtatt,valueref--
--公共属性[locs]:refctl,refloc,reftype,rflocspn--
--引用 [sched]:dimref:elemspec,rfcsloc:prjsrc--
--引用[rend]:prorule:sources--
>
<! entity % modify "INCLUDE">
]]><! --wand-->
```

10.2.4 修改符修补和 Wand 修补

术语"修补"用于元素形式wand **修补**(wndpatch)和**修改符修补**(modpatch)。修改符修补包含一系列修改符和修改符修补的引用。一般地,列表中引用的顺序决定了所标识元素被应用的顺序。

注 331:用"一般地"这个词是因为一组修改符的规范顺序在并行应用的时候并不重要。

注 332:术语"修补"是从传统词典中类似电子音乐的词语中发展而来的。正因为如此,这个词意味着设备之间的联系的特定顺序,比如像电子扩音器、震荡器和过滤器这样一些设备,通常由"修补绳"完成,以达到特殊效果。

在表中,通过 SGML 模型组句法子集指明顺序或并行处理,该句法中"and"连接符(&)表示并行,"seq"连接符(,)表示顺序处理。

注 333:例如,在音效处理中,一个修补是:

(id1,id2,(id3 &(id4,id5)),id6)

它表示音频信号先通过 id1,然后是 id2.然后直接到 id3 和 id4,id4 的结果送到 id5。最后 id6 处理 id3 和 id5 的输出。

元素形式wand **修补**(wndpatch)是一个修补,其中所有 ID 标识 wand 或 wand 修补。

Wand 规则元素的 wand 属性值标识 wand 修补元素。

元素形式**修改符修补**(modpatch)是一个修补,其中所有的 ID 标识对象修改符或修改符修补。修改规则元素的修改符修补属性值标识与修改符修补元素相关。

注 334:HyTime 并不约束包含循环或递归的修改符,例如,一个包含自生的修补。这一结构的合法性依赖于应用。

```
                              <! -- 修改符修补-->
<! [ %patch;[
<! element
   modpatch             --修改符修补--
                        --条:10.2.4--
   - O
   (#PCDATA)            --引用--
                        --注:IDREFs 可以查修改符修补元素。--
--公共属性 [GenArc]:dafe,dvlatt,etfullnm,id,ireftype,lextype,opacity--
--公共属性[base]:activity,conloc,dtxtatt,valueref--
--公共属性[locs]:refctl,refloc,reftype,rflocspn--
--引用 [rend]:modpatch,modrule:modpatch--
>
<! entity % modify "INCLUDE">
]]><! --修补-->
```

```
                    〈! --Wand 修补--〉
〈! [  %wndpatch; [
〈! element
   wndpatch              --Wand patch--
                         --条:10.2.4--
   - O
   (#PCDATA)             --引用--
                         --引用类型:(wndpatch|wand)*--
                         --约束:名称为 IDREFs 的 SGML 模型组的子集和未发生指示器或连接器--
--公共属性[GenArc]:dafe,dvlatt,etfullnm,id,ireftype,lextype,opacity--
--公共属性[base]:activity,conloc,dtxtatt,valueref--
--公共属性[locs]:refctl,refloc,reftype,rflocspn--
--引用 [rend]:wandrule:wand,wndpatch--
〉
〈! entity % wand "INCLUDE"〉
]]〉〈! --wndpatch--〉
```

10.3 投影

事件投影处理语义上的复制事件、修改符范围和投影符范围,还包括这些对象、修改符、投影符、事件投影符以及对象修改符,也许在这个过程中它们的位置和范围会改变。事件和修改符范围能够被投影,不管修改是否有效,其中修改符范围的对象和修改符在它们的上下文中被修改。

注 335:对象和修改符的投影语义意义有必要定义应用,因为 HyTime 没有对对象的语义和修改符进行标准化。

注 336:尽管投影是 HyTime 的可选功能,并且需要"投影"选项的支持,但是应用并不需要"投影"选项的支持,因为投影已经并入到应用处理过程,因此不能单独说明。

投影可以是从一个调度(事件调度,wand 或 baton)到另一个调度——也就是从"源"调度到"目标"调度。投影事件、修改符范围和投影符范围的目标可以是同一个 FCS 上的另一个调度,这个 FCS 同源调度的 FCS 是一样的,也可以是其他 FCS 的调度。如果源 FCS 同目标 FCS 不相同,坐标的度量域和/或刻度有可能会存在差异。

注 337:例如,描绘音乐时,音乐节点调度根据虚拟的音乐时间可以投影到另一个根据真实时间标注的 FCS。另一个例子属于项目管理方面,在项目管理中,按顺序安排一系列任务,并将其排列在一个可视的时间轴图表中,当绘制时,就是项目执行的时候,这些任务就会投影到到另一个 FCS 的真实时间轴上。第三个投影事件例子描述的是实空间单位的地理区域,它被按比例缩放投影到另一个非常小的实空间单位 FCS 上,以地图的形式显示出来。

源 FCS 和目标 FCS 的坐标轴数目不需要相等。但是,源调度和目标调度的坐标轴数目必须相等,而且轴处理的顺序必须与另一个调度轴处理的顺序匹配。

注 338:换句话说,源调度的第一个坐标轴与目标调度的第一个坐标轴对应,第二个对应第二个,依次类推。

从一个调度到另一个调度的过程中,事件、修改符范围和投影符范围可能会投影到任何时间上。在并发投影的情况下,一个有效的绘制可能会成为另一个绘制的调度源。

注 339:如果不需要为描绘投影定义语义,用预先给定的属性 evgrp、modgrp 或 progrp 来调度事件、修改符范围或投影符范围,也能得到同样的结果。

注 340:HyTime 允许在文档或超文档中规范循环投影。但是,这可能是合理的,因为一些 HyTime 引擎能够检测出这些循环,从而使某些应用能采取方法避免、创建和/或处理这些循环。

调度目标可以是从多个源调度投影的目标,它们可以包括"直接地"调度事件、修改符范围、投影符范围,换言之,可以用普通的方法来完成元素调度,而不需要用投影。

事件投影到目标事件调度(或 wand),对象又被这些事件调度(和投影符被投影符范围调度)投影到目标事件调度,而事件调度对象会受到修改符的约束,这些投影范围包含和/或投影在 wands 中,(因为指定了 wand 规则)wands 可以通过这些目标事件调度制约对象的调度。同样地,投影事件、修改符范围和投影符范围都会受到之后的投影的支配,这些投影范围包含和/或投影在 batons 中,(因为指定了 baton 规则)batons 可以通过这些目标事件调度、wands 和 batons 来制约事件、修改符范围、投影符范围的调度。

在 HyTime 中，投影的规范叫做“投影符”；它们规定了投影函数，这个函数决定了投影到目标调度的元素的调度范围。

注 341：根据文档的本质，投影的模式可以有很多的变化，例如：

——可对整个事件调度规定单一的事件投影符；例如，一系列图片按比例统一缩放。另外，它在各处都不同；在放幻灯片时，延长某些幻灯片的持续时间来制造某些特殊效果，或在音乐中，让最后一部分慢下来；

——缩放系数可精确地被表达；例如，如果一个 HMU 对应于视频信号的一帧，时间缩放系数（“节拍”）可以是每 HMU1/30s。另外，也可以不精确表示比例因子（例如，通过描述性文本）；例如，在音乐中，经常把节拍说明为“慢速”、“中速”，甚至是“不太快”。在绘制时，最终要为不精确的比例因子提供精确定义。（任何记法都能用来指定投影函数，包括只有人能使用的记法，比如音乐家读意大利式标记的音符，能够得到最好的效果）；

——缩放系数可以在一段时间或空间内发生变化，这时可以用“投影函数”表达变化速率和最终缩放系数。一个投影函数可以说明为一个精确的公式（例如线性按 4∶1 加速），或者是不精确的指令（例如，“逐渐加速至中速”，或“变焦使之远小于当前大小”）。在绘制时，最终要为不精确的投影函数提供精确的定义。

通过保留源范围和其调节投影符，而不只是调整文档给定的绘制范围，文档创建者的意图可以保留。

注 342：换言之，我们知道为什么绘制不同部分持续的时间即为所需的时间（或占用所需的空间），以及在后续绘制过程中哪里可以改变范围。例如，我们能分辨两个事件是偶然同时发生，还是作者希望它们在所有绘制过程中是同步的。

在这些信息的后续编辑中，或是在部分信息被抽出用在其他地方时，在这些常见的超媒体应用中，这一信息也很有用。

注 343：文本处理和复合文档页面格式不属于本标准的范围。然而，常用的方法是从文本处理类推去理解投影。未投影事件就像未格式化文档，已投影事件就像已格式化文档，而投影符则类似于样式表格，它说明了如何从未格式化的文档得到已格式化的文档。根据该样式表格的精度和完全性，会有一种格式化的版本，或者有多个不同的。但是，不像大多数文本处理，时间投影符可以是文本创建者意图的一部分也可能是式样解释的一种表达。所以，即使应用在式样表格中也包含了它们，且一表格中的值取代或者更确定的定义了文档中的值，HyTime 中这些投影符也是可以表达的。

10.3.1 投影符

元素的内容**投影符**（projectr）为投影的事件、修改符范围和投影符范围定义了一个投影函数。

属性**投影符记法**（projectr）指定了在该内容使用的记法。如果该属性没有指定任何值，就假定该内容中的投影符函数表示成一组投影符元素。

注 344：HyTime 定义可以使用“HyPro”投影符元素（见 10.3.1.1）。

属性**严密性**（strict）是一个字符串，它记录了想达到的事件投影的符合程度。它的值是应用特定的，并且只影响应用对计算过的投影的解释，而不是计算自身。

注 345：例如，其值可能包括“非常松散”或“在百分之十以内”。

注 346：通过为公共使用的值创建描述正文和描述表定义，应用可以为事件投影器建立一个库，例如，“double”作为比例 2∶1（见 6.7.2）。

```
                        <! --Projector-->
<![ %project; [
<![ %HyPro; [
  <! entity % dpro "HyPro">
]]>
<! entity %
  dpro            --默认投影符记法--
                  --条:10.3.1--
```

```
  "#IMPLIED"
 〉
〈! element
  projectr          --投影符--
                    --条:10.3.1--
                    --为源 FCS 中的事件、修改符作用域和投影符范围定义投影函数。--
  O O
  (%HyCFC;|%dimlist;|dimpro|expro|extent|extlist)*
                    --约束:如果没有给投影函数记法指定范围,内容限制为(expro)*--
--属性 [rend]:projectr--
--公共属性 [GenArc]:dafe,dvlatt,etfullnm,id,ireftype,lextype,opacity--
--公共属性[base]:activity,conloc,dtxtatt,valueref--
--公共属性[locs]:refctl,refloc,reftype,rflocspn--
--引用 [rend]:prorule:proseq,proscope:projectr,proseq--
 〉
〈! attlist
  projectr          --投影符--
                    --条:10.3.1--
  notation          --投影符记法--
    NAME            --Lextype:记号--
    %dpro;          --默认:内容仅限于(expro)*--
  strict            -- 严密--
                    --投影函数执行时的严密指示。--
    CDATA
    #IMPLIED        --默认:无指示--
〈! entity % rend "INCLUDE"〉
]]〉〈! --project--〉
```

10.3.1.1 HyTime 投影符记法

记法HyTime 投影符记法(HyPro)隐式地指定了投影函数,通过在目标调度中指定目标的范围,其中源调度的事件、修改符范围和投影符范围将会被投影在该目标调度上。所有源事件、修改符范围和投影符范围的范围都将被投影到已经规定好的那些目标范围上。所有的事件,修改符范围和投影符范围的投影都线性的进行。

属性范围列表记法(extlistn)指定了在 HyPro 记法中用来描述范围表的记法。如果该属性没有指定任何值,HyPro 记法完全由元素 expro、dimpro、extent 和 extlist 组成。如果指定了取值,HyPro 记法也能包括该值中指定的记法规定的范围。

注 347:HyExList 记法可以作为 HyPro 范围表记法使用(见 9.4.6)。

注 348:当没有使用 xpro 和 dimpro,而且属性 extlistn 是"HyExtLst"的时候,HyPro 记法与 HyExtLst 在语义上无法区分。尽管在这种情况下,HyExtLst 不能用来描述投影符,因为它与 HyPro 在语义上是有区别的;HyExtLst 仅仅用来指定范围,然而 HyPro 用来指定一系列投影函数,这些投影函数来自它指定的范围(以及来自未投影之前的范围)。

```
                    〈! --HyTime Projector Notation--〉
〈! [ %HyPro; [
〈! [ %HyExtLst; [
  〈! entity % dpextlst "HyExtLst"〉
]]〉
〈! entity %
  dpextlst          --默认投影符范围列表记法--
                    --条:10.3.1.1--
  "#IMPLIED"
〉
〈! notation
  HyPro             --HyTime 投影符记法--
                    --条:10.3.1.1--
                    --通过导出每个指定范围(在目标 FCS 中)的每个维以及在源 FCS 中对应的空间维之间的线
                      性关系,定义投影函数。expro 或 dimpro 元素也可以用来指定针对单个范围或空间维的
```

```
                    投影符函数。--
   PUBLIC "GB/T 16965—2009//NOTATION
          HyTimeProjector Notation//EN"
  --属性 [rend]:HyPro--
  --公共属性 [GenArc]:altreps,included,superdcn--
  --公共属性[base]:bosdatt--
  --公共属性[locs]:egrvplan--
  >
  <! attlist #NOTATION
    HyPro              --HyTime 投影符记法--
                       --条:10.3.1.1--
    extlistn           --拓展记法表--
                       --用来指定目标范围的记法--
      NAME             --Lextype:记法--
      %dpextlst;       --默认:只允许 expro,dimpro,extent,和 extlist 元素--
  >
  <! entity % project "INCLUDE">
  ]]><! --HyPro-->
```

10.3.1.2 投影符范围

元素形式的内容**投影符范围**(expro)为投影到单一目标区域的事件投影、修改符范围以及投影范围定义投影函数。

属性**投影符范围记法**(notation)定义了在内容中使用的记法。如果该属性没有指定值,就假定该内容中的投影函数表示成一组投影符元素的维。

注 349:HyTime 定义可以使用"HyExPro"投影范围功能(见 10.3.1.3)。

```
                        <! --Extent Projector-->
  <! [ %project; [
  <! [ %HyExPro; [
    <! entity % dexpro "HyExPro">
  ]]>
  <! entity %
    dexpro          --默认投影符范围记法--
                    --条:10.3.1.2--
    "#IMPLIED"
  >
  <! element
    expro           --投影符范围记法--
                    --条:10.3.1.2--
                    --为源 FCS 中的范围定义投影函数到单个范围--
    O O
    (%HyCFC;|%dimlist;|dimpro)*
                    --约束:如果没有指定投影符范围记法,内容限于(dimpro)*--
  --属性 [rend]:expro--
  --公共属性 [GenArc]:dafe,dvlatt,etfullnm,id,ireftype,lextype,opacity--
  --公共属性[base]:activity,conloc,dtxtatt,valueref--
  --公共属性[locs]:refctl,refloc,reftype,rflocspn--
  >
  <! attlist
    expro           --投影符范围--
                    --条:10.3.1.2--
    notation        --投影符范围记法--
      NAME          --Lextype:记法--
      %dexpro;      --默认:内容限于(dimpro)*--
  >
  <! entity % rend "INCLUDE">
  ]]><! --project-->
```

10.3.1.3 HyTime 范围投影符记法

通过在目标调度中指定单一目标范围的维,**HyTime 范围投影符记法**(HyExPro)隐式的指定了投影函数。所有源事件、修改符范围和投影符范围的区域都被线性地投影到这一单一区域，其中投影符范围包含 expro 元素。

属性范围规范记法(exspnot)指定了描述目标范围的记法。如果该属性为空值，HyExPro 记法完全由元素 dimpro 和 dimspec 组成。

注 350：可以使用 HyExSpec 记法(见 9.4.4)。

```
                    <! --HyTimeExtent Projector Notation-->
<![ %HyExPro; [
<![ %HyExSpec; [
  <! entity % dpexspec "HyExSpec">
]]>
<! entity %
  dpexspec          --默认投影符范围规范记法--
                    --条:10.3.1.3--
  "#IMPLIED"
>
<! notation
  HyExPro           --HyTime 投影符范围记法--
                    --条:10.3.1.3--
                    --通过继承在指定范围(在目标 FCS)中的每个维和它在源 FCS 中的对应维之间的线性关系，
                      定义投影函数。维投影符元素也可以规范特点维的投影函数。--
  PUBLIC "GB/T 16965—2009//NOTATION
         HyTimeExtent Projector Notation//EN"
--属性 [rend]:HyExPro--
--公共属性 [GenArc]:altreps,included,superdcn--
--公共属性 [base]:bosdatt--
--公共属性 [locs]:egrvplan--
>
<! attlist #NOTATION
  HyExPro           --HyTime 投影符范围记法--
                    --条:10.3.1.3--
  exspnot           --范围规范记法--
                    --用来指定目标范围的记法--
    NAME            --Lextype:记法--
    %dpexspec;      --默认:只允许 dimpro 和 dimspec 元素--
>
<! entity % project "INCLUDE">
]]><! --HyExPro-->
```

10.3.1.4 维投影符

元素形式维投影符(dimpro)的内容定义了投影函数，这些函数将事件投影的范围、修改符范围和投影符范围投影到目标调度坐标的一个轴的单一维上。

属性维投影符记法(notation)指定了该内容的记法。该属性不能为空。

注 351：因为在内容模型中存在参数实体 %marklist，所以在内容中允许使用非零的带符号整数、dimrefs 和 markfuns(轴标记和元素)，但是标记本身不能组成隐式的记法。如果不用记法属性指定一个记法，就不能解释它；这就是为什么 HyTime 引擎必需能识别这些记法。

注 352：可以使用 HyDimPro 记法(见 10.3.1.5)。

```
                    <! --Dimension Projector-->
<![ %project; [
<![ %HyDimPro; [
  <! entity % ddimpro "HyDimPro">
]]>
<! entity %
  ddimpro           --默认维投影符记法--
                    --条:10.3.1.4--
  "#REQUIRED"
>
```

```
〈! element
  dimpro          --维投影符--
                  --条:10.3.1.4--
                  --沿源 FCS 的一个坐标轴为维定义一个投影符函数--
  O O
  (%HyCFC;|%marklist;)*
--属性 [rend]:dimpro--
--公共属性 [GenArc]:dafe,dvlatt,etfullnm,id,ireftype,lextype,opacity--
--公共属性 [base]:activity,conloc,dtxtatt,valueref--
--公共属性 [locs]:refctl,refloc,reftype,rflocspn--
〉
〈! attlist
  dimpro          --维投影符--
                  --条:10.3.1.4--
  notation        --维投影符记法--
    NAME          --Lextype:记法--
    %ddimpro;
〉
〈! entity % rend "INCLUDE"〉
]]〉〈! --project--〉
```

10.3.1.5 HyTime 维投影符记法

HyTime 维投影符记法(HyDimPro)通过在目标调度的一个轴上指定一个单一目标维,隐式地指定了投影函数。所有源事件、修改符范围、投影符范围在对应坐标上的所有维都线性的投影到目标轴的单一范围上,其中投影符范围包含 dimpro 元素。

属性维规范记法(dimspnot)规范了用来描述目标维的记法。如果不支持 HyDimSpc,属性维规范记法则不能为空。

〈! --HyTime 维投影符记法--〉

```
〈! [ %HyDimPro; [
〈! [ %HyDimSpc; [
〈! entity %
  dpdimspc        --默认维投影符规范记法--
                  --条:10.3.1.5--
  "#REQUIRED"
〉
〈! notation
  HyDimPro        --HyTime 维投影符记法--
                  --条:10.3.1.5--
                  --通过继承指定维(在目标 FCS 中)和它在源 FCS 中对应的维之间的线性关系,定义投影函
                  数。--
  PUBLIC "GB/T 16965—2009//NOTATION
          HyTimeExtent Projector Notation//EN"
--属性 [rend]:HyDimPro--
--公共属性 [GenArc]:altreps,included,superdcn--
--公共属性 [base]:bosdatt--
--公共属性 [locs]:egrvplan--
〉
〈! attlist #NOTATION
  HyDimPro        --HyTime 维投影记法--
                  --条:10.3.1.5--
  dimspnot        --维规范记法--
                  --用来规范目标维的记法--
    NAME          --Lextype:记法--
    %dpdimspc;
〉
〈! entity % project "INCLUDE"〉
]]〉〈! --HyDimPro--〉
```

10.3.2 投影符之间的直接联系

事件、事件组、事件调度、修改符范围、修改符范围组、wands、投影符范围、投影符范围组以及batons都能通过“投影符规则”与投影符直接联系起来。

10.3.2.1 已修改与未修改对象的投影

已修改与未修改对象的投影属性(modified)指定了调度对象是否被源事件(或任何被源修改符范围的修改符)调度,其中这些事件被任何修改符修改过,这些修改符在投影(“修改”)时,受源事件调度(或 wand)的影响,**已修改与未修改对象的投影**属性(unmodified)指定事件对象(或投影符范围的投影符)在投影时是否未被修改过。

```
                                〈! --已修改或未修改对象的投影--〉
〈! [ %modify; %prcject; [
〈! attlist
--modified              ----投影已修改或未修改的对象--
                        --条:10.3.2.1--
  (batrule|prorule)
  modified              --投影一个以修改或未修改的对象(或修改符)的事件(或修改符范围)--
                        --投影已修改对象(或修改符),或投影未被修改的对象,但是这些对象在源调度中已经定义了
                        一些修改。--
                        --约束:除事件或调度符以外,其他的投影元素的值被忽略。--
    (modify|unmodify)
    modify
〉
]]〉〈! --modify,project--〉
```

10.3.2.2 投影符规则

元素形式**投影符规则**(prorule)将一个或多个事件、事件组、事件调度的、修改符范围、修改符组、wands、投影符范围、投影符组(sources)以及 batons 和一个投影符(见 10.3.1)或投影符序列(见 10.3.2.3)直接联系起来。这种关联指明了事件、修改符范围和投影符范围通过**投影源**(sources)描述构成的元素,被描述为**投影符和投影符序列**(projectr)的投影符投影,投影目标是**目标调度**(targschd)属性。事件将仅仅投影到事件调度上,modscopes 仅被投影到 wands,而 proscopes 仅被投影到 batons。

注 353:事件、修改符范围和投影符范围的组合能够根据同一个投影符规则投影到各自的调度上。

```
                                〈! --投影符规则--〉
〈! [ %project; [
〈! element
  prorule               --投影符规则--
                        --条:10.3.2.2--
                        --源、投影符和目标调度之间的直接联系。--
  - O
  (%HyCFC;)*
--属性 [rend]:modified,prorule--
--公共属性 [GenArc]:dafe,dvlatt,etfullnm,id,ireftype,lextype,opacity--
--公共属性 [base]:activity,conloc,dtxtatt,valueref--
--公共属性 [locs]:refctl,refloc,reftype,rflocspn--
--引用 [sched]:pdimref:prjby,rfcsloc:prjby--
--引用 [rend]:rendrule--
〉
〈! attlist
  prorule               --投影规则--
                        --条:10.3.2.2--
  sources               --投影源--
    CDATA               --引用--
                        --引用类型:(baton|event|evgrp|evsched|modgrp|
                                    modscope|progrp|proscope|wand)*--
    #REQUIRED
```

```
  projectr          --投影和投影顺序--
                    --用于从源到目标的投影的投影符和/或投影符顺序--
    CDATA           --引用--
                    --引用类型:(projectr|proseq)*--
    #REQUIRED
  targschd          --目标调度--
                    --投影符和/或投影符顺序将源投影到调度。--
    CDATA           --引用--
                    --引用类型:(evsched|wand|baton)+--
                    --约束:事件只能投影到事件调度目标;修改符范围只能投影到 wands;投影符范围只能投影
                    到 batons。--
    #REQUIRED
  〉
  〈! entity % rend "INCLUDE"〉
  ]]〉〈! --project--〉
```

10.3.2.3 投影符序列

元素形式的**投影符序列**(proseq)包含一组投影符的 ID 或投影符序列。列表中唯一标识的序列决定了不同元素的应用序列。

```
                        〈! --投影符序列--〉
〈! [ %proseq; [
〈! element
  proseq          --投影符属性--
                  --条:10.3.2.3--
  - O
  (#PCDATA)       --引用--
                  --引用类型:(proseq|projectr)*--
                  --约束:名称为 IDREFs 而且没有发生指示器,OR 连接符和 AND 连接连接的 SGML 模型组,投影符
                  为该模型组的子集。--
--公共属性 [GenArc]:dafe,dvlatt,etfullnm,id,ireftype,lextype,opacity--
--公共属性 [base]:activity,conloc,dtxtatt,valueref--
--公共属性 [locs]:refctl,refloc,reftype,rflocspn--
--引用 [rend]:prorule:proseq,proseq--
〉
〈! entity % project "INCLUDE"〉
]]〉〈! --proseq--〉
```

10.3.3 有限坐标空间中投影符通过位置之间的联系

在 FCS 中通过“batons”可以调度投影符。Batons 就像事件调度;它们包括投影符范围和投影符范围组,就像事件和事件组。投影符范围包括投影符,同样,事件包含信息对象。投影符的范围是 FCS 名义上的区域,包括了事件、修改符范围和/或投影符范围。调度通过一个或更多的“baton 规则”限制了投影区域中的事件,修改符范围、投影符范围,这些“baton 规则”跟源调度、目标调度以及 batons 联系起来,其中 batons 调度用来定义投影函数的投影符。

10.3.3.1 Baton 规则

元素形式**baton 规则**(batrule)把一个或多个调度(包括事件调度,wands,和/或 batons)与控制其投影的一个 baton 或者 baton 序列,以及得到的目标调度联系起来。属性调度(schedule)表示这些调度,属性 baton 标识 baton 或 baton 序列。

属性**目标调度**(targschd)在坐标空间中标识一个或多个事件调度,对它或它们由 baton 影响的事件将被投影。源调度中的事件、修改符范围和投影符范围将被投影于所有的目标调度中。

注 354:baton 并不创建调度;它通过 baton 规则向与其关联的目标调度加入成分。在绘制时,HyTime 引擎维护每个包含投影事件,修改符范围或投影符范围调度的目标调度的内部形式,并维护可能被直接调度的任何事件、修改符范围或调度符范围。

注 355:尽管 baton 规则形式允许应用把不同 baton 与不同调度联系起来,这并不意味着所有 baton 是可交换的;它

们必须根据所要作用的调度的性质被设计。

注 356：绘制要求的 baton 规则可收集到一个“绘制规则”中(见 10.4 绘制规则)。

在任何绘制中，所有对给定目标调度的投影，必须在把该调度当源调度的投影之前完成。

```
                        〈! --Baton 规则--〉
〈! [ %baton; [
〈! element
  batrule          --Baton 规则--
                   --条:10.3.3.1--
  - O
  (%HyCFC;)*
--属性 [rend]:batrule,modified--
--公共属性 [GenArc]:dafe,dvlatt,etfullnm,id,ireftype,lextype,opacity--
--公共属性[base]:activity,conloc,dtxtatt,valueref--
--公共属性[locs]:refctl,refloc,reftype,rflocspn--
--引用属性 [rend]:rendrule--
〉
〈! attlist
  batrule          --Baton 规则--
                   --条:10.3.3.1--
  scheds           --调度--
    CDATA          --引用--
                   --引用类型:(baton|evsched|wand)*--
    #REQUIRED
  baton            --Baton--
    CDATA          --引用--
                   --引用类型:(baton|batonseq)--
    #REQUIRED
  targschd         --目标调度--
    CDATA          --引用--
                   --引用类型:(baton|evsched|wand)+--
    #REQUIRED
〉
〈! entity % project "INCLUDE"〉
]]〉〈! --baton--〉
```

10.3.3.2 Baton

元素形式baton是投影符范围的一个调度，该范围控制对事件、修改符范围和投影符范围的投影。一个 baton 必须是一个和它所作用的事件调度、wands、batons 的 FCS 语义相同的调度。

注 357：像乐队指挥的指挥棒一样，baton 元素控制文本的绘制(名称由此而来)。这个名称也反映了 HyTime 的投影模型来自音乐中对持续时间和节拍的处理。

Baton 中的投影符可能会重叠出现在任何坐标轴上，而且它们之间可以有间隙，此间隙没有要被投影的事件，修改符范围和投影符范围。

```
                        〈! --Baton--〉
〈! [ %baton; [
〈! element
  baton          --Baton--
                 --条:10.3.3.2--
  - O
  (progrp|proscope)+
--属性 [sched]:sched--
--属性[rend]:select--
--可选属性[sched]:pulsemap--
--公共属性[GenArc]:dafe,dvlatt,etfullnm,id,ireftype,lextype,opacity--
--公共属性[base]:activity,conloc,dtxtatt,valueref--
--公共属性[locs]:refctl,refloc,reftype,rflocspn--
--引用 [sched]:dimref:elemspec,dimref:schdspec,pdimref:prjby,
    pdimref:prjtarg,pulsemap:pulsemap,rfcsloc:prjby,rfcsloc:prjsrc--
```

```
--引用[rend]:batonseq,batrule:baton,batrule:scheds,
    batrule:targschd,prorule:sources,prorule:targschd--
〉
〈! entity % project "INCLUDE"〉
]]〉〈! --baton--〉
```

10.3.3.3 投影符范围

元素形式投影符范围(proscope)把一个或多个范围用投影符联系起来,用来指定发生在那些范围上的事件、modscopes 和 proscopes 的投影。

属性调度投影符(projectr)引用了通过投影符范围调度的投影符。

注 358:通过调度的投影符或投影符为单独的 proscope 定义了多个范围的语义。

```
                        〈! --投影符范围--〉
〈![ %baton;[
〈! element
  proscope          --投影符范围--
                    --条:10.3.3.3--
                    --定义投影符的范围为一个或多个区域--
  - O
  (%HyCFC;)*
--属性[base]:overrun--
--属性[sched]:exspec--
--属性[rend]:proscope,select--
--可选属性 [sched]:pulsemap--
--公共属性[GenArc]:dafe,dvlatt,etfullnm,id,ireftype,lextype,opacity--
--公共属性[base]:activity,conloc,dtxtatt,valueref--
--公共属性[locs]:refctl,refloc,reftype,rflocspn--
--引用者[sched]:dimref:elemspec,pdimref:prjby,rfcsloc:prjby,rfcsloc:prjsrc--
--引用 [rend]:投影规则:源--
〉
〈! attlist
  proscope          --投影符范围--
                    --条:10.3.3.3--
  projectr          --调度范围--
    CDATA           --引用--
                    --引用类型:projectr*--
    #IMPLIED        --默认:无--
〉
〈! entity % project "INCLUDE"〉
]]〉〈! --baton--〉
```

10.3.3.4 投影符范围组

元素形式的投影符范围组(progrp)是一个容器,用一组投影符范围或其他投影符范围组的元素的集合,在调度中连续地这些元素。这些句法容器完成了恰好符合其事件组的角色,提供相同的特征,尤其是属性形式 grpdex 和 grprepet。(见 9.4.3)

```
                        〈! --投影符范围组--〉
〈![ %baton;[
〈! element
  progrp          --投影符范围组--
                  --条:10.3.3.4--
  - O
  (progrp|proscope)+
--属性[rend]:select--
--可选属性 [sched]:grpdex,grprepet,pulsemap--
--公共属性[GenArc]:dafe,dvlatt,etfullnm,id,ireftype,lextype,opacity--
--公共属性[base]:activity,conloc,dtxtatt,valueref--
--公共属性[locs]:refctl,refloc,reftype,rflocspn--
--引用 [sched]:dimref:elemspec,pdimref:prjby,rfcsloc:prjby,rfcsloc:prjsrc--
--引用 [rend]:prorule:sources--
```

```
〉
〈! entity % project "INCLUDE"〉
]]〉〈! --baton--〉
```

10.3.3.5 **Baton 序列**

元素形式baton 序列(batonseq)包含一个 batons 或 baton 的序列的 IDs 列表。列表中顺序的唯一标识符决定了标识元素的应用顺序。使用 baton 序列就像使用一个投影的序列,从一个 FCS 到第二个,再从第二个 FCS 到第三个,等等,而不会干涉 FCS。

```
                          〈! -- Baton 序列--〉
〈! [ %batonseq; [
〈! element
  batonseq          --Baton 序列--
                    --条:10.3.3.5--
  - O
  (#PCDATA)         --引用--
                    --引用类型:(batonseq|baton)*--
                    --约束:subset of SGML model group with IDREFs as names and no occurrence indicators,
                      OR connectors,or AND connectors.--
--公共属性[GenArc]:dafe,dvlatt,etfullnm,id,ireftype,lextype,opacity--
--公共属性[base]:activity,conloc,dtxtatt,valueref--
--公共属性[locs]:refctl,refloc,reftype,rflocspn--
--引用[rend]:batonseq,batrule:baton--
〉
〈! entity % baton "INCLUDE"〉
]]〉〈! --batonseq--〉
```

10.4 **绘制规则**

元素形式绘制规则(rendrule)允许把一个或多个绘制的修改符、wand、投影符和 baton 规则集合起来。

注 359:例如,绘制规则可以表示包含一个文档或超文档描述的相关绘制。在处理期间内,绘制规则的 ID 向应用描述清楚,或者作为直接参数,或者间接通过样式表或 SGML 链接过程定义。

```
                          〈! --绘制规则--〉
〈! [ %rend; [
〈! element
  rendrule          --绘制规则--
                    --条:10.4--
  - O
  (%ArcCFC;)*       --引用--
                    --引用类型:
                      (batrule|modrule|prorule|rendrule|wandrule)*--
--公共属性 [GenArc]:dafe,dvlatt,etfullnm,id,ireftype,lextype,opacity--
--公共属性 [base]:activity,conloc,dtxtatt,valueref--
--公共属性[locs]:refctl,refloc,reftype,rflocspn--
--引用[rend]:绘制规则--
〉
〈! entity % sched "INCLUDE"〉
]]〉〈! --rend--〉
```

11 符合性

对于 SGML 来说,文档、应用和系统可以都符合该标准。此外,HyTime 可以从符合的 HyTime 应用和系统中区分确认 HyTime 引擎,但不提供依据本标准的规范对文档的完全确认。

11.1 符合的 HyTime 文档

如果 HyTime 文档依从本标准前面的所有条款,并且是如 GB/T 14814—1993 中定义的符合的 SGML 文档,则其是一个符合的 HyTime 文档。

注 360:规定在选择支持哪些 HyTime 构造时有广泛的自由度。

注 361：HyTime 的符合性与文档是否符合某个文档体系结构无关。

11.1.1 基本超链接 HyTime 文档

符合 HyTime 的文档是一个基本超链接的 HyTime 文档，如果其 HyTime 声明如下：

```
〈! ATTLIST ＃NOTATION HyTime
  ArcFormA NAME HyTime
  ArcNamrA NAME HyNames
  ArcSuprA NAME sHyTime
  ArcIgnDA NAME HyIgnD
  ArcDocF NAME ＃FIXED HyDoc
  ArcDTD CDATA "HyTime"
  ArcQuant CDATA ＃FIXED "NAMELEN 9"
  ArcDataF NAME ＃FIXED HyBridN
  ArcBridF NAME ＃FIXED HyBrid
  ArcAuto(ArcAuto|nArcAuto)nArcAuto
  ArcOptSA NAMES "GenArc base links locs rend sched"
--仅支持 HyTime 属性--
  hyqcnt NUMBER 32
  GenArc CDATA "altreps included superdcn"
  base CDATA "bos"
  locs CDATA "nmsploc multloc refctl referatt refloc"
  links CDATA "hylink clink agglink traverse"
  exrefs NAME exrefs
  manyanch NUMBER 2
〉
```

11.1.2 基本调度 HyTime 文档

符合 HyTime 的文档是基本调度 HyTime 文档，如果其 HyTime 声明如下：

```
〈! ATTLIST ＃NOTATION HyTime
  ArcFormA NAME  HyTime
  ArcNamrA NAME  HyNames
  ArcSuprA NAME  sHyTime
  ArcIgnDA NAME  HyIgnD
  ArcDocF  NAME  ＃FIXED HyDoc
  ArcDTD   CDATA "HyTime"
  ArcQuant CDATA ＃FIXED "NAMELEN 9"
  ArcDataF NAME  ＃FIXED HyBridN
  ArcBridF NAME  ＃FIXED HyBrid
  ArcAuto(ArcAuto|nArcAuto)nArcAuto
  ArcOptSA NAMES "GenArc base links locs rend sched"
--仅支持 HyTime 属性--
  hyqcnt NUMBER 32
  GenArc CDATA "altreps included superdcn"
  base   CDATA "bos desctxt dimspec HyFunk markfun"
  locs   CDATA "nmsploc multloc refctl"
  links  CDATA "agglink clink hylink traverse"
  sched  CDATA "dimref fcsloc HyExSpec HyExtLst measure"
  exrefs NAME  exrefs
  --约束：可以支持多于 3 个的轴，但必须支持至少 3 个才可以成为基础调度文档--
  manyaxes NUMBER 3
〉
```

11.1.3 最小 HyTime 文档

符合 HyTime 的文档也是最小（和超链接）HyTime 文档，如果其 HyTime 声明如下：

注 362：最小的 HyTime 的文档也是最小的超链接 HyTime 文档，因为真正的最小 HyTime 文档不会提供高于通用体系结构的设施，因为 HyTime 没有必要的设施。clink 设施的内容为超链接形式在本质上提供了 HyTime 定义的语义，这里的超链接形式用于大多数 SGML 文档，单文档内基于 ID 的交叉引用。

```
〈! ATTLIST ＃NOTATION HyTime
```

```
  ArcFormA NAME HyTime
  ArcNamrA NAME HyNames
  ArcSuprA NAME sHyTime
  ArcIgnDA NAME HyIgnD
  ArcDocF NAME #FIXED HyDoc
  ArcDTD CDATA "HyTime"
  ArcQuant CDATA #FIXED "NAMELEN 9"
  ArcDataF NAME #FIXED HyBridN
  ArcBridF NAME #FIXED HyBrid
  ArcAuto(ArcAuto|nArcAuto)nArcAuto
  ArcOptSA NAMES "GenArc base links locs rend sched"
--仅支持 HyTime 属性--
  hyqcnt NUMBER 32
  links CDATA "clink"
  exrefs NAME nexrefs
>
```

11.1.4 最小调度 HyTime 文档

符合 HyTime 的文档是最小的调度 HyTime 文档，如果其 HyTime 声明如下：

```
<! ATTLIST #NOTATION HyTime
  ArcFormA NAME HyTime
  ArcNamrA NAME HyNames
  ArcSuprA NAME sHyTime
  ArcIgnDA NAME HyIgnD
  ArcDocF NAME #FIXED HyDoc
  ArcDTD CDATA "HyTime"
  ArcQuant CDATA #FIXED "NAMELEN 9"
  ArcDataF NAME #FIXED HyBridN
  ArcBridF NAME #FIXED HyBrid
  ArcAuto(ArcAuto|nArcAuto)nArcAuto
  ArcOptSA NAMES "GenArc base links locs rend sched"
--仅支持 HyTime 属性--
  hyqcnt NUMBER 32
  sched CDATA "sched dimref"
  manyaxes NUMBER 1
  exrefs NAME nexrefs
>
```

11.2 符合的 HyTime 应用

如果 HyTime 应用符合本条的要求，并且符合 GB/T 14814—1993 中定义的 SGML 应用，则其是符合 HyTime 的应用。

注 363：HyTime 的应用可以通过其他任意文档体系结构的文档应用轮廓来说明。

11.2.1 应用约定

符合 HyTime 应用的约定只通过应用影响那些开放规范。

注 364：一些例子：符合 HyTime 体系结构形式的元素类型名称和替代属性名称。

11.2.2 文档的符合性

符合 HyTime 的应用应要求其文档是符合 HyTime 的文档，并且不应禁止本标准在这些文档中允许的任何置标。

注 365：例如：应用置标约定可以建议只使用某些最少功能，但是如果这些功能被正式规范允许的话，不能禁止使用其他功能。

11.2.3 文档编制的符合性

符合 HyTime 应用的文档编制应当满足本标准的要求（见 11.5）。

11.3 符合的 HyTime 系统

如果 HyTime 系统满足本条的要求，并且符合 GB/T 14814—1993 定义的 SGML 的系统，那么它是符合 HyTime 的系统的。

注 366:系统是不是符合 HyTime 的系统不受其是不是符合文档体系结构的影响。

11.3.1 文档编制的符合性

符合 HyTime 系统的文档编制应当满足本标准的要求(见 11.5)。

11.3.2 HyTime 系统声明的符合性

符合 HyTime 的系统应能够处理任何符合 HyTime 的文档,这些文档与该系统 HyTime 系统声明不一致(见 11.6)。符合 HyTime 的系统应当能对用于处理任意 HyTime 文档的各个不能支持的 HyTime 设施作出报告。

注 367:根据应用,设计者宜考虑发出的警告:因为不支持必需的设施,信息的有效性和可靠性可能会受到影响,同时,系统保护能力,如权利、安全和其他信息资源拥有者和使用者的利益,也将受到影响,关于这些在 HyTime 设施的使用中已有说明。

注 368:系统若不能处理在本标准中没有定义的数据内容记法不会影响其是不是符合 HyTime 的系统。

11.3.3 对最小 HyTime 文档的支持

符合 HyTime 的系统应能够处理最小 HyTime 文档。

11.3.4 应用约定

符合 HyTime 的系统不应强制应用约定像本标准的要求一样。

注 369:可以对不遵守应用约定的行为作出警告,但这必须与 HyTime 差错报告区分开。

11.4 可确认的 HyTime 引擎

如果符合 HyTime 的系统中的 HyTime 引擎满足本条的要求,它是可确认的 HyTime 引擎。

注 370:符合 HyTime 的系统不必要有可确认的 HyTime 引擎。实现者可以决定是否引入有开销代价的确认。例如,当使用者的多媒体创作系统允许对 HyTime 文档进行确认和修正,那么在处理系统对这些文档进行绘制处理时使用者不需要重复验证过程。

11.4.1 差错识别

如果存在可报告的 HyTime 差错,可确认的 HyTime 引擎应找到并报告这个差错,反之亦然。

可确认的 HyTime 引擎能选择性地报告其他差错。

注 371:本标准不说明如何处理 HyTime 差错,这超出了报告的要求。特别是其没有陈述差错信息是否被作为数据处理,和/或是否在发现差错后尝试继续处理。

注 372:如果可确认的 HyTime 引擎报告了本标准认为是不可报告的差错,本标准不禁止此引擎报告这个差错。当不执行确认时,本标准既不禁止引擎恢复这些差错,也不要求引擎报告这些差错。

可确认的 HyTime 引擎可以对可能出现差错但不一定出现差错的情况加以警告。

注 373:例如,在坐标空间中发生在同一位置的多个事件。

注 374:HyTime 体系结构形式不约束文档类型定义的结构,而只约束文档实例。然而,可确认的 HyTime 引擎能够选择性地报告 DTD 结构,可预防有效符合实例的创建,或允许不符合实例的创建。

11.4.2 HyTime 消息标识

HyTime 的差错报告,包括可选的报告,应当按照能与其他所有消息明显区分开的方式加以标识,这些消息包括对潜在的 HyTime 差错的警告。

11.4.3 HyTime 消息内容

HyTime 的差错报告,包括可选的报告,应详尽地陈述差错的种类和位置以允许其改正。

注 375:这一要求可以允许实现者有最大范围的灵活性来满足其用户和系统的需求。

11.5 文档编制的要求

如果各层次的用户都能理解 HyTime 文档符合独立于任何应用或引擎的标准,那么本标准的目标便达到了。符合 HyTime 系统或应用的文档编制应当加深这种意识。

注 376:这些要求的目的是帮助用户将从 HyTime 系统获得的知识应用于对其他系统的使用中,而不是约束临时、友好的书写式样。

11.5.1 标准标识

标准标识应当使用文档编制的自然语言。

标准标识正文应在以下显著位置上显示：

1） 在所有出版物前页的显著位置上(通常是标题页或封面)；

2） 在 HyTime 程序中所有标识显示屏上；

3） 在所有增加和培训的资料中。

对于应用，标识文本为：

HyTime 应用遵循标准 GB/T 16965—2009 信息技术 超媒体/时基结构化语言。

对于系统，标识文本为：

HyTime 系统遵循标准 GB/T 16965—2009 信息技术 超媒体/时基结构化语言。

符合 HyTime 系统的文档编制应当包括 HyTime 系统声明(见 11.6)。

11.5.2 HyTime 结构标识

文档编制应当能够把 HyTime 构造从应用约定和系统功能中区分出来，并且能够把 HyTime 构造标识为超媒体/时基结构化语言的一部分。

注 377：这一要求的目的是让用户明白哪些构造对于 HyTime 系统是公共的，而哪些是对于某个系统特有的，这会节省有经验的用户学习新系统或应用的时间。

为支持的用于系统或应用但未明确编制的 HyTime 构造，本标准看作引用加以引证。例如，如果为了简单，只表示一些功能的子集(如通过省略一些可选的 fcsloc 元素形式)，应陈述清楚还存在其他选项，并能在本标准中找到。

11.5.3 术语

所有 HyTime 构造应当使用本标准的术语，翻译成出版物或程序使用的各国语言。

在整个文档编制过程中应使用这些标准术语。如果不得不使用标准术语的非标准等同术语时，这些术语必须在上下文中介绍，并且不能与任何标准术语发生冲突，包括不被支持的或未列入文档的构造术语。

11.6 HyTime 系统声明

HyTime 系统声明说明了 HyTime 的版本以及 HyTime 系统能够支持的所有模块和可选设施。它在引用具体句法中通过 HyTime 支持声明集合表示。对于所支持的各个模块都必须有选项属性，这些模块内不能有重复的选项名称。在系统声明中模块和选项的名称出现的顺序与在本标准中列出的顺序相同。

支持所有 HyTime 模块和可选设施的系统声明是：

```
<! NOTATION
  HyTime           --HyTime体系结构--
                   --基础体系结构与标准 GB/T 16965—2009 中的体系结构形式定义要求相一致--
     PUBLIC "GB/T 16965—2009//NOTATION AFDR ARCBASE
             Hypermedia/Time-based Structuring Language(HyTime)//EN"
>
<! ATTLIST #NOTATION HyTime
  GenArc           --通用体系结构设施--
    CDATA          --Lextype:csname+--
    "altreps dafe dvlist HyLex HyOrd included ireftype lextype opacity REGEX superdcn"
  base             --基本模块设施--
    CDATA          -- Lextype:csname+--
    "activity actypes bos bosspec conloc desctxt dimspec HyDimLstHyDimSpc HyFunk markfun valueref"
  locs             --定位地址模块设施--
                   --条:6.3--
    CDATA          --Lextype:csname+--
    "agrovdef anchloc bibloc dataloc datatok grovplan linkloclistloc mixedloc multloc nameloc nmsploc
    pathloc pgrovdefproploc queryloc refctl referatt refloc reftype relloc spanloctreecom treeloc
```

```
    treetype"
  links             -- 超链接模块设施 --
                    -- 条:6.3--
    CDATA           --Lextype:csname+--
    "agglink clink hylink ilink traverse varlink"
  sched             --调度模块设施--
                    --条:6.3--
    CDATA           --Lextype:csname+--
    "calibrat calspec dimref fcsloc grpdex grprepet HyCalSpcHyExSpec HyExtLst HyGrand measure objalign
    pulsemap sched"
  rend              --绘制模块设施--
    CDATA           --Lextype:csname+--
    "baton batonseq HyDimPro HyExPro HyPro modify obextent patchproject proseq wand wndpatch"
  anysgml           --任何允许的 SGML 声明--
                    --条:6.3--
    (anysgml|nanysgml)
    nanysgml
  exrefs            --允许的外部引用--
                    --条:6.3--
    (exrefs|nexrefs)
    Exrefs
  refmodel          --reftype 的 SGML 模型组--
                    --条:6.3--
    (SGMLmdl|nSGMLmdl)
    nSGMLmdl
  hyqcnt            --最高量程计数限制--
                    --条:6.3--
    NUMBER          --约束:power of 2 )=  32--
  manyanch          --超链接中允许锚点的最大值--
                    --条:6.3--
    NUMBER          --约束:必须)=2--
    #IMPLIED        --默认:无限--
  manyaxes          --坐标空间中允许的锚点最大值--
                    --条:6.3--
    NUMBER          --约束:必须)=1--
    #IMPLIED        --默认:无限--
>
```

附 录 A
（规范性附录）
SGML 扩展设施

A.1 介绍

本附录定义了 SGML 的扩展设施和一组 SGML 功能性的扩展，其中功能性扩展在很多超文本和超媒体应用中都需要。这些设施可各自独立使用，而不管有无本标准正文中描述的 HyTime 设施。它们是：

——A.2 词法类型定义要求

本条包含了创建性质集中所使用的词法类型的要求，也包含了对词法类型在元素属性和内容、查询以及数据分隔树林构造过程的约束。

——A.3 体系结构形式定义要求

本条通过使用一个使能文档体系结构来管理该文档的 SGML 表示，来描述了体系结构形式正式定义的要求。

——A.4 性质集语句的定义要求

本条包含了创建解析过程结果的正式定义的要求即所谓的“性质集”。还描述了“树林”的基本概念，是从解析结果中构造出来的树结构的群集。

——A.5 通用体系结构

本条定义了总体体系结构的体系结构形式，它是对 SGML 解析功能的扩展。

——A.6 正式系统标识符定义要求(FSIDR)

本条描述了系统标识符记法的正式定义的要求。

——A.7 SGML 性质集语句

本条包含了 SGML 的性质集定义文档，其中包括 SGML 扩展设施的可选模型。

支持任何这些设施的应用是指一般作为 SGML 的扩展设施的应用。

A.1.1 符合性

一些设施定义了它们自己的符合性要求和说明它们的用途和选项的方法。另外，任何设施的使用必须符合如下的通用要求。

A.1.1.1 应用约定

符合 SGML 扩展设施应用的约定只影响该设施提供的应用中的特别规范的那些范围。

A.1.1.2 文档的符合性

符合 SGML 扩展设施应用应要求其文档符合 SGML 文档要求，但不应禁止本标准在这些文档中允许的任何置标。

注 378：例如：应用置标约定可以建议只能用某些最少的功能，但是在正式规范允许的范围内，可使用它的功能。

A.1.1.3 文档编制的符合性

符合 SGML 扩展设施应用系统的文档编制应满足此附录的要求。

A.1.1.3.1 标准标识

标准标识应使用文档编制的自然语言。

标准标识文本应醒目地显示：

1） 在所有出版物前页的醒目位置上(通常是标题页或封面)；

2） 在所有扩展设施程序的标识显示屏上；

3） 在所有宣传的和培训的资料中。

对于应用,该标识文本为:

SGML 扩展设施应用遵循 GB/T 16965—2009《超媒体/时基结构化语言》的附录 A。

对于系统,标识文本是:

SGML 扩展设施系统遵循 GB/T 16965—2009《超媒体/时基结构化语言》的附录 A。

符合 SGML 扩展设施系统的文档编制应包括相关的系统声明或定义文档。

注 379:例如:用于正式系统标识符的存储管理器定义文档。

A.1.1.3.2 扩展设施构造标识

该文档编制应能够把扩展设施结构从应用约定和系统函数中区分出来,并且能够把此扩展设施结构标识为已使用的设施的一部分。

注 380:这一要求的目的是让用户了解哪些结构对于扩展设施系统是普遍的,而哪些是对于某个系统特有的,这能减少有经验的用户学习新系统或应用所花的时间。

本标准及附录应该被用于那些为了支持不是为系统或者应用而构造的特定的文档扩展设施的一种引用,例如,如果为了简单,只有一些功能的子集被显示出来,应明确指明还存在其他选择,并且能够在本标准中找到。

A.1.1.3.3 术语

所有扩展设施构造都应使用本标准的术语,翻译成出版物或程序所在地区所使用的国家语言。

在整个文档编制过程中都应使用这些标准术语。如果虽然在标准术语中使用了非标准等价,必须在上下文中介绍,并且不应与任何标准术语发生冲突,包括不被支持的或未列入文档的构造术语。

A.1.1.3.4 应用约定

符合 SGML 扩展设施的系统不应强制应用约定同本附录要求一致。

注 381:可以对应用约定的违规行为给出警告,但这些警告须与设施差错报告相区分。

A.2 词法类型定义要求(LTDR)

本条陈述了对词法类型的正式定义的要求。"词法类型"是字符串能够符合的字符模式。这种模式叫做"词法模型"。词法类型声明与通过名称与词法模型相关联,词法模型定义了已命名的词法类型。

词法类型的定义与这些要求相一致,与 HyTime 词法模型记法关联使用(HyLex;见 A.2.3),以规定属性值和元素内容数据的词法特征(见第 5 章和 A.5.4)。词法类型也用于为字符串或分隔列表提供查询"匹配域"时,这些字符串和分隔满足词法模式(见 A.4.4.2)。

A.2.1 词法类型集

词法类型在"词法类型集"中同"词典排序"(见 A.2.1.2)和"词法约束"(见 A.2.1.3)一起声明。词法类型声明集也可包括记法、数据属性定义列表、参数实体声明,而这些在 GB/T 14814—1993 中都有定义。每一项声明出现在零或多个参数分隔符前后,这在 GB/T 14814—1993 中也有定义。

在文档中,词法类型使用声明标识一个或多个词法类型声明集,这些词法类型声明集中的词法类型在文档中是可以的。用于词法类型集的词法类型使用声明必须在此集合中使用词法类型之前出现。DTD 或 LPD 中可以有多个词法类型。

从句法上来说,词法类型使用声明是处理指令(PI),不是 SGML 置标声明。其句法如下所示(使用 GB/T 14814—1993 定义的生成句法):

```
[10] lexical type use declaration =
pio,
"IS10744",
s +,
"LEXUSE",
(ps +,
lexical type set entity name) +
ps *,
pic
```

[11] lexical type set entity name =

名称出现在实体参数名名称组件出现的地方。

由于词法类型集实体从未在DTD或LPD中被引用过，所以它们必须是独立的；记法、数据属性、参数实体、词典排序、词法约束和其中的词法类型引用都必须在其中声明。

注 382：一词法类型集应当引用其他词法类型集的“重要”声明使用参数实体。

A.2.1.1 词法类型

词法类型通过“词法类型声明”来定义。词法类型声明采用SGML置标声明，使用下列句法：

```
[12] lexical type declaration =
mdo,
"LEXTYPE",
ps +,
lexical type name ,
(ps + ,
lexicographic ordering specification)?,
(ps + ,
additional lexical constraint specification) *,
ps +,
lexical model specification,
ps *,
mdc

[13] lexical type name =
name
[14] lexicographic ordering specification =
rni,
"ORDER",
lexicographic ordering name
where lexicographic ordering name is the name of a previously declared lexicographic ordering.
[15] additional lexical constraint specification =
rni,
"CHECK",
lexical constraint name
where lexical constraint name is the name of a previously declared additional lexical constraint.
[16] lexical model specification =
lexical model |
("SPEC",
ps + ,
external identifier)
where means that the external identifier identifies a lexical type definition,presumably written in a
natural language.

[17] lexical model =
(parameter literal |
external identifier),
ps +,
notation name ,
data attribute specification ?
```

解释参数文本或数据的地方是由外部标识符模型词法类型使用说明记法标识的。

A.2.1.2 词典排序

计算机系统中的字符按编码表示固定排序，编码分配它们在字符集中的位置。

注 383：编码表示的十进制整数表示称为“字符数”。在SGML文档中，字符通常可通过其编码表示（位组合）；也可以依靠包含定界字符数的串表示，被称为“数字字符引用”。

对字符进行比较时，例如当排序、测试词法类型的符合性或测试查询的匹配性时，字符集的顺序可能不适用。“词法排序”指定了一个基于该比较的待安排字符位置的可选集。

注 384:尽管选择位置比不局限于排序,其有时仍叫做“排序顺序”。尽管实际上没有永久性字符编号转换(因为重排序一般是暂时的,且对于处理过程来说是内部的),词典排序定义有时仍叫做“排序转换”。

词典排序由“词典排序声明”。词典排序声明采用 SGML 置标声明的形式,其句法如下所示:

```
[18] lexicographic ordering declaration =
mdo,
"LEXORD",
ps +,
lexicographic ordering name ,
ps +,
lexicographic ordering definition,
ps *,
mdc
[19] lexicographic ordering name =
name
[20] lexicographic ordering definition =
lexicographic ordering expression |
("SPEC",
ps+,
external identifier)
where

SPEC means that the external identifier identifies a lexicographic ordering definition,presumably
written in a natural language.

[21] lexicographic ordering expression =
(parameter literal |
external identifier),
ps +,
notation name ,
data attribute specification ?
where the interpreted parameter literal or the data identified by the external identifier expresses
a lexicographic
ordering using the specified notation.
```

A.2.1.3 附加的词法约束

附加的词法约束通过“词法约束声明”来标识。词法约束声明采用 SGML 置标声明的形式,句法如下所示:

```
[22] lexical constraint declaration =
mdo,
"LEXCON",
ps +,
lexical constraint name,
ps +,
lexical constraint definition ,
ps *,
mdc
[23] lexical constraint name =
name
[24] lexical constraint definition =
lexical constraint expression |
("SPEC",
ps+,
external identifier)
where SPEC means that the external identifier identifies a lexical constraint definition,presumably
written ina natural language.
[25] lexical constraint expression =(parameter literal |external identifier),
ps +,
```

```
notation name ,
data attribute specification ?
```

where the interpreted parameter literal or the data identified by the external identifier expresses a lexical constraint using the specified notation.

A.2.2 词法模型记法(HyLex)

任一词法模型记法可用来定义词法类型。以下是词法建模语言的非强制性起动集，HyLex 在此建模语言中定义。

```
                                〈! --HyTime 词法模型记法--〉
〈! [ %HyLex; [
〈! notation
   HyLex              --HyTime 词法模型记法 --
                      --条:A.2.2--
   PUBLIC "GB/T 16965—2009//NOTATION
           HyTimelexical model notation(HyLex)//EN"
--属性:HyLex -
--公共属性:altreps,included,superdcn--
〉
〈! attlist #NOTATION
   HyLex              --HyTime 词法模型记法 --
                      --条:A.2.3--
   norm               --标准化--
     (norm|unorm)
     norm
〉
]]〉〈! --HyLex--〉
〈! --POSIX 常规记法记法--〉
〈! [ %REGEX; [
〈! notation
   REGEX              -- POSIX 常表达记法 -
   PUBLIC "ISO/IEC 9945-2:1997//NOTATION
           POSIX Regular Expression Notation//EN"
〉
〈! attlist #NOTATION
   REGEX              --POSIX 常规表达记法--
   case               --区分大小写--
                      --区分大小写匹配或区分大小写--
       (case|icase)
       case
〉
]]〉〈! --REGEX--〉
```

A.2.3 HyTime 词法模型记法

本条描述了用于本标准的 HyTime 词法模型记法和一些实例。

A.2.3.1 句法

HyLex 模型的句法正式定义为 SGML 内容模型的句法(见 GB/T 14814—1993)，完全符合词法类型集的具体句法，除了有下列区别：

——HyLex 模型毫无例外地必须是模型组，但如果不出现整个模型组的指示符或整个模型组包含单一的词法类型名称，就可以忽略分组定界符。

注 385：分组定界符是强制性的从属模型组。

——从属模型组的替换形式，是由 DSO 而不是 GRPO 开始，由 DSC 而不是 GRPC 结束的，定义了一个"匹配记号模型"。当 HyLex 被用来搜索用于词法格局中的数据时，那部分满足匹配记号模型的数据被称为"匹配记号"，并作为查询结果返回。当 HyLex 是用来描述词法类型的一块数据的时候，匹配记号模型除了能作为一个从属模型组之外没有其他效果。

——HyLex 模型组和从属模型组都不包括 AND 连接符。

——内容记号可按 GB/T 14814—1993 从字面上来翻译，或者按先前声明的词法类型那样翻译。

——任何内容记号或模型组都可以跟在保留名称指示符与关键字“NOT”后面。1 符合的记号或模型组将匹配那些与其匹配的字符串。

注 386：HyLex 无从约束不匹配模型的属性数量。

——任何不是出现在“NOT”后面的内容记号或模型组可以出现在频率指示符之前，或保留名称指示符和或以上的以下关键词之前：

命令　　这个关键字和下列字典排序名称指定字典排序要在其与内容记号或模型组匹配之前应用于数据。

核对　　此关键字及以下附加的词法约束名称规定附加的词法要受与前面的内容象征性或模型组相匹配的数据的约束。没有附加的词法约束所限不影响匹配的过程。

注 387：内容记号或模型组后面未必同时出现发生指示符和限定符，如果限定的记号或模型组存在于从属模型组之内，新的从属模型组就可以出现在发生指示符之前。

A.2.3.2 规范化的 HyLex 模型

规范化的 HyLex 模型使用置标最小化形式，当定义的词法模型本质上是空白分隔记号列表。“规范化”模型可执行以下步骤转换等效的非规范模型：

a) 在每个文本内容记号后插入“＃ORDER SGMLCASE”作为限定符；

b) 在自身的匹配符模型里放入标准模型的内容记号。包括＃ORDER 和＃CHECK 限定符，不包括发生指示符；

注 388：例如：把规范化的模型“(NAME ＃CHECK ID，NUMBER＋)”改为“([NAME ＃CHECKID]，[NUMBER]＋)”。

c) 在一对按顺序的从属模型组之间插入“s＋”；

注 389：例如，规范化的模型“(NMTOKEN＋，('＃ANY'，NUMBER)＊)” becomes“([NMTOKEN]＋，s＋，(['＃ANY'＃ORDER SGMLCASE]，s＋，[NUMBER])＊)”。

d) 在 PLUS 或 REP 发生指示符后面放入从属模型组，如下所示：

——(submodel)＋ 变成((submodel)，(s＋，(submodel))＊)

——[submodel]＊变成([submodel]?，(s＋，[submodel])＊)

注意：如果原来的模型是匹配符，那么对应的从属模型组也匹配记号模型。

e) 如果 HyLex 模型是 OR 组，要转化为新系列 HyLex 模型的丛书模型组；

f) 在 HyLex 模型开头和结尾插入“s＊”。

注 390：本标准中定义词法模型为属性和数据内容的约定评论中，“Lextype”代表具有正规化属性的 HyLex 模型，而“Ulextype”代表非正规的 HyLex 模型(见第 5 章)。

A.2.3.3 固有词法类型

HyLex 是 SGML-aware 的词法模型语言。正因为如此，它定义了固有 SGML 词法类型集，在任意 HyLex 表达中自动可用。

```
<! --
这个文档由下列公共标识符标识的："GB/T 16965—2009//NONSGML LTDR LEXTYPES SGML Lexical Types//EN"。除非另有说明，否则所有非模型词法类型和词典排序都与从那些引用的文档中的声明的具体句法相关联。
-->
-->

                    <! --HyTime 词法模型记法-->

<! NOTATION HyLex
   PUBLIC "GB/T 16965—2009//NOTATION
          HyTimelexical model notation(HyLex)//EN"
>
<! ATTLIST ＃NOTATION HyLex
  norm    --标准化--
    (norm|unorm)
```

```
  norm
〉
                        〈! --SGML 词典排序--〉
〈! -- 注:对于与大小写相关的顺序,应用的规则是使用词典顺序的文档中的字母规则(或使用词典排序的词法类
    型)。--〉
〈! LEXORD
  SGMLCASE          --SGML 名称字替代--
  SPEC
  PUBLIC "GB/T 14814—1993//NOTATION LEXORD Namecase substitution//EN"
〉
〈! LEXORD
  GENERAL           --SGML 通用名称字替代--
  SPEC
  PUBLIC "GB/T 14814—1993//NOTATION LEXORD
          General namecase substitution//EN"
〉
〈! LEXORD
  ENTITY            --SGML 实体名称字替代--
  SPEC
  PUBLIC "GB/T 14814—1993//NOTATION LEXORD
          Entity namecase substitution//EN"
〉
〈! LEXORD
  RCSGENER          --SGML 引用具体句法通用名称字替代--
  SPEC
  PUBLIC "GB/T 14814—1993//NOTATION LEXORD
          Reference concrete syntax general namecase substitution//EN"
〉
                        〈! --SGML 词法约束--〉
〈! LEXCON
  NAMELEN           --SGML 名称长度约束--
  SPEC
  PUBLIC "GB/T 14814—1993//NOTATION LEXCON QUANTITY Name length//EN"
〉
〈! LEXCON
  PENTLEN           --SGML 参数实体名称长度约束--
  SPEC
  PUBLIC "GB/T 14814—1993//NOTATION LEXCON
          QUANTITY Parameter entity name length//EN"
〉
〈! LEXCON
  DTDORLPD          --SGML DTD 或 LPD 名称--
  SPEC
  PUBLIC "GB/T 14814—1993//NOTATION LEXCON DTD or LPD name//EN"
〉
〈! LEXCON
  NOTATION          --SGML 记法名称--
  SPEC
  PUBLIC "GB/T 14814—1993//NOTATION LEXCON Notation name//EN"
〉
〈! LEXCON
  PARMENT           --SGML 参数实体名称 --
  SPEC
  PUBLIC "GB/T 14814—1993//NOTATION LEXCON Parameter entity name//EN"
〉
〈! LEXCON
  ENTITY            --SGML 通用实体名称 --
  SPEC
  PUBLIC "GB/T 14814—1993//NOTATION LEXCON General entity name//EN"
〉
```

```
〈! LEXCON
  GI                --SGML 通用标识符 --
  SPEC
  PUBLIC "GB/T 14814—1993//NOTATION LEXCON Generic Identifier//EN"
〉
〈! LEXCON
  ID                --SGML 唯一标识符 --
  SPEC
  PUBLIC "GB/T 14814—1993//NOTATION LEXCON Unique Identifier//EN"
〉
〈! LEXCON
  ATTNAME           --SGML 属性名称 --
  SPEC
  PUBLIC "GB/T 14814—1993//NOTATION LEXCON Attribute name//EN"
〉
〈! LEXCON
  compname          --SGML 性质集组件名称 --
  SPEC
  PUBLIC "GB/T 16965—2009//NOTATION LEXCON
          Property Set Component Name//EN"
〉
                              〈! -- SGML 词法类型--〉
〈! LEXTYPE
  char              --字符--
  SPEC
  PUBLIC "GB/T 16965—2009//NOTATION LEXTYPE Character//EN"
〉
                              〈! --SGML 抽象字符类--〉
〈! LEXTYPE
  Digit             --SGML 数字 --
  SPEC
  PUBLIC "GB/T 14814—1993//NOTATION LEXTYPE CLASS Digits(Digit)//EN"
〉
〈! LEXTYPE
  LCLetter          --SGML 小写字母--
  SPEC
  PUBLIC "GB/T 14814—1993//NOTATION LEXTYPE
          CLASS Lower-case letters(LCLetter)//EN"
〈! LEXTYPE
  Special           --SGML 特殊字符--
  SPEC
  PUBLIC "GB/T 14814—1993//NOTATION LEXTYPE
          CLASS Special minimum data characters(Special)//EN"
〉
〈! LEXTYPE
  UCLetter          --SGML 大写字母--
  SPEC
  PUBLIC "GB/T 14814—1993//NOTATION LEXTYPE
          CLASS Upper-case letters(UCLetter)//EN"
〉
                              〈! --SGML 具体字符类--〉
〈! LEXTYPE
  NONSGML           --非 SGML 字符--
  SPEC
  PUBLIC "GB/T 14814—1993//NOTATION LEXTYPE
          CLASS Non-SGML characters(NONSGML)//EN"
〉
〈! LEXTYPE
  DATACHAR          --SGML 专属数据字符--
  SPEC
```

```
  PUBLIC "GB/T 14814—1993//NOTATION LEXTYPE
         CLASS Dedicated data characters(DATACHAR)//EN"
〉
〈! LEXTYPE
  DELMCHAR          --SGML 分隔符字符--
  SPEC
  PUBLIC "GB/T 14814—1993//NOTATION LEXTYPE
         CLASS Delimiter characters(DELMCHAR)//EN"
〉
〈! LEXTYPE
  FUNCHAR           --SGML 插入功能字符--
  SPEC
  PUBLIC "GB/T 14814—1993//NOTATION LEXTYPE
         CLASS Inert function characters(FUNCHAR)//EN"
〉
〈! LEXTYPE
  LCNMCHAR          --SGML 小写名称字符--
  SPEC
  PUBLIC "GB/T 14814—1993//NOTATION LEXTYPE
         CLASS Lower-case name characters(LCNMCHAR)//EN"
〉
〈! LEXTYPE
  LCNMSTRT          --SGML 小写名称起始字符--
  SPEC
  PUBLIC "GB/T 14814—1993//NOTATION LEXTYPE
         CLASS Lower-case name start characters(LCNMSTRT)//EN"
〉
〈! LEXTYPE
  MSICHAR           --SGML 字符内置标扫描--
  SPEC
  PUBLIC "GB/T 14814—1993//NOTATION LEXTYPE
         CLASS Markup-scan-in-characters(MSICHAR)//EN"
〉
〈! LEXTYPE
  MSOCHAR           --SGML 字符外置标扫描--
  SPEC
  PUBLIC "GB/T 14814—1993//NOTATION LEXTYPE
         CLASS Markup-scan-out-characters(MSOCHAR)//EN"
〉
〈! LEXTYPE
  MSSCHAR           --SGML 置标扫描抑制字符--
  SPEC
  PUBLIC "GB/T 14814—1993//NOTATION LEXTYPE
         CLASS Markup-scan-suppress characters(MSSCHAR)//EN"
〉
〈! LEXTYPE
  RE                --SGML 记录结束字符--
  SPEC
  PUBLIC "GB/T 14814—1993//NOTATION LEXTYPE
         CLASS Record end character(RE)//EN"
〉
〈! LEXTYPE
  RS                --SGML 记录起始字符--
  SPEC
  PUBLIC "GB/T 14814—1993//NOTATION LEXTYPE
         CLASS Record start character(RS)//EN"
〉
〈! LEXTYPE
  SEPCHAR           --SGML 分隔字符--
  SPEC
```

```
    PUBLIC "GB/T 14814—1993//NOTATION LEXTYPE
            CLASS Separator characters(SEPCHAR)//EN"
  〉
  〈! LEXTYPE
    SPACE              --SGML 空格字符--
    SPEC
    PUBLIC "GB/T 14814—1993//NOTATION LEXTYPE
            CLASS Space character(SPACE)//EN"
  〉
  〈! LEXTYPE
    UCNMCHAR           --SGML 大写名称字符--
    SPEC
    PUBLIC "GB/T 14814—1993//NOTATION LEXTYPE
            CLASS Upper-case name characters(UCNMCHAR)//EN"
  〉
  〈! LEXTYPE
    UCNMSTRT           --SGML 大写名称起始字符--
    SPEC
    PUBLIC "GB/T 14814—1993//NOTATION LEXTYPE
            CLASS Upper-case name start characters(UCNMSTRT)//EN"
  〉
                        〈! --SGML 分隔符--〉
  〈! LEXTYPE
    AND                --SGML 和连接符--
    SPEC
    PUBLIC "GB/T 14814—1993//NOTATION LEXTYPE
            DELIMITER And connector(AND)//EN"
  〉
  〈! LEXTYPE
    COM                --SGML 内容起始或结束--
    SPEC
    PUBLIC "GB/T 14814—1993//NOTATION LEXTYPE
            DELIMITER Comment start or end(COM)//EN"
  〉
  〈! LEXTYPE
    CRO                --SGML 字符引用开启--
    SPEC
    PUBLIC "GB/T 14814—1993//NOTATION LEXTYPE
            DELIMITER Character reference open(CRO)//EN"
  〉
  〈! LEXTYPE
    DSC                --SGML 字符引用开启--
    SPEC
    PUBLIC "GB/T 14814—1993//NOTATION LEXTYPE
            DELIMITER Declaration subset close(DSC)//EN"
  〉
  〈! LEXTYPE
    DSO                --SGML 声明子集开启--
    SPEC
    PUBLIC "GB/T 14814—1993//NOTATION LEXTYPE
            DELIMITER Declaration subset open(DSO)//EN"
  〉
  〈! LEXTYPE
    DTGC               --SGML 数据标签组关闭--
    SPEC
    PUBLIC "GB/T 14814—1993//NOTATION LEXTYPE
            DELIMITER Data tag group close(DTGC)//EN"
  〉
  〈! LEXTYPE
    DTGO               --SGML 数据标签组开启--
```

```
  SPEC
  PUBLIC "GB/T 14814—1993//NOTATION LEXTYPE
          DELIMITER Data tag group open(DTGO)//EN"
〉
〈! LEXTYPE
  ERO                  --SGML 实体引用开启--
  SPEC
  PUBLIC "GB/T 14814—1993//NOTATION LEXTYPE
          DELIMITER Entity reference open(ERO)//EN"
〉
〈! LEXTYPE
  ETAGO                --SGML 结束标签开启--
  SPEC
  PUBLIC "GB/T 14814—1993//NOTATION LEXTYPE
          DELIMITER End-tag open(ETAGO)//EN"
〉
〈! LEXTYPE
  GRPC                 --SGML 组关闭--
  SPEC
  PUBLIC "GB/T 14814—1993//NOTATION LEXTYPE
          DELIMITER Group close(GRPC)//EN"
〉
〈! LEXTYPE
  GRPO                 --SGML 组开启--
  SPEC
  PUBLIC "GB/T 14814—1993//NOTATION LEXTYPE
          DELIMITER Group open(GRPO)//EN"
〉
〈! LEXTYPE
  LIT                  --SGML 文本开始或结束--
  SPEC
  PUBLIC "GB/T 14814—1993//NOTATION LEXTYPE
          DELIMITER Literal start or end(LIT)//EN"
〉
〈! LEXTYPE
  LITA                 --SGML 文本开始或结束(二选一)--
  SPEC
  PUBLIC "GB/T 14814—1993//NOTATION LEXTYPE
          DELIMITER Literal start or end(alternative)(LITA)//EN"
〉
〈! LEXTYPE
  MDC                  --SGML 置标声明关闭--
  SPEC
  PUBLIC "GB/T 14814—1993//NOTATION LEXTYPE
          DELIMITER Markup declaration close(MDC)//EN"
〉
〈! LEXTYPE
  MDO                  --SGML 置标声明开启--
  SPEC
  PUBLIC "GB/T 14814—1993//NOTATION LEXTYPE
          DELIMITER Markup declaration open(MDO)//EN"
〉
〈! LEXTYPE
  MINUS                --SGML 排除--
  SPEC
  PUBLIC "GB/T 14814—1993//NOTATION LEXTYPE
          DELIMITER Exclusion(MINUS)//EN"
〉
〈! LEXTYPE
  MSC                  --SGML 置标节关闭--
```

```
  SPEC
  PUBLIC "GB/T 14814—1993//NOTATION LEXTYPE
          DELIMITER Marked section close(MSC)//EN"
〉
〈! LEXTYPE
  NET              --SGML空结束标签--
  SPEC
  PUBLIC "GB/T 14814—1993//NOTATION LEXTYPE
          DELIMITER Null end-tag(NET)//EN"
〉
〈! LEXTYPE
  OPT              --SGML可选定的事件指示器--
  SPEC
  PUBLIC "GB/T 14814—1993//NOTATION LEXTYPE
          DELIMITER Optional occurrence indicator(OPT)//EN"
〉
〈! LEXTYPE
  OR               --SGML或连接器--
  SPEC
  PUBLIC "GB/T 14814—1993//NOTATION LEXTYPE
          DELIMITER Or connector(OR)//EN"
〉
〈! LEXTYPE
  PERO             --SGML参数实体引用开启--
  SPEC
  PUBLIC "GB/T 14814—1993//NOTATION LEXTYPE
          DELIMITER Parameter entity reference open(PERO)//EN"
〉
〈! LEXTYPE
  PIC              --SGML处理指令关闭--
  SPEC
  PUBLIC "GB/T 14814—1993//NOTATION LEXTYPE
          DELIMITER Processing instruction close(PIC)//EN"
〉
〈! LEXTYPE
  PIO              --SGML处理指令开启--
  SPEC
  PUBLIC "GB/T 14814—1993//NOTATION LEXTYPE
          DELIMITER Processing instruction open(PIO)//EN"
〉
〈! LEXTYPE
  PLUS             --SGML需求和可重复的;结论--
  SPEC
  PUBLIC "GB/T 14814—1993//NOTATION LEXTYPE
          DELIMITER Required and repeatable; inclusion(PLUS)//EN"
〉
〈! LEXTYPE
  REFC             --SGML引用关闭--
  SPEC
  PUBLIC "GB/T 14814—1993//NOTATION LEXTYPE
          DELIMITER Reference close(REFC)//EN"
〉
〈! LEXTYPE
  REP              --SGML选定的和可重复的--
  SPEC
  PUBLIC "GB/T 14814—1993//NOTATION LEXTYPE
          DELIMITER Optional and repeatable(REP)//EN"
〉
〈! LEXTYPE
  RNI              --SGML保留名称指示器--
```

```
  SPEC
  PUBLIC "GB/T 14814—1993//NOTATION LEXTYPE
          DELIMITER Reserved name indicator(RNI)//EN"
〉
〈! LEXTYPE
  SEQ               --SGML 序列连接器--
  SPEC
  PUBLIC "GB/T 14814—1993//NOTATION LEXTYPE
          DELIMITER Sequence connector(SEQ)//EN"
〉
〈! LEXTYPE
  SHORTREF          --SGML 短引用--
  SPEC
  PUBLIC "GB/T 14814—1993//NOTATION LEXTYPE
          DELIMITER Short reference(SHORTREF)//EN"
〉
〈! LEXTYPE
  STAGO             --SGML 开始标签开启--
  SPEC
  PUBLIC "GB/T 14814—1993//NOTATION LEXTYPE
          DELIMITER Start-tag open(STAGO)//EN"
〉
〈! LEXTYPE
  TAGC              --SGML 标签关闭--
  SPEC
  PUBLIC "GB/T 14814—1993//NOTATION LEXTYPE
          DELIMITER Tag close(TAGC)//EN"
〉
〈! LEXTYPE
  VI                --SGML 值指示器--
  SPEC
  PUBLIC "GB/T 14814—1993//NOTATION LEXTYPE
          DELIMITER Value indicator(VI)//EN"
〉
                    〈! --SGML 词法模型类型--〉
〈! LEXTYPE
  s                 --SGML"s"离析器--
  "RE|RS|SEPCHAR|SPACE"
  HyLex [unorm]
〉
〈! LEXTYPE
  mindata           --SGML 最小数据--
  "(Digit|LCLetter|RE|RS|SPACE|Special|UCLetter)+"
  HyLex [unorm]
〉
〈! LEXTYPE
  nmchar            --SGML 名称字符--
  "Digit|LCNMCHAR|UCNMCHAR|nmstrt"
  HyLex [unorm]
〉
〈! LEXTYPE
  nmstrt            --SGML 名称开始字符--
  "LCLetter|LCNMSTRT|UCLetter|UCNMSTRT"
  HyLex [unorm]
〉
〈! LEXTYPE
  csname            --大小写敏感名称--
  "nmstrt,nmchar*"
  HyLex [unorm]
〉
```

```
<! LEXTYPE
  NAME               --SGML 名称--
   #ORDER GENERAL
   #CHECK NAMELEN
  "csname"
  HyLex [unorm]
>
<! LEXTYPE
  NAMES              --SGML 名称--
  "NAME+"
  HyLex
>
<! LEXTYPE
  NUMBER             --SGML 数字--
   #ORDER GENERAL
   #CHECK NAMELEN
  "Digit+"
  HyLex [unorm]
>
<! LEXTYPE
  NUMBERS            --SGML 数字--
  "NUMBER+"
  HyLex
>
<! LEXTYPE
  NMTOKEN            --SGML 名称记号--
   #ORDER GENERAL
   #CHECK NAMELEN
  "nmchar+"
  HyLex [unorm]
>
<! LEXTYPE
  NMTOKENS           --SGML 名称记号--
  "NMTOKEN+"
  HyLex
>
<! LEXTYPE
  NUTOKEN            --SGML 数字记号--
   #ORDER GENERAL
   #CHECK NAMELEN
  "Digit,nmchar*"
  HyLex [unorm]
>
<! LEXTYPE
  NUTOKENS           --SGML 数字记号--
  "NUTOKEN+"
  HyLex
>
                    <!--SGML 命名空间词法类型-->
<! LEXTYPE
  ATTNAME            --SGML 属性名称--
   #CHECK ATTNAME
  "NAME"
  HyLex
>
<! LEXTYPE
  DTDORLPD           --SGML 文档类型或链接类型--
   #CHECK DTDORLPD
  "NAME"
  HyLex
```

```
〉
〈! LEXTYPE
  ENTITY                 --SGML 实体名称--
  #ORDER ENTITY
  #CHECK NAMELEN
  #CHECK ENTITY
  "nmstrt,nmchar*"
  HyLex [unorm]
〉
〈! LEXTYPE
  ENTITIES               --SGML 实体名称--
  "ENTITY+"
  HyLex
〉
〈! LEXTYPE
  GI                     --SGML 通用标识符--
  #CHECK GI
  "NAME"
  HyLex
〉
〈! LEXTYPE
  IDREF                  --SGML 唯一标识符引用--
  #CHECK ID
  "NAME"
  HyLex
〉
〈! LEXTYPE
  IDREFS                 --SGML 唯一标识符引用--
  "IDREF+"
  HyLex
〉
〈! LEXTYPE
  NOTATION               --SGML 记法名称--
  #CHECK NOTATION
  "NAME"
  HyLex
〉
〈! LEXTYPE
  PARMENT                --SGML 参数实体名称--
  #ORDER ENTITY
  #CHECK PENTLEN
  #CHECK PARMENT
  "nmstrt,nmchar*"
  HyLex [unorm]
〉
〈! LEXTYPE
  PENTITY                --以 PERO 为前缀的 SGML 参数实体名称加--
  "PERO,PARMENT"
  HyLex [unorm]
〉
〈! LEXTYPE
  compname               --性质集组件名称--
  #CHECK compname
  "NAME"
  HyLex [unorm]
〉
〈! LEXTYPE
  cnmlist                --性质集组件名称--
  "compname+"
  HyLex
```

```
〉
                          〈! --其他 SGML 词法类型--〉
〈! LEXTYPE
  fsi               --正式系统标识符--
  SPEC
  PUBLIC "GB/T 16965—2009//NOTATION LEXTYPE
         Formal System Identifier//EN"
〉
〈! LEXTYPE
  literal           --SGML 文本--
  "(LIT,[#NOT LIT],LIT)|(LITA,[#NOT LITA],LITA)"
  HyLex [unorm]
〉
〈! LEXTYPE
  attspecs          --属性规范--
  '(NAME,"=",(NMTOKEN|literal))*'
  HyLex
〉
```

A.2.4 词典排序定义记法

任何词典排序定义记法可以用来定义词典排序。以下是非强制的起始集,包括词典排序定义记法,它随后被定义为 HyOrd。

```
                    〈! --HyTime 词典排序定义记法--〉
〈! [ %HyOrd; [
〈! notation
  HyOrd          --HyTime 词典排序定义记法--
  PUBLIC "GB/T 16965—2009//NOTATION
         HyTimeLexicographic Ordering Definition Notation (HyOrd)//EN"
--公共属性:altreps,included,superdcn--
〉
]]〉〈! --HyOrd--〉
```

A.2.4.1 HyTime 词典排序定义记法(HyOrd)

HyOrd 记法提供了一类句法,用来表示从字符列表成员到相应的其他字符列表的成员,以及从字符序列到其他字符序列的映射。

在上面任一映射中使用的字符列表被描述为 SGML 文字或十进制字符数字的等同列表。

HyOrd 规范的句法是:

```
[26] HyOrd specification =
HyOrd separator *,
HyOrd statement ,
(HyOrd separator +,
HyOrd statement)*,
HyOrd separator *,
[27] HyOrd separator =
s |
comment
[28] HyOrd statement =
correspondent character mapping |
character sequence mapping
[29] correspondent character mapping =
character list specification ,
HyOrd separator *,
pero,
HyOrd separator *,
character list specification
[30] character sequence mapping =
character list specification ,
HyOrd separator *,
vi,
```

```
HyOrd separator *,
character list specification
[31] character list specification =
literal character list |
numeric character list
[32] literal character list =
(lit,
SGML character *,
lit)|
(lita,
SGML character *,
lita)
[33] numeric character list =
dso,
s *,
(number,
(s +,
number)*
s *)?
Dsc
```

HyOrd 左边的声明必须是包含一个字符以上的列表。如果多个字符序列和某一字符序列满足映射条件，则选择最长的一个序列。

右端也是一个字符映射，它必须包含和声明的左端同样个数的字符，除非右端的字符串映射是一个空字符列表。

注 391：以下是 HyOrd 一对空，一对一，一对多和多对一的特例。

```
"adh" % [1 4 8]
--a 对应 1,d 对应 4,h 对应 8 --
"j" = [4 27 8]
--j 对应 dzh--
"l" = [12]
--l 对应 12--
"ll" = [13]
--ll 发生在 l 和 m 之间--
"m" = [14]
--m 对应 14--
"," = ""
--在比较中忽略省略号--
"z" = [27]-- z 对应 27--
```

A.3 体系结构形式定义要求(AFDR)

本附录陈述了体系结构形式正式定义的要求，由此使能文档体系结构可以管理其文档的 SGML 描述。

注 392：HyTime 体系结构形式的正式定义满足这些要求(不失一般性)并用来说明它们。

A.3.1 使能体系结构

文档的体系结构，正如此术语在 GB/T 14814—1993 中定义的那样，可以被“环绕”，管理文档表示和处理的各方面。用于不绕体系结构的文档表示要求在文档类型定义(DTD)中被正式地表达——至少在 SGML 范围内能表示它们。

文档的结构也可以是“使能”的，这时它无需指定完整的文档类型。取而代之，使能体系结构定义了称为“体系结构形式”的规则，从而应用设计者可以在他们的文档类型定义中使用这些规则。这些规则与体系结构语义相关联，在“体系结构定义文档”中进行了描述。体系结构形式的正式 SGML 规范集与使能体系结构声明相关，由“meta-DTD”组成。

概念上，体系结构处理有两步。第一步，通用的体系结构处理，通用体系结构引擎依靠它的基础体系结构的 meta-DTD 验证从属文档是否有效，并可以选择是否为每个基础体系结构产生结构实例。第二步，专有的体系结构引擎既处理相关的体系结构实例，同时也处理从属文档，从而执行和/或验证特殊体系结构语义是否有效。

注 393：在实际处理中，这些步也许被组合到特殊体系结构或应用的处理器中。换句话说，一个特殊应用处理在没有做常规体系结构处理的情况下也能实现体系结构定义的语义。

A.3.1.1 体系结构形式

体系结构形式是创建和处理文档组件的规则，就像文档体系结构是创建和处理文档的规则一样。体系结构形式共有以下四种：

元素形式　　该形式由元素类型声明关联属性定义列表声明进行定义。元素类型声明可以有一个内容模型来约束元素符合这个形式。

属性形式　　该形式单独由属性定义列表声明定义。它的属性定义只能用于指定的元素形式。

记法形式　　该形式由记法声明关联属性定义表声明进行定义。

数据属性形式　　该形式为记法单独由属性定义列表声明进行定义。它的属性定义只能用于符合相关记法的数据实体。

如果元素类型的实例符合由“ArcName”体系结构定义的元素形式，就称该元素类型为“ArcName 元素类型”，尽管该元素类型本身是在一个应用中定义的而非被这个 ArcName 体系结构所定义。这个 ArcName 元素类型的实例叫做“ArcName 元素”。如果元素、记法、数据部分或属性不符合体系结构形式，就称其为“无体系结构的”。

应用 DTD 可以包括不同使能体系结构的元素类型、符合非正式结构的元素类型(不包括 DTD 本身表现的环绕结构)以及同时符合多个使能体系结构的元素类型。当多个体系结构控制一个文档，不管对象是不是无体系结构的，每一个类型的规则都被执行。

控制一个 DTD 的使能体系结构叫做“基础”“体系结构”。DTD 从属于该体系结构，并且称 DTD 的结构继承于基础体系结构。一个使能体系结构本身可以继承于一个或多个基础体系结构。

注 394：例如，一个完整的 HyTime 体系结构继承于 HyBase 体系结构，而 HyBase 结构又继承于普通体系结构。

单个元素不能符合一个给定结构的多个元素类型。但是，它能符合多个属性形式，除非特定结构的规则禁止了该属性形式。

注 395：继承过来的体系结构不知道它的基础体系结构是否也是从其他体系结构继承过来的。正因为如此，一个元素可能符合两种基础体系结构的元素形式，即使其中一个体系结构继承另一个体系结构发展而来。

大部分体系系统结构信息都通过属性表现的，这些属性的分类如下：

体系结构属性　　这些属性描述了体系结构的语义。体系结构定义文档语义上定义了这些属性，meta-DTD 和 client DTD or LPD 声明了这些属性，而从属文档实例或 LPD 中详细描述了这些属性。

体系结构支持属性　　这些属性描述了从属文档体系结构作为整体来使用的性质，包括体系结构控制属性的名称(下面将介绍)。AFDR 中语义上定义了所有体系结构的通用支持属性，并为它们提供了模板。体系结构定义文档语义上定义了特定的体系结构，同样也为这些体系结构提供了模板。从属 DTD 或 LPD 中声明了支持属性，同时指定这些属性使用默认定义的参数值。

体系结构控制属性　　这些属性允许文档实例控制的体系结构解析和处理。AFDR 语义上定义了这些属性，并为其提供模板。从属 DTD 或 LPD 声明了这些控制属性，从属文档实例或 LPD 详细描述了这些属性。

A.3.1.2 体系结构文档

对于 SGML 文档及其各个基础体系结构，存在一种继承于 SGML 文档的“体系结构文档”。用于基础体系结构的体系结构文档只包括元素类型、记法、属性和数据，这些内容都在基础体系结构的 meta-DTD 中定义，同时受文档的体系结构控制属性影响。

A.3.2 SGML 约定

体系结构形式和元素类型的句法和结构使用 SGML 置标声明进行严格的描述。声明在各方面都符合有效的 SGML 句法。除了对属性定义列表句法声明的两个修改，这将会在本附录中接下来的内容中介绍。

注 396：创建继承于体系结构的 DTD 时，允许将该声明作为模型使用。它也允许将 DTD 作为 meta-DTD。

注 397：尽管任何 DTD 都能当作 meta-DTD，但当两者被同时提起的时候，体系结构定义文档（如本标准）使用约定方式将 meta-DTD 同应用 DTDs 区分开来。用来定义体系结构的声明其名称使用小写字母。用来定义应用文档类型的声明应符合标准 SGML 约定；它们的声明名称使用大写字母。作为模块使用的（也就是要将其按具体情况进行本地化并在应用 DTD 中使用）的声明其名称可以大小写混合使用。

一些模板实际上是“模板形式”，因为首先它们必须通过体系结构定义文档定制到模板中，然后，为了能在应用 DTD 中使用，它们将再次被定制。当这些声明在定制需求优先于应用 DTD 中使用的需求的时候，这些声明被表示成模板，但是当进一步定制仅仅是可选项的时候（换言之，如果使用者接受推荐的名称和属性值，它们就不需要定制，按原来的形式使用），这些声明被表示成应用声明。

A.3.2.1 元素形式

元素形式由元素形式声明进行定义，并可供选择地与属性列表声明相关联。

A.3.2.1.1 元素形式声明

元素形式的结构在元素类型声明中由“元”内容模型进行定义。由于内容模型中各“元素类型”是真正的体系结构模型，并且意味着“任何元素都符合该模型”，模型可被理解为“元”的。应用 DTD 从而可以定义多个符合给定体系结构形式的元素类型。此外，只要应用 DTD 允许包含符合元模型的内容，它就可以有不同的内容模型。

指定体系结构（“体系结构定义文档”）的文档，其文本陈述了体系结构是否将任何语义与元素形式的内容相关联。如果文本为空，子元素作为父元素的内容并没有特别的。但是，作为单独的元素，它们仍然有正常的体系结构语义。

注 398：例如，虽然没有为活动方针联系规则元素的内容定义特殊的 HyTime 语义，但是该内容中出现的前后链接元素将保留它标准的 HyTime 语义。

针对标准内容模型，元模型能够与包含物的异常情况结合。但是，这两种模型的意义和效果是有区别的。在标准内容模型中，包含物意味着包含元素的出现对于周围其他内容是透明的，它们影响 SGML 对结束点记录的处理，在体系结构和应用中也能产生语义的序列影响。在元模型中，包含物是一个严格的语义便利，并对包含的元素没有隐含意义。

使用元素类型声明的 meta-模型中的包含内容，意味着体系结构允许指定形式的元素在文档实例的声明元素内容中任何地方出现，包括下级元素的内容范围。应用设计者在他的 DTD 中可以进行选择以要求元素成为合适的子元素，或合适的包含物或者同时是这二者。一个元素类型是这个体系结构的包含物这一事实并不能说明它就是这个 DTD 合适的包含物。

注 399：一个含有包含物的内容元模型的例子：

```
〈! element
drydoc--弱文档元素--
 - O(a|b|c)*  +(x|y)
〉
```

在 SGML 中，“(a|b|c)*”结构是一个模型组，而“+(x|y)”被称为“包含物的异常情况”。它意味着括号内的元素类型可以在元素结构的任何级别中出现。相反，模型组中的元素类型只能作为“合适的子元素”在紧接的内容中出现。

省略的最小限度参数标记符对 DTD 设计者主要是一个暗示。通过使体系结构元素被标准 SGML 置标最小限度规则承认，省略的最小限度参数也可能影响体系结构文档构造过程中的体系结构处理（例如：在一个从属文档中的体系结构数据也许暗示了体系结构元素的开始，这个元素包含了体系结构文档中的数据）。

A.3.2.1.2 Meta-DTD

体系结构定义中定义的声明集作为整体代表一个 meta-DTD。在文档实例中，出现体系结构对象时会根据 meta-DTD 检查此对象是否被允许。其他对象不进行检查。

仅当数据出现在 meta-DTD 允许它出现的地方，才被认为是结构化的。这条规则包括无体系结构元素内容中的数据(除非体系结构处理已禁止此元素的后代，这一点将在 A.3.5.3 体系结构抑制器属性中描述)。其他情况下，数据不影响依据 meta-DTD 的检查。

注 400：这个要求意味着体系结构形式定义不需要规定无体系结构元素类型的出现。例如，在 HyTime 中，以下内容将会是有效的，即使 nameloc 形式不含有标题或描述性子元素。

```
<! ELEMENT MyNameLoc
     - O(Title?,nmlist + ,Desc?)
>
<! ATTLIST MyNameLoc
  HyTimeNAME #FIXED nameloc
  ...
>
...
<mynameloc>
<title>All About Otters</title>
<nmlist>aao</>
<desc>
Locates the section on "Athletic Achievements"
</desc>
</mynameloc>
```

文档实例中任何不符合 meta-DTD 的情况都是可报告的体系结构差错(RAE)。特别要指出的是：

——在文档实例中，如果元素出现在其体系结构形式被 meta-DTD 禁止的地方，这就是一个可报告的体系结构差错；

——在文档实例中，如果 meta-DTD 在某处需要数据或一个特定体系结构形式的实例，而所需对象没有在该处出现，这就是一个可报告的体系结构错误；

——如果体系结构属性的值不满足其声明的取值时，这是可报告的体系结构差错。

体系结构仅仅约束文档实例，不限制文档类型定义的结构。例如，任何文档的 DTD 能将 HyTime 声明为基础体系结构，只要它的文档实例符合 HyTime。

注 401：发挥验证作用的体系结构引擎可以选择为报告 DTD 结构(比如设计效果较差的内容模型)，这些 DTD 结构可能将阻止有效的相容实例的产生，或者允许不协调的实例的产生。

meta-DTD 是灵活的，不需要阐明上下文中有关联的所有问题；一些元素也许只有与其他相关的元素在一起时才有意义，或者只是其他元素处理的资源。

meta-DTD 由一个体系结构的所有 SGML 定义组成，包括该体系结构的所有可选设施(如果存在的话)。反过来，对于任何给定的体系结构实现的系统声明(见 A.3.4)，将会有一个单一的 meta-DTD，它只允许该系统支持的可选设施。而且，对于给定文档可行的实际 meta-DTD 能够比以上那些都更严格，这要看该文档所要求的设施(见 A.3.6.1)。meta-DTD 是文档体系结构支持声明必须的，并且约束性更强的 meta-DTD 的约束也能被文档的 DTD 支持。

注 402：当应用元素类型的已声明内容或内容模型允许符合元模型体系结构形式的实例的时候，它与体系结构形式的 meta 模型可以不同。例如，元模型可能是“(a|b|c)”。应用设计者可能通过使用“(a|b)”内容模型而将“c”的可能性合理的排除在外。内容模型“(a|x)”也可能被使用。这样的话，如果“x”不是体系结构的(它不是从任何体系结构的形式继承而来，也不被当作结构化的)，“x”的出现将不是一个体系结构差错(因为为了按照体系结构 meta-DTD 来确认有效性，无体系结构元素被简单的忽略)。如果“X”是体系结构的，那它就是一个 RAE。

对普通 DTD，参数实体可以用来构造 meta-DTDs。参数实体声明主要是帮助定制 meta-DTD，使其符合体系结构定义文档支持的任何模块化设施。它们能够与标记部分一起使用，同时在 ArcOptSA

属性(见 A.3.5)的协助下,实现自动定制。它们也能为体系结构形式之间的文档关系服务,但是在其他方面没有语义上的意义)。

继承使能体系结构的 meta-DTD 是“继承 meta-DTD”。它的基础体系结构的 meta-DTDs 是“基础 meta-DTDs”。应用 DTDs 的基础体系结构的 meta-DTDs 是该应用的 meta-DTDs。

A.3.2.1.3 属性定义列表声明

应用 DTD 中的体系结构元素类型的属性定义列表包括 ArcForm 属性,该属性标识了体系结构形式。ArcForm 属性是互不相同的,这是因为它的定义是为了各元素类型,这些元素类型的实例要以体系结构中定义的方式进行处理(除非使用了体系结构置标最小化,描述见 A3.6.2)。

注 403:通常,相同类型的每个元素拥有相同的体系结构形式,该形式允许在 DTD 给 ArcForm 赋值。但是,这不是必须的:例如,元素类型定义允许它的实例是体系结构形式中的一个。

其他属性定义符合 A.3.2.3 中规定。

A.3.2.2 属性形式

属性形式定义了可以在元素类型的属性定义列表中使用的属性,其中元素类型符合一个或多个元素形式,包括 SGML 处理链属性列表。元素形式与属性共同使用,通过声明关联元素类型的名称进行指明。

与常规 DTD 不同,在 meta-DTD 中可以有一个以上与相同元素类型关联的属性定义列表声明。甚至,如果关联的元素类型指定为保留名称“#ALL”,属性可在任何体系结构的元素形式中使用。(这些属性就是所谓的“公共属性”)。这两个设施是“AFDR meta-DTD 记法”扩展的一部分,仅用于 meta-DTD。

相同的属性名称出现在多个声明中并不是出错,但是在后面给同一元素类型关联同名属性的定义是不起任何作用的。声明被按顺序解析。

注 404:因为 SGML 需要属性名在它的属性表中必须是唯一的,而公共属性可以在其他所有属性表中出现,设计者应该保证在该体系结构中,公共属性有一个与其他所有属性名都不相同的名称。

注 405:SGML 不允许在应用 DTD 中指定“#ALL”。也不允许多个属性定义表声明关联相同的元素类型。

通过将属性形式命名为属性定义表声明中的相关记法名称,属性形式可以和记法形式一起使用。在 meta-DTDs 中,对于关联的元素类别,同种范围是可行的。所有体系结构的数据属性形式可以使用关于公共数据属性同样的规则。

A.3.2.3 属性列表约定

本条中的约定描述了元素形式或属性形式中的所有体系结构属性。

注 406:对于一个给定的元素或记法形式,应用通过使用“ArcNames”属性(见 A.3.4.2)可以替换属性的体系结构定义名称。

如果文档实例包含的属性值不满足在 meta-DTD 中声明的取值,这是可报告的体系结构差错。

注 407:由于属性值必须同时满足在 meta-DTD 和从属 DTD 中的属性定义,故可能会出现具体的语义冲突。因为如此,建议在设计 meta-DTD 时要考虑到所有可能一起使用的从属文档。潜在应用范围越广,具体的句法(特别是它的名称拼写规则)就越接近引用的具体句法(或预期用户群的常见具体句法,这是不相同时的情况)。

A.3.2.3.1 默认值规定

体系结构的属性分为“限制的”或“非限制的”,同时也分为“常量”或“变量”,具体如下:

——非限制属性

这些属性可以在应用 DTD 定义,但不是必须的。如果属性不是在从属 DTD 定义的,这个体系结构能提供一个默认值,当作体系结构 meta-DTD 中属性定义的一部分,或者对于可隐含的或满足的引用属性,证明默认行为是体系结构定义文档的一部分。通过“#IMPLIED”,“#CONREF”,或字面(也许固定的)的默认值,在属性定义的默认值规定中证明属性的非限制状态。

如果没有定义非限制属性，或定义的可隐含属性没有默认值，而且在开始符处也没有指定，体系结构语义处理器在体系结构定义文档中规定的默认值。

注 408：通过使用通用体系结构的默认值表设施（见 A.5.6），应用可以方便地指定可隐含属性的默认值。

——限制属性

这些属性必须在应用 DTD 中定义，它们的值必须由应用、默认值或属性规范提供。通过使用“＃REQUIRED”，在属性定义的默认值规范中表明属性的限制状态。

当体系结构定义文档将体系结构模块化，可选设施能具有和该设施相关的限制属性。从属文档使用的 meta-DTD 必须包括该文档使用的设施所要求的所有声明。没有用到的可选设施要求的声明不需要被包含。

——常量属性

体系结构属性的默认值约定可以是记号“＃FIXED”加上其后给出的默认值；它表示常量属性，该属性的取值必须总是等于其默认值。

注 409：如果属性在 meta-DTD 中是固定的，应用根本不用声明它；这保证它一直取其默认值。或者是，它被声明为一个带默认值的固定属性，这个默认值与体系结构的默认值相同。

——变量属性

没有被固定的属性是变量属性。

在应用 DTD 中，为变量属性规定的默认值，不管它是不是限制属性，都能够使用 SGML 允许的任何关键字或者是属性值规范。在体系结构定义中用来证明该属性的形式是不相关的。

注 410：在 HyTime 体系结构中定义的一些属性对于它们相关的元素形式是可变的，但是对于从属元素形式，这些属性必须是不变的。见第 5 章。

注 411：下面列表中给出关于声明值和默认值规定形式的例子，用来表明属性类的每种组合。

```
——Mandatory
        NAMES ＃REQUIRED
——Non-mandatory/constant
        NOTATION ＃FIXED SDQL
——Non-mandatory/variable
        NUMBER ＃IMPLIED
        NAME ＃CONREF
        NAMES novamp
        (order|disorder)order
        CDATA ""
```

A.3.2.4　处理链接属性

SGML 处理链接属性列表可以为源文档中声明的基础体系结构指定体系结构属性和体系结构控制属性。当元素既有链接属性又有 SGML 源的元素的同名属性时，体系结构处理只考虑链接属性，排除体系结构控制属性“ArcNames”（见 A.3.5.2）。

A.3.3　体系结构基础声明

通过使用体系结构基础声明，文档指明对体系结构的符合性。

ArcBase 声明标识了 DTD 或继承 meta-DTD 的一个或多个基础体系结构。它不能用于非继承 meta-DTD。它应先于关于它所标识的基础体系结构的体系结构支持声明。在一个 DTD 或 meta-DTD 中可以有多个 ArcBase 声明。

按照句法来看，ArcBase 声明是一个处理指令（PI），而不是 SGML 置标声明。在下面的模板中，这点在具体句法的引用中有体现。使用时，ArcName-list 参数必须被一个或多个声明为记法名称的体系结构名称（ArcName）替换，且彼此间通过 SGML 的 s 分隔符隔开（空格）。如果这个 DTD 或 meta-DTD 没有为每个指定的 ArcName 声明一个记法，则产生一个可报告的体系结构差错。

声明的名称是符合初始关键字为“IS10744”的字符串，以及一个或多个分隔符，达到第一个 s 分隔符。如果客户文档的 SGML 声明指定普通的大写输入法，声明的名称也要使用大写。

名称通常是"ArcBase",但如果必要的话,使用SGML声明的APPINFO参数,能够更改这个名称,以避免更新体系结构到文档时产生冲突(诚然不可能),其中该文档已经有一个以"IS10744 ArcBase"开头的Pls。

关于将要被解析的文档,ArcBase只能在DTDs或LPDs中被识别。

```
<! --Architecture Base Declaration-->
<! --TEMPLATE FOR PI IN DTD OR DERIVED META-DTD-->
<? IS10744 ArcBase ArcName-list >
```

A.3.3.1 APPINFO参数的使能体系结构用法

为了确定何时使用使能体系结构,SGML声明的APPINFO参数被解析为以空格划分序列的记号。文档对一个或多个体系结构的符合性依据这些要求进行定义,通过描述关键字"ArcBase"作为记号进行指明。关键字指明了在一个或多个体系结构基础(ArcBase)声明的DTDs或LPDs中指明了潜在存在可能,基础(ArcBase)声明为作为DTD基础的体系结构标识了"体系结构支持声明"。通过指定关键字"ArcBase"为记号,指出需求,定义一个或多个体系结构的文档的一致时必须与这些需求相符。用来指明符合体系结构的APPINFO参数是可以选择性使用的。

注412:APPINFO的使用为声明SGML声明中体系结构的使用服务。但是,让体系结构处理声明在DOCTYPE声明中的ArcBase声明体系结构的使用是足够的。

这个记号的形式是:

```
ArcBase ArcBase = "NewBase"
```

这里"ArcBase"不区分大小写。这个记号也能指定文档中的DTDs和LPDs的ArcBase声明的名称,如果它们不同于"ArcBase"。这个形式是:

```
ArcBase ArcBase = "NewBase"
```

APPINFO参数被认为是记号的s分隔符定界表。当ArcBase声明的名称是ArcBase的时候,将被用于文档中的ArcBase名称的规范是可选的。

A.3.4 体系结构支持声明

DTD(文档类型定义)包括体系结构的支持声明,用于作为各实例基础的体系结构。记法声明标识了体系结构定义文档(如果有的话,包括体系结构的版本)和包含meta-DTD的外部实体。与记法声明相关联的是"体系结构支持属性"的属性定义列表声明。

注413:如果定义文档以及/或者meta-DTD不能被访问,这也不一定是差错。因为某些执行过程并不需要访问这些对象。声明的主要目的是声明和指定体系结构支持属性。然而,如果体系结构引擎要产生解析的体系结构文档,meta-DTD则必须是可访问的。

在SGML(标准通用置标语言)允许的范围内,体系结构支持声明应该优于其他声明。

A.3.4.1 体系结构记法声明

在AreBase声明中描述的每个基本体系结构名称(ArcName)必须在记法声明中声明为记法名称,此记法声明标识了该体系结构定义文档。(这种记法声明通过使用正式的公共标识符进行标识,公共标识符中的公共文本以"AFDR ARCBASE"这两个单词开头描述组件。)

这种声明的模板如下所示。在使用时,用实际的体系结构的记法名称替代ArcName,这在ArcBase的声明中做了说明。这种符合性体现了体系结构客户要求与AFDR的符合性。(这并不表明要与HyTime体系结构保持一致。)

```
                    <! -- 体系结构记法声明-->
          <! -- 在DTD或衍生出的META-DTD中的声明模板-->
<! Notation
  ArcName               --ArcName 体系结构--
                        --基础体系结构在运用中须与标准GB/T 16965对体系结构形式定义的要求一致。
  PUBLIC "...//NOTATION AFDR ARCBASE ArcName Architecture//.."
                        --约束:ArcName体系结构定义文档的公共ID--
>
```

A.3.4.2 体系结构支持属性

对每个体系结构记法声明来说，定义强制性体系结构支持属性必须是属性定义列表声明。单独的体系结构还能附加定义它自己的体系结构支持属性。

声明模板如下所示。在使用时，体系结构用实际的记法名称替代 ArcName，用支持属性的期望值替代规定的默认值。对于非强制的属性，“默认：”传统的注释陈述了没有声明该属性的影响。

属性**体系结构的形式属性名**（ArcFormA）指定了体系结构控制属性（此后称为“ArcForm”属性）的名称，从属 DTD 必须为每一个体系结构的元素类型和记法定义该属性（ArcFormA），以标识其体系结构的形式（见 A.3.5.1）。

注 414：除非 meta-DTD 也是从属 DTD，否则这一属性不会出现在 meta-DTD 中。在这种情况下，该属性值是派生自其基部的体系结构的形式名，而不是派生自从属 DTD。举个例子，起始于 HyTime 的体系结构规定了其自己的体系结构属性名——MyArch。该属性将会运用到起始于 MyArch 体系结构的从属文档中，而不会出现在 MyArch meta-DTD 中。因为 MyArch 体系结构起始于 HyTime，meta-DTD 会用 HyTime 属性定义派生自 HyTime 元素类型的 MyArch 元素类型的起始。

注 415：ArcName 能被当作 ArcForm 属性的名称使用。举例来说，HyTime 既是体系结构的名称，也是该体系结构的 ArcForm 属性的名称。

属性**体系结构的属性重命名**（ArcNamrA）指定了体系结构控制属性（“ArcNames”属性）的名称。该属性允许以其自己的名称替代体系结构的属性名。（见 A.3.5.2）

属性**体系结构的抑制器属性名**（ArcSuprA）这一属性指定了体系结构控制属性（“ArcSupr”属性），该属性控制体系构造处理的抑制过程（见 A.3.5.3）。

属性**体系结构的省略数据属性名**（ArcIgnDA）指定了体系结构控制属性（“ArcIgnDA”属性）的名称，该属性控制元素的数据内容是否是符合体系结构化的。

属性**体系结构的文档元素形式名**（ArcDovF）指定了文档元素形式（“ArcDoc”形式）的名称。（见 A.3.6.1）。

属性**体系结构 meta-DTD 实体**（ArcDTD）指定了外部实体，其包含体系结构文档实例所遵从的 meta-DTD。该属性取值可以是带有 pero 分隔符的参数实体的名称，也可以是一般实体的名称。除了其的量集可以不一致以外，其他的都一定要受限于与客户文档相同的 SGML 声明。这个不同点由属性**体系结构量集**（ArcQuant）指定，其就是一连串的“分量—值”对，这可以在 SGML 声明的量集参数中找到。按照属性值命名分量对应的值代替那些在从属文档 SGML 声明中的值，适用于 meta-DTD 和体系结构实例（见 A.3.4.3）。如果没有指定任何值，那么在运用 SGML 名称和实体情形折叠规则之后，meta-DTD 实体的名称可以拿来作为体系结构记法的名称。

注 416：在引用句法方面，这意味着 meta-DTD 实体名称一定要大写。

下面的三个属性与“体系结构置标（markup）最小化”（这一点在 A.3.6.2 中描述）有关。

属性**体系结构的数据形式名**（ArcDataF）指定体系结构记法形式（“ArcData”形式）的名称，其可以作为外部数据实体的默认名称。

属性**体系结构的桥接形式名**（ArcBridF）指定体系结构（“ArcData”形式）的名称，其将该体系结构和非体系结构的元素或者记法桥接起来。其是体系结构化的但没有确定的体系结构形式的元素的默认体系结构形式。因为其提供了标识属性（ID），所以这类元素通常包括在内。

属性**体系结构的自动化形式映射**（ArcAuto）指明是否将元素类型和外部数据实体记法同等地映射到已命名的体系结构形式中（ArcAuto）。

当体系结构定义文档模块化体系结构的时候，应用程序设计者可以定义另外的支持属性，这些属性指定了文档支持所需要的设施。附加的支持属性能够用来指定某些文档的性质的属性，还能够用来为体系构造处理的初始化设定参数。体系结构支持属性声明在程序结束的时候被体系结构引擎传给体系结构的语义处理机。

当有用的模块化技术运用到 HyTime 体系结构中，将会产生主要的并且被一些有标识的区段组成的 meta-DTD，每个被标识的区段的开始都包含了参数实体引用，其实体名是设施(或者设施的可选择组件)的名称，该设施在有标识的区段中被声明。当那些实体与实体文本“INCLUDE”一起被声明时，该声明包含在 meta-DTD 中，当实体文本是“IGNORE”时，该声明不被包含在 meta-DTD 中。

属性体系结构选项支持属性名(ArcOptSA)指定一个或多个体系结构支持属性名。这些支持属性列出了参数实体名，这些参数实体的实体文本应该在 meta-DTD 中被声明为“INCLUDE”。默认的体系结构支持属性就是体系结构选择项(ArcOpt)这一属性。

注 417：体系结构选项属性对于简单的几乎没有模块化的体系结构来说已经足够了。对于大的模块化的体系结构(如 HyTime)来说，当每个模块为被包含在内的可选设施命名时，有各自的选项属性将会带来极大的方便。

如果文档所需要的体系结构设施没有在支持声明中被指定，将会产生差错，但是系统并没有必要报告这个差错，因为它也许并不能这么做。然而，如果该声明指定了实际运用中文档并不需要的设施，这也不是 RAE。

注 418：如果可以的话，系统可以免费为那些没有声明支持要求的文档提供设施。

如果系统想要处理文档，并且该文档的支持声明指定了系统并不支持的设施(见 A.3.4)，即使该文档实际中并没有使用那些设施，该系统都必须报告差错。

注 419：换句话说，系统可以让用户选择忽略“不被支持的设施”这个差错，但是其必须在第一实例中报告该差错。

设施的识别暗示了其所依赖的任何设施的自动识别。

```
                  〈! --体系结构支持属性--〉
〈! --在 DTD 或衍生出的 META-DTD 中的声明模板--〉
〈! Attlist #NOTATION
   ArcName           --基础体系结构 -
                     --所有体系结构的支持属性--
   ArcFormA          --体系结构类型属性名--
     NAME            --约束:在 DTD 中指定,并且不能与 DTD 中任何属性名相同 -
     #IMPLIED        --默认:ArcName--
   ArcNamrA          --“体系结构属性重命名”属性名 -
     NAME            --约束:在 DTD 中指定,并且不能与 DTD 中任何属性名相同--
     #IMPLIED        --默认:没有重命名 -
   ArcSuprA          --“体系结构抑制器”属性名--
     NAME            --约束:在 DTD 中指定,并且不能与 DTD 中任何属性名相同--
     #IMPLIED        --默认:没有任何抑制--
   ArcIgnDA          --“体系结构忽略数据”属性名 -
     NAME            --约束:在 DTD 中指定,并且不能与 DTD 中任何属性名相同--
     #IMPLIED        --默认:数据在一定条件下被忽略--
   ArcDocF           --体系结构文档元素类型名--
     NAME            --约束:体系结构 meta-DTD 中元素类型名--
     #IMPLIED        --默认:ArcName--
   ArcDTD            --体系结构 meta-DTD 实体--
     CDATA           --Lextype:(ENTITY|PENTITY)--
     #IMPLIED        --默认:在应用 SGML 名和实体折叠之后该实体名与记法名相匹配--
                     --约束:必须指定名称,或者折叠之后的 meta-DTD 名必须与折叠后的记法名匹配--
ArcQuant             --体系结构分量集--
     CDATA           --Lextype:(NAME,NUMBER)+--
                     --约束:分量 名/值 对--
     #IMPLIED        --默认:没有任何变化--
   ArcDataF          --体系结构数据类型名--
                     --那些其记法名没有与体系结构记法相匹配的外部数据实体所需的--
     NAME            --约束:体系结构 meta-DTD 中的记法形式名--
     #IMPLIED-       -默认:无默认值--
   ArcBridF          --体系结构桥接类型名--
                     --那些带有 ID 并且没有 ArcForm 属性(该属性的类型不是默认的)的元素所需的--
     NAME            --约束:体系结构 meta-DTD 中的元素类型名--
     #IMPLIED        --默认:无默认值--
   ArcAuto           --体系结构自动映射形式--
                     --体系结构自动映射(元素类型名和外部数据实体记法名相同)形式--
```

```
    (ArcAuto|nArcAuto)
    ArcAuto
  ArcOptSA          --体系结构选择项支持属性名--
    NAMES           --Lextype:ATTNAME+--
    ArcOpt
                    --该体系结构的支持属性--
  ArcOpt            --体系结构选择项--
    CDATA           --Lextype:csname+--
                    --约束:meta-DTD 中的参数实体应该被设置为"INCLUDE"--
    #IMPLIED--默认:无 -
                    --meta-DTD 设计者可以为该体系结构加入其他支持属性 --
>
```

A.3.4.3 体系结构实体声明

ArcDTD 支持属性的取值在实体声明中须声明为实体名称,实体声明标识了文档实例需符合的体系结构 meta-DTD。除了在 ArcQuant 支持属性中描述的量组变化之外,meta-DTD 实体必须符合从属文档的 SGML 声明。

如果该体系结构具有"体系结构—指定支持"这些属性,并且这些属性比 meta-DTD 限制更多的时候,并不会产生差错。文档实例必须与两者都保持一致。

Meta-DTD 被一般性的"体系结构引擎"处理也是有可能的(尽管不是必须的)。这种引擎启动 SGML 句法分析器,使其与 DTD 保持一致,除了以下情况:

a) 元素形式名以内容模式被检查,并非 GIs;

b) AFDR meta-DTD 记法被认可(见 A.3.2.2)。

可以采用下面几种形式进行体系结构实体声明。在使用时,用体系结构的实际的记法名替代字符串"ArcName"。选择哪一种形式进行声明取决于 AFDR meta-DTD 记法是否正在被使用,如果没有被使用,再看 meta-DTD 是否以参数实体引用的形式被包含在从属 DTD 中。

注 420:在任何一种情况下,都只是被体系结构引擎(如果有)直接访问,而与文档的上下文解析无关。

```
                    <!--体系结构实体声明-->
              <!-- 在 DTD 或衍生出的 META-DTD 中的声明模板-->
        <!--当 AFDRMeta 的增设部分被运用到 meta-DTD 中时使用-->
<!NOTATION
  AFDRMeta            --AFDR Meta-DTD 记法--
  PUBLIC "GB/T 16965—2009//NOTATION AFDR Meta-DTD Notation//EN"
>
<!Entity
  ArcName             --ArcName 体系结构 meta-DTD--
  PUBLIC ".../DTD AFDR Meta-DTD ArcName Architecure//.."
                      --约束:ArcName 体系结构 meta-DTD 的公共 ID--
  CDATA AFDRMeta
>
<!--当 AFDRMeta 的增设部分没有被使用并且 meta-DTD 没有被看做 DTD 的一部分时使用-->
<!NOTATION
  SGML                --标准通用置标语言--
  PUBLIC "GB/T 14814—1993//NOTATION
          Standard Generalized Markup Language//EN"
>

<!Entity
  ArcName             --ArcName 体系结构 meta-DTD--
  PUBLIC ".../DTD AFDR Meta-DTD ArcName Architecure//..."
                      --约束:ArcName 体系结构 meta-DTD 的公共 ID -
  CDATA SGML
>
<!--当 AFDRMeta 的增设部分没有被使用,而 meta-DTD 被看做是 DTD 的一部分时使用-->
<!Entity %
```

```
    ArcName          --ArcName 体系结构 meta-DTD--
    PUBLIC "...//DTD AFDR Meta-DTD ArcName Architecure//.."
                     --约束:ArcName 体系结构 meta-DTD 的公共 ID--
    >
```

A.3.5 体系结构控制属性

体系结构控制属性允许体系结构的解析和处理,这种解析和处理通过从属文档实例来控制。体系结构控制属性的名称被指定为对应体系结构支持属性的值(见 A 3.4.2)。

注 421: 从属元素可能拥有与从属文档所有的基本的体系结构一样多的体系结构控制属性集。

体系结构在 meta-DTD 中不会声明体系结构控制属性。取而代之的是,客户要为那些需要这些属性的元素类型和记法声明这些属性。

A.3.5.1 体系结构形式属性

体系结构控制属性体系结构形式(ArcForm)标识了元素或记法的体系结构形式。它的值就是此元素或者记法所要符合的体系结构形式的名称。

属性的实际名不应该是 ArcForm;对于每个基本的体系结构来说其一定是唯一的,理想情况下,与从属文档的所有属性名都不能重名。该名称在体系结构记法声明的 ArcFormA 属性中被指定。

客户必须为每个体系结构元素和外部的数据实体声明 ArcForm 属性,除非使用了体系结构的置标最小化(见 A3.6.2)。

注 422: 体系结构引擎用该属性来决定由体系结构指定的过程,该过程由体系结构的语义处理机来完成。利用该属性还可以知道哪些由体系结构定义的属性需要检查。应用处理机通过使用由应用程序定义的元素类型和其他属性来决定要处理的由应用程序指定的过程。在面向对象程序设计中,由应用程序定义的派生类(元素类型)继承其基类(体系结构类型)的所有性质。

如果文档实例包含了体系结构的形式属性值,而不是在 meta-DTD 中指定的值,将会产生 RAE。

注 423: 换句话说,体系结构集的体系结构形式不能被应用程序扩展(见 A.3.6.3)。

```
                        <! --体系结构的类型属性-->
<! --在 DTD 或衍生出的 META-DTD 中的声明模板-->
<! Attlist
  ElemTypeName          --从属元素类型--
  ArcForm               --基础元素形式名--
    NAME                --约束:在基础体系结构的 meta-DTD 中定义的元素类型名--
    #IMPLIED            --默认:除非通过自动形式映射或者体系结构化的桥接证明其是体系结构化的,否则被
                        认为是非体系结构化的--
>
<! Attlist #NOTATION
  NotationName          --从属记法--
  ArcForm               --基础记法类型名--
    NAME                --约束:在基础体系结构的 meta-DTD 中被定义的记法类型名--
    #IMPLIED            --默认:除非通过自动形式映射或者体系结构化的桥接证明其是体系结构化的,否则被
                        认为是非体系结构化的--
>
```

A.3.5.2 体系结构属性重命名

体系结构控制属性体系结构属性重命名(ArcNames)为体系结构属性名定义了从属替代名。这个替代名被看作相应命名的定义体系结构的属性或者体系结构的内容。属性承担定义体系结构的属性名,此属性名用来定义替代名,而属性会被体系结构引擎忽略。如果该替代名是"#DEFAULT",那么负责定义体系结构属性名的属性通常会被忽略,但是该属性的值不能取自另一个属性,而是用 meta-DTD 中描述的缺省值来代替。

如果该替代名是"#CONTENT",那么该属性的值存在于从属文档中元素的语义内容中。该语义内容将派生自此元素的数据连成一串,进而转换成属性值。在这种情况下,该语义内容并不会被当作体系结构的内容。

注 424: 除非从属文档中的一些属性值因为使用了"#ARCCONT"而作为体系结构内容的资源,否则体系结构的内

容将会因此不复存在。

替代名可能符合或多个三个一组的记号,其中每记号由符合两个名称记号的“#MAPTOKEN”组成。这些指定用户替换出现在这个属性值中的已定义体系结构记号。如果在从属文档中为这个属性指定的值中的记号与第二个记号相同,第记号将其替代。如果将已定义体系结构属性指定“#MAPTOKEN”,其中该属性的声明值为 CDATA,那么在记号被替换之前,这个属性值应该被打上记号。

注 425:该属性必须被声明为 CDATA,因为,举个例子,它可能包含以定义记法 RNI 开头的记号。

通过指定体系结构的属性名“#RACCONT”并且为从属属性命名,体系结构的语义数据内容可能会被当作属性值。在这种情况下,从属文档中的任何语义内容都将被视为非体系结构化的。

注 426:一如往常,数据必须满足体系结构的形式和应用程序元素类型的语义限制条件。举例来说,虽然注解声明可能与语义内容中解析的字符数据混在一起,但是当数据被当作属性值的时候,这种情况是不允许出现的。

单一元素可能包含 ArcNames 源元素属性和 ArcNames 链接属性。在 ArcNames 源元素属性值中,ATTNAME 必须引用源元素属性。在 ArcNames 链接属性值中,ATTNAME 首先必须被设定为链接属性名。但是,如果这样链接属性不存在的话,可以使用同样名称的源元素属性(如果存在的话)。

如果用这样一种方式(这种方式会引起冲突和复写)来使用 ArcNames 的话,将会产生 RAE。

```
                         <! --体系结构重命名器-->
<! --在 DTD 或衍生出的 META-DTD 中的声明模板-->
<! Attlist
  ElemTypeName        --从属元素类型--
  ArcNames            --体系结构的属性重命名器--
                      --为体系结构属性定义用户名--
    CDATA             --Lextype:((NAME,(ATTORCON|"#DEFAULT"),
                               ("#MAPTOKEN",NMTOKEN,NMTOKEN)*)|("#ARCCONT",ATTNAME))*--
                      --约束:被提供的 ATTNAME 或 NAME,#CONTENT,或#ARCCONT 只能出现一次--
                      --约束:体系结构名先于用户名--
    #IMPLIED          --常量--
                      --默认:没有重命名--
>
<! Attlist #NOTATION
  NotationName        --从属记法--
  ArcNames            --体系结构属性重命名器--
                      --为体系结构属性定义用户名--
    CDATA             --Lextype:(NAME,(ATTNAME|"#DEFAULT"),
                               ("#MAPTOKEN",NMTOKEN,NMTOKEN)*)*--
                      --约束:被提供的 ATTNAME 或 NAME 只能出现一次--
                      --约束:体系结构名先于用户名--
    #IMPLIED          --默认:没有重命名 -
>
```

A.3.5.3 体系结构抑制器属性

体系结构控制属性**体系结构抑制器**(ArcSupr)可以为元素的后代抑制(suppress)或修复(restore)体系结构的处理过程。

sArcAll 完全抑制后代的所有体系结构处理过程。在这种情况下不能为后代修复体系结构的处理。

sArcForm 抑制此元素所有后代的 ArcForm 属性的体系结构处理过程(除了那些有显式 ArcSupr 属性的元素外)。

sArcNone 不抑制该元素后代的体系结构处理过程。

如果体系结构的处理过程被继承的话,该属性值也许是默认的(implied)。

如果元素有被处理过的 ArcSupr 属性,它的 ArcForm 属性一般也会被处理。除非其最近的祖先(有明确的 ArcSupr 属性值)抑制了 ArcForm 属性的处理过程,不然它的 ArcForm 属性将会被处理。如果元素(该元素的 ArcForm 属性被处理过了)的 ArcForm 属性有默认值,它会被认为是非体系结构化的。

注 427：举个例子，“sArcAll”按照元素所包含的内容的程度来抑制所有体系结构的处理过程，而“sArcForm”存在这种可能性：继承体元素的 ArcSupr 属性能够在其所包含的内容的范围内修复其处理过程。

注 428：如果体系结构的元素被用作其他方面时，对体系结构的处理过程的抑制是非常有用的。例如，在 HyTime 文档中显示或编辑 HyTime 源元素。

注 429：一旦 ArcForm 被指定，meta-model 检测就要暂时中止。该元素可能因此包含任何体系结构的元素，甚至包含那些根本就不是 ArcCFC 的一部分的元素（那就是说，那只可能发生在一些其他的体系结构的元素的内容中）。这也是有可能出现的，因为体系结构的处理过程被抑制，并且因此不需要该处理过程的上下文，该上下文可能已经被遗漏的元素所建立。

```
                    <! --体系结构抑制器属性-->
          <! -- 在 DTD 或衍生出的 META-DTD 中的声明模板-->
<! Attlist
  ElemTypeName        --从属元素类型--
  ArcSupr             --体系结构抑制器--
                      --抑制体系结构的处理--
    (sArcAll|sArcForm|sArcNone)
    #IMPLIED          --默认:被继承 -
>
```

A.3.5.4 体系结构忽略数据属性

体系结构控制属性体系结构忽略数据（ArclgnDA）控制元素的数据内容是否被看作是体系结构化的。

nArclgnD　　数据不会被忽略。如果数据出现在未被 meta-DTD 允许的范围，将会出错。

cArclgnD　　数据有条件地被忽略。当且仅当数据出现在 meta-DTD 不允许的范围内时，数据才会被忽略。

ArclgnD　　数据总是被忽略。

如果体系结构的处理过程被继承的话，该属性值也许是隐式的。如果文档元素没有被指定确定的值，该属性将会被设置为 cArclgnD。

```
                         <! --体系结构忽略数据属性-->
          <! -- 在 DTD 或衍生出的 META-DTD 中的声明模板-->
<! Attlist
ElemTypeName          --元素类型名--
ArcIgnDA              --体系结构忽略数据--
   (nArcIgnD|cArcIgnD|ArcIgnD)
   #IMPLIED           --默认:从父元素继承而来; cArvIgnD 中没有文档元素 -
>
```

A.3.6 其他体系结构相关的事项

本条讨论其他体系结构相关的事项。

A.3.6.1 体系结构文档元素

各个体系结构必须提供元素类型体系结构文档元素（ArcDoc），如果在体系结构中未符合另外的元素类型，从属文档的文档元素必须符合此元素。体系结构类型的实际名称并不必需是 ArcDoc，它可以反映体系结构的名称。该实际名称通过体系结构记法声明的 ArcDocF 属性来描述。

ArcDoc 形式允许体系结构为文档元素定义属性，并且允许其确定“体系结构上下文内容（architectural context-free content）”（ArcCFC）。ArcCFC 是文档形式的集合（set），这些文档类型可能独立存在于文档的最顶层。

注 430：由于不是所有的体系结构元素都有限定的内容模式，所以可能存在一些允许 ArcCFC 内容的形式。为在元素形式声明中引用而声明 ArcCFC 参数实体是一个通用的方法。

可以采用以下形式声明文档元素形式。在使用时，用其实际名替代 ArcDoc，并且名称（除了 ArcCFC）可能会被用作内容实体。体系结构设计者可能会因为文档元素形式而增加体系结构自身的属性定义。

注 431:设计者也许会选择将 meta-inclusions 和模型组放到%ArcCFC 中(像模型组)。还有一种情况,就是他们根本就不会选择 ArcCFC 实体。

```
                    〈! --体系结构文档元素--〉
〈! Entity %
  ArcCFC        --体系结构自由上下文的内容--
  "ANY"
〉
〈! Element
  ArcDoc        --体系结构的文档元素--
  - O
  % ArcCFC;
〉
〈! Attlist
  ArcDoc        --体系结构的文档元素--
  --meta-DTD 设计者可以为该体系结构增加文档属性。--
〉
```

A.3.6.2 体系结构置标最小化

体系结构置标最小化允许决定元素或者外部数据实体的体系结构形式,即使在没有显式描述 ArcForm 属性的时候。体系结构支持属性 ArcAuto 的值决定最小化是否生效。如果生效的话,体系结构支持属性 ArcBridF 和 ArcDataF 的值决定了默认形式,依照如下程序:

1) 如果体系结构控制属性 ArcForm 被声明:

 a) 如果 ArcForm 是隐式的,则该对象是非体系结构化的;

 b) 如果 ArcForm 有值,则该值就可以作为体系结构的类型。

2) 如果体系结构控制属性 ArcForm 没有被声明:

 a) 如果该对象是文档元素,则该体系结构的类型是 ArcDoc;

注 432:这是最小化的强制类型,其他类型可以任选。

 b) 如果不是,并且 ArcAuto 支持属性是 ArcAuto,该对象的元素形式或记法名与 meta-DTD 中元素形式或记法形式名相同,那么该形式就可以考虑作为该对象体系结构的形式;

注 433:在 meta-和从属记法声明中的外部标识符不必相同。

 c) 如果不是,并且该对象是带有 ID 的元素,那么使用 ArcBrid 类型名(如果有被确定的话);

 d) 如果不是,并且该对象是外部的数据实体,那么使用 ArcData 类型名(如果有被确定的话);

 e) 如果不是,那么该对象是非体系结构化的。

A.3.6.3 继承的使能体系结构

使能的体系结构可以从一个或更多个基本体系结构中继承,通过与 DTD 从一个或多个基本体系结构中继承的方式一样。在 meta-DTD 中提出用于描述基本体系结构的 ArcBase 声明和支持声明。继承的体系结构也可以作为基本的体系机构为 DTDs 和其他继承的体系结构服务。

注 434:这个设施给设计者提供子类和 SGML 基本信息缩放比例的工具,这个设施要求符合 SGML 严格的文档形式的准确性和符合性的检验。当通过单一的相关的文档类型定义,维持 SGML 的能力来控制文档的属性时,它给文档数据模型带来像遗传和封装一样的利益。

注 435:继承体系结构的一致例子提供了构造它的每个基本体系结构的一致例子的信息。因此,如果系统不支持继承的体系结构的语义,它会被当作差错—恢复系统,把文档作为基本的体系结构的例子。

正如体系结构引擎可以为从属文档的基本体系结构构造体系结构文档,所以它当然也可以为体系结构文档的基本体系结构构造体系结构文档。

A.3.6.4 相关应用和体系结构

下列规则应用于 meta-DTD 中为元素声明的属性(“基本属性”)和从属文档中此种形式的元素属性(从属属性)之间的关系:

——如果基本属性声明了ID值描述，那么从属ID属性将被认为是符合的体系结构属性，无论属性名是否一致或者是否存在ArcNames属性。

——如果从属属性值被确定，其基本属性是ID属性，那么从属属性必须是ID属性。

——从属属性值满足基本的属性，如果它的名称是从属文档中声明的体系结构的普通实体集，那它所声明的就是实体或实体集。如果实体是子文档或是有体系结构类型的外部数据实体，那这个实体是体系结构。

注436：外部数据实体可以有体系结构形式，这个形式有或是明确的ArcForm属性或是通过最小限度的体系结构的优势。

——如果从属属性值的声明值是NOTATION（在meta-DTD中声明的记法名并且伴随着基本属性值），或是从属属性值是从meta-DTD中继承的记法名而且作为基本属性值，那么这个从属属性值满足基本属性。

——从属体系结构属性值满足基本的属性，它所声明的值是IDREF，如果有ID属性元素作为从属体系结构属性，那么它的基本属性也是ID属性。

A.3.7 AFDR支持选项摘要

这些选项用于SGML扩展设施系统声明，该声明指出普通体系结构引擎的性能。

有效　　该引擎可以验证是否符合AFDR。

构造　　该引擎可以构造与AFDR从属文档相一致的体系结构实例。

A.3.8 符合性

文档、meta-DTDs和体系结构引擎可以全部符合本附录。此外，本附录区分确认体系结构引擎和本附录之前的那些不提供完整文档及meta-DTDs确认的符合体系结构引擎。

A.3.8.1 meta-DTD的符合性

使用AFDRMeta扩展的meta-DTD会通过下列无效置标声明来指明，这些声明以meta-DTD开头，在使用AFDRMeta扩展之前。

```
<! AFDR "GB/T 16965—2009">
```

不使用AFDRMeta扩展的meta-DTD是有效的meta-DTD，如果声明中包括了有效性SGML置标声明。

A.3.8.2 文档和继承meta-DTD的符合性

从符合体系结构继承而来的文档和meta-DTD应通过在体系结构支持记法声明中包含下列状态做简要说明：

基本体系结构的使用与本标准GB/T 16965—2009体系结构形式定义要求相一致。

A.3.8.3 符合的体系结构引擎

符合体系结构引擎可能既是通用的又是体系结构明确的。通用体系结构引擎支持独立于体系结构语义的体系结构处理。特殊的体系结构引擎只为那些设计好的体系结构提供体系结构处理。

如果体系结构引擎符合本条中的要求，那么它是符合的体系结构引擎。

体系结构引擎的任何形式都可能是有效的体系结构引擎。

A.3.8.3.1 文档符合性

符合的体系结构引擎应该包括它的文档要符合SGML文档，而且它不应该禁止任何GB/T 14814—1993结构和这个文档所允许的文档。

注437：举个列子，应用结构规定可以建议只有某个最小的功能可以使用，但如果被正式的规范所允许，它将不会禁止其他的功能。

A.3.8.3.2 文档编制的符合性

符合体系结构的引擎的文档应该符合标准的要求（见11.5）。

A.3.8.3.3 应用约定

符合体系结构的引擎将不会加强它的应用标准，就好像它们是本标准的要求一样。

注 438：给出了违反应用标准的警告，但必须把它们和体系结构的差错报告区分开来。

A.3.8.4 确认体系结构引擎

如果存在差错，有效的体系结构引擎将找到并且报告可报告的体系结构差错(RAE)，而且在没有差错的时候将不报告差错。如此的引擎可以有选择地报告其他的差错，而且可能再有潜在的威胁，而不是差错时进行警告。

A.3.8.4.1 体系结构消息标识

体系结构差错报告包括可选择的报告，将会以一种体系结构消息的方式被确认，这种方式会把差错的报告和任何其他的消息包括体系结构潜在差错的警告消息清晰地区分出来。

A.3.8.4.2 体系结构消息内容

包括可选择的报告的体系结构差错信息报告，将指出差错的详细性质和位置，以为了修正。

注 439：这个要求明确的允许实施者最大限度地满足它们的用户的方便和系统要求。

A.3.8.5 体系结构系统声明

体系结构系统声明就是在 GB/T 14814—1993 中定义的 SGML 系统声明，这个声明在子节中进行了修改。

新参数AFDR 支持(AFDR)详细说明系统是不是有效的体系结构引擎，并且说明系统是不是有能力进行体系结构的例证。这个参数当又能用在体系结构引擎的时候，要满足 SGML 声明中的 SDIF 参数支持。

```
[34] AFDR support options =
"AFDR",
ps +,
"VALIDATE",
ps +
("YES" |
"NO"),
ps +,
"CONSTRUCT",
ps +
("YES" |
"NO")
```

在这里：

VALIDATE 的意思是所有的可报告的体系结构差错将会被发现和报告。

CONSTRUCT 的意思是引擎有能力根据从属文档创建出体系结构列子。

A.4 性质集定义要求

本条陈述了对正常定义信息类型的要求，计数处理器让 HyTime 和 DSSSL 应用程序能够使用。本条可以被引用为“性质集定义要求”。

注 440：性质集计划支持 HyTime 和 DSSSL 处理，通过提供这些处理需要的信息表示计数法特定的数据。它们并不有意做成一般的模型使计数法特定数据在任意处理中都可用。

A.4.1 概念和术语

“记号处理器”对起始数据的操作，这些起始数据要由计数法知道的表示，故能识别由起始数据描述的信息。

注 441：例如，SGML 分析器和 HyTime 引擎都是对其各自的记号处理器，GB/T 14814—1993 (SGML)和 GB/T 16965 (HyTime)。

“性质集”定义的信息类型能被 DSSSL 和 HyTime 应用程序的记号处理器返回。对于记号的性质集定义了一个处理器对记号的每个类型的信息，这样就能识别为已知的一个“完全性质集”。

注 442：SGML 性质集和 HyTime 性质集定义了符合标准的完全性质集。其他记号的完全性质集能否被定义，则取决于这些记号有多类似 SGML 和 HyTime。

“树林构造过程”使用了记号处理器去识别由性质集定义的“类”及其“性质”，并代替识别的事例作为"节点"在一个图形构造中就称为的"树林"。

注 443：树林(Grove)是"性质值的图表表示(Graph Representation of Property ValuEs)"的首字母缩写。

注 444：例如，SGML 分析器就是一个操作起始数据的过程，而起始数据是由 GB/T 14814—1993 定义的 SGML 记号。SGML 树杯构造过程使用 SGML 分析器去识别由 SGML 性质集定义的类和性质的事例，然后在一个 SGML 树林中表示已识别的事例。

这里有两类构造过程："原生的"和"次生的"。原生树林构造过程在特定的记号操作数据，并产生一个树林作为"原生树林"。次生树林构造过程在其他树林节点上操作数据，并产生一个树林作为"次生树林"。原生树林构造过程使用的性质值被称为"原生性质集"；相应的次生树林构造过程使用的性质值称为"次生性质集"。

树林构造过程中不需要识别和包含，在树林中所有类和属性的实例都定义在结果树林的属性集中。一个"树林规划"被用作云确定在性质集中哪些类和性质在树林中被包括(或被排除)。

树林规划包括在性质集中的所有类和性质被称为"完全树林规划"。树林与完全树林规划一起被称为"完全树林"。

注 445：完全树林与其性质集联系；一个完备的性质集与其记法联系。

A.4.1.1 性质集

性质集在"性质集定义文档"中被定义，在本条中定义的符合"性质集定义体系结构"的一个 SGML 文档。这个性质集定义结构 meta-DTD 是被公共标记符"GB/T 16965—2009//NOTATION AFDR ARCBASE Property Set Definition Architecture//EN" 标识的。

注意，尽管它们是技术结构形式，出现在本条中的元素类型和属性定义直接用作性质集定义文档的文档类型。所以其在本标准中作为元素类型被引用。

性质集由"性质集组件"组成：类、性质、列举值(性质的)和标准化规则(比较字符串性质值)。一些性质集组件可以在所有的性质集中发生；它们被称作"内部组件"。性质集定义结构为每个组件类型定义了一个元素类型；元素都遵照了相关类型的那些类型定义组件规则。

一个性质集的组件能被组织称一个或多个分离的"模型"。模型允许类和性质组合起来去反映它们之间的重要区别，那些差别可能是从完全树林规划去包含或排除它们的基础。

注 446：在 SGML 性质集中，这些差别包括：

——可用的规范文档(那是 SGML，DSSSL，或者 HyTime)；

——仅当一个可选的设施可用时，性质是否存在(例如，隐式的链接)；并且

——性质是否关联到源数据(例如，普通的定位符)，是否关联到由源数据描述的抽象概念(例如，元素和性质)，或者两者(例如，数据字符)。

A.4.1.2 类和性质

类是同种类型信息的集合。类有类名并提供了有序的性质集。每个性质也会被指定一个性质名和一个"性质编号"。

在性质集的范围内定义它们的类名是唯一的，性质名在定义它们的类中也是唯一的。

按照它们在属性集定义文档中定义的顺序类对每个属性都分配了属性编号类提供的第一个性质的编码值为 1。在相同的类中，随后定义的性质的编码由它相邻的性质所决定。

注 447：为了决定性质编号，在模块中性质定义的发生是非实质的，无论它发生在一个类定义的内容中还是独立的内容中。

注 448：因为内在性质定义被认为在每个性质集定义文档的开始时就要出现，每个类的第一少数内在性质；这就产生了这样一种作用：性质数字赋值给内在的性质在所有类中都是一样的有效。

尽管性质被包含在所有给定的树林方案中，但性质编号对于所有树林是恒定不变的。

性质有一个 "声明的数据类型"，这个表明了值节点的类型允许展示性质。一个已声明的数据类型是下列的一种：

node　　　　节点。

nodelist	包含零个或多个节点的顺序列表。
nmndlist	由多个节点组成的有序列表。且列表中的每个节点都有一个“名称性质”，其值是唯一的。命名节点列表也叫做名称空间。名称性质数据类型一定是字符串或者节点，并且在单一命名节点列表的所有名称属性必须有相同的数据类型。 注意：事实上，这里有两种不同类型的命名节点列表，“字符串命名”和“节点命名”。首先，每个节点通过一个字符串来标识；第二，每个节点被另外节点识别。在一个字符串命名节点列表中收集所有节点“名字”性质值，生成有别于此列表的一栏名字。同样地，在节点命名列表中收集所有节点名性质的值，生成有别于此列表的一栏节点。
enum	表示一个枚举集的值；一个枚举器。
char	抽象字符。在树林里具体表达式的“char”字符值必须允许任何“char”类型与其他的“char”值能够区别。并且每个“char”的语义应该是确定的。具体表达可能或者也许不会依赖于 DOC、UNICODE 和其他的字符集。
string	空值或者更多的抽象有序列表。
strlist	有零个或多个字符串的有序列表。
integer	整型。
intlist	零或者更多整型的有序列表。
boolean	布尔值。
compname	性质集组件名。
cnmlist	空值或更多有序组件名列表。

基本数据类型主要有节点、枚举、字符、字符串、整型和组件名数据类型。链表数据类型有节点链表、字符串链表、整形链表和 cnmlist 数据类型。

注 449：字符串数据类型尽管被描述为一列字符，但仍然被认为是最基本的数据类型。

数据类型含有节点，节点链表或者是组件链表的性质叫做“节点型”。定义其他数据类型的性质叫做“非节点型”。

数据类型是字符串的性质应该有一个关联的“标准化规则”，当与涉及的性质值作比较时包含一个字符串名字节点列表名去查找一个节点，这个规则就会被咨询。

在性质定义时能够指定条件，在这些条件下性质将不会应用到提供它的类的实例中。节点的性质不应该赋予空值(注意这不同于列表性质的空值)。

A.4.1.3 节点

节点是一个有序的“性质分配”集，每个节点就一个“值”关联一个性质名。此性质名是由节点的类提供的性质名称，其顺序就决定了性质分配的次序。

如果节点有性质分配相关其性质名的一个值，那么此节点被称“对应”一个性质“展示”一个值。非正式地，这“节点的性质”是为节点展示一个值的性质。节点被称为这样性质的“拥有者”。

A.4.1.4 树林

节点存在于一个有向图中，有向图中的每个节点通过标签弧连接到其他节点。对于每个节点型性质的节点都有一个值的每个节点，存在这样的弧，从展示节点到值节点，此标记是节点型性质的名字。

注 450：非正式地，当有节点以它的一个性质值的形式出现时，节点“指向”另外一个节点。

在节点型性质集值出现的节点涉及节点性质，其由三个可能的“节点关系类型”中的一个展现，“子节点”，“内部引用节点”或“自由引用节点”。节点型性质能够被其相关的类型当作“子节点性质”，“引用节点性质”，或者“自由引用节点性质”；同样地，图像中的弧线能被相关的类型赋值分配给弧相关性质。

节点出现在子节点性质的值称为一个关于展现节点值的“次要节点”(或子节点)，此节点展现的值称为子节点的“起始”。每个节点可能仅有一个子节点性质的值出现。“兄弟”节点以子节点性质值出现就是其他的节点了，如果还有任何节点，都是以相同子节点性质值出现。图的子节点弧线连同节点一起称为“子节点树”。引用节点，或“内部引用节点”，弧进一步在其子节点树中链接到此节点。这样的弧线可能导致图形包含循环和交叉。

树林是节点集合，它被子节点树和更远一层被两个节点集之间的节点弧链接在一起。每个树林都有一个是子节点树根的节点；这节点是“树林根”，并且其是在树林中唯一没有起始的节点。

节点型性质的剩余种类是自由引用节点，一个自由引用节点弧链接一个节点和同一个和其他树林的节点集。树林集也因比链接成为一个“超树林”。

注 451：超树林不应该与超文档混淆的，或者可由一个超文本的处理产生的超树林。任何由自由引用弧连接的都是一个超树林，而仅仅树林由超文档处理产生。

A.4.1.5 内容树

至多一个节点的性质被指定为节点“内容性质”。节点的内容性质必须是一个子节点性质或一个字符串，或是字符性质。

如果节点的内容性质是一个子节点性质，那么此性质仍然是节点的“孩子性质”。在表示节点的孩子性质的值中出现的节点，就称为节点的“孩子”，此节点本身称为孩子节点的“父亲”。如果节点有孩子而无父亲是“内容树的根节点”。其他节点通过孩子性质可由一个内容树根节点到达，形成的一个有序树称为“内容树”。

注 452：如果节点有一个父节点，那么此父节点也是这个节点的起始。

注 453：事实上树林能包含一个不相交内容树的集合，这也是为什么被称为一个树林的原因了。

注 454：树林的树寻址是通常基于内容树，而不是子节点数。那是因为子节点的树形排序法依赖于性质定义的顺序，而内容树形排序法依赖节点列表在性质值中的顺序——那是真正信息被树林所表示。

因为这个原因，当涉及树林时，未修改的术语“树”的意思是“内容树”。

如果节点的内容性质是一个字符或者字符串性质，此性质也就是众所周知的节点“数据性质”，节点数据是此数据性质的值。有孩子性质的一个节点的数据是它每个孩子节点的数据，这样的数据被节点的“数据分离器性质”的值分离，如果有这样一个。

A.4.1.6 树林规划应月

对于任何给定的处理内容，一个树林规划被用作确定在内容中什么节点类型和什么性质是重要的。当构建一个树林时，此信息能被用作阻止资源浪费在不合理的数据占用过程。或者用作屏蔽一个已存在的树林，隐藏那些不关心的部分。

注 445：被用作确定树林规划的句法非常不同。例如，HyTime 和 DSSSL 每个都定义了确定树林规划的方法（见 7.1.4.1）。

申请树林规划的作用是移动的，从被一个给定的树林构建过程借助给定的树林资源在理论上构建完整的树林来看，树林规划并不包括所有的类和性质事例。

当类的事例（那是，一个节点）从一个树林上移开时：

——节点将远离任何节点性质的节点所呈现的值。如果此性质是一个节点型性质（那不是一个列表性质），一个空值将会为此性质被展示；

——如果节点有一个孩子性质，并且此节点从树林移开的原因仅是其本身的类被树林规划所排斥；

- 如果类指定以类的节点为根的内容树是从树林“剪除”，以节点的孩子性质集为值的每个节点是从树林移开；
- 如果类指定以类的节点为根的内容树不从树林中“剪除”，那么作为节点孩子性质的值存在的节点或者节点列表被插入到节点出现的子节点性质值中。

——如果节点有孩子性质，由于某个原因被移开而不是其本身的类通过树林规划被排除，在孩子性质值的每个节点从树林被移除；

——当节点值被无孩子的子节点性质表示时，每个节点将被移除；

——当性质的实例(那是一个被赋值的节点)被从节点上移除;

——性质名从“所有性质名称”的内在性质节点所呈现的值上移除;

——如果性质是一个子节点性质,性质名称从“所有性质名称”的内在性质节点所呈现的值上移除;

——如果此性质是这节点的孩子性质,那么节点的“孩子性质名”的内在性质所呈现的值将被空值代替;

——如果此性质是节点的数据性质,那么节点的“数据性质名称”的内在性质所呈现的值将被一个空值代替;

——如果此性质是节点的数据分离器性质,那么节点的“数据分离器性质名”的内在性质所呈现的值将被一个空值代替;

——如果此性质是一个子节点性质,那么节点性质所呈现的值将从树林上移除;

——如果此性质是一个非节点型性质,那么此性质将从相关节点的性质列表上移除。

A.4.2 性质集定义体系结构

性质集正式地以一个遵照元素类型性质集定义的 SGML 元素表示。

属性记法规范文档(nsd)是一个记法名称,其声明标识包含源数据记法规范的文档。其必须被基本性质集规范说明(那些用在构造原生树林);而不被辅助性质集说明(那些用在构造次生树林)。

属性树林构造规范文档(gcsd)是一个记法名称,其本身的声明标识包含树林构造过程规范的文档。如果记法规范文档不包括一个树林构造过程规范,或者性质集定义不是为辅助性质集,那么记法名必须被说明

```
                         〈! --性质集定义--〉
〈! element
  propset                --性质集定义--
                         --条:A.4.2--
  --O
  ((desc|note)*,(classdef|normdef)*,psmodule*)
--属性:clausnot,propset--
〉
〈! attlist
  propset                --性质集定义--
                         --条:A.4.2--
  nsd                    --记法规范文档--
    NAME                 --Lextype:NOTATION--
    #IMPLIED             --默认:辅助性质集--
                         --约束:必须为基本性质集而被说明,不能为辅助性质集而不说明--
  gcsd                   --树林构造规范文档--
    NAME                 --Lextype:记法--
    #IMPLIED             --默认:nsd--
                         --约束:必须为辅助性质集而被指定--
〉
```

属性形式条记法(clsusnot)指定用作识别本条的记法。本条记法可能为整个性质集指定,为一个组件,或者为在一个组件中的一特定性质而被指定。

在本标准定义的属性集使用由这子句中定义的记法。

本条被字符串识别,如下:

——第一个字符是条数,第二个识别子条,第三个识别子子条,第四个识别子子子条,而零表示没有条结构的任何层次;

——最后数字识别段落号。产品,注意事项和列表项目是作为分开段落计算的;

——相关的数字码以“FIGn”的形式存在,这里“n”是数字编号;

——任何超过 9 的数字被一个十六进制的字母代替;

注 456:这里没有超过 15 的数预备。

——定义本标准的条的引用的形式是 4xxx，这里 xxx 是十进制子句数并且 y 是这段落数；

——以本标准的附加物的形式存在的条的引用的前缀是“X”，这里“X”是附加物的字母。

注 457：这个格式是 ISO/IEC 13673:1994 的 6.3 节中用到的父集，这个标准定义了 GB/T 14814—1993 的组件如何在符合测试的范围内被标识，对定义条和附加物的规定没有在 ISO/IEC 13673 中出现。

```
                        <! --条记法-->
<! attlist
--clausnot--            --条记法--
                        --条:A.4.2--
  (propset,classdef,propdef,normdef)
  clausnot              --条记法--
    NAME                --Lextype:记法--
    #IMPLIED            --默认:记法定义在 A.4.2--
>
```

A.4.2.1 共享构造

性质集是由“性质集组件”组成的：类、特征、标准化规则（对于比较字符串性质值）、枚举值（的性质）。所以，一个性质集的定义由性质集组件定义组成。依据句法，每个性质集组件定义是一个元素；通过性质集组件类型的定义可以决定元素的类型。

许多属性被超过一个性质集定义元素类型提供。这些属性与构建的命名有关，与用描述此组件的规范文档也有关。这里同样有两个描述性的元素类型，其被用在多类型组件的定义。

A.4.2.1.1 组件名

它们也能以文档的方式在程序的内部为了内部的通信而使用，或者为了其他的目的使用，因为使用的差异，甚至每个组件定义可以达到三个名字属性：

rcsnm　　属性引用具体句法（RCS）名（rcsnm）指定一种命名形式，符合 SGML 相关具体句法。

appnm　　属性应用名（appnm）指定一个名称的形式，其比引用具体句法名的限制要少，但是依然有能力约束作为名称的编程语言句法。例如，其应用程序名“处理指令”，当约束一个编程语言时，根据此语言可能会成为“ProcessingInstruction”，“processing-instruction”，或者“PROCESSING_INSTRUCTION”。

fullnm　　属性全名（fullnm）指定一个未被限制的，在文档中适合使用的名称形式。

为定义给定性质集组件元素类型，可以是 rcsnm、appnm 和 fullnm 中任意一个，或者三种命名形式都提供。在后面的两种情况中，多形式包含了单个名称空间，意味着同一个组件的多形式名能被识别，没有一个组件的名称能和同一类型的另外组件名相同。

```
                      <! --组件名-->
<! attlist
--rcsnm--             --引用具体句法中的命名--
                      --条:A.4.2.1.1--
  (enumdef,normdef,propdef,psmodule)
  rcsnm               --引用具体句法--
    NAME              --约束:在组件命名空间中唯一--
    #REQUIRED
>
<! attlist
--appnm--             --应用程序名--
                      --条:A.4.2.1.1--
  (classdef,enumdef,normdef,propdef,psmodule)
  appnm               --应用程序名--
    CDATA             --约束:在组件命名空间中唯一--
    #IMPLIED          --默认:rcsnm--
>
<! attlist
--fullnm--            --全名--
```

```
                      --条:A.4.2.1.1--
(classdef,enumdef,normdef,propdef,psmodule)
  fullnm              --全名--
    CDATA             --约束:在组件命名空间中唯一--
    #IMPLIED          --默认:appnm--
>
```

A.4.2.1.2 **规范和条**

属性形式**规范和条**(spec)由与有规范文档的组件和那个文档中的条相关联的属性组成。条记法属性形式能被用作指定本条规范记法,如果其和一个性质集规范的整个条记法不同。

属性**规范文档**(sd)是一个记法名,它的声明能标识包含性质集组件规范的文档。

默认的规范文档是对主要性质集的记法规范文档,或者是为一个辅助性质集的树林构造规范文档。

属性**规范文档的条**(clause)标识定义此组件的规范文档条。

```
                      <!--规范和条-->
<!attlist
--spec--              --规范和条--
                      --条:A.4.2.1.2--
  (classdef,propdef,normdef)
  sd                  --规范文档--
    NAME              --Lextype:记法--
    #IMPLIED          -默认设定:主要性质集的记法规范文档;辅助性质集的树林构造规范文档--
  Clause              --规范文档的条--
    CDATA             --约束:被 clausnot 指定的记法--
    #IMPLIED          --默认:如果是 propdef,与 classdef 有相同的句;否则没有--
>
```

A.4.2.1.3 **描述性元素**

元素类型**描述**(desc)描述了性质集组件。

元素类型**解释性注释**(note)能被用作去补充描述。

```
                      <!--描述性元素-->
<!element
  desc                --性质集组件的描述--
                      --条:A.4.2.1.3--

  - O
  (#PCDATA)
>
<!element
  note                --解释注解 -
                      --条:A.4.2.1.3--

  - O
  (#PCDATA)
>
```

A.4.2.1.4 **默认树林规划的成员**

属性**默认树林规划的成员**(default)指出了在性质集中默认树林规划中组件是否被包括。

```
                      <!--默认树林规划的成员-->
<!attlist
--默认值--            --默认树林规划的成员 -
                      --条:A.4.2.1.4--
  (psmodule,classdef,propdef)
  默认值              --默认树林规划的成员--
    (default|ndefault)
    ndefault
>
```

A.4.2.2 **模型**

性质集组件的集合可以作为**性质集模型**类型的孩子元素集合起来。那样其就可以从树林规划中作为一组被包括或排斥。出现在模型外的性质集组件是每一个树林规划都必需的;它们自动地包含可能不会被排除在任何树林规划之外。

注 458:标准化规则的使用不被树林规划影响,也不被是否在模型内或外部定义所影响。

属性模型依赖(dependon)标识其组件必须包含在任何一个包含组件的模型,依赖模型的依存关系尽管不需要在模型依赖属性值中明确地被命名,但其同样被认为依赖于一个模型。

依赖模型的依存关系尽管不需要在模型依赖属性值中明确的被命名,但其同样被认为依赖于一个模型。

```
                              〈! --性质集模型--〉
〈! element
  psmodule                  --性质集模型 -
                            --条:A.4.2.2--
   - O
  ((desc|note) * ,(classdef|propdef|normdef) * )
--属性:appnm,default,fullnm,psmodule,rcsnm--
〉
〈! attlist
  psmodule                  --性质集模型--
                            --条:A.4.2.2--
  dependon                  --模块依赖--
    NAMES                   --约束:引用在这个性质集定义的模型名性质集--
    # IMPLIED               --默认:none--
〉
```

A.4.2.3 类定义

元素类型类定义(classdef)定义了节点的类。

注 459:rcsnm 属性的类定义拥有为 rcsnm 属性列表形式定义的句法。这里被重新定义以便类定义的 rcs 名能成为 SGML 唯一标识符,允许 SGML 处理器去鉴别相关的类型是否有效。

属性内容性质(conprop)标识类的内容性质。

属性裁剪内容树(prune)指定是否当类可以从一个树林规划中省略时,根植在类节点的在一个完全树林中的内容树会被裁剪掉,或者这分支是否可"嫁接",通过用节点的孩子去替换在父亲孩子性质中的节点。

属性数据分离器性质(dsepprop)标识了类的数据分离器性质。

属性可添加的(mayadd)在 DSSSL 变换语言中被使用。其在 DSSSL 标准中被完全的描述。

注 460:对其使用单凭经验,在类的定义上指定"可添加"指示关于树林的表示方面的类表示信息的节点,在起始形式中能自动地被过程处理并把树林转换成起始形式。

```
                              〈! --类定义--〉
〈! element
  classdef                  --类定义--
                            --条:A.4.2.3--
   - O
  ((desc|note) * ,propdef * )
--属性:appnm,clausnot,default,fullnm,spec--
〉
〈! attlist
  classdef                  --类定义--
                            --条:A.4.2.3--
  rcsnm                     --RCS 的值--
    ID                      --约束:组件命名空间的唯一--
    # REQUIRED
  conprop                   --内容性质--
    NAME                    --约束:节点类性质的 RCS 名这个类有子节点,字符性质,或字符串--
    # IMPLIED               --默认设定:无内容性质--
  prune                     --裁剪内容树--
    (prune|nprune)
```

```
                --约束:如果内容性质被允许的类集保证是其父亲的内容性质的子集时,可以被裁剪--
  prune
  dsepprop      --数据隔离器性质--
    NAME        --约束:类的字符或字符串性质的 RCS 名称--
    #IMPLIED    --默认:none--
  mayadd        --May add--
    (mayadd|mayntadd)
    mayntadd
  >
```

A.4.2.4 性质定义

元素类型**性质定义**(propdef)定义了一个性质。

属性的**类名**(cn)标识了性质的提供者。类名值一定是在相同模块里的类的 RCS 名,且此模块也依赖于其他外界的任何模块。如果性质定义在类定义的章里,那么要求类名被省略,这意味着性质在当类的性质定义出现时提供。

在定义固有特征时会产生异常(查看 A4.3),此时类名被规定成"#ALL","#ALL"是指性质提供给所有类的节点。在上下文中仅仅在标准中使用这个关键字,在一般性质组定义时不会使用这个关键字。

属性**性质值数据类型**(datatype)为性质指定呈现的数据类型。

如果数据类型是节点型的,**节点关系**(noderel)属性表示了节点性质值和性质拥有者之间的关心。而且属性**允许类**(ac)指定允许指定值得节点类。除非节点关系是 urfnode。允许类的完全集一定要被指定。当仅仅希望涉及相同性质集节点,允许类可能要指定一个 urefnode 性质(尽管那些节点可能在其他的树林里边)。Urefnode 性质定义不能指定允许类,允许类节点可能是派生自任意性质集合在任意树林里的任意类。

当数据类型是 nmndlist,属性**允许的类名性质**(acnmprop),必须为每个允许的类指定性质名,那是作为关于命名节点列表类节点的命名性质。

如果数据类型的原型是字符串,那么属性**串标准化规则**(strnorm)标识着对性质的标准化规则的应用。

属性**校验类型**(vrfytype)用于 DSSSL 转换语言,详细内容在 DSSSL 标准中描述。

注 461:如下是一些属性用法规则:

——指定在性质定义的"可选"鉴定类型,表明对性质表示信息所呈现的值,关于树林表示在起始形式中能被过程自动的管理,并能把树林转变成起始形式;

——"派生"的验证类型在性质定义中,表明性质所呈现的值从树林中其他性质值中可推导出来。

当**性质集存在**(when),如果性质定义元素包含一个类型元素,那么任何不满足条件的节点被元素内容指定将会为这性质展示一个空值。

```
                〈! --性质定义--〉
〈! element
  propdef       --性质定义--
                --条:A.4.2.4 -
  - O
  ((desc|note)*,when?,enumdef*)
--属性:appnm,clausnot,default,fullnm,rcsnm,spec--
〉
〈! attlist
  propdef       --性质定义--
                --条:A.4.2.4--
  cn            --类名--
                --性质提供者--
    IDREF       --约束:性质集中类的 RCS 名--
    #IMPLIED    --默认:包含类定义--
                --约束:如果过程定义出现在类定义之外必须被指定--
```

```
datatype            --属性值的数据类型--
    (node|nodelist|nmndlist|enum|char|string|strlist|integer|
    intlist|boolean|compname|cnmlist)
    #REQUIRED
  noderel           --节点关系--
    (subnode|irefnode|urefnode)
    #IMPLIED        --默认:无节点--
                    --约束:如果数据类型是节点型的,则是必须的。--
  ac                --允许的类--
    IDREFS          --约束:在性质集中定义的 RCS 类名--
    #IMPLIED        --默认:没有节点或如果 noderel = urefnode ,在任何性质集的任何类--
                    --约束:如果数据类型是节点则是必须的,除非 noderel = urefnode--
  acnmprop          --允许类名性质--
    NAMES           --约束:一个 RCS 性质名称,用于各个被允许的类的,必须是各自类的所有的字符串性质或
                    所有的节点性质--
    #IMPLIED        --默认:not nmndlist--
                    --约束:如果数据类型是 nmndlist 则是必须的,否则,可能不被指定--
  strnorm           --字符串标准规则--
    NAME            --约束:定义在性质集的标准定义的 RCS 名字--
    #IMPLIED        --默认:none--
                    --约束:仅仅当数据类型是字符串或字符串列表是可能被指定--
  vrfytype          --校验类型--
    (derived|optional|other)
    other
>
<!element
  when              --当性质存在--
                    --条:A.4.2.4--
                    --对非空值被展现的条件先例--
- 0
(#PCDATA)
>
```

A.4.2.4.1 枚举值定义

元素类型枚举值定义(normdef)在内容中定义了一个被允许的性质值。性质的数据类型必须是枚举值。

```
                    <!--枚举值定义-->
<!element
  enumdef           --枚举值定义--
                    --条:A.4.2.4.1--
  - 0
  (desc|note)*
--属性:appnm,fullnm,rcsnm--
>
```

A.4.2.5 标准化规则定义

元素类型标准化规则定义(normedf)通过在规范文档中访问其本身,定义了字符串规范规则。

```
                    <!--标准化规则定义-->
<!element
  normdef           --标准化规则定义--
                    --条:A.4.2.5--
  - 0
  (desc|note)*
--属性:appnm,clausnot,fullnm,rcsnm,spec--
>
```

A.4.3 固有性质

本条中定义的性质,像"固有性质"包含在每个性质集中。这固定性质定义在任何性质集定义中可能不显示地开始;然而,它们注定在每个性质集定义开始时按照在本条中的顺序出现。

注意,因为在所有性质集中固有性质被默认地包含,其名称在所有类的性质名中出现。这意味着非固有性质名可以不复制那些固有组件。

下列固有性质在所有树林中被所有节点展现:

〈propdef cn="#ALL" rcsnm=classnm appnm="class name" compname〉
〈desc〉
节点类的名称。
〈propdef cn="#ALL" rcsnm=grovroot appnm="grove root" node irefnode〉
〈desc〉
节点在树林的根中出现。
〈note〉
节点为了此性质所展示的值将会与他节点本身相关,如果节点是树林的根的话。
〈propdef cn="#ALL" rcsnm=subpns appnm="subnode property names"
cnmlist〉
〈desc〉
所有子节点性质的名称的值被节点所表现,以性质值升序的方式表现。
〈note〉
性质值名被树林规则排除,同样也被他的性质值所排除。
〈propdef cn="#ALL" rcsnm=allpns appnm="all property names" cnmlist〉
〈desc〉
所有的性质名的值被节点所表现,以性质数的升序方式表现。
〈note〉
性质值名被树林规则排除,同样也被他的性质值所排除。
〈propdef cn="#ALL" rcsnm=childpn appnm="children property name"
compname〉
〈desc〉
节点孩子性质名。
〈when〉
节点有一个被树林规则包括的孩子性质。
〈propdef cn="#ALL" rcsnm=datapn appnm="data property name" compname〉
〈desc〉
节点的数据性质名。
〈when〉
节点有一个被树林规则包括的数据性质。
〈propdef cn="#ALL" rcsnm=dseppn appnm="data sep property name"
fullnm="data separator property name" compname〉
〈desc〉
节点的数据分离器性质名。
〈when〉
节点有一个被树林规则包括的数据分离器性质。
〈propdef cn="#ALL" rcsnm=parent node irefnode〉
〈desc〉
节点的父节点。
〈when〉
此节点有一个父节点。
〈propdef cn="#ALL" rcsnm=treeroot appnm="tree root"
fullnm="content tree root" node irefnode〉
〈desc〉
节点在内容树的根中出现。
〈note〉
节点为了此性质所展示的值将会与节点本身相关,如果节点是一个内容树的根的话。
〈propdef cn="#ALL" rcsnm=origin node irefnode〉
〈desc〉
节点的起始。
〈when〉
节点有一个起始。
〈propdef cn="#ALL" rcsnm=otsrelpn
appnm="origin to subnode rel property name"
fullnm="origin to subnode relationship property name"

compname〉
〈desc〉
节点起始的子节点性质名，这值在包含此节点的地方出现。
〈when〉
此节点有一个起始。

主树根性质被每个树林的每个节点所展现，尽管如果树林没有主树根，值可能为空。不同于上面定义的性质，主树根性质值依赖于树林构造过程；如果树林将要构建一个主树，那么这树林构造规范文档必须指定它是哪个的树林内容树。

注 462：树林可能包含一个或两个以上的内容树，也可没有主树；主树的出现必须被树林构造规范文档明确地规定。

注 463：在 SGML 树林中，主树根是文档元素。

〈propdef cn = "＃ALL" rcsnm = ptreert appnm = "principal tree root"
node irefnode〉
〈desc〉
主要内容树的根节点。
〈when〉
树林有主内容树。

此源性质仅仅应用于次生树林；其不被原生树林的节点表现，并且其定义不注定被包含在主性质集定义中。

注 464：意味着在主要性质集中，“起始”不是一个被保留的性质名，也没有为其分配一个性质数。

〈propdef cn = "＃ALL" rcsnm = source nodelist urefnode〉
〈desc〉
节点存在于节点被继承的原始树林。
〈note〉
只有当节点在次生树林中出现时，此性质才能被表示。

A.4.4 有用的树林构造过程

本条定义了对应用程序一般使用的树林构造过程。

A.4.4.1 值-节点对(VTN)的树林结构

树林的使用目的之一是表示定位信息的抽象。树林的每个节点代表一条信息；构造树林的性质集定义了各种可被定位的信息的类型。

每个节点能够进一步分解成性质和性质值的列表。而列表性质值能够分解为要素成员。这些元素也能表示多条的需要被定位的信息。节点型性质值表示信息不存在任何问题；因为值是节点，其本身已经是有效的地址。然而，非节点型性质值不是作为独立的节点存在，因此存在的问题是其不能被直接定位。

“值-节点的树林构造过程”通过定义构造继承于性质值的树林这种方式解决了这一问题。构造的节点被看成是其源性质值对的地址。

A.4.4.1.1 值-节点对(VTN)的性质集

VTN 性质集的每个类都符合基本的非节点型数据类型。每个类都有一个数据类型为 compname 的“源性质”性质，此性质与固有的“源”性质结合之后用来标识特定 VTN 树林表示的性质值。

每个类都有一个“值”性质。如果类名是一个简单数据类型，那么类的值性质数据类型是简单数据类型，但如果是“枚举”类，值性质是一个 copname 数据类型。如果类的名字是列表数据类型，那么类性质的数据类型是节点列表(具有“子节点”这种节点关系)，性质的可取的类是符合简单数据类型的类，这些数据类型构成列表数据类型。字符、字符串和列表类的值性质也可以做为那些类的内容性质。

VTN 性质集是：

```
〈! --值节点对(VTN)性质集--〉
〈! DOCTYPE propset
PUBLIC "GB/T 16965—2009//DTD Property Set//EN"
[
〈! NOTATION VTN
PUBLIC "GB/T 16965—2009//NOTATION Value-To-Node Grove Ccnstruction Process//EN"
```

```
〉
]〉
〈propset gcsd = "VTN"〉
〈classdef rcsnm = enum fullnm = "enumeration"〉
〈propdef rcsnm = srcprop appnm = "source property" compname〉
〈propdef rcsnm = value compname〉
〈desc〉
enumdef 名遵循源性质的值。
〈classdef rcsnm = char fullnm = "character" conprop = value〉
〈propdef rcsnm = srcprop appnm = "source property" compname〉
〈propdef rcsnm = value char〉
〈classdef rcsnm = string conprop = value〉
〈propdef rcsnm = srcprop appnm = "source property" compname〉
〈when〉
字符串不在字符串列表中。
〈propdef rcsnm = value string〉
〈classdef rcsnm = strlist fullnm = "string list" conprop = value〉
〈propdef rcsnm = srcprop appnm = "source property" compname〉
〈propdef rcsnm = value nodelist subnode ac = "string"〉
〈classdef rcsnm = integer〉
〈propdef rcsnm = srcprop appnm = "source property" compname〉
〈when〉
整型不在整型列表中。
〈propdef rcsnm = value integer〉
〈classdef rcsnm = intlist fullnm = "integer list" conprop = value〉
〈propdef rcsnm = srcprop appnm = "source property" compname〉
〈propdef rcsnm = value nodelist subnode ac = "integer"〉
〈classdef rcsnm = boolean〉
〈propdef rcsnm = srcprop appnm = "source property" compname〉
〈propdef rcsnm = value boolean〉
〈classdef rcsnm = compname fullnm = "component name"〉
〈propdef rcsnm = srcprop appnm = "source property" compname〉
〈when〉
组件名不在组件列表中。
〈propdef rcsnm = value compname〉
〈classdef rcsnm = cnmlist fullnm = "component name list" conprop = value〉
〈propdef rcsnm = srcprop appnm = "source property" compname〉
〈propdef rcsnm = value nodelist subnode ac = "compname"〉
```

A.4.4.1.2 VTN 树林

VTN 树林由非节点型的性质值构造而来。树林根类由“源性质”这一性质的数据类型决定(不受固有“源”性质干扰);即,如果源性质的数据类型是整型(integer),那么树林根类也是整型(integer)的。

VTN 树林由具有单节点组成的简单数据类型性质的值构造而成。VTN 节点值的固有“源”性质是展示源值的节点。VTN 节点的“源性质”性质的值即源节点用于展示源值的性质的组件名。VTN 节点的“值”性质的值与源节点为源性质而展现的值相同,源性质的数据类型是枚举的情况除外,在此情况下 VTN 节点的“值”性质是枚举值名的一部分。

多 VTN 节点由具有列表数据类型的性质值构造而成。多 VTN 节点包括一个树林根节点及其子节点列表。树林根节点的固有的“源”和(非固有的)“源性质”性质都拥有如上所述的简单数据类型的值。树林根节点的“值”性质的值是一个子节点列表,其类名与列表类型所包含的简单数据类型的名称一样。每个孩子节点对应列表性质值的一个成员,子节点出现的顺序与其相对应的成员一致。每个孩子节点的“值”性质的值跟源节点相应的列表性质值成员是一样的。

A.4.4.2 数据分隔(DATATOK)树林构造

一个 datatok 树林构造过程为树林中的数据应用一个具有从属“匹配记号模型”词法模型,以产生一个 datatok 树林。datatok 处理的定义步骤如下:

1) 创建一个树林根节点(一个分隔根节点)。此节点的"源"性质的值设置为是树林源节点集的节点列表。

2) 从每个源节点中提取出数据来组成字符序列列表。

3) 如果指定了"源连接分离器",先把字符串连接起来,再用指定分离器分开,结果是由包含单个字符串的列表组成。

4) 词法模型对列表中的每个字符串都是有效的。对于每一个字符串,创建了一个满足特定记号模型的词法模型的子字符串列表。这样的结果是产生了一个字符串子列表的列表。当词法模型应用时,每一个子字符串都保留了良好的可再排序特点。

5) 如果给字符串指定了"记号连接分离器",字符串的子字符串列表连接起来,然后按指定的分离器分离,得到一系列子字符串列表,每个子字符串包含一个单独的字符串。

6) 每个子字符串列表用其自身包含的子字符串代替,将得到一个单个字符串列表。

7) 如果指定一个"结果连接分离器",字符串连接到一起,再按指定分离器分开,结果得到一个含单个字符串的列表。

8) 每个节点对应于字符串列表中的相应的一项,节点在相应的字符串上生成,同时创建了"tokenstr"节点列表。每个节点的"字符串"性质的值节点随相应字符串产生,每个节点的"源"性质的值设置成节点列表,树林源包含所有或部分节点的相应字符串。

9) 树林根节点的"字符串"性质的值依赖于 tokenstr 节点的列表。

下面的例子展示了"词"分割的结果,对从这一文档片段中产生的三个子节点所包含的数据应用不同的连接选项(这些文档段采用默认 HyTime 树林规划):

〈state〉Oregon〈/state〉 〈animal〉river otters〈/animal〉 are cute

由第二步得到的字符串列表是("Oregon""river otters""are cute")。

注:因为此例子是混合内容的,列表中的第二个字符串在状态 State 结束标记和 Animal 开始标记之间是空白。

执行时,在处理过程的不同点上连接产生的结果如下(圆括号代表列表,方括号代表结果 tokenstr 节点):

1) 无连接:

第四步结果:(("Oregon")()("river""otters")("are""cute"))

第六步结果:("Oregon""river""otters""are""cute")

第八步字符串标记节点:["Oregon"]["river"]["otters"]["are"]["cute"]

2) 连接源,分离字符为"X":

第三步结果:("OregonX Xriver ottersX are cute")

第四步结果:("OregonX""Xriver""ottersX""are""cute")

第六步结果:("OregonX""Xriver""ottersX""are""cute")

第八步 tokenstr 节点:["OregonX"] ["Xriver"] ["ottersX"] ["are"] ["cute"]

3) 连接标记,分离字符为"X":

第四步结果:(("Oregon")()("river""otters")("are""cute"))

第五步结果:(("Oregon")()("riverXotters")("areXcute"))

第六步结果:("Oregon""riverXotters""areXcute")

第八步 tokenstr 节点:["Oregon"] ["riverXotters"] ["areXcute"]

4) 连接结果,分离字符为"X":

第四步结果:(("Oregon")()("river""otters")("are""cute"))

第六步结果:("Oregon""river""otters""are""cute")

第七步结果:("OregonXriverXottersXareXcute")

第八步 tokenstr 节点:["OregonXriverXottersXareXcute"]

A.4.4.2.1 数据分隔性质集

datatok 性质集是：

```
〈! --数据分割性质集--〉
〈! DOCTYPE propset
PUBLIC "GB/T 16965—2009//DTD Property Set//EN"
[〈! NOTATION datatok PUBLIC "GB/T 16965—2009//NOTATION Data Tokenizer Grove Construction Process//EN"〉]〉
〈propset gcsd = datatok〉
〈classdef rcsnm = tokroot appnm = "tokenized root" conprop = strings〉
〈desc〉
The grove root resulting from a data tokenizer process.
〈propdef rcsnm = strings nodelist subnode ac = tokenstr〉
〈desc〉
A node list of token strings
〈classdef rcsnm = tokenstr appnm = "tokenized string" conprop = string〉
〈desc〉
A string of one or more tokens.
〈propdef rcsnm = string string〉
```

A.4.4.2.2 数字分隔记法形式

数字分隔树林构造过程被声明为数字内容记法，从数据分隔记法形式衍生出来。

用于数据分隔处理的词法模型可能是内在的过程（比如：用来进行自然语言的词法分析的过程），或是作为记法中的数据单独指定，而该记法的定义包含在数字分隔处理本身的定义之中。词法模型被指定为符合数据特征记法的元素的内容。

注 465：常用结构的小型元素数据属性的 NotName 属性可用于映射记法内容到元素属性（见 A.5.3）。

属性连接源（catsrc）指明通过使用指定分离器字符串执行的起始连接。

属性连接标记（cattoken）指明通过使用指定分离器字符串执行的连接标记。

属性连接结果（catres）指明通过使用指定分离器字符串执行的连接结果。

属性碰撞边界约束（boundary）指定匹配域中满足模型的边界约束，如下：

sodeod	碰撞必须是从开始到结束域上的。
sodiec	碰撞必须是开始于起始域，但不一定扩展到结束域。
isceod	碰撞必须结束在结束域，但不一定开始于起始域。
isciec	碰撞能够发生在匹配域的任何地方。
inmodel	边界要求在模型里边表示。

注 466：边界约束符合“^”（脱字记法）和“$”（美元记法）等 POSIX 中的正则表达式操作。例如：“sodeod”符合以脱字记法开始美元记法结束的正则表达式。

属性最大记号大小（maxtoksz）规定能满足单个匹配记号组的最大字符数。如果试图进行匹配的匹配记号组在 maxtoksz 范围内匹配不成功，将会产生一个差错。

```
                                〈! --数据表征树林结构处理--〉
〈! [ %datatok; [〈! notation datatok--Data tokenizer grove construction process--
  datatok             --条:A.4.4.2.2--
  PUBLIC "GB/T 16965—2009//NOTATION
           Data Tokenizer Grove Construction Process//EN"
                      --属性 [locs]:datatok--
--公共属性 [GenArc]:altreps,included,superdcn--
--公共属性 [base]:bosdatt--
--公共属性 [locs]:egrvplan--〉
〈! attlist #NOTATION
  datatok             --数据表征树林结构处理--
                      --条:A.4.4.2.2--
  catsrc              --源连接分离器--
    CDATA
    #IMPLIED          --默认:无源连接--
```

```
  cattoken          --记号连接分离器--
    CDATA
    #IMPLIED        --默认:无记号连接--
  catres            --结果连接分离器--
    CDATA
    #IMPLIED        --默认:无结果连接--
  boundary          --碰撞边界约束--
    (sodeod|sodiec|isceod|isciec|inmodel)
    isciec
  maxtoksz          --最大记号大小--
    NUMBER
    #IMPLIED        --默认:system defined--〉
]]〉〈! --datatok--〉
```

A.4.4.3 纯文本(PLAINTXT)树林构造

纯文本树林构造过程从所有熟知的字符组成的数据建立树林。

由类纯文本文档(document)的树林根组成的纯文本树林,文本性质值以数据字符(datachar)类的节点列表展示出来。datachar 节点在每个字符通过源数据验证后被创建,同时设定每个字符节点符合公认字符的字符性质的值。数据字符节点的顺序取决于它们相应在源数据中的字符顺序。

A.4.4.3.1 纯文本性质集

纯文本性质集是:

```
〈! --纯文本性质集--〉
〈! DOCTYPE propset
PUBLIC "GB/T 16965—2009//DTD Property Set//EN"
[〈! NOTATION plaintxt
PUBLIC "GB/T 16965—2009//NOTATION Plain Text//EN"
〉]〉
〈propset nsd=plaintxt〉
〈classdef rcsnm=document fullnm="plain text document" conprop=text〉
〈propdef rcsnm=text nodelist subnode ac="datachar"〉
〈classdef rcsnm=datachar appnm="data char" fullnm="data character"
conprop=char〉
〈propdef rcsnm=char fullnm="character" char〉
```

A.4.5 规范的树林表示(CGR)

树林是一个抽象数据表示。处理系统无需反映固有数据结构中的文字树林。无论如何,树林的文字表示对确认、调试和不同应用之间潜在地互换是很有用的。规范树林表示(CGR)文档类型用于创建树林的文字表示,因此给定一个树林或超树林可以由一个标准树林表示。

CGR 文档类型被定义为一种从 HyTime 结构通过一系列对源文档格式合法性的约束继承而来的 SGML 文档类型。这些约束保证了 CGR 文档间的差异是由节点性质中的差异而引起的。当加上限制时,CGR 文档能够可以视为字符串而进行充分比较。

注 467:CGR 文档源之所以增加限制的设计,也是为了能够解析用普通程序语言的标准字符串句法分析特征来解析 CGR 文档。当 CGR 文档是 SGML 文档并且可以被如此解析时,它们也可以被解析成有序的独立的记录。

A.4.5.1 规范的树林表示文档类型

CGR 文档类型由下列元素类型组成:

grove　　表示一个独立的树林。包含一个节点元素和零到多个 urefloc 元素。

node　　表示一个独立的节点。包含一个节点性质的子元素(nodeprop)。每个节点都有一个由算法规则生成的 ID 值(具体算法的定义见 A.4.5.3)。节点元素的类属性为节点的 RCS 类名命名。

nodeprop　　表示一个独立的性质值。nodeprop 元素的内容是性质值。节点列表用列表中代表节点的节点元素的用空格分开的 ID 值表示。简单数据类型(非节点型)用符合

A.4.5.2 中 CGR 源构造限制的字符串表示：

datatype　　性质的数据类型的 RCS 名称。

rcsnm　　性质的 RCS 名称。

noderel　　性质的节点关系类型。subnode、irefnode、urefnode 或 primitive 中的一个。

isnull　　当指定时表示性质值为空。

urefloc　　表示节点在另一个树林中的地址。urefloc 元素类型起始于性质位置地址元素形式(proploc)。当 CGR 文档的产生独立于 hypergrove 时，每个 urefloc 元素的内容是"UNKNOWN"字符串，表示节点地址名称不清楚。当 CGR 文档的生成作为整个 hypergrove 的所有 CGR 生成文档的一部分时，urefloc 的内容是包含引用节点的 CGR 文档节点的 ID。

slsep　　字符串列表中独立的字符串。

CGR 文档符合具体的句法规则，以 32 位字符串命名的除外。

```
<! --树林文档类型的标准表示
   GB/T 16965—2009//DTD Grove 标准表示//EN-->
<? IS10744 ArcBase HyTime>
<! NOTATION HyTime
  PUBLIC "GB/T 16965—2009//NOTATION AFDR ARCBASE
          Hypermedia/Time-based Structuring Language(HyTime)//EN">
<! ATTLIST #NOTATION HyTime
   ArcFormA NAME  #FIXED HyTime
   ArcNamrA NAME  #FIXED HyNames
   ArcDocF  NAME  #FIXED HyDoc
   ArcDTD   CDATA #FIXED "HyTime"
   ArcBridF NAME  #FIXED HyBrid
   ArcAuto  NAME  #FIXED ArcAuto
   ArcOptSA CDATA #FIXED "locs"
   locs     CDATA #FIXED "nmsploc">
<! NOTATION AFDRMeta PUBLIC "GB/T 16965//NOTATION AFDR Meta-DTD Notation//EN">
<! ENTITY HyTime
   PUBLIC "GB/T 16965//DTD AFDR Meta-DTD
          Hypermedia/Time-based Structuring Language(HyTime)//EN" CDATA AFDRMeta >
<! ELEMENT
    grove          --树林文档元素--
    (node,urefloc* )
>
<! ELEMENT
   urefloc         --非受限引用节点定位地址--
   (#PCDATA)       --约束:当 CGR 文档不作为 hypergrove CGR 过程的一部分生成时,urefloc 内容为"UNKNOWN"—
>
<! ATTLIST urefloc
   id      ID      #REQUIRED
   HyTime  NAME    #FIXED nmsploc
   namespc NAME    #FIXED elements
   locsrc  ENTITY  #REQUIRED
   notname NAME    #FIXED ignore>
<! ELEMENT
   node            --树林中的节点--
   (nodeprop* )
>
<! ATTLIST node
   id              --节点唯一的 ID 值--
     ID            #REQUIRED
     class         --此节点的 RCSNM 类名--
     NAME          #REQUIRED
```

```
>
<! ELEMENT
  nodeprop        --节点性质--
  (#PCDATA|slsep|node) *
                  --约束:noderel 为"subnode"时只允许存在与内容中。--
>
<! ATTLIST nodeprop
  rcsnm           --性质的 RCS 名--
    NAME
    #REQUIRED
  datatype        --数据类型的 RCSNM -
    NAME
    #REQUIRED
  noderel         --从性质中节点到显示性质中节点的关系--
    (subnode|urefnode|irefnode|primitive)
    #REQUIRED
  isnull          --性质为空--
    (isnull)
    #IMPLIED      --默认值:性质不为空--
>
<! ELEMENT
    slsep         --字符串列表分隔符--
    - O
    EMPTY
>
<! --数据内容中用以转义分隔符置标的实体-->
<! ENTITY lt "<"--左尖括号-->
<! ENTITY gt "<"--右尖括号-->
<! ENTITY apos "'"--单引号(LITA)-->
<! ENTITY amp "&"--与记法-->
```

A.4.5.2 构造 CGR 源的约束

CGR 文档必须符合下面一些关于 CGR 源的约束:

——空格是不允许出现的(除非按这些规则或 SGML 的要求明确指出的);

——只能用一个"SPACE"字符用来分离那些需要分离的参数;

——所有的关键字指定为大写(只有元素内容和 CDATA 属性值可以为大小写混合);

——DOCTYPE 声明依赖但并不包含开放子集声明(如果有的话),以下面的形式用单行说明:

```
<! DOCTYPE GROVE PUBLIC "GB/T 16965—2009//DTD Canonical Grove Representation//EN"
```

置标声明的结束由其用单行指定;

——如果有子集声明(包括其它 CGR 文档的实体声明),那么该子集的开始和结束声明符都各自由其自身用多行指定。每个实体声明由其用单行来说明(引用 A.4.5.3);

——起始标签以下面的形式用多行确定:

- STAGO 和 GI 用单行说明;
- 每个属性都由其自己用单行说明。这些属性都按照其在 CGR 文档类型属性列表声明中的顺序被说明。不变的属性不需要指定;
- TAGC 本身在一行内描述。

——对结束标签而言,ETAGO 和 GI 都用单行说明。TAGC 由其用一行说明;

——除了外部子集声明(前面描述的公共标识符中经常提到)之外,任何树林文档都必须包含一个且仅一个实体(文档实体)。

起始性质值由节点元素的字符数据内容表示。起始数据类型由下面的字符串表示:

enum	枚举值的 RCS 名(大写)。
string	字符数据内容就是性质值(也有些例外:字符"<"(左尖括号)、">"(右

尖号)、“’”(单引号)和“&”(与记法)分别被通用的实体“it”、“gt”、“apos”和“amp”取代)。这些实体在 CGR 文档类型中声明。

string list	一串值的序列,每个值(除最后一个外)后面都跟着一个 slsep 开始标签。
integer	base 10 整数值的字符形式的描述。
component name	组件的 RCS 名(大写)。
Integer list	空格分隔的整数序列。
component name list	空格分隔的组件名序列。

不带值的性质表示 isnull 性质显示为“ISNULL”(因为该性质的有关款项未得到满足)。

节点的 IDs 根据下条中定义的规则来产生。

A.4.5.3 给节点分配 IDs 的运算法则

在 CGR 文档中 iref 和 uref 关系类型由 SGML ID 引用表示。节点的 IDs 必须按照下面规则产生:

——计数器初始化为 0;

——对每个节点元素,计数器的字符串值(base 10)加前缀“X”后生成其 ID。计数器加 1;

——对每个 uref 节点到其节点的弧来说,生成该节点的 ID 作为内部节点。并且由该 ID 产生相应的 urefloc 元素。Urefloc 元素按照根节点的生成顺序列表(这样,可以按顺序引用其所表示的节点)。

当独立产生 CGR 文档的时候,不能在其他 CGR 文档中获得节点的 ID 用于 urefloc 元素的内容。为包含那些节点的 CGR 文档生成实体名也是不可能的。但是,当 CGR 文档随着权威的代表完全的超树林的树林一起产生的时候,urefloc 元素的内容一定是指派给那些节点的 ID。并且,每个非受限引用的不同树林都要声明实体。

这些实体按下面的要求声明:

——计数器初始化为 0;

——对每个非受限引用的不同树林,按照第一次引用的顺序,计数器的字符串值(base 10)加前缀“CGR”后生成实体名。计数器累加 1;

——对每个产生的实体名,按照其产生的顺序,以下面的形式创建实体声明:

```
<! ENTITY name PUBLIC "-//HYPERCGR//DOCUMENT name//EN" CDATA HyTime>
```

——两个“name”出现的地方用生成的实体名替代。

注 468:没必要也不需要任何操作来协调在不同树林文档中生成的公共的标识符。这样,相同的树林文档也许会被与之关联的不同树林的不同公共标识符所引用。

每实体声明必须以单行包含于内部的 DOCTYPE 子集声明中,并用单行表示声明的结束(像上面显示的那样)。

注 469:产生规范超树的系统决定了创建将树林文档产生的公共标识符与树林之间关联的映射目录。

A.4.6 符合性

文档或系统可以依照此附录的要求(而不符合标准的其他要求)来支持性质集和树林的使用。

符合这些性质集定义需求的系统应该通过下面性质集定义文档(性质集定义文档应该作为系统使用说明的一部分)中的说明:

执行中必须符合标准 GB/T 16965 性质集定义要求。

A.5 通用体系结构

通用体系结构为所有 SGML 标准体系机构提供了大量元素、属性和记法形式的可能的用法。通用的体系结构引擎(相对于一般的体系结构引擎)创建一个能够完全反映原文档的语义树林,并对其添加通用体系结构设施中指定的节点与性质,这种树林使用了 SGML 标准的性质集,该性质集包括通用体系结构所需要的类和性质的定义。

通用体系结构可以用作从属文档或者原结构的基础结构。

注 470：例如，HyTime 起始自通用体系结构，并且包括所有通用体系结构设施。

A.5.1 通用体系结构声明模板

通用体系结构支持的通用形式声明如下：

```
          〈! --通用体系结构支持声明-->
               〈! --声明 DTD 或者被引用 meta-DTD 的模板-->
〈! Notation
  GenArc              --通用体系结构--
                      --符合标准 GB/T 16965—2009 中体系结构形式定义要求的基本的体系结构--
  PUBLIC "GB/T 16965—2009//NOTATION AFDR ARCBASE
          General Architecture//EN"
 〉
〈! Attlist #NOTATION
   GenArc             --通用体系结构--
   ArcFormA NAME   GAForm
   ArcNamrA NAME   GANames
   ArcSuprA NAME   GASupr
   ArcIgnDA NAME   GAIgnD
   ArcDocF  NAME   GADoc
   ArcDTD   CDATA  "GenArc"
                      --NAMELEN 的长度必须至少是 9，因为通用体系结构 meta-DTD 所用参数实体的名称长为 8--
   ArcQuant CDATA  #FIXED "NAMELEN 9"
   ArcDataF NAME   GABridN
   ArcBridF NAME GABrid
   ArcAuto(ArcAuto|nArcAuto)ArcAuto
   ArcOptSA NAMES  #FIXED "commatts dcnatts"
   commatts           --公共元素属性选项--
     CDATA            --Lextype:csname+--
                      --约束：列出 meta-DTD 中设置到"INCLUDE" 中的参数实体--
     "dafe dvlist ireftype HyLex HyOrd lextype opacity REGEX"
   dcnatts            --公共数据属性选项--
     CDATA            --Lextype 类型：csname+--
                      --约束：列出 meta-DTD 中设置到"INCLUDE"中的参数实体--
     "altreps included superdcn"
   irefmodl           --"ireftype"的 SGML 模块组--
                      --条：A.5.5--
     (SGMLmdl|nSGMLmdl)
     nSGMLmdl
 〉
〈! NOTATION AFDRMeta
   PUBLIC "GB/T 16965—2009//NOTATION AFDR Meta-DTD Notation//EN"
 〉
〈! Entity
  GenArc              --通用体系结构 meta-DTD--
  PUBLIC "GB/T 16965—2009//NOTATION AFDR Meta-DTD
          General Architecture//EN"
  CDATA AFDRMeta
 〉
```

A.5.2 元素的公共属性

公共属性由属性形式 id、etfullnm 和 opacity 组成，它们分别标识了一个元素、元素的全名及在上下文中元素对于元素的双亲元素来说是不是"不可见的"。

元素的唯一标识符(id)为元素在其所出现的文档内部指定一个唯一的名字。

注 471：因此，在通用体系结构有效时，所有指定"ID"值的属性必须命名为"id"或者用通用体系结构中重命名属性(GANames)重新映射为"id"。该要求通常由应用关联到体系结构所遵循的规则自动得以满足(见 A3.6.4)。

属性元素类型全名(etfullnm)指定了适用于文档编制中的无限定形式名。

注 472:该属性使名称可运用于程序。

属性不透明性(opacity)表示元素关于它的内容是透明的还是不透明的。透明的元素是指内容(如果有的话)在元素出现的上下文中一定是有效的元素,不论是在 DTD 中还是在 meta-DTD 中。不透明的元素指通常以其基于内容模型的确认作为规范的元素。

注 473:元素和及其子元素在不改变它相关内容模式有效性状态的情况下,一定要满足元素双亲的现行模式组要求。换言之,就像元素本身不存在一样,内容将基于父元素的内容模型验证。

```
                   〈! --唯一标识符--〉
〈! attlist
--id--            --唯一标识符--
                  --条:A.5.2--
  #ALL
  id              --唯一标识符--
    ID
    #IMPLIED      --默认:无--
〉
                      〈! --元素类型全名--〉
〈! attlist
--etfullnm 属性--  --元素类型全名--
                  --条:A.5.2--
  #ALL
  Etfullnm        --元素类型全名--
    CDATA
    #IMPLIED      --默认:通用标识符--
〉
                      〈! --不透明性--〉
〈! [ %opacity; [
〈! attlist
--opacity 属性--   --不透明性--
                  --条:A.5.2--
  #ALL
  opacity         --不透明性--
                  --透明或不透明元素--
    (transpar|opaque)
    opaque        --常量--
〉
]]〉〈! --不透明性--〉
```

A.5.3 数据属性元素(DAFE)

在 SGML 中,元素可以指明数据的内容记法,使得“NOTATION”的值命令通过属性一定要和其内容一致起来。记法可以声明数据属性,而这些属性又通过数据实例展示于那些记法中。然而,因为数据元素有其自身的属性名字空间,元素与某一具体记法一致时需要一种指明元素数据属性的方法,而 SGML 不提供这种方法。这限制了元素记法的使用。

通用体系结构的数据属性元素(DAFE)设置解决了这个问题,它提供了一种将元素属性解释为具有相关记法的元素的数据属性的方式。通过使用这一设置,元素的属性可以从其数据内容记法的数据属性获取,另外还可从于基本体系结构获取。

使用 DAFE 设置时,具有数据内容记法的元素就能被正常处理了,附加条件为:任何与记法的数据属性同名的元素属性都认作是数据属性。其值必须既满足数据属性定义的声明值又得满足元素属性定义的声明值。

注 474:可见,记法和体系结构形式用法非常类似。然而,记法并不是“体系结构形式”,它们是从属文档中的记法,数据属性元素这个设置的应用反映在通用体系结构的强化 SGML 文档树林中,而不是个别的体系结构树林中。特别地,强化版的 SGML 文档树林中的元素节点除了展示“属性”这性质外还展示“数据属性”这个性质(见 A.7 SGML 性质集)。

A.5.3.1 数据控制属性

此处的属性"NotNames"和"NotSupr"分别类似于 ArcNames 属性(见 A.3.5.2)和 ArcSupr 属性(见 A.3.5.3)。

NotNames 属性把体系结构记法名映射到替代从属属性名或者元素内容中。当替代名是"#DEFAULT"时,体系结构属性被映射到它的体系结构默认值,而不能被从属元素指定。

利用 NotNames,通过指定数据属性名为"#NOTCONT" 并对属性值出现的属性命名,可以将和某一记法一致的句法数据内容作为属性值插入。如果"#NOTCONT"被命名为另一属性的替代名,必须采取这种方式。如果"#NOTCONT"未被命名为替代名,元素的内容则不受记法控制。

一个替代名后可以跟一个或者多个由#MAPTOKEN 后跟两个名字记号所组成的记号三元组。它们为出现在属性值中的体系结构定义记号指定了用户替代。如果从属文档中为该属性指定的值中的一个记号与第二个记号相等,那么它将被第一个记号代替。如果#MAPTOKEN 是为一体系结构定义的属性而指定的,且该属性的声明值是 CDATA,那么在记号被替代之前属性值应被做上记号。

属性元素抑制器的数据属性(NotSupr)抑制元素记法属性的特定记法处理。"sNotAll"值抑制元素和其后代元素的所有记法的特定记法处理。"sNotFrom"值除了抑制元素和其后代元素的特定处理外,还要抑制它自身的 NotSupr 属性处理。"sNotNone"值用以终止抑制特定记法处理。如果由于 NotSupr 出现于某祖先元素而使一个元素的特定记法处理受到抑制,那么该元素只能获得常规 SGML 的处理。其元素属性也将不视为数据属性。

```
                        <! --元素数据属性-->
<![ %dafe; [
<! Attlist
--dafe--                --数据属性元素--
                        --条:A.5.3.1--
   #ALL
   NotNames             --元素重命名器数据属性--
                        --定义数据属性的用户名--
     CDATA              --Lextype类型:((NAME,(ATTORCON|"默认"),
                                ("#MAPTOKEN",NMTOKEN,NMTOKEN)*)|
                                ("#NOTCONT",ATTNAME))*--
                        --约束:一个给定的 ATTNAME,NAME,#CONTENT 或者#NOTCONT 只能出现一次--
                        --约束:数据属性名位于用户名前--
       #IMPLIED         --常量--
                        --默认:禁止重命名--
   NotSupr              --元素抑制器的数据属性--
                        --抑制元素处理的数据属性--
    (sNotAll|sNotForm|sNotNone)
      #IMPLIED          --默认:继承--
>
]]><! --数据属性元素-->
```

A.5.4 词法类型

"词法类型"是字符或者记法的定义模式,字符串或者记法序列都符合此定义模式。词法类型又被称作"词法模式"。符合词法模式符合性测试的数据被称为"hit",词法类型在 A.2 词法类型要求(LTDR)中进行了定义。

词法类型属性形式是由一种属性组成的,这种属性允许一种应用程序要求它的属性和内容必须符合它的词法类型。

属性词法类型(Lextype)使属性和/或者内容与其词法类型名成对出现,字符数据的标准 SGML 分解在词汇的分解之前。

注 475:"词法类型"和"非词法类型"的常规注释执行一些属性值和 HyTime 语言定义的目录串的词法类型功能,当定义限制这些内容的词法类型属性时应该注意,要保证满足词法类型和非词法类型的约束条件。

```
                        <! --词法类型属性-->
```

```
〈! [ %lextype; [
〈! attlist
--lextype--          --词法类型属性--
                     --条:A.5.4--
  #ALL
  lextype            --词法类型--
                     --属性值和字符数据内容的词法类型--
    CDATA            -- Lextype:(ATTORCON,NAME) * --
                     --约束:给定的 ATTNAME 或者#CONTENT 只能出现一次--
   #IMPLIED          --常量--
                     --默认:无--
〉
]]〉〈! --词法类型--〉
```

A.5.5 ID 直接引用类型控制

属性形式 Ireftype 允许应用程序控制 ID 引用的直接引用。

ID 引用是一种声明值命令是 IDREF 或者 IDREFS 的属性,或者是被声明为通过一种词法类型来包含 ID 引用的属性或数据内容。ID 引用属性有属性名来说明,ID 引用的内容由保留名"#CONTENT"来说明。保留名"#ALL"意思是"这个元素类型的属性值和数据内容的所有 ID 引用"。

属性ID 直接引用元素类型(ireftype)把引用属性名(或者#CONTENT)和元素类型联系起来了,这些元素类型要和它的直接目标一致。这些元素类型可被列为单独的 GI,很可能跟有一个事件指示器、GIs 模型群或者保留字#ANY,这意味着对于相应的属性任何对象都是可接受的。如果支持通用体系结构通用体系结构 model 选项,模型群可能成为任何有效的 SGML 模型群。当元素类型列表不是一个重复的 OR 群或者当其是一个没有事件指示器的单精度型 GI 时,引用就仅限于指定类型的一个单精度型实例。如果不支持 refmodel 选项,模型群就只限于单精度型(也许可重复)GIs 或者是可重复的或非可重复的 GIs 的 OR 群。

注 476:换句话说,一个可能对象 GIs 的简单列表,可能是可重复的。

与#ALL 相关联的约束可能通过个别地说明它们的元素类型而被忽略特殊的引用属性。

引用元素类型约束应用于引用的直接对象,如果引用是一个指定的路径,那么约束应用于路径中的第一个指定地址,而不是制定路径中的最终目标地址。

```
                                 〈! --ID 直接引用元素类型--〉
〈! [ %ireftype; [
〈! attlist
--ireftype--         --ID 直接引用元素类型--
                     --条:A.5.5--
  #ALL
  ireftype           --ID 直接引用元素类型--
    CDATA            --Lextype:(("#ALL",(GI|模型群|"#ANY"))?,
                               (ATTORCON,(GI|模型群|"#ANY")) *)--
                     --约束:一个给定的 ATTNAME 或者 #CONTENT 只能出现一次 ;类型应用于地址直接目标。
                     --
                     --约束:如果不支持 irefmode 选项模型群就限于可重复或者非可重复的 OR 群,模型群中的
                     记法必须是 GIs--
   "#ALL #ANY"       --常量--
〉
]]〉〈! --直接引用元素类型--〉
```

A.5.6 默认值列表

"默认值列表"是一个设施,通过它应用设计人员就可以以一种反映文档基本框架的方式来控制属性值的分配。

A.5.6.1 默认值列表属性

属性形式 dvlatt 允许默认属性值和元素联系起来。

属性子元素默认值列表(subdvl)指定默认值 impliable 属性将适用于该属性所指属性的元素的子

元素,属性是递归的(换言之,默认属性可以传给它的子默认值表),属性值是默认表元素的 IDs 表。

属性**兄弟默认值列表**(sibdvl)指定默认值 impliable 属性将适用于为其指定属性的元素的更下层兄弟的文档实例中,属性是递归的(换言之,默认属性可以传给它的子默认值表),属性值是默认表元素的 IDs 表。

属性**自我默认值列表**(selfdvl)指定默认值 impliable 属性将适用于为其指定属性的元素的文档实例中,属性值是默认表元素的 IDs 表。

注 477:同一个默认值表可以把它命名为元素默认值表、其子元素默认值表和其兄弟默认值表来分别说明自身元素、其子元素或者其兄弟元素。

在元素结构中随后指定的默认值忽略以前的值,明确地说,subdvl 将忽略其祖先的 subdvl。一个 sibdvl 将忽略 subdvl,同时也忽略更老的兄弟的 sibdvl。

注 478:换句话说,在指定 sibdvl 更老的兄弟元素的末端,sibdvl 作为它父母的 subdvl 被有效地处理。即没有把 sibdvl 堆积到另一个上,或者堆积到它父母的 subdvl 上(若有);父母 subdvl 被在它起作用的点的最近的 sibdvl 替换。

另外,如果在默认值表定义的默认值被定义作为默认设置属性,那么默认值将被重新设置为由默认值表控制类型的最近元素指定的值(子元素默认值表的祖先.默认值表的兄弟)。

```
                        〈! --默认值表属性--〉
〈![  %dvlist; [
〈! attlist
--dvlatt--              --默认值表属性--
                        --条:A.5.6.1--
  # ALL
  subdvl                --子元素 impliable 属性默认值--
    IDREFS              --引用--
                        --Reftype:dvlist + --
                        --注:不能是间接的--
    # IMPLIED           --默认:无--
  sibdvl                --兄弟元素 impliable 属性默认值--
    IDREFS              --引用--
                        --Reftype:dvlist + --
                        --注:不能是间接的--
    # IMPLIED           --默认:无--
  selfdvl               --子元素 impliable 属性默认值--
    IDREFS              --引用--
                        --Reftype:dvlist + --
                        --注:不能是间接的--
    # IMPLIED           --默认:无--
〉
]]〉〈! --默认值表--〉
```

A.5.6.2 默认值列表元素

元素形式**默认值列表**(dvlist)包含属性规范列表。只有当属性值实际用作为默认值时才求值。

属性**默认值元素类型**(dvgi)指定默认值被定义的元素类型的普通标识符。如果没指定,默认值表被运用于默认值表范围内所有元素,如果指定关键词"# ALL",默认值表通用于本文(如果没有指定任何 GIs)中或者指定类型的所有元素。

注 479:不管 dvlatt 属性是否引用"# ALL"的指定默认值表,该默认值表都会被处理。

注 480:全局性默认值表作为设置默认值初始集的一个设施被应用于所有 impliable 属性。

属性**先占属性**(preatts)识别其属性值将会被优先占有的属性。试着指定这样的属性,当属性的先占值起作用时它是一个不可报道的结构差错,但是这种尝试是没用的。

注 481:这条规则适用于尝试先占一个已经被先占的属性。

注 482:先占属性类似于一个不能用其他值来指定的 SGML 固定属性。然而,可以重新指定先占属性,却不能重新指定固定属性。

注 483：应用设计人员可以通过先占 subdvl、sibdvl 和 selfdvl 属性来避免改变默认值。

属性默认设置属性(defatts)在默认值表中为一些属性命名，如果被指定为动态默认值表中的元素，那么这些属性就将成为新的默认值。在这种情况下，“指定”也意味着指定为 selfdvl。用于子元素默认值表的默认设置属性只能把元素阶层往下传，而不是从更老的兄弟层传给更加年轻的兄弟层(除非同样或等效默认值表也用作兄弟默认值表)。

注 484：应用设计师能通过映射 dvlist 形式元素的内容到属性和要求在上下文中定义元素来定义固定的默认值名单。

```
                        <! --默认值表-->
<![ %dvlist; [
<! element
   dvlist              --默认值表--
                       --条:A.5.6.2--
   - O
   (#PCDATA)           --Ulextype:attspecs--
--属性:dvlist--
--公共属性:dafe,dvlist,Etfullnm,id,ireftype,lextype,opacity--
--引用:dvlatt:selfdvl,dvlatt:sibdvl,dvlatt:subdvl--
>
<! attlist
   dvlist              --默认值表--
                       --条:A.5.6.2--
   id                  --唯一标识符--
     ID
     #REQUIRED
   dvgi                --默认值元素类型--
                       --如果忽略应用于所有元素--
     CDATA             --Lextype:(GI+|(#ALL,GI*))--
     #IMPLIED          --默认:所有元素--
   preatts             --属性值被先占的属性--
     NAMES             --约束:must be in dvlist content--
     #IMPLIED          --默认:无--
   defatts             --被指定时属性值变成默认值的属性--
     NAMES             --约束:必须在默认值表内--
     #IMPLIED          --默认:不可替默认值--
>
]]><! --默认值表-->
```

A.5.7 数据属性

SGML 允许属性定义列表声明数据内容记法，这种表中的属性被称作“数据属性”。这些被指定于使用记法的外部数据实体的实体声明中。

A.5.7.1 公共数据属性

属性形式included，altreps 和superdcn 提供了应用程序用来解释实体数据的公共数据属性。这些数据属性可以在属性列表定义中单独地使用，每一个数据属性都是一个独立的设施。

为了被识别为通用体系结构数据属性，使用公共数据属性的用户标记符必须直接地或者间接地派生自通用体系结构的 GABrid 记法形式。

属性included 实体(included)标识实体，这些实体包括引用来自记法而非从 SGML(SGML 分析器并没识别出)的数据。当移动或包装数据时这信息是有用的，因为它允许在不知道数据记法的情况下能找到 included 实体。

注 485：从记法数据实体引用 included 实体的典型用途是一个被重复利用的对象，例如在 CGM 第 4 级图表的引用包括的记法。无需复制实体可以共用这些记法定义。另外一个例子是通过认别应用程序能调用访问实体中压缩的数据的方法来支持面向对象的编程技术。

属性选择性表示法(altreps)识别实体的等效表示法，可能使用不同的数据内容记法。

注 486：选择性表示法不一定是相同等值。由于某种原因，当首选的表示法不能被访问或被处理时它们应用于典型的撤退情况。然而，表示法从信息含量角度被推测为语义等效的，例如，图表的所有可选表示法是或多或少的相同图片。

属性记法派生起始(superdcn)辨认派生当前记法的数据内容记法。

注 487：superdcn 属性定义了在单独的用户文档或结构中的派生层，记法也可能从结构记法形式中获得。这两个派生阶层是彼此独立的。

```
                          <!--记法数据包含的实例-->
<![ %included;[
<!attlist #NOTATION
--included--            --记法数据包含的实例--
                        --条:A.5.7.1--
  #ALL
  included              --记法数据包含的实例--
    CDATA               --Lextype:ENTITIES--
    #IMPLIED            --默认:无包含实体--
>
]]><!--包含-->
                          <!--选择性表示法-->
<![ %altreps;[
<!attlist #NOTATION
--altreps--             --选择性表示法--
                        --条:A.5.7.1--
  #ALL
  altreps               --选择性表示法--
                        --实体选择性表示法--
    CDATA               --Lextype:ENTITIES--
    #IMPLIED            --默认:无--
>
]]><!--选择性表示法-->
                          <!--记法派生起始-->
<![ %superdcn;[
<!attlist #NOTATION
--superdcn--            --记法派生起始--
                        --条:A.5.7.1--
  #ALL
  superdcn              --记法派生起始--
                        --基础记法--
    NAME                --Lextype:NOTATION--
    #IMPLIED            --默认:无--
>
]]><!--记法派生起始-->
```

A.5.8 符合性

文档、应用程序和系统都要和本附录相一致。

A.5.8.1 符合的通用体系结构文档

如果一个通用体系结组件依从本附录的所有条款，并且正如 GB/T 14814—1993 中定义的符合的 SGML 文档，则它就是一个符合的通用体系结构。

A.5.8.1.1 最小化通用体系结构文档

符合性通用体系结构最小化通用体系结构的声明如下所述：

```
<! Notation
  GenArc          --通用体系结构--
                  --遵照标准 GB/T 16965 结构形式定义要求使用的基本结构--
  PUBLIC "GB/T 16965—2009//NOTATION AFDR ARCBASE
          General Architecture//EN"
>
<! Attlist #NOTATION
```

```
    GenArc      --通用体系结构--
    ArcFormA NAME  GAForm
    ArcNamrA NAME  GANames
    ArcSuprA NAME  GASupr
    ArcIgnDA NAME  GAIgnD
    ArcDocF  NAME  GADoc
    ArcDTD   CDATA "GenArc"
  --名称长度至少是 9 因为通用体系结构 meta-DTD 用 8 个字符参数实体名--
    ArcQuant CDATA ＃FIXED "NAMELEN 9"
    ArcDataF NAME  GABrid
    ArcBridF NAME  GABrid
    ArcAuto  (ArcAuto|nArcAuto)ArcAuto
    ArcOptSA NAMES ＃FIXED "commatts dcnatts"
  >
```

A.5.8.2　符合的通用体系结构应用

如果一个通用体系结构满足本条的要求，并且符合 GB/T 14814—1993 中定义的 SGML 应用，则称其为符合的通用体系结构。

A.5.8.2.1　应用约定

一致的通用体系结构应用惯例仅能通过应用程序影响留给面向规范的区域。

注 488：例如：和通用体系结构的结构形式及替代属性名一致的元素类型的名称。

A.5.8.2.2　文档符合性

一种一致的通用体系结构应用将要求它的文档要和通用体系结构的文档一致，但不禁止在文档中使用标准所允许的任何标记。

注 489：例如，一个应用标记惯例推荐使用某种最小化函数，但如果常规允许也不禁止使用其他函数。

A.5.8.2.3　文档编制符合性

一致的通用体系结构应用的文档应该满足标准的要求（见 11.5）。

A.5.8.3　符合的通用体系结构系统

如果通用体系结构系统满足本条的要求并且是一个 GB/T 14814—1993 中定义的符合的 SGML 系统，那该系统就是一个符合的通用体系结构系统。

A.5.8.3.1　文档编制符合性

一致的通用体系结构系统的文档应满足本标准的要求（见 11.5）。

A.5.8.3.2　通用体系结构系统声明的符合性

一致的通用体系结构系统应能够处理任何和系统的通用体系结构系统声明不符合的一致的通用体系结构文档（见 A.5.9）。一种符合的通用体系结构系统将报告它所处理的任何通用体系结构文档中使用的所有不支持通用体系结构文档的设施。

注 490：系统不能处理在本标准中没有定义的数据内容记法，这并不影响它是否是一个符合的通用体系结构系统。

A.5.8.3.3　支持最小化通用体系结构文档

一致的通用体系结构系统将能够处理最小化通用体系结构文档。

A.5.8.3.4　应用约定

一致的通用体系结构系统不会强制执行应用惯例，好像这是标准的要求。

注 491：可以给违反应用惯例的警告，但是它们一定不同于通用体系结构差错报告。

A.5.8.4　验证通用体系结构引擎

如果在一致的通用体系结构系统中的通用体系结构引擎符合本条的要求，这个通用体系结构引擎就是一个确认的通用体系结构引擎。

注 492：一致的通用体系结构系统并不需要确认的通用体系结构引擎，因此执行者可以决定是否在给定系统引用上边的确认。

A.5.8.4.1　差错识别

如果存在可报告的通用体系结构差错，确认的通用体系结构引擎将找到并报告此差错，如果没有就不报告。

确认的通用体系结构引擎能随时报告其他差错。

注 493：除了报告差错的要求外，标准并没有指定如何处理通用体系结构差错。特别是，它并没有规定是否把差错信息作为数据来处理，或者再发现一个差错后是否还应该继续处理。

注 494：如果确认的通用体系结构引擎能够做到的话。本标准不禁止该引擎报告本标准认为非可报告的差错。它既不禁止引擎恢复差错，当它不进行确认时，也不要求引擎报告它们。

确认通用体系结构引擎可以注意到潜在的，但不是必要的差错情况。

注 495：通用体系结构的结构形式不限制文档类型定义的结构，仅仅是文档实例。然而，确认的通用体系结构引擎能够随时报告防止创建有效符合性实例的或者非符合性实例的 DTD。

A.5.8.4.2 通用体系结构消息的识别

通用体系结构差错报告，包括任意报告，将被以清楚地区别其他的消息的方式识别为通用体系结构消息，包括对潜在的通用体系结构差错的警告。

A.5.8.4.3 通用体系结构消息的内容

通用体系结构差错报告，包括任意报告，将详细地指出差错的性质和位置这有利于对它进行修改。

注 496：这个要求措辞给执行者最大的灵活性去满足用户和系统的要求。

A.5.8.5 标准识别

标准识别的文档里必须用自然语言。

标准证明的原文必须明确地显示如下：

a) 在所有出版物前页的一个突出的位置(通常是书名页和封面)；

b) 在 HyTime 节目的所有识别显示屏上；

c) 在所有奖励的和训练的材料里。

对于应用，证明文档如下：

符合 GB/T 16965 的通用体系结构应用。

对于系统，证明文档如下：

符合 GB/T 16965 的通用体系结构系统。

一致通用体系结构系统的文档将包括一个通用体系结构系统声明(见 A.5.9)。

A.5.9 通用体系结构系统声明

通用体系结构系统声明指定通用体系结构和通用体系结构系统支持的所有设施的版本。通用体系结构系统由一套在参引具体句法的通用体系结构支持声明来代表。每种支持设施必须有一个可选项属性，在其内部不可以有该可选项名的复本。

支持所有通用体系结构的可选设施的系统的系统声明如下：

```
<! Notation
  GenArc           --通用体系结构--
                   --遵照 GB/T 16965 结构形式定义要求使用的基本结构--
  PUBLIC "GB/T 16965—2009//NOTATION AFDR ARCBASE
           General Architecture//EN"
>
<! Attlist  #NOTATION
   GenArc          --通用体系结构--
   commatts        --普通元素属性选项--
     CDATA         --Lextype:csname + --
                   --约束:meta-DTD 中的表参数实体应设置为"INCLUDE"--
     "dafe dvlist ireftype HyLex HyOrd lextype opacity REGEX"
   dcnatts         --公共数据属性选项--
     CDATA         --Lextype:csname + --
                   --约束:meta-DTD 中的表参数实体应设置为"INCLUDE"--
     "altreps included superdcn"
>
```

A.6 正式系统标识符定义要求(FSIDR)

附录声明了用于系统标识符中记法的正式定义的要求。系统标识符是指定访问存放实体的存储对象的标记声明参数。访问是由“存储管理器”(SM)提供的,例如文档系统、数据库、网络或者主存储管理器。对象可以单独地被存放,或者作为更大存储对象的一部分,称带有多对象存储(即 MIME,TAR 等)定义格式的“containers”或“archives”。访问存取可以包括辅助过程,例如把八位序列转换成内部形式的字符、记录界限认别和其他需要把存储对象作为实体提到 SGML 分析器的过程。

SGML 系统为它的文档提供访问存储管理器的访问权,不管它是否使用在这个附录定义的设施,因此这个附录有两个明确的目的:

a) 它为系统标识符指定一个规范化的结构,公认为“正式系统 I 标识符”(FSI)。FSI 可以支持在实体和存储对象之间的任意映射,包括一对多、多对一、分布存储和容器。

b) 它提供正式声明创建了文档的系统的仓库管理设施手段。那些设施是在系统的“FSI 定义文档”(fsidd)中声明的,并且,无论如何这样的声明都是有效的。所以,支持正式系统标识符的系统在文档外使用它们,比如为了确认一个 SGML 文档实体是否被处理,或者为了维护映射公用识别符到正式系统标识符的目录。

附录被指定为一个符合标准结构形式定义要求附录的结构。这个结构除了定义一套在正式系统标识符定义文档中定义的存储管理器的记法形式外,还定义了系统标识符的专业句法和相关的句法。除基本存储管理器记法形式之外,这个附录还定义了从基本形式获得的存储管理器“starter 集”。当仅从 FSIDR 结构获得 fsidd 文档时,无需其他支持结构或者结构化处理应用程序和系统也可为正式系统标识符提供支持。

A.6.1 系统标识符

实体是一个虚存储对象。标记声明的系统标识符参数可以把一个实体映射到一个或更多实存储器对象(或其一部分)上,也可以规定访问实体对象的执行过程。系统标识符的格式通常特殊(“非正式系统标识符”)的。然而,当指定以附录中描述的方式对存储器进行存取访问时,系统标识符就称为“正式系统标识符”(FSI)。

注 497:特定系统标识符既可以是正式的也可以是非正式的。在同一个文档这两类都可能出现。

正式系统标识符包括一个或更多“存储对象规范(SOS)”,其中每一种规则识别一种存储对象。存储对象按指定的顺序连接起来存储实体。当支持“altsos”选项时,FSI 就包含认别相同对象可选(即复制)存储位置的可选性 SOS 序列;系统可以自由选择最方便的方式。

A.6.1.1 存储对象规范(SOS)

SOS 的格式类似于元素,也是由一个带有内容的开始标记组成,这开始标记也可以随意地带结束标记或空的结束标记。

在 SOS 标记中,作为普通标识符出现的名称是存储管理器名(SMName)。它也是由声明确定为“存储管理器记法”的名称。也有属性规范列表,包含为存储管理器记法定义的属性。这些 SOS 属性担当控制对存储对象的访问的参数。

SOS 的内容就是“存储对象记法”(SOI)。它的句法和句法取决于个别存储管理器。

A.6.1.2 非正式的系统标识符

只有当系统标识符以一个 SOS 标记开始,它才被认为是一个 FSI。只要选择存储管理器名称非正式系统标识符就可以作为 FSIs 运用于同一个文档内,所以非正式的系统标识符不会以 SOS 标记开始。

系统 FSI 定义文档(fsidd)应该定义如何解释非正式的系统标识符。特别是,把它们作为特殊 SM 的 SOIs 来处理,并给定 SM 属性的默认值。

A.6.1.3 实体用法属性

实体的属性由代表实体主体的记法来提供。这些属性称“数据属性”;它们描述了解释记法的各个方面。存放实体的存储对象也有属性，它们由存储管理器提供并且描述物理访问对象和把对象转换成SGML分析器或其他记法解释程序所期望的形式的各个方面。

实体可能有独立于记法和存储管理器的自身的附加属性。称它们为“实体用法属性”，并且他们描述使用实体的各个方面，例如授权、程序修改级和可选性表示法。

A.6.2 辅助过程

几个辅助过程可能要求将新建实体转换成可存储的形式。相反地，辅助过程也许需要将存储对象的八位字节形式转换成SGML分析器可读的字符内部表达形式。

SGML语言的设计就是为了使SGML文档也像系统普通的文档文档那样存储，因此，万一无法获得SGML-aware工具或是某些方面不完善，就允许用标准文本处理工具来访问和处理。

结果，在实体被创建或修改后，存放时可以做大量的处理。首先，如果实体不是存放在一个单独存储对象中，那它被划分成和将出现的存储对象一样多的部分。存储对象可能在不同的存储系统(即受不同存储管理器的控制)中。每一部分都执行以下步骤：

a) 记录边界被转换成文档行尾的存储系统形式(例如，回车、换行或者这两种)。

b) 用于存储对象的字符的表示法不同于内部SGML分析器所使用的字符表示法。

注498：大字符集它经常会出现这种情形：在内部，字符是一个八位字节定长序列，但是在外部，它是一个八位字节可变长的序列。

c) 在这种情况下必须把字符的内部表达形式转换成作为存储八位字节序列的外部表示法。

d) 实体主体在存储对象中占的位置是确定的(如果它不是完整的对象)。实体主体在存储对象中占据一个或更多区域。

e) 存储对象是可以加密的。

f) 存储对象是可以压缩的。

g) 存储对象可以通过计算账号数据来加密，如果存储对象被修改，账号数据就不再有效了。

当访问一个实体时，实体管理器为每个存储对象规范调用存储管理器。每个存储对象执行以下步骤：

a) 检验存储对象的完整性(如果是加密的)。

b) 解压存储对象(如果它是压缩的)。

c) 解码存储对象(如果它被加密)。

d) 锁定实体占据的存储对象区域并且与存储数据部分相连接。

e) 把八位字节序列转换成分析器使用的字符的内部表达形式。这转换取决于存储对象和系统使用的字符的内部表达形式的编码；它也许是空操作。

f) 记录被识别、转换成SGMLRE和RS字符的边界。

注499：尽管为了更加清晰继续描述辅助处理，但是只要能达到相同结果，仍可按照并行或者任何顺序去执行。

A.6.3 容器

最普通的存储管理器是操作系统和网络的文档系统。其特点是它们存放的对象不能存放在其他某些对象中。相反，一些存储管理器，例如文档和数据库管理器，在一个更大的对象中存放的对象。一般，那些对象(“文档”或“数据库”)由文档系统作为文档存放，尽管在某些情况下它们能在更大的档案或数据库中存放。

在正式系统标识符的上下文中，在更大的对象中存放对象的存储管理器被称作“容器存储管理器”。容器存储管理器的SOI的记法被认为是从FSIDR容器记法形式中获得的“容器记法”。

容器是存储器被分成的实体，所以可以保留其他实体的主体(“包含对象”)。包含对象的位置由它们的实体声明指定。实体声明担当容器的“目录”或“directory”的入口。

注500：容器实体提供应用程序用于避免重复描述信息的存储组织。容器也促进了插入和其他优化访问多媒体数据的技术。

当使用容器 SM 时,容器实体的字符作为容器实体的存储八字节来处理。

注 501:当查询语言(例如 SQL 或 SDQL)用作存储管理器记法时,只返回一个唯一存储对象的查询才是合法的。在通常情况下,查询语言将是一个容器记法,容器实体是关系表或其他查询域和包含将被查询实体的 SOI。

A.6.4 FSI 标识设施

文档指出正式系统标识符的出现是通过使用 SGML 声明的 APPINFO 参数或者本条中描述的其他设施。在这些设施的描述中,通常有必要区别讨论中的 FSI 的存储对象、关联实体和 FSI 中出现的存储对象。主要用到以下术语:

指定存储对象	讨论存储对象,在 FSI 中指定它。
声明实体	声明包含指定的存储对象 FSI 的实体或者导致 FSI tobe 从目录访问。
当前存储对象	出现 FSI 的存储对象,如果 FSI 在目录实体中,它就是目录存储对象。
当前实体	宣称实体声明发生的实体。
指定存储管理器	指定存储对象的存储管理器。
当前存储管理器	当前存储对象的存储管理器。

A.6.4.1 APPINFO 参数的 FSI 用法

为了确定正式系统记法的使用时间,以记号的一种空间划分序列形式来分析 SGML 声明的 APPINFO 参数。定义对一个或更多存储管理器的潜在用途与通过指定一个记号关键词“FSIDR”指出的要求相符合。该关键词指出在正式系统标识符(FSI)声明的一个或更多个 DTDs 或 LPDs 中的潜在出现要符合这些正式系统标识符的要求。使用 APPINFO 参数表明使用正式系统标识符是任意的。

注 502:使用 APPINFO 来声明 SGML 声明中的正式系统标识符的用法。然而,这已足以使正式系统的标识符声明带有 FSIDR 处理指令的正式系统标识符在 DOCTYPE 声明中的用法。

记号的格式:

```
FSIDR
```

除“FSIDR”外,记号也能指定在本文的 DTDs 或 LPDs 中 FSI 声明的名称。其格式是:

```
FSIDR = FSIUsed
```

出现“FSIUsed”地方用真实的 FSI 声明名称来替换。

A.6.4.2 FSI 声明

FSI 声明指定用于系统标识符的一个或更多存储管理器记法。出现这种记法的系统标识符叫作“正式系统标识符”。在一个 DTD 或 LPD 中只能有一个 FSI 声明。

在句法上,FSI 声明是一条处理指令(PI),不是 SGML 置标声明。在下面的模板中,它实际上以参引句法形式显示。在使用中,SMName 列表参数必须由以记法名声明的一个或更多个存储管理器名(SMName)替换,由 SGMLs 分离器(白色空间)划分。如果系统的 fsidd 不为每一个指定的 SMName 声明记法的话,就会出现一个可报导的差错。

任何 FSIDefDoc 参数都可跟随 SMName 列表参数,也可以通过 ts 从它那里分离出来。在使用中,在模板中的外部 id 由定义用于本文的 SMs 的 fsidd 标识符所替换。当使用系统的唯一(或默认)fsidd 时,参数可以被省去。

结果(诚然不太可能),文档中包含看上去是 FSIs 的非正式系统标识符,并且支持 smalias 选项,用于 FSIs 中的 SMName 出现时可以带有别名的情况。

其格式是:

```
SMName = SMNameAlias
```

出现“SMNameAlias”地方用实名替换来用于本文 FSIs 中的存储管理器。

从最初的字符串“IS10744”,声明名称是以下字符串,一直到第一台 ts 分离器。名称总是在 meta-DTDs 中的“FSIDR”。在 DTDs 或 LPDs 中也应该是“FSIDR”,但是如果有必要,可以规定在 SGML 声明的 APPINFO 参数中改变它,以避免在把 FSIs 更新到含有以“IS10744 FSIDR”开头的 PIs 文档时发生冲突的(诚然不太可能)可能性。如果用户文档的 SGML 声明指定用一般大写代入法,声明名称就受大写代入法支配。

〈! --FSI 存储管理器声明--〉
〈! --DTD、LPD 或者 DERIVED META-DTD 中 PI 的模板--〉
〈? IS10744 FSIDR SMName-list FSIDefDoc = "external-id"〉

A.6.4.3 FSI 句法

正式系统标识符由一个或更多存储对象规范(一个“SOS 序列”)序列组成。把派生自每个 SOS 的解析的字符按序列的顺序连接起来,并且字符包括字符实体。

参引具体句法用来识别 FSI 中 SOS,不论在 SGML 文档内部还是在 SGML 文档外部。

SOS 开始标记通过直接跟存储管理器名(见 A.6.4.2)的开始标记开放符来识别,存储管理器名既可以跟 SGML“s”分离器也可以跟结束标记符。

注 503:在 SOS 的属性值文字和内容(SOIs)中 SGML 数字字符参数可被识别。它们可以用于避免差错记法识别。

在 SOI 中处理记录的开始和记录的结尾,正如在 SGML 的句法内容中处理的一样。

注 504:在实践上,这个规则意味着从 SOI 中删除记录的开始,并且一个记录结尾在 SOS 开始标记或在 SOI 的结尾之后也被删除。

当支持选择性 SOS 序列(altsos)选项时,不止一个 SOS 序列被垂直栏分开。在垂直栏前要求使用结束标记,来明确垂直栏是否是 SOI 的一部分。希望所有 SOS 序列都能产生相同字符序列。系统可以自由地选择最方便的序列。

当声明实体用法(entuse)SM 时(见 A.6.6),FSI 可以随意地以 entuse 开始标记开始,这可以用于指定适用于所有实体的属性。entuse 开始标记不作为任何选择性 SOS 序列的部分;它可以独立地应用于选定的选项。

开始标记 entuse 没有对应的结束标记。entuse 记法不是存储管理器;它仅用于声明和指定属性。

注 505:FSI 的结构框架如下:

```
[35] fsi  = entuse start-tag?,
sos sequence,
(or,sos sequence) * ,
```

注 506:

```
[36] sos sequence  = sos +
```

注 507:

```
[37] sos  = sos start-tag,soi ,
(sos end-tag|(etago,tagc))?
```

A.6.5 存储管理器属性定义

存储对象规范的设计师能随意地把属性定义列表声明和用于指定声明存储管理器处理器的记法声明联系在一起。除指定存储对象标识符外,属性还用于指定存储访问的参数。

在这些 FSIDR 要求中定义了规范化存储管理器属性的启动器集。

注 508:一些存储管理器也许会包括在它的 SOI 句法中一个或更多这样的属性所表现出的信息,在这种情况下不应该为那个 SM 定义属性。

注 509:对于所有 SGML 记法,声明可以像参数一样传送给记法处理器“数据属性”是有可能的。然而,对于辅助处理记法,仅可以指定属性的默认值;没有办法指定记法个别用法的属性。所以,如果特殊辅助过程需要参数的可选性集,应该为每个集合声明一个不同的记法,但要具有相同的外部识别符。然后几个名字将调用相同辅助过程,但要用不同的参数集。

A.6.5.1 相关记录属性

属性形式记录处理属性(records)包括控制如何以记录或行的形式来解释实体数据的属性。

属性记录边界指示器(records)识别用于解释 SGML 实体记录边界的字符集或字符。

关键词“ASIS”意味着不用企图去解释记录组成的输入。使用这个关键词一是因为读取实体主体是以快的形式而不是字符(如数据实体)的形式,再是因为存储对象已经包含了具体句法所需要的记录边界字符。

如果知道使用的四个线终端协定(“LF”、“CR”、“CRLF”和“LFCR”)之一的话,就可以直接指定它。

否则,可以指定"FIND",并且可以在存储对象(若有)中找到四个中的第一个协定,它可以作为其他存储对象(除非系统使用 RMS)记录边界指示器来处理。如果什么都没有找到,这就相当于指定了"ASIS"。

关键词"RMS"代表"记录管理系统",存储管理器是通过字符序列之外的手段(典型地,它知道每个记录的长度)来识别记录边界的。

当存储对象中的记录被识别时,在每个记录的开头插入一个记录起始标记,在每个记录的末端插入一个记录结束标记。如果在实体的末端有一个部分记录(一个没有线终端的记录)那么在它之前插入一个开始标记,但是在它之后不插入记录结束标记。

注 510:如果需要的话,文字 SM 可以用于插入落后的记录结束标记。

属性**记录跟踪**(tracking)指定实体管理器是否在消息中必须包括记录数信息。

注 511:特别是在大型存储对象中,有些操作能通过不跟踪记录来改进性能。

```
                              〈! --记录处理属性--〉
〈! attlist ＃NOTATION
--records--                   --记录处理属性--
                              --条:A.6.5.1--
    ＃ALL
    records                   --记录边界识别--
      (asis|crlf|cr|find|lfcr|lf|rms)
      ＃IMPLIED               --默认:找到除了 NDATA 实体"asis"和它的 FSIs 在存储对象中记录 = asis 的那些--
    tracking                  --记录边界跟踪信息--
                              --约束:仅 SGML 实体--
      (track|notrack)
      track
  〉
```

A.6.5.2 相关编码属性

属性形式**实体编码规范**(encoding)包括指定用于实体的编码方法的属性。

实体存放时,必须把实体的字符从其内部表达形式转换成以存储八字节序列的表示法。因为字符的内部表达形式是依赖系统的,这种转换没有直接指定,而是从字符映射到八字节序列,这是指定的"编码"。存储管理器确定转换法则,使用指定编码和字符内部表达形式的固有知识。

编码可以选用下述两种方式指定:

——利用编码属性完全指定。当用此法指定时,编码独立于使用实体文档的文档字符集;

——由属性**位组合转换方式**(bctf)部分指定,该属性指定了一种从固定尺寸的位组合映射到存储对象的八字节序列的运算法则。在这种情况下编码是以下前两者的组合:

- 从字符映射到文档字符集决定的固定尺寸的位组合;
- 从固定尺寸的位组合映射到 BCTF 指定的八字节序列。

读取实体时,要反过来使用编码映射。

注 512:当存储对象在容器内时,它的"octets"实际上是容器实体的字符。在这种情况下,通常为容器或包含的对象指定编码或 bctf 属性,但不是两个都指定。

```
                          〈! --实体编码规范--〉
〈! attlist ＃NOTATION
--encoding--              --实体编码规范 n--
                          --条:A.6.5.2--
    ＃ALL
    encoding              --编码--
                          --约束:最多指定一个编码和 bctf--
                          --约束:仅 SGML、CDATA 和 SDATA 实体--
      NAME                --约束:注册值记法--
      ＃IMPLIED           --默认:相同 除非指定 bctf--
    bctf                  --位组合转换形式--
                          --约束:仅 SGML、CDATA 和 SDATA 实体--
                          --约束:最多指定一个编码和 bctf--
```

```
      NAME           --约束:注册值记法--
      #IMPLIED       --默认:存储对象没有依赖文档字符集的字符集--
    >
```

A.6.5.2.1 编码记法

在标准中定义了编码的启动器集记法。记法是：

ucs-2　这个编码是在 GB/T 13000.1—1993 中定义的通用多八字节编码字符集的编码表示法的双八字节 BMP 形式。

ucs-4　这个编码是在 GB/T 13000.1—1993 中定义的通用多八字节编码字符集的编码表示法的四八字节规范形式。

utf-8　这个编码是 UCS 转换格式 8，在对 GB/T 13000.1—1993 PDAM 1 的修正 1 的附录 P 中进行了定义。用 1 个和 6 个八字节对 GB/T 13000.1—1993 指令表内字符进行编码。

utf-16　这个编码是 UCS 转换格式 16，在对 GB/T 13000.1—1993 修正 1 的附录 Q 中进行了定义。

utf-7　这个编码是 IETFRFC 1642 定义的 UCS 转换格式 7。这可以用于在 ISO/IEC 10646 基本多语种平台上进行字符编码。

unicode　这个编码在 GB/T 13000.1—1993 基本的多语种平台上用二个八字节描述每个字符。描述字节标记字符(0xFEFF)的字节对应放在描述整个存储对象的字节之前。描述每个位组合的字节要按子节排序，除非存在字节顺序标记字符，在这种情况下，位组的顺序决定字节顺序。当读取存储对象时，任何字节顺序标记字符都被丢掉了。

euc-jp　这个编码是日语注册的互联网字符集的扩展 UNIX 代码包装格式。

sjis　这是 Shift JIS 注册的互联网字符集。

is8859-N　N 可以是除 0 之外任一单数，它从 ISO8859-N 中用一个单八字节进行编码。

same　这个存储对象编码和指定存储对象的 SOS 的存储对象的编码是相同的。

```
                    <! --编码记法-->
                 <! --这是一个非强制性的启动器集-->
<! notation
  UCS-2               --UCS-2 编码--
                      --这个编码是在GB/T 13000.1—1993 中定义的通用多八字节编码字符集的编码表示法的双八
                        字节 BMP 形式。--
  PUBLIC "GB/T 16965—2009//NOTATION FSIDR ENCODING
         UCS-2 Encoding//EN"
>
<! notation
  UCS-4               --UCS-4 编码--
                      --这个编码是在GB/T 13000.1—1993 中定义的通用多八字节编码字符集的编码表示法的四八
                        字节规范形式。--
  PUBLIC "GB/T 16965—2009//NOTATION FSIDR ENCODING
         UCS-4 Encoding//EN"
>
<! notation
  UTF-8               --UTF-8 编码--
                      --这个编码是 UCS 转换格式 8,在对 GB/T 13000.1—1993 PDAM 1 的修正 1 的附录 P 中进行了
                        定义。用 1 个和 6 个八字节对 GB/T 13000.1—1993 指令表内字符进行编码。--
  PUBLIC "GB/T 16965—2009//NOTATION FSIDR ENCODING
         UTF-8 Encoding//EN"
>
<! notation
  UTF-16              --UTF-16 编码--
                      --这个编码是 UCS 转换格式 16,在对 GB/T 13000.1—1993 修正 1 的附录 Q 中进行了定义。--
  PUBLIC "GB/T 16965—2009//NOTATION FSIDR ENCODING
```

```
            UTF-16 Encoding//EN"
  〉
  〈! notation
    UTF-7                --UTF-7 编码--
                         --这个编码是 IETFRFC 1642 定义的 UCS 转换格式 7,这可以用于在 GB/T 13000.1—1993 基本
                           多语种平台上进行字符编码。--
    PUBLIC "GB/T 16965—2009//NOTATION FSIDR ENCODING
            UTF-7 Encoding//EN"
  〉
  〈! notation
    UNICODE              --UNICODE 编码--
                         --这个编码在 GB/T 13000.1—1993 基本的多语种平台上用二个八字节描述每个字符。描述字
                           节顺序的一个对字节标记字符(0xFEFF)应放在描述整个存储对象的字节之前。描述每个位
                           组合的字节要按子节排序,除非存在字节顺序标记字符,在这种情况下,位组的顺序决定字
                           节顺序。当读取存储对象时,任何字节顺序标记字符都被丢掉了。
    PUBLIC "GB/T 16965—2009//NOTATION FSIDR ENCODING
            UNICODE Encoding//EN"
  〉
  〈! notation
    EUC-JP               --EUC-JP 编码--
                         --这个编码是日语注册的互联网字符集的扩展 UNIX 代码包装格式--
    PUBLIC "GB/T 16965—2009//NOTATION FSIDR ENCODING
            SJIS Encoding//EN"
  〉
  〈! notation
    IS8859-1             --GB/T 15273.1—1994 编码--
                         --它从 GB/T 15273.1—1994 中用一个单八字节进行编码--
    PUBLIC "GB/T 16965—2009//NOTATION FSIDR ENCODING
            ISO 8859-1 Encoding//EN"
  〉
  〈! notation
    IS8859-2             --GB/T 15273.2—1995 编码--
                         --它从 GB/T 15273.2—1995 中用一个单八字节进行编码--
    PUBLIC "GB/T 16965—2009//NOTATION FSIDR ENCODING
            ISO8859-2 Encoding//EN"
  〉
  〈! notation
    IS8859-3             --GB/T 15273.3—1995 编码--
                         --它从 GB/T 15273.3—1995 中用一个单八字节进行编码--
    PUBLIC "GB/T 16965—2009//NOTATION FSIDR ENCODING
            ISO8859-3 Encoding//EN"
  〉
  〈! notation
    IS8859-4             --GB/T 15273.4—1995 编码--
                         --它从 GB/T 15273.4—1995 中用一个单八字节进行编码--
    PUBLIC "GB/T 16965—2009//NOTATION FSIDR ENCODING
            ISO8859-4 Encoding//EN"
  〉
  〈! notation
    IS8859-5             --ISO8859-5 编码--
                         --它从 ISO8859-5 中用一个单八字节进行编码--
    PUBLIC "GB/T 16965—2009//NOTATION FSIDR ENCODING
            ISO8859-5 Encoding//EN"
  〉
  〈! notation
    IS8859-6             --ISO8859-6 编码--
                         --它从 ISO8859-6 中用一个单八字节进行编码--
    PUBLIC "GB/T 16965—2009//NOTATION FSIDR ENCODING
            ISO8859-6 Encoding//EN"
  〉
```

```
〈! notation
  IS8859-7           --GB/T 15273.7—1996 编码--
                     --它从 GB/T 15273.7—1996 中用一个单八字节进行编码--
  PUBLIC "GB/T 16965—2009//NOTATION FSIDR ENCODING
          ISO8859-7 Encoding//EN"
  〉
〈! notation
  IS8859-8           --ISO8859-8 编码--
                     --它从 ISO8859-8 中用一个单八字节进行编码--
  PUBLIC "GB/T 16965—2009//NOTATION FSIDR ENCODING
          ISO8859-8 Encoding//EN"
  〉
〈! notation
  IS8859-9           --ISO8859-9 编码--
                     --它从 ISO8859-9 中用一个单八字节进行编码--
  PUBLIC "GB/T 16965—2009//NOTATION FSIDR ENCODING
          ISO8859-9 Encoding//EN"
  〉
〈! notation
  SAME               --Same 编码--
                     --这个存储对象编码和指定存储对象的 SOS 的存储对象的编码是相同的。--
  PUBLIC "GB/T 16965—2009//NOTATION FSIDR ENCODING
          No change in encoding//EN"
  〉
```

A.6.5.2.2 BCTF 运算法则记法

标准定义了 BCTF 运算法则的记法起动器集。记法是：

identity　每个位组合由一个单八字节描述；BCTF 仅能用于存储对象，其位组合的值一个不超出 255。

fixed-2　每个位组合由 2 个八字节确切地描述，先是重要的八字节；BCTF 仅能用于存储对象，其位组合的值一个不超出 65,535。

fixed-3　每个位组合由 3 个八字节确切地描述，在任何不重要八字节之前用一更加重要的八字节；BCTF 仅能用于存储对象，其位组合的值一个不超出 16,777,215。

fixed-4　每个位组合由 4 个八字节确切地描述，在任何不重要八字节之前用一更加重要的八字节；BCTF 仅能用于存储对象，其位组合的值一个不超出 4,294,967,295。

```
                     〈! --BCTF 运算法则记法--〉
                    〈! --这是一个非强制性的启动器集--〉
〈! NOTATION identity
  PUBLIC "GB/T 16965—2009//NOTATION FSIDR BCTF
          IDENTITY BCTF Algorithm//EN"
  〉
〈! NOTATION fixed-2
  PUBLIC "GB/T 16965—2009//NOTATION FSIDR BCTF
          FIXED-2 BCTF Algorithm//EN"
  〉
〈! NOTATION fixed-3
  PUBLIC "GB/T 16965—2009//NOTATION FSIDR BCTF
          FIXED-3 BCTF Algorithm//EN"
  〉
〈! NOTATION fixed-4
  PUBLIC "GB/T 16965—2009//NOTATION FSIDR BCTF
          FIXED-4 BCTF Algorithm//EN"
  〉
```

A.6.5.3 公共存储管理器属性

属性形式公共存储管理器属性(smcommon)包括控制公共存储对象访问及 SOS 解释的属性。

属性占用范围(extents)是指定实体占领的存储对象的范围的标记列表记法 dimlist。如果实体被分隔和分布到存储对象内的几个区域内，就指定多维规范。

注 513：例如，这项技术用于插入目前访问的实体的主体。

属性zap 文件尾(zapeof)指定存储对象的拖尾八字节序列在描述文档尾时是否应该从实体中排除。

注 514：这是不同于范围属性的功能，因为使用 zapeof 用户不必知道一个特殊存储对象的拖尾八字节事实上是否是文档尾控制(例如，在 DOS 中的控制 Z 八字节)。通常应该为 DOS 指定 Zapeof(这是标准 C 程序库关于文档的行为)。

属性存储管理器字符参引记法(smcrd)是在存储管理器固有字符集(固有字符集也许不同于出现 FSI 文档的字符集)中给一个字符划定参数的单字符。smcrd 仅能在 SOI 或属性值中被识别和只有跟随十进制数时才能被识别。smcrd 字符带有十进制数和一个任意分号一起，被带有的在存储管理器的固有字符集中指定的数字字符代替。

属性压缩信息(compress)可以用于指定压缩或解压过程，被声明为记法。

属性加密信息(encrypt)可以被用于指定加密或解密过程，被声明为记法。

注 515：包括这样的信息也许被认为是不安全的，甚至表明存储对象是加密的。

属性完整性信息(seal)可以用于识别核实过程，被声明为记法。

属性注册值是由启动器集、md5 和用于在互联网文档传输的封印的标准格式提供的。

属性SOI 的相关基础(SOIbase)允许指定一个可择性相关基础。它的值必须是指定存储对象的 SM 的 SOI。SOIbase 可以为允许相关 SOI 的所有存储管理器声明。

注 516：使用 SOIbase 属性可能不等效于加在前面串与做搜寻的存储管理器的 SOI。例如，带 FSI 的。

〈osfile soibase = entities〉foo. sgm〈/osfile〉

注 517：一个存储管理器可以首先查找文档实体或 foo. sgm，如果不存在，然后查找 entities/foo. sgm，在：

〈osfile〉entities/foo. sgm〈/osfile〉

注 518：也许首先查找文档实体或 foo. sgm，但是然后是查找文档 pubtext/entities/foo. sgm。

```
                    〈! --公共存储管理器属性-->
〈! attlist  # NOTATION
--smcommon--        --公共存储管理器属性--
                    --条:A.6.5.3--
      # ALL
     Extents        --对象范围的维数--
                    --约束:用于存储八字节;量是一个八字节--
       CDATA        --Lextype:(marker,marker) + --
                    --约束:解释为 HyTimedimlist--
       "1 -1"       --默认:完整对象--
     zapeof         --Zap 文档尾--
       (zapeof|nozapeof)
       zapeof
     smcrd          --存储管理器字符参数符--
       CDATA        --Lextype:char--
       # IMPLIED    --默认:无--
     compress       --压缩信息--
       CDATA        --约束:注册值记法--
       # IMPLIED    --默认:无--
     encrypt        --编码信息--
       CDATA        --约束:注册值记法--
       # IMPLIED    --默认:无--
     seal           --完整性信息--
       CDATA        --约束:注册值记法--
       # IMPLIED    --默认:无--
     SOIbase        --基于相关的 SOI--
       CDATA        --约束:SM 的 SOI--
       # IMPLIED    --默认:如果有名称 SM:当前存储对象 ;否则:无--
```

```
〈! notation md5
      PUBLIC "-//IETF/RFC1544//NOTATION FSIDR SEAL
          Content-MD5 Header Field//EN"
〉
```

A.6.6 实体用法属性定义

当声明实体用法存储管理器时,FSI可以以指定属性的entuse开始标记开始。适用于entuse标记的属性是那些应用于整个实体但是与它的用途或存储相关的属性,而不是它们的数据表示法,并且因此是不适合定义实体记法的数据属性的。

属性**修改级别**(modlevel)允许保留修改级别纪录。当使用容器时,包含对象的修改级别可以与容器的修改级别相较以确定实体的完整性。修改级别是一对整数。第一个整数的初始值为0,当修改实体时增加。当应用程序使修改过的实体生效时,第二个整数被设置为第一个整数的值。

注519:例如,

```
          〈! ENTITY ctrl
      SYSTEM "〈entuse modlevel = '1 1'〉

                  〈osfile〉ctr1.dat"
          NDATA sbento
      〉
      〈! ENTITY doc
         SYSTEM "〈entuse modlevel = '3 3'〉

                  〈sbento in = ctr1〉5000"
         NDATA RTF
      〉
      〈! ENTITY fig
         SYSTEM "〈entuse modlevel = '1 1'〉

                  〈sbento in = ctr1 after = doc〉2500"
         NDATA CGM
      〉
      〈! ENTITY pic
         system "〈entuse modlevel = '2 2'〉

                  〈sbento in = ctr1 after = fig〉2000"

         NDATA JPG
      〉
```

ctr1 sbento容器实体的entuse标记表明确认容器的修改级1是正确(第二个数字与第一匹配)。

doc实体的记法参数表明它是多文档格式(RTF)。sbento标记指明实体存放在ctr1.dat的前5000个八字节中。entuse标记表示实体的修改级是3,并且第二个"3"表明实体从它前一次修改开始生效。

类似地,fig和theand pic实体的entuse标记分别指出第一和第二个版本开始生效。

属性**机器依赖字信息**(machword)指定实体内码的特殊机器的属性。那些属性包括"byte"的位数、用于内码的"word"大小和"word"中"bytes"的变换。词大小可能是2、4、8,或者更多"bytes"(一般分别指半字、字和双字)。

这个属性所应用的实体,它的记法虽然逻辑上是便携的,但作为字序列进行编码,而字以特殊机器的方式存储的。它允许实体管理器把每个字转换成处理实体的机器需要的形式。

注520:在某些情况下,实体的这些或其他属性,包括压缩技术、一些编码方面和一些交叉形式,可以固定地约束到它的记法或者它的存储管理器中。也许作为属性来指定这些性质是没用的,甚至是不可能的。

```
                    〈! --实体用法属性--〉
            〈! --这是一个非强制性的启动器集--〉
〈! NOTATION
    entuse              --实体用法开始标记--
```

```
                    --条:A.6.6--
  PUBLIC "GB/T 16965—2009//NOTATION FSIDR SYNTAX
       Entity Usage Start-tag//EN"
  >
<! ATTLIST #NOTATION
  entuse            --实体用法开始标记--
                    --条:A.6.6--
  included          --记法数据包含的实体--
    CDATA           --Lextype:ENTITY * --
    #IMPLIED        --默认:无包含--
  modlevel          --修改级--
                    --第一:初值为 0,修改时增加;第二:应用程序使其生效时设置为第一。--
    NUMBERS         --Lextype:(NUMBER、NUMBER)--
    #IMPLIED        --默认:无跟踪--
  machword          --机器依赖字信息--
                    --AKA"big-endian" 或者"little-endian"--
                    --约束:字节类型的大小和字的大小,表示为标准 2、4、8 字节
                      的转换形式,MSB 是最左边的和有限的"1"--
                    --规则化的 ="8 12"、"8 1234"、"8 12345678"
                      例如:Intel ="8 21"、"8 2143"、"8 21436587"--
    NUMBERS         --Lextype:(NUMBER,NUMBER)--
    "8 12"
  >
```

A.6.7 存储管理器记法形式

存储管理器是管理实物理对象存储的程序(或程序组合或部分程序)。它与处理从实存储器到称作实体的虚位存储对象映射的实体管理器一起运作,并且作为 SGML 分析器和存储管理器之间的一个接口。

在 FSI 声明中指定的每个存储管理器名(SMName)必须声明为 FSI 定义文档里记法声明中的记法名。声明指出存储管理器规范,存储对象规范定义了存储管理器的句法和语义。与记法声明相关联的可以是"存储管理器属性"的属性定义列表声明。

注 521:如果 fsidd 不可访问,也不一定是差错,因为程序执行也许不要求访问 fsidd。声明的根本目的是警告使用存储管理器的人和声明其要求的所有属性。这种信息通常建立在相关的软件中。

除本体系结构定义的基本记法形式外,存储管理器记法声明使用正式公用识别符获得这样的认可,在正式公用识别符中两个大写保留字出现在公用文字描述组件的开始。字是互相分离的并且由一个单 SPACE 从公用文字描述(在正常化以后)中分开。第一个字是"FSISM"和第二字是 LOCAL、PORTABLE、GLOBAL 或者 CONTAINER 四个存储管理器轻便类名之一(这些是在以下子条中定义的)。

规范化的存储管理器声明和属性的启动器集在下面进行定义。它们的用途是可选的,不要求其符合 FSIDR 要求。此外,若用到,可以由 A.6.5 的任何属性来定义它们的属性定义列表或者其他非标准的属性。然而,不应给非标准的存储管理器、属性或者注册属性值命名与标准化的存储管理器、属性或者注册属性值相同的名称。

规范化属性的给定默认值(像那些体系结构形式属性)只有当属性不是为存储管理器定义时才起作用。fsidd 可指定所有有效默认值,或者使属性是所需的。

注 522:在启动器集存储管理器记法的声明中,属性 FSIBase 表明基本记法形式是从定义记法形式的附录中获得的。例如,存储管理器"OSFile"是从局部存储管理器(localsm)记法形式中获得的,由它的 FSIBase 属性的"localsm"值指出。

A.6.7.1 局部存储管理器记法形式

记法形式局部存储管理器理(localsm)是用于一个特殊系统局部的存储管理器。当出现局部存储管理器 SOS 的 FSI(和它认别的存储对象)移到其他系统时,通常需要转换局部存储器管理器的 SOS。对于一些 SMs 和操作系统,如果起始系统目录结构被复制到接收系统,需要的转换可能是纯粹句法的,甚至是不存在的。

```
                〈! --局部存储管理器--〉
〈! notation
    localsm              --局部存储管理器--
                         --条:A.6.7.1--
    PUBLIC "GB/T 16965—2009//NOTATION FSISM
          Local Storage Manager//EN"
                         --属性:smcommon--
〉
```

A.6.7.2 启动器集局部存储管理器

启动器集局部存储管理器:

osfile　　SOI 是一个绝对或相对的文档标识符(即可能包括驱动、路径、文档名、扩展名等)以局部操作系统的文档开放函数认可的形式。

osfd　　SOI 是一种数据。存储对象规范定位操作系统读取带有那种数据的文档描述符时创建的存储对。例如,在 Unix 系统和 DOS 系统中,fd:0 将从标准输入中读取存储对象。

osfile　　SOS(即 SOI)的内容遵照局部操作系统的规则。那些规则允许 SOI 相关联的地方(即一个操作系统的相关文档名)当指定的和当前存储管理器相同时,它通常被解释为相对当前存储对象。

```
                〈! --局部存储管理器--〉
                〈! --部分非强制性的启动器集--〉
〈! notation
  osfile                 -- 操作系统文档--
                         --条:A.6.7.2--
  PUBLIC "GB/T 16965—2009//NOTATION FSISM LOCAL
          Operating System File//EN"
 --属性:osfile,smcommon--〉
〈! attlist ＃NOTATION
  osfile                 --操作系统文档--
                         --条:A.6.7.2--
  FSIBase NAME ＃FIXED localsm
〉
〈! notation
  osfd                   --操作系统文档描述符--
                         --条:A.6.7.2--
  PUBLIC "GB/T 16965—2009//NOTATION FSISM LOCAL
          Operating System File Descriptor//EN"
 --属性:osfd,smcommon--〉
〈! attlist ＃NOTATION
  osfd                   --操作系统文档描述符--
                         --条:A.6.7.2--
  FSIBase NAME ＃FIXED localsm
〉
```

A.6.7.3 便携式存储管理器记法形式

记法形式便携式存储管理器(portblsm)用于其 SOSs 在许多(但是不一定所有)操作系统被认可的存储管理器。在便携式的 SOS 中,当它包含的 FSI 被移到其他系统时,通常不需要转换。

```
                〈! --便携式存储管理器--〉
〈! notation
    portblsm             --便携式存储管理器--
                         --条:A.6.7.3--
    PUBLIC "GB/T 16965—2009//NOTATION FSISM
          Portable Storage Manager//EN"
 --属性:smcommon--
〉
```

A.6.7.3.1 URL 便携式存储管理器

便携式存储管理器“URL”用于其统一资源定位器符合互联网 RFC 1738 的 SOSs。

```
                  〈! --便携式存储管理器--〉
                  〈! --部分非强制性的启动器集--〉
〈! notation
  URL              --统一资源定位器--
                   --条:A.6.7.4--
  PUBLIC "-//IETF/RFC1738//NOTATION FSISM PORTABLE
         Uniform Resource Locator//EN"
--属性:URL,smcommon--
〉
〈! attlist #NOTATION
  URL              --统一资源定位器--
                   --条:A.6.7.4--
  FSIBase NAME #FIXED portblsm
〉
```

A.6.7.3.2 中性文档标识符存储管理器

记法中性存储管理器(neutral)是一个能把 SOSs 可靠地转换成特殊系统(局部的)的存储管理器。中性文档标识符存储管理器通过把它的 SOS 转换到当前存储对象的 SM 使用的格式,然后进行物理存储访问。如果那个 SM 是个容器 SM,它的“in”属性用于转换的 SOS。其他所有转换的 SOS 属性派生自中性的 SOS。

这种转换把中性的 SOI 处理为等级名,它的各组件由斜线分开(没有最初的斜线)。

注 523:例如,对于以下列表中的每一个存储管理器,SOS“entities/e1.sgm”将被变换,如下所示:

```
osfile on a DOS system
〈osfile〉entities\e1.sgm
osfile on a Mac system
〈osfile〉:entities:e1.sgm
osfile on a Unix system
〈osfile〉entities/e1.sgm
url 〈url〉entities/e1.sgm
```

属性折叠(fold)被指定为用于表示中性 SOI 是“folded”的(即它的 case 转换),以遵照当前 SM 的情况约定。

注 524:例如,在 UNIX 系统中,文档名区分大小写,但是标准文档按照惯例都用小写命名。所以,SOS“〈neutral fold〉FOO.SGM”将变换成“〈osfile〉foo.sgm”,而“〈neutral nofold〉FOO.SGM”将被变换成“〈osfile〉FOO.SGM”。

注 525:不是所有中性 SOI 将对于给定 SM 格式都是可转换的。中性 SOI 是很可能是可转换的,当指定折叠,并且它的每一个组件都是一个包含字母数字的文档名时,或者一个文档名和字母数字的扩展名被句点分开,并且文档名的长度被限制到八个字符,扩展名被限制到三个字符。

```
                  〈! --中性文档标识符--〉
                〈! --部分非强制性的启动器集--〉
〈! notation
  neutral          --中性文档标识符--
                   --条:A.6.7.4.1--
  PUBLIC "GB/T 16965—2009//NOTATION FSISM PORTABLE
         Neutral File Identifier//EN"
--属性:neutral,smcommon--〉
〈! attlist #NOTATION
  neutral          --中性文档标识符--
                   --条:A.6.7.4.1--
  FSIBase NAME #FIXED portblsm
  fold             --当前 SM 协定折叠中性 SOI--
                   --约束:折叠方向取决于 SOS 转换的目标存储管理器的句法。--
    (fold|nofold)
```

```
    fold
  〉
```

A.6.7.3.3 记法处理器存储管理器记法形式

记法形式记法处理器存储管理器(dcnsm)用于为存储管理器，处理处理器与数据内容记法的联合。记法存储管理器类的SOS仅使用于系统标识符，系统标识符是记法的一部分外部识别符。这个形式的SOS用一种方式为系统指定一种记法，这种方式允许系统处理那个记法中的数据。

```
                        〈! --记法处理器存储管理器--〉
                        〈! --部分非强制性的启动器集--〉

〈! notation
  dcnsm          --记法处理器存储管理器--
                 --条:A.6.7.3.3--
  PUBLIC "GB/T 16965—2009//NOTATION FSISM PORTABLE
        Notation Storage Manager//EN"
  --属性:dcnsm,smcommon--
〉
〈! attlist ＃NOTATION
  dcnsm          --记法处理器存储管理器--
                 --条:A.6.7.3.3--
  FSIBase NAME ＃FIXED portblsm
〉
```

A.6.7.3.4 记法处理器存储管理器

启动器集记法存储管理器是：

mimetype　　SOI是MIME类和随意带参数的子类，指定它们在为互联网邮件消息的标题中的Content-Type主体领域中。

```
                        〈! --MIME 类记法处理器存储管理器--〉
                        〈! --部分非强制性的启动器集--〉
〈! notation
  mimetype        --MIME content 类--
                  --条:A.6.7.4.3--
  PUBLIC "-//IETF/RFC1521//NOTATION FSISM PORTABLE
        MIME Content Type//EN"
 --属性:mimetype,smcommon--〉
〈! attlist ＃NOTATION
  mimetype        --MIME content 类--
                  --条:A.6.7.4.3--
  FSIBase NAME ＃FIXED dcnsm
〉
```

A.6.7.4 全局性存储管理器记法形式

记法形式全局性存储管理器(globalsm)所用的存储管理器的SOSs是不用修改的，因为它们独立于所有实际存储环境。

```
                        〈! --全局性存储管理器--〉
〈! notation
  globalsm        --全局性存储管理器--
                  --条:A.6.7.5--
  PUBLIC "GB/T 16965—2009//NOTATION FSISM
        Global Storage Manager//EN"
  --属性:smcommon--
〉
```

A.6.7.5 全局性存储管理器

启动器集全局性存储管理器是：

literal　　SOI被处理为存储对象的纯文本。

注526：当连接其他存储对象时，文本主要用作连接器。数字字符参数可以被用于插入被连接对象之间的记录界

限中。

ThisOne　　SOI 一定是空的。存储对象通常是当前存储对象。然而,如果属性指定本实体(entity),那么“存储对象”就是属性值中命名实体的字符序列,或者如果属性值是空的,那就当前实体。

注 527:SOI 可以用于使系统标识符便于携带。在下面的例子中,实体“ent1”占领当前存储对象的前 500 个八字节。如果改变了那个对象的存储位置,就不必改变 ent1 实体声明。

```
〈! ENTITY ent1 system "〈ThisOne extents = ‘ - 500 - 1’〉"〉
〈! --全局性存储管理器--〉
〈! --部分非强制性的启动器集--〉
〈! notation
  Literal          --文字存储管理器--
                   --条:A.6.7.6--
  PUBLIC "GB/T 16965—2009//NOTATION FSISM GLOBAL
         Literal Text//EN"
                   --属性:literal,smcommon--
〉
〈! attlist ＃NOTATION
  literal          --文字存储管理器--
                   --条:A.6.7.6--
  FSIBase NAME ＃FIXED globalsm
〉
〈! notation
  ThisOne          --存储对象存储管理器--
                   --条:A.6.7.6--
  PUBLIC "GB/T 16965—2009//NOTATION FSISM GLOBAL
         This Storage Object//EN"
 --属性:ThisOne,smcommon--
〉
〈! attlist ＃NOTATION
  ThisOne          --存储对象存储管理器--
                   --条:A.6.7.6--
  FSIBase NAME ＃FIXED globalsm
  entity           --其字符被使用的实体--
    CDATA          --Lextype:ENTITY--
                   --约束:空字符串意味是这个实体--
    ＃IMPLIED      --默认:存储对象的八字节--
〉
```

A.6.7.6　容器存储管理器记法形式

记法形式容器存储管理器(contnrsm)用于包含其他实体的存储管理器。容器存储管理器 SOS 是否需要转换取决于其是否包含依赖系统的信息,例如文档标识符,如 TAR 的情况。另一方面,对于 sbento,SOIs 于实体相关,因此 SM 是全局性有效的。

注 528:容器实体的存储自身依赖用于那些目的 SMs,并且容器记法的普遍性是独立的。

为了定位容器中的对象,有必要指定容器的 SOS 和它里面对象的 SOS。当容器可以存放容器本身时,也许需要 SOS 的几个级别。当存储管理器记法被定义提供给这种情况时,正式系统标识符通过使用容器和包含对象的个别实体声明提供了一种更加简单和更加灵活的方法。

首先,用识别容器类型的记法把容器声明为实体(容器存储管理器)。例子也许是“TAR”(PosixTape ARchive)或“sbento”(见 A.6.7.6.2)。容器实体的 SOS 是一种存放容器自身的存储管理器的格式。

其次,每个存放在容器中的实体都有它自己的声明,在这种声明中,SOS 标记中的存储管理器名称是容器管理器。SOS 标记展示了属性“in”,其指出了存放声明的实体的容器实体。SOI 为声明的实体在容器中定位。在一个典型的档案里,SOI 也是一个文档标识符。

注 529:容器实体可以嵌套。下一级的(内层的)容器实体可以和外层容器或另外一个容器采用相同的容器记法。

注 530：查询语言(例如 SQL 或 SDQL)可以用作容器记法。在这类情况下，作为 SOI 只有返回字符序列的查询才是有效的。

属性容器内(in)识别出现指定存储对象的容器实体(包含的对象)。既可以用实体名指定也可以用一个正式系统标识符(尽管后一种形式只有用于没有实体名的地方，例如命令行)。必须在提到其实体的声明之前声明在"in"属性上命名的实体。

属性容器的早先成员(after)给存放当前实体的容器的成员命名。如果没有指定属性 after，必须在实体的 SOS 中明确地指定实体在容器的位置，或者，如果在 SOS 中没有指定实体在容器中的位置，那么实体是容器的第一名成员。

注 531：属性 after 主要打算为通过相对或绝对位置而不是通过名称鉴别包含对象的容器存储管理器使用的。然而，一些存储管理器也许选择用名称和相对位置进行访问。

```
                        〈! --容器存储管理器--〉
〈! notation
   contnrsm              --容器存储管理器--
                         --条:A.6.7.7--
   PUBLIC "GB/T 16965—2009//NOTATION FSISM GLOBAL
          Container Storage Manager//EN"
--属性:after,contnrsm,in--
--公共属性:smcommon--
〉
〈! attlist #NOTATION
   contnrsm              --容器存储管理器--
                         --条:A.6.7.7--
   FSIBase NAME #FIXED globalsm
〉
〈! attlist #NOTATION
--in--                   --容器内--
                         --条:A.6.7.7--
   (contnrsm,tar,mime,sbento)
   in                    --容器内--
                         --存储对象的容器--
                         --约束:名为容器实体的声明必须在包含实体的声明之前--
     CDATA               --Lextype:(ENTITY|fsi)--
     #REQUIRED
〉
〈! attlist #NOTATION
--after--                --容器的早先成员--
                         --条:A.6.7.7--
   (contnrsm,sbento)
   after                 --容器的早先成员--
                         --实体所跟的容器的成员(follows)--
     CDATA               --Lextype:(ENTITY|fsi)--
     #IMPLIED            --默认:SOS 明确指定的位置或者是提示容器的第一个成员。--
〉
```

A.6.7.6.1 容器存储管理器

容器存储管理器的启动器集是：

tar　　Posix 带存档。

mime　　模仿单部分或多部分消息。

sbento　　标准 bento，在 A.6.7.6.2 中描述。

```
                〈! --容器存储管理器--〉
            〈! --部分非强制性的启动器集--〉
〈! notation
   tar          --Posix Tape 文档--
                --条:A.6.7.7.1--
                --通过划分存储对象创建容器来效仿文档系统目录结构,SOI 是一个文档标识符。--
```

```
  PUBLIC "ISO/IEC 9945-1:1990//NOTATION FSISM CONTAINER
         Posix Tape Archive//EN"
 --属性:tar,in--
 --公共属性:smcommon-->
 <! attlist #NOTATION
   tar           --Posix Tape 文档--
                 --条:A.6.7.7.1--
   FSIBase NAME #FIXED contnrsm
 >
 <! notation
   MIME          --MIME 存储管理器--
                 --条:A.6.7.7.1--
                 --通过用独特的边界字符串分离被存放的实体、用标题识别或者用内容传递编码等方式创建容器。
                 SOI 是 multi-part 消息的 MIME 内容 ID 并且是 single-partmessage 的空值。--
   PUBLIC "-//IETF/RFC1521//NOTATION FSISM CONTAINER
         Multimedia Internet Mail Extensions//EN"
 --属性:MIME,in--
 --公共属性:smcommon--
 >
 <! attlist #NOTATION
   MIME             --MIME 存储管理器--
                       --条:A.6.7.7.1--
   FSIBase NAME #FIXED contnrsm
 >
```

A.6.7.6.2 标准 BENTO(sbento)

Sbento 是一种具有某种性质的容器存储管理器,这种性质是容器不运用其包含实体的名称来存放实体。使用指定包含实体占用的容器范围的维规范列表,SOI 根据实体的位置和大小在容器实体中单独地为其定位。如果把包含实体在容器之内进行分隔和分布就指定多维规范。维规范列表的记法是 HyTime 标记名单记法(marklist))(见 6.8)。

注 532:名称"sbento"来自日本单词"bento":"带有多隔间的箱子或篮子,包含用一种审美方式安排的不同实体的集合"。Sbento 是"Standard Bento Entity for Natural Transport of Objects"的一首字母缩略词。

注 533:Sbento 不禁止重叠包含对象;它是为应用确定重叠是否是有效的。重叠可以成为一项有用的技术,例如,用于识别图表实体的颜色表。颜色表可以作为一个单独的实体来声明,但是它的垂距和大小将决定在存储内图表实体占据的位置。

注 534:在以下例子中,sbento 容器实体"ctrl"存放在局部操作系统文档"ctrl.dat"中。实体"doc"占据"ctrl"的前 5000 个字符,而实体"fig"占据接下来 2500 个字符。

```
<! ENTITY ctrl
SYSTEM "<osfile>ctrl.dat"
NDATA sbento>
<! ENTITY doc
SYSTEM "<sbento in=ctrl>1 5000"
>
<! ENTITY fig
SYSTEM "<sbento in=ctrl>5001 2500"
>
```

如果 SOI 的维规范是单数,第一个一定被省去并且被计算为比后面属性命名的实体最后字符的位置更大。

注 535:这个规范符合一个省去第一个标记的正常标记列表记法规范。该规范允许在前一个例子上做以下变换:

```
<! ENTITY ctrl
SYSTEM "<osfile>ctrl.dat"
NDATA sbento>
<! ENTITY doc
SYSTEM "<sbento in=ctrl>5000">
<! ENTITY fig
```

```
SYSTEM "<sbento in=ctr1 after=doc>2500">
```

当 sbento 容器是声明 sbento 容器的文档实体时，公共属性范围用于指定 sbento 容器实体组成实体 sbento 容器数据的文档实体的实存储八字节（见 A.6.5.3）。通常，第二个标记指定为“－1”，表明容器占领存储对象的所有剩余的八字节。如果 sbento 数据是不相邻的，也许还要指定多轴标记对。

注 536：例如，sbento 容器文档也许有一个 doctype 声明和文档元素开始标记，一起占领文本实体存储对象的前 341 个八字节。sbento 容器将从八字节 342 开始并且占领剩余的八字节。因而 sbento 容器实体将声明如下：

```
<! ENTITY bento1
SYSTEM "<ThisOne extents='342  -1'>"
NDATA sbento
>
```

```
                    <! --对象自然传送的标准 Bento 实体-->
                      <! --部分非强制性的启动器集-->
<! notation
   sbento           --标准 BENTO 存储管理器--
                    --条：A.6.7.7.2--
                    --通过将存储对象划分成被实体占用的字符来创建容器，SOI 是统计字符数的数字列表；SOI 约
                    束：解释为 HyTime dimlist；SOI lextype：(marker|(marker,marker)+)
   PUBLIC "GB/T 16965—2009//NOTATION FSISM CONTAINER
           Standard BENTO//EN"
 --属性：after,in,sbento--
 --公共属性：smcommon--
>
<! attlist #NOTATION
   sbento           --标准 BENTO 存储管理器--
                    --条：A.6.7.7.2--
   FSIBase NAME #FIXED contnrsm
>
      <! --声明 SBENTO 容器实体的模板-->
<! --容器和 SGML 文档实体分享存储对象，在 SGML 文档实体的 DOCTYPE 内部子集中出现 sbento 实体声明。在模板中
程度值“nnn”被在 SGML 文档实体以后第一个存储八字节的位置所替换。-->
<! ENTITY bento1
   SYSTEM "<ThisOne extents='nnn  -1'>"
   NDATA sbento
>
       <! --声明 SBENTO 包含实体的模板-->
<! --包含实体占据“bento1”实体的第一个 500 单位-->
<! ENTITY inbento1
   SYSTEM "<sbento in=bento1>1 500"
>
```

A.6.8 符合性

文档或系统能够支持正式系统标识符的用法与这附录的要求一致，无需符合标准的其他要求。

存储管理器记法和附录规范化的属性组成非强制性的起动器集。其用法没有必要一致。其他记法和属性能够用于额外的或替代的标准部分。

FSI 值允许的标记支持属性 fsidr 是：

```
fsism="altsos smalias validate"
```

当：

altsos　　FSI 包括可选的 SOS 序列。

smalias　　文档中的 FSIs 能用别名为在 FSI 定义文档中声明的 SMs 命名。

validate　　如果不能满足 FSIDR 的要求系统就报错。

依照这些 FSIDR 要求的系统，将通过在其系统 FSI 定义文档包括以下声明来表明：

正式系统标识符的执行符合标准 GB/T 16965 中 FSIDR 的要求。

通过在系统 FSI 定义文档中包括 entuse、sbento 和其他规范化的存储管理器记法的声明，来表明对

其支持。fsidd 被认为是系统一致文献的一部分。

A.7 SGML 性质集

本章中定义的 SGML 性质集包括了能被 SGML 解析器识别的所有类和性质，既有 SGML 置标所描述的抽象文档，也有置标本身。

性质定义的句法和语义在 A.4 中有所描述。

A.7.1 SGML 记法

SGML 记法用来声明引自于另 SGML 文档的 SGML 文档。

数据属性动态 DTDs 或 LPDs (active)命名当解析文档实体时使用的文档类型与(或)链接类型。

注 537：当说明多个动态文档类型时，文档的解析将相对每个文档模型并分散在每个解析器树林中分别进行。当说明多 LPDs 和 DTDs 时，在解析器中为每个 DTD 应用动态 LPDs 的全部列表。

数据属性的动态体系结构(arch)命名了处理文档时使用的体系结构。当从从属文档得到体系结构的层级时，特定的体系结构可能是用命名体系结构记法名称的体系结构说明的，这是以从属文档的基体系结构开始的。根据特定的体系结构来选择文档实体处理的作用是从文档中选择体系结构实例树，而不是文档本身。

注 538：换句话说，体系结构属性可以显示体系结构的文档实例地址。

```
                                〈! --SGML 数据属性--〉
〈! notation
  SGML                --标准通用置标语言--
                      --条:A.5.7.2--
                      --为 SGML 实体定义 CDATA--
  PUBLIC "GB/T 14814—1993//NOTATION
        Standard Generalized Markup Language//EN"
--属性:标准通用置标语言--
--公共属性:altreps,included,superdcn--
〉
〈! attlist ＃NOTATION
  SGML                --标准通用置标语言--
                      --条:A.5.7.2--
  active              --SGML 文档或子文档的动态 DTDs 或 LPDs.--
    CDATA             --约束:DTD 或 LPD 名称--
    ＃IMPLIED         --默认:基 DTD--
  arch                --文档或子文档的动态体系结构--
    CDATA             --约束:直接或间接的从属文档的体系结构名称--
    ＃IMPLIED         --默认:没有动态体系结构--
〉
```

A.7.2 SGML 性质集

SGML 性质集在下述文档中定义，这个文档由公共标识符“GB/T 16965—2009//DOCUMENT SGML Property Set//EN”声明。

```
                                〈! --SGML Property Set--〉
〈! DOCTYPE propset
   PUBLIC "GB/T 16965—2009//DTD Property Set//EN"
[
〈! NOTATION SGML
  PUBLIC "GB/T 14814—1993//NOTATION
        Standard Generalized Markup Language(SGML)//EN"
〉
〈! NOTATION SGMLGC
  PUBLIC "GB/T 16965—2009//NOTATION
         SGML Grove Construction Process//EN"
〉
〈! NOTATION DSSSL
  PUBLIC "ISO/IEC 10179:1996//NOTATION
```

Document Style Semantics and Specification Language (DSSSL)//EN"

〉

〈! NOTATION HyTime

PUBLIC "GB/T 16965—2009//NOTATION

Hypermedia/Time-based Structuring Language(HyTime)//EN"

〉

]〉

〈propset nsd = SGML gcsd = SGMLGC〉

〈desc〉

定义类和性质用于从 SGML 文档中解析出来的树林的结构。

类和性质可分类如下：

- 抽象或 SGML 文档字符串(SDS)；
- SGML 声明、文档 prolog 或者文档实例；
- 必须的数据标签支持、范围、短引用、链接、子文档、fpi、体系结构、notset、fsi、genarc，伪元素。

ESIS 大致与基抽象(base abstract)、prlgabs0 和实例抽象(instance abstract)一致。

〈/desc〉

〈! --字符串标准化规范--〉

〈normdef rcsnm = general clause = "d4506"〉

〈desc〉

声明具体句法通用名称实例代入法

〈normdef rcsnm = entity clause = "d4506"〉

〈desc〉

声明具体句法实体名称实例代入法

〈normdef rcsnm = rcsgener clause = "d4506"〉

〈desc〉

引用具体句法通用名称实例代入法

〈! --基抽象类和性质--〉

〈psmodule rcsnm = baseabs fullnm = "base abstract" default〉

〈classdef rcsnm = sgmldoc appnm = "sgml document" clause = "62001"〉

〈desc〉

已解析的 SGML 文档或子文档。树林的根。

〈propdef subnode rcsnm = sgmlcsts appnm = "sgml constants" node

ac = sgmlcsts clause = "41170 41180"〉

〈propdef rcsnm = appinfo appnm = "application info"

fullnm = "application information" string

clause = "d6001"〉

〈desc〉

SGML 声明提供应用程序信息。

〈when〉

将文本说明为 SGML 声明中可用于文档或子文档的 APPINFO 参数的值。

ac = "doctpdcl lktpdcl comdcl pi ssep" clause = "71001"〉

〈propdef subnode rcsnm = epilog nodelist ac = "comdcl pi ssep"

clause = "71002"〉

〈desc〉

其他 prolog 下文档实例。

〈desc〉

选择所有 SGML 文档内部节点的规范，这个规范可能需要在其他地方作为 irefnodes。

〈note〉

没有性质，除非其中包含短引用抽象(srabs)模式或者链接抽象(linkabs)模式。

〈classdef rcsnm = attasgn appnm = "attribute assignment"

conprop = value dsepprop = tokensep clause = "79002"〉

〈desc〉

无论是说明还是默认的，都赋值性质。

〈note〉

在基模式中由于数据属性。

〈propdef subnode rcsnm = value nodelist

ac = "attvaltk datachar sdata intignch entstart entend" clause = "79401"〉

〈note〉

如果属性值是 tokenized 的，那么孩子是 attvaltk 类型；否则，其是其他的允许类型。

〈when〉

没有说明的属性是可暗示属性。
〈propdef rcsnm = name string strnorm = general
clause = "93001"〉
〈propdef rcsnm = implied boolean clause = "b3407"〉
〈desc〉
当且仅当属性是没有说明的可暗示属性时为真。
〈propdef rcsnm = tokensep appnm = "token sep" fullnm = "token separator"
char clause = "79400"〉
〈desc〉
值的标签间的分离器往往相当于具体句法中的间隔记法。
〈when〉
节点有 attvaltk 类的两个或更多孩子。
〈classdef rcsnm = attvaltk appnm = "attribute value token" conprop = token
clause = "79305"〉
〈propdef rcsnm = token string clause = "93003"〉
〈classdef rcsnm = datachar appnm = "data char" fullnm = "data character"
conprop = char clause = "92002"〉
〈propdef rcsnm = char fullnm = character char clause = "92003"〉
〈desc〉
解析器将字符送回给应用程序。
〈when〉
字符不是数字字符引用非 SGML 字符的结果。
〈propdef rcsnm = nonsgml appnm = "non sgml bit combination" integer〉
〈when〉
字符是数字字符引用非 SGML 字符的结果。
character
〈classdef rcsnm = sdata
fullnm = "internal specific character data entity reference result"
conprop = char clause = "92101"〉
〈propdef rcsnm = sysdata appnm = "system data" string clause = "43041"〉
〈note〉
当引用性质数据实体的替换文本时,其是作为系统数据的。
〈propdef rcsnm = char fullnm = character char sd = DSSSL〉
〈desc〉
字符通过映射-sdata-实体体系结构形式和 SDATA 实体关联起来。
〈when〉
字符通过映射-sdata-实体体系结构形式和 SDATA 实体关联起来。
〈classdef rcsnm = pi fullnm = "processing instruction" clause = "80000"〉
〈desc〉
执行语句。
〈propdef rcsnm = sysdata appnm = "system data" string clause = "80002"〉
〈/psmodule〉
〈! --关于序言抽象类和属性,0 级--〉
〈psmodule rcsnm = prlgabs0 fullnm = "prolog abstract level 0" default
dependon = baseabs〉
〈propdef irefnode rcsnm = govdt appnm = "governing doctype" node
ac = doctype
cn = sgmldoc clause = "71004"〉
〈desc〉
管理解析器的文档类型。当规范多个"动态"文档类型时,每个动态文档类型给出分离解析器,以此类推,生成分离 sgmldoc 树林。
〈propdef subnode rcsnm = dtlts appnm = "doctypes and linktypes"
fullnm = "document types and link types"
nmndlist ac = "doctype linktype" acnmprop = "name name" cn = sgmldoc
clause = "71001"〉
〈desc〉
在 prolog 中,以声明顺序声明文档类型和连接类型。
〈classdef rcsnm = doctype appnm = "document type" clause = "b1000"〉
〈desc〉
抽取文档类型声明。

〈note〉

在声明的 DTD 中包括实体声明,实体被作为已声明的,因为其发生在该 DTD 是起始 DTD 链接类型中,当这个文档类型是动态的,实体声明在可能被引用的基声明中。

〈desc〉

名称通过文档类型声明和 DTD 相关联;以及必要的最外层元素的类型的名称。

〈propdef rcsnm = govrning appnm = governing boolean clause = "71005"〉

〈desc〉

如果这是动态文档类型,或者没有动态文档类型且是基文档类型,则为真。

〈note〉

"管理"文档类型管理分析处理。如果不止一种文档类型被指定为"动态",每种动态文档类型进行单独分析,其是管理的文档类型,而且因此生成一片单独的树林。

〈propdef subnode rcsnm = genents appnm = "general entities" nmndlist
ac = entity acnmprop = name clause = "b1004"〉

〈desc〉

在 DTD 中声明文档或子文档的通用实体。

〈note〉

包括实体模糊声明,作为在这个类的描述中的论述。

〈note〉

如果 DTD 为未声明的通用实体名称提供默认声明,在表单中不执行符合此声明,也不执行任何这样的未声明名称,除了在 DTD 内引用的那些被默认的实体(例如在 CDATA 里属性值)。其他默认实体在实体 sgmldoc 类的属性。了解跟随的 dfltent。

〈propdef subnode rcsnm = nots appnm = notations nmndlist ac = notation
acnmprop = name clause = "b1005"〉

〈classdef rcsnm = entity clause = "60000"〉

〈propdef rcsnm = name string strnorm = entity clause = "93001"〉

〈propdef rcsnm = enttype appnm = "entity type" enum clause = "a5502"〉

〈enumdef rcsnm = text fullnm = "SGML text"〉

〈enumdef rcsnm = cdata〉

〈enumdef rcsnm = sdata〉

〈enumdef rcsnm = ndata〉

〈enumdef rcsnm = subdoc appnm = subdocument〉

〈enumdef rcsnm = pi〉

〈propdef rcsnm = text fullnm = "replacement text" string clause = "92101"〉

〈when〉

实体是内部实体。

〈propdef subnode rcsnm = extid appnm = "external id" fullnm = "external identifier"
node ac = extid clause = "a1601"〉

〈when〉

实体是外部实体。

〈propdef subnode rcsnm = atts appnm = attributes
nmndlist ac = attasgn acnmprop = name clause = "b4120"〉

〈desc〉

数据属性列表赋值,为每个实体的说明属性依次在属性定义表中声明。

〈when〉

实体是外部数据实体。

〈propdef rcsnm = notname appnm = "notation name" string
strnorm = general clause = "79408"〉

〈when〉

实体是外部数据实体。

〈propdef irefnode rcsnm = notation node ac = notation clause = "b4001"〉

〈when〉

实体是外部数据实体。

〈classdef rcsnm = notation fullnm = "data content notation" clause = "b4000"〉

〈propdef rcsnm = name string strnorm = general clause = "79441"〉

〈propdef subnode rcsnm = extid appnm = "external id" fullnm = "external identifier"
node ac = extid clause = "a1601"〉

〈classdef rcsnm = extid appnm = "external id" fullnm = "external identifier"
clause = "a1600"〉

〈propdef rcsnm = pubid appnm = "public id" fullnm = "public identifier"
string clause = "a1602"〉

〈when〉

　　外部标识符包括外部公共标识符。

〈when〉

　　外部标识符包括外部公共标识符。

〈propdef optional rcsnm = gensysid appnm = "generated system id"
fullnm = "generated system identifier"
string〉

〈desc〉

　　系统标识符由系统从外部标识符和其他系统可得到的信息中生成。

〈when〉

　　外部标识符不是指默认实体的外部标识符。

〈/psmodule〉

〈! --文档实例抽象类和属性--〉

〈psmodule rcsnm = instabs fullnm = "instance abstract" default
dependon = baseabs〉

〈propdef subnode rcsnm = docelem appnm = "document element" node
ac = element cn = sgmldoc clause = "72003"〉

〈desc〉

　　管理文档类型的文档元素。

〈propdef irefnode rcsnm = elements nmndlist ac = element acnmprop = id
cn = sgmldoc clause = "73001"〉

〈desc〉

　　解析器发现那些在命令中有唯一标识符的文档中的所有元素：父母存在于孩子之前；同胞存在于在左到右的命令里。

〈propdef irefnode rcsnm = entities nmndlist ac = entity acnmprop = name
cn = sgmldoc clause = "94410"〉

〈desc〉

　　从管理文档类型中明确声明通用实体由默认实体跟踪。

〈note〉

　　这既包括内部实体，又包括外部实体，而不包括未命名实体。

〈propdef subnode rcsnm = dfltents appnm = "defaulted entities" nmndlist
ac = entity acnmprop = name cn = sgmldoc clause = "94412"〉

〈desc〉

　　文档中每个实体名称的一个实体与管理文档类型中的默认实体相关联。

〈! --属性值表示--〉

〈propdef irefnode rcsnm = entity node ac = entity cn = attvaltk
clause = "79401"〉

〈when〉

　　声明属性值是 ENTITY 或者 ENTITIES。

〈propdef irefnode rcsnm = notation node ac = notation cn = attvaltk
clause = "79408"〉

〈when〉

　　声明属性值是 NOTATION.

〈propdef irefnode rcsnm = referent node ac = element cn = attvaltk
clause = "79403"〉

〈when〉

　　声明值是 DREF 或 IDREFS.

〈classdef rcsnm = element conprop = content clause = "73000"〉

〈propdef rcsnm = gi fullnm = "generic identifier" string
strnorm = general clause = "78001"〉

〈desc〉

　　元素的普通标识符(元素类型名称)。

〈propdef derived rcsnm = id fullnm = "unique identifier" string
strnorm = general clause = "79403"〉

〈when〉

　　为元素说明唯一的标识符。

〈propdef subnode rcsnm = atts appnm = attributes
nmndlist ac = attasgn acnmprop = name clause = "79301"〉

〈desc〉

　　属性赋值，为命令中的元素中的每个已声明属性，在属性定义列表中定义其。

〈propdef subnode rcsnm = content nodelist
ac = "datachar sdata element pelement extdata subdoc pi msignch ignrs
ignre repos usemap uselink entstart entend ssep comdcl msstart
msend ignmrkup"
clause = "76001"〉
〈classdef rcsnm = extdata appnm = "external data"
fullnm = "reference to external data" clause = "a5500"〉
〈desc〉
引用外部数据实体的结果。
〈propdef rcsnm = entname appnm = "entity name" string
strnorm = entity clause = "a5101"〉
〈propdef irefnode rcsnm = entity node ac = entity clause = "94410"〉
〈/psmodule〉
〈! --基 SDS 类和属性--〉
〈psmodule rcsnm = basesds0 fullnm = "base SGML document string level 0"
dependon = baseabs〉
〈! --Sdata--〉
〈propdef optional rcsnm = entname appnm = "entity name" string
strnorm = entity cn = sdata clause = "a5101"〉
〈propdef irefnode rcsnm = entity node ac = entity cn = sdata clause = "94410"〉
〈! --处理指令--〉
〈propdef rcsnm = entname appnm = "entity name" string
strnorm = entity cn = pi clause = "a5101"〉
〈when〉
引用 PI 实体引起处理指令。
〈propdef irefnode rcsnm = entity node ac = entity cn = pi
clause = "94410"〉
〈when〉
引用 PI 实体引起处理指令。
〈! --实体--〉
〈propdef rcsnm = dflted appnm = defaulted boolean cn = entity
clause = "94412"〉
〈desc〉
如果这个生成是由于引用默认实体则为真。
〈/psmodule〉
〈psmodule rcsnm = basesds1 fullnm = "base SGML document string level 1"
dependon = basesds0〉
〈propdef subnode optional rcsnm = entref appnm = "entity ref"
fullnm = "entity reference" nodelist
ac = "gendelm name ssep entstart entend refendre shortref" cn = pi
clause = "94401"〉
〈desc〉
实体引用的置标。
〈note〉
ssep,entstart,和 entend 可能仅仅发生在命名实体引用的名称组中。
〈when〉
和名称实体引用或段引用一起引用 PI 实体引起处理指令。
〈propdef subnode optional rcsnm = open appnm = "open delim"
fullnm = "open delimiter" node ac = gendelm cn = pi clause = "80001"〉
〈when〉
引用 PI 实体没有产生处理指令。
〈propdef subnode optional rcsnm = close appnm = "close delim"
fullnm = "close delimiter" node ac = gendelm cn = pi clause = "80001"〉
〈when〉
引用 PI 实体没有产生处理指令。
〈! --属性--〉
〈propdef irefnode rcsnm = attspec appnm = "attribute spec" fullnm = "attribute
specification"
nodelist ac = "name ssep gendelm literal attvalue" cn = attasgn
clause = "79002"〉

〈when〉

属性是被指定的而不是默认或隐含的。

〈propdef irefnode rcsnm = attvalsp appnm = "attribute value spec"
fullnm = "attribute value specification" node
ac = "attvalue literal" cn = attasgn clause = "79301"〉

〈when〉

属性不是被隐含的。

〈! --字符数据--〉

〈propdef rcsnm = intrplch appnm = "interp replaced char"
fullnm = "interpretation replaced character" char cn = datachar
clause = "a1704"〉

〈desc〉

被替换的字符。

〈note〉

在最小文字中,当 RE 和/或空格符的序列被单个的空格符替换,然后第 1 个字符通过可能与 intrplch 性质一起的 datachar 来描述,其他字符通过 intignch 来描述。

〈when〉

当解释一种文本时,数据字符替换另字符:空格字符代替了属性值文本中的 RE 或 SEPCHAR,或者代替了最小文本中的 RE。

〈propdef subnode optional rcsnm = namecref appnm = "named char ref"
fullnm = "named character reference" nodelist
ac = "gendelm name refendre" cn = datachar clause = "95001"〉

〈when〉

数据字符是一个命名字符引用替代者。

〈propdef subnode optional rcsnm = numcref appnm = "numeric char ref"
fullnm = "numeric character reference" nodelist
ac = "gendelm name crefcnum refendre" cn = datachar clause = "95001"〉

〈when〉

数据字符是数字字符引用的替代者。

〈! --特殊字符数据--〉

〈propdef subnode optional rcsnm = markup nodelist
ac = "gendelm name ssep entstart entend refendre shortref" cn = sdata
clause = "94401"〉

〈note〉

ssep,entstart,和 entend 可能仅仅出现在命名实体引用的名称组中。

〈classdef rcsnm = ssep appnm = "s sep" fullnm = "s separator" mayadd
clause = "62100"〉

〈propdef rcsnm = char fullnm = character char clause = "92003"〉

〈propdef subnode optional rcsnm = namecref appnm = "named char ref"
fullnm = "named character reference" nodelist
ac = "gendelm name refendre" clause = "95001"〉

〈when〉

字符是命名字符引用的替代者。

〈classdef rcsnm = comment clause = "a3002"〉

〈propdef subnode optional rcsnm = open appnm = "open delim"
fullnm = "open delimiter" node ac = gendelm clause = "a3002"〉

〈propdef rcsnm = chars fullnm = characters string clause = "92101"〉

〈desc〉

注中的字符(不包括 com 分隔符)。

〈propdef subnode optional rcsnm = close appnm = "close delim"
fullnm = "close delimiter" node ac = gendelm clause = "a3002"〉

〈classdef rcsnm = comdcl appnm = "comment decl" fullnm = "comment declaration"
conprop = markup mayadd clause = "a3001"〉

〈propdef subnode rcsnm = markup nodelist ac = "comment ssep"
clause = "a3001"〉

〈classdef rcsnm = ignmrkup appnm = "ignored markup" conprop = markup
clause = "77002 94405 c3007"〉

〈desc〉

忽略置标。忽略开始标签或结束标签,因为它包含一个文档类型规范,该规范包含一个命名组,在该组中没有一个名称是活动文档类型的名称;或者忽略一个概要或参数实体引用,因为它包含一个命名组,而该组中没有一个名字是一个活动文档或者链接类型的名称;或者忽略一个链接集使用申明,因为它的链接类型名不是一个活动链接类型;或者一个开始标签中的一个属性值文本中的一个普通的实体引用被忽略掉,因为实体已经被申明。

〈propdef subnode rcsnm=markup nodelist
ac="gendelm name ssep attvalue literal entstart entend refendre"
clause="74001 75001 94401 c3001"〉
〈classdef rcsnm=entstart appnm="entity start" conprop=markup〉
〈desc〉

实体替代文本的开始。

〈note〉

结尾将用扩展节点标记。这是由于实体引用是有解析器代替的。

〈propdef subnode optional rcsnm=markup nodelist
ac="gendelm name ssep entstart entend refendre shortref"〉
〈desc〉

实体引用的置标。

〈propdef optional rcsnm=entname appnm="entity name" string
strnorm=entity〉
〈propdef irefnode rcsnm=entity node ac=entity clause="a5201"〉
〈classdef rcsnm=entend appnm="entity end" clause="94500"〉
〈desc〉

由解析器代替的实体引用的结尾。

〈classdef rcsnm=msignch appnm="marked section ignored char"
fullnm="marked section ignored character" clause="a4204"〉
〈desc〉

和标记节一起被忽略的字符。

〈propdef rcsnm=char fullnm=character char clause="92101"〉
〈classdef rcsnm=intignch appnm="interp ignored char"
fullnm="interpretation ignored char"clause="79303 a1704"〉
〈desc〉

当解释文本时,在被忽略的文本中的字符:是指在属性值文本或最小文字中的 RS,在紧随其他最小文字中的 RE 或空格字符的最小文字中 RE 或空格字符,或者最小文字中的第一个或最后一个 RE 或空格字符。

〈propdef subnode optional rcsnm=namecref appnm="named char ref"
fullnm="named character reference" nodelist
ac="gendelm name refendre" clause="95001"〉
〈when〉

字符是命名称符引用的替换。

〈propdef rcsnm=char fullnm=character char clause="92101"〉
〈classdef rcsnm=gendelm appnm="general delim" fullnm="general delimiter"
clause="FIG30"〉
〈desc〉

通用分隔符。

〈propdef subnode optional rcsnm=namecref appnm="named char ref"
fullnm="named character reference" nodelist
ac="gendelm name refendre" clause="95001"〉
〈note〉

可能仅仅对分隔符才会出现这种情况,并且分隔符需要满足的条件是:它是它的父节点的第一个孩子,或者是一个关闭的分隔符属性的值。

〈when〉

分隔符的第一个字符和一个命名字符引用一起被输入。

〈propdef rcsnm=role string strnorm=rcsgener clause="96001 FIG30"〉
〈desc〉

定界符角色的名称。

〈propdef optional rcsnm=origdelm appnm="original delim"
fullnm="original delimiter" string clause="92102 FIG22"〉
〈desc〉

分隔符作为起始符被输入在任何大写代替之前。

〈classdef rcsnm=name clause="93001"〉
〈desc〉

置标中的名称。

〈note〉

属性值中的名称由 attvaltk 类型的节点描述出来而不是名称类型。

〈propdef rcsnm = origname appnm = "original name" string clause = "93005"〉
〈desc〉
分隔符作为起始符被输入在任何大写代替之前。
〈classdef rcsnm = rname appnm = "reserved name" clause = "d4701"〉
〈desc〉
在被认可作为保留名称的置标的记号。标记中的一个记号作为一个保留名称被识别。
〈propdef rcsnm = refname appnm = "ref name" fullnm = "reference name"
string strnorm = rcsgener clause = "d4704"〉
〈desc〉
引用保留名称。
〈propdef optional rcsnm = origname appnm = "original name" string
clause = "93005"〉
〈desc〉
保留名称作为起始字符输入在任何大写代替之前。
〈classdef rcsnm = literal conprop = value clause = "a1201 79302 a1701 a1603"〉
〈desc〉
参数文字、属性值文字、极小的文字或者系统标识符。
〈propdef subnode optional rcsnm = open appnm = "open delim"
fullnm = "open delimiter" node ac = gendelm clause = "96100 FIG30"〉
〈propdef subnode rcsnm = value nodelist
ac = "entstart entend datachar sdata intignch"
clause = "a1202 91001 a1702 80002"〉
〈desc〉
文字值的解释。
〈note〉
如果文字是被标记(tokenized)的值的属性值文字,文字的值描述属性值是在表示(tokenization)之前而不是解释之后。
〈propdef subnode optional rcsnm = close appnm = "close delim"
fullnm = "close delimiter" node ac = gendelm clause = "96100 FIG30"〉
〈classdef rcsnm = number clause = "93002"〉
〈desc〉
在置标中的数字,这个置标不是在字符引用中的字符数字。
〈note〉
属性值中的数字是由 attvaltk 类型(而不是数字型)的节点描述的。
〈propdef rcsnm = digits string clause = "93002"〉
〈classdef rcsnm = crefcnum appnm = "char ref char number"
fullnm = "character reference character number" clause = "95001"〉
〈desc〉
字符数字出现在字符引用中。
〈note〉
数字的数值是由数据字符节点的字符属性决定的。
〈propdef optional rcsnm = ndigits appnm = "n digits" fullnm = "number of digits"
integer clause = "95003 93002"〉
〈desc〉
数字的数用来指定值。
〈classdef rcsnm = refendre appnm = "ref end re" fullnm = "reference end RE"
clause = "94502"〉
〈desc〉
用于作为引用结束的置标中的 RE。
〈classdef rcsnm = attvalue appnm = "attribute value" clause = "79400"〉
〈desc〉
属性值声明的是属性值而不是属性值文本。
〈note〉
不要将这个与 attasgn 类相混淆。
〈propdef rcsnm = value string clause = "93005"〉
〈desc〉
任何大写代替之前的值。
〈classdef rcsnm = nmtoken appnm = "name token" clause = "93003"〉
〈desc〉
置标中的名称记号(token)。

〈note〉

这仅仅使用在名称记号组中用作名称记号，名称记号(tokens)按属性值由 attvaltk(而不是 nmtoken)类型的节点描述。

〈propdef rcsnm = origname appnm = "original name token" string
clause = "93005"〉

〈desc〉

原始名称字符在任何大小写被代替之前输入。

〈classdef rcsnm = msstart appnm = "marked section start"
fullnm = "marked section declaration start" conprop = markup clause = "a4002"〉

〈desc〉

在标记区域之前的标记区域声明的部分。

〈propdef subnode optional rcsnm = markup nodelist
ac = "gendelm rname ssep entstart entend comment ignmrkup" clause = "a4002"〉

〈note〉

第一个孩子将是 gendelm for mdo,最后一个是 gendelm for dso.

〈propdef rcsnm = status enum clause = "a4201"〉

〈desc〉

标记区域的有效状态。

〈enumdef rcsnm = ignore〉
〈enumdef rcsnm = cdata〉
〈enumdef rcsnm = rcdata〉
〈enumdef rcsnm = include〉
〈enumdef rcsnm = temp〉

〈classdef rcsnm = msend appnm = "marked section end" conprop = markup
clause = "a4003"〉

〈propdef subnode optional rcsnm = markup nodelist ac = gendelm
clause = "FIG3e FIG3h"〉

〈note〉

将是 gendelm for the msc and a gendelm for the mdc.

〈/psmodule〉

〈! --SGML 关于声明抽象类和属性--〉

〈psmodule rcsnm = sdclabs fullnm = "sgml declaration abstract" dependon = baseabs〉

〈propdef rcsnm = sgmlver appnm = "sgml version" string
cn = sgmldoc clause = "d0002"〉

〈desc〉

最小文字说明为可应用于当前文档或子文档的 SGML 声明的第一个参数。

〈propdef subnode rcsnm = docchset appnm = "document char set"
fullnm = "document character set" node ac = charset cn = sgmldoc
clause = "d1001"〉

〈propdef subnode rcsnm = capset appnm = "capacity set" node
ac = capset cn = sgmldoc clause = "d2001"〉

〈propdef rcsnm = synscope appnm = "syntax scope"
fullnm = "concrete syntax scope" enum cn = sgmldoc clause = "d3002"〉

〈enumdef rcsnm = instance〉
〈enumdef rcsnm = document〉

〈propdef subnode rcsnm = dclsyn appnm = "decl syntax"
fullnm = "declared concrete syntax" node ac = syntax cn = sgmldoc
clause = "d4001"〉

〈propdef subnode rcsnm = refsyn appnm = "ref syntax"
fullnm = "reference concrete syntax" node ac = syntax cn = sgmldoc
clause = "d4002 e0001 FIG70"〉

〈desc〉

如果具体句法范围是 INSTANCE,则引用具体句法用于 SGML 声明和 prolog。

〈note〉

不是 sgmlcsts 属性,因为其依赖文档字符集。

〈propdef irefnode rcsnm = prosyn appnm = "prolog syntax"
fullnm = "prolog concrete syntax" node ac = syntax cn = sgmldoc
clause = "d4001"〉

〈desc〉

Prolog 的具体句法。

〈propdef subnode rcsnm = features fullnm = "feature use" node
ac = features cn = sgmldoc clause = "d5001"〉
〈classdef rcsnm = charset appnm = "char set" fullnm = "character set"
conprop = chdescs clause = "d1000"〉
〈propdef subnode rcsnm = chdescs appnm = "char descs"
fullnm = "character descriptions" nodelist ac = chardesc
clause = "d1101"〉
〈classdef rcsnm = chardesc appnm = "char desc" fullnm = "character description"
clause = "d1122"〉
〈propdef rcsnm = descnum appnm = "desc set number"
fullnm = "described set character number" integer clause = "d1123"〉
〈propdef rcsnm = nchars appnm = "n chars" fullnm = "number of characters"
integer clause = "d1125"〉
〈propdef rcsnm = basenum appnm = "base set number"
fullnm = "base set character number" integer clause = "d1124"〉
〈when〉

字符描述包括基集字符数字。

〈propdef rcsnm = baseset appnm = "base char set" fullnm = "base character set"
string clause = "d1111"〉
〈desc〉

基字符集的公共标识符。

〈when〉

字符描述包括基集字符数字。

〈propdef rcsnm = desclit appnm = "desc literal"
fullnm = "description literal" string
clause = "a1701"〉
〈when〉

字符描述不作为基集数字引入。

〈classdef rcsnm = syntax fullnm = "concrete syntax" clause = "d4000"〉
〈note〉

这表示当前文档的文档字符集的具体语法限制。字符是文档字符集中的字符，而不是句法引用字符集。

〈propdef rcsnm = shunctrl appnm = "shunchar controls" boolean
clause = "d4204"〉
〈desc〉

如果 SHUNCHAR 包括 CONTROLS 则为真。

〈propdef rcsnm = shunchar fullnm = "shunned character numbers"
intlist clause = "d4201"〉
〈propdef subnode rcsnm = synchset appnm = "syntax ref char set"
fullnm = "syntax-reference character set" node ac = charset
clause = "d4301"〉
〈propdef rcsnm = re fullnm = "record end" char clause = "d4401"〉
〈propdef rcsnm = rs fullnm = "record start" char clause = "d4401"〉
〈propdef rcsnm = space char clause = "d4401"〉
〈propdef subnode rcsnm = addfuns appnm = "added function chars"
fullnm = "added function characters" nmndlist ac = addfun
acnmprop = name clause = "d4401"〉
〈propdef rcsnm = lcnmstrt string clause = "d4503"〉
〈propdef rcsnm = ucnmstrt string clause = "d4504"〉
〈propdef rcsnm = lcnmchar string clause = "d4505"〉
〈propdef rcsnm = ucnmchar string clause = "d4506"〉
〈propdef rcsnm = substgen appnm = "subst general names"
fullnm = "substitute general names" boolean clause = "d4507"〉
〈desc〉

如果 GENERAL YES 在 NAMECASE 中被指定，则为真。

〈propdef rcsnm = substent appnm = "subst entity names"
fullnm = "substitute entity names" boolean clause = "d4507"〉
〈desc〉

如果在 NAMECASE 中指定 ENTITY YES 则为真。

〈propdef subnode rcsnm = gdasns appnm = "general delim assocs"
fullnm = "general delimiter role associations"

nmndlist ac = dlmrlas acnmprop = role clause = "d4611"〉
〈desc〉
对每个分隔符角色是否从引用具体句法的规定中改变都有条件。这个条件按照其(抽象-句法)角色名称的字母顺序出现。
〈propdef rcsnm = srdelms appnm = "shortref delims"
fullnm = "short reference delimiters" strlist clause = "d4621"〉
〈propdef subnode rcsnm = slitasns appnm = "syntax literal assocs"
fullnm = "syntax literal associations" nmndlist ac = synlitas
acnmprop = resname clause = "d4701"〉
〈desc〉
句法字面或保留名称联合由具体句法说明。每个保留名称是否从引用具体句法的规定中改变都有条件。这个条件按照句法文字的字母顺序出现。
〈propdef rcsnm = attcnt integer clause = "FIG41"〉
〈propdef rcsnm = attsplen integer clause = "FIG42"〉
〈propdef rcsnm = bseqlen integer clause = "FIG43"〉
〈propdef rcsnm = dtaglen integer clause = "FIG44"〉
〈propdef rcsnm = dtemplen integer clause = "FIG45"〉
〈propdef rcsnm = entlvl integer clause = "FIG46"〉
〈propdef rcsnm = grpcnt integer clause = "FIG47"〉
〈propdef rcsnm = grpgtcnt integer clause = "FIG48"〉
〈propdef rcsnm = grplvl integer clause = "FIG49"〉
〈propdef rcsnm = litlen integer clause = "FIG4a"〉
〈propdef rcsnm = namelen integer clause = "FIG4b"〉
〈propdef rcsnm = normsep integer clause = "FIG4c"〉
〈propdef rcsnm = pilen integer clause = "FIG4d"〉
〈propdef rcsnm = taglen integer clause = "FIG4e"〉
〈propdef rcsnm = taglvl integer clause = "FIG4f"〉
〈classdef rcsnm = addfun appnm = "added function char"
fullnm = "added function character" clause = "d4400"〉
〈propdef rcsnm = name string strnorm = general
clause = "d4402"〉
〈propdef rcsnm = class fullnm = "function class" enum clause = "d4403"〉
〈enumdef rcsnm = funchar〉
〈enumdef rcsnm = msichar〉
〈enumdef rcsnm = msochar〉
〈enumdef rcsnm = msschar〉
〈enumdef rcsnm = sepchar〉
〈propdef rcsnm = char fullnm = character char clause = "95003"〉
〈desc〉
字符分配给函数。
〈classdef rcsnm = dlmrlas appnm = "delim role assoc"
fullnm = "delimiter role association" clause = "d4610"〉
〈desc〉
由具体句法形成的字符串和抽象-句法分隔符角色的关联。
〈propdef rcsnm = role string strnorm = rcsgener clause = "d4612"〉
〈desc〉
角色的名称。
〈propdef rcsnm = delm appnm = delim fullnm = delimiter string
strnorm = general clause = "d4611"〉
〈desc〉
将用于文档的字符串。
〈classdef rcsnm = synlitas appnm = "syntactic literal assoc"
fullnm = "syntactic literal association" clause = "d4700"〉
〈desc〉
由具体句法形成的保留名称和抽象-句法文字的关联。
〈propdef rcsnm = synlit appnm = "syntactic literal"
string strnorm = rcsgener clause = "d4702"〉
〈desc〉
符合句法的文字(更准确说,当名字被加上双引号是就变成了符合句法的文字。)
〈propdef rcsnm = resname appnm = "reserved name" string

strnorm = general clause = "d4702"〉
〈desc〉
将在文档中使用的保留名字。
〈note〉
在引用具体句法中，符合句法的文字和保留名称是同样的。
〈classdef rcsnm = capset appnm = "capacity set" clause = "d2000"〉
〈propdef rcsnm = totalcap integer clause = "FIG51"〉
〈propdef rcsnm = entcap integer clause = "FIG52"〉
〈propdef rcsnm = entchcap integer clause = "FIG53"〉
〈propdef rcsnm = elemcap integer clause = "FIG54"〉
〈propdef rcsnm = grpcap integer clause = "FIG55"〉
〈propdef rcsnm = exgrpcap integer clause = "FIG56"〉
〈propdef rcsnm = exnmcap integer clause = "FIG57"〉
〈propdef rcsnm = attcap integer clause = "FIG58"〉
〈propdef rcsnm = attchcap integer clause = "FIG59"〉
〈propdef rcsnm = avgrpcap integer clause = "FIG5a"〉
〈propdef rcsnm = notcap integer clause = "FIG5b"〉
〈propdef rcsnm = notchcap integer clause = "FIG5c"〉
〈propdef rcsnm = idcap integer clause = "FIG5d"〉
〈propdef rcsnm = idrefcap integer clause = "FIG5e"〉
〈propdef rcsnm = mapcap integer clause = "FIG5f"〉
〈propdef rcsnm = lksetcap integer clause = "FIG5g"〉
〈propdef rcsnm = lknmcap integer clause = "FIG5h"〉
〈classdef rcsnm = features fullnm = "feature use" clause = "d5000"〉
〈propdef rcsnm = datatag boolean clause = "d5101"〉
〈desc〉
如果 DATATAG 是 YES 则为真。
〈propdef rcsnm = omittag boolean clause = "d5101"〉
〈desc〉
如果 OMITTAG 是 YES 则为真。
〈propdef rcsnm = rank boolean clause = "d5101"〉
〈desc〉
如果 RANK 是 YES 则为真。
〈propdef rcsnm = shorttag boolean clause = "d5101"〉
〈desc〉
如果 SHORTTAG 是 YES 则为真。
〈propdef rcsnm = simple integer clause = "d5201"〉
〈desc〉
如果 SIMPLE 是 NO 则为 0。
〈propdef rcsnm = implicit boolean clause = "d5201"〉
〈desc〉
如果 IMPLICIT 是 YES 则为真。
〈propdef rcsnm = explicit integer clause = "d5201"〉
〈desc〉
如果 EXPLICIT 是 NO 则为 0。
〈propdef rcsnm = concur integer clause = "d5301"〉
〈desc〉
如果 CONCUR 是 NO 则为 0。
〈propdef rcsnm = subdoc integer clause = "d5301"〉
〈desc〉
如果 SUBDOC 是 NO 则为 0。
〈propdef rcsnm = formal boolean clause = "d5301"〉
〈desc〉
如果 FORMAL 是 YES 则为真。
〈/psmodule〉
〈!--SGML 关于声明 SGML 文档字符串类和属性--〉
〈psmodule rcsnm = sdclsds fullnm = "SGML declaration SGML document string"
dependon = basesds1〉
〈propdef subnode optional rcsnm = sgmldcl appnm = "sgml decl"
fullnm = "SGML declaration" node ac = sgmldcl cn = sgmldoc

clause = "d0001"〉
〈when〉
　　SGML 声明是明确指定的。
〈propdef rcsnm = sdcltype appnm = "sgml decl type"
fullnm = "SGML declaration type" enum cn = sgmldoc clause = "62300"〉
〈enumdef rcsnm = explicit〉
〈desc〉
　　SGML 声明是明确指定的。
〈enumdef rcsnm = implied〉
〈desc〉
　　SGML 声明是隐含的。
〈enumdef rcsnm = inherit〉
〈desc〉
　　SGML 声明派生自 SGML 文档,这是个子文档。
〈classdef rcsnm = sgmldcl appnm = "sgml decl" fullnm = "SGML declaration"
conprop = markup clause = "d0000"〉
〈propdef subnode rcsnm = markup nodelist
ac = "ssep comment name number rname literal gencelm" clause = "d0001"〉
〈note〉
　　在 SGML 声明之前也包括任何分隔符;最后一个孩子是 gendelm for mdc 分隔符。
〈/psmodule〉
〈! --关于序言抽象类和属性,1 级--〉
〈psmodule rcsnm = prlgabs1 fullnm = "prolog abstract level 1"
dependon = prlgabs0〉
〈propdef subnode rcsnm = attdefs appnm = "attribute defs"
fullnm = "attribute definitions" nmndlist ac = attdef acnmprop = name
cn = notation clause = "b3002"〉
〈propdef irefnode rcsnm = attdef appnm = "attribute def"
fullnm = "attribute definition" node ac = attdef cn = attasgn
clause = "b3003"〉
〈propdef irefnode rcsnm = elemtype appnm = "element type" node ac = elemtype
cn = element clause = "b2101"〉
〈propdef subnode rcsnm = dfltent appnm = "default entity" node ac = dfltent
clause = "a5105" cn = doctype〉
〈when〉
DTD 为未声明的实体声明默认名称。(每个未声明名称都关联了使用实体的这个节点的部分,但是在某些情况下,系统可能不会为每个名称选择同样的实体。)
〈propdef subnode rcsnm = elemtps appnm = "element types" nmndlist
ac = "elemtype rankstem" acnmprop = "gi stem" cn = doctype clause = "b2101"〉
〈desc〉
　　通用标识符或级别词干用于命名元素。
〈propdef subnode rcsnm = parments appnm = "parameter entities"
nmndlist ac = entity acnmprop = name cn = doctype
clause = "b1004" 〉
〈note〉
　　在上述关于描述这个类的讨论中,也包括未明确声明的实体。
〈classdef rcsnm = elemtype appnm = "element type"
fullnm = "element type definition" clause = "b2000"〉
〈propdef rcsnm = gi fullnm = "generic identifier" string
strnorm = general clause = "78002"〉
〈propdef rcsnm = omitstrt appnm = "omit start tag" boolean
clause = "b2202"〉
〈desc〉
　　如果起始标签最小值为"0"则为真。
〈when〉
　　元素类型声明指定省略标签最小值。
〈propdef rcsnm = omitend appnm = "omit end tag" boolean
clause = "b2203"〉
〈desc〉
　　如果结束标签最小值为"0"则为真。

〈when〉

元素类型声明说明省略标签最小值。

〈propdef rcsnm = contype appnm = "content type" enum clause = "b2300"〉

〈enumdef rcsnm = cdata〉

〈desc〉

声明 CDATA 内容。

〈enumdef rcsnm = rcdata〉

〈desc〉

声明 RCDATA 内容。

〈enumdef rcsnm = empty〉

〈desc〉

声明 EMPTY 内容。

〈enumdef rcsnm = any〉

〈desc〉

ANY 的内容模型。

〈enumdef rcsnm = modelgrp appnm = "model group"〉

〈desc〉

内容模型是个模型组。

〈propdef subnode rcsnm = modelgrp appnm = "model group" node
ac = modelgrp clause = "b2402"〉

〈when〉

元素类型声明包括已经拥有模型组的内容模型。

〈propdef rcsnm = excls appnm = exclusions strlist clause = "b2521"〉

〈when〉

Contype 是 any 或 modelgrp.

〈propdef rcsnm = incls appnm = inclusions strlist clause = "b2511"〉

〈when〉

Contype 是 any 或 modelgrp.

〈propdef subnode rcsnm = attdefs appnm = "attribute defs"
fullnm = "attribute definitions" nmndlist ac = attdef acnmprop = name
clause = "b3003"〉

〈classdef rcsnm = modelgrp appnm = "model group" conprop = tokens
clause = "b2402"〉

〈desc〉

模型组或数据标签组。

〈note〉

数据标签组是由模型组节点表现的，这个节点有个连接器相当于第一个记号是 elemtk，第二个记号是 pcdatatk 的 seq。

〈propdef rcsnm = connect appnm = connector enum clause = "b2410"〉

〈desc〉

连接器用于模型组中。

〈enumdef rcsnm = and〉

〈enumdef rcsnm = or〉

〈enumdef rcsnm = seq〉

〈propdef rcsnm = occur appnm = "occur indicator" fullnm = "occurrence indicator"
enum clause = "b2420"〉

〈when〉

模型组有事件指示器。

〈enumdef rcsnm = opt〉

〈enumdef rcsnm = plus〉

〈enumdef rcsnm = rep〉

〈propdef subnode rcsnm = tokens appnm = "content tokens" nodelist
ac = "modelgrp pcdatatk elemtk" clause = "b2403"〉

〈classdef rcsnm = pcdatatk appnm = "pcdata token" clause = "b2404"〉

〈classdef rcsnm = elemtk appnm = "element token" clause = "b2405"〉

〈propdef rcsnm = gi fullnm = "generic identifier" string
strnorm = general clause = "b2405"〉

〈propdef rcsnm = occur appnm = "occur indicator" fullnm = "occurrence indicator"
enum clause = "b2405"〉

〈when〉

元素记号有事件指示器。
〈enumdef rcsnm = opt〉
〈enumdef rcsnm = plus〉
〈enumdef rcsnm = rep〉
〈classdef rcsnm = attdef appnm = "attribute def" fullnm = "attribute definition"
conprop = dfltval clause = "b3003"〉
〈propdef rcsnm = name string strnorm = general
clause = "b3201"〉
〈propdef rcsnm = dcltype appnm = "decl value type"
fullnm = "declared value prescription type" enum clause = "b3301"〉
〈enumdef rcsnm = cdata〉
〈enumdef rcsnm = entity〉
〈enumdef rcsnm = entities〉
〈enumdef rcsnm = id〉
〈enumdef rcsnm = idref〉
〈enumdef rcsnm = idrefs〉
〈enumdef rcsnm = name〉
〈enumdef rcsnm = names〉
〈enumdef rcsnm = nmtoken〉
〈enumdef rcsnm = nmtokens〉
〈enumdef rcsnm = number〉
〈enumdef rcsnm = numbers〉
〈enumdef rcsnm = nutoken〉
〈enumdef rcsnm = nutokens〉
〈enumdef rcsnm = notation〉
〈enumdef rcsnm = nmtkgrp appnm = "name token group"〉
〈desc〉
声明值是名称记号组。
〈propdef rcsnm = tokens strlist clause = "b3301"〉
〈desc〉
字符串列表指定允许的表示。
〈when〉
声明值是名称记号组或记法。
〈propdef rcsnm = dflttype appnm = "default value type" enum
clause = "b3401"〉
〈enumdef rcsnm = value〉
〈desc〉
默认值是不包含#FIXED的属性值规范。
〈enumdef rcsnm = fixed〉
〈enumdef rcsnm = required〉
〈enumdef rcsnm = current〉
〈enumdef rcsnm = conref〉
〈enumdef rcsnm = implied〉
〈propdef subnode rcsnm = dfltval appnm = "default value" nodelist
ac = "attvaltk datachar sdata intignch entstart entend" clause = "b3409"〉
〈when〉
默认值包括属性值规范。
〈propdef irefnode rcsnm = curgrp appnm = "current group" nodelist
ac = attdef clause = "b3001"〉
〈desc〉
代表同样的属性声明的所有 attdef 节点，将因此而共享同样的当前值。
〈note〉
有多少成员，在属性定义类表声明中就有多少相关联的元素类型，这声明了这个属性定义。
〈when〉
默认值类型是 CURRENT。
〈propdef rcsnm = curattix appnm = "current attribute index" integer
clause = "b3001"〉
〈desc〉
前述属性定义的数字在文档类型声明中有默认值类型 CURRENT。
〈note〉

在 attdef 节点的 curgrp 属性值中的所有 attdef 节点将显示同样的 curattix 属性值。两个 attdef 节点将共享同样的当前值,以防其显示同样的 curattix 属性值
〈when〉
默认值类型是 CURRENT。
〈classdef rcsnm = dfltent appnm = "default entity"〉
〈propdef rcsnm = enttype appnm = "entity type" enum clause = "a5502"〉
〈enumdef rcsnm = text fullnm = "SGML text"〉
〈enumdef rcsnm = cdata〉
〈enumdef rcsnm = sdata〉
〈enumdef rcsnm = ndata〉
〈enumdef rcsnm = subdoc appnm = subdocument〉
〈enumdef rcsnm = pi〉
〈propdef rcsnm = text string fullnm = "replacement text"
clause = "92101"〉
〈when〉
默认实体声明声明了内部实体。
〈propdef subnode rcsnm = extid appnm = "external id"
fullnm = "external identifier" node ac = extid clause = "a1601"〉
〈when〉
默认实体声明声明了外部实体。
〈propdef subnode rcsnm = atts appnm = attributes
nmndlist ac = attasgn acnmprop = name clause = "b4120"〉
〈desc〉
数据属性分配列表,各个是实体的已声明的属性,其顺序与属性定义列表声明中的顺序一致。
〈when〉
默认实体声明声明了外部实体。
〈propdef rcsnm = notname appnm = "notation name" string
strnorm = general clause = "79408"〉
〈when〉
默认实体声明声明了外部实体。
〈when〉
默认实体声明声明了外部实体。
〈/psmodule〉
〈! --prolog 相关的 SDS 类和性质--〉
〈psmodule rcsnm = prlgsds fullnm = "prolog SGML document string"
dependon = basesds1〉
〈propdef irefnode rcsnm = entdcl appnm = "entity decl"
fullnm = "entity declaration" node ac = entdcl cn = entity
clause = "a5001"〉
〈propdef irefnode rcsnm = entdcl appnm = "entity decl"
fullnm = "entity declaration" node ac = entdcl cn = dfltent
clause = "a5001"〉
〈propdef irefnode rcsnm = notdcl appnm = "notation decl"
fullnm = "notation declaration" node ac = notdcl cn = notation
clause = "b4001"〉
〈propdef irefnode rcsnm = attdldcl appnm = "attribute def list decl"
fullnm = "attribute definition list declaration" nodelist ac = attdldcl
cn = notation clause = "b4111"〉
〈when〉
记法至少有一个关联 ATTLIST。
〈propdef irefnode rcsnm = eltpdcl appnm = "element type decl"
fullnm = "element type declaration" node ac = eltpdcl cn = elemtype
clause = "b2001"〉
〈propdef irefnode rcsnm = attdldcl appnm = "attribute def list decl"
fullnm = "attribute definition list declaration"
nodelist ac = attdldcl cn = elemtype clause = "b3001"〉
〈when〉
元素类型至少有一个关联 ATTLIST 声明。
〈propdef irefnode rcsnm = doctpdcl appnm = "document type decl"
fullnm = "document type declaration" node ac = doctpdcl

cn = doctype clause = "b1001"〉
〈propdef irefnode rcsnm = attvalsp appnm = "attribute value spec"
fullnm = "attribute value specification"
node ac = "attvalue literal" cn = attdef clause = "79002"〉
〈when〉
默认值包括属性值规范。
〈classdef rcsnm = doctpdcl appnm = "document type decl"
fullnm = "document type declaration" mayadd clause = "b1000"〉
〈propdef subnode rcsnm = markup nodelist
ac = "ssep comment name rname literal msstart msend msignch entstart
entend comdcl pi eltpdcl entdcl notdcl attdldcl usemap srmapdcl"
clause = "b1001"〉
〈note〉
第一孩子是 mdo 分隔符的 gendelm;最后一个孩子是 mdc 分隔符的 gedelm。如果有外部实体,其扩展节点将在 dsc 分隔符的 gendelm 之前立即出现,否则将在 mdc 分隔符的 gendelm 节点之前立即出现。
〈propdef irefnode rcsnm = doctype appnm = "document type" node
ac = doctype clause = "b1008"〉
〈propdef subnode rcsnm = entity node ac = entity clause = "b1008"〉
〈when〉
文档类型声明包括外部标识符。
〈classdef rcsnm = attdldcl appnm = "attribute def list decl"
fullnm = "attribute definition list declaration" mayadd clause = "b3000"〉
〈propdef subnode rcsnm = markup nodelist
ac = "ssep comment entstart entend gendelm name nmtoken attvalue literal"
clause = "b3001"〉
〈propdef irefnode rcsnm = asseltps appnm = "assoc element types"
fullnm = "associated element types" nodelist ac = elemtype
clause = "b3001"〉
〈desc〉
属性定义列表可应用于元素类型,此元素类型按照其名称在属性定义列表声明中出现的顺序进行排序。这不包括未定义的元素类型。
〈propdef irefnode rcsnm = assnots appnm = "assoc notations"
fullnm = "associated notations" nodelist ac = notation clause = "b3001"〉
〈classdef rcsnm = eltpdcl appnm = "element type decl"
fullnm = "element type declaration" mayadd clause = "b2000"〉
〈propdef subnode rcsnm = markup nodelist
ac = "ssep comment entstart entend gendelm name number" clause = "b2001"〉
〈propdef irefnode rcsnm = elemtype appnm = "element type"
fullnm = "element type" node ac = elemtype clause = "b2101"〉
〈classdef rcsnm = entdcl appnm = "entity decl" fullnm = "entity declaration"
mayadd clause = "a5000"〉
〈desc〉
未被忽略的实体声明。
〈propdef subnode rcsnm = markup nodelist
ac = "entstart entend ssep comment gendelm name rname literal attvalue"
clause = "a5001"〉
〈propdef subnode rcsnm = entity node ac = entity clause = "a5201"〉
〈desc〉
被实体声明声明的实体。
〈when〉
实体声明不声明默认实体。
〈classdef rcsnm = notdcl appnm = "notation decl"
fullnm = "notation declaration" mayadd clause = "b4000"〉
〈propdef subnode rcsnm = markup nodelist
ac = "entstart entend ssep comment literal name rname" clause = "b4001"〉
〈propdef irefnode rcsnm = notation node ac = notation clause = "b4001"〉
〈desc〉
声明的记法。
〈/psmodule〉
〈! --文档实例相关的 SDS 类和性质--〉

〈propdef derived rcsnm = included boolean cn = element〉
〈desc〉
当且仅当元素是被包含的子元素时为真。
〈propdef derived rcsnm = momitend appnm = "must omit end tag" boolean
cn = element clause = "b2209"〉
〈desc〉
当且仅当元素的结束标签被忽略时为真,由于元素有声明的空内容或有显式内容引用。
〈/psmodule〉
〈psmodule rcsnm = instsds1 fullnm = "instance SGML document string level 1"
dependon = "instsds0 basesds1"〉
〈! --元素--〉
〈propdef subnode optional rcsnm = starttag appnm = "start-tag" nodelist
ac = "gendelm name ssep entstart entend literal attvalue" cn = element
clause = "74001"〉
〈note〉
第一个孩子是 stago 的 gendelm。entstart 和 entend 类型的节点仅可以出现在文档类型规范中。
〈when〉
为元素说明的开始标签。
〈propdef subnode optional rcsnm = endtag appnm = "end-tag" nodelist
ac = "gendelm name ssep entstart entend ignmrkup" cn = element clause = "75001"〉
〈note〉
第一个孩子是 etago 或者 net 的 gendelm。entstart,entend 和 ignmrkup 类型的节点仅可以出现在文档类型规范中。
〈when〉
为元素说明的结束标签(不是数据标签)。
〈! --数据字符--〉
〈propdef rcsnm = movedre appnm = "moved re" boolean cn = datachar
clause = "7610a"〉
〈desc〉
当且仅当这个字符是 RE 时为真,RE 被认为出现在不同于其实际出现的点。
〈note〉
repos 类型的节点将指出其实际出现的位置。
〈propdef irefnode rcsnm = repos appnm = "re position" node cn = datachar
ac = repos clause = "7610a"〉
〈desc〉
这个 RE 字符实际出现的位置。
〈when〉
这个字符是 RE,它被认为是出现在不同于其实际出现的点。
〈propdef subnode optional rcsnm = markup nodelist
ac = "gendelm name ssep entstart entend refendre shortref" cn = extdata
clause = "94401 94402"〉
〈desc〉
实体引用的置标。
〈note〉
ssep,entstart 和 entend 仅可以出现在命名实体引用的名称组中。
〈classdef rcsnm = ignrs appnm = "ignored rs" clause = "76101"〉
〈desc〉
根据 GB/T 14814—1993 中 7.6.1 的规定,忽略 RS。
〈propdef subnode optional rcsnm = namecref appnm = "named char ref"
fullnm = "named character reference" nodelist
ac = "gendelm name refendre" clause = "95001"〉
〈when〉
字符代替命名字符引用。
〈classdef rcsnm = ignre appnm = "ignored re" clause = "76100"〉
〈desc〉
根据 GB/T 14814—1993 中 7.6.1 的规定,在内容中忽略 RS。
〈note〉
这发生在 RE 最初出现的位置,而不是决定 RE 应该被忽略的位置。
〈propdef subnode optional rcsnm = namecref appnm = "named char ref"
fullnm = "named character reference" nodelist

ac = "gendelm name refendre" clause = "95001">
<when>
字符代替命名字符引用。
<classdef rcsnm = repos appnm = "re position" clause = "7610a">
<desc>
GB/T 14814—1993 中 7.6.1 认为 RE 的最初位置出现在不同于其实际出现位置的某个位置。
<note>
对每个 repos 类型的节点来说,将会有 datachar 类型的节点,它的 movedre 属性值为真。
<propdef irefnode rcsnm = re appnm = "record end" node ac = datachar
clause = "7610a">
<desc>
是 repos 字符。
</psmodule>
<! --数据标签相关的抽象类和性质-->
<psmodule rcsnm = dtgabs fullnm = "datatag abstract" dependon = baseabs>
<propdef derived rcsnm = catatag boolean cn = element clause = "73201">
<desc>
当且仅当数据标签被看作元素的结束标签时为真。
<note>
在包含的元素的内容中,包含数据标签的数据字符将跟随元素出现。
<propdef rcsnm = dtgtemps appnm = "data tag templates" strlist
cn = elemtype clause = "b2444">
<when>
模型组是数据标签组。
<propdef rcsnm = dtgptemp appnm = "data tag padding template" string
cn = elemtype clause = "b2445">
<when>
模型组是数据标签组,其数据标签模式包括数据标签填充模板。
</psmodule>
<! --等级相关的抽象类和性质-->
<psmodule rcsnm = rankabs fullnm = "rank abstract" dependon = prlgabs1>
<propdef derived rcsnm = ranksuff appnm = "rank suffix" string
cn = elemtype clause = "b2114">
<when>
包含等级后缀的元素类型声明中的元素类型。
<propdef rcsnm = rankstem appnm = "rank stem" string cn = elemtype
clause = "b2113">
<when>
使用等级元素和等级组的元素类型声明中的元素类型。
<propdef rcsnm = rankgrp appnm = "rank group"strlist cn = elemtype
clause = "b2112">
<desc>
等级组中的等级主干。
<when>
元素类型声明包含等级组。
<classdef rcsnm = rankstem appnm = "rank stem" clause = "b2113">
<propdef rcsnm = stem string strnorm = general
clause = "b2113">
<desc>
等级主干名称。
<propdef irefnode rcsnm = elemtps appnm = "element types"
nodelist ac = elemtype clause = "b2112">
<desc>
等级主干的元素类型。
</psmodule>
<! --Shortref 相关的抽象类和性质-->
<psmodule rcsnm = srabs fullnm = "shortref abstract" dependon = prlgabs0>
<propdef subnode rcsnm = emptymap appnm = "empty short ref map"
fullnm = "empty short reference map" node ac = srmap cn = sgmlcsts
clause = "b6004">

〈desc〉
空短引用映射。
〈propdef subnode rcsnm = srmaps appnm = "short ref maps"
fullnm = "short reference maps" nmndlist ac = srmap acnmprop = name
cn = doctype clause = "b1006"〉
〈note〉
不包含＃EMPTY 映射。
〈propdef rcsnm = srmapnm appnm = "short ref map name"
fullnm = "short reference map name" string
strnorm = general cn = elemtype clause = "b6004"〉
〈when〉
元素类型有关联的短引用映射。
〈propdef irefnode rcsnm = srmap appnm = "short ref map"
fullnm = "short reference map" node ac = srmap cn = elemtype
clause = "b6101"〉
〈when〉
元素类型有关联的短引用映射。
〈classdef rcsnm = srmap appnm = "short ref map" fullnm = "short reference map"
clause = "b5000"〉
〈propdef rcsnm = name string strnorm = general clause = "b5002"〉
〈when〉
映射不是隐式声明的＃EMPTY 映射。
〈propdef subnode rcsnm = map nmndlist ac = srassoc acnmprop = shortref
clause = "b5004"〉
〈classdef rcsnm = srassoc appnm = "short ref assoc"
fullnm = "short reference association" clause = "b5004"〉
〈propdef rcsnm = shortref appnm = "short ref"
fullnm = "short reference delimiter" string strnorm = general
clause = "b5004"〉
〈propdef rcsnm = entname appnm = "entity name" string
strnorm = entity clause = "b5004"〉
〈propdef irefnode rcsnm = entity node ac = entity clause = "b5001"〉
〈/psmodule〉
〈! -- Shortref 相关的 SDS 类和性质--〉
〈psmodule rcsnm = srsds fullnm = "shortref SGML document string"
dependon = basesds1〉
〈classdef rcsnm = usemap appnm = "short ref use decl"
fullnm = "short reference use declaration" conprop = markup clause = "b6000"〉
〈propdef subnode rcsnm = markup nodelist
ac = "entstart entend ssep comment gendelm name rname ignmrkup"
clause = "b6001"〉
〈note〉
第一个孩子是 mdo 分隔符的 gendelm;最后一个孩子是 mdc 分隔符的 gendelm。
〈propdef irefnode rcsnm = asseltps appnm = "assoc element types"
fullnm = "associated element types" nodelist ac = elemtype
clause = "a1501"〉
〈note〉
SGML 说明这不包含已经与映射相关联的元素类型。
〈when〉
短引用使用声明包括已关联元素类型。
〈propdef irefnode rcsnm = srmap node ac = srmap clause = "b6002"〉
〈classdef rcsnm = shortref appnm = "short ref"
fullnm = "short reference delimiter" clause = "e4620"〉
〈propdef rcsnm = origdelm appnm = "original delim"
fullnm = "original delimiter" string clause = "96601"〉
〈desc〉
作为起始输入的短引用分隔符。
〈propdef subnode optional rcsnm = namecref appnm = "named char ref"
fullnm = "named character reference" nodelist
ac = "gendelm name refendre" clause = "95001"〉

〈when〉
　　以命名字符引用输入分隔符的第一个字符。
〈classdef rcsnm = srmapdcl appnm = "short ref map decl"
fullnm = "short reference mapping declaration" mayadd clause = "b5000"〉
〈propdef subnode rcsnm = markup nodelist
ac = "entstart entend ssep comment gendelm name rname literal"
clause = "b5001"〉
〈note〉
　　第一个孩子是 mdo 分隔符的 gendelm;最后一个孩子是 mdc 分隔符的 gendelm。
〈propdef irefnode rcsnm = map node ac = srmap clause = "b5001"〉
〈/psmodule〉
〈! --链接相关的抽象类和性质--〉
〈psmodule rcsnm = linkabs fullnm = "link abstract" dependon = prlgabs0〉
〈propdef subnode rcsnm = emptylks appnm = "empty link set" node ac = linkset
cn = sgmlcsts clause = "c3004"〉
〈desc〉
　　空链接集用于不可见的当前链接集。
〈propdef subnode optional rcsnm = simplelk appnm = "simple link info"
fullnm = "simple link information" nmndlist ac = simplelk
acnmprop = linktype cn = element clause = "c1431"〉
〈when〉
　　元素是文档元素,有动态简单链接过程。
〈propdef irefnode rcsnm = linkatts appnm = "link attributes"
nmndlist ac = attasgn acnmprop = name cn = element clause = "c1402"〉
〈desc〉
　　属性分配列表,分别声明元素的链接属性。
〈note〉
　　链接属性起始的将有个链接规则。
〈propdef derived rcsnm = rsltgi appnm = "result gi"
fullnm = "result element generic identifier" string
strnorm = general cn = element clause = "c2202"〉
〈when〉
　　可用链接规则是显式的链接规则,其目标元素是显式的元素。
〈propdef irefnode rcsnm = rsltelem appnm = "result element type"
node ac = elemtype cn = element clause = "c2202"〉
〈when〉
　　可用链接规则是显式的链接规则,其目标元素是显式的元素。
〈propdef irefnode rcsnm = rsltatts appnm = "result attributes"
nmndlist ac = attasgn acnmprop = name cn = element clause = "c2203"〉
〈note〉
　　起始属性将是个链接规则。
〈when〉
　　可用链接规则是显式的链接规则,其目标元素是显式的元素。
〈propdef irefnode rcsnm = lksetinf appnm = "link set info"
fullnm = "link set information" nodelist ac = linkrule cn = element
clause = "c2205"〉
〈desc〉
　　在当前链接集中链接规则,其起始元素类型是隐式的。
〈when〉
　　动态显式链接过程。
〈propdef irefnode rcsnm = lksetinf appnm = "link set info"
fullnm = "link set information" nodelist ac = linkrule cn = datachar〉
〈desc〉
　　在当前链接集中链接规则,其起始元素类型是隐式的。
〈when〉
　　有动态显式链接过程,其字符发生在内容中。
〈classdef rcsnm = simplelk appnm = "simple link info"
fullnm = "simple link information" clause = "c1430"〉
〈propdef rcsnm = linktype appnm = "link type" string
strnorm = general clause = "c1001"〉

〈desc〉
简单链接过程的链接类型名称。
〈propdef subnode rcsnm = atts appnm = attributes
nmndlist ac = attasgn acnmprop = name clause = "c1402"〉
〈classdef rcsnm = linktype appnm = "link type"〉
〈propdef rcsnm = name string strnorm = general
clause = "c1002"〉
〈propdef rcsnm = active boolean〉
〈desc〉
当且仅当链接类型为动态时为真。
〈propdef rcsnm = ltkind appnm = "link type kind"
fullnm = "kind of link type" enum clause = "c1001"〉
〈enumdef rcsnm = simple〉
〈enumdef rcsnm = implicit〉
〈enumdef rcsnm = explicit〉
〈propdef rcsnm = srcname appnm = "source document type name" string
strnorm = general clause = "c1302"〉
〈propdef irefnode rcsnm = source appnm = "source document type" node
ac = doctype clause = "c1305 c1306"〉
〈note〉
对简单链接类型来说,这往往是基础文档类型。
〈propdef rcsnm = rsltname appnm = "result document type name" string
strnorm = general clause = "c1303"〉
〈propdef irefnode rcsnm = result appnm = "result document type" node
ac = doctype clause = "c1306"〉
〈when〉
链接类型是显式的链接类型。
〈propdef subnode rcsnm = inilkset appnm = "initial link set" node
ac = linkset clause = "c2004"〉
〈when〉
链接类型不是简单型。
〈propdef subnode rcsnm = idlkset appnm = "id link set" node ac = linkset
clause = "c2300"〉
〈when〉
链接类型声明子集包含 ID 链接集声明。
〈propdef subnode rcsnm = linksets appnm = "link sets" nmndlist
ac = linkset acnmprop = name clause = "c1401"〉
〈note〉
不包含 # INITIAL 或 EMPTY 或 ID 链接集。
〈classdef rcsnm = linkset appnm = "link set" conprop = lkrules clause = "c2000"〉
〈propdef rcsnm = name string strnorm = general
clause = "c2003"〉
〈when〉
链接集不是 # INITIAL 或 EMPTY 或 ID 链接集。
〈propdef subnode rcsnm = lkrules appnm = "link rules" nodelist
ac = linkrule clause = "c2002"〉
〈classdef rcsnm = linkrule appnm = "link rule" clause = "c2002"〉
〈propdef rcsnm = assgis appnm = "assoc gis"
fullnm = "associated generic identifiers" strlist
clause = "c2101"〉
〈desc〉
关联元素类型名称。
〈when〉
链接规则不是显式的,其起始元素类型是隐式的。
〈propdef irefnode rcsnm = asseltps appnm = "assoc element types"
fullnm = "associated element types" nodelist ac = elemtype
clause = "c2101"〉
〈when〉
链接规则不是显式的,其起始元素类型是隐式的。
〈propdef rcsnm = id fullnm = "unique identifier" string

strnorm = general clause = "c2301">
<when>
链接规则出现在 ID 链接集声明中。
<propdef irefnode rcsnm = uselink node ac = linkset clause = "c2104">
<when>
链接规则包含 USELINK 参数。
<propdef rcsnm = uselknm appnm = "uselink name" string
strnorm = general clause = "c2104">
<desc>
链接集根据 USELINK 参数命名。
<propdef derived rcsnm = postlkrs appnm = "postlink restore" boolean
clause = "c2101">
<desc>
当且仅当链接规则包含＃RESTORE 的 POSTLINK 参数时为真。
<propdef irefnode rcsnm = postlkst appnm = "postlink set" node
ac = linkset clause = "c2101">
<when>
链接集规范不说明＃FESTORE。
<propdef rcsnm = postlknm string strnorm = general
clause = "c2101">
<desc>
为跟随 POSTLINK 的链接集规范指定记号。
<when>
链接规则包含 POSTLIMK 参数。
<propdef subnode rcsnm = linkatts appnm = "link attributes"
nmndlist ac = attasgn acnmprop = name clause = "c2102">
<when>
链接规则不是显式链接规则,其元素类型是隐式的。
<propdef rcsnm = rsltgi appnm = "result gi"
fullnm = "result element generic identifier" string
strnorm = general clause = "c2202">
<when>
链接规则不是显式链接规则,其目标元素类型不是隐式的。
<propdef irefnode rcsnm = rsltelem appnm = "result element type" node
ac = elemtype clause = "c2202">
<when>
链接规则不是显式链接规则,其目标元素类型不是隐式的。
<propdef subnode rcsnm = rsltatts appnm = "result attributes"
nmndlist ac = attasgn acnmprop = name clause = "c2203">
<when>
链接规则不是显式链接规则,其目标元素类型不是隐式的。
</psmodule>
<! --链接相关的 SDS 类和性质-->
<psmodule rcsnm = linksds fullnm = "link SGML document string"
dependon = basesds1>
<propdef irefnode rcsnm = lksetdcl appnm = "link set decl"
fullnm = "link set declaration" node ac = "lksetdcl idlkdcl"
cn = linkset clause = "c2001">
<when>
链接集不是＃EMPTY。
<propdef irefnode rcsnm = lktpdcl appnm = "link type decl"
fullnm = "link type declaration" node ac = lktpdcl cn = linktype
clause = "c1001">
<classdef rcsnm = lktpdcl appnm = "link type decl" fullnm = "link type declaration"
mayadd clause = "c1000">
<propdef subnode rcsnm = markup nodelist
ac = "ssep comment name rname literal msstart msignch msend
entstart entend pi comdcl entdcl attdldcl lksetdcl idlkdcl"
clause = "c1001">
<propdef irefnode rcsnm = linktype appnm = "link type" node

ac = linktype〉
〈propdef subnode rcsnm = entity node ac = entity clause = "c1004"〉
〈when〉
链接类型定义包含外部标识符。
〈classdef rcsnm = lksetdcl appnm = "link set decl" fullnm = "link set declaration"
mayadd clause = "c2000"〉
〈propdef subnode rcsnm = markup nodelist
ac = "entstart entend ssep comment gendelm name rname literal attvalue"
clause = "c2001"〉
〈propdef irefnode rcsnm = linkset appnm = "link set" node
ac = linkset clause = "c2001"〉
〈classdef rcsnm = idlkdcl appnm = "id link set decl"
fullnm = "ID link set declaration" mayadd clause = "c2300"〉
〈propdef subnode rcsnm = markup nodelist
ac = "entstart entend ssep comment gendelm name rname literal attvalue"
clause = "c2301"〉
〈propdef irefnode rcsnm = linkset appnm = "link set" node ac = linkset
clause = "c2301"〉
〈classdef rcsnm = uselink appnm = "link set use decl"
fullnm = "link set use declaration" conprop = markup clause = "c3000"〉
〈desc〉
链接集使用不能被忽略的声明。
〈propdef subnode rcsnm = markup nodelist
ac = "entstart entend ssep comment gendelm name rname ignmrkup"
clause = "c3001"〉
〈note〉
第一个孩子是 mdo 分隔符的 gendelm;最后孩子是 mdc 分隔符的 gendelm。
〈propdef derived rcsnm = restore boolean clause = "c3002"〉
〈desc〉
当链接集规范说明了＃RESTORE 时为真。
〈propdef irefnode rcsnm = linkset node ac = linkset clause = "c3002"〉
〈when〉
链接集规范没有指定＃RESTORE。
〈propdef rcsnm = lksetnm string strnorm = general
clause = "c3002"〉
〈desc〉
为链接集规范指定记号。
〈propdef rcsnm = linktpnm appnm = "link type name" string
strnorm = general clause = "c3001"〉
〈propdef irefnode rcsnm = linktype appnm = "link type" node
ac = linktype clause = "c3001"〉
〈/psmodule〉
〈! --子文档相关的抽象类和性质--〉
〈psmodule rcsnm = subdcabs fullnm = "subdoc abstract" dependon = baseabs〉
〈classdef rcsnm = subdoc appnm = subdocument fullnm = "reference to subdocument"〉
〈desc〉
引用子文档实体的结果。
〈propdef rcsnm = entname appnm = "entity name" string
strnorm = entity clause = "a5101"〉
〈propdef irefnode rcsnm = entity node ac = entity clause = "c5501"〉
〈/psmodule〉
〈! --子文档相关的 SDS 类和性质--〉
〈psmodule rcsnm = subdcsds fullnm = "subdoc SGML document string"
dependon = "basesds1 subdcabs"〉
〈propdef subnode optional rcsnm = markup nodelist
ac = "gendelm name ssep entstart entend refendre shortref" cn = subdoc
clause = "94401"〉
〈desc〉
实体引用的置标。
〈note〉

ssep,entstart 和 entend 仅能出现在命名实体引用的名称组中。
〈/psmodule〉
〈! --正式公共标识符相关的抽象类和性质--〉
〈psmodule rcsnm = fpiabs fullnm = "formal public identifier abstract"
dependon = baseabs〉
〈propdef subnode optional rcsnm = fpi appnm = "formal public id"
fullnm = "formal public identifier" node ac = fpi cn = extid
clause = "a2001"〉
〈when〉
FORMAL YES 在 SGML 声明中加以说明。
〈classdef rcsnm = fpi appnm = "formal public id" fullnm = "formal public identifier"
clause = "a2000"〉
〈note〉
字符串是由这个类提供的每个字符串值的性质,它是在管理产品中不用附加//","-//","+//"或 s 字符的最小数据。
〈propdef rcsnm = ownertp appnm = "owner type" enum clause = "a2100"〉
〈desc〉
所有者标识符的类型。
〈enumdef rcsnm = iso〉
〈enumdef rcsnm = regist appnm = registered〉
〈enumdef rcsnm = unregist appnm = unregistered〉
〈propdef rcsnm = ownerid appnm = "owner id" fullnm = "owner identifier"
string clause = "a2100"〉
〈propdef rcsnm = textclas appnm = "text class" fullnm = "public text class"
enum clause = "a2210"〉
〈enumdef rcsnm = capacity〉
〈enumdef rcsnm = charset〉
〈enumdef rcsnm = document〉
〈enumdef rcsnm = dtd〉
〈enumdef rcsnm = elements〉
〈enumdef rcsnm = entities〉
〈enumdef rcsnm = lpd〉
〈enumdef rcsnm = nonsgml〉
〈enumdef rcsnm = notation〉
〈enumdef rcsnm = shortref〉
〈enumdef rcsnm = subdoc〉
〈enumdef rcsnm = syntax〉
〈enumdef rcsnm = text〉
〈propdef rcsnm = unavail appnm = unavailable boolean clause = "a2202"〉
〈desc〉
当且仅当说明了不可获得的文本指示器时为真。
〈propdef rcsnm = textdesc appnm = "text description"
fullnm = "public text description" string clause = "a2221"〉
〈propdef rcsnm = textlang appnm = "text language"
fullnm = "public text language" string clause = "a2231"〉
〈when〉
文本标识符包含公共文本语言。
〈propdef rcsnm = textdseq appnm = "text designating sequence"
fullnm = "public text designating sequence" string clause = "a2241"〉
〈when〉
文本标识符包含公共文本指派序列。
〈propdef rcsnm = textdver appnm = "text display version"
fullnm = "public text display version" string clause = "a2251"〉
〈when〉
文本标识符包含公共文本显示版本(那是跟随公共文本语言或者公共文本指派队列有//)。
〈/psmodule〉
〈! --SGML 扩展设施模块--〉
〈! --SGML 体系结构抽象类和性质--〉
〈psmodule rcsnm = arcabs fullnm = "SGML architecture abstract"
dependon = "instabs"〉
〈desc〉

这些属性与从体系结构文档到其所继承的从属文档中生成的树林相联系。
〈! --体系结构文档--〉
〈propdef cn = sgmldoc rcsnm = arcname appnm = "arc name"
fullnm = "architecture name" string strnorm = general sd = HyTime
clause = "A34100"〉
〈desc〉
体系结构的名称,这个体系结构文档是他的从属文档。
〈when〉
文档是体系结构文档。
〈propdef cn = sgmldoc rcsnm = arcdocs appnm = "arc docs"
fullnm = "architectural documents" nmndlist urefnode ac = "sgmldoc"
acnmprop = "arcname" sd = HyTimeclause = "A31200"〉
〈desc〉
体系结构文档可以从这个文档中继承。
〈propdef cn = sgmldoc rcsnm = cltdoc appnm = "client doc"
fullnm = "client document" node urefnode ac = "sgmldoc" sd = HyTime
clause = "A31000"〉
〈desc〉
这个文档是体系结构文档的文档。
〈when〉
文档是体系结构文档。
〈! --体系结构元素--〉
〈propdef cn = element rcsnm = arcname appnm = "arc name"
fullnm = "architecture name" string strnorm = general sd = HyTime
clause = "A34100"〉
〈desc〉
体系结构的名称,这个体系结构元素是它的从属元素。
〈when〉
文档是体系结构文档。
〈propdef cn = element rcsnm = arcelems appnm = "arc elements"
fullnm = "architectural elements" nmndlist urefnode ac = "element"
acnmprop = "arcname" sd = HyTimeclause = "A31200"〉
〈desc〉
体系结构元素可以从这个元素中继承。
〈propdef cn = element rcsnm = cltelem appnm = "client element"
node urefnode ac = "element" sd = HyTimeclause = "A31000"〉
〈desc〉
此元素是体系结构元素的元素。
〈when〉
这个元素是体系机构元素。
〈! --体系结构外部数据实体--〉
〈propdef cn = entity rcsnm = arcname appnm = "arc name"
fullnm = "architecture name" string strnorm = general sd = HyTime
clause = "A34100"〉
〈desc〉
体系结构的名称,这个体系结构实体是它的从属元素。
〈when〉
文档是体系结构文档,实体继承自在从属文档定义的外部数据实体。
〈propdef cn = entity rcsnm = arcents appnm = "arc entities"
fullnm = "architectural entities" nmndlist urefnode ac = "entity"
acnmprop = "arcname" sd = HyTimeclause = "A31200 A36200 A36400"〉
〈desc〉
体系结构实体继承于这个实体。
〈when〉
实体是外部数据实体。
〈propdef cn = entity rcsnm = cltent appnm = "client entity"
node urefnode ac = "entity" sd = HyTimeclause = "A31000"〉
〈desc〉
这个实体是体系结构实体的实体。
〈when〉

实体是体系结构外部数据实体。
〈!--体系结构数据字符--〉
〈propdef cn = datachar rcsnm = arcname appnm = "arc name"
fullnm = "architecture name" string strnorm = general sd = HyTime
clause = "A34100"〉
〈desc〉
体系结构的名称,这个数据字符是其从属数据字符的体系结构数据字符。
〈when〉
文档是体系结构文档。
〈propdef cn = datachar rcsnm = arcdata appnm = "arc data chars"
fullnm = "architectural data characters" nmndlist urefnode ac = "datachar"
acnmprop = "arcname" sd = HyTimeclause = "A31200"〉
〈desc〉
体系结构数据字符继承于这个数据字符。
〈propdef cn = datachar rcsnm = cltdata appnm = "client data char"
node urefnode ac = "datachar" sd = HyTimeclause = "A31000"〉
〈desc〉
这个数据字符是体系结构数据字符的数据字符。
〈when〉
数据字符是体系结构数据字符。
〈!--体系结构系统数据--〉
〈propdef cn = sdata rcsnm = arcname appnm = "arc name"
fullnm = "architecture name" string strnorm = general sd = HyTime
clause = "A34100"〉
〈desc〉
体系结构的名称,这个系统数据是其从属系统数据的体系结构系统数据。
〈when〉
文档是体系结构文档。
〈propdef cn = sdata rcsnm = arcsdata appnm = "arc sdata"
fullnm = "architectural internal specific character data entity reference result"
nmndlist urefnode ac = "sdata" acnmprop = "arcname" sd = HyTimeclause = "A31200"〉
〈desc〉
体系结构系统数据继承于这个系统数据。
〈propdef cn = sdata rcsnm = cltsdata appnm = "client sdata"
fullnm = "client internal specific character data entity reference result"
node urefnode ac = "sdata" sd = HyTimeclause = "A31000"〉
〈desc〉
这个系统数据是体系结构系统数据的系统数据。
〈when〉
系统数据是体系结构系统数据。
〈!--体系结构外部数据--〉
〈propdef cn = extdata rcsnm = arcname appnm = "arc name"
fullnm = "architecture name" string strnorm = general sd = HyTime
clause = "A34100"〉
〈desc〉
体系结构的名称,这个外部数据是其从属外部数据的体系结构外部数据。
〈when〉
文档是体系结构文档。
〈propdef cn = extdata rcsnm = arcexdat appnm = "arc external data"
fullnm = "architectural external data" nmndlist urefnode ac = "extdata"
acnmprop = "arcname" sd = HyTimeclause = "A31200"〉
〈desc〉
体系结构外部数据继承于这个外部数据。
〈propdef cn = extdata rcsnm = cltexdat appnm = "client external data"
node urefnode ac = "extdata" sd = HyTimeclause = "A31000"〉
〈desc〉
这个外部数据是体系结构外部数据的外部数据。
〈when〉
外部数据是体系结构外部数据。
〈!--体系结构子文档--〉

〈propdef cn = subdoc rcsnm = arcname appnm = "arc name"
fullnm = "architecture name" string strnorm = general sd = HyTime
clause = "A34100"〉
〈desc〉
　　体系结构的名称,这个子文档引用是其客户端的子文档引用的体系结构子文档引用。
〈when〉
　　文档是体系结构文档。
〈propdef cn = subdoc rcsnm = arcsubds appnm = "arc subdocuments"
fullnm = "architectural references to subdocuments" nmndlist urefnode
ac = "subdoc" acnmprop = "arcname" sd = HyTimeclause = "A31200"〉
〈desc〉
　　体系结构子文档引用继承于这个子文档引用。
〈propdef cn = subdoc rcsnm = cltsubdc appnm = "client subdocument"
fullnm = "client reference to subdocument" node urefnode ac = "subdoc"
sd = HyTimeclause = "A31000"〉
〈desc〉
　　这个子文档引用是体系结构子文档引用的子文档引用。
〈when〉
　　子文档引用是体系结构的子文档引用。
〈/psmodule〉
〈! --正式系统标识符相关的抽象类和性质--〉
〈psmodule rcsnm = fsiabs fullnm = "formal system identifier abstract"
dependon = baseabs〉
〈propdef cn = extid rcsnm = fsi appnm = "formal system id"
fullnm = "formal system identifier" node subnode ac = "fsi" optional
sd = HyTimeclause = "A61000 A64300"〉
〈when〉
　　外部标识符的系统标识符部分被看作是正式系统标识符。
〈classdef rcsnm = fsi appnm = "formal system id"
fullnm = "formal system identifier" conprop = sosseqs sd = HyTime
clause = "A61000 A64300"〉
〈propdef rcsnm = inclents appnm = "included entities" nodelist irefnode
ac = "entity" sd = HyTimeclause = "A66000 A57103"〉
〈desc〉
　　实体,从记法数据中包括,使用"包含"FSI 实体用法属性说明。
〈propdef rcsnm = modlevel appnm = "mod level" fullnm = "modification level"
integer sd = HyTimeclause = "A66002"〉
〈desc〉
　　实体的修正级别(可能无效)。
〈when〉
　　FSI 的实体用法标签包含修正级别规范。
〈propdef rcsnm = validmod appnm = "valid mod level"
fullnm = "valid modification level" integer sd = HyTimeclause = "A66002"〉
〈desc〉
　　实体的有效修正级别。
〈propdef rcsnm = bitcsize appnm = "bit combination size" integer sd = HyTime
clause = "A66000"〉
〈propdef rcsnm = wordsize appnm = "word size"
fullnm = "word size and bit-combination ordering" intlist sd = HyTime
clause = "A66000"〉
〈propdef rcsnm = sosseqs appnm = "sos sequences"
fullnm = "alternative SOS sequences" nodelist subnode ac = "sosseq"
sd = HyTimeclause = "A61003"〉
〈classdef rcsnm = sosseq appnm = "sos sequence" conprop = sequence sd = HyTime
clause = "A61003"〉
〈desc〉
　　存储对象规范序列。
〈propdef rcsnm = sequence fullnm = "sos sequence" nodelist subnode
ac = "sos" sd = HyTimeclause = "A61003"〉
〈classdef rcsnm = sos appnm = "storage object spec"

```
fullnm = "storage object specification" conprop = soi sd = HyTime
clause = "A61100"〉
〈propdef rcsnm = smname appnm = "storage manager name" string
strnorm = general sd = HyTimeclause = "A61102"〉
〈propdef rcsnm = records fullnm = "record boundary indicator" enum
sd = HyTimeclause = "A65100"〉
〈enumdef rcsnm = asis〉
〈enumdef rcsnm = rms fullnm = "record management system"〉
〈enumdef rcsnm = lf〉
〈enumdef rcsnm = cr〉
〈enumdef rcsnm = crlf〉
〈enumdef rcsnm = lfcr〉
〈enumdef rcsnm = find〉
〈propdef rcsnm = tracking appnm = "record tracking" boolean sd = HyTime
clause = "A65108"〉
〈propdef rcsnm = bctf fullnm = "bit combination transformation format"
string strnorm = general sd = HyTimeclause = "A65200"〉
〈propdef rcsnm = extents appnm = "occupied extents" nodelist subnode
ac = "soextent" sd = HyTimeclause = "A65302"〉
〈propdef rcsnm = zapeof appnm = "zap eof" fullnm = "zap end-of-file"
boolean sd = HyTimeclause = "A65304"〉
〈propdef rcsnm = compress fullnm = "compression information" string
strnorm = general sd = HyTimeclause = "A65307"〉
〈propdef rcsnm = encrypt fullnm = "encryption information" string
strnorm = general sd = HyTimeclause = "A65308"〉
〈propdef rcsnm = seal fullnm = "integrity information" string
strnorm = general sd = HyTimeclause = "A6530a"〉
〈propdef rcsnm = soi appnm = "storage object id"
fullnm = "storage object identifier" string sd = HyTimeclause = "A61103"〉
〈classdef rcsnm = soextent appnm = "storage object extent" sd = HyTime
clause = "A65302"〉
〈propdef rcsnm = firstoct appnm = "first octet" integer sd = HyTime
clause = "A65302"〉
〈propdef rcsnm = octcount appnm = "octet count" integer sd = HyTime
clause = "A65302"〉
〈propdef rcsnm = lastoct appnm = "last octet" integer sd = HyTime
clause = "A65302"〉
〈/psmodule〉
〈! --通用体系结构类和性质-->
〈! --元素抽象属性的数据属性-->
〈psmodule rcsnm = dafeabs fullnm = "data attributes for elements abstract"
dependon = instabs〉
〈propdef cn = element rcsnm = notname string strnorm = general sd = HyTime
clause = "A53001"〉
〈when〉
    为元素说明了记法。
〈propdef cn = element rcsnm = notation node irefnode ac = "notation"
sd = HyTimeclause = "A53001"〉
〈when〉
    为元素说明了记法。
〈propdef cn = element rcsnm = dataatts appnm = "data attributes" nmndlist
subnode ac = "attasgn" acnmprop = "name" sd = HyTimeclause = "A53003"〉
〈when〉
    为元素说明了记法,并使用通用体系结构的 DAFE 设施。
〈/psmodule〉
〈psmodule rcsnm = gadcnabs
fullnm = "general architecture common data attributes abstract"
dependon = "prlgabs0 instabs"〉
〈propdef cn = entity rcsnm = inclents appnm = "included entities" nodelist
irefnode ac = "entity" sd = HyTimeclause = "A57103"〉
```

```
〈desc〉
    实体,包含记法数据,说明使用"包含"公共数据属性。
〈propdef cn = entity rcsnm = altreps appnm = "alt reps"
fullnm = "alternative representations" nodelist irefnode ac = "entity"
sd = HyTimeclause = "A57106"〉
〈propdef cn = entity rcsnm = superdcn appnm = "super dcn"
fullnm = "notation derivation source" node irefnode ac = "notation"
sd = HyTimeclause = "A57108"〉
〈/psmodule〉
〈! --HyTimepseudo-element 类--〉
〈psmodule rcsnm = pelement fullnm = "pseudo-element abstract"
dependon = "instabs"〉
〈classdef rcsnm = pelement appnm = "pseudo element"
fullnm = "pseudo-element" sd = HyTimeclause = "71420"〉
〈propdef rcsnm = content nodelist subnode
ac = "datachar sdata extdata subdoc pi msignch ignrs ignre repos usemap
uselink entstart entend ssep comdcl msstart msend ignmrkup"
sd = HyTimeclause = "71420"〉
〈/psmodule〉
```

附 录 B
(规范性附录)
HyTime 性质集

本附录定义了 HyTime 性质集。

属性的句法和语义的定义文档在 A.4 中进行了描述。

B.1 超文档和 HyTime 文档

HyTime 树林是在每个 HyTime 文档上运行 HyTime 程序的结果,这些文档由枢纽文档定义了有限对象集。HyTime 树林的根是**超文档**(hyperdoc)类的节点。**HyTime 文档**(hydocs)性质的取值是 HyTime 文档(hydocs)节点列表,符合具有有限对象集的 HyTime 文档。这些文档中的其中是超文档的枢纽文档;相应的节点也是超文档的**枢纽文档**(hubdoc)性质的值,并且**枢纽文档**(hub)性质取值为真。

每个 HyTime 文档节点有其有效 SGML 文档(sgmldoc)性质的值,此性质是由 HyTime 文档构成的 SGML 树林的根。此树林和从 HyTime 文档中构成 SGML 树林构造过程的树林是同样的,树林计划使用的异常是在 HyTime 文档的文档元素中说明的(如果进行了说明)。否则,树计划是 HyTime 默认 SGML 树计划(见 7.1.4.2)。

B.2 HyTime 性质集

HyTime 性质集如下:

```
〈--HyTime 性质集--〉
〈! DOCTYPE propset
   PUBLIC "GB/T 16965—2009//DTD Property Set//EN"
[
〈! NOTATION HyTime
   PUBLIC "GB/T 16965—2009//NOTATION
           Hypermedia/Time-based Structuring Language(HyTime)//EN"
〉
〈! NOTATION SGML
   PUBLIC "GB/T 14814—1993//NOTATION
           Standard Generalized Markup Language(SGML)//EN"
〉
]〉
〈propset nsd = HyTime〉
〈normdef rcsnm = general sd = SGML clause = "d4506"〉
〈desc〉
声明具体的句法代替相关的 HyTime 文档。
〈normdef rcsnm = minlit sd = SGML clause = "a1704"〉
〈desc〉
SGML 标准是相关的 HyTime 文档的最小的文字解释。
〈classdef rcsnm = hyperdoc appnm = "hyperdocument" conprop = hydocs
clause = "62400 65000"〉
〈desc〉
超文档是 HyTime 树林的根,这是 HyTime 在包含有限对象集合的文档中的处理结果。
〈! --有限对象集合--〉
〈psmodule rcsnm = bos fullnm = "bounded object set"〉
〈propdef cn = hyperdoc rcsnm = bos fullnm = "bounded object set" nmndlist
subnode ac = "bosmem" acnmprop = "memroot" clause = "62400 65000"〉
〈desc〉
树林列表包含一定边界对象集的超文档。
```

```
〈classdef rcsnm = bosmem appnm = "bos member"
fullnm = "bounded object set member" clause = "62400 65000"〉
〈desc〉
文档边界对象集的成员。
〈propdef rcsnm = inbos appnm = "in HyTimebos" boolean clause = "65000 62400"〉
〈desc〉
BOS 是不是 HyTimeBOS 的一部分。
〈propdef rcsnm = memroot fullnm = "bos member root" node urefnode clause = "65000 62400"〉
〈desc〉
BOS 成员树林的根。
〈/psmodule〉
〈! --定义结构的语言--〉
〈psmodule rcsnm = arcsem fullnm = "enabling architecture defined semantics"〉
〈propdef cn = hyperdoc rcsnm = arcsem appnm = "arc semantics"
fullnm = "enabling architecture defined semantics" nmndlist subnode
ac = "arcsem" acnmprop = "arcpubid"
clause = "67300 82000 A31000 A34100"〉
〈desc〉
启动体系结构列表被用作定义包括超文档的 HyTime 重要的语义。
〈note〉
能够识别公共标识符的启动体系结构不包括在内。HyTime 重要语义的范围定义了这样的一个体系结构，符合体系结构且对 HyTime 文档的限制。
〈classdef rcsnm = arcsem appnm = "arc semantics"
fullnm = "enabling architecture defined semantics"
clause = "67300 82000 A31000 A34100"〉
〈desc〉
HyTime 集合使的体系结构定义语义成为可能，比如行为或者是超链接类型。
〈propdef rcsnm = arcpubid appnm = "arc public id"
fullnm = "enabling architecture public identifier" string
strnorm = minlit clause = "A34100"〉
〈/psmodule〉
〈! --HyTime 文档--〉
〈psmodule rcsnm = hydoc fullnm = "HyTimedocument"〉
〈propdef cn = hyperdoc rcsnm = hubdoc appnm = "hub document" node irefnode
ac = "hydoc" clause = "64000 65000"〉
〈desc〉
HyTime 文档定义了有限对象集合的超文档。
〈propdef cn = hyperdoc rcsnm = hydocs appnm = "HyTimedocuments" nmndlist
subnode ac = "hydoc" acnmprop = "sgmldoc" clause = "64000 65000"〉
〈desc〉
HyTime 文档列表包含了有限对象集合的超文档。
〈classdef rcsnm = hydoc appnm = "HyTimedocument" conprop = content
clause = "64000 65000"〉
〈desc〉
HyTime 文档包含有限对象的超文档。
〈propdef rcsnm = hub appnm = "is hub document" boolean clause = "65000"〉
〈desc〉
如果 HyTime 是超文档的核心则为真，否则为假。
〈propdef rcsnm = content nmndlist subnode ac = "desctab actrule locaddr
hylink FCS evsched rendrule modrule modpatch wand wandrule wndpatch
prorule proseq baton batrule batonseq projectr" acnmprop = "def def def
def def def def def def def def def def def def def def def"〉
〈/psmodule〉
〈! --有效的 SGML 标准文档--〉
〈psmodule rcsnm = sgmldoc fullnm = "effective SGML document"
dependon = "hydoc"〉
〈propdef cn = hydoc rcsnm = sgmldoc appnm = "sgml document"
fullnm = "effective SGML document" node urefnode clause = "71430"〉
〈desc〉
有效的 SGML 文档的树林。
```

〈/psmodule〉
〈! --值引用--〉
〈psmodule rcsnm = valueref fullnm = "value reference"〉
〈propdef cn = hyperdoc rcsnm = valrefs appnm = "value refs"
fullnm = "value references" nmndlist subnode ac = "valueref"
acnmprop = "valueof" clause = "67100"〉
〈classdef rcsnm = valueref appnm = "value ref"
fullnm = "value reference" clause = "67100"〉
〈propdef rcsnm = valueof appnm = "value of" node urefnode clause = "67100"〉
〈desc〉
元素和属性是有引用值的。
〈propdef rcsnm = value nodelist urefnode clause = "67100"〉
〈/psmodule〉
〈! --描述表格--〉
〈psmodule rcsnm = desctab fullnm = "description table"〉
〈propdef cn = valueref rcsnm = descent appnm = "desc table entry"
fullnm = "description table entry" node irefnode ac = "descent" clause = "67200"〉
〈when〉
参数通过描述表格产生。
〈classdef rcsnm = desctab appnm = "desc table"
fullnm = "description table" conprop = entries clause = "67220"〉
〈propdef rcsnm = def appnm = "definition" node urefnode clause = "67220 71430"〉
〈desc〉
定义描述表格的元素。
〈propdef rcsnm = entries nmndlist subnode ac = "descent"
acnmprop = "desctxt" clause = "67220"〉
〈classdef rcsnm = descent appnm = "desc table entry"
fullnm = "description table entry" clause = "67220"〉
〈propdef rcsnm = desctxt appnm = "desc text"
fullnm = "descriptive text" string strnorm = minlit clause = "67230"〉
〈propdef rcsnm = descdef appnm = "desc text def" node urefnode clause = "67240 71430"〉
〈desc〉
与描述文本相关的 HyTime 文档的有效 SGML 树林中的 Descdef 元素。
〈/psmodule〉
〈! --活动政策关联规则--〉
〈psmodule rcsnm = actrule fullnm = "activity policy association rule"〉
〈classdef rcsnm = actrule appnm = "activity policy rule"
fullnm = "activity policy association rule" conprop = actpruls
clause = "67308"〉
〈propdef rcsnm = def appnm = "definition" node urefnode
clause = "71430 67308"〉
〈desc〉
定义行为方针的元素与规则有关系。
〈propdef rcsnm = governed nodelist urefnode clause = "67300"〉
〈desc〉
节点受到与之相关的行为规则的制约。
〈propdef rcsnm = associat appnm = "assoc or dissoc"
fullnm = "associate or dissociate" enum clause = "67300"〉
〈enumdef rcsnm = assoc fullnm = "associate"〉
〈enumdef rcsnm = dissoc fullnm = "dissociate"〉
〈propdef rcsnm = nullify nodelist irefnode ac = "actrule"
clause = "67300"〉
〈propdef rcsnm = actpruls appnm = "activity type rules"
fullnm = "activity type specific activity policy association rule portions"
nmndlist subnode ac = "acttprul" acnmprop = "typename"
clause = "67300"〉
〈classdef rcsnm = acttprul appnm = "activity type rule"
fullnm = "activity type specific activity policy association rule portion"
clause = "67300"〉
〈propdef rcsnm = typename appnm = "activity type name" string strnorm = general

clause = "67300"〉
〈desc〉
行为类型的名称。
〈propdef rcsnm = policies fullnm = "activity policies" nodelist urefnode
clause = "67300"〉
〈desc〉
行为规则制约着与之相关的存在的行为类型。
〈/psmodule〉
〈! --行为类型--〉
〈psmodule rcsnm = acttype fullnm = "activity type" dependon = "arcsem hydoc"〉
〈propdef cn = hydoc rcsnm = acttypes appnm = "activity types" nmndlist
subnode ac = "acttype" acnmprop = "name" clause = "67300 A31000"〉
〈desc〉
行为类型是由文档所包含的结构定义的。
〈propdef cn = arcsem rcsnm = acttypes appnm = "activity types" nmndlist
subnode ac = "acttype" acnmprop = "name" clause = "67300 A31000"〉
〈desc〉
行为类型由已经存在的结构定义。
〈propdef cn = acttprul rcsnm = acttype appnm = "activity type" node irefnode
ac = "acttype" clause = "67300"〉
〈classdef rcsnm = acttype appnm = "activity type" clause = "67300"〉
〈propdef rcsnm = name string strnorm = general clause = "67300"〉
〈/psmodule〉
〈! --相关的行为类型--〉
〈psmodule rcsnm = actassoc fullnm = "activity policy association"
dependon = "acttype"〉
〈propdef cn = hyperdoc rcsnm = actasscs appnm = "activity policy assocs"
fullnm = "activity policy associations" nmndlist subnode ac = "actassoc"
acnmprop = "governed" clause = "67300"〉
〈classdef rcsnm = actassoc appnm = "activity policy assoc"
fullnm = "activity policy associations" conprop = actpassc
clause = "67300"〉
〈propdef rcsnm = governed node urefnode clause = "67300"〉
〈desc〉
节点由与之相关的行为规则来制约。
〈propdef rcsnm = actrules appnm = "activity policy rules" nodelist
irefnode ac = "actrule"〉
〈desc〉
行为规则应用于受支配的节点。
〈propdef rcsnm = actpassc appnm = "activity type assocs"
fullnm = "activity type specific activity policy associations portion"
nmndlist subnode ac = "actpassc" acnmprop = "acttype"
clause = "67300"〉
〈classdef rcsnm = actpassc appnm = "activity type assocs"
fullnm = "activity type specific activity policy associations portion"
clause = "67300"〉
〈propdef rcsnm = acttype appnm = "activity type" node irefnode ac = "acttype"
clause = "67300"〉
〈propdef rcsnm = policies fullnm = "activity policies" nodelist urefnode
clause = "67300"〉
〈desc〉
行为规则控制与之相关的给定行为类型的节点。
〈/psmodule〉
〈! --目标定位地址--〉
〈psmodule rcsnm = loctarg fullnm = "location address targets"〉
〈propdef cn = hyperdoc rcsnm = reftargs appnm = "reference targets" nmndlist
subnode ac = "reftargs" acnmprop = "ref" clause = "71003"〉
〈desc〉
解析引用的目标。
〈classdef rcsnm = reftargs appnm = "reference targets"

clause = "71003"〉
〈desc〉
解析引用目标的结果。
〈propdef rcsnm = ref appnm = "reference" node urefnode
clause = "71003"〉
〈desc〉
节点标注引用。
〈propdef rcsnm = targets nodelist urefnode clause = "71003"〉
〈desc〉
引用的解析目标。
〈/psmodule〉
〈! --定位地址路径--〉
〈psmodule rcsnm = locpath fullnm = "location address path"
dependon = "hydoc"〉
〈propdef cn = reftargs rcsnm = locpath appnm = "location path"
fullnm = "location address path" node irefnode ac = "locaddr"
clause = "71300"〉
〈desc〉
定位路径的第一步去解析引用的目标。
〈when〉
A location path was used to resolve the targets of the reference
〈classdef rcsnm = locaddr appnm = "location address"
clause = "71000"〉
〈desc〉
抽象的 HyTime 定位地址。
〈propdef rcsnm = def appnm = "definition" node urefnode
clause = "71430"〉
〈desc〉
定义定位地址的元素和属性的赋值。
〈propdef rcsnm = locsrc appnm = "location source" nodelist urefnode
clause = "72000 73000"〉
〈propdef rcsnm = selector appnm = "location selector" nodelist urefnode
clause = "70000"〉
〈desc〉
一部分定位地址的定义用来从定位源中选择定位节点。
〈note〉
比如,用命名空间定位地址定位每个节点的选择器是在元素内容 nmsploc 的相应名称。
〈propdef rcsnm = locnodes appnm = "located nodes" nodelist urefnode
clause = "70000"〉
〈desc〉
用定位选择器从定位源中选择节点。
〈note〉
如果通过定位地址定位节点还有多个值则定位地址是多重的定位地址。
〈/psmodule〉
〈! --超链接--〉
〈psmodule rcsnm = hylink fullnm = "hyperlink" dependon = "hydoc"〉
〈propdef cn = hyperdcc rcsnm = anchobjs appnm = "anchored objects" nmndlist
subnode ac = "anchobj" acnmprop = "object" clause = "80000"〉
〈desc〉
映射对锚点的对象。
〈classdef rcsnm = anchobj appnm = "anchored object"
clause = "81100"〉
〈desc〉
超连接锚点的点是锚点对象。
〈propdef rcsnm = object node urefnode clause = "81100"〉
〈desc〉
锚点对象。
〈propdef rcsnm = anchors nodelist irefnode ac = "anchor"
clause = "81100"〉
〈desc〉

锚点指定其对象。
〈classdef rcsnm = hylink appnm = "hyperlink"
clause = "81100 82000"〉
〈propdef rcsnm = def appnm = "definition" node urefnode
clause = "81106"〉
〈desc〉
定义超链接的元素。
〈propdef rcsnm = typename appnm = "hyperlink type name" string
strnorm = general clause = "81107"〉
〈propdef rcsnm = anchors nmndlist subnode ac = "anchor listanch"
acnmprop = "rolename rolename" clause = "81100 82100"〉
〈classdef rcsnm = listanch appnm = "list anchor"
clause = "81100 82100"〉
〈propdef rcsnm = rolename appnm = "anchor role name" string
strnorm = general clause = "81100 82105"〉
〈propdef rcsnm = members nodelist subnode ac = "anchor"
clause = "82100"〉
〈classdef rcsnm = anchor clause = "81100"〉
〈propdef rcsnm = rolename appnm = "anchor role name" string
strnorm = general clause = "81100 82105"〉
〈propdef rcsnm = object fullnm = "anchored object" node urefnode
clause = "81100"〉
〈propdef rcsnm = return fullnm = "return traversal" boolean
clause = "81300"〉
〈propdef rcsnm = depart appnm = "departure" fullnm = "hyperlink departure"
boolean clause = "81300"〉
〈propdef rcsnm = intarrt appnm = "int arrival trav"
fullnm = "internal arrival traversals" nodelist irefnode ac = "anchor"
clause = "81200 81300"〉
〈propdef rcsnm = extarrt appnm = "ext arrival trav"
fullnm = "external arrival traversals" nodelist irefnode ac = "anchor"
clause = "81200 81300"〉
〈propdef rcsnm = nextleft appnm = "next left"
fullnm = "next member to the left" node irefnode ac = "anchor"
clause = "81200 81300"〉
〈when〉
锚点是锚点列表和左边成员的元素,除非锚点是列表最左边的成员并且包括的成员是不允许的。
〈propdef rcsnm = nxtright appnm = "next right"
fullnm = "next member to the right" node irefnode ac = "anchor"
clause = "81200 81300"〉
〈when〉
锚点是锚点列表和左边成员的元素,除非锚点是列表最左边的成员并且包括的成员是不允许的。
〈propdef rcsnm = nxtright appnm = "next right"
fullnm = "next member to the right" node irefnode ac = "anchor"
clause = "81200 81300"〉
〈when〉
锚点是锚点列表和左边成员的元素,除非锚点是列表最左边的成员并且包括的成员是不允许的。
〈/psmodule〉
〈! --超链接类型--〉
〈psmodule rcsnm = hylinktp fullnm = "hyperlink type" dependon = "arcsem hydoc"〉
〈propdef cn = hydoc rcsnm = hylktps appnm = "hyperlink types" nmndlist
subnode ac = "hylinktp" acnmprop = "name" clause = "81100 A31000"〉
〈desc〉
超链接的类型被文档包含的结构定义。
〈propdef cn = arcsem rcsnm = hylktps appnm = "hyperlink types" nmndlist
subnode ac = "hylinktp" acnmprop = "name" clause = "81100 A31000"〉
〈desc〉
超链接类型被给定启动体系结构所定义。
〈propdef cn = hylink rcsnm = hylinktp appnm = "hyperlink type" node irefnode
ac = "hylinktp" clause = "81100"〉

```
〈propdef cn = listanch rcsnm = anchrole appnm = "anchor role" node irefnode
ac = "anchrole" clause = "81100 82100"〉
〈propdef cn = anchor rcsnm = anchrole appnm = "anchor role" node irefnode
ac = "anchrole" clause = "81100 82100"〉
〈classdef rcsnm = hylinktp appnm = "hyperlink type"
clause = "81100 82100"〉
〈propdef rcsnm = name string strnorm = general clause = "81100 82100"〉
〈propdef rcsnm = roles nmndlist subnode ac = "anchrole" acnmprop = "name"
clause = "81100 82105"〉
〈classdef rcsnm = anchrole appnm = "anchor role"
clause = "81100 82105"〉
〈propdef rcsnm = name string strnorm = general clause = "81100 82105"〉
〈propdef rcsnm = list boolean clause = "82100"〉
〈desc〉
锚点是否被列表锚点所加载。
〈/psmodule〉
〈! --有限的坐标空间--〉
〈psmodule rcsnm = FCS fullnm = "finite coordinate space" dependon = "hydoc"〉
〈classdef rcsnm = FCS fullnm = "finite coordinate space" clause = "93000"〉
〈propdef rcsnm = def appnm = "definition" node urefnode clause = "93000 71430"〉
〈desc〉
定义有限坐标空间的元素。
〈propdef rcsnm = axes nmndlist subnode ac = "axis" acnmprop = "name"
clause = "93003"〉
〈propdef rcsnm = occext appnm = "occupied extent" nmndlist subnode
ac = "dim" acnmprop = "axisnm" clause = "98203"〉
〈classdef rcsnm = axis clause = "93000"〉
〈propdef rcsnm = name string strnorm = general clause = "93005"〉
〈propdef rcsnm = smu fullnm = "standard measurement unit" node urefnode
clause = "93003 92100"〉
〈desc〉
SGML 标准树节点的标准度量单位。
〈propdef rcsnm = smumdurn appnm = "smu to mdu ratio numerator"
integer clause = "9300c"〉
〈propdef rcsnm = smumdurd appnm = "smu to mdu ratio denominator"
integer clause = "9300c"〉
〈propdef rcsnm = qcount appnm = "quantum count" integer clause = "9300d 68004"
〈classdef rcsnm = dim appnm = "dimension" clause = "68004 68200"〉
〈propdef rcsnm = axisnm appnm = "axis name" string strnorm = general
clause = "93005"〉
〈propdef rcsnm = axis node irefnode ac = "axis" clause = "93000"〉
〈propdef rcsnm = firstq appnm = "first quantum" integer clause = "68004"〉
〈propdef rcsnm = qcount appnm = "quantum count" integer clause = "68004"〉
〈propdef rcsnm = lastq appnm = "last quantum" integer clause = "68004"〉
〈classdef rcsnm = extent clause = "94400 95100"〉
〈propdef rcsnm = dimens appnm = dimensions nmndlist subnode ac = "dim"
acnmprop = "axisnm" clause = "94000 68200"〉
〈/psmodule〉
〈! --有限坐标空间类型--〉
〈psmodule rcsnm = FCStype fullnm = "finite coordinate space type"
dependon = "arcsem hydoc"〉
〈propdef cn = hydoc rcsnm = FCStypes appnm = "FCS types"
fullnm = "finite coordinate space types" nmndlist subnode ac = "FCStype"
acnmprop = "name" clause = "93000 A31000"〉
〈desc〉
FCS 的类型被包含文档体系结构定义。
〈propdef cn = arcsem rcsnm = FCStypes appnm = "FCS types"
fullnm = "finite coordinate space types" nmndlist subnode ac = "FCStype"
acnmprop = "name" clause = "93000 A31000"〉
〈desc〉
```

FCS 的类型被特定的启动体系结构定义。
〈propdef cn = FCS rcsnm = FCStype appnm = "FCS type"
fullnm = "finite coordinate space type" node irefnode ac = "FCStype"
clause = "93000"〉
〈propdef cn = axis rcsnm = axistype appnm = "axis type"
fullnm = "finite coordinate space axis type" node irefnode
ac = "axistype" clause = "93000"〉
〈classdef rcsnm = FCStype appnm = "FCS type"
fullnm = "finite coordinate space type" clause = "93000"〉
〈propdef rcsnm = name string strnorm = general clause = "93000"〉
〈propdef rcsnm = axes nmndlist subnode ac = "axistype" acnmprop = "name"
clause = "93000"〉
〈classdef rcsnm = axistype appnm = "axis type"
fullnm = "finite coordinate space axis type" clause = "93000"〉
〈propdef rcsnm = name string strnorm = general clause = "93000"〉
〈propdef rcsnm = smu fullnm = "standard measurement unit" node urefnode
clause = "93003 92100"〉
〈desc〉
轴(SGML 树林中标记节点)的标准度量单位。
〈/psmodule〉
〈! --轴刻度--〉
〈psmodule rcsnm = axiscal fullnm = "axis calibration"〉
〈propdef cn = axis rcsnm = calquant appnm = "calibration quantum" integer
clause = "93103"〉
〈desc〉
轴前后的量数目已经得到校准。
〈when〉
为轴指定的刻度。
〈propdef cn = axis rcsnm = calpoint appnm = "calibration point" enum
clause = "93103"〉
〈desc〉
刻度相对于刻度量的位置。
〈when〉
为轴指定的规范。
A calibration was specified for the axis.
〈enumdef rcsnm = start〉
〈enumdef rcsnm = end〉
〈propdef cn = axis rcsnm = calibrat appnm = "calibration" string clause = "93100"〉
〈when〉
刻度是为轴规范的。
〈propdef cn = axis rcsnm = calnot appnm = "calibration notation" node urefnode
clause = "93104"〉
〈desc〉
SGML 树林中的记法节点是用来规范刻度的。
〈when〉
刻度是为轴规范的。
〈/psmodule〉
〈! --事件进度表--〉
〈psmodule rcsnm = evsched fullnm = "scheduling" dependon = "hydoc"〉
〈propdef cn = hyperdoc rcsnm = schdobjs appnm = "scheduled objects" nmndlist
subnode ac = "schdobj" acnmprop = "object" clause = "95100 96000"〉
〈propdef cn = FCS rcsnm = evscheds appnm = "event schedules" nodelist irefnode
ac = "evsched" clause = "93004"〉
〈classdef rcsnm = schdobj appnm = "scheduled object" clause = "95100"〉
〈propdef rcsnm = object node urefnode clause = "95104 96000"〉
〈propdef rcsnm = events nodelist irefnode ac = "event" clause = "95100"〉
〈classdef rcsnm = evsched appnm = "event schedule" conprop = events
clause = "95000"〉
〈propdef rcsnm = def appnm = "definition" node urefnode clause = "95000 71430"〉
〈desc〉

定义事件进度表的元素。
〈propdef rcsnm = occext appnm = "occupied extent" nmndlist subnode ac = "dim"
acnmprop = "axisnm" clause = "98203"〉
〈propdef rcsnm = events nodelist subnode ac = "evgrp event"
clause = "95100 95200"〉
〈propdef rcsnm = sparse boolean clause = "94105"〉
〈desc〉
进度表的事件中可能存在缺口。
〈propdef rcsnm = overlap boolean clause = "94106"〉
〈desc〉
进度表中是否存在事件可能交迭。
〈classdef rcsnm = evgrp appnm = "event group" conprop = events
clause = "95200"〉
〈propdef rcsnm = occext appnm = "occupied extent" nmndlist subnode ac = "dim"
acnmprop = "axisnm" clause = "98203"〉
〈propdef rcsnm = forced appnm = "extent forced" boolean clause = "94300"〉
〈desc〉
True if extents of contained events are derived from extent of group
as opposed to the occupied extent of the group being derived from the
extents of the contained events
〈propdef rcsnm = events nodelist subnode ac = "evgrp event"
clause = "95100 95200"〉
〈classdef rcsnm = event clause = "95100"〉
〈propdef rcsnm = objects nodelist urefnode clause = "95104 96000"〉
〈propdef rcsnm = extents nodelist subnode ac = "extent" clause = "95102 94000"〉
〈/psmodule〉
〈! --修改修补--〉
〈psmodule rcsnm = modpatch fullnm = "modifier patch"〉
〈classdef rcsnm = modpatch appnm = "modifier patch" clause = "a2400"〉
〈propdef rcsnm = def appnm = "definition" node urefnode clause = "a2400 71430"〉
〈desc〉
定义修改修补的元素。
〈when〉
修改修补不是从 wand 修补中产生。
〈propdef rcsnm = patch node subnode ac = "modspec modseq modfork" clause = "a2400"〉
〈classdef rcsnm = modspec appnm = "modifier spec"
fullnm = "modifier specification" clause = "a2400"〉
〈propdef rcsnm = modifier fullnm = "modifier or modifier patch"
node urefnode clause = "a2400"〉
〈classdef rcsnm = modseq appnm = "modifier sequence" clause = "a2404"〉
〈propdef rcsnm = patch node subnode ac = "modspec modseq modfork" clause = "a2400"〉
〈classdef rcsnm = modfork appnm = "modifier fork" clause = "a2404"〉
〈desc〉
用于平行的修正集合。
〈propdef rcsnm = patch node subnode ac = "modspec modseq modfork" clause = "a2400"〉
〈/psmodule〉
〈! --baton--〉
〈psmodule rcsnm = wand dependon = "FCS"〉
〈propdef cn = hyperdoc rcsnm = schdmods appnm = "scheduled modifiers" nmndlist
subnode ac = "schedmod" acnmprop = "modifier" clause = "a2000"〉
〈propdef cn = FCS rcsnm = wands nodelist irefnode ac = "wand" clause = "93004 a2320"〉
〈classdef rcsnm = schedmod appnm = "scheduled modifier" clause = "a2300 a2330 a2340"〉
〈propdef rcsnm = modifier node urefnode clause = "a2100"〉
〈propdef rcsnm = modscops appnm = "modifier scopes" nodelist irefnode
ac = "modscope" clause = "a2330"〉
〈classdef rcsnm = wand conprop = scopes clause = "a2320"〉
〈propdef rcsnm = def appnm = "definition" node urefnode clause = "a2320 71430"〉
〈desc〉
定义 wand 规范的元素。
〈propdef rcsnm = occext appnm = "occupied extent" nmndlist subnode ac = "dim"

acnmprop = "axisnm" clause = "98203"〉
〈propdef rcsnm = scopes appnm = "modscopes" fullnm = "modifier scopes"
nodelist subnode ac = "modgrp modscope" clause = "a2330 a2340"〉
〈propdef rcsnm = sparse boolean clause = "94105"〉
〈desc〉
wand范围是否存在缺点。
〈propdef rcsnm = overlap boolean clause = "94106"〉
〈desc〉
wand范围是否可能交迭。
Whether or not modifier scopes within the wand may overlap.
〈classdef rcsnm = modgrp appnm = "modifier scope group" conprop = scopes clause = "a
〈propdef rcsnm = occext appnm = "occupied extent" nmndlist subnode ac = "dim"
acnmprop = "axisnm" clause = "98203"〉
〈propdef rcsnm = forced appnm = "extent forced" boolean clause = "94300"〉
〈desc〉
True if extents of contained modifier scopes are derived from extent
of group as opposed to the occupied extent of the group being derived
from the extents of the contained modifier scopes.
〈propdef rcsnm = scopes appnm = "modscopes" fullnm = "modifier scopes"
nodelist subnode ac = "modgrp modscope" clause = "a2330 a2340"〉
〈classdef rcsnm = modscope appnm = "modifier scope" clause = "a2330"〉
〈propdef rcsnm = modifier nodelist urefnode clause = "a2332 a2100"〉
〈propdef rcsnm = extents nodelist subnode ac = "extent" clause = "94200 94000"〉
〈/psmodule〉
〈! --baton 修补-->
〈psmodule rcsnm = wndpatch fullnm = "wand patch"〉
〈classdef rcsnm = wndpatch appnm = "wand patch" clause = "a2400"〉
〈propdef rcsnm = def appnm = "definition" node urefnode clause = "a2400 71430"〉
〈desc〉
定义wand修补的元素。
〈propdef rcsnm = patch node subnode ac = "wandspec wandseq wandfork" clause = "a2400"〉
〈classdef rcsnm = wandspec appnm = "wand spec"
fullnm = "wand specification" clause = "a2400"〉
〈propdef rcsnm = wand fullnm = "wand or wand patch" node irefnode
ac = "wand wndpatch" clause = "a2400"〉
〈classdef rcsnm = wandseq appnm = "wand sequence" clause = "a2404"〉
〈propdef rcsnm = patch node subnode ac = "wandspec wandseq wandfork" clause = "a2400"〉
〈classdef rcsnm = wandfork appnm = "wand fork" clause = "a2404"〉
〈desc〉
应用于平行中的wand集合。
〈propdef rcsnm = patch node subnode ac = "wandspec wandseq wandfork" clause = "a2400"〉
〈/psmodule〉
〈! --对象修改-->
〈psmodule rcsnm = modify fullnm = "object modification"〉
〈propdef cn = event rcsnm = mods appnm = "modifications" nodelist subnode
ac = "mod" clause = "a2000"〉
〈propdef cn = modscope rcsnm = mods appnm = "modifications" nodelist subnode
ac = "mod" clause = "a2000"〉
〈classdef rcsnm = mod appnm = "modification" clause = "a2000"〉
〈propdef rcsnm = extents appnm = "selected extents" nodelist subnode
ac = "selext" clause = "a2300"〉
〈desc〉
隶属修正的区域。
〈propdef rcsnm = modifier fullnm = "modifier or modifier patch"
node urefnode clause = "a2100 a2400"〉
〈desc〉
其他树林中的可修正节点和这个树林中的可修改修补描述修改。
〈propdef rcsnm = genmdpat appnm = "gen modifier patch"
fullnm = "generated modifier patch" node subnode ac = "modpatch" clause = "a2310 a2400"〉
〈when〉

wand 规则引用修正。
〈propdef rcsnm = rule fullnm = "modifier or wand rule" node irefnode
ac = "modrule wandrule" clause = "a2200 a2310"〉
〈desc〉
修饰语以及 wand 规则运用于修正。
〈propdef rcsnm = modscope appnm = "modifier scope" node irefnode
ac = "modscope" clause = "a2330"〉
〈desc〉
引起修正选择事件的修正范围。
〈when〉
修改应用于 wand 规则。
〈/psmodule〉
〈! --修改规则--〉
〈psmodule rcsnm = modrule fullnm = "modifier rule"〉
〈classdef rcsnm = modrule appnm = "modifier rule" clause = "a2200"〉
〈propdef rcsnm = def appnm = "definition" node urefnode clause = "a2200 71430"〉
〈desc〉
定义修饰规则的元素。
〈propdef rcsnm = events nodelist irefnode
ac = "event evgrp evsched modscope modgrp wand" clause = "a2200"〉
〈propdef rcsnm = modifier fullnm = "modifier or modifier patch"
node urefnode clause = "a2200"〉
〈desc〉
其他树中的可修正节点和这棵树中的可修改修补描述修改。
〈/psmodule〉
〈! --baton 规则--〉
〈psmodule rcsnm = wandrule fullnm = "wand rule"〉
〈classdef rcsnm = wandrule appnm = "wand rule" clause = "a2310"〉
〈propdef rcsnm = def appnm = "definition" node urefnode clause = "a2310 71430"〉
〈desc〉
定义 wand 规则的元素。
〈propdef rcsnm = events nodelist irefnode
ac = "event evgrp evsched modscope modgrp wand" clause = "a2310"〉
〈propdef rcsnm = wand fullnm = "wand or wand patch"
node irefnode ac = "wand wndpatch" clause = "a2310"〉
〈/psmodule〉
〈! --投影器--〉
〈psmodule rcsnm = projectr fullnm = "projector" dependon = "hydoc"〉
〈classdef rcsnm = projectr appnm = "projector" clause = "a3100"〉
〈propdef rcsnm = def appnm = "definition" node urefnode clause = "a3100 71430"〉
〈desc〉
定义投影器的元素。
〈propdef rcsnm = strict appnm = "strictness" string clause = "a3104"〉
〈desc〉
如果为空是严格的投影,否则依赖于应用。
〈when〉
为投影器指定的严密。
〈/psmodule〉
〈! --投影器顺序--〉
〈psmodule rcsnm = proseq fullnm = "projector sequence"〉
〈classdef rcsnm = proseq appnm = "projector seq"
fullnm = "projector sequence" clause = "a3230"〉
〈propdef rcsnm = def appnm = "definition" node urefnode clause = "a3230 71430"〉
〈desc〉
定义投影器顺序的元素。
〈when〉
投影器次序不是由 baton 顺序产生的。
〈propdef rcsnm = sequence nodelist irefnode ac = "projectr proseq" clause = "a3230"〉
〈/psmodule〉
〈! -- Baton --〉

〈psmodule rcsnm = baton dependon = "FCS"〉
〈propdef cn = hyperdoc rcsnm = schdprjs appnm = "scheduled projectors" nmndlist
subnode ac = "schdproj" acnmprop = "projectr" clause = "a3300"〉
〈propdef cn = FCS rcsnm = batons nodelist irefnode ac = "baton" clause = "a3320"〉
〈classdef rcsnm = schdproj appnm = "scheduled projector" clause = "a3332"〉
〈propdef rcsnm = projectr appnm = "projector" node irefnode ac = "projectr"
clause = "a3100"〉
〈propdef rcsnm = proscops appnm = "projector scopes" nodelist irefnode
ac = "proscope" clause = "a3330"〉
〈classdef rcsnm = baton conprop = scopes clause = "a3320"〉
〈propdef rcsnm = def appnm = "definition" node urefnode clause = "a3320 71430"〉
〈desc〉
定义 baton 的元素。
〈propdef rcsnm = occext appnm = "occupied extent" nmndlist subnode ac = "dim"
acnmprop = "axisnm" clause = "98203"〉
〈propdef rcsnm = scopes appnm = "proscopes" fullnm = "projector scopes"
nodelist subnode ac = "progrp proscope" clause = "a3330"〉
〈propdef rcsnm = sparse boolean clause = "94105"〉
〈desc〉
投影器范围内是否允许有缺口。
〈propdef rcsnm = overlap boolean clause = "94106"〉
〈desc〉
投影器范围内是否允许交迭。
〈classdef rcsnm = progrp appnm = "projector scope group" conprop = scopes clause = "a3340"〉
〈propdef rcsnm = occext appnm = "occupied extent" nmndlist subnode ac = "dim"
acnmprop = "axisnm" clause = "98203"〉
〈propdef rcsnm = forced appnm = "extent forced" boolean clause = "94300"〉
〈desc〉
True if extents of contained projector scopes are derived from extent
of group as opposed to the occupied extent of the group being derived
from the extents of the contained projector scopes.
〈propdef rcsnm = scopes appnm = "proscopes" fullnm = "projection scopes"
nodelist subnode ac = "progrp proscope" clause = "a3330 a3340"〉
〈classdef rcsnm = proscope appnm = "projector scope" clause = "a3330"〉
〈propdef rcsnm = projectr appnm = "projectors" nodelist irefnode
ac = "projectr" clause = "a3330 a3100"〉
〈propdef rcsnm = extents nodelist subnode ac = "extent" clause = "94200 94000"〉
〈/psmodule〉
〈! --baton 次序--〉
〈psmodule rcsnm = batonseq fullnm = "baton sequence"〉
〈classdef rcsnm = batonseq appnm = "baton seq"
fullnm = "baton sequence" clause = "a3350"〉
〈propdef rcsnm = def appnm = "definition" node urefnode clause = "a3350 71430"〉
〈desc〉
定义 baton 顺序的元素。
〈propdef rcsnm = sequence nodelist irefnode ac = "baton batonseq" clause = "a3350"〉
〈/psmodule〉
〈! --投影--〉
〈psmodule rcsnm = project fullnm = "projection"〉
〈propdef cn = event rcsnm = pros appnm = "projections" nodelist subnode
ac = "pro" clause = "a3000"〉
〈propdef cn = modscope rcsnm = pros appnm = "projections" nodelist subnode
ac = "pro" clause = "a3000"〉
〈propdef cn = proscope rcsnm = pros appnm = "projections" nodelist subnode
ac = "pro" clause = "a3000"〉
〈propdef cn = event rcsnm = srcproj appnm = "source projection" node
irefnode ac = "pro" clause = "a3000"〉
〈desc〉
引起事件的投影器。
〈when〉

事件并不是按照固定时间产生的。
〈propdef cn = modscope rcsnm = srcproj appnm = "source projection" node
irefnode ac = "pro" clause = "a3000"〉
〈desc〉
产生修正范围的投影器。
〈when〉
修正范围并不是 wand 所固有的。
〈propdef cn = proscope rcsnm = srcproj appnm = "source projection" node
irefnode ac = "pro" clause = "a3000"〉
〈desc〉
产生投影范围的投影机。
〈when〉
映射范围并不是 baton 固有的。
〈classdef rcsnm = pro appnm = "projection" clause = "a3000 a3100 a3200 a3300"〉
〈propdef rcsnm = extents appnm = "selected extents" nodelist subnode
ac = "selext" clause = "a3300"〉
〈desc〉
属于投影的延展。
〈propdef rcsnm = projectr appnm = "projector"
fullnm = "projector or projector sequence" node irefnode
ac = "projectr proseq" clause = "a3100 a3230"〉
〈propdef rcsnm = genprosq appnm = "gen projector seq"
fullnm = "generated projector sequence" node subnode ac = "proseq" clause = "a3310"〉
〈when〉
投影应用于 baton 规范。
〈propdef rcsnm = result node irefnode ac = "event modscope proscope" clause = "a3000"〉
〈desc〉
目标进度表中的事件，范围产生映射的结果。
〈propdef rcsnm = rule fullnm = "projector or baton rule" node irefnode
ac = "prorule batrule" clause = "a3220 a3310"〉
〈desc〉
运用于投影的投影机和 baton 规范。
〈propdef rcsnm = proscope appnm = "projector scope" node irefnode
ac = "proscope" clause = "a3330"〉
〈desc〉
引起映射选择事件的投影范围。
〈when〉
用于 baton 规则的投影。
〈/psmodule〉
〈! --投影器规范--〉
〈psmodule rcsnm = prorule fullnm = "projector rule"〉
〈classdef rcsnm = prorule appnm = "projector rule" clause = "a3220"〉
〈propdef rcsnm = def appnm = "definition" node urefnode clause = "a3220 71430"〉
〈desc〉
定义投影规范的元素。
〈propdef rcsnm = events nodelist irefnode
ac = "event evgrp evsched modscope modgrp wand proscope progrp baton" clause = "a3220"〉
〈propdef rcsnm = projectr appnm = "projector"
fullnm = "projector or projector sequence" node irefnode
ac = "projectr proseq" clause = "a3220"〉
〈propdef rcsnm = targschd appnm = "target schedules" nodelist irefnode
ac = "evsched wand baton" clause = "a3220"〉
〈/psmodule〉
〈! --baton 规范--〉
〈psmodule rcsnm = batrule fullnm = "baton rule"〉
〈classdef rcsnm = batrule appnm = "baton rule" clause = "a3310"〉
〈propdef rcsnm = def appnm = "definition" node urefnode clause = "a3310 71430"〉
〈desc〉
定义 baton 规范的元素。
〈propdef rcsnm = events nodelist irefnode

ac = "event evgrp evsched modscope modgrp wand proscope progrp baton" clause = "a3310"〉
〈propdef rcsnm = baton fullnm = "baton or baton sequence"
node irefnode ac = "baton batonseq" clause = "a3310"〉
〈propdef rcsnm = targschd appnm = "target schedules" nodelist irefnode
ac = "evsched wand baton" clause = "a3310"〉
〈/psmodule〉
〈! --绘制规范--〉
〈psmodule rcsnm = rendrule fullnm = "rendition rule"〉
〈classdef rcsnm = rendrule fullnm = "rendition rule" clause = "a4000"〉
〈propdef rcsnm = def appnm = "definition" node urefnode clause = "a4000 71430"〉
〈desc〉
定义绘制规范的元素。
〈propdef rcsnm = rules nodelist irefnode ac = "modrule wandrule prorule
batrule rendrule" clause = "a4000"〉
〈desc〉
制定绘制的规范。
〈/psmodule〉
〈! --绘制--〉
〈psmodule rcsnm = rend fullnm = "rendition" dependon = "rendrule"〉
〈propdef cn = event rcsnm = rends appnm = "renditions" nmndlist subnode
ac = "rend" acnmprop = "rendrule" clause = "a0000"〉
〈desc〉
为事件定义的绘制列表。
〈propdef cn = modscope rcsnm = rends appnm = "renditions" nmndlist subnode
ac = "rend" acnmprop = "rendrule" clause = "a0000"〉
〈desc〉
为修正范围定义的绘制列表。
〈propdef cn = proscope rcsnm = rends appnm = "renditions" nmndlist subnode
ac = "rend" acnmprop = "rendrule" clause = "a0000"〉
〈desc〉
为投影范围定义的绘制列表。
〈classdef rcsnm = rend appnm = "rendition" clause = "a0000"〉
〈propdef rcsnm = rendrule appnm = "rendition rule" node irefnode
ac = "rendrule" clause = "a4000"〉
〈propdef rcsnm = mods appnm = "modifications" nodelist irefnode
ac = "mod" clause = "a0000"〉
〈when〉
绘制是事件或者修正范围。
〈propdef rcsnm = pros appnm = "projections" nodelist irefnode
ac = "pro" clause = "a0000"〉
〈/psmodule〉
〈! --选择范围--〉
〈psmodule rcsnm = selext fullnm = "selected extent"〉
〈classdef rcsnm = selext appnm = "selected extent" clause = "a1000 94000"〉
〈desc〉
为绘制选定的事件范围。
〈propdef rcsnm = seldims appnm = "selected dimensions" nmndlist subnode
ac = "seldim" acnmprop = "axisnm" clause = "a1000 94000"〉
〈classdef rcsnm = seldim appnm = "selected dimension" clause = "a1000 94000 68200"〉
〈desc〉
为绘制选定的事件维。
〈propdef rcsnm = axisnm appnm = "axis name" string strnorm = general clause = "93005"〉
〈propdef rcsnm = axis node irefnode ac = "axis" clause = "93000"〉
〈propdef rcsnm = firstq appnm = "first quantum" integer clause = "68004"〉
〈propdef rcsnm = qcount appnm = "quantum count" integer clause = "68004"〉
〈propdef rcsnm = lastq appnm = "last quantum" integer clause = "68004"〉
〈propdef rcsnm = whole boolean clause = "a1106"〉
〈desc〉
是否通过相关的"部分受影响"属性把选定的维定义为所有的维。
〈/psmodule〉

```
〈! --脉冲地图--〉
〈psmodule rcsnm = pulsemap fullnm = "pulse maps"〉
〈propdef cn = evsched rcsnm = pulsmaps appnm = "pulse maps" nodelist
irefnode ac = "evsched wand baton" clause = "97000"〉
〈propdef cn = evgrp rcsnm = pulsmaps appnm = "pulse maps" nodelist
irefnode ac = "evsched wand baton" clause = "97000"〉
〈propdef cn = event rcsnm = pulsmaps appnm = "pulse maps" nodelist
irefnode ac = "evsched wand baton" clause = "97000"〉
〈propdef cn = wand rcsnm = pulsmaps appnm = "pulse maps" nodelist
irefnode ac = "evsched wand baton" clause = "97000"〉
〈propdef cn = modgrp rcsnm = pulsmaps appnm = "pulse maps" nodelist
irefnode ac = "evsched wand baton" clause = "97000"〉
〈propdef cn = modscope rcsnm = pulsmaps appnm = "pulse maps" nodelist
irefnode ac = "evsched wand baton" clause = "97000"〉
〈propdef cn = baton rcsnm = pulsmaps appnm = "pulse maps" nodelist
irefnode ac = "evsched wand baton" clause = "97000"〉
〈propdef cn = progrp rcsnm = pulsmaps appnm = "pulse maps" nodelist
irefnode ac = "evsched wand baton" clause = "97000"〉
〈propdef cn = proscope rcsnm = pulsmaps appnm = "pulse maps" nodelist
irefnode ac = "evsched wand baton" clause = "97000"〉
〈/psmodule〉
```

附 录 C
（规范性附录）
体系结构元声明

本附录包含完整的体系结构元声明，用于本标准中定义的体系结构。每个元 DTD 反映了标准正文中给出的准确的体系结构形式声明与其他必要声明即成体系结构元声明，以用于完整的和有效的体系结构元声明集。

C.1 HyTime 词法类型

本条定义了用来定义 HyTime 体系结构形式的词法类型以及通用的词法类型，这些词法类型声明遵照 A.2 词法类型定义要求中的规范。

```
〈! --
这个文档是用如下的共有标识符标识的
"GB/T 16965—2009//NONSGML LEXTYPES HyTimeLexical Types//EN"
-->
〈! ENTITY % SGMLlex
   PUBLIC "GB/T 16965//NONSGML LEXTYPES SGML Lexical Types//EN"
〉
%SGMLlex;
            〈! --POSIX 规则表达记法-->
〈! NOTATION REGEX
     PUBLIC "ISO/IEC 9945-2:1997//NOTATION
             POSIX Regular Expression Notation//EN"〉
  〈! ATTLIST #NOTATION REGEX
     case    (case|icase)case
  〉
                 〈! --HyTime 词法类型-->
  〈! LEXTYPE
     str           --非规范化字符串--
   "[char]*"
   HyLex [unorm]
  〉
 〈! LEXTYPE
   Norm            --规范化文本--
   "s*,[(#NOT s)*],(s+,[(#NOT s)*])*,s*"
   HyLex [unorm]
 〉
 〈! LEXTYPE
   word            --字--
   "nmchar+"
   HyLex [unorm]
 〉
 〈! LEXTYPE
   words           --字--
   "word+"
   HyLex
 〉
 〈! LEXTYPE
   line            --行--
   SPEC
   PUBLIC "GB/T 16965—2009//NOTATION LEXTYPE Line//EN"
 〉
 〈! LEXTYPE
   ATTORCON        --属性名称与内容--
```

```
    'ATTNAME|"#CONTENT"'
    HyLex [unorm]
  〉
〈! LEXCON
    SMU           --标准度量单位--
    SPEC
    PUBLIC "GB/T 16965—2009//NOTATION LEXCON
            Standard Measurement Unit//EN"
  〉
〈! LEXTYPE
    SMU           --标准度量单位--
    #CHECK SMU
    "NOTATION"
    HyLex [unorm]
  〉
〈! LEXCON
    AXISNM        --轴名称--
    SPEC
    PUBLIC "GB/T 16965—2009//NOTATION LEXCON
            Axis name//EN"
  〉
〈! LEXTYPE
    AXISNM        --轴名称--
    #CHECK AXISNM
    "NAME"
    HyLex [unorm]
  〉
〈! LEXCON
    granule       --度量单位名称--
    SPEC
    PUBLIC "GB/T 16965—2009//NOTATION LEXCON
            Measurement Granule Name//EN"
  〉
〈! LEXTYPE
    granule       --度量单位名称--
    #CHECK granule
    "nmstrt,nmchar*"
    HyLex [unorm]
  〉
〈! LEXTYPE
    ratio         --度量单位名称--
    "unzi,unzi"
    HyLex
  〉
〈! LEXTYPE
    unzi          --无符号非零整数--
    "[1-9][0-9]*"
    REGEX
  〉
〈! LEXTYPE
    snzi          --有符号非零整数--
    "[+-]?[1-9][0-9]*"
    REGEX
  〉
〈! LEXTYPE
    marker        --HyTime轴标记--
    "snzi"
    HyLex [unorm]
  〉
```

在本章中定义的词法类型声明以及来自 HyTime 词法类型规范文档的为 SGML 标准定义的词法类型。这种文档以如下的声明开始：HyTime 词法类型声明文档是引用 HyTime 文档类型定义来的，使用 A.2 的词法类型定义要求的处理指令。

C.1.1 日历有关的词法类型

```
<! LEXTYPE
   JULDATE          --儒略日--
   '"JD" #ORDER SGMLCASE,"-"?,NUMBER'
   HyLex [unorm]
>
<! LEXTYPE
   UTC              --UTC 日期与时间 -
   "UTCdate,UTCtime"
   HyLex
>
<! LEXTYPE
   fulldate         --完整日期--
   "UTCdate,ERA?"
   HyLex
>
<! LEXTYPE
   ERA              --时期--
   '"BC"|"BCE"|"BP"|"AD"|"CE"'
   HyLex
>
<! LEXTYPE
   UTCdate          --UTC 纪元时期--
   'year,"-"?,month,"-"?,day'
   HyLex [unorm]
>
<! LEXTYPE
   monthday         --月和日--
   'month,"-"?,day'
   HyLex [unorm]
>
<! LEXTYPE
   year             --元年--
   "[0-9][0-9][0-9][0-9]"
   REGEX
>
<! LEXTYPE
   month            --月--
   "0[1-9]|1[0-2]"
   REGEX
>
<! LEXTYPE
   day              --日--
   "[0-2][1-9]|[3][0-1]"
   REGEX
>
<! LEXTYPE
   UTCtime          --UTC 时刻--
   'hrminsec,(".",Digit+)?'
   HyLex [unorm]
>
<! LEXTYPE
   hrminsec         --以 hh:mm:ss 格式的时间--
   'hour,":"?,minute,":"?,second'
   HyLex [unorm]
>
<! LEXTYPE
   hrmin            --hh:mm 格式的时间--
```

```
'hour,":"?,minute'
HyLex [unorm]
>
<! LEXTYPE
Hour                --时刻--
"[0-1][0-9]|[2][0-3]"
REGEX
>
<! LEXTYPE
minute              --分钟--
"[0-5][0-9]"
REGEX
>
<! LEXTYPE
Second              --秒钟--
"[0-5][0-9]|60"
REGEX
>
<! LEXTYPE
Timeoff             --时间域偏移边界--
"offset,(monthday,hour)?"
HyLex
>
<! LEXTYPE
Offset              --时间偏移--
'("+"|"-")?,hrmin'
HyLex [unorm]
>
```

C.2 HyTimeMeta-Declarations

HyTimemeta-declaration 集是：

```
<! AFDR "GB/T 16965—2009">
<! --
GB/T 16965—2009//DTD AFDR Meta-DTD
Hypermedia/Time-based Structuring Language
(HyTime)//EN
-->
<! --
选项概要：
[通用体系结构]
altreps        选择性表示法设施
dafe           数据属性元素设施
dvlist         默认值列表设施
HyLex          HyTime 词法模型记法
HyOrd          HyTime 字典顺序记法
Included       包含实体设施
ireftype       直接 ID 引用类型设施
lextype        词法类型类型设施
opacity        元素不透明性设施
REGEX POSIX    正则表达式记法
superdcn       记法派生源设施

[基本模块]
Activity       活动策略关联规则设施
actypes        用户定义活动类型设施
bos            HyTime 有界对象集规则规范设施
bosspec        HyTime BOS 例外规范设施
conloc         内容定位设施
desctxt        描述性文本设施
```

dimspec 维规范设施
HyDimLst HyTime 维列表记法
HyDimSpc HyTime 维规范记法
HyFunk HyTime 标记函数语言
markfun 标记函数设施
valueref 值引用设施
[定位地址模块]
Agrovdef 次生树林定义设施
bibloc 书目定位地址设施
dataloc 数据定位地址设施
datatok 数据分隔树林构造过程
grovedef 树林定义设施
grovplan 树林规划规范设施
HyLexTok HyTime 词法分隔
Listloc 列表定位地址设施
mixedloc 混合定位地址设施
multloc 多重定位地址设施
nameloc 命名定位地址设施
nmsploc 命名空间定位地址设施
pathloc 路径定位地址设施
pgrovdef 原生树林定义设施
proploc 性质定位地址设施
queryloc 查询定位地址设施
refctl 引用控制设施
referatt 定位引用属性源设施
refloc 引用定位地址设施
reftype 引用类型设施
relloc 相对定位地址设施
spanloc 范围定位地址设施
treecom 树合并设施
treeloc 树定位地址设施
treetype 树类型规范设施
[超链接模块]
agglink 聚合超链接设施
anchloc 锚点定位地址设施
clink 上下文超链接设施
hylink 超链接关系设施
ilink 独立的超链接设施
linkloc 超链接定位地址设施
traverse 超链接遍历规则规范设施
varlink 可变超链接设施
[调度模块]
Calibrat 轴刻度设施
calspec 日历规范标记函数
dimref 维引用设施
fcsloc 有限坐标空间定位地址设施
grpdex 组继承范围规范设施
grprepet 组循环设施
HyCalSpc HyTime 日历规范记法
HyExSpec HyTime 范围规范记法
HyExtLst HyTime 范围列表记法
HyGrand HyTime 颗粒定义记法
Measure 度量域定义设施
objalign 对象排列设施
pulsemap 脉冲地图规范设施
sched 调度设施
[绘制模块]
baton Baton 投影设施
batonseq Baton 序列投影设施
HyDimPro HyTime 维投影符记法
HyExPro HyTime 范围投影符记法

```
HyPro          HyTime 投影记法
Modify         对象修改设施
patch          修改修补设施
project        事件投影设施
proseq         投影符序列设施
wand           wand 修改设施
wndpatch       wand 修补设施
-->
<? IS10744 USELEX HyTimelx>
<! entity %
  HyTimelx --HyTime 词法类型--
  PUBLIC "GB/T 16965—2009//NONSGML LTDR LEXTYPES
         HyTimeLexical Types//EN"
>
                    <! --合并选项-->
<! entity % grovedef "IGNORE">
<! [ %grovedef; [
  <! entity % agrovdef "INCLUDE">
  <! entity % pgrovdef "INCLUDE">
]]>
                    <! --通用体系结构支持声明-->
<! --如下的声明是确保用户说明通用体系结构选项的传播。-->
<! entity % altreps "IGNORE">
<! [ %altreps; [
  <! entity % gaaltrp "altreps">
]]>
<! entity % gaaltrp "">
<! entity % dafe "IGNORE">
<! [ %dafe; [
  <! entity % gadafe "dafe">
]]>
<! entity % gadafe "">
<! entity % dvlist "IGNORE">
<! [ %dvlist; [
  <! entity % gadvl "dvlist">
]]>
<! entity % gadvl "">
<! entity % HyLex "IGNORE">
<! [ %dafe; [
  <! entity % gaHyLex "HyLex">
]]>
<! entity % gaHyLex "">
<! entity % HyOrd "IGNORE">
<! [ %dafe; [
  <! entity % gaHyOrd "HyOrd">
]]>
<! entity % gaHyOrd "">
<! entity % included "IGNORE">
<! [ %included; [
  <! entity % gaincl "included">
]]>
<! entity % gaincl "">
<! entity % ireftype "IGNORE">
<! [ %ireftype; [
  <! entity % gairftp "ireftype">
]]>
<! entity % gairftp "">
<! entity % lextype "IGNORE">
<! [ %lextype; [
  <! entity % galextp "lextype">
```

```
]]>
<! entity % galextp "">
<! entity % opacity "IGNORE">
<! [ %opacity; [
  <! entity % gaopaci "opacity">
]]>
<! entity % gaopaci "">
<! entity % REGEX "IGNORE">
<! [ %dafe; [
  <! entity % gaREGEX "REGEX">
]]>
<! entity % gaREGEX "">
<! entity % superdcn "IGNORE">
<! [ %superdcn; [
  <! entity % gaspdcn "superdcn">
]]>
<! entity % gaspdcn "">
<? IS10744 ArcBase GenArc>
<! NOTATION GenArc
     PUBLIC "GB/T 16965—2009//NOTATION AFDR ARCBASE
            General Architecture//EN"
>
<! ATTLIST #NOTATION GenArc
  ArcFormA NAME    #FIXED GAForm
  ArcNamrA NAME    #FIXED GANames
  ArcSuprA NAME    #FIXED GASupr
  ArcIgnDA NAME    #FIXED GAIgnD
  ArcDocF  NAME    #FIXED GADoc
  ArcDTD   CDATA   #FIXED "%GenArc"
  ArcDataF NAME    #FIXED GABridN
  ArcBridF NAME    #FIXED GABrid
  ArcAuto  NMTOKEN #FIXED ArcAuto
  ArcOptSA NAMES   #FIXED "commatts dcnatts"
  commatts CDATA   #FIXED "%gadafe; %gadvl; %gaHyLex; %gaHyOrd;
                           %gairftp; %galextp; %gaopaci; %gaREGEX;"
  Dcnatts  CDATA   #FIXED "%gaaltrp; %gaincl; %gaspdcn;"
>
<! entity % GenArc
  PUBLIC "GB/T 16965—2009//DTD AFDR Meta-DTD
         General Architecture//EN"
>
<! --这里包含通用体系结构 meta-DTD ,使其设施在 HyTime 中全部可用。-->
%GenArc;
                    <! -- HyTime 体系机构支持声明 -->
<! --这些支持声明允许按照一些其他 HyTime 形式定义一些 HyTime 形式。
  也就是说例如,"clink" 是一种 "hylink","nameloc" 是一种"mixedloc"。-->
<! --如下的定义包括 HyBase 设施需要支持说明用户选项。-->
<! entity % conloc "IGNORE">
<! [ %conloc; [
  <! entity % hbvalref "valueref">
  <! entity % HyBase "INCLUDE">
]]>
<! entity % dimspec "IGNORE">
<! [ %dimspec; [
  <! entity % hbmrkfun "markfun">
  <! entity % HyBase "INCLUDE">
]]>
<! entity % multloc "IGNORE">
<! entity % nameloc "IGNORE">
<! entity % HyLexTok "IGNORE">
```

```
<! entity % dataloc "IGNORE">
<! entity % datatok "IGNORE">
<! entity % queryloc "IGNORE">
<! entity % referatt "IGNORE">
<! entity % spanloc "IGNORE">
<! entity % treetype "IGNORE">
<! [ %dataloc; [
  <! [ %referatt; [
      <! entity % hbrefrat "referatt">
  ]]>
  <! [ %multloc; [
      <! entity % hbmultlc "multloc">
  ]]>
  <! [ %spanloc; [
      <! entity % hbspanlc "spanloc">
      <! [ %treetype; [
          <! entity % hbtreetp "treetype">
      ]]>
  ]]>
  <! [ %HyLexTok; [
      <! entity % hbhylxtk "HyLexTok">
  ]]>
  <! entity % hbdattok "datatok">
  <! entity % HyBase "INCLUDE">
]]>
<! [ %HyLexTok; [
  <! entity % hbdattok "datatok">
  <! entity % HyBase "INCLUDE">
]]>
<! [ %datatok; [
  <! entity % hbagrvdf "agrovdef">
  <! entity % HyBase "INCLUDE">
]]>
<! [ %nameloc; [
  <! [ %queryloc; [
      <! entity % hbqryloc "queryloc">
  ]]>
  <! [ %referatt; [
      <! entity % hbrefrat "referatt">
  ]]>
  <! [ %multloc; [
      <! entity % hbmultlc "multloc">
  ]]>
  <! [ %spanloc; [
      <! entity % hbspanlc "spanloc">
      <! [ %treetype; [
          <! entity % hbtreetp "treetype">
      ]]>
  ]]>
  <! entity % hbmixloc "mixedloc">
  <! entity % hbnmsplc "nmsploc">
  <! entity % HyBase "INCLUDE">
]]>
<! entity % linkloc "IGNORE">
<! [ %linkloc; [
  <! [ %referatt; [
      <! entity % hbrefrat "referatt">
  ]]>
  <! [ %multloc; [
      <! entity % hbmultlc "multloc">
```

```
    ]]〉
    〈! [ %spanloc; [
      〈! entity % hbspanlc "spanloc"〉
      〈! [ %treetype; [
        〈! entity % hbtreetp "treetype"〉
      ]]〉
    ]]〉
    〈! entity % hbqryloc "queryloc"〉
    〈! entity % HyBase "INCLUDE"〉
  ]]〉
  〈! entity % anchloc "IGNORE"〉
  〈! [ %anchloc; [
    〈! [ %referatt; [〈
        ! entity % hbrefrat "referatt"〉
    ]]〉
    〈! [ %multloc; [
        〈! entity % hbmultlc "multloc"〉
    ]]〉
    〈! [ %spanloc; [
        〈! entity % hbspanlc "spanloc"〉
        〈! [ %treetype; [
            〈! entity % hbtreetp "treetype"〉
        ]]〉
    ]]〉
    〈! entity % hbqryloc "queryloc"〉
    〈! entity % HyBase "INCLUDE"〉
  ]]〉
  〈! entity % clink "IGNORE"〉
  〈! entity % traverse "IGNORE"〉
  〈! [ %clink; [
    〈! [ %traverse; [
        〈! entity % hbtrav "traverse"〉
    ]]〉
    〈! entity % hbhylink "hylink"〉
    〈! entity % HyBase "INCLUDE"〉
  ]]〉
  〈! entity % agglink "IGNORE"〉
  〈! [ %agglink; [
    〈! [ %traverse; [
        〈! entity % hbtrav "traverse"〉
    ]]〉
    〈! entity % hbhylink "hylink"〉
    〈! entity % hbrefloc "refloc"〉
    〈! entity % HyBase "INCLUDE"〉
  ]]〉
  〈! entity % dimref "IGNORE"〉
  〈! [ %dimref; [
    〈! entity % hbmrkfun "markfun"〉
    〈! entity % HyBase "INCLUDE"〉
  ]]〉
  〈! entity % calspec "IGNORE"〉
  〈! [ %calspec; [
    〈! entity % hbmrkfun "markfun"〉
    〈! entity % HyBase "INCLUDE"〉
  ]]〉
  〈! entity % hbmrkfun ""〉
  〈! entity % hbvalref ""〉
  〈! entity %
    hbbase—HyBase基本模块选项--
    '" %hbmrkfun; %hbvalref;"'
  〉
```

```
<! entity % hbagrvdf "">
<! entity % hbmixloc "">
<! entity % hbnmsplc "">
<! entity % hbhylxtk "">
<! entity % hbdattok "">
<! entity % hbqryloc "">
<! entity % hbrefloc "">
<! entity % hbrefrat "">
<! entity % hbmultlc "">
<! entity % hbspanlc "">
<! entity % hbtreetp "">
<! entity %
  Hblocs -- HyBase定位地址模块选项 --
  '" %hbagrvdf; %hbmixloc; %hbnmsplc; %hbhylxtk; %hbdattok; %hbqryloc;
    %hbrefloc; %hbrefrat; %hbmultlc; %hbspanlc; %hbtreetp;"'
>
<! entity % hbhylink "">
<! entity % hbtrav "">
<! entity %
  Hblinks --HyBase超链接模块选项 --
  '" %hbhylink; %hbtrav;"'
>
<! entity % HyBase "IGNORE">
<! [ %HyBase; [
<? IS10744 ArcBase HyBase>
<! NOTATION HyBase
  PUBLIC "GB/T 16965—2009//NOTATION AFDR ARCBASE
         Hypermedia/Time-based Structuring Language(HyTime)//EN"
>
<! ATTLIST #NOTATION HyBase
  ArcFormA NAME     #FIXED HyBase
  ArcNamrA NAME     #FIXED HyBNames
  ArcDocF  NAME     #FIXED HyDoc
  ArcDTD   CDATA    #FIXED "HyBase"
  ArcDataF NAME     #FIXED HyBridN
  ArcBridF NAME     #FIXED HyBrid
  ArcAuto  NMTOKEN  #FIXED nArcAuto
  ArcOptSA NAMES    #FIXED "GenArc base locs links sched rend"
  GenArc   CDATA    #IMPLIED
  base     CDATA    #FIXED %hbbase;
  locs     CDATA    #FIXED %hblocs;
  links    CDATA    #FIXED %hblinks;
  sched    CDATA    #IMPLIED
  rend     CDATA    #IMPLIED
>
<! NOTATION AFDRMeta
  PUBLIC "GB/T 16965—2009//NOTATION AFDR Meta-DTD Notation//EN"
>
<! ENTITY HyBase
  PUBLIC "GB/T 16965—2009//DTD AFDR Meta-DTD
         Hypermedia/Time-based Structuring Language(HyTime)//EN"
  CDATA AFDRMeta
>
]]><! --HyBase-->
                    <! --内容模块参数实体-->
<! entity %
  HyCFC               -- HyTime 上下文无关内容 --
                      -- Note: %loc, %link, %resorce是用来作
                          meta-inclusions而不是meta-propersubelements。--
  " %GACFC;|HyBrid|FCS"
```

```
 〉
〈! entity %
  Loc                  --定位地址形式--
  "anchloc|bibloc|dataloc|FCSloc|linkloc|listloc|mixedloc|
  nameloc|nmsploc|pathloc|proploc|queryloc|relloc|treeloc"
 〉
〈! entity %
  Link                 --超链接形式 --
  "agglink|clink|hylink|ilink|varlink"
 〉
〈! entity %
  Resbase              --基本模块资源形式 --
  "actrule|bosspec|desctab"
 〉
〈! entity %
  Resloc               --定位地址模块资源形式--
  "agrovdef|datatok|grovplan|pgrovdef"
 〉
〈! entity %
  Resschd              --调度模块资源形式--
  "calspec|evsched|extent|extlist|measure"
 〉
〈! entity %
  Resrend              --绘制模块资源形式--
  "baton|batrule|batseq|modpatch|modrule|projectr|prorule|proseq|
  rendrule|wandrule|wand|wndpatch"
 〉
〈! entity %
  Resorce              --全部资源体系结构形式 --
  "%resbase;|%resloc;|%resschd;|%resrend;"
 〉
〈! entity %
  Marklist             --轴标记列表内容模块 --
                       --条:6.8.1.1--
                       --解析对数据元素列表的标记--
  "#PCDATA|dimref|markfun"
 〉
〈! entity %
  Dimlist              -- HyTime 维列表内容--
                       --条:6.8.4--
  "%marklist;|dimspec"
 〉
〈! element
  HyDoc                -- HyTime 文档元素 --
                       --条:6.4--
  - O
  (%HyCFC;)*
  +(%link;|%loc;|%resorce;)
--可选属性 [base]:bos,bosspcat--
--可选属性[locs]:dgrvplan--
--公共属性 [GenArc]:dafe,dvlatt,etfullnm,id,irefmodl,
  ireftype,lextype,opacity--
--公共属性[base]:activity,conloc,dtxtatt,valueref--
--公共属性 [locs]:refctl,refloc,reftype,rflocspn--
 〉
                      〈! -- HyTime 体系结构桥接记法 --〉
〈! element
  HyBrid               -- HyTime 体系结构桥接记法
                       --条:6.6--
  - O
```

```
  (%HyCFC;)*
--属性 [base]:HyBrid--
--公共属性[GenArc]:dafe,dvlatt,etfullnm,id,irefmodl,
  ireftype,lextype,opacity--
--公共属性 [base]:activity,conloc,dtxtatt,valueref--
--公共属性 [locs]:refctl,refloc,reftype,rflocspn--
>
<! attlist
  HyBrid              -- HyTime 体系结构桥接记法 --
                      --条:6.6--
  GenArc NAME #FIXED GABrid
>
                       <! -- HyTime 体系结构桥接记法 -->
<! notation
  HyBridN             -- HyTime 体系结构桥接记法 --
                      --条:6.6--
  PUBLIC "GB/T 16965—2009//NOTATION
  HyTimeArchitectural Bridging Notation//EN"
--属性 [base]:HyBridN--
--公共属性 [GenArc],altreps,included,superdcn--
--公共属性 [base]:bosdatt--
--公共属性 [locs]:egrvplan--
>
<! attlist #NOTATION
  HyBridN             -- HyTime 体系结构桥接记法 --
                      --条:6.6--
  GenArc NAME #FIXED GABridN
>
<! entity % bosspec "IGNORE">
<! [ %bosspec; [
<! attlist
--bosspcat--          -- BOS 例外规范属性 --
                      --条:6.5.3--
  (HyDoc)
  Bosspec             -- 有界对象集例外规范 --
                      Adjustments to be made to the bounded object
                      Reference--
                      --Reftype:bosspec+--
                      -- 约束:必须内部引用 --
  #IMPLIED            --缺省: 没有 BOS 例外规范 --
>
]]><! --bosspec-->
                      <! --有界对象集例外规范-->
<! [ %bosspec; [
<! element
  Bosspec             --有界对象集例外规范 --
                      --条:6.5--
                      -- 通过最高优先级的包含或排除 BOS 路径或作为内容的路径的实体识别来影响 HyTime
                      BOS -
  - O
  (#PCDATA)           --Lextype:((ENTITY,(csname|literal)*)|
                                (GRPO,ENTITY,(csname|literal)*,GRPC)+)
                        --
                      -- 约束: 如果有用到插入语,每一个插入语列表是一个独立的 BOS 路径--
                      -- 约束: 每个字或字符在 BOS 路径是最近由字符或实体名定义的实体名。--
--属性 [base]:bosspec--
--公共属性 [GenArc]:dafe,dvlatt,etfullnm,id,irefmodl,
  ireftype,lextype,opacity--
--公共属性 [base]:activity,conloc,dtxtatt,valueref--
--公共属性 [locs]:refctl,refloc,reftype,rflocspn--
--引用者 [base]:HyDoc:bosspec--
```

```
>
<! attlist
  Bosspec               --有界对象集例外规范 --
                         --条:6.5--
  Boslevel              -- BOS 级别--
                        -- BOS 级别的最后实体名在每个说明的 BOS 路径都由这个 bosspec 来控制
      NUMBER            --约束：在 BOS 中的嵌套实体的深度(0 = 没有限制，1 = 最后实体) --
      1
  Inbos                 --在 BOS 中包含 --
                        -- 在每个 BOS 中的最终实体名来声明无条件的包含或排除对象，
                           在 BOS 级别由 bosspec 的 BOS 级别属性来说明--
      (inbos|notinbos)
      #IMPLIED—默认:BOS 无影响--
  Bosprrty              --有界对象集优先级 --
                        --在每个 BOS 中的最终实体名来声明无条件的包含或排除对象，
                           在 BOS 级别由 bosspec 的 BOS 级别属性来说明--
                        -- 注：bosprrty 语意的属性不是由 inbos 的属性影响的。(就是说，是不是"inbos"还是其
                        值是隐含的). --
  (foregrnd|backgrnd)
  #IMPLIED-- 默认：没有优先级变化 --
>
]]><! --bosspec-->
<! entity % bos "IGNORE">
<! [ %bos; [
<! attlist
  --bos--                    -- HyTime 有界对象集 --
                              --条:6.5.1--
  (HyDoc)
  Maxbos                     -- 最大有界对象集级别 --
                             -- HyTime 限定级别是文档的枢纽或子枢纽 。--
     NUMBER-- 约束：在 BOS 中的嵌套实体的深度 (0 = 没有限制，1 = 仅枢纽) --
     0
  Boslevel                    --有界对象集级别 --
                              --默认的 BOS 级别是由在中枢文档中的数据实体确定的。--
      NUMBER-- 约束：在 BOS 中的嵌套实体的深度(0 = 没有限制，1 = 仅限本实体) -
     #IMPLIED-- 缺省：没有 HyTime BOS --
>
]]><! --bos-->
                        <! -- HyTime BOS 控制数据属性 -->
<! [ %bos; [
<! attlist #NOTATION
--bosdatt--             -- HyTime BOS 控制数据属性 --
                        --条:6.5.2--
  #ALL
  Boslevel               -- BOS 级别--
                        -- 实体的有界对象集级别 --
     NUMBER             -- 约束：在 BOS 中的嵌套实体的深度(0 = 没有限制，1 = 仅限本实体) --
     #IMPLIED- 默认：在 HyDoc 元素中 boslevel 的属性值
  Inbos                 --在 BOS 中包含--
                        -- 无条件包含或排除,BOS --
      (inbos|notinbos)
      #IMPLIED          -- 默认：包含受 BOS 级别约束的--
  Bosprrty               --  有界对象集优先级 --
                         -- 默认:在实体树根由来的对象的 BOS 优先级。--
      (foregrnd|backgrnd)
      foregrnd
  subhub --实体是子中枢吗? --
    (subhub|nosubhub)
    nosubhub
>
```

```
]]>〈! --bos-->
〈! entity % valueref "IGNORE">
                        〈! --值引用属性的命名-->
〈! [ %valueref; [
〈! attlist
--valueref--            --值引用属性的命名--
                        --条:6.7.1--
  #ALL
  Valueref              --值引用属性的命名--
                        -- 有关的属性（或是元素内容)有关的引用属性（或是内容)可以用来表示属性或内容的语
                           意值 。--
    CDATA               --Lextype:((ATTORCON|"#ELEMENT"),ATTORCON)+--
                        -- 注：第一个 ATTORCON 值是由属性和内容定位,第二个 ATTORCON 值是由属性和内容构成。
                           --
                        -- 约束：第二个属性必须是引用的属性或由引用的 refloc 设施确定。--
                        -- 约束："#ELEMENT" 和 "#CONTENT" 可能作为其中一对的第一关键字发生一次。
                           #CONTENT"可能作为其中一对的第二关键字发生一次--
      #IMPLIED—常量--
>
]]>〈! --valueref-->
〈! entity % HyExSpec "IGNORE">
                        〈! -- HyTime 范围规范记法 -->
〈! [ %HyExSpec; [
〈! notation
  HyExSpec              -- HyTime 范围规范记法 --
                        --条:9.4.4--
                        -- 维列表（在 HyTime 维列表记法中,在标记解析函数后)
                        在一个或多个维上一起说明单一范围。--
  PUBLIC "GB/T 16965—2009//NOTATION
          HyTimeDimension Specification Notation//EN"
--属性 [sched]:HyExSpec--
--公共属性 [GenArc]:altreps,included,superdcn--
--公共属性 [base]:bosdatt--
--公共属性 [locs]:egrvplan--
>
〈! attlist #NOTATION
  HyExSpec              -- HyTime 范围规范记法 --
                        --条:9.4.4--
  GenArc NAME #FIXED GABridN
  superdcn NAME #FIXED HyDimLst
>
〈! entity % HyDimLst "INCLUDE" >
〈! entity % sched "INCLUDE">
]]>〈! --HyExSpec-->
〈! entity % HyExtLst "IGNORE">
                        〈! --HyTime 范围列表记法 -->

〈! [ %HyExtLst; [
〈! notation
  HyExtLst              -- HyTime 范围列表记法 --
                        --范围列表每个可以说明为一个范围,另一个范围列表的部分,或作为全部或部分轴标记列
                          表,明确的由标记函数输入或返回。--
  PUBLIC "GB/T 16965—2009//NOTATION
          HyTimeExtent List Notation//EN"
--属性 [sched]:HyExtLst--
--公共属性 [GenArc]:altreps,included,superdcn--
--公共属性[base]:bosdatt--
--公共属性 [locs]:egrvplan--
>
〈! attlist #NOTATION
```

```
  HyExtLst              -- HyTime 范围列表记法 --
                        --条:9.4.6--
  GenArc NAME ＃FIXED GABridN
  superdcn NAME ＃FIXED HyDimLst
〉
〈! entity % HyDimLst "INCLUDE" 〉
〈! entity % sched "INCLUDE"〉
]]〉〈! --HyExtLst--〉
〈! entity % HyDimSpc "IGNORE"〉
                        〈! --维规范--〉
〈! [ %dimspec; [
〈! [ %HyDimSpc; [
  〈! entity % ddimspec "HyDimSpc"〉
]]〉
〈! entity %
  Ddimspec              --默认维规范记法--
                        --条:6.8.3--
  "＃REQUIRED"
〉
〈! element
  Dimspec               --维规范--
                        --条:6.8.3--
                        --位置和量程按照单轴计算。当应用作为标记函数时,第一个为第一量程的未知的和第二个
                          为所计算的位置的,返回一对正轴的标记。--
  O O
  (%HyCFC;|%marklist;)*
                        -- 约束:内容需遵照在 dimspec 记法属性中所说明的记法 。--
--属性 [base]:dimspec--
--公共属性 [GenArc]:dafe,dvlatt,etfullnm,id,irefmodl,
  ireftype,lextype,opacity--
--公共属性 [base]:activity,conloc,dtxtatt,valueref--
--公共属性 [locs]:refctl,refloc,reftype,rflocspn--
〉
〈! attlist
  Dimspec               --维规范--
                        --条:6.8.3--
  HyBase NAME ＃FIXED markfun
  Notation              --维规范记法--
      NAME              --Lextype:NOTATION--
      %ddimspec;
〉
]]〉〈! --dimspec--〉
〈! entity % FCSloc "IGNORE"〉
           〈! --有限坐标空间定位地址--〉
〈! [ %FCSloc; [
〈! [ %HyExtLst; [
  〈! entity % dFCSlcnt "HyExtLst"〉
]]〉
〈! entity %
  dFCSlcnt              -- 缺省 fcsloc 范围列表记法--
                        --条:9.10--
  "＃REQUIRED"
〉
〈! element
  FCSloc                —有限坐标空间定位地址--
                        --条:7.10.2--
                        -- 地址事件,领域,proscopes (或是对象修改者设计者)在有限等空间。--
                        -- 约束: 定位源必须是 FCS ,事件进度,wand 或者 baton --
  - O
  (%dimlist;|extent|extlist)*
```

```
                    -- 约束:如果没有列表范围记法的说明,内容需仅由程度和 extlist 元素组成。--
--属性[base]:overrun--
--属性 [locs]:locsrc,impsrc--
--属性 [sched]:FCSloc--
--可选属性 [locs]:multloc,referatt,spanloc,treetype--
--可选属性 [sched]:rFCSloc--
--公共属性 [GenArc]:dafe,dvlatt,etfullnm,id,
  ireftype,lextype,opacity--
--公共属性 [base]:activity,conloc,dtxtatt,valueref--
--公共属性 [locs]:refctl,refloc,reftype,rflocspn--
〉
〈! attlist
  FCSloc                -- 有限坐标空间定位地址--
                        --条:9.10--
  HyBase NAME #FIXED queryloc
  Notation              --可选项的范围列表记法--
      NAME              --Lextype:NOTATION--
      %dFCSlcnt;        -- 默认: 内容必须仅由范围和 extlist 元素组成
  Select                -- 选择精度--
                        -- 描述: 多少的事件 modscope ,或 proscope (或是在其调度内的对象,修改符或 proscope)
                           需出现在所选的边界之内以便选中。--
    CDATA               --Lextype:("#ALL"|"#ANY"|(unzi,granule?))+--
                        -- 约束:是为其轴或所有轴的定位源。--
                        -- 约束: 如果支持,unzi 精度根据如下的颗粒说明;否则根据为调度定义的 HMU 轴确定。--
      "#ALL"            --默认: 事件, modscope, or proscope 必须完全在选项区内选中--
  Objects               -- 事件或对象? --
                        --所选记录类型:被对象调度的事件、modsccpes 或 proscopes (事件)、对象修改符和投影符--
  (events|objects)
  events
dsdtypes                --选择的直接调度类型--
                        --选择的项直接调度元素类型--
    CDATA               --Lextype:("#ALL"|("#EVENT"|"#MODSCOP"|"#PROSCOP"|GI)*)--
                        -- 约束: 可与任何#EVENT,#MODSCOP, #PROSCOP 及 GIs 事件#ALL 合并。--
   #IMPLIED             --默认:For each form of element used as locsrc:
                            locsrc element:          default value:
                            - - - - - - - -          - - - - - - - -
                              Evsched                 "#EVENT"
                              Wand                    "#MODSCOP"
                              baton                   "#PROSCOP"
                              FCS                     "#ALL"
                           --
〉
〈! entity % sched "INCLUDE"〉
〈! entity % locsrc "INCLUDE"〉
〈! entity % impsrc "INCLUDE"〉
〈! entity % overrun "INCLUDE"〉
]]〉〈! --FCSloc--〉
                        〈! --日历规范 --〉
〈! [ %calspec; [
〈! notation
  HyCalFun              -- HyTime 日历标记函数记法 --
                        --条:9.9.2--
                        --日历规范是标记函数用来说明在同一坐标轴上的量程,其以真实时间度量域并用 HyCalSpc
                        记法来校准。如果用维规范的第一标记,返回正的标记。如果用维规范的第二标记,返回负
                        的标记--
                        -- 约束:最高次序的 date/time 组件不能超过所说明的标准轴。--
                        --约束: 忽略 date/time 组件是对最近的日历 calspec 的说明。--
                        --Lextype:((JULDATE|fulldate|monthday|cay)?,
                                (UTCtime|hrminsec|hrmin|minute)?,timeoff*)--
  PUBLIC "GB/T 16965—2009//NOTATION
```

```
          HyTimeCalendar Marker Function Notation//EN"
--属性 [sched]:HyCalFun--
--公共属性 [GenArc]:altreps,included,superdcn--
--公共属性 [base]:bosdatt--
--公共属性 [locs]:egrvplan--
〉
〈! attlist #NOTATION
   HyCalFun             -- HyTime 日历标记函数记法 --
                        --条:9.9.2--
   GenArc   NAME #FIXED GABridN
   superdcn NAME #FIXED HyCalSpc
   GMTorUTC             --GMT or UTC timescale--
                        --Note:(GMT noon  =  UTC midnight)--
     (GMT|UTC)
     UTC
〉
〈! element
   Calspec              -- 日历规范 --
                        --条:9.9.2--
   O O
   ( %HyCFC;) *         --Lextype:((JULDATE|fulldate|monthday|day)?,
                                  (UTCtime|hrminsec|hrmin|minute)?,timeoff * )--
                        -- 约束:如果不是现有 JULDATE 或 fulldate
                                则假定最近说明的年和其他更大量程--
--属性 [sched]:calspec--
--公共属性 [GenArc]:dafe,dvlatt,etfullnm,id,
   ireftype,lextype,opacity--
--公共属性 [base]:activity,conloc,dtxtatt,valueref--
--公共属性 [locs]:refctl,refloc,reftype,rflocspn--
〉
〈! attlist
   Calspec              -- 日历规范 --
                        --条:9.9.2--
   HyBase   NAME        #FIXED markfun
   notation NOTATION(HyCalFun) #FIXED HyCalFun
   GMTorUTC             --GMT or UTC timescale--
                        --Note:(GMT noon  =  UTC midnight)--
     (GMT|UTC)
     UTC
〉
〈! entity % HyCalSpc "INCLUDE"〉
]]〉〈! --calspec--〉
                    〈! --外部维引用--〉
〈! [ %dimref; [
〈! notation
   Dimref           --外部维引用标记函数记法--
                    --条:9.8.2.1--
   PUBLIC "GB/T 16965—2009//NOTATION
          Explicit dimension reference marker function notation//EN"
--公共属性 [GenArc]:altreps,included,superdcn--
--公共属性 [base]:bosdatt--
--公共属性 [locs]:egrvplan--
〉
〈! element
   Dimref               --外部维引用--
                        --条:9.8.2.1--
   - O
   ( %HyCFC;) *
--属性 [sched]:dimref--
--公共属性 [GenArc]:dafe,dvlatt,etfullnm,id,
```

```
  ireftype,lextype,opacity--
--公共属性 [base]:activity,conloc,dtxtatt,valueref--
--公共属性 [locs]:refctl,refloc,reftype,rflocspn--
〉
〈! attlist
  Dimref                --外部维引用--
                        --条:9.8.2.1--
  HyBase NAME #FIXED narkfun
  notation NOTATION(dimref) #FIXED dimref
  elemspec              -- 元素说明 --
                        --从元素继承的引用维--
    CDATA               --Reference--
                        --Reftype:(baton|event|evgrp|evsched|extent|
                                extlist|FCS|modgrp|modscope|progrp|
                                proscope|wand)--
    #REQUIRED
  Selcomp               --维所选组件--
                        --引用说明的元素的维部件
                              first: First or lowest quantum
                              last: Last or highest quantum
                              qcnt: Quantum count --
    (first|last|qcnt)
    qcnt
  flip                  -- Flip 所选组件 --
                        --是否转换引用的维部件。特别是:
                            noflip:首先作为一个正整数符合在轴初始的第一量程数,
                                   最后的作为一个负整数符合在轴末的末尾量程数。
                                   qcnt 作为正整数。
                            flip:  首先作为一个负整数符合在轴末的第一量级数,
                                   最后的作为一个正整数符合在轴初始的末尾量级数,
                                   qcnt 作为负整数。--
  (flip|noflip)
  noflip
schdspec                --说明的元素固定属性形式--
                        --在一定范围内建立上下文解释:FCS, axis order, and HMU--
                        --约束:如果元素是特定的 evsched, wand, baton or fcs 将其忽略。--
  CDATA                 --Reference--
                        --Reftype:(baton|evsched|wand)? --
  #IMPLIED              --默认:dimref 是作为包含固定属性形式的元素由 schdspec 来引用。--
                        --约束:如果 elemspec 是范围或 extlist 则为必须的。--
Axisspec                --轴说明--
                        --轴在引用维中时--
  NAME                  --Lextype:AXISNM--
                        --约束:轴在引用维中时必须是 FCS 的有效名--
  #IMPLIED              --默认:唯一轴-
Dimnum                  --维数--
  NUMBER                --1 = 第一维按顺序在轴上出现--
  #IMPLIED              --默认:所有维中包含最小维--
Extnum                  --范围数--
  NUMBER                --约束:1 = 在文档中的第一顺序或唯一范围顺序。--
  #IMPLIED              --默认:合并所有相关范围--
Granule                 --报告颗粒--
                        --所报告引用维的颗粒--
  CDATA                 --Lextype:granule--
                        --约束:颗粒须定义为根据轴的同一 SMU --
  #IMPLIED              --默认:引用维的轴的 MDU--
Roffgran                --颗粒处理舍入--
                        --说明如何处理舍入。
                            roerr:如果需要舍入则报告差错。
                            Rocmplet:舍入最小的完整的维;就是说最小维的表现根据完全包含实际的维的颗粒。
```

```
                        roscant:最大的完整的维舍入;就是说,最大维是根据所述全由实际的维占据的范围
                            颗粒。
                        Roboundy:舍入的维界限;就是说所报告的维界限的维尽可能的与实际的维边界
                            接近。--
  (roboundy|rocmplet|roerr|roscant)
    roboundy
dsdtypes             --计算引用维的直接调度类型--
                     --计算引用维时需考虑直接调度元素类型--
    CDATA            --Lextype:("#ALL"|("#BATON"|"#EVENT"|"#EVGRP"|
                            "#EVSCHED"|"#EXTENT"|
                            "#EXTLIST"|"#FCS"|"#MODGRP"|
                            "#MODSCOP"|"#PROGRP"|
                            "#PROSCOP"|"#WAND"|GI)*)--
                     --约束:GIs必须是元素中的 event, modscope,proscope, evgrp, modgrp, progrp, evsched,
                          wand,baton, or fcs 。--
    #IMPLIED         --默认:依赖所述元素形式,如下:
                        element specified:      default value:
                        - - - - - - - - -       - - - - - - - -
                        Extent                  (null string)
                        extlist,event,
                        modscope or proscope    "#EXTENT #EXTLIST"
                        evgrp or evsched        "#EXTENT #EXTLIST #EVENT #EVGRP"
                        modgrp or wand          "#EXTENT #EXTLIST #MODSCOP #MODGRP"
                        progrp or baton         "#EXTENT #EXTLIST #PROSCOP #PROGRP"
                        FCS                     "#ALL"--
>
<! entity % sched "INCLUDE">
]]><! --dimref-->
                    <! --超链接锚点定位地址-->
<! [ %anchloc; [
<! notation
    HyAncLoc         --HyTime超链接锚点queryloc记法--
                     --条:8.3.2--
                     --约束:定位源对象需是超链接或文档--
                     --约束:如果所指的定位源是"ptreert"或"referrer"(引用者不是超链接)定位源是主树的根
                          或引用者。--
                     --Lextype:(csname|literal)*--
                     --约束:csnames和literals是定位源链接的锚点作用名。--
                     --约束:如果没有说明锚点作用,给所有定位源的锚点链接指定地址。--
    PUBLIC "GB/T 16965—2009//NOTATION
            HyTimeHyperlink Anchor Queryloc Notation//EN"
--公共属性 [GenArc]:altreps,included,superdcn--
--公共属性 [base]:bosdatt--
--公共属性 [locs]:egrvplan--
>
<! element
    Anchloc          --超链接锚点定位地址--
                     --条:8.3.2--
                     --约束:定位源对象必须是超链接或文档--
                     --约束:如果所指的定位源是"ptreert"或"referrer"(引用者不是超链接)定位源是主树的根
                          或引用者。--
    - O
    (#PCDATA)        --Lextype:(csname|literal)*--
                     --约束:csnames和literals是链接的定位源的锚点作用名--
                     --约束:如果没有指定所述锚点作用,定位所有定位源的锚点链接。--
--属性 [locs]:anchloc,locsrc,impsrc--
--可选属性 [locs]:multloc,referatt,spanloc,treetype--
--公共属性 [GenArc]:dafe,dvlatt,etfullnm,id,
    ireftype,lextype,opacity--
--公共属性 [base]:activity,conloc,dtxtatt,valueref--
```

```
--公共属性 [locs]:refctl,refloc,reftype,rflocspn--
〉
〈! attlist
  Anchloc              --超链接锚点定位地址--
                       --条:8.3.2--
  HyBase NAME          #FIXED queryloc
  notation NOTATION (HyAncLoc) #FIXED HyAncLoc
  notfound             --没有找到数据--
    NAME               --Lextype:("ERROR"|"IGNORE")--
    ERROR
〉
〈! entity % locsrc "INCLUDE"〉
〈! entity % impsrc "INCLUDE"〉
]]〉〈! --anchloc--〉
                 〈! --超链接定位地址--〉
〈! [ %linkloc; [
〈! notation
  HyLnkLoc             --HyTime 超链接 queryloc 记法--
                       --条:8.3.1--
                       --约束:如果所指的定位源是"ptreert"或"referrer",定位源是主树的根或引用者。--
                       --Lextype:(csname|literal)+--
                       --约束:csnames 和 literals 必须是定位源的链接类型(GIs)。--
                       --约束:如果没有说明链接类型,定位所有定位源链接。--
  PUBLIC "GB/T 16965—2009//NOTATION
          HyTimeHyperlink Queryloc Notation//EN"
--公共属性 [GenArc]:altreps,included,superdcn--
--公共属性 [base]:bosdatt--
--公共属性 [locs]:egrvplan--
〉
〈! element
  Linkloc              --超链接定位地址--
                       --条:8.3.1--
                       --约束:如果所指的定位源是"ptreert"或"referrer",定位源是主树的根或引用者。--
  - O
  (#PCDATA)            --Lextype:(csname|literal)+--
                       --约束:csnames 和 literals 必须是定位源的链接类型(GIs)。--
                       --约束:如果没有说明链接类型,定位所有定位源链接。--
--属性[locs]:linkloc,locsrc,impsrc--
--可选属性 [locs]:multloc,referatt,spanloc,treetype--
--公共属性 [GenArc]:dafe,dvlatt,etfullnm,id,
  ireftype,lextype,opacity--
--公共属性 [base]:activity,conloc,dtxtatt,valueref--
--公共属性 [locs]:refctl,refloc,reftype,rflocspn--
〉
〈! attlist
  Linkloc              --超链接定位地址--
                       --条:8.3.1--
  HyBase   NAME        #FIXED queryloc
  notation NOTATION (HyLnkLoc) #FIXED HyLnkLoc
  notfound             --没有找到数据--
    NAME               --Lextype:("ERROR"|"IGNORE")--
    ERROR
〉
〈! entity % locsrc "INCLUDE"〉
〈! entity % impsrc "INCLUDE"〉
]]〉〈! --linkloc--〉
                 〈! --命名列表规范--〉
〈! [ %nameloc; [
〈! element
  Nmlist               --名称列表规范--
```

```
                         --条:7.9.6--
                         --定位 SGML 文档中的元素或属性--
  - O
  (#PCDATA)              --Reference--
                         --Lextype:(IDREF|ENTITY)*--
--属性 [locs]:nmlist,proplat,locsrc,impsrc--
--可选属性 [locs]:multloc,referatt,spanloc,treetype--
--公共属性 [GenArc]:dafe,dvlatt,etfullnm,id,
  ireftype,lextype,opacity--
--公共属性 [base]:activity,conloc,dtxtatt,valueref--
--公共属性 [locs]:refctl,refloc,reftype,rflocspn--
>
<!attlist
  Nmlist                 --命名列表规范--
                         --条:7.9.6--
  HyBase    NAME   #FIXED nmsploc
  impsrc    NAME   #FIXED grovert
  HyBnames CDATA   #FIXED "locsrc docorsub
                              namespc nametype
                                 #MAPTOKEN elements element
                                 #MAPTOKEN entities entity"
  Nametype               --所选节点的命名空间--
    (entity|element)
    entity
  docorsub               --文档或子文档的定位源--
    ENTITY
    #IMPLIED
  Notspace               --如果 nmspace 命名无效? --
    NAME--Lextype:("ERROR"|"IGNORE")--
    ERROR
  Notname                --如果命名在 nmspace 中无效--
    NAME--Lextype:("ERROR"|"IGNORE")--
    ERROR
>
<!entity % proplat "INCLUDE">
<!entity % locsrc "INCLUDE">
<!entity % impsrc "INCLUDE">
]]><!--nameloc-->
                    <!--命名列表查询定位地址-->
<![ %nameloc; %queryloc; [
<!element
  Nmquery                --命名列表查询定位地址--
                         --条:7.11.2--
                         --通过查询其性质定位元素或实体。-
  (%HyCFC;)*
--属性 [locs]:locsrc,nmquery,impsrc--
--可选属性 [locs]:multloc,referatt,spanloc,treetype--
--公共属性 [GenArc]:dafe,dvlatt,etfullnm,id,ireftype,lextype,opacity--
--公共属性 [base]:activity,conloc,dtxtatt,valueref--
--公共属性 [locs]:refctl,refloc,reftype,rflocspn--
>
<!attlist
  Nmquery                --命名列表查询定位地址--
                         --条:7.11.2--
  HyBase    NAME   #FIXED queryloc
  HyBnames CDATA   #FIXED "locsrc qdomain"
  Qdomain                --查询域--
    CDATA                --引用--
    #IMPLIED             --默认:指对 impsrc 的描述--
  Notation               --查询记法--
```

```
    NAME            --Lextype:NOTATION--
    #REQUIRED
  Notfound          --没有找到数据--
    NAME            --Lextype:("ERROR"|"IGNORE")--
    ERROR
>
<! entity % locsrc "INCLUDE">
<! entity % impsrc "INCLUDE">
]]><! --nmquery-->
                <! --命名定位地址-->
<! [ %nameloc; [
<! element
  Nameloc           --命名定位地址--
                    --条:7.9.5--
                    --分配一个定位 ID 给一个或多个命名对象--
  - O
  (nmlist|nmquery) *
--属性[locs]:nameloc--
--可选属性 [locs]:multloc,spanloc,treetype--
--公共属性 [GenArc]:dafe,dvlatt,etfullnm,id,ireftype,lextype,opacity--
--公共属性 [base]:activity,conloc,dtxtatt,valueref--
--公共属性 [locs]:refctl,refloc,reftype,rflocspn--
>
<! attlist
  Nameloc           --命名定位地址--
                    --条:7.9.5--
  HyBase NAME #FIXED mixedloc
>
]]><! --nameloc-->
                <! --上下文链接-->
<! [ %clink; [
<! element
Clink               --上下文链接--
                    --条:8.2.2--
- O
( %HyCFC;) *
--属性 [links]:clink--
--可选属性 [links]:clinktra--
--公共属性 [GenArc]:dafe,dvlatt,etfullnm,id,
  ireftype,lextype,opacity--
--公共属性 [base]:activity,conloc,dtxtatt,valueref--
--公共属性 [locs]:refctl,refloc,reftype,rflocspn--
>
<! attlist
  Clink             --上下文链接--
                    --条:8.2.2--
  HyBase   NAME  #FIXED hylink
  HyBnames CDATA #FIXED "refsub linkend"
  anchrole CDATA #FIXED "refmark refsub #LIST"
  anchcstr NAMES "self required"
  linkend           --相关链接末端对象--
    CDATA           --引用--
    #IMPLIED        --默认:省略或有条件的--
                    --约束:如果左边未说明,必须在 anchcstr 的 COND 说明。--
>
]]><! -- clink -->
                <! --聚合链接-->
<! [ %agglink; [
<! element
  Agglink           --聚合链接--
```

```
                    -- 条 8.2.3 --
  - O
  ( %HyCFC;) *
-- 属性 [links]: agglink
-- 可选属性 [links]: traverse --
-- 公共属性 [GenArc]: dafe, dvlatt, etfullnm, id,ireftype, lextype, opacity --
-- 公共属性 [base]: activity, conloc, dtxtatt, valueref --
-- 公共属性 [locs]: refctl, refloc, reftype, rflocspn --
>
<! attlist
  agglink           --聚合链接--
                    -- 条 8.2.3 --
  HyBase NAME #FIXED hylink
  anchrole CDATA #FIXED "agg members #LIST"
  anchcstr NAMES "self required"
  loctype CDATA "members IDLOC"
  members          --聚合成员--
    CDATA           --引用 --
                    --注:因为成员是默认给出定位地址类型 IDLOC,它的值的意义是默认的就像 IDREFS,虽然解
                        释可以由不同的 loctype 的属性值来改变。--
    #IMPLIED        --默认:忽略或条件--
                    --约束:如果左边未指明,必须在 anchcstr 的 COND 指定。--
>
]]><!--agglink-->
               <!--数据定位地址-->
<![ %dataloc; [
<! element
  Dataloc           --数据定位地址--
                    --条:7.10.2--
                    --定位字符串和在数据中记号数据对象--
  - O
  (%dimlist;) *     --约束:解释作为单个列表的尺度规格--
--属性 [base]:overrun--
--属性 [locs]:dataloc,locsrc,impsrc--
--可选属性 [locs]:multloc,referatt,spanloc,treetype--
--公共属性 [GenArc]:dafe,dvlatt,etfullnm,id,
  ireftype,lextype,opacity--
--公共属性 [base]:activity,conloc,dtxtatt,valueref--
--公共属性 [locs]:refctl,refloc,reftype,rflocspn--
>
<! attlist
  Dataloc           --数据定位地址--
                    --条:7.10.2--
  HyBase NAME  #FIXED datatok
  HyBnames CDATA #FIXED "HyBase #DEFAULT
                        #ARCCONT filter
                        grovesrc locsrc"
  filter            --Tokenization 过滤器--
    CDATA           --约束:如果没有说明数据分隔记法,过滤器必须是单一词法类型名称。--
    "str"
  Tokordat          --返回结果:记号还是源数据?? --
    (data|tokens)
    data
-- Datatok 形式的属性--
  catsrc CDATA #IMPLIED
  cattoken CDATA #IMPLIED
  catres CDATA #IMPLIED
  boundary(sodeod|sodiec|isceod|isciec|inmodel)isciec
  maxtoksz NUMBER #IMPLIED
>
```

```
<! entity % locsrc "INCLUDE">
<! entity % impsrc "INCLUDE">
<! entity % overrun "INCLUDE">
]]><! --dataloc-->
                <! --内容定位-->
<! [ %conloc; [
<! attlist
--conloc--               --内容定位--
                         --条:6.7.1--
  #ALL
  HyBase NAME   #FIXED HyBrid
  valueref CDATA #FIXED "#CONTENT conloc"
  conloc                 --内容定位--
                         --元素语意内容的定位--
    CDATA                --引用--
    #CONREF              --默认:句法内容--
>
]]><! --conloc-->
<! entity % desctxt "IGNORE">
                <! --描述性文本属性-->
<! [ %desctxt; [
<! attlist
--dtxtatt--              --描述性文本属性--
                         --条:6.7.2.1--
  #ALL
  Desctxt                --描述性文本--
                         --如果说明了,则其在 desctab 中的 descdef 经过 HyTime 作为元素或其内容来处理。--
    CDATA                --Lextype:words--
    #CONREF              --默认:句法内容(和属性)--
  Desctab                --描述表--
                         --当前描述表--
    CDATA                --引用--
                         --Reftype:desctab+--
                         --约束:在表中顺序查找--
    #IMPLIED             --默认:使用最近说明的表集--
>
]]><! --desctxt-->
                <! --描述表-->
<! [ %desctxt; [
<! element
  Desctab                --描述表--
                         --条:6.7.2.2--
                         --描述性文本定义表--
  - O
  (desctxt,descdef)+
--公共属性 [GenArc]:dafe,dvlatt,etfullnm,id,irefmodl,
  ireftype,lextype,opacity--
--公共属性 [base]:activity,conloc,dtxtatt,valueref--
--公共属性 [locs]:refctl,refloc,reftype,rflocspn--
--引用者 [base]:dtxtatt:desctab--
>
]]><! --desctxt-->
                <! --描述性文本-->
<! [ %desctxt; [
<! element
  Desctxt                --描述性文本--
                         --条:6.7.2.3--
  O O
  (#PCDATA)              --Lextype:words--
--公共属性 [GenArc]:dafe,dvlatt,etfullnm,id,irefmodl,ireftype,lextype,opacity--
```

```
--公共属性 [base]:activity,conloc,dtxtatt,valueref--
--公共属性 [locs]:refctl,refloc,reftype,rflocspn--
〉
]]〉〈! --desctxt--〉
                〈! --描述性文本定义--〉
〈! [  % desctxt; [
〈! element
  Descdef              --描述性文本定义--
                       --条:6.7.2.4--
  O O
  ( % HyCFC;) *
公共属性 [GenArc]:dafedvlatt,etfullnm,id,irefmodl,ireftype,lextype,opacity--
--公共属性 [base]:activity,conloc,dtxtatt,valueref--
--公共属性 [locs]:refctl,refloc,reftype,rflocspn--
〉
]]〉〈! --desctxt--〉
〈! entity  %  actypes "IGNORE"〉
                〈! --用户活动类型--〉
〈! [  % actypes; [
  〈! entity %
    Dactypes           --固定默认的活动类型? --
                       --条:6.7.3--
    ”                  --活动类型不固定--
  〉
  〈! ENTITY  %  activity "INCLUDE" 〉
]]〉〈! --actypes--〉
〈! entity  %  activity "IGNORE"〉
                〈! --活动策略公共属性--〉
〈! [  % activity; [
〈! attlist
--activity-            ---活动策略关联规则--
                       --条:6.7.3--
  # ALL
  Actrules             --活动策略关联规则--
                       --活动策略关联规则适用元素--
    CDATA              --引用--
                       --Reftype:actrule * --
    # IMPLIED          --默认:非活动策略关联规则由该元素说明作为管理元素。--
〉
]]〉〈! --activity--〉
                〈! --活动策略关联规则--〉
〈! [  % activity; [
〈! entity %
  Dactypes             --固定默认的活动类型? --
                       --条:6.7.3--
  '# FIXED'            --活动类型是固定的--
〉
〈! element
  Actrule              --活动策略关联规则--
                       --条:6.7.3--
                       --通过信息对象可选择建立联合或分解活动策略,可选择的使有效的其他 actrules 无效。--
  - O
  ( % HyCFC;) *
--属性[base]:actrule--
--公共属性 [GenArc]:dafe,dvlatt,etfullnm,id,irefmodl,
  ireftype,lextype,opacity--
--公共属性 [base]:activity,conloc,dtxtatt,valueref--
--公共属性 [locs]:refctl,refloc,reftype,rflocspn--
--引用者 [base]:activity:actrules,actrule:nullify -
〉
```

```
<! attlist
  Actrule              --活动策略关联规则--
                       --条:6.7.3--
  Governed             --管理对象--
                       --对象即由其 actrule 活动类型属性集说明策略来联合或分。--
    CDATA              --引用--
    # IMPLIED          --默认:没有对象是由此规则说明并由此规则管理。-
  Associat             --关联或分解--
                       --即"assoc"创建联合,"dissoc"分解联合建立其他 actrules。--
    (assoc|dissoc)
    assoc
  nullify              --使活动策略联合准则无效--
                       --使 actrules 引用无效--
    CDATA              --引用--
                       --Reftype:actrule *--
    # IMPLIED
  Actypes              --活动类型--
                       --活动类型属性名列表--
                       --注:任意,全部或无一 HyTime 默认活动类型集成员可能用到,再加上任何应用定义集。--
                       --约束:不能重新定义 HyTime 定义的默认集成员的语意。--
    NAMES              --Lextype:ATTNAME+--
    % dactypes;        -- 注:如果 actypes 不支持使用#FIXED。--
    "access copy create delete link modify reschdul schdul trnscl
    unlink unschdul untrnscl"
                       --常量--
--接下来是十二个 HyTime 定义"活动类型"属性。使用这些名字调用 HyTime 定义的语意。--
  Create               --对象创建策略--
                       --策略适用最初创建的任何对象--
    CDATA              --引用--
    # IMPLIED          --默认:没有说明对象创建策略--
  Copy                 --对象拷贝策略--
                       --策略适用于试图拷贝任何对象。--
    CDATA              --引用--
    # IMPLIED          --默认:没有说明指定对象拷贝策略--
  Delete               --对象删除策略--
                       --策略适用试图删除的任何对象--
    CDATA              --引用--
    # IMPLIED          --默认:没有说明对象创建策略--
  Access               --对象访问策略--
                       --策略适用试图访问的任何对象--
    CDATA              --引用--
    # IMPLIED          --默认:没有说明对象访问策略--
  Modify               --对象修改策略--
                       --策略适用试图修改的任何对象--
    CDATA              --引用--
    # IMPLIED          --默认:没有说明对象修改策略--
  Link                 --对象超链接策略--
                       --策略适用试图创建超链接锚点的任何对象。--
    CDATA              --引用--
    # IMPLIED          --默认:没有说明对象超链接策略--
  Unlink               --对象非超链接策略--
                       --策略适用于试图创建非超链接锚点的任何对象。--
    CDATA              --引用--
    # IMPLIED          --默认:没有说明对象非超链接策略--
  Schdul               --对象调度策略--
                       --策略适用于试图调度在 FCS 中的任何对象--
    CDATA              --引用--
    # IMPLIED          --默认:没有说明对象调度策略--
  Unschdul             --对象非调度策略--
                       --策略适用于试图移除在 FCS 出现的任何对象。--
```

```
    CDATA              --引用--
    #IMPLIED           --默认:没有说明对象非调度策略--
  Reschdul             --对象重调度策略--
                       --策略适用于试图改变有效区域在 FCS 出现的任何对象。--
    CDATA              --引用--
    #IMPLIED           --默认:没有说明对象重调度策略--
  Trnscl               --对象转置策略--
                       --策略适用于试图转置的任何对象。--
    CDATA              --引用--
    #IMPLIED           --默认:没有指定对象转置策略--
  Untrnscl             --对象非转置策略--
                       --策略适用于试图不再转置的任何对象。-
    CDATA              --引用--
    #IMPLIED           --默认:没有说明对象非转置策略。--
〉
]]〉〈! --activity--〉
                  〈! -- HyTime 维规范记法--〉
〈! [ %HyDimSpc; [
〈! notation
  HyDimSpc             --HyTime 维规范记法--
                       --条:6.8.2--
                       --一对轴标记(在 HyTime 轴标记列表记法在解析标记函数后)一起在一个轴上说明一个位置
                         和量程。--
  PUBLIC "GB/T 16965—2009//NOTATION
        HyTimeDimension Specification Notation//EN"
--属性 [base]:HyDimSpc--
--公共属性 [GenArc]:altreps,included,superdcn--
--公共属性 [base]:bosdatt--
--公共属性 [locs]:egrvplan--
〉
〈! attlist #NOTATION
  HyDimSpc             --HyTime 维规范记法--
                       --条:6.8.2--
  GenArc    NAME #FIXED GABridN
  superdcn NAME #FIXED HyMrkLst
〉
〈! entity % HyMrkLst "INCLUDE"〉
]]〉〈! --HyDimSpc--〉
〈! entity % HyDimLst "IGNORE"〉
                  〈! --HyTime 维列表记法--〉
〈! [ %HyDimLst; [
〈! notation
  HyDimLst             --HyTime 维列表记法--
                       --条:6.8.4--
                       --维列表中每一个都说明为一对轴标记(在 HyTime 标记列表记法中),或是由标记函数返回
                         所有或部分轴标记列表--
  PUBLIC "GB/T 16965—2009//NOTATION
        HyTimeDimension List Notation//EN"
--属性 [base]:HyDimLst--
--公共属性 [GenArc]:altreps,included,superdcn--
--公共属性 [base]:bosdatt--
--公共属性 [locs]:egrvplan --
〈! attlist #NOTATION
  HyDimLst             --HyTime 维列表记法--
                       --条:6.8.4--
  GenArc    NAME #FIXED GABridN
  superdcn NAME #FIXED HyMrkLst
〉
〈! entity % HyMrkLst "INCLUDE"〉
]]〉〈! --HyDimLst--〉
```

```
<! entity % HyMrkLst "IGNORE">
                        <! --HyTime 轴标记列表记法->
<! [ %HyMrkLst; [
<! notation
  HyMrkLst             --HyTime 轴标记列表记法--
                       --条:6.8.1--
                       -- HyTime 轴标记列表(单个非零整数)和标记函数(符合标记构体系结构形式的元素)。标记
                          函数和标记列表等同--
  PUBLIC "GB/T 16965—2009//NOTATION
         HyTimeAxis Marker List Notation//EN"
--公共属性 [GenArc]:altreps,included,superdcn--
--公共属性 [base]:bosdatt--
--公共属性 [locs]:egrvplan--
>
]]><! --HyMrkLst-->
<! entity % HyFunk "IGNORE">
                        <! --HyTime 标记函数语言-->
<! [ %HyFunk; [
<! notation
  HyFunk               --HyTime 标记函数语言--
                       --条:6.8.6--
  PUBLIC "GB/T 16965—2009//NOTATION
         HyTimeMarker Function Language//EN"
--公共属性 [GenArc]:altreps,included,superdcn--
--公共属性 [base]:bosdatt--
--公共属性 [locs]:egrvplan--
>
]]><! --HyFunk-->
<! entity % markfun "IGNORE">
                        <! --标记函数-->
<! [ %markfun; [
<! [ %HyFunk; [
  <! entity % dmarkfun "HyFunk">
]]>
<! entity %
  Dmarkfun             --默认标记函数记法--
                       --条:6.8.1.2--
  "#REQUIRED"
>
<! element
  Markfun              --标记函数--
                       --条:6.8.1.2--
                       --估计列表中零或多轴标记--
  O O
  (%HyCFC;)*           -- 约束:内容必须符合说明的标记函数记法。--
--属性 [base]:markfun--
--公共属性 [GenArc]:dafe,dvlatt,etfullnm,id,irefmodl,
  ireftype,lextype,opacity--
--公共属性 [base]:activity,conloc,dtxtatt,valueref--
--公共属性 [locs]:refctl,refloc,reftype,rflocspn--
>
<! attlist
  Markfun              --标记函数--
                       --条:6.8.1.2--
  Notation             --标记函数记法--
    NAME               --Lextype:NOTATION--
     %dmarkfun;
>
]]><! --markfun-->
<! entity % listloc "IGNORE">
```

```
                <! --列表定位地址-->
<! [ %listloc; [
<! element
   Listloc              --列表定位地址--
                        --条:7.10.1.2--
                        --在节点列表中定位节点--
   - O
   (%dimlist;)*
--属性 [base]:overrun--
--属性 [locs]:locsrc,impsrc--
--可选属性 [locs]:multloc,referatt,spanloc,treetype--
--公共属性 [GenArc]:dafe,dvlatt,etfullnm,id,
   ireftype,lextype,opacity--
--公共属性 [base]:activity,conloc,dtxtatt,valueref--
--公共属性 [locs]:refctl,refloc,reftype,rflocspn--
>
<! entity % locsrc "INCLUDE">
<! entity % impsrc "INCLUDE">
<! entity % overrun "INCLUDE">
]]><! --listloc-->
<! entity % pathloc "IGNORE">
                <! --路径定位地址-->
<! [ %pathloc; [
<! element
   Pathloc              --路径定位地址--
                        --条:7.10.1.5--
                        --在树视图的路径列表定位节点--
   - O
   (%dimlist;)*         -- 约束:解析轴标记解释为成对维规范的单一列表。--
--属性[base]:overrun--
--属性 [locs]:locsrc,impsrc--
--可选属性 [locs]:multloc,referatt,spanloc,treecom,treetype--
--公共属性[GenArc]:dafe,dvlatt,etfullnm,id,
   ireftype,lextype,opacity--
--公共属性 [base]:activity,conloc,dtxtatt,valueref--
--公共属性 [locs]:refctl,refloc,reftype,rflocspn--
>
<! entity % locsrc "INCLUDE">
<! entity % impsrc "INCLUDE">
<! entity % overrun "INCLUDE">
]]><! --pathloc-->
<! entity % relloc "IGNORE">
                <! --相对定位地址-->
<! [ %relloc; [
<! element
   Relloc               --相对定位地址--
                        --条:7.10.1.6--
                        --在树相对起始节点定位节点--
   - O
   (%dimlist;)*         --约束:解析轴标记解释为维规范的单列表。--
--属性 [base]:overrun--
--属性 [locs]:locsrc,impsrc,relloc--
--可选属性 [locs]:multloc,referatt,spanloc,treetype--
--公共属性 [GenArc]:dafe,dvlatt,etfullnm,id,
   ireftype,lextype,opacity--
--公共属性 [base]:activity,conloc,dtxtatt,valueref--
--公共属性 [locs]:refctl,refloc,reftype,rflocspn--
>
<! attlist
   Relloc               --相对定位地址--
```

```
                         --条:7.10.1.6--
  Strtnode               --起始节点--
                         --定位相对起始节点--
    CDATA                --引用--
    #IMPLIED             --默认:定位源树的根--
  Nostart                --没有起始--
                         --如果定位源的定位没有开始节点,则执行系统指令--
    NAME                 --Lextype:("ERROR"|"IGNORE")--
    ERROR
  Relation               --与其实节点的关系--
    (anc|children|esib|followng|parent|precedng|ysib)
    parent
>
<! entity % locsrc "INCLUDE">
<! entity % impsrc "INCLUDE">
<! entity % overrun "INCLUDE">
]]><! --relloc-->
<! entity % treeloc "IGNORE">
                <! --树定位地址-->
<! [ %treeloc; [
<! element
  Treeloc                --树定位地址--
                         --条:7.10.1.4--
                         --在树中通过经典方法定位节点--
  - O
  (%marklist;)*          -- 约束:解析轴标记解释为维规范列表。marker1 唯一,意指 marker2 为 1.--
--属性 [base]:overrun--
--属性 [locs]:locsrc,impsrc--
--可选属性 [locs]:multloc,referatt,spanloc,treecom,treetype--
--公共属性 [GenArc]:dafe,dvlatt,etfullnm,id,ireftype,lextype,opacity--
--公共属性 [base]:activity,conloc,dtxtatt,valueref--
--公共属性 [locs]:refctl,refloc,reftype,rflocspn--
>
<! entity % locsrc "INCLUDE">
<! entity % impsrc "INCLUDE">
<! entity % overrun "INCLUDE">
]]><! --treeloc-->
<! entity % calibrat "IGNORE">
                <! --轴刻度-->
<! [ %calibrat; [
<! attlist
--calibrat-              --轴刻度--
                         --条:9.3.1--
  (FCS)
  Calibrat               --轴刻度--
                         --轴的刻度是定义为从属元素的轴名后跟属性名,其从属元素的值可以决定于是关于外部上
                           下文区的轴位置。--
    CDATA                --Lextype:(AXISNM,ATTNAME,NOTATION)+--
                         --约束:每个轴名称可能只出现一次。--
                         --约束:坐标点宜以有意义的记法表现,给定对应轴的度量域。--
    #IMPLIED             --默认:没有轴坐标--
--轴坐标属性的属性名有 unnormalized 词法类型:
  (s*,granule?,s+,snzi,s+,("STARTS"|"ENDS") #ORDER SGMLCASE,s,char*)
  属性值的第一部分(直到下个分隔符)表示轴定位点。剩下的值(标识为 char*)是外部上下文的位置,
  表示在轴坐标属性记法中相关的属性的名称。--
>
<! entity % sched "INCLUDE">
]]><! --calibrat-->
<! entity % HyCalSpc "IGNORE">
                <! -- HyTime 日历规范记法-->
```

```
<![ %HyCalSpc; [
<! notation
  HyCalSpc              --HyTime 日历规范记法--
                        --条:9.9.1--
                        --在真实时间里描述一个点。这个点说明发生在所述点的期限内最小单位时间初始点。--
                        --注:例如,日历规范"1996-02-07"表示发生点在 1996 年 2 月 6 号和 7 号之间的午夜。--
                        --注:可以直接用于轴坐标和排列。也可作为标记函数记法的依据。见 HyCalFun--
                        --Lextype:((JULDATE|fulldate|monthday|day)?,(UTCtime|hrminsec|hrmin|minute)?,
                          timeoff*)--
                        --约束:数据必须是有效的(例如,不能是"2-30")。-
                        --约束:有效时间为可应用的无冲突的保存的白昼或时区的时间偏移量。--
  PUBLIC "GB/T 16965—2009//NOTATION
        HyTimeCalendar Specification Notation//EN"
--属性 [sched]:HyCalSpc--
--公共属性 [GenArc]:altreps,included,superdcn--
--公共属性 [base]:bosdatt--
--公共属性 [locs]:egrvplan--
>
<! attlist #NOTATION
  HyCalSpc              --HyTime 日历规范记法--
                        --条:9.9.1--
  GMTorUTC              --GMT or UTC timescale--
                        --注:(GMT noon = UTC midnight)--
    (GMT|UTC)
    UTC
>
<! entity % sched "INCLUDE">
]]><! --HyCalSpc-->
<! entity % grpdex "IGNORE">
                 <! --组继承范围规范-->
<![ %grpdex; [
<! attlist
--grpdex--              --组继承范围规范--
                        --条:9.4.3--
  (evgrp,modgrp,progrp)
  Grpdex                --组继承范围规范--
                        --用于调整大小,重新整理,循环。组成员继承范围。如果也期望名字的范围,则必须说明为
                          所继承的范围之一。--
    CDATA               --引用--
                        --Reftype:(extent|extlist)*--
    #IMPLIED            --默认:grpdex 和全部"组范围"一样,就是说,名字的范围是有效的。--
>
<! entity % sched "INCLUDE">
]]><! --grpdex-->
<! entity % grprepet "IGNORE">
                 <! --组循环规范-->
<![ %grprepet; [
<! attlist
--grprepet--            --组循环规范--
                        --条:9.4.3--
  (evgrp,modgrp,progrp)
Repscope                --循环范围--
                        --范围包含循环的事件,modscopes 或 proscopes 的事件,取决于每个 axis-named 属性的值中
                          的附加标准。在每个轴,循环在循环范围的第一个量程开始,直到每个轴循环范围的
                          终点--
  CDATA                 --引用--
                        --Reftype:extent--
  #IMPLIED              --默认: 这组的事件只可能发生的在任何有效范围之内,循环的数量仅由 axis-named 的属性
                          循环计数限制参数来限制。--
--附加的属性是为从属元素定义的,其中一个属性为 FCS 的每个轴所定义。属性的名字是轴的名称,属性的值说明关
```

于组的循环和一个轴的范围的绝对 dimref 值所指出的。每一个属性有其词法模式

(uint,(("NOPART"|"PART"),unzi)?,unzi?),解释如下:

"循环计数限制" 参数 (uint):

如果值是 0,没有循环计数限制。属性范围来说明轴的开始至结束循环。如果没有描述其属性值,如果之前是 1 则由 0 值处理。如果循环计数限制的值比 0 大,循环的值由限制的数值来说明。如果没有值来说明属性范围,则循环的数值只由指定的循环和原有轴长来确定。如果没有说明轴名称属性的值,"循环计数限制"参数为 1。

"允许局部维" 参数 ("PART"|"NOPART"):

如果值是"PART",局部循环在连续的轴域开始或结束处开始。如果值是"NOPART",局部循环不发生。(可能有空闲的区域在连续的轴的开始或结束处。)缺省的值为"NOPART"。

"带式样的起始点" 参数(penultimate unzi):

值是 HMU 的数值(在该维第一个组件的值为 1)即第一个事件连续的开始。如果值不是 1,剩下的部分将组成在每个轴的第一循环。如果"允许局部维"参数值是"NOPART"这个循环将作为跳跃的间隔发生。其缺省值为 1。

"后继事件偏移" 参数 (final unzi):

其值为 HMUs 的数值,这被处理为决定下一个连续的请求(或下一个有一个暗含 dimref 作为它的第一个部件的维)的地址决定的目标组的 qcnt,缺省值是这个组的有效的 qcnt。--

〉

〈! entity % sched "INCLUDE"〉

]]〉〈! --grprepet--〉

〈! entity % objalign "IGNORE"〉

〈! --对象排列规则--〉

〈! [%objalign; [

〈! attlist

--objalign-- --对象排列规则--

--条:9.5.1--

(event)

Align --对象排列规则--

--说明轴名称定义了轴上伴有事件的对象的排列,该说明符合 #LEFT,#RIGHT, 或 #CENTER 关键字之一。可选地,任何轴的名字可能符合丛书元素属性的名字,该从属元素的值决定了与事件相关的对象位置。--

CDATA --Lextype:(AXISNM,(("#LEFT"|"#RIGHT"|#CENTER)|(ATTNAME,NOTATION))) + --

--约束:每一个轴的名字也许仅可以出现一次--

#IMPLIED --默认:无明确排列--

--由对象排列规则属性命名的属性有一个非规范化的词法类型:s*,granule?,s+,snzi,s+,("STARTS"|"ENDS") #ORDER SGMLCASE,s,char*)

属性值的第一部分(最后一个分隔符)说明在事件中的一个坐标的点。该值其余部分(匹配 char*)是在对象里的位置,在注释中得以说明,该注释举出随后的在对象排列属性中的属性名称。--

〉

〈! entity % sched "INCLUDE"〉

]]〉〈! --objalign--〉

〈! entity % pulsemap "IGNORE"〉

〈! --脉冲地图--〉

〈! [%pulsemap; [

〈! attlist

--pulsemap-- --脉冲地图--

--条:9.7--

(baton,event,evgrp,evsched,modgrp,modscope,progrp,proscope,wand)

Pulsemap --脉冲地图--

--调度表用作脉冲地图--

CDATA --引用--

--Reftype:(baton|evsched|wand) * --

--约束:脉冲地图必须是在与 FCS 相同的引用者中--

#IMPLIED --默认:无--

〉

〈! entity % sched "INCLUDE"〉

]]〉〈! --脉冲地图--〉

〈! entity % wndpatch "IGNORE"〉

〈! --Wand 修补--〉

〈! [%wndpatch; [

```
〈! element
   Wndpatch              --Wand 修补--
                         --条:10.2.4--
   - O
   (#PCDATA)             --引用--
                         --Reftype:(wndpatch|wand)*--
                         --约束:有 IDREFs 做为名字且无事件指示器或连接符的 SGML 模型组的子集--
--公共属性 [GenArc]:dafe,dvlatt,etfullnm,id,ireftype,lextype,opacity--
--公共属性 [base]:activity,conloc,dtxtatt,valueref--
--公共属性 [locs]:refctl,refloc,reftype,rflocspn--
--引用者 [rend]:wandrule:wand,wndpatch--
〉
〈! entity % wand "INCLUDE"〉
]]〉〈! --wndpatch--〉
〈! entity % wand "IGNORE"〉
                 〈! --Wand 规则--〉
〈! [ %wand; [
〈! element
   Wandrule              --Wand 规则--
                         --条:10.2.3.1--
   - O
   (%HyCFC;)*
--属性 [rend]:wandrule--
--公共属性 [GenArc]:dafe,dvlatt,etfullnm,id,ireftype,lextype,opacity--
--公共属性 [base]:activity,conloc,dtxtatt,valueref--
--公共属性 [locs]:refctl,refloc,reftype,rflocspn--
--引用者 [rend]:rendrule -
〉
〈! attlist
   Wandrule              --Wand 规则--
                         --条:10.2.3.1--
   Evscheds              --事件调度--
     CDATA               --引用--
                         --Reftype:(evsched|wand)*--
                         --约束:所有的 evscheds 和 wands 一定在同逻辑的 FCS 中,该 FCS 通过 wand 属性引用的所有
                           的 wand。--
     #REQUIRED
   Wand                  --Wand 或 wand 修补--
     CDATA               --引用--
                         --Reftype:(wand|wndpatch)--
     #IMPLIED            --默认:无--
〉
〈! entity % modify "INCLUDE"〉
]]〉〈! --wand--〉
                 〈! --Wand--〉
〈! [ %wand; [
〈! element
   Wand                  --Wand--
                         --条:10.2.3.2--
   - O
   (modgrp|modscope)+
--属性 [sched]:sched--
--属性 [rend]:select--
--可选属性 [sched]:pulsemap--
--公共属性 [GenArc]:dafe,dvlatt,etfullnm,id,ireftype,lextype,opacity--
--公共属性 [base]:activity,conloc,dtxtatt,valueref--
--公共属性 [locs]:refctl,refloc,reftype,rflocspn--
--引用者 [sched]:dimref:elemspec,dimref:schdspec,pdimref:prjtarg,pulsemap:pulsemap,rFCSloc:prjsrc--
--引用者 [rend]:batrule:scheds,batrule:targschd,
  prorule:sources,prorule:targschd,wandrule:wand,wndpatch--
```

```
〉
〈! entity % modify "INCLUDE"〉
]]〉〈! --wand--〉
                  〈! --修改符范围--〉
〈! [ %wand; [
〈! element
  Modscope          --修改符范围--
                    --将修改符范围定义为一个或多个范围--
                    --条:10.2.3.3--
  - O
  (%HyCFC;)*
--属性 [base]:overrun--
--属性 [sched]:exspec--
--属性 [rend]:modscope,select--
--可选属性 [sched]:pulsemap--
--公共属性 [GenArc]:dafe,dvlatt,etfullnm,id,ireftype,lextype,opacity--
--公共属性 [base]:activity,conloc,dtxtatt,valueref--
--公共属性 [locs]:refctl,refloc,reftype,rflocspn--
--引用者 [sched]:dimref:elemspec,rFCSloc:prjsrc--
--引用者 [rend]:prorule:sources--
〉
〈! attlist
  Modscope          --修改符范围--
                    --条:10.2.3.3--
  Modifier          --应用的修改符和修改符修补--
    CDATA           --引用--
    #IMPLIED        --默认:修改符语义,如果有,是通过 GI,属性和/或以某些应用定义的形式的元素的内容来直
                      接说明的。--
〉
〈! entity % modify "INCLUDE"〉
]]〉〈! --wand--〉
                  〈! --修改符范围组--〉
〈! [ %wand; [
〈! element
  Modgrp            --修改符范围组--
                    --条:10.2.3.4--
  - O
  (modgrp|modscope)+
--属性 [rend]:select--
--可选属性 [sched]:grpdex,grprepet,pulsemap--
--公共属性 [GenArc]:dafe,dvlatt,etfullnm,id,ireftype,lextype,opacity--
--公共属性 [base]:activity,conloc,dtxtatt,valueref--
--公共属性 [locs]:refctl,refloc,reftype,rflocspn--
--引用者 [sched]:dimref:elemspec,rFCSloc:prjsrc--
--引用者 [rend]:prorule:sources--
〉
〈! entity % modify "INCLUDE"〉
]]〉〈! --wand--〉
〈! entity % patch "IGNORE"〉
                  〈! --修改符修补--〉
〈! [ %patch; [
〈! element
  Modpatch          --修改符修补--
                    --条:10.2.4--
  - O
  (#PCDATA)         --引用--
                    --注:IDREFs 可能引用 modpatch 元素。-
--公共属性 [GenArc]:dafe,dvlatt,etfullnm,id,ireftype,lextype,opacity--
--公共属性 [base]:activity,conloc,dtxtatt,valueref--
--公共属性 [locs]:refctl,refloc,reftype,rflocspn--
```

```
--引用者 [rend]:modpatch,modrule;modpatch--
>
<! entity % modify "INCLUDE">
]]><! --修补-->
<! entity % modify "IGNORE">
              <! --修改符规则-->
<! [ %modify; [
<! element
  Modrule               --修改符规则--
                        --条:10.2.2--
  - O
  (%HyCFC;)*
--属性 [rend]:modrule--
--公共属性 [GenArc]:dafe,dvlatt,etfullnm,id,ireftype,lextype,opacity--
--公共属性 [base]:activity,conloc,dtxtatt,valueref--
--公共属性 [locs]:refctl,refloc,reftype,rflocspn--
--引用者 [rend]:rendrule--
>
<! attlist
  Modrule               --修改符规则--
                        --条:10.2.2--
  Events                --事件和 modscopes--
    CDATA               --引用--
                        --Reftype:
                          (event|evgrp|evsched|modscope|modgrp|wand)*--
    #REQUIRED
  modifier              --修改符或修改符修补--
    CDATA               --引用--
                        --约束:唯一的修改符或修改符修补--
    #REQUIRED
>
<! entity % rend "INCLUDE">
]]><! --修改-->
<! entity % HyPro "IGNORE">
              <! --HyTime 投影符记法-->
<! [ %HyPro; [
<! [ %HyExtLst; [
  <! entity % dpextlst "HyExtLst">
]]>
<! entity %
  Dpextlst              --默认投影符范围列表记法--
                        --条:10.3.1.1--
  "#IMPLIED"
>
<! notation
  HyPro                 --HyTime 投影符记法--
                        --条:10.3.1.1--
                        --通过继承在每个说明范围(在目标FCS中)的维和它在源FCS中相应维中的线形关系来定义
                          一个投影函数。个体范围或维的投影符函数也可能用 expre 或 dimpro 元素来说明。--
  PUBLIC "GB/T 16965—2009//NOTATION
         HyTimeProjector Notation//EN"
--属性 [rend]:HyPro--
--公共属性 [GenArc]:altreps,included,superdcn--
--公共属性 [base]:bosdatt--
--公共属性 [locs]:egrvplan--
>
<! attlist #NOTATION
  HyPro                 --HyTime 投影符记法--
                        --条:10.3.1.1--
  Extlistn              --范围列表记法--
```

```
                        --用于说明目标范围的记法--
     NAME               --Lextype:NOTATION--
     %dpextlst;         --默认:仅允许 expro,dimpro,extent,和 extlist 元素--
〉
〈! entity % project "INCLUDE"〉
]]〉〈! --HyPro--〉
〈! entity % HyExPro "IGNORE"〉
                     〈! --HyTime 范围投影符记法--〉
〈! [ %HyExPro; [
〈! [ %HyExSpec; [
  〈! entity % dpexspec "HyExSpec"〉
]]〉
〈! entity %
  Dpexspec              --默认投影符范围规范记法--
                        --条:10.3.1.3--
  "#IMPLIED"
〉
〈! notation
  HyExPro               --HyTime 范围投影符记法--
                        --条:10.3.1.3--
                        --通过继承在每个说明范围(在目标 FCS 中)的维和它在源 FCS 中相应维中的线形关系来定义
                          一个投影函数。特殊维的投影符函数也可能使用维投影符元素来说明。--
  PUBLIC "GB/T 16965—2009//NOTATION
          HyTimeExtent Projector Notation//EN"
--属性 [rend]:HyExPro--
--公共属性 [GenArc]:altreps,included,superdcn--
--公共属性 [base]:bosdatt--
--公共属性 [locs]:egrvplan--
〉
〈! attlist #NOTATION
  HyExPro               --HyTime 范围投影符记法--
                        --条:10.3.1.3--
  Exspnot               --范围规范记法--
                        --用于说明目标范围的记法--
     NAME               --Lextype:NOTATION--
     %dpexspec;         --默认:仅允许 dimpro 和 dimspec 元素。--
〉
〈! entity % project "INCLUDE"〉
]]〉〈! --HyExPro--〉
〈! entity % HyDimPro "IGNORE"〉
                     〈! --HyTime 维投影符记法--〉
〈! [ %HyDimPro; [
〈! [ %HyDimSpc; [
  〈! entity % dpdimspc "HyDimSpc"〉
]]〉
〈! entity %
  dpdimspc              --默认投影符维规范记法--
                        --条:10.3.1.5--
  "#REQUIRED"
〉
〈! notation
  HyDimPro              --HyTime 维投影符记法--
                        --条:10.3.1.5--
                        --通过继承在每个说明范围(在目标 FCS 中)的维和它在源 FCS 中相应维中的线形关系来定义
                          一个投影函数。--
  PUBLIC "GB/T 16965—2009//NOTATION
          HyTimeExtent Projector Notation//EN"
--属性 [rend]:HyDimPro--
--公共属性 [GenArc]:altreps,included,superdcn--
--公共属性 [base]:bosdatt--
```

```
--公共属性 [locs]:egrvplan--
〉
〈! attlist #NOTATION
  HyDimPro            --HyTime维投影符记法--
                      --条:10.3.1.5--
  Dimspnot            --维规范记法--
                      --用于说明目标维的记法--
    NAME              --Lextype:NOTATION--
    %dpdimspc;
〉
〈! entity % project "INCLUDE"〉
]]〉〈! --HyDimPro--〉
〈! entity % proseq "IGNORE"〉
                〈! --投影符序列--〉
〈! [ %proseq; [
〈! element
  Proseq              --投影符序列--
                      --条:10.3.2.3--
  - O
  (#PCDATA)           --引用--
                      --Reftype:(proseq|projectr)*--
                      --约束:有 IDREFs 做为名字且无事件指示器或连接符的 SGML 模型组的子集--
--公共属性 [GenArc]:dafe,dvlatt,etfullnm,id,ireftype,lextype,opacity--
--公共属性 [base]:activity,conloc,dtxtatt,valueref--
--公共属性 [locs]:refctl,refloc,reftype,rflocspn--
--引用者 [rend]:prorule:proseq,proseq--
〉
〈! entity % project "INCLUDE"〉
]]〉〈! --proseq--〉
〈! entity % batonseq "IGNORE"〉
                〈! --Baton序列--〉
〈! [ %batonseq; [
〈! element
  Batonseq            --Baton序列--
                      --条:10.3.3.5--
  - O
  (#PCDATA)           --引用--
                      --Reftype:(batonseq|baton)*--
                      --约束:有 IDREFs 做为名字且无事件指示器或连接符的 SGML 模型组的子集--
--公共属性 [GenArc]:dafe,dvlatt,etfullnm,id,ireftype,lextype,opacity--
--公共属性 [base]:activity,conloc,dtxtatt,valueref--
--公共属性 [locs]:refctl,refloc,reftype,rflocspn--
--引用者 [rend]:batonseq,batrule:baton--
〉
〈! entity % baton "INCLUDE"〉
]]〉〈! --batonseq--〉
〈! entity % baton "IGNORE"〉
                〈! --Baton规则--〉
〈! [ %baton; [
〈! element
  Batrule             --Baton规则--
                      --条:10.3.3.1--
  - O
  (%HyCFC;)*
--属性 [rend]:batrule,modified--
--公共属性 [GenArc]:dafe,dvlatt,etfullnm,id,ireftype,lextype,opacity--
--公共属性 [base]:activity,conloc,dtxtatt,valueref--
--公共属性 [locs]:refctl,refloc,reftype,rflocspn--
--引用者 [rend]:rendrule--
〉
```

```
〈! attlist
  Batrule               --Baton 规则--
                        --条:10.3.3.1--
  Scheds                --调度--
    CDATA               --引用--
                        --Reftype:(baton|evsched|wand) * --
    # REQUIRED
  Baton                 --Baton--
    CDATA               --引用--
                        --Reftype:(baton|batonseq)--
    # REQUIRED
  Targschd              --目标调度--
    CDATA               --引用--
                        --Reftype:(baton|evsched|wand) + --
    # REQUIRED
〉
〈! entity % project "INCLUDE"〉
]]〉〈! --baton--〉
                〈! --Baton--〉
〈! [ % baton; [
〈! element
  Baton                 --Baton--
                        --条:10.3.3.2--
  - O
  (progrp|proscope) +
--属性 [sched]:sched -
--属性 [rend]:select--
--可选属性 [sched]:pulsemap--
--公共属性 [GenArc]:dafe,dvlatt,etfullnm,id,ireftype,lextype,opacity--
--公共属性 [base]:activity,conloc,dtxtatt,valueref--
--公共属性 [locs]:refctl,refloc,reftype,rflocspn--
--引用者 [sched]:dimref:elemspec,dimref:schdspec,pdimref:prjby,
  pdimref:prjtarg,pulsemap:pulsemap,rFCSloc:prjby,
  rFCSloc:prjsrc--
--引用者 [rend]:batonseq,batrule:baton,batrule:scheds,
  batrule:targschd,prorule:sources,prorule:targschd--
〉
〈! entity % project "INCLUDE"〉
]]〉〈! --baton--〉
                〈! --投影符范围--〉
〈! [ % baton; [
〈! element
  Proscope              --投影符范围--
                        --条:10.3.3.3--
                        --将投影符的范围定义为一个或多个范围--
  - O
  ( % HyCFC;) *
--属性 [base]:overrun--
--属性 [sched]:exspec--
--属性 [rend]:proscope,select--
--可选属性 [sched]:pulsemap--
--公共属性 [GenArc]:dafe,dvlatt,etfullnm,id,ireftype,lextype,opacity--
--公共属性 [base]:activity,conloc,dtxtatt,valueref--
--公共属性 [locs]:refctl,refloc,reftype,rflocspn--
--引用者 [sched]:dimref:elemspec,pdimref:prjby,rFCSloc:prjby,rFCSloc:prjsrc--
--引用者 [rend]:prorule:sources--
〉
〈! attlist
  Proscope              --投影符范围--
                        --条:10.3.3.3--
```

```
  Projectr            --调度投影符--
    CDATA             --引用--
                      --Reftype:projectr*--
    #IMPLIED          --默认:无--
>
<!entity % project "INCLUDE">
]]><!--baton-->
              <!--投影符范围组-->
<![ %baton; [
<!element
  Progrp              --投影符范围组--
                      --条:10.3.3.4--
  - O
  (progrp|proscope)+
--属性 [rend]:select--
--可选属性 [sched]:grpdex,grprepet,pulsemap--
--公共属性 [GenArc]:dafe,dvlatt,etfullnm,id,ireftype,lextype,opacity--
--公共属性 [base]:activity,conloc,dtxtatt,valueref--
--公共属性 [locs]:refctl,refloc,reftype,rflocspn--
--引用者 [sched]:dimref:elemspec,pdimref:prjby,rFCSloc:prjby,rFCSloc:prjsrc--
--引用者 [rend]:prorule:sources--
>
<!entity % project "INCLUDE">
]]><!--baton-->
<!entity % project "IGNORE">
           <!--投影符-->
<![ %project; [
<![ %HyPro; [
  <!entity % dpro "HyPro">
]]>
<!entity %
  Dpro                --默认投影符记法--
                      --条:10.3.1--
  "#IMPLIED"
>
<!element
  Projectr            --投影符--
                      --条:10.3.1--
                      --在源 FCS 中为事件,modscopes 和 proscopes 定义一个投影符函数--
  O O
  (%HyCFC;|%dimlist;|dimpro|expro|extent|extlist)*
                      --约束:如果没有说明范围投影符函数记法,则内容被限制到(expro)*--
--属性 [rend]:projectr--
--公共属性 [GenArc]:dafe,dvlatt,etfullnm,id,ireftype,lextype,opacity--
--公共属性 [base]:activity,conloc,dtxtatt,valueref--
--公共属性 [locs]:refctl,refloc,reftype,rflocspn--
--引用者 [rend]:prorule:proseq,proscope:projectr,proseq--
>
<!attlist
  Projectr            --投影符--
                      --条:10.3.1--
  Notation            --投影符记法--
    NAME              --Lextype:NOTATION--
    %dpro;            -- 默认:内容被限制到(expro)*--
  Strict              --严格--
                      --有严格的指示的投影函数是可执行的。--
    CDATA
    #IMPLIED          --默认:无指示--
>
<!entity % rend "INCLUDE">
```

```
]]>〈! --投影--〉
                        〈! --范围投影符--〉
〈! [  % project; [
〈! [  % HyExPro; [
  〈! entity  %  dexpro "HyExPro"〉
]]〉
〈! entity  %
  Dexpro                 --默认范围投影符记法--
                         --条:10.3.1.2--
  "# IMPLIED"
〉
〈! element
  Expro                  --范围投影符--
                         --条:10.3.1.2--
                         --在源 FCS 中将投影函数定义为范围中的单一目标范围。--
  O O
  (% HyCFC;| % dimlist;|dimpro) *
                         --约束:如果没有说明范围投影符记法,则内容被限制为(dimpro) * --
--属性 [rend]:expro--
--公共属性 [GenArc]:dafe,dvlatt,etfullnm,id,ireftype,lextype,opacity--
--公共属性 [base]:activity,conloc,dtxtatt,valueref--
--公共属性 [locs]:refctl,refloc,reftype,rflocspn--
〉
〈! attlist
  Expro                  --范围投影符--
                         --条:10.3.1.2--
  Notation               --范围投影符记法--
    NAME                 --Lextype:NOTATION--
    % dexpro;            --默认:内容被限制为(dinpro) * --
〉
〈! entity  %  rend "INCLUDE"〉
]]>〈! --投影--〉
                        〈! --维投影符--〉
〈! [  % project; [
〈! [  % HyDimPro; [
  〈! entity  %  ddimpro "HyDimPro"〉
]]〉
〈! entity  %
  Ddimpro                --默认维投影符记法--
                         --条:10.3.1.4--
  "# REQUIRED"
〉
〈! element
  Dimpro                 --维投影符--
                         --条:10.3.1.4--
                         --将投影函数定义为源 FCS 的轴的维。--
  O O
  (% HyCFC;| % marklist;) *
--属性 [rend]:dimpro--
--公共属性 [GenArc]:dafe,dvlatt,etfullnm,id,ireftype,lextype,opacity--
--公共属性 [base]:activity,conloc,dtxtatt,valueref--
--公共属性 [locs]:refctl,refloc,reftype,rflocspn--
〉
〈! attlist
  Dimpro                 --维投影符--
                         --条:10.3.1.4--
  Notation               --维投影符记法--
    NAME                 --Lextype:NOTATION--
    % ddimpro;
〉
```

```
〈! entity % rend "INCLUDE"〉
]]〉〈! ----〉
              〈! --投影符规则--〉
〈! [ %project; [
〈! element
  Prorule              --投影符规则--
                       --条:10.3.2.2--
                       --源,投影符和目标调度之间的直接关联。--
  - O
  (%HyCFC;)*
--属性 [rend]:modified,prorule--
--公共属性 [GenArc]:dafe,dvlatt,etfullnm,id,ireftype,lextype,opacity--
--公共属性 [base]:activity,conloc,dtxtatt,valueref--
--公共属性 [locs]:refctl,refloc,reftype,rflocspn--
--引用者 [sched]:pdimref:prjby,rFCSloc:prjby--
--引用者 [rend]:rendrule--
〉
〈! attlist
  Prorule              --投影符规则--
                       --条:10.3.2.2--
  Sources              --投影源--
                       --投影源--
    CDATA              --引用--
                       --Reftype:(baton|event|evgrp|evsched|modgrp|
                         modscope|progrp|proscope|wand)*--
    #REQUIRED
  Projectr             --投影符和投影符序列--
                       --用于从源到目标的投影的投影符和/或投影符序列。--
    CDATA              --引用--
                       --Reftype:(projectr|proseq)*--
    #REQUIRED
  Targschd             --目标调度--
                       --源将通过投影符和/或投影符序列投影到的调度。--
    CDATA              --引用--
                       --Reftype:(evsched|wand|baton)+--
                       --约束:仅将事件投影到事件调度目标,仅将 modscopes 投影到 wands;仅将 projected 投影到
                         batons。--
    #REQUIRED
〉
〈! entity % rend "INCLUDE"〉
]]〉〈! --投影--〉
〈! entity % rend "IGNORE"〉
              〈! --选择精度--〉
〈! [ %rend; [
〈! attlist
--select--             --选择精度--
                       --条:10.1.1--
  (baton,modgrp,modscope,progrp,proscope,wand)
    Select             --选择精度--
                       --多少事件,mdoscope 或 proscope,这些一定按照修改或投影发生的顺序位于修改 modscope
                         的范围或投影 proscope 的范围。--
        CDATA          --Lextype:("#ALL"|"#ANY"|(unzi,granule?))+--
                       --约束:每个轴或所有轴之一的规范。--
                       --约束:unzi 精度是根据随后的 granule(如果有)说明的。否则,要根据为调度定义的轴 HMU
                         --
      #IMPLIED         --默认:当在 wand 或 bato,#ALL 中没有说明时。当在 odgrp, modscope, progrp 或 proscope
                         没有说明时,则继承了包含 wand,modgrp, baton 或 progrp 中有效的值 --
    Portion            --修改或投影的部分--
                       --修改或投影应用到全部事件,modscope 或 proscope(全体),或仅仅应用到同定位修改 mods-
                         cope 或者投影 proscope 的部分。--
```

```
    NAMES           --Lextype:("WHOLE"|"PART")+--
                    --约束:每个轴或所有轴之一的规范。--
    #IMPLIED        --默认:当在 wand 或 bato,#ALL 中没有说明时。当在 odgrp, modscope, progrp 或 proscope
                      没有说明时,则继承了包含 wand,modgrp, baton 或 progrp 中有效的值 --
>
<! entity % sched "INCLUDE">
]]><! --rend-->
              <! --描绘规则-->
<! [ %rend; [
<! element
  Rendrule          --描绘规则--
                    --条:10.4--
  - O
  (%ArcCFC;)*       --引用--
                    --Reftype:
                      (batrule|modrule|prorule|rendrule|wandrule)--
--公共属性 [GenArc]:dafe,dvlatt,etfullnm,id,ireftype,lextype,opacity--
--公共属性 [base]:activity,conloc,dtxtatt,valueref--
--公共属性 [locs]:refctl,refloc,reftype,rflocspn--
--引用者 [rend]:rendrule--
>
<! entity % sched "INCLUDE">
]]><! --rend-->
<! entity % sched "IGNORE">
              <! --事件-->
<! [ %sched; [
<! element
  Event             --调度事件--
                    --条:9.5.1--
  - O
  (%HyCFC;)*
--属性 [base]:overrun--
--属性 [sched]:exspec--
--可选属性 [sched]:pulsemap,objalign--
--公共属性 [GenArc]:dafe,dvlatt,etfullnm,id,ireftype,lextype,opacity--
--公共属性 [base]:activity,conloc,dtxtatt,valueref--
--公共属性 [locs]:refctl,refloc,reftype,rflocspn--
--引用者 [sched]:dimref:elemspec,rFCSloc:prjsrc--
--引用者 [rend]:modrule:events,prorule:sources--
>
<! attlist
  Event             --事件--
                    --条:9.5.1--
  Object            --事件对象--
    CDATA           --引用--
    #IMPLIED        --默认:事件是该对象--
>
<! entity % overrun "INCLUDE">
]]><! --sched-->
              <! --事件组-->
<! [ %sched; [
<! element
  Evgrp             --事件组--
                    --条:9.5.2--
  - O
  (event|evgrp)+
--属性 [base]:overrun--
--可选属性 [sched]:pulsemap,grpdex,grprepet--
--公共属性 [GenArc]:dafe,dvlatt,etfullnm,id,ireftype,lextype,opacity--
--公共属性 [base]:activity,conloc,dtxtatt,valueref--
```

```
--公共属性 [locs]:refctl,refloc,reftype,rflocspn--
--引用者 [sched]:dimref:elemspec,rFCSloc:prjsrc--
--引用者 [rend]:modrule:events,prorule:sources--
>
]]><!--sched-->
<! entity % overrun "IGNORE">
                    <!--越界处理-->
<![ %overrun;[
<! attlist
--overrun--           --越界处理--
                      --条:6.8.5--
  (dataloc,dimref,event,evgrp,FCSloc,listloc,modgrp,modscope,pathloc,progrp,proscope,relloc,treeloc)
  Overrun             --越界处理--
                      --越界范围维的处理--
    (error|ignore|trunc|wrap)
    error
>
]]><!--越界-->
<! entity % grovplan "IGNORE">
                    <!--树林规划-->
<![ %grovplan;[
<! element
  Grovplan            --树林规划--
                      --条:7.1.4.1--
                      --说明完全树林地址空间的子集--
  - O
  (inclmod?,omitmod?,inclclas?,omitclas?,inclprop?,omitprop?)
                      --约束:可以包含来自省略的类和省略的性质(但不是来自省略的类的性质)--
--属性 [locs]:grovplan--
--公共属性 [GenArc]:dafe,dvlatt,etfullnm,id,ireftype,lextype,opacity--
--公共属性 [base]:activity,conloc,dtxtatt,valueref--
--公共属性 [locs]:refctl,refloc,reftype,rflocspn--
--引用者 [locs]:agrovdef:grovplan,dgrvplan:grovplan,
  egrovplan:grovplan,lgrvplan:grovplan,pgrovdef:grovplan--
>
<! attlist
  Grovplan            --树林规划--
                      --条:7.1.4.1--
  Propset             --性质集定义文档--
  ENTITY              --约束:是否不能得到性质集文档不是错误--
  #REQUIRED
>
<! element
--inomcomp--          --包含组件元素/省略组件元素--
                      --条:7.1.4.1--
  (inclclas,inclmod,omitclas,omitmod)
  - O
  (#PCDATA)           --Lextype:cnmlist--
--公共属性 [GenArc]:dafe,dvlatt,etfullnm,id,ireftype,lextype,opacity--
--公共属性 [base]:activity,conloc,dtxtatt,valueref--
--公共属性 [locs]:refctl,refloc,reftype,rflocspn--
>
<! element
--inomprop--          --包含性质/省略性质--
                      --条:7.1.4.1--
  (inclprop,omitprop)
  - O
  (#PCDATA)           --Lextype:cnmlist--
--属性 [locs]:inomprop--
--公共属性 [GenArc]:dafe,dvlatt,etfullnm,id,ireftype,lextype,opacity--
```

```
--公共属性 [base]:activity,conloc,dtxtatt,valueref--
--公共属性 [locs]:refctl,refloc,reftype,rflocspn--
〉
〈! attlist
--inomprop--                --包含性质/省略性质--
                            --条:7.1.4.1--
   (inclprop,omitprop)
   Classes                  --类中包含或省略命名性质--
     NAMES
     # IMPLIED              --默认:所有类存在性质--
〉
]]〉〈! --grovplan--〉
                      〈! --HyTime 文档树林规划--〉
〈! [ %grovplan; [
〈! attlist
--dgrvplan--                --HyTime 文档树林规划--
                            --条:7.1.4.1--
   (HyDoc)
   Grovplan                 --树林规划--
                            --为 HyTime 扩充 SGML 文档树林的树林规划--
     CDATA                  --引用--
                            --Reftype:grovplan--
     # IMPLIED              --默认:HyTime 默认树林规划--
〉
]]〉〈! --grovplan--〉
                      〈! --实体树林规划--〉
〈! [ %grovplan; [
〈! attlist # NOTATION
--egrvplan--                --实体树林规划--
                            --条:7.1.4.1--
   # ALL
   Grovplan                 --树林规划--
                            --用于当用实体构造树林时的树林规划--
     CDATA                  --引用--
                            --Reftype:grovplan--
     # IMPLIED              --默认:为实体的 DCN 的默认树林规划--
〉
]]〉〈! --grovplan--〉
〈! [ %grovplan; [
〈! attlist
--lgrvplan--                --定位源树林规划--
                            --条:7.1.4.1--
   (anchloc,dataloc,FCSloc,linkloc,listloc,nmlist,nmquery,nmsploc,
   pathloc,proploc,queryloc,relloc,treeloc)
   grovplan                 --树林规划--
                            --管理地址解析的树林规划--
     CDATA                  --引用--
                            --Reftype:grovplan * --
     # IMPLIED              --默认:定位源树林定义为其树林定义,无论是明确的说明还是暗含的说明--
〉
]]〉〈! --grovplan--〉
〈! entity % pgrovdef "IGNORE"〉
                      〈! --原生树林定义--〉
〈! [ %pgrovdef; [
〈! element
   Pgrovdef                 --原生树林定义--
                            --条:7.1.4.4--
   - O
   (%HyCFC;) *
--属性 [locs]:pgrovdef--
```

```
--公共属性 [GenArc]:dafe,dvlatt,etfullnm,id,ireftype,lextype,opacity--
--公共属性 [base]:activity,conloc,dtxtatt,valueref--
--公共属性 [locs]:refctl,refloc,reftype,rflocspn--
>
<! attlist
  Pgrovdef              --原生树林定义--
                        --条:7.1.4.4--
  Grovesrc              --树林源--
    ENTITY
    #REQUIRED
  Grovecon              --树林构造过程--
    NAME                --Lextype:NOTATION--
    #IMPLIED            --默认:树林源记法的固有的--
  Grovplan              --树林规划--
    CDATA               --引用--
                        --Reftype:grovplan--
    #IMPLIED            --默认:树林构造过程的默认树林规划--
>
]]><! --pgrovdef-->
<! entity % agrovdef "IGNORE">
                 <! --辅助树林定义-->
<! [ %agrovdef; [
<! element
  Agrovdef              --辅助树林定义--
                        --条:7.1.4.4--
  - O
  (%HyCFC;)*
--属性 [locs]:agrovdef--
--公共属性 [GenArc]:dafe,dvlatt,etfullnm,id,ireftype,lextype,opacity--
--公共属性 [base]:activity,conloc,dtxtatt,valueref--
--公共属性 [locs]:refctl,refloc,reftype,rflocspn--
>
<! attlist
  Agrovdef              --辅助树林定义--
                        --条:7.1.4.4--
  Grovesrc              --树林源--
    CDATA               --引用--
    #REQUIRED
  Grovecon              --树林构造过程--
    NAME                --Lextype:NOTATION--
    #REQUIRED
  Grovplan              --树林规划--
    CDATA               --引用--
                        --Reftype:grovplan--
    #IMPLIED            --默认:树林构造过程的默认树林规划--
>
]]><! --agrovdef-->
<! entity % nmsploc "IGNORE">
                 <! --命名空间定位地址-->
<! [ %nmsploc; [
<! element
  Nmsploc               --命名空间定位地址--
                        --条:7.9.3--
                        -- 通过命名空间中的名称对对象定位--
                        --约束:定位源必须是展示一个已命名节点列表性质或其附加性质源展示一个已命名节点表
                          性质。--
  - O
  (#PCDATA)             --Lextype:(word|literal)*--
                        --属性 [locs]:nmsploc,proplat,locsrc,impsrc--
                        --可选属性 [locs]:multloc,referatt,spanloc,treetype--
```

```
                    --公共属性 [GenArc]:dafe,dvlatt,etfullnm,id,ireftype,lextype,opacity--
                    --公共属性 [base]:activity,conloc,dtxtatt,valueref--
                    --公共属性 [locs]:refctl,refloc,reftype,rflocspn--
〉
〈! attlist
  Nmsploc           --命名空间定位地址--
                    --条:7.9.3--
  Namespc           --命名空间--
                    --从其中选择节点的定位源的名字空间性质。--
    NAME
    #REQUIRED
  Notspace          --如果 nmspace 是无效的呢？--
    NAME            --Lextype:("ERROR"|"IGNORE")--
    ERROR
  notname           --如果名字在 nmspace 中是无效的呢？--
    NAME            --Lextype:("ERROR"|"IGNORE")--
    ERROR
〉
〈! entity % proplat "INCLUDE"〉
〈! entity % locsrc "INCLUDE"〉
〈! entity % impsrc "INCLUDE"〉
]]〉〈! --nmsploc--〉
〈! entity % proploc "IGNORE"〉
                〈! --性质定位地址--〉
〈! [ %proploc; [
〈! element
  proploc           --性质定位地址--
                    --条:7.9.2--
                    --给一个树林节点的性质定位--
  - O
  (#PCDATA)         --Lextype:compname--
--属性 [locs]:proplat.locsrc,impsrc--
--可选属性 [locs]:multloc,referatt,spanloc,treetype--
--公共属性 [GenArc]:dafe,dvlatt,etfullnm,id,ireftype,lextype,opacity--
--公共属性 [base]:activity,conloc,dtxtatt,valueref--
--公共属性 [locs]:refctl,refloc,reftype,rflocspn--
〉
〈! entity % proplat "INCLUDE"〉
〈! entity % locsrc "INCLUDE"〉
〈! entity % impsrc "INCLUDE"〉
]]〉〈! --proploc--〉
                〈! --查询定位地址--〉
〈! [ %queryloc; [
〈! element
  queryloc          --查询定位地址--
                    --条:7.11.1--
                    --通过使用对对象性质的查询,在树林中给它们定位,如同用来构建该树林的性质集中定义
                      的那样。--
  - O
  (%HyCFC;)*
--属性 [locs]:locsrc,queryloc,impsrc--
--可选属性 [locs]:multloc,referatt,spanloc,treetype--
--公共属性 [GenArc]:dafe,dvlatt,etfullnm,id,ireftype,lextype,opacity--
--公共属性 [base]:activity,conloc,dtxtatt,valueref--
--公共属性 [locs]:refctl,refloc,reftype,rflocspn--
〉
〈! attlist
  queryloc          --查询定位地址--
                    --条:7.11.1--
  notation          --查询记法--
```

```
      NAME              --Lextype:NOTATION--
      #REQUIRED
    notfound            --没有找到数据--
      NAME              --Lextype:("ERROR"|"IGNORE")--
      ERROR
  >
  <! entity % locsrc "INCLUDE">
  <! entity % impsrc "INCLUDE">
  ]]><! --queryloc-->
  <! entity % locsrc "IGNORE">
                    <! --定位源-->
  <! [ %locsrc; [
  <! attlist
  --locsrc--            --定位源属性--
                        --条:7.2--
    (anchloc,dataloc,FCSloc,linkloc,listloc,nmlist,nmquery,nmsploc,
     pathloc,proploc,queryloc,relloc,treeloc)
    locsrc              --定位源--
      CDATA             --引用--
                        --约束:引用实体就是引用对构造自这些实体的原生树林的根。--
      #IMPLIED
    cantcnst            --不能从已定位数据中构造树林。--
      NAME              --Lextype:("ERROR"|"IGNORE")--
      ERROR
  >
  ]]><! --locsrc-->
  <! entity % impsrc "IGNORE">
                    <! --隐含定位源-->
  <! [ %impsrc; [
  <! attlist
  --impsrc--            --隐含定位源--
                        --条:7.3--
    (anchloc,dataloc,FCSloc,linkloc,listloc,nmlist,nmsploc,nmquery,
     pathloc,proploc,queryloc,relloc,treeloc)
    impsrc              --隐含定位源--
                        --隐含 locsrc 属性的默认定位源. 可能的值是:ptreert 默认定位源是作为主树根的默认树
                          林中的结点 ，通常是文件元素。
                          grovert    包含定位地址的文件的树林根
                          referrer   默认定位源是对定位阶梯做直接或间接引用的地址对象,此阶梯的最高台阶
                                     是该定位地址。
                          referatt   默认树林规划是被 referatt 属性命名的 referrer 的属性
                          implicit   查询中的定位源是隐含的。对 queryloc 而言，查询中的定位源是隐含的。对
                                     其他定位地址形式来说,与 ptreert 相同 。--
      (grovert|implicit|ptreert|referatt|referrer)
                          --约束:当且仅当支持 referatt 选项时才允许 referatt。--
      ptreert
  >
  ]]><! --impsrc-->
                    <! -- Referrer 属性,给定位源定址-->
  <! [ %referatt; [
  <! attlist
  --referatt--          -- Referrer 属性,给定位源定址--
                        --条:7.3--
    (anchloc,dataloc,FCSloc,linkloc,listloc,nmlist,nmquery,nmsploc,
     pathloc,proploc,queryloc,relloc,treeloc)
    referatt            -- Referrer 属性,给定位源定址--
      CDATA             --Lextype:ATTORCON--
      #IMPLIED          --约束: 已命名的属性或内容,必须被 referrer 展示并且必须是可引用的。--
  >
  ]]><! --referatt-->
```

```
                    〈! --多重位置属性--〉
〈! [ %multloc; [
〈! attlist
--multloc--               --多重位置属性--
                          --条:7.4--
  (anchloc,dataloc,FCSloc,linkloc,listloc,mixedloc,nameloc,nmlist,
  nmquery,nmsploc,pathloc,proploc,queryloc,relloc,treeloc)
  ordering                --对位置的排序有意义吗?--
    (noorder|ordered)
    ordered
  set                     --通过忽略重复使多重位置成为一个集合--
    (notset|set)
    notset
〉
]]〉〈! --multloc--〉
                    〈! --树类型属性--〉
〈! [ %treetype; [
〈! [ %spanloc; [
  〈! entity % treetpel
    "anchloc,dataloc,FCSloc,linkloc,listloc,mixedloc,nameloc.nmlist,
    nmquery,nmsploc,pathloc,proploc,queryloc,relloc,treeloc"
〉
]]〉
〈! entity %
  treetpel                --与元素形式相联系的树类型--
                          --条:7.5--
  "pathloc,relloc,treeloc"
  〉
  〈! attlist
  --treetype--            --树类型--
                          --条:7.5--
    (%treetpel;)
    treetype              --树类型--
                          --作为定位源定义树的类型--
      (content|subnode)
      content
〉
]]〉〈! --treetype--〉
                    〈! --跨度位置--〉
〈! [ %spanloc; [
〈! attlist
--spanloc--               --跨度位置属性--
                          --条:7.6--
  (anchloc,dataloc,FCSloc,linkloc,listloc,mixedloc,nameloc,nmlist,
  nmquery,nmsploc,pathloc,proploc,queryloc,relloc,treeloc)
  spanloc                 --跨度位置--
                          --多重定位包含一个跨度吗?--
    (nspan|spanloc)
    nspan
  limsort                 --跨度界限排序--
                          --界限是按跨度的起始居于首位的顺序排列的吗?--
    (limsort|nlimsort)
    nlimsort
〉
]]〉〈! --spanloc--〉
〈! entity % reftype "IGNORE"〉
                    〈! --引用元素类型--〉
〈! [ %reftype; [
〈! attlist
--reftype--               --引用类型属性--
```

```
                        --条:7.7.1--
  #ALL
  reftype               --引用元素类型--
    CDATA               --Lextype:(("#ALL",(GI|modelgroup|"#ANY"))?,
                          (ATTORCON,(GI|modelgroup|"#ANY"))*)--
                        --约束：一个给定的仅出现一次的 ATTNAME or #CONTENT;应用于地址的最终对象的类型,
                          不包含任何立即定位地址元素。--
                        --约束：如果不支持 refmodel 选项,就是局限于重复或非重复的模型组或组。模型组中的记
                          号必须是 GIs.--
    "#ALL #ANY"         --常量--
〉
]]〉〈! --reftype--〉
〈! entity % refctl "IGNORE"〉
                 〈! --引用解析控制--〉
〈! [ %refctl; [
〈! attlist
--refctl--              --引用解析控制属性--
                         --条:7.7.3--
  #ALL
  refrange              --引用解析范围--
                        --条:7.7.2--
                        --B        对标识局部元素的向前引用。
                          D        标识的局部元素，之前或之后的。
                        -- I       定位地址允许的。
                          X        间接目标,可能对引用会是外部的。
                          --
    CDATA               --Lextype:(("#ALL",("B"|"D"|"I"|"X"))?,
                          (ATTORCON,("B"|"D"|"I"|"X"))*)--
                        --约束：一个给定的仅出现一次的 ATTNAME 或 #CONTENT. 它的声明值或 lextype 必须包含
                          IDREF。--
    "#ALL X"            --常量--
  reflevel              --引用解析级别--
                        --与此元素相关的,IDREF 决议不能超出的级别--
    CDATA               --Lextype:(("#ALL",unzi)?,(ATTORCON,unzi)*)--
                        --约束：一个给定的仅出现一次的 ATTNAME 或 #CONTENT. 它的声明值或 lextype 必须包含
                          IDREF。--
    #IMPLIED            --默认:完全解析--
〉
]]〉〈! --refctl--〉
〈! entity % refloc "IGNORE"〉
                 〈! --引用定位地址--〉
〈! [ %refloc; [
〈! entity % rflocatt '
--refloc--              --引用定位地址--
                        --条:7.8--
  #ALL
  loctype               --引用定位地址--
                        --每个已命名的属性被当作它是一个对定位地址元素的 IDREF。--
                        --约束：已命名属性的声明值必须在词汇上与其说明的解释相兼容。--
                        --注:声明的值 CDATA 总是符合此要求。--
    CDATA               --Lextype:(ATTORCON,("IDLOC"|"TREELOC"|"PATHLOC"|"RELLOC"|
                              ("QUERYLOC",NOTATION)))+--
    #IMPLIED            --常量--
                        --缺省:全部的引用都使用 SGML IDREFs,并且 IDREFS 属性中的每个 IDREF 都被单独考虑
                          过。--
  rflocsrc              --引用定位源--
                        --将可引用属性与它们的定位源相关联。--
    CDATA               --Lextype:(ATTORCON,ATTORCON)+--
                        --约束：已命名的属性必须是可引用属性。--
    #IMPLIED            --常量--
```

```
                    --缺省:所有可引用属性使用该元素作为它们的定位源 。--
'〉
〈! attlist %rflocatt; 〉
〈! attlist #NOTATION %rflocatt; 〉
]]〉〈! --refloc--〉
                    〈! --引用地址跨度--〉
〈! [ %refloc; %spanloc; [
〈! entity % rfspnatt '
--rflocspn--              --引用地址跨度--
                          --条:7.8--
  #ALL
  rflocspn                --引用地址跨度--
                          --可引用属性的名字对,当一对中两个属性都被说明时可以对跨度定位。--
    CDATA                 --Lextype:(ATTORCON,ATTORCON)+--
                          --约束: 已命名的属性必须是可引用属性。--
    #IMPLIED              --Constant--
'〉
〈! attlist %rfspnatt; 〉
〈! attlist #NOTATION %rfspnatt; 〉
〉
]]〉〈! --refloc,spanloc--〉
〈! entity % proplat "IGNORE"〉
                    〈! --性质地址属性--〉
〈! [ %proplat; [
〈! attlist
--proplat--               --性质地址属性--
                          --条:7.9.2--
  (nmsploc,proploc)
  apropsrc                --使用附加性质源吗? --
    (apropsrc|solesrc)
    solesrc
  notprop                 --如果不是 locsrc 或 apropsrc 的性质呢? --
    NAME                  --词法类型:("ERROR"|"IGNORE")--
    ERROR
  direct                  --直接或间接值--
                          --约束: 如果没有间接值则被忽略--
    (direct|indirect)
    indirect
〉
]]〉〈! --proplat--〉
〈! entity % mixedloc "IGNORE"〉
                    〈! --混合定位地位--〉
〈! [ %mixedloc; [
〈! element
  mixedloc                --混合定位地位--
                          --条:7.9.4--
                          --一起寻址的组定位--
  - O
  (%loc;)*
--可选属性 [locs]:multloc,spanloc,treetype--
--公共属性 [GenArc]:dafe,dvlatt,etfullnm,id,ireftype,lextype,opacity--
--公共属性 [base]:activity,conloc,dtxtatt,valueref--
--公共属性 [locs]:refctl,refloc,reftype,rflocspn--
〉
]]〉〈! --mixedloc--〉
〈! entity % treecom "IGNORE"〉
                    〈! --树型组合属性--〉
〈! [ %treecom; [
〈! attlist
--treecom--               --树型组合属性--
```

```
                    --条:7.10.1.3--
  (pathloc,treeloc)
  treecom           --树型组合--
                    --合并多重源树--
    (ntreecom|treecom)
    ntreecom
 〉
 ]]〉〈! --treecom--〉
                 〈! --HyTime 词法分隔--〉
〈! [ %HyLexTok; [
〈! notation
  HyLexTok          -- HyTime 词法分隔--
                    ---一个使用 HyLex 语法的数据分隔树林构造器--
                    --条:7.10.2--
  PUBLIC "GB/T 16965—2009//NOTATION HyTimeLexical Tokenizer//EN"
--属性 [locs]:HyLexTok--
--公共属性 [GenArc]:altreps,included,superdcn--
--公共属性 [base]:bosdatt--
--公共属性 [locs]:egrvplan--
〉
〈! attlist #NOTATION
  HyLexTok          -- HyTime 词法分隔 --
                    --条:7.10.2--
  HyBase   NAME #FIXED datatok
  superdcn NAME #FIXED HyLex
                    --来自 datatok 记法的属性--
  catsrc   CDATA #IMPLIED
  cattoken CDATA #IMPLIED
  catres   CDATA #IMPLIED
  boundary(sodeod|sodiec|isceod|isciec|inmodel)isciec
  maxtoksz NUMBER #IMPLIED
                    --来自 HyLex 记法的属性--
  norm     (norm|unorm)norm
〉
〈! attlist
--dlhylex--         -- dataloc 和 datatok 的 HyLex 属性--
                    --条:7.10.2--
  (dataloc,datatok)
--来自 HyLex 记法的属性--
  norm     (norm|unorm)norm
〉
〈! entity % HyLex "INCLUDE"〉
]]〉〈! --HyLexTok--〉
                〈! --数据分隔树林定义--〉
〈! [ %datatok; [
〈! notation
  HyDatTok          --HyTime 数据分隔--
                    ---一个简单的数据分隔树林构造器--
                    --条:7.10.2--
                    --词法类型:("LINE"|"NAME"|"NORM"|"SINT"|"STR"|
                               "UTC"|"UTCDATE"|"UTCTIME"|"WORD")--
  PUBLIC "GB/T 16965—2009//NOTATION HyTimeData Tokenizer//EN"
--属性 [locs]:HyDatTok--
--公共属性 [GenArc]:altreps,included,superdcn--
--公共属性 [base]:bosdatt--
--公共属性 [locs]:egrvplan--
〉
〈! attlist #NOTATION
  HyDatTok          -- HyTime 数据分隔--
                    --条:7.10.2--
```

```
    HyBase NAME ＃FIXED catatok
    --来自 datatok 形式的属性--
    catsrc    CDATA ＃IMPLIED
    cattoken CDATA ＃IMPLIED
    catres    CDATA ＃IMPLIED
    boundary(sodeod|sodiec|isceod|isciec|inmodel)isciec
    maxtoksz NUMBER ＃IMPLIED
  〉
  〈! [ %HyLexTok; [
    〈! entity % ddattok "HyLexTok"〉
  ]]〉
  〈! entity %
    ddattok                  --默认数据分隔记法--
                             --条:7.10.2--
    "HyDatTok"
  〉
  〈! element
    datatok                  --数据分隔树林定义--
                             --条:7.10.2--
                             --从另一个树林的数据中产生一个 datatok 树林--
    - O
    (＃PCDATA)
  --属性 [locs]:datatok--
  --公共属性 [GenArc]:dafe,dvlatt,etfullnm,id,ireftype,lextype,opacity--
  --公共属性 [base]:activity,conloc,dtxtatt,valueref--
  --公共属性 [locs]:refctl,refloc,reftype,rflocspn--
  〉
  〈! attlist
    datatok                  --数据定位地址--
                             --条:7.10.2--
    HyBase NAME ＃FIXED agrovdef
    --来自 agrovdef 的属性--
    grovesrc CDATA      ＃REQUIRED
    grovecon NOTATION (HyDatTok|HyLexTok)＃FIXED  %ddattok;
    --来自 datatok 记法形式的属性 (经由 DAFE)--
    catsrc    CDATA ＃IMPLIED
    cattoken CDATA ＃IMPLIED
    catres    CDATA ＃IMPLIED
    boundary(sodeod|sodiec|isceod|isciec|inmodel)isciec
    maxtoksz NUMBER ＃IMPLIED
  〉
  ]]〉〈! --datatok--〉
                     〈! --数据分隔树林的构造过程--〉
  〈! [ %datatok; [
  〈! notation
    datatok                  --数据分隔树林的构造过程--
                             --条:A.4.4.2.2--
    PUBLIC "GB/T 16965—2009//NOTATION
            Data Tokenizer Grove Construction Process//EN"
  --属性 [locs]:datatok--
  --公共属性[GenArc]:altreps,included,superdcn--
  --公共属性[base]:bosdatt--
  --公共属性 [locs]:egrvplan--
  〉
  〈! attlist ＃NOTATION
    datatok                  --数据分隔树林结构进程--
                             --条:A.4.4.2.2--
    catsrc                   --源串联分隔符--
      CDATA
      ＃IMPLIED              --缺省:没有源串联--
```

```
  cattoken            --符号串联分隔符--
    CDATA
    #IMPLIED          --缺省:没有符号串联--
  catres              --结构串联分隔符--
    CDATA
    #IMPLIED          --缺省:没有结果串联--
  boundary            --命中界限约束--
    (sodeod|sodiec|isceod|isciec|inmodel)
    isciec
  maxtoksz            --记号的最大值--
    NUMBER
    #IMPLIED          --缺省:系统定义--
>
]]>〈! --datatok-->
〈! --数据定位地址-->
〈! [ %dataloc; [
〈! element
  dataloc             --数据定位地址--
                      --条:7.10.2--
                      --在数据中定位串和符号数据对象--
  - O
  (%dimlist;)*        -- 约束:解释为维规范的单个列表--
--属性 [base]:overrun--
--属性 [locs]:dataloc,locsrc,impsrc--
--可选属性 [locs]:multloc,referatt,spanloc,treetype--
--公共属性 [GenArc]:dafe,dvlatt,etfullnm,id,ireftype,lextype,opacity--
--公共属性 [base]:activity,conloc,dtxtatt,valueref--
--公共属性 [locs]:refctl,refloc,reftype,rflocspn--
>
〈! attlist
  dataloc             --数据定位地址--
                      --条:7.10.2--
  HyBase   NAME  #FIXED datatok
  HyBnames CDATA #FIXED "HyBase #DEFAULT
                        #ARCCONT filter
                        grovesrc locsrc"
  filter              --分隔过滤器--
    CDATA             --约束:如果没有指定数据分隔记法,过滤器必须是单个词汇类型名字--
    "str"
  tokordat            --返回的结果:记号或源数据?--
    (data|tokens)
    data
                      --来自 datatok 形式的属性--
    catsrc   CDATA #IMPLIED
    cattoken CDATA #IMPLIED
    catres   CDATA #IMPLIED
    boundary(sodeod|sodiec|isceod|isciec|inmodel)isciec
    maxtoksz NUMBER #IMPLIED
>
〈! entity % locsrc "INCLUDE">
〈! entity % impsrc "INCLUDE">
〈! entity % overrun "INCLUDE">
]]〈! --dataloc-->
〈! entity % bibloc "IGNORE">
                〈! --书目定位地址-->
〈! [ %bibloc; [
〈! element
  bibloc              --书目定位地址--
                      --条:7.12--
                      --对真实对象的书目引用。表示只能作为数据处理的地址总是返回它本身(书目元素)。--
```

```
  - O
  (%HyCFC;)*
--属性 [locs]:bibloc--
--公共属性 [GenArc]:dafe,dvlatt,etfullnm,id,ireftype,lextype,opacity--
--公共属性 [base]:activity,conloc,dtxtatt,valueref--
--公共属性 [locs]:refctl,refloc,reftype,rflocspn--
--引用者 [locs]:bibloc:bibsrc--
>
<!attlist
  bibloc              --书目定位地址--
                      --条:7.12--
  bibsrc              --书目源。另一个 bibloc 元素,它描述该 bibloc 将被应用的内容。--
    CDATA             --引用--
                      --Reftype:bibloc*--
    #IMPLIED
>
]]><!--bibloc-->
                    <!--遍历属性-->
<![ %traverse; [
<!attlist
--traverse--          --遍历属性--
                      --条:8.1.3--
  (agglink,hylink,ilink)
  linktrav            --超链接遍历规则--
                      --超链接的锚点之间的遍历:
                          A 任何的遍历或分离(EID)
                          D 内部遍历后的分离
                          E 外部到达后的遍历
                          I 内部到达后的遍历
                          N 内部到达后没有遍历
                          P 无内部到达
                          R 内部到达后返回遍历--
    NAMES             --Lextype:("A"|"EI"|"ER"|"ED"|"EN"|"EP"|"ERD"|
                               "I"|"ID"|"D"|"N"|"P"|"R"|"RD")+--
                      --约束:每个锚点都有一个或所有锚点共有一个--
    A
  listtrav            --列表遍历规则--
                      --列表锚点成员之间的遍历:
                          A 相邻的(左边和右边)遍历
                          L 左遍历
                          N 无遍历
                          R 右遍历
                          W 绕接遍历--
    NAMES             --词法类型:("A"|"AW"|"L"|"LW"|"N"|"R"|"RW")+--
                      --约束:每个列表锚点一个或所有列表锚点共用一个--
    N
>
]]><!--遍历-->
<!entity % hylink "IGNORE">
                    <!--超链接关系-->
<![ %hylink; [
<!element
  hylink              --超链接关系--
                      --条:8.2.1--
  - O
  (%HyCFC;)*
--属性 [links]:hylink--
--可选属性 [links]:traverse--
--公共属性[GenArc]:dafe,dvlatt,etfullnm,id,irefmodl,ireftype,lextype,opacity--
--公共属性[base]:activity,conloc,dtxtatt,valueref--
```

```
--公共属性 [locs]:refctl,refloc,reftype,rflocspn--
>
<! attlist
  hylink              --超链接关系--
                      --条:8.2.1--
  anchrole            --锚点角色--
    CDATA             --Lextype:(NAME,("#LIST"|"#CORLIST")?)+--
                      --Constraint:一个链接的全部#CORLIST锚点的成员数量必须相同。--
    #REQUIRED         --常量--
  anchcstr            --锚点存在约束--
    NAMES             --Lextype:("REQUIRED"|"SELF"|"OMIT"|"COND")+--
                      --约束:每个锚点一个或所有锚点共用一个--
    REQUIRED          --Constant--
  emptyanc            --空锚点是错误吗?--
    NAMES             --Lextype:("ERROR"|"NOTERROR")+--
                      --约束:每个锚点一个或所有锚点共用一个--
    ERROR
                      --锚点地址属性:每个非自身锚点角色,有一个与锚点角色有相同的名字(除非被体系结构的
                        属性重命名器属性重映射)。--
>
]]><! --hylink-->
                  <! --上下文链接遍历-->
<![ %clink; %traverse; [
<! attlist
--clinktra--          --上下文链接遍历--
                      --条:8.2.2--
  (clink)
  linktrav CDATA "A ID"
>
]]><! --上下文链接,遍历-->
<! entity % varlink "IGNORE">
                  <! --可变链接-->
<![ %varlink; [
<! element
  varlink             --可变链接--
                      --条:8.2.4--
  - O
  (anchspec)+
--属性 [links]:ancspcat,varlink,vartrav--
--公共属性 [GenArc]:dafe,dvlatt,etfullnm,id,ireftype,lextype,opacity--
--公共属性 [base]:activity,conloc,dtxtatt,valueref--
--公共属性 [locs]:refctl,refloc,reftype,rflocspn--
>
<! element
  anchspec            --锚点规范--
                      --条:8.2.4--
  - O
  (%HyCFC;)*          --引用--
                      --注:需要使用 refloc 设施--
--属性 [links]:anchspec,ancspcat,vartrav--
--公共属性 [GenArc]:dafe,dvlatt,etfullnm,id,ireftype,lextype,opacity--
--公共属性 [base]:activity,conloc,dtxtatt,valueref--
--公共属性 [locs]:refctl,refloc,reftype,rflocspn--
>
<! attlist
  anchspec            --锚点说明--
                      --条:8.2.4--
  multmem             --锚点能有多重成员吗?--
    (single|list|corlist)
    single
  emptyanc            --空锚点是错误吗?--
```

```
    (error|noterror)
    error
>
<! attlist
--ancspcat--               --锚点规范属性--
                           --条:8.2.4--
  (anchspec,varlink)
  anchrole                 --锚点角色--
    NAME
    #IMPLIED               --缺省:对 anchspec 来说,锚点角色是元素的 GI --
                           --缺省:对 varlink 而言,varlink 不是自身锚点--
>
<![ %traverse; [
<! attlis
--vartrav--                -- Varlink 遍历规则--
                           --约束:如果它不是自身锚点,则在 varlink 元素上被忽略--
  (anchspec,varlink)
  linktrav                 --超链遍历规则--
                           --超级链接锚点之间的遍历:
                               A 任何的遍历或离开(EID)
                               D 内部到达后的离开
                               E 外部到达后的遍历
                               I 内部到达后的遍历
                               N 内部到达后没有遍历
                               P 没有内部到达
                               R 内部到达后返回遍历--
    (A|EI|ER|ED|EN|EP|ERD|I|ID|D|N|P|R|RD)
    A
  listtrav                 --列表遍历规则--
                           --列表锚点成员之间的遍历:
                               A 相邻(左边或右边)遍历
                               L 左边遍历
                               N 无遍历
                               R 右边遍历
                               W 绕接遍历--
  (A|AW|L|LW|N|R|RW)
                           --约束:如果一个锚点不是列表则被忽略--
  N
>
]]><! --遍历-->
]]><! --可变链接-->
<! entity % ilink "IGNORE">
                 <! --独立链接-->
<![ %ilink; [
<! element
  ilink                    --独立链接 --
                           --条:8.2.5--
  - O
  (%HyCFC;)*
--属性 [links]:ilink--
--可选属性 [links]:traverse--
--公共属性 [GenArc]:dafe,dvlatt,etfullnm,id,ireftype,lextype,opacity--
--公共属性 [base]:activity,conloc,dtxtatt,valueref--
--公共属性 [locs]:refctl,refloc,reftype,rflocspn--
>
  <! attlist
  ilink                    --独立链接--
                           --条:8.2.5--
  anchrole                 --锚点规则--
    CDATA                  --Lextype:(NAME,("#AGG"|"#LIST"|"#CORLIST")?)+--
```

```
                        --约束:每个锚点一个--
    #REQUIRED           --常量--
  linkends              --链接结束--
    IDREFS              --引用--
                        --约束:每个锚点角色一个 ID,除了如果第一个锚点是链接元素本身的话,第一个 ID 会被省
                          略。--
    #REQUIRED
>
]]><! --ilink-->
<! entity % HyGrand "IGNORE">
                  <! --HyTime 颗粒定义记法-->
<! [ %HyGrand; [
<! notation
  HyGrand               --HyTime 颗粒定义记法--
                        --条:9.2.2--
                        --一个颗粒和它的度量域的 SMU 之间的数学的关系被说明为被定义到 SMU 或相同域的别的颗
                          粒的比率--
                        --词法类型:(ratio,(granule|SMU))--
                        --约束:一个颗粒可能不会根据其本身直接或间接地被定义。--
  PUBLIC "GB/T 16965—2009//NOTATION
          HyTimeGranule Definition Notation//EN"
--公共属性 [GenArc]:altreps,included,superdcn--
--公共属性 [base]:bosdatt--
--公共属性 [locs]:egrvplan--
>
<! entity % measure "INCLUDE">
]]><! --HyGrand-->
<! entity % measure "IGNORE">
                  <! --度量域定义-->
<! [ %measure; [
<! [ %HyGrand; [
  <! entity % dgdnot "HyGrand">
]]>
<! entity %
  dgdnot                --缺省颗粒定义记法--
                        --条:9.2.1--
  "#REQUIRED"
>
<! element
  measure               --度量域定义--
                        --条:9.2.1--
                        --根据标准度量单位(SMU)定义了一个颗粒的集合。相同 SMU 的多重度量域定义包含一个
                          域。--
      - O
      (granule+)
    --属性 [sched]:measure--
    --公共属性 [GenArc]:dafe,dvlatt,etfullnm,id,ireftype,lextype,opacity--
    --公共属性 [base]:activity,conloc,dtxtatt,valueref--
    --公共属性 [locs]:refctl,refloc,reftype,rflocspn--
    >
    <! attlist
      measure           --度量域定义--
                        --条:9.2.1--
  smu                   --标准度量单位--
                        --域的标准度量单位--
    NAME                --词法类型:SMU--
    #REQUIRED
>
<! element
  granule               --颗粒定义--
```

```
                    --条:9.2.1--
                    --一个颗粒定义元素的内容定义了正在被定义的颗粒和度量域的 SMU 之间的数学关系。--
                    --注:关系会被根据相同度量域的另一个颗粒定义。--
  - O
  (%HyCFC;)*
--属性 [sched]:granule--
--公共属性 [GenArc]:dafe,dvlatt,etfullnm,id,ireftype,lextype.opacity--
--公共属性 [base]:activity,conloc,dtxtatt,valueref--
--公共属性 [locs]:refctl,refloc,reftype,rflocspn--
>
<!attlist
  granule           --颗粒定义--
                    --条:9.2.1--
  gn                --颗粒名字--
                    --正在被定义的颗粒的名字。颗粒名字没有像 SGML 名字那样被规格化(即,它们是对例子敏感
                      的)。--
    CDATA           --词法类型:granule--
                    --约束:在度量域中唯一--
                    --约束:不能和 SMU 名字相同(带有被忽略的例子)--
    #REQUIRED
  gdnot             --颗粒定义记法--
                    --用来说明正被定义的颗粒和度量域的 SMU 之间的关系。--
    NAME            --词法类型:NOTATION--
    %dgdnot;
>
]]><!--度量-->
              <!--度量单位-->
<![ %sched; [
<!notation
  gQuantum          --普通量程--
                    --普通量程的引用单位--
  PUBLIC "GB/T 16965—2009//NOTATION
         Virtual Measurement Unit//EN"
>
<!notation
  SIsecond          --国际单位制秒--
                    --真实时间的引用单位--
  PUBLIC "GB/T 16965—2009//NOTATION
         Systeme International second//EN"
>
<!notation
  SImeter           --国际标准单位米--
                    --真实长度的引用单位--
  PUBLIC "GB/T 16965—2009//NOTATION
         Systeme International meter//EN"
>
<!notation
  virTime           --虚拟时间--
                    --虚拟时间的引用单位--
  PUBLIC "GB/T 16965—2009//NOTATION
         Virtual Measurement Unit//EN"
>
<!notation
  virSpace          --虚空间--
                    --虚空间的引用单位--
  PUBLIC "GB/T 16965—2009//NOTATION
         Virtual Measurement Unit//EN"
>
]]><!--sched-->
<![ %sched; [
```

```
<! notation
  SIkg               --国际单位制千克--
                     -- Mass 的引用单位--
  PUBLIC "GB/T 16965—2009//NOTATION
         Systeme International kilogram//EN"
>
<! notation
  SIkelvin           --国际单位制开尔文--
                     --热力学温度的引用单位--
  PUBLIC "GB/T 16965—2009//NOTATION
         Systeme International kelvin//EN"
>
<! notation
  SIcd               --国际单位制 candela 发光强度--
                     --发光强度的引用单位--
  PUBLIC "GB/T 16965—2009//NOTATION
         Systeme International candela //EN"
>
<! notation
  SIampere           --国际单位制安培--
                     --电流的引用单位--
  PUBLIC "GB/T 16965—2009//NOTATION
         Systeme International ampere//EN"
>
<! notation
  SImole             --是国际单位制物质的量摩尔 Mole(简称 mol)--
                     --物质数量的引用单位--
  PUBLIC "GB/T 16965—2009//NOTATION
         Systeme International mole//EN"
>
<! notation
  SIradian           --国际单位制弧度--
                     --平面的角度的引用单位--
  PUBLIC "GB/T 16965—2009//NOTATION
         Systeme International radian//EN"
>
<! notation
  SIsr               --国际单位制立体角度--
                     --立体角度的引用单位--
  PUBLIC "GB/T 16965—2009//NOTATION
         Systeme International steradian//EN"
>
]]><! --sched-->
<! [ %sched; [
<! notation
  SIC                --国际单位制摄氏温度--
                     --摄氏温度的引用单位--
  PUBLIC "GB/T 16965—2009//NOTATION
         Systeme International degree Celsius//EN"
>
]]><! --sched-->
<! [ %sched; [
<! notation
  CHNYUAN            --中国货币流通的单位圆--
  PUBLIC "GB/T 16965—2009//NOTATION
         Yuan currency unit of China//EN"
>
<! notation
  GBRPOUND           --英国的货币流通单位英镑--
  PUBLIC "GB/T 16965—2009//NOTATION
```

```
          Pound currency unit of United Kingdon//EN"
〉
]]〉〈! --sched--〉
                    〈! --有限坐标空间--〉
〈! [  % sched; [
〈! element
  FCS                   --有限坐标空间--
                        --条:9.3--
  - O
  (baton|evsched|wand) *
--属性 [sched]:FCS--
--可选属性 [sched]:calibrat--
--公共属性 [GenArc]:dafe,dvlatt,etfullnm,id,ireftype,lextype,opacity--
--公共属性 [base]:activity,conloc,dtxtatt,valueref--
--公共属性 [locs]:refctl,refloc,reftype,rflocspn--
--引用者 [sched]:dimref:elemspec,pdimref:prjtarg,rFCSloc:prjsrc,sched:FCS--
〉
〈! attlist
  FCS                   --有限坐标空间--
                        --条:9.3--
  axes                  --每个轴的名字和度量域 SMU --
                        --约束:在列表中每个轴的名字必须唯一。--
    CDATA               --Lextype:(AXISNM,SMU) + --
                        --Constraint:Each axis name must be unique within the list--
    # REQUIRED          --常量--
 --axes 属性值中说明的每个轴的名字都当作是用户元素的属性名字,该属性说明了轴的维和粒度。每个这样的属性
   都有词法类型(NUMBER,颗粒?, ("# MDU", 比率,颗粒?)?),其中的数目就是轴的维,如果被说明的话,根据以下
   的颗粒被表达;否则维就根据轴 SMU 来表达。如果一个颗粒被说明,它既是默认基础颗粒同时也是默认的轴的
   HMU。如果 # MDU 和一个比率没有被说明的话,该颗粒就定义了随后死亡颗粒或默认 HMU。全部的颗粒名字都必
   须根据轴的 SMU 定义。--
〉
]]〉〈! --sched--〉
                    〈! --调度--〉
〈! [  % sched; [
〈! attlist
--sched--               --调度--
                        --条:9.4.1--
  (baton,evsched,wand)
  FCS                   --控制有限坐标空间元素--
    CDATA               --引用--
                        --Reftype:FCS--
    # IMPLIED           --缺省:包含 FCS 元素--
                        --约束:如果不包含调度,则被 fcs 元素包含。--
  axisord               --轴顺序--
                        --调度中范围规范的轴的顺序。对每个已说明的轴名字而言,相同名字的属性会被用来说明
                          轴的 HMU。此类属性的词法类型是(比率,颗粒?),其中比率是每个基础颗粒的 HMU 的数目,并
                          且,如果已被说明,该颗粒就是基础颗粒。如果没有说明颗粒,就使用控制 fcs 元素定义的默
                          认基础颗粒。已说明的颗粒必须根据轴 SMU 定义。如果轴的 HMU 规范属性值没有指定,该轴
                          的 HMU 就是由控制 fsc 元素定义的默认 HMU。--
    CDATA               --Lextype:(AXISNM) + --
                        --约束:必须被控制 fcs 元素定义轴名字--
    # IMPLIED           --常量--
                        --缺省:由控制有限坐标空间元素指定的轴排序是不变的,并且每个轴都会有一个 HMU 规范属
                          性。--
  sorted                --范围排序--
                        --与它们被调度的范围的顺序相关的元素的顺序。--
    (sorted|unsorted)
    unsorted
  coverage              --范围覆盖--
                        --调度中已调度元素的范围之间有没有间隙。--
```

```
    (solid|sparse)
    sparse
  overlap           --范围重叠--
                    --时间表中已调度的元素的范围是否会重叠--
                    --约束:如果调度是 wand,值被忽略并且总是被作为 noverlap 处理。--
    (overlap|noverlap)
    #IMPLIED        --缺省:如果调度不是 wand,默认值是重叠。--
>
]]><! --sched-->
                <! --范围规范-->
<![ %sched; [
<! attlist
--exspec--          --名义上的范围规范--
                    --条:9.4.2--
  (event,modscope,proscope)
  exspec            --范围规范--
    CDATA           --引用--
                    --Reftype:(extent|extlist)+--
    #REQUIRED
>
]]><! --sched-->
            <! --范围-->
<![ %sched; [
<![ %HyExSpec; [
  <! entity % dexspec "HyExSpec">
]]>
<! entity %
  dexspec           --默认范围规范记法--
                    --条:9.4.5--
  "#IMPLIED"
>
<! element
  extent            --范围--
                    --条:9.4.4--
                    --沿着一个或多个轴的位置或量程计数。--
  O O
  (%HyCFC;|%dimlist;)*
                    --
              mspec)* and/or presecopes
                    --约束:如果没有指定范围说明记法,内容受限于(dimspec)* --
--属性 [sched]:extent--
--公共属性 [GenArc]:dafe,dvlatt,etfullnm,id,ireftype,lextype,opacity--
--公共属性 [base]:activity,conloc,dtxtatt,valueref--
--公共属性 [locs]:refctl,refloc,reftype,rflocspn--
--引用者 [sched]:dimref:elemspec,exspec:exspec,grpdex:grpdex,grprepet:repscope--
>
<! attlist
 extent             --范围--
                    --条:9.4.4--
 notation           --范围说明记法--
   NAME             --词法类型:记法--
   %dexspec;        -- 缺省:内容受限于(dimspec)*--
>
]]><! --sched-->
                <! --范围列表-->
<![ %sched; [
<![ %HyExtLst; [
  <! entity % dextlist "HyExtLst">
]]>
<! entity %
```

```
  dextlist            --默认的范围列表记法--
                      --条:9.4.5--
  "#IMPLIED"
〉
〈! element
  extlist             --范围列表--
                      --条:9.4.5--
                      --在一个或更多 axe 上的范围表--
  O O
  (%HyCFC;|%dimlist;|extent|extlist)*
                      --约束:如果没有说明范围列表记法,内容受限于(dimspec)*--
--属性 [sched]:extlist
--公共属性 [GenArc]:dafe,dvlatt,etfullnm,id,ireftype,lextype,opacity--
--公共属性 [base]:activity,conloc,dtxtatt,valueref--
--公共属性 [locs]:refctl,refloc,reftype,rflocspn--
--引用者 [sched]:dimref:elemspec,exspec:exspec,grpdex:grpdex--
〉
〈! attlist
  extlist             --范围列表--
                      --条:9.4.5--
  notation            --范围列表记法--
    NAME              --词法类型:记法--
      %dextlist;      -- 缺省:内容被限制于(extent|extlist)*--〉
]]〉〈! --sched--〉
                   〈! --事件调度--〉
〈! [ %sched; [
〈! element
  evsched             --事件调度--
                      --条:9.5--
  - O
  (event|evgrp)*
--属性 [sched]:sched--
--可选属性 [sched]:pulsemap--
--公共属性 [GenArc]:dafe,dvlatt,etfullnm,id,ireftype,lextype,opacity--
--公共属性 [base]:activity,conloc,dtxtatt,valueref--
--公共属性 [locs]:refctl,refloc,reftype,rflocspn--
--引用者 [sched]:dimref:elemspec,dimref:schdspec,pdimref:prjtarg,pulsemap:pulsemap,rFCSloc:prjsrc--
--引用者 [rend]:batrule:scheds,batrule:targschd,modrule:events,
  prorule:sources,prorule:targschd,wandrule:evscheds--
〉
]]〉〈! --sched--〉
                   〈! --投影的维引用--〉
〈! [ %dimref; %project; [
〈! attlist
--pdimref--           --投影的维引用--
                      --条:9.8.2.2--
                      --事件投影集合引用的 Dimref 属性,modscopes 和/或 proscopes--
  (dimref)
  prjdirct            --被投影的和/或直接的--
                      --根据事件,modscopes 或 proscopes 是否被投影到或直接调度到已说明的元素上进行选择。
                                drctonly:仅是直接的
                                projonly:仅是投影的
                                drctproj:直接的和投影的--
                      --约束:如果说明的元素不是 evsched, wand, baton, 或 fcs,值就被忽略。--
                      --约束:如果值为了 extnum 被说明,值就被忽略(实际上是 drctonly)。--
      (drctonly|drctproj|projonly)
      drctonly
  prjtarg             --投影到目标--
                      --通过对由 prjtarg 属性说明的元素的投影,被引用的维可以继续存在。--
                      --约束:如果被说明的元素是范围或范围表,值就被忽略(并且被引用的维不是一个投影
```

```
                    维）。--
     CDATA          --Reference--
                    --Reftype:(baton|evsched|FCS|wand)--
     #IMPLIED       --缺省:被引用的维是非投影的。--
  prjby             --Projected by--
                    --仅当元素被 prjby 属性说明,已引用的维通过在被 prjtarg 属性说明的元素上投影而存在。-

                    --约束:除非 prjtarg 有非忽略的值,否则值被忽略。--
     CDATA          --引用--
                    --Reftype:(baton|progrp|prorule|proscope)--
     #IMPLIED       --默认:所有相关的 prorules, batons, progrps,和 proscopes 都将被考虑。--
〉
]]〉〈! --dimref,project--〉
〈! [ %FCSloc; %project; [
〈! attlist
--rFCSloc--         --带有绘制模块的有限坐标空间定位地址。--
                    --条:7.10.2--
  (FCSloc)
  prjdirct          --投影的和(或)直接的--
                    --基于对象如何被调度的选择:
                      drctonly:(仅直接)不选择投影到说明元素上的事件、modscopes 和 proscopes。
                      projonly:(仅投影)不选择在说明元素中或被说明元素直接调度的事件、modscopes 和 pro-
                               scopes。
                      drctproj:(直接和投影)不将直接的或投影的事件、modscopes 和 proscopes 排斥在选择之
                               外。--
    (drctonly|drctproj|projonly)
    drctonly
  prjsrc            --投影源--
                    --事件, modscopes 和间接在 locsrc 元素上调度的 proscopes,仅选择直接地被说明的元素调
                     度的或在说明的元素中的对象。--
    CDATA           --引用--
                    --Reftype:(baton|event|evgrp|evsched|FCS|modgrp|
                     modscope|progrp|proscope|wand)*--
                    --约束:如果 prjdrct 的值是 drctonly,值就被忽略。--
     #IMPLIED       --缺省:没有投影源约束。--
  prjby             --被投影--
                    --事件, modscopes 和间接在 locsrc 元素上调度的 proscopes,仅选择被说明的投影元素投影
                     的对象。--
    CDATA           --引用--
                    --Reftype:(baton|progrp|prorule|proscope)*--
                    --约束:如果 prjdrct 的值是 drctonly,值就被忽略。--
     #IMPLIED       --缺省:没有投影元素约束。--
〉
]]〉〈! --FCSloc,project--〉
                        〈! --投影被修改的或未被修改的对象--〉
〈! [ %modify; %project; [
〈! attlist
--modified--        --投影被修改的或未被修改的对象--
                    --条:10.3.2.1--
  (batrule|prorule)
  modified          --带有被修改的或未被修改的对象(或修改器)的投影事件(或 modscope)--
                    --修改对象的投影(或修改符)("修改")或投影对象(或修改符),不带有在其源时间表中被应
                     用到它们本身的修改。--
                    --约束:对于不是事件或 modscope 的投影元素,值被忽略--
    (modify|unmodify)
    modify
〉
]]〉〈! --修改,投影--〉
```

C.3 普通的体系结构声明

普通的体系结构声明集是:

```
<! AFDR "GB/T 16965—2009">
<! --
"GB/T 16965—2009//DTD AFDR Meta-DTD
 General Architecture//EN"
-->
<! --
选项摘要：
altreps      可选定的表示设施
dafe         元素设施的数据属性
dvlist       设施列表的默认值
HyLex        HyTime 词法模型记法
HyOrd        HyTime 词典排序记法
included     包含实体的设施
ireftype     引用类型设施的直接 ID
lextype      词法类型设施
opacity      不透明的元素设施
REGEX        POSIX 规则表达记法
superdcn     记法引出源设施
-->
<? IS10744 USELEX SGMLlex>
<! entity %
   SGMLlex          --SGML 标准词法类型--
   PUBLIC "GB/T 16965—2009//NONSGML LTDR LEXTYPES
            SGML Lexical Types//EN"
>
    <! --普通体系结构内容模型参数实体-->
<! entity %
   GACFC            --普通体系结构上下文内容--
   "GABrid"
>
<! entity %
   GAResrc          --普通体系机构资源窗体--
   "dvlist"
>
          <! --普通体系结构文档元素-->
<! element
   GADoc            --普通体系结构文档元素--
   - O
  (%GACFC;)*
   +(%GAResrc;)
>
          <! --普通体系结构桥接元素-->
<! element
   GABrid           --普通体系构桥接元素--
   - O
  (%GACFC;)*
>
<! --普通结构桥接记法-->
<! notation
   GABridN          --普通体系结构桥接记法--
   PUBLIC
     "GB/T 16965—2009//NOTATION AFDR ARCDATA
      General Architecture Bridging Notation//EN"
>
                <! --唯一标识符-->
<! attlist
--id--              --唯一标识符--
                    --条:A.5.2--
   #ALL
   id               --唯一标识符--
```

```
        ID
        #IMPLIED        --默认值:无--
  >
                        <!--元素类型全名-->
  <!attlist
  --etfullnm--          --元素类型全名—
                        --条:A.5.2--
     #ALL
     etfullnm           --元素类型全名--
       CDATA
       #IMPLIED         --默认值:普通标识符--
  >
  <!entity % opacity "IGNORE">   <!--不透明性-->
  <![ %opacity; [
  <!attlist
  --opacity-            -- 不透明性—
                        --条:A.5.2--
     #ALL
     opacity            --不透明性—
                        --透明或者不透明的元素--
       (transpar|opaque)
        opaque          --常数--
  >
  ]]><!--不透明性-->
  <!entity % dafe "IGNORE">
                  <!--元素的数据属性-->
  <![ %dafe; [
  <!Attlist
  --dafe--              --元素的数据属性—
                        --条:A.5.3.1--
     #ALL
     NotNames           --元素重命名的数据属性 -
                        --为数据属性定义用户名 -
       CDATA            --类型:((NAME,(ATTORCON|"#DEFAULT"),
                              ("#MAPTOKEN",NMTOKEN,NMTOKEN)*)|
                            ("#NOTCONT",ATTNAME))*--
                        --约束:特定的 ATTNAME,NAME,#CONTENT,或 #NOTCONT 只能产生一次--
                        --约束:用户名前的数据属性名称--
    #IMPLIED            --常量—
                        --默认值:不能重命名--
  NotSupr               --元素支持的数据属性--
                        --元素处理控制数据属性--
   (sNotAll|sNotForm|sNotNone)
    #IMPLIED            --默认值:继承的--
>
]]><!--dafe-->
<!entity % lextype "IGNORE">
                        <!--词法类型属性-->
<![ %lextype; [
<!attlist
--lextype--             --词法类型属性—
                        --条:A.5.4--
   #ALL
   lextype              --词法类型—
                        --词法类型属性值或者字符数据内容--
     CDATA              --词法类型:(ATTORCON,NAME)*--
                        --约束:特定的 ATTNAME 或 #CONTENT 只可出现一次--
     #IMPLIED           --常量--
                        --默认值:无--
>
```

```
]]>〈! --类型--〉
〈! entity % ireftype "IGNORE"〉
                                〈! --直接被引用者元素类型的 ID--〉
〈! [ %ireftype; [
〈! attlist
--ireftype--                    --直接被引用者元素类型的 ID --
                                --条:A.5.5--

#ALL
ireftype                        --直接被引用者元素类型的 ID--
  CDATA                         --词法类型:(('#ALL",(GI|modelgroup|"#ANY"))?,
                                          (ATTORCON,(GI|modelgroup|"#ANY"))*)--
                                --约束:特定的 ATTNAME or #CONTENT 只出现一次;类型运用于地址的直接对象 --
                                --约束:限制重复和非重复的模型组或不支持选定的组。模型组中的数组必须是 GIs--
  "#ALL #ANY"--常量--
〉
]]〉〈! --词法类型--〉
〈! entity % dvlist "IGNORE"〉
                                〈! --属性列表的默认值--〉
〈! [ %dvlist; [
〈! attlist
--dvlatt--                      --属性列表默认值 --
                                --条:A.5.6.1--
  #ALL
  subdvl                        --默认的子元素的可推断属性值--
       IDREFS                   --引用 --
                                --类型:dvlist+--
                                --注:不能是间接的--
       #IMPLIED                 --默认值:无--
    sibdvl                      --默认的兄弟元素的可推断属性值--
       IDREFS                   --引用 --
                                --类型:dvlist+--
                                --注:不能是间接的--
       #IMPLIED                 --默认值:无--
    selfdvl                     --自身的可推断默认属性值--
       IDREFS                   --引用--
                                --类型:dvlist+--
                                --注:不能是间接的--
       #IMPLIED                 --默认值:无--
〉
]]〉〈! --dvlist--〉
                          〈! --默认值列表--〉
〈! [ %dvlist; [
〈! element
  dvlist                        --默认值列表--
                                --条:A.5.6.2--

  - O
  (#PCDATA)                     --Ulextype:attspecs--
                                --Ulextype:attspecs --
                                --属性:dvlist --
                                --公共属性:cafe,dvlist,etfullnm,id,ireftype, lextype,opacity --
                                --引用者:dvlatt:selfdvl,dvlatt:sibdvl,dvlatt:subdvl--

〉
〈! attlist
  dvlist                        --默认值列表 --
                                --条:A.5.6.2 --
     id                         --唯一标识符 --
     #REQUIRED
  dvgi                          --默认值元素类型--
                                --如果省略应用到所有元素--
     CDATA                      --类型:(GI+|(#ALL,GI*))--
```

```
      #IMPLIED            --默认值:所有元素--
   preatts                --属性值被先占--
      NAMES               --约束:必须是列表的内容--
      #IMPLIED            --默认值:none--
   defatts                --列入清单时属性值必须是默认值--
      NAMES               --约束:必须是列表的内容--
      #IMPLIED            --默认值:没有可替代的默认值--
〉
]]〉〈! --dvlist--〉
〈! entity % included "IGNORE"〉
          〈! --包含记法数据的实体--〉
〈! [ %included; [
〈! attlist #NOTATION
--included--              --包含记法数据的实体--
                          --条:A.5.7.1--
   #ALL
   included               --包含记法数据的实体--
      CDATA               --词法类型:实体--
      #IMPLIED            --默认值:不包括实体--
〉
]]〉〈! --包含的--〉
〈! entity % altreps "IGNORE"〉
                〈! --交替继承--〉
〈! [ %altreps; [
〈! attlist #NOTATION
--altreps--               --交替表示 --
                          --条:A.5.7.1--
   #ALL
   altreps                --交替表示 --
                          --这种实体的交替表示--
      CDATA               --词法类型:实体--
      #IMPLIED            --默认值:无--
〉
]]〉〈! --altreps--〉
〈! entity % superdcn"IGNORE"〉
               〈! --记法引出源--〉
〈! [ %superdcn; [
〈! attlist #NOTATION
--superdcn--              --记法引出源--
                          --条:A.5.7.1--
   #ALL
   superdcn               --记法引出源--
                          --基本记法--
      NAME                --词法类型:记法--
      #IMPLIED            --默认值:无--
〉
]]〉〈! --superdcn--〉
〈! entity % HyLex "IGNORE"〉
              〈! --HyTime 词法模型记法--〉
〈! [ %HyLex; [
〈! notation
   HyLex                  --HyTime 词法模型记法--
                          --条:A.2.2--
   PUBLIC "GB/T 16965—2009//NOTATION
           HyTimelexical model notation(HyLex)//EN"
--属性:HyLex --
--公共属性:altreps,included,superdcn--
〉
〈! attlist #NOTATION
   HyLex                  --HyTime 词法模型记法 --
```

```
                        --条:A.2.3--
   norm                 --标准化--
     (norm|unorm)
     norm
  >
]]><! --HyLex-->
<! entity % HyOrd "IGNORE">
     <! --HyTime 词典排序定义记法-->
<! [ %HyOrd; [
<! notation
   HyOrd                --HyTime 词典排序定义记法--
   PUBLIC "GB/T 16965—2009//NOTATION
           HyTimeLexicographic Ordering Definition Notation (HyOrd)//EN"
--公共属性:altreps,included,superdcn--
>
]]><! --HyOrd-->
<! entity % REGEX "IGNORE">
          <! --POSIX 规则表达记法-->
<! [ %REGEX; [
<! notation
   REGEX                --POSIX 规则表达记法--
   PUBLIC "ISO/IEC 9945-2:1997//NOTATION POSIX Regular Expression Notation//EN"
>
<! attlist #NOTATION
   REGEX                --POSIX 规则表达记法--
   case                 --计算机辅助软件工程敏感度--
                        --区分大小写或者是不分大小写--

     (case|icase)
     case
>
]]><! --REGEX-->
```

附 录 D
(资料性附录)
辅助材料

用于 HyTime 的附录列表指南和相关的材料。

下面的出版物都是在文献中用到的:

——Charles F. Goldfarb, "HyTime: A standard for structured hypermedia interchange", IEEE Computer, vol. 24, no. 8, pp. 81-84, August, 1991. A Japanese translation is published in Nikkei Electronics 1991. 12. 9(no. 542).(完整的超媒体和 HyTime 概念的介绍);

——Steven R. Newcomb, Neill A. Kipp, Victoria T. Newcomb, "The HyTimeHypermedia/Time-based Document Structuring Language", Communications of the ACM, November, 1991.(HyTime 广泛的有插图的指南)。

下面的材料都是 SGML 小组发布的 P. O. Box 361, Swindon, Wiltshire, SN5 7BF, United Kingdom, http://www.HyTime.org/[3]:

——HyTime 执行官总的看法

什么是 HyTime 简短的摘要。

——Catalog of HyTime 结构窗体的目录

所有结构窗体的摘要,包含他们之间的关系、命令或者是命令状态,以及对标准的说明书的前后引用。

——HyTimeSGML 标准说明书

所有的 SGML 标准形式说明都以计算机能处理的方式定义了 HyTime。

——HyTime 处理模型

描述怎样可能执行 HyTime 可能处理每个结构窗体。

——HyTime 范例

例证性案例覆盖了地址以及超链接设施、时间顺序设施、同步、列队以及 HyTime 的图形用户界面对象的使用。

——怎样阅读标准

简短的信息解释了使用在 ISO 的惯例。

——怎样向你的后辈讲解 SGML 标准。

3) SGML 用户组是国际非营利性成员组织,在英国特许为教育机构,是开发 HyTime 的 ISO/IEC 分委会中的联络成员。然而,其分发的文档不遵循 ISO/IEC 回顾程序,没有正式的身份,不被 ISO/IEC 或其他任何国家成员体或设施认可。